실무 암반과 계측해석

편 집 부

건설정보사

序　文

    일반적으로 터널의 굴착, 댐이나 지하발전소 건설, 그밖의 지반의 굴착에 따른 건설공사를 착공할 때에 현지의 지질이나 지반조사와 측정을 하고, 현지의 지질상태와 지반물성을 파악한 다음, 측정결과를 토대로 개발이나 시공계획이 입안된다. 또, 공사중에는 어느 정도의 계측이 행해지고, 지반이나 구축물의 변형거동, 그밖을 관찰하면서 시공을 진행시켜야 하는 것이 시공의 상식으로 되어 있다.

    또한 최근에는 유한요소법을 이용하여 지반이나 구축물의 변형, 그리고 응력분포에 관한 예상해석이 실시되고 있다. 그로 인한 입력으로서, 또 경계조건 설정을 위한 필요입력으로서, 신뢰도가 높은 각종 계측값이 필요하게 되었다. 이와 같은 이유에서 건설공사에서는 더욱 계측이라는 문제가 중요해지고 있다하겠다.

    이 책에서는 주로 학회지나 국제회의에서 발표되고 있는 계측법이나 해석법 가운데 중요하고, 응용범위도 광범하게 생각되는 것과, 앞으로 한층 더 발전을 기대하고 싶은 계측이나 해석법의 소개와 해설을 시도하고 있다.

    암반시험은 공법에 앞서 실시되는 시험법이고, 상식적이다. 일반 시험법과 관계식을 기술하고, 동시에 ISRM 제시의 시험법도 소개했다. 지보·복공에 관계되는 반압계측은 지보·복공에 관계되는 부하를 해석할 수 있으므로, 그 증감거동의 파악은 중요하다고 생각된다. 락볼트와 어스앵커는 NATM 시공법과 관련되는, 또 경사면 안전시공에서도 점점 널리 이용되고 있는 기술일 것이다. 암반굴착에는 발파공사를 할 때가 많으므로 지반진동이 일어나고 환경보존상의 문제가 생길 때가 많기 때문에 지반진동의 측정에 대한 자료를 모아서 참고가 되게끔 했다. 지반조사에서는 탄성파 탐사법이 응용면에서 유력하지만, 지표와 가까운 얇은층의 탐사에 응용한다는 일은 의외로 곤란하다. 그래서 여기에 관한 문제점을 지적하는 동시에 현재 실시되고 있는 간단한 박층 탐사법을 소개했다. 또, 초음파 탐사법도 점점 기대가 커지고 있다고 생각되며, 그 현황도 같이 기술한다.

    지진이 많은 지역에서는 지하구조물에 대해서도 내진검토를 해둘 필요가 있으며, 연약지층의 지진시에 대한 진동거동도 해석을 시도해둘 필요를 통감하므로 발표되고 있는 진동해석기술의 지반진동 해석에의 응용이라는 입장에서 진동문제를 기술했다. 암반응력 측정에 관해서는 최근 미국에서 수압파쇄법이라는 신기술이 개발되어 주목을 모으고 있으므로, 종래의 암반응력 측정법과 함께 수록하여 보기에 편리하도록 도모했다.

    이 책을 출간하는 데에 협조해주신 강호제현께 감사드리며, 앞으로도 독자제현의 지도편달을 바라는 바이다.

1993. 2월
지오테크그룹

제 1 편

岩盤力學과 計測

목 차 (제1편)

머 리 말

1장 탄성응력과 변형

1.1 외력과 응력 ··1
1.2 응력성분 ··2
1.3 변형성분 ··3
1.4 훅의 법칙 ··6
1.5 탄성계수간의 관계식 ··10

2장 암석탄성계수의 정적측정법

2.1 종탄성계수(영율)의 측정 ··13
2.2 강성율의 측정과 포아송비 ··16
2.3 수분의 영향 ··18
2.4 암석의 종류와 탄성계수 ··19

3장 운동방정식과 진동

3.1 파동방정식과 탄성파 ··21
3.2 봉의 종진동과 되돌이진동 ··24
3.3 점성을 가진 물체의 진동 ··26
3.4 강제진동과 공진 ··33
3.5 Specific Damping Capacity (Specific Loss) 및 Quality Factor에 대해서 ··············· 36

4장 암석물리상수의 동적측정

4.1 암석탄성계수의 동적측정법 ··39
4.2 암석의 음파특성 ··42
4.3 함수율, 공극율, 압력 등의 영향 ··44
   4.3.1 수분의 영향 ··44
   4.3.2 공극율의 영향 ··45
   4.3.3 압력 및 온도의 영향 ··46
4.4 정적탄성계수와 동적탄성계수 ··47
4.5 동적점탄성의 측정 ··48
   4.5.1 신축강제 진동법 ··48

4.5.2 되돌이진동에 의한 방법 ··· 50

5장 암석의 변형유동

5.1 재료의 변형유동 ··· 53
5.2 소성체의 전단변형속도(유동속도)와 전단력의 관계 ··············· 54
5.3 맥스웰의 식에 대해서 ·· 58
  ⅰ. 변형을 일정(γ_0)하게 해두는 경우
  ⅱ. 일정한 응력(τ_0)을 준 경우
  ⅲ. 일정한 변형속도($\dot{\gamma}_0$)를 준 경우
  ⅳ. 급격한 응력변화를 받은 경우
  ⅴ. 응력변화가 완만한 경우
5.4 암석의 크리프 ·· 60
5.5 암석의 역학적 구조모형과 레오로지 상수 ······························ 62

6장 초등탄성학

6.1 평면응력과 평면변형 ·· 75
  6.1.1 평면응력 ·· 75
  6.1.2 평면변형 ·· 75
6.2 평면내의 응력 ··· 76
6.3 Mohr의 응력원과 포락선(재료의 파괴에 관한 Mohr의 학설) ········ 80
6.4 응력균형방정식과 적합 조건식 ··· 81
  6.4.1 응력균형방정식 ··· 81
  6.4.2 적합조건식 ·· 82
6.5 응력함수 ·· 85
6.6 응력함수를 이용한 1차원문제(직각좌표의 경우) ····················· 86
  6.6.1 다항식에 의한 해법 ·· 86
  6.6.2 Fourier 급수에 의한 해법 ·· 90
6.7 극좌표에 의한 2차원문제 ·· 92
  6.7.1 균형방정식과 적합 조건식 ··· 92
  6.7.2 변형과 변위, 응력과 변형의 관계식 ······························· 95
  6.7.3 축대칭의 응력문제 ··· 97
    A. 두꺼운 원통의 응력 ··· 98
    B. 외압을 받는 원통 내경의 변화 ·· 100
  6.7.4 원공을 가진 판의 응력분포 ·· 101
  6.7.5 직선경계를 가진 반무한 평판 ··· 105

6.8 원주 좌표에 의한 균형방정식 ·················106
6.9 3차원응력의 좌표변환 ·················109

7장 암석의 강도와 실용시험

7.1 압축강도 ·················113
   7.1.1 공시체의 형상과 크기 ·················113
   7.1.2 가압면의 마찰 영향 ·················118
   7.1.3 재하속도와 압축강도 ·················118
   7.1.4 마무리의 정도, 습분, 온도 등의 영향 ·················119
   7.1.5 이방성과 강도 ·················119
   7.1.6 암석의 압축시험법 ·················120
7.2 인장강도 ·················120
7.3 전단강도 ·················126
7.4 기타의 실용강도 ·················130
   7.4.1 휨강도 ·················130
   7.4.2 충격강도 ·················132
7.5 암석의 팽윤성 (팽윤변형과 팽윤압) ·················133
7.6 고온암석의 파괴강도 ·················135
7.7 암석물리 상호의 관계 ·················137
7.8 비정형시료의 강도시험법 ·················138
7.9 3축시험 ·················140

8장 탄성균질 암반매의 응력(지압의 문제)

8.1 미채굴 지중의 지압 ·················149
8.2 원형 수직갱주위의 지압 ·················151
8.3 楕立円形 수직갱의 응력분포 ·················157
8.4 원형갱도 주위의 지압 ·················161
8.5 원형공의 변형 ·················168
   8.5.1 평면응력상태에 있어서 1축응력을 받는 원형공 ·················168
   8.5.2 평면변형상태에 있어서 1축응력을 받는 원형공 ·················171
   8.5.3 평면응력상태에 있어서 2축응력을 받는 원형공 ·················171
   8.5.4 평면변형상태에 있어서 2축응력을 받는 원형공 ·················172
8.6 직선경계를 가진 반무한 평판내의 응력 ·················172

9장 암석의 파괴

9.1 재료의 파괴에 관한 학설 ·················179
   9.1.1 최대전단응력설 ·················179

9.1.2 Mohr의 학설 ··180
　　9.1.3 내부마찰설 ··182
　　9.1.4 전단변형 에너지설 ···184
　　9.1.5 파괴에 관한 기타의 학설과 제학설의 비교 ···················186
9.2 그리피스의 이론 ··187
9.3 Mohr의 학설과 그리피스 이론과의 관계 ·······························191
9.4 폐쇄 크래크에 관한 파괴발생 기준(그리피스 수정이론) ········193
9.5 암석의 취성파괴와 술어의 정의 ··195
9.6 파괴발생 ···197
　　9.6.1 파괴발생의 역학적 고찰 ··197
　　9.6.2 고체의 이론결합력과 진표면 에너지 ····························198
　　9.6.3 파괴발생의 에너지적 고찰 ···200
9.7 파괴의 전파 ··201

10장　地下空洞周圍의 破壞

10.1 원형수직갱 주위에 존재하는 수평연약층에 유기되는 지압 ·······207
10.2 갱도주위에 존재하는 사립체의 유동 ·····································213
10.3 수직갱벽의 파괴 ···217
10.4 수평원형갱도 주위의 파괴 ··218

11장　異方性體의 力學

11.1 성층암 중 공동의 직접상반의 왜곡과 응력 ···························221
11.2 암석의 강도 이방성 ··223
11.3 접합구조암반의 균형한계와 이방성 ······································225
11.4 층상암반의 물리상수 ··227
11.5 직교이방성체 혹의 법칙 ···229
11.6 이방성체의 탄성계수(가장 일반화된 혹의 법칙) ···················234
11.7 직교이방성체의 탄성계수 ···235
11.8 직교이방성체의 평면문제 ···237
11.9 직교이방성 탄성체에 대한 변위식 ··240
11.10 직교이방성 탄성체 중의 내압을 받는 원공주변의 변위와 원공직경의 변화 ···242

12장　岩盤의 試驗과 調査

12.1 암반의 정적변형계수의 측정 ··249
　　12.1.1 잭법 ··249
　　12.1.2 水室試驗法 ··251
12.2 탄성파 시험 ··253

12.2.1 탄성파의 굴절과 走時曲線 ·································253
  12.2.2 走時曲線 解析例 ······································256
  12.2.3 탄성파속도 측정법 ····································257
  12.2.4 음속에 의한 암반의 판정 ·······························259
 12.3 암반강도 시험 ··261
  12.3.1 암반전단시험 ···261
  12.3.2 암반압축시험 ···264
  12.3.3 반복시험과 암반강도 ···································265
 12.4 암반의 강도저하에 영향되는 요소 ····························267
  12.4.1 균열의 영향 ··267
  12.4.2 지하수의 영향 ··268
 12.5 암반 침투류 ··268
  12.5.1 암반침투류의 제요소와 문제점 ·····························268
  12.5.2 투수계수 ···269
  12.5.3 Lugeon시험과 유속법 ···································271
  12.5.4 지수효과와 물빼기 구멍 ··································272
 12.6 암반의 균열분포의 표현법 (울프 혹은 슈미트네트에 의한 표현) ·······275
 12.7 암반의 균열, 균열되기 쉬운 측정 (RQD법) ·····················277

13장 암반의 변형과 응력의 측정

 13.1 암반응력의 개념 ··281
  13.1.1 1차 지압과 교란지압 ····································281
  13.1.2 갱내 채굴에 수반하는 지반의 변동 ·························283
 13.2 평면상의 변형측정과 응력의 계산 ·····························285
 13.3 측정법과 측정기 ···287
 13.4 응력해방법의 고찰 ··292
 13.5 구멍저면 변형법의 이론과 변형계 ·····························292
 13.6 공경변화법의 이론과 측정기 ··································297
  13.6.1 공경변화법에 관한 이론 ··································297
  13.6.2 영율 측정법 ···303
  13.6.3 공경측정기술과 측정기 ···································304
 13.7 3개의 보아홀에 의한 3차원 응력의 결정 ······················306
 13.8 공내벽 변형법의 이론과 측정기 ·······························309
 13.9 지압의 변형과 절대지압의 관계 ·······························313

목 차 (제2편)

序　文 ·· I

第1章　岩盤試驗과 岩石物性 ·· 1

　1.1　암반토질조사로 판명하는 물성 요소 ·· 1
　1.2　암반시험의 종류와 관계식 ·· 1
　1.3　평판재하시험 ·· 4
　1.4　하이드로릭잭법 ··· 9
　1.5　케이블잭법 혹은 강관인장 재하법 ··· 10
　1.6　압력터널시험과 래디얼잭법 ··· 12
　1.7　직접전단시험법 ··· 13
　1.8　비틀림전단시험법 ·· 16
　1.9　공내 재하시험 ··· 18
　1.10　플랫잭 1축 압축시험 ··· 21
　1.11　인터그랄 샘플링에 의한 암심회수와 암석 균열계수 ····························· 21
　1.12　이방성암석의 물성 ··· 22
　1.13　이방성 암석의 물리상수 표현법과 이방성의 판단 ································· 25
　1.14　直交이방성 두꺼운 원통암심의 내경변화측정에 의한 탄성계수를 구하는 법　27
　1.15　암석의 파괴거동과 파괴기준식 ·· 28
　1.16　Point load강도지수와 1축 압축강도의 관계 ·· 33
　1.17　암석강도에 미치는 수분과 변형속도의 영향 ·· 35
　1.18　암석·암괴의 강도와 칫수, 형상의 관계 ··· 36
　1.19　암석의 영률(Er)과 암반의 변형계수(Em)와의 비율 ·························· 38
　1.20　암석·암반물성상호의 관계 ·· 39
　1.21　암석의 1축 압축강도, 점착력 및 내부마찰각 ······································· 41

第2章　支保覆 工에 加해지는 盤壓計測 ·· 43

　2.1　지보공웨브에 생기는 변형과 축력, 모멘트 및
　　　 전단력의 관계 ··· 43
　2.2　원형지보공에 가해지는 축력, 휨모멘트 및
　　　 지압의 간이계측법 ··· 44

2.3 지보공에 생기는 변형과 외력의 관계
   (鋼틀변형의 측정에서 鋼틀에 가해지는 외력을 구하는 법) ········· 45
2.4 지보공의 숏크리트 반력과 축력의 분담률 ········· 47

第3章 락볼트, 어스앵커와 NATM施工管理計測 ········· 49
3.1 락볼트와 효과 ········· 49
3.2 락볼트의 강도와 접착력 ········· 54
3.3 접착제와 접착력 ········· 59
3.4 뿜칠, 지보틀, 락볼트의 조합시공 ········· 61
4.5 NATM의 설계 ········· 62
3.6 터널주위의 이완 ········· 68
3.7 NATM의 시공관리와 계측기 ········· 70
   3.7.1 Disc load cell ········· 71
   3.7.2 다점식 Extenso meter ········· 72
   3.7.3 Convergence meter ········· 73
3.8 락앵커의 시공계획 ········· 73
3.9 락앵커의 유한요소법에 의한 응력해석 방법 ········· 76
   3.9.1 암반안전률(F_s)의 계산법 ········· 76
   3.9.2 계산과정 ········· 78
3.10 경사면의 안정을 위한 락앵커와 프레임의 시공계획 ········· 78
   3.10.1 앵커의 설계 ········· 79
   3.10.2 프레임의 설계 ········· 79
3.11 락앵커의 종류와 공법 ········· 80
3.12 락앵커 긴장력의 계측과 앵커의 인장시험 ········· 82
   3.12.1 앵커긴장력의 계측 ········· 82
   3.12.2 앵커의 인장시험 ········· 84

第4章 彈性波에 의한 地盤調査와 振動測定 ········· 85
4.1 탄성파에 관한 기초식 ········· 85
4.2 탄성파의 반사, 굴절과 주시 곡선 ········· 86
4.3 암반·토질의 탄성파특성 ········· 92
4.4 발파와 진동 ········· 104

    4.4.1 지진과 발파진동 ··· 104
    4.4.2 발파진동에 관한 관계식 진동데이터, 진동계 설치 ······················ 105
    4.4.3 발파진동의 규제(한계진동값, 허용진동값 및 허용발파패턴) ············· 112
  4.5 진동위치를 구하는 법 ··· 115
  4.6 진동에너지(암석파열에너지) ·· 121

第5章 淺層探査와 超音波探査 ··· 127

  5.1 얕은층 탐사의 문제점 및 해결책 ··· 127
  5.2 얕은층 탐사의 실기 ··· 133
  5.3 초음파 탐사법 ·· 140
    5.3.1 탐사에 관한 관계식 ·· 140
    5.3.2 경암내 불연속면 음파에 의한 탐사 ······································· 144
    5.3.3 초음파탐사에 의한 지질조사법 ·· 146
    5.3.4 시추공내 텔레비젼(공내벽 관측초음파 영상장치) ······················ 148

第6章 地盤의 振動解析 ··· 155

  6.1 지진계에 의한 진동관측과 지반의 탁월주기(卓越周期) ····················· 155
    6.1.1 지진계의 원리와 진동기록 ·· 155
    6.1.2 지반의 탁월주기 ·· 158
  6.2 지반의 상시미동측정과 해석 ··· 159
  6.3 지반의 물성값(층두께, 밀도 및 횡파속도)에서 지반의 진동특성
     (고유진동수)를 구하는 방법〔다질점계의 진동〕 ······························ 166
  6.4 지진동에 대한 구조물의 응답 ··· 174
    6.4.1 응답의 수치계산 ·· 175
    6.4.2 지진응답 스펙터 ·· 177
    6.4.3 응답스펙터의 意義 ··· 179
  6.5 다질점계 지동에 대한 기준 좌표와 자격계수(刺激係數) ····················· 180
  6.6 가속도응답·스펙터를 이용한 응력계산 ·· 183
  6.7 Modal Analysis ·· 184
    6.7.1 모달어나리시스의 원리와 순서 ·· 185
    6.7.2 모달어나리시스에 의한 계산방법 ··· 185

6.8 지상구조물의 지진시 응력의 계산예 ··· 190
6.9 지하구조물의 내진성 FEM에 의한 검토 ·· 194

第7章 岩盤應力測定法 ··· 199

7.1 암반응력의 발생 ··· 199
  7.1.1 자중에 의한 지반응력의 발생 ·· 199
  7.1.2 지형의 영향 ··· 200
  7.1.3 지각응력(plate tectonics)의 영향 ··· 201
  7.1.4 지반내의 지층구조(공동, 단층, 불연속 등)의 영향 ····················· 203
7.2 암반응력의 증가 변동에 수반되는 제현상 ·· 205
7.3 암반응력측정법 ··· 210
  7.3.1 실용측정법의 분류 ·· 210
  7.3.2 공내벽 변형법 ··· 211
  7.3.3 공벽변형의 이론식 ·· 216
  7.3.4 공경변화법 ··· 218
  7.3.5 영률의 측정 ··· 219
  7.3.6 3개의 시추공에 의한 3차응력의 결정 ··· 220
  7.3.7 주응력의 크기와 방향(방향코사인)결정 ······································· 221
  7.3.8 수압파쇄법의 이론 ·· 223
  7.3.9 수압파쇄법의 실제 ·· 231
  7.3.10 오버코어링에 의한 지압 계측순서와 문제점검토 ····················· 235

오버 코어링의 작업

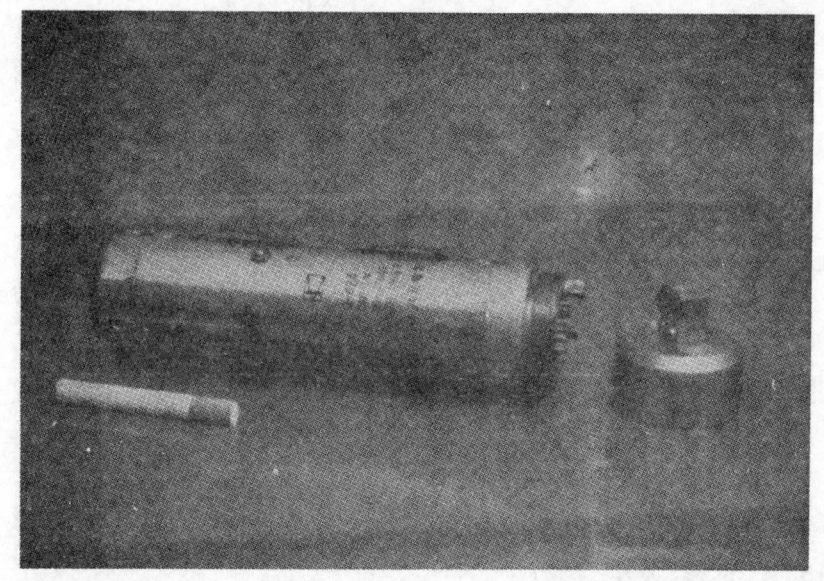

보어 홀 게이지(칫수 타바코와 대비)

오버 코어링후의 岩心

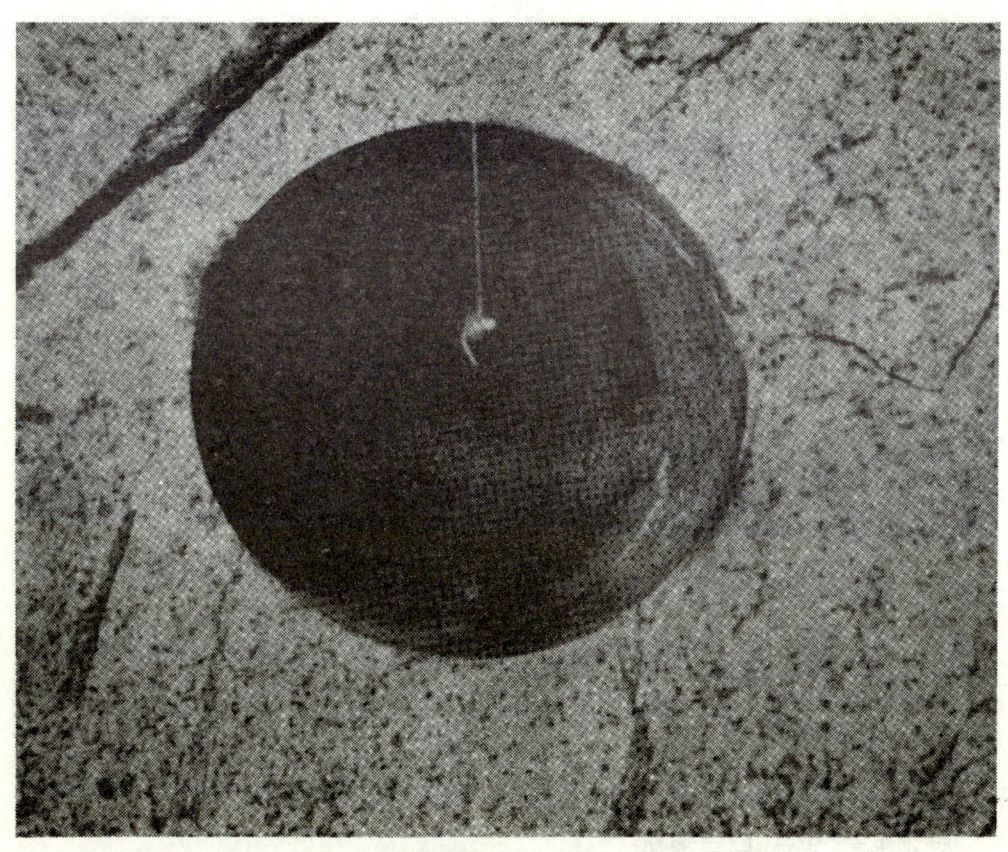

强地壓에 의한 보링孔內의 전단파괴상태
(主應力作用方向의 추정이 가능하다)

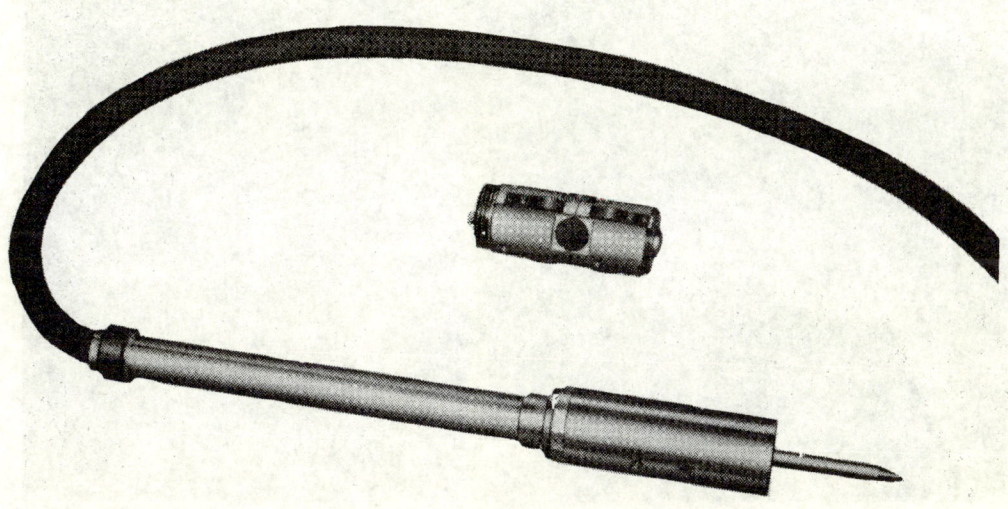

3축변형계와 挿入器

強地壓을 받는 터널導坑

地盤팽윤에 의한 스트럿트 파단

1 장 탄성응력과 변형[1)]

1.1 외력과 응력

지금 물체가 외력(forces) $P_1, P_2, \cdots$를 받기 때문에 균형을 유지하는 것으로 생각한다.

이 물체내의 임의의 위치에 미소면적 δA를 생각하면 이 δA를 지나서 δP의 합력(resultant force)이 있는 방향으로 작용하게 될 것이다. 이 경우 $\delta P / \delta A$의 양을 응력(stress)이라 부른다.

일반적으로 응력은 δA면에 대해서 기우려져 있으므로 이것을 그 면에 수직인 응력과 그 면에 접해있는 응력으로 나누어 생각하고 전자를 수직응력(normal stress), 후자를 전단응력(shearing stress)이라 부른다. 예를들면 전자를 σ, 후자를 τ의 기호로 기술한다.

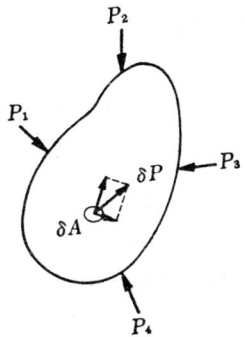

그림 1.1 외력과 응력

또는 응력으로서는 보통 두개의 다른 것이 있다. 하나는 정수압 그밖에 물체의 표면에 작용하는 표면력(surface force)이라 부르는 것이며 다른 하나는 물체의 용적으로 분포되어 있는 힘, 예를들면 중력, 자력 혹은 물체가 운동하고 있는 경우의 관성력과 같은 힘으로, 이것을 물체력(body force)이라 부른다.

단위면적상의 표면력은 좌표축에 평행인 성분, 예를들면 다음의 기호 $\overline{X}, \overline{Y}, \overline{Z}$로 나눌 수가 있다. 단위체적 마다의 물체력도 마찬가지로 3성분, 예를들면 X, Y, Z로 나누어 생각할 수가 있다.

1.2 응력성분

응력이 작용하고 있는 물체내의 미소입방체를 생각하여 그 각기의 면은 x, y, z축에 수직으로 교차된다면, 각 면상에는 그림 1.2에 표시한 수직응력과 전단응력이 작용하게 된다. 여기서 σx는 x축에 직교되는 면에 작용하는 수직응력이다. 전단응력은 그림에 표

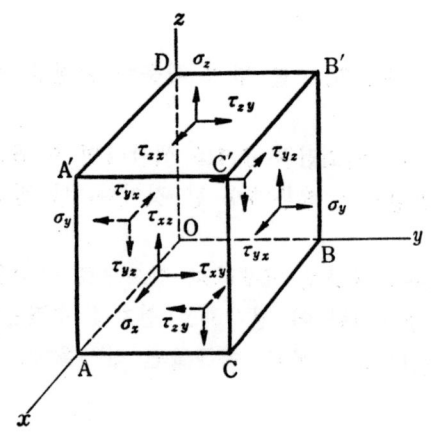

그림 1.2 応力成分

시한 바와 같이 y 및 z축에 평행인 두 개의 성분, 즉 τxy와 τxz로 나눌 수가 있다. 이 경우 예를 들면 τxy의 부호 xy는 처음의 x는 x축에 직교되는 면상의 응력을 표시하며, 다음의 기호 y는 응력의 방향을 표시한다. 또 응력성분의 (+)(-)의 부호는 그림 1.2에 표시되어 있는 것을 (+)로 한다. 즉 직응력 (σ)은 인장을 (+)로 하고 전단응력 (τ)는 예를 들면 (+)의 y면 (외측에서 법선의 방향이 y축의 (+)의 방향을 향하는 것이며, 이 경우는 CBB'C'의 면)에서는 x축 및 z축의 정방향을 향하는 것을 (+)로 하고 또 (-)의 y면(면 AODA')에서는 x축 및 z축의 (-)방향으로 향하는 것을 (+)로 한다.

그림 1.2에서 밝힌 바와 같이 미소입방체의 평행되는 면상의 응력을 살피면 수직응력 성분은 같은 기호(예를들면 σy)로 표시되며, 전단응력은 같은 두개의 성분 예를 들면 τyx와 τyz로 표시되는 것을 알 수 있다. 그러므로 미소입방체의 全6平面上에 작용하는 응력은 수직응력으로서는 3개의 기호 $\sigma x, \sigma y$ 및 σz로, 또 전단응력으로서는 6개의 기호 $\tau xy, \tau xz, \tau yx, \tau yz, \tau zx$ 및 τzy 로 표시할 수 있는 것을 알 수 있다.

그러므로 미소입방체가 균형을 유지하는 상태에서는 "균형조건"이 성립되므로, 전단응력 6개의 기호는 3개로 감소시킬 수가 있다. 다음에 그 이유를 설명하나 여기서 미소입방체의 자중과 같은 물체력은 무시하기로 한다. 왜냐하면 다음과 같은 이유가 있

기 때문이다. 입방체의 칫수를 감소기키면 그것에 작용하는 물체력은 선의 칫수 3승에 비례하여 감소된다. 그러나 표면력은 선 칫수의 2승에 비례하여 감소된다. 그러므로 미소입방체에서 물체력은 표면력에서 고차의 미소한 양이 되며 따라서 이것을 무시해도 차질이 없다. 이와 같이 미소입방체 1평면상의 불균일 응력성분에 의거하여 모우먼트를 무시해도 지장이 없다. 그리고 미소체의 임의의 면상에 작용하는 힘을 계산할 때는 1평면의 면적에 그 면의 중심에 작용하는 응력을 곱하면 된다. 그러므로 미소체의 칫수를 dx, dy 및 dz로 하면 그림 1.3에서 x축에 관한 모우먼트의 균형방정식은

$$\tau_{yz}(dz \cdot dx)dy - \tau_{zy}(dy \cdot dx)dz = 0$$

이 된다. y축 및 z축에 관한 모우먼트의 균형방정식도 유사의 관계식이 성립되므로 이들 3개의 방정식에서, 결국

$$\tau_{xy} = \tau_{yx}, \quad \tau_{xz} = \tau_{zx}, \quad \tau_{yz} = \tau_{zy}$$

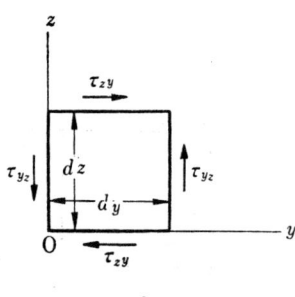

그림 1.3

가 얻어진다. 이와같이 하여 미소입방체 2개의 수직에 교차되는 양면상의 전단응력 중 양면의 교차선에 대해서 수직인 전단응력의 성분은 같다는 것을 알수 있다. 그러므로 물체내의 임의의 점 O를 통하여 서로 직교되는 세개의 평면상에 작용하는 응력으로서는 6개의 응력성분(stress components)

$$\sigma_x, \quad \sigma_y, \quad \sigma_z, \quad \tau_{xy} = \tau_{yx}, \quad \tau_{xz} = \tau_{zx}, \quad \tau_{yz} = \tau_{zy} \tag{1.1}$$

을 생각하면 그것으로 충분한 셈이 된다.

1.3 변형성분

탄성의 물체가 외력을 받아서 변형되고 있는 상태를 생각한다. 변형에 의해 물체내의 임의의 점은 변형(strain)을 받지만 변형성분은 응력성분일 때와 같이 생각하기 때

문에 신장변형(normal strain)과 전단변형(shearing strain)의 2개로 나뉜다. 신장변형은 또 종변형(longitudinal strain)이라고도 말하나 이것은 물체내의 근접거리에 있는 2점을 연결한 직선에 따라 2개의 점이 상대적으로 변위가 생긴 양이며, 예를들면 ε로 나타낸다. 전단변형은 그 2점을 연결하는 직선에 대해 직각방향에 대한 변위이며, 예를 들면 γ로 나타낸다. 모든 변형은 이 2개의 변형성분을 합성하는데 따라 나타낼 수가 있다.

이것을 다시 잘 이해하기 위해 변형 물체내에 미소평면을 생각한다. 그리고 이 평면에 대해 수직의 방향을 n으로 한다. 그러면 이 평면 한쪽측의 1점은 다른측(뒷 면)의 1점에 대해서 상대적으로 변위가 생기며 그 변위는 n방향의 신축변형과 평면상에 있는 방향t를 가진 전단변형으로 나누어 생각할 수가 있다. 이 후자의 전단변형은 또 서로 직교되는 2개의 방향 r 및 s의 방향으로 나누어 생각한다.

따라서 미소직4각형 OABC(그림 1.5)에 대해서 설명한다. 그 1변은 각각 그림 1.4의 s 및 n의 방향에 있는 것으로 한다. 이 단위면이 전단변형을 받았다고 하면 이것은 OAB'C'의 형으로 변형된다. 왜냐하면 O점에 대해서 C점은 C'에, A점 대해서 B점은 B'에 이동되는 것으로 생각해도 되기 때문이다.

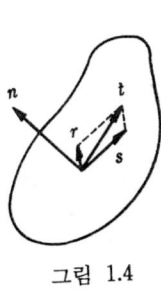

그림 1.4

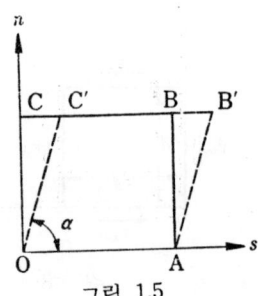

그림 1.5

따라서 변형은 미소하므로 변 $\overline{OC'}$은 1차에서 생각하여 $\overline{OC}$와 같고 따라서 이 경우의 변형은 $\overline{CC'}/\overline{OC}$이다. 즉 C점의 변위는 O점에 대해서 C점과 O점 사이의 거리로 나눈 값이다. 그러므로 C점의 전단변형은

$$\text{전단변형} = \gamma = \tan C\hat{O}C' \fallingdotseq \sin C\hat{O}C' = \cos A\hat{O}C' = \cos \alpha$$

로 쓴다. 따라서 전단변형의 척도는 「변하지 않는 상태의 원형으로 상호 직교되는 2개의 직선간에 이루는 각의 cosine이다.」라고 말할 수 있다.

따라서 그림 1.5와 같은 전단변형을 γ_{ns}라는 기호로 나타내면 전단응력에서 $\tau_{xy} = \tau_{yx}$의 관계가 성립되는 것과 같은 관계가 변형의 경우에도 성립되는가 여부에 대해서도 생각해 보자. 그것은 그림 1.5에서 밝힌 바와 같이 미소직사각형체의 변형 상태는, 만약 γ_{ns}와 γ_{sn}의 전단변형이 같은 양이라고 한다면 이 미소직사각형체의 변형상태는 같다는 것을 알 수 있다. 그러므로 γ_{ns}가 생기는 각의 변형($\cos \alpha$)와 γ_{sn}의 전단

1.3 변형성분

변형이 생기는 각의 변형은 같다는 것을 알 수 있다.

$$\gamma_{sn} = \gamma_{ns}$$

또 Ox, Oy, Oz인 직교3축을 생각하면 보통 3개의 종변형 (ε_x, ε_y, ε_z)가 존재하며 그와 관련되는 3개의 전단변형 (γ_{xy}, γ_{xz}, γ_{yz})도 존재하는 것을 알 수 있다.

다음의 변형성분을 변위(displacement)에 의해 나타내는 것을 생각해 본다.

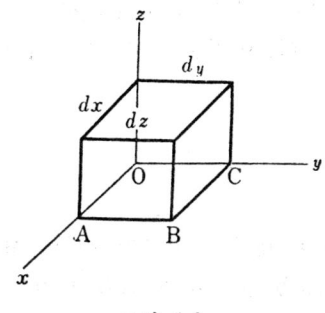

그림 1.6

물체가 변형될 때, 물체내 1점의 미소변위는 x, y, z축에 평행인 u, v, w의 3성분으로 분해할 수가 있다. 지금 그림 1.6과 같이 물체내의 1점 O에 미소입방체($dx\ dy\ dz$)를 생각한다. 이 물체가 변형될 때 O점의 변위를 각 축상에서 u, v, w라고 하면 x축상의 단위 길이마다의 연장 즉 변형은

$$\varepsilon_x = \frac{\partial u}{\partial x}$$

이다. 이와 같이 y축 방향의 변형은 $\varepsilon_y = \partial v / \partial y$, z축 방향의 변형은 $\varepsilon_z = \partial w / \partial z$이다.

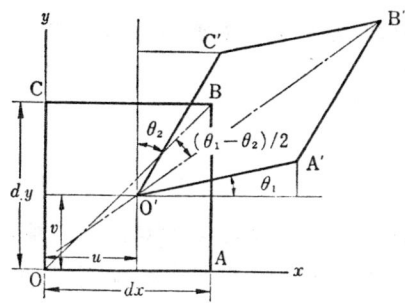

그림 1.7 전단변형과 회전

다음에 물체내의 미소요소 OABC(그림 1.7)가 변위 변형이 생겨서 O'A'B'C'가 된 상태를 생각한다.

이 경우 OA, OC 사이의 각도는 물체가 변형되기 이전에는 직각을 이루었던 것이다. 그런데 같은 그림에서는 A점의 y방향 변위는

$$v + dx \cdot \tan \theta_1$$

즉 $v + (\partial v/\partial x) \cdot dx$, 이와같이 C점의 x방향에의 변위는 $u + (\partial u/\partial y) \cdot dy$이다. 그러므로 OA, OC가 이루는 각은 처음에 직각이었던 것이 $\theta_1 + \theta_2 \fallingdotseq \tan \theta_1 + \tan \theta_2$만 줄인 셈이 된다. 즉 $(\partial v/\partial x) + (\partial u/\partial y)$만 줄은 셈이다. 이것은 말할 것도 없이 xz면과 yz면 사이의 전단변형을 표시하였다. 즉

$$\gamma_{xy} = \theta_1 + \theta_2 = \frac{\partial v}{\partial x} + \frac{\partial u}{\partial y}$$

이다. 이것과 같이 xy면과 xz면, yx면과 yz면 사이의 전단변형도 구해진다. 따라서 종변형(ε)과 전단변형(γ)를 변위 u, v, w로 표시하면 다음과 같다.

$$\left. \begin{array}{l} \varepsilon_x = \dfrac{\partial u}{\partial x}, \qquad \varepsilon_y = \dfrac{\partial v}{\partial y}, \qquad \varepsilon_z = \dfrac{\partial w}{\partial z}, \\[6pt] \gamma_{xy} = \dfrac{\partial u}{\partial y} + \dfrac{\partial v}{\partial x}, \quad \gamma_{yz} = \dfrac{\partial v}{\partial z} + \dfrac{\partial w}{\partial y}, \quad \gamma_{xz} = \dfrac{\partial u}{\partial z} + \dfrac{\partial w}{\partial x}, \end{array} \right\} \quad (1.2)$$

또 같은 그림에서 $w_z = (\theta_1 - \theta_2)/2$는 OB방향이 OB'방향으로 방향을 바꾼 것을 표시한다. 각도 즉 OABC요소가 O점을 축으로 하여 OB방향에서 w_z만 회전된 것을 표시하는 각도이다. 이와같이 하여 식(1.3)으로 표시된다. w_x, w_y, w_z는

$$\omega_z = \frac{1}{2}\left(\frac{\partial v}{\partial x} - \frac{\partial u}{\partial y}\right), \quad \omega_x = \frac{1}{2}\left(\frac{\partial w}{\partial y} - \frac{\partial v}{\partial z}\right), \quad \omega_y = \frac{1}{2}\left(\frac{\partial u}{\partial z} - \frac{\partial w}{\partial x}\right). \quad (1.3)$$

각각 (yz), (zx) 및 (xy) 평면내 점의 x, y 및 z축에 대한 회전을 나타내는 것으로 회전(rotation)이라 부른다.

1.4 훅의 법칙

또, 균질등방완전탄성체로 생각할 수 있는 재료가 있다면 이 재료에서는 훅의 법칙(Hooke's law)이 성립되기 때문에 그림 1.8에서 직응력 σ_z에 의해 생기는 변형 ε_z는

$$\varepsilon_z = \sigma_z / E \qquad (1.4)$$

에 의해 나타낼 수가 있다. 그러므로 E는 종탄성계수(modulus of longitudinal elastici-

1.3 변형성분

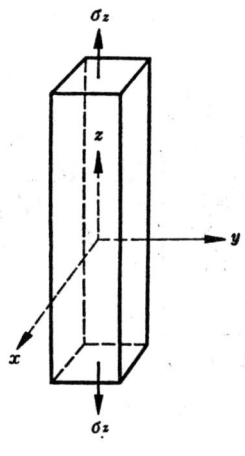

그림 1.8

ty), 연장의 탄성계수(modulus of elasticity in tension) 혹은 영계수(Young's modulus) 등으로 부른다.

z방향에 연장하면 측면 즉 x 및 y에서는 줄게 되므로

$$\varepsilon_x = \varepsilon_y = -\nu\varepsilon_z = -\nu \cdot \sigma_z / E \tag{1.5}$$

가 된다. 그러므로 ν는 포아송비(Poisson's ratio)이라 부른다. ν의 값은 구조용 강재에서는 0.3으로 되어 있으나 암석에서는 보통 0.2~0.3 정도이다. 식(1.4) 및 (1.5)은 압축되는 경우에도 성립되는 식이다. 재료를 압축하면 측면방향에서는 부풀어난다. 강재에서는 그 경우에도 E와 ν로는 인장의 경우와 같은 값을 취한다.

탄성범위내의 미소한 변형상태에서는 몇개의 응력상태가 동시에 작용하여 생기는 어느 방향의 변형은 각 응력이 단독으로 생기는 그 방향의 변형을 대수적으로 가합하는데 따라 얻어지는 것이 실험적으로 인정되었다. 즉 중합의 원리(principie of superposition)가 성립되는 것을 인정한다.

따라서 재료가 수직응력 $\sigma_x, \sigma_y, \sigma_z$를 동시에 받는 경우는 이것의 응력에 따라 생기는 변형은 각각의 응력에 의해 생긴 변형을 가합시키면 되기 때문에 결국 다음 식이 얻어진다.

$$\left. \begin{array}{l} \varepsilon_x = [\sigma_x - \nu(\sigma_y + \sigma_z)]/E \\ \varepsilon_y = [\sigma_y - \nu(\sigma_x + \sigma_z)]/E \\ \varepsilon_z = [\sigma_z - \nu(\sigma_x + \sigma_y)]/E \end{array} \right\} \tag{1.6}$$

위 식은 3차원의 장에 대한 혹의 법칙이며 이 식에서 응력과 변형의 관계는 두개의

탄성상수 E와 ν에 의해 관계되는 것을 알 수 있다.

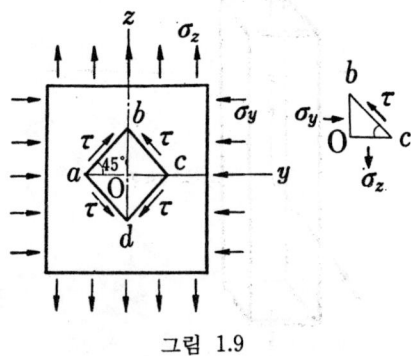

그림 1.9

전단변형과 전단응력 사이에도 같은 관계가 성립된다. 지금 그림 1.9와 같은 직4각형 봉의 변형을 생각해 보면 응력은 $-\sigma_y=\sigma_z$, $\sigma_x=0$의 경우로 한다. x축에 평행인 단위면적 $abcd$ (y축 및 z축에 각각의 45°를 가지고 교차되는 면을 갖는다.)을 생각해 본다. $abcd$면은 Obc, …의 4개의 3각형을 합친 것으로 생각해도 좋고 3각형 Obc에서는 bc에 따르는 힘과 그에 수직인 힘이 작용한다. 이 3각형 Obc의 측면에 작용하는 수직응력 σ_y 및 σ_z는 다른 3개의 3각형의 수직응력과 가합되므로 결국 없어지게 된다. 또 전단응력은 6.2에서 이해되는 바와 같이 $\tau=(\sigma_z-\sigma_y)/2=\sigma_z$가 된다.

또 그 전단응력이 작용하는 면에 작용하는 수직응력은 0이 된다. 이와 같은 경우 $abcd$면은 순전단(pure shear)의 상태에 있다고 말한다. 이 상태에서는 ab와 bc가 이루는 각은 변화되고 그에 상당한 전단변형 γ은 $\triangle Obc$에서 구해진다.

$$Oc/Ob = \tan(\pi/4-\gamma/2) = (1+\varepsilon_y)/(1+\varepsilon_z) \qquad (a)$$

또 식(1.6)에서

$$\varepsilon_z = -\varepsilon_y = (\sigma_z-\nu\sigma_y)/E = (1+\nu)\sigma_z/E \qquad (b)$$

그러나 γ는 작으므로

$$\tan(\pi/4-\gamma/2) = [\tan(\pi/4)-\tan(\gamma/2)]/[1+\tan(\pi/4)\cdot\tan(\gamma/2)]$$
$$= [1-(\gamma/2)]/[1+(\gamma/2)]$$

그러므로

$$(1+\varepsilon_y)/(1+\varepsilon_z) = [1-(\gamma/2)]/[1+(\gamma/2)]$$

식(b)을 이용하여 위식에서 ε_y, ε_z를 소거하면 다음 식이 얻어진다.

1.3 변형성분

$$\gamma = \frac{2(1+\nu)\sigma_z}{E} = \frac{2(1+\nu)\tau}{E} \tag{1.7}$$

위식은 전단변형과 전단응력 사이의 관계를 나타내는 식이다. 지금

$$G = \frac{E}{2(1+\nu)} \tag{1.8}$$

으로 하면 전단변형과 전단응력 사이의 관계는 다음 식으로 나타낸다.

$$\gamma_{xy} = \tau_{xy}/G, \quad \gamma_{xz} = \tau_{xz}/G, \quad \gamma_{yz} = \tau_{yz}/G. \tag{1.9}$$

그러므로 G는 전단탄성계수(modulus of shearing elasticity, modulus of elasticity in shear, shear modulus) 혹은 강성율(modulus of rigidity)이라 부른다.

지금 식(1.6) 3개의 식을 가합하고 또 다음의 기호를 이용하기로 한다.

$$\left. \begin{array}{l} \varDelta \text{ 혹은 } \quad e = \varepsilon_x + \varepsilon_y + \varepsilon_z \\ \Theta = \sigma_x + \sigma_y + \sigma_z \end{array} \right\} \tag{1.10}$$

여기서 $\varDelta$ 혹은 e는 체적변형(volumetric strain, volume expansion 혹은 dilatation)이라 부르며 단위체적의 변형을 나타낸다. 왜냐하면

$$(1+\varepsilon_x)\cdot(1+\varepsilon_y)\cdot(1+\varepsilon_z) = 1 + (\varepsilon_x + \varepsilon_y + \varepsilon_z) + (2\text{차 및 } 3\text{차의 항})$$

이며 2차 이상의 항은 1차의 항에 대해서 무시할 수 있으므로 $(\varepsilon_x + \varepsilon_y + \varepsilon_z)$는 체적변형을 나타내는 것으로 생각해도 지장이 없기 때문이다. 또 Θ는 수직응력의 합이다.

따라서 상기 2개의 기호를 이용하여 식(1.6)의 3개의 식을 가합하면 다음의 관계식이 얻어진다.

$$e = \frac{1-2\nu}{E} \cdot \Theta. \tag{1.11}$$

수압 p가 작용하는 경우에는 $\sigma_x = \sigma_y = \sigma_z = -p$ 이므로 위 식은 다음 식이 된다.

$$e = -\frac{3(1-2\nu)}{E} p \tag{1.12}$$

이것은 체적변형 e와 수압 p와 사이의 관계를 나타낸다. 그러므로

$$k = \frac{E}{3(1-2\nu)} \tag{1.13}$$

로 하고 k를 체적탄성계수(modulus of volume expansion, bulk modulus)라 부른다.

식(1.10)의 e의 기호를 이용하여 식(1.6)을 $\sigma_x, \sigma_y, \sigma_z$에 대해서 풀면 다음 식이 얻어진다.

$$\left.\begin{array}{l} \sigma_x = \dfrac{\nu E}{(1+\nu)(1-2\nu)} \cdot e + \dfrac{E}{1+\nu} \varepsilon_x \\[6pt] \sigma_y = \dfrac{\nu E}{(1+\nu)(1-2\nu)} \cdot e + \dfrac{E}{1+\nu} \varepsilon_y \\[6pt] \sigma_z = \dfrac{\nu E}{(1+\nu)(1-2\nu)} \cdot e + \dfrac{E}{1+\nu} \varepsilon_z \end{array}\right\} \quad (1.14)$$

또, 다음의 기호

$$\left.\begin{array}{l} \lambda = \dfrac{\nu E}{(1+\nu)(1-2\nu)} \\[6pt] \mu = G \end{array}\right\} \quad (1.15)$$

를 이용하여 응력과 변형의 관계식을 기록하면 다음 식이 된다.

$$\left.\begin{array}{l} \sigma_x = \lambda e + 2\mu \varepsilon_x \\ \sigma_y = \lambda e + 2\mu \varepsilon_y \\ \sigma_z = \lambda e + 2\mu \varepsilon_z \end{array}\right\} \quad (1.16)$$

위 식의 λ 및 $\mu(=G)$는 라멘의 정수(LAME'S constants)라 부른다.

1.5 탄성계수 간의 관계식

따라서 1.4에 있어서 많은 탄성상수를 정의 하였으나, 상기에서 아는 바와 같이 이들 상수는 서로 독립되어 있는 것이 아니라 서로 관계를 유지한다. 상기 관계식을 여기에 정리하여 기술하면 다음과 같다.

$$\text{체적탄성계수} = k = \dfrac{E}{3(1-2\nu)}$$

$$\text{강성율} = G = \dfrac{E}{2(1+\nu)}$$

또 위의 2식에서 E를 소거하면

1.5 탄성계수 간이 관계식

$$\text{포아송비} = \nu = \frac{3k-2G}{6k+2G} \tag{1.17}$$

가 된다.

도표 그림 1.1 외력과 응력 그림 1.2 응력성분 그림 1.3 그림 1.4 그림 1.5 그림 1.6 그림 1.7 전단변형과 회전 그림 1.8 그림 1.9

参 考 文 献

1) S. Timoshenko and J. N. Goodier: Theory of Elasticity., McGraw-Hill, 1951.

2 장 암석탄성계수의 정적측정법

2.1 종탄성계수(영율)의 측정

암석의 영율을 측정하는 가장 일반적인 방법의 하나는 그림 2.1에 표시하는 원주상 시료 혹은 각주상 시료를 준비하여 이것을 그림 표시와 같이 장축 방향에서 가압하여 시료의 응력-변형선도(stress-strain curve)를 그리게 하여 이것에서 영율을 구하는 방법이다.

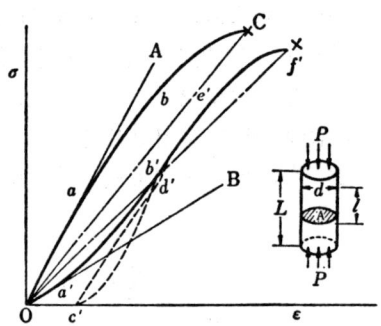

그림 2.1 암석의 응력-變形線圖

L를 시료의 길이 d를 직경 혹은 1변의 길이로 하면 보통 $L≒2d$의 시료에 대해 시험된다. P를 가하는 하중 A를 시료의 횡단면적으로 하면 시료가 받는 압축응력 (σ)는 다음 식으로 나타낸다.

$$\sigma = P/A. \tag{2.1}$$

압축변형 (ε)는 양가압면과의 거리 (L)를 기준으로 하여 $\varepsilon = \Delta L/L$에서 구할 수도 있으나 가압면의 영향이 미치지 않는바 즉 l에서 측정한 $\varepsilon = \Delta l/l$에서 구한다. Δl의 측정에는 다이얼게이지가 보통 사용되나 와이어스트레인 게이지를 시료에 직접 접착시켜서 ε를 직접적으로 측정하는 경우가 많게 되었다.

이와 같이 하여 구한 암석의 $\sigma-\varepsilon$곡선은 그림 2.1에 표시한 것처럼 경암의 경우는 O ab와 같은 곡선을 그리고 C점에서 파단하여 Oa의 범위는 비교적 직선에 가깝다.

연암에서는 $Oa'b'c'$와 같은 곡선을 그리고 f'에서 파단한다. Oa'에서는 비교적 약간의 응력 증가에 대해서 변형 변화는 크게 나타난다. 다시 응력을 더하면 $b'e'$와 같이 비교적 직선성을 나타내는 바가 있다. 만약 b'에서 응력을 감소시켜 가며, 응력을 영으로 재가압할 때도 $b'c'd'$와 같은 곡선을 그린다. 이와 같은 과정은 암석이나 콘크리트 등의 재료에 나타나는 현상이다.

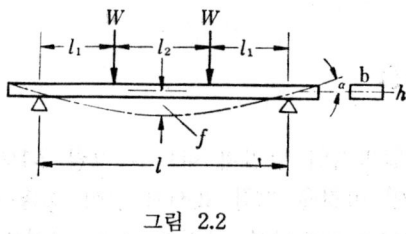

그림 2.2

이와 같이 하여 구해진 응력변형 곡선상의 어느 점에서, 이 곡선에 접선을 긋고 그 기울기에서 구한 영율은 접선영율(tangent modulus of elasticity)이라 부른다. 또 원점 O과 곡선상의 어느 점을 직선으로 연결하고 그 기울기에서 구한 영율은 할선영율(secant modulus of elasticity)이라 부른다. 同圖의 $\overline{OA}$ 혹은 $\overline{OB}$는 원점에 대한 접선영율을 표시하며, $\overline{OC}$ 혹은 $\overline{Of'}$는 각각의 파단점에 대한 할선영율을 표시한다. 또 예를 들면 a, b의 2점을 연결하여 그 기울기에서 그 범위의 평균영율을 구할 수도 있다.

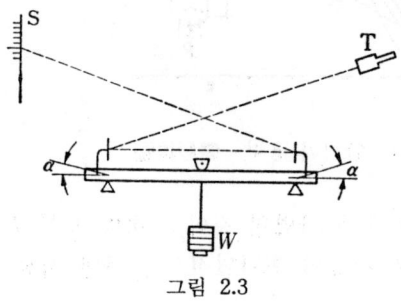

그림 2.3

관상의 재료에 대해서 영율을 그림 2.2에 표시하는 방법으로 이것을 구할 수가 있다. 그림 2.2는 양단자유의 보가 $l/2$의 위치로부터 등거리의 2점에서 동일하중 W를 받는 경우이며 W와 보의 중앙부의 휨 f와의 관계는 재료역학에서 알려진 바와 같이 다음식으로 표시된다.

$$E = \frac{W \cdot l_1}{24If}(3l^2 - 4l_1^2) \tag{2.2}$$

그러므로 I는 시료단면의 관성능력이며 그림과 같은 직4각형단면의 경우에는 $I=bh^3/12$이다. 그림 2.3에 의해 영율 E를 구하는 경우는 다음식이 성립된다.

2.1 종탄성계수(영율)의 측정

$$E = \frac{W}{2\alpha I} \cdot \frac{l^2}{8} \tag{2.3}$$

그러므로 α는 양 지점에 대한 보의 휨각이며 평면경을 시료의 양단 가까이 부착하여 척도의 눈금 치우침을 망원경으로 파악하는데 따라 구해진다. 그러나 암석은 위험하므로 하중 W를 크게는 취할 수 없다. 따라서 요각 α는 작게 오차가 생기기 쉽다. 이와같은 이유에서 4개의 평면경을 이용하는 방법이 있다. 그림 2.4는 그런 방법으로 시료는

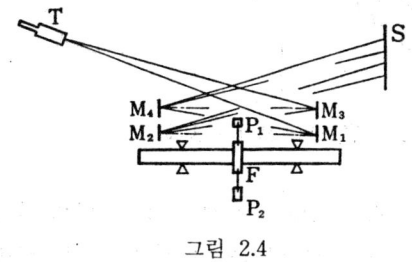

그림 2.4

4개의 지점에 의해 가볍게 유지 되었으며 F는 홀더로 실이 연결 되었고 푸리 P_1, P_2를 거쳐서 하중에 의해 인장되며 시료에 양진(兩振)휨을 가할 수가 있다. M_1, M_2는 시료에 부착된 평면경 M_3, M_4는 측정장치에 고정되어 있는 평면경으로 이 4장의 거울을 적당히 조정하면 척도 S의 4상을 망원경의 시야내에 결부될 수가 있어서 像의 편측에서 요각 α는 1층에 정확히 구할 수가 있다. 지금 M_1과 M_2에 의해 반사된 자의 像을 S_{12}, M_2와 M_3에 의해 반사된 상을 S_{23}, M_4와 M_1에 의한 것을 S_{41}, M_3과 M_4에 의한 것을 S_{34}로 하면 요각(撓角) α는 다음식으로 나타낸다.

$$\alpha = \frac{1}{8} \cdot \frac{c+2d}{d(c+d)} \left\{ (S_{12} - S_{34}) + (S_{41} - S_{23}) \cdot \frac{c}{c+2d} \right\} \tag{2.4}$$

그러므로 c:경면 M_1, M_4간의 거리, d:M_2, M_4와 자간의 거리이다. 만약

$$(S_{34} + S_{12}) - (S_{41} + S_{23}) = e$$

로 하면 이 e는 측정의 오차를 표시하므로 e를 살피는데 따라 실험의 정밀도를 알 수가 있다. 그림 2.5는 이 방법으로 구해진 요각 α와 하중 W와의 관계선도로 이와같이 루프상의 이력곡선을 그리는 것은 암석의 한 특징이며 이 루프에 의해 둘러싸인 면은 1사이클에 의해 손실된 작업에 대응하는 양이며, 그 작업은 시료의 내부마찰에 의하는 것으로 생각된다. 같은 그림에서 하중을 제거한 후에 있어서도 잔류변형에 대응하는 잔류요각이 존재하는 것을 알 수 있다.

암석의 영율를 측정하는 방법으로서는 상기 이외로 원윤상의 암석을 직경방향으로

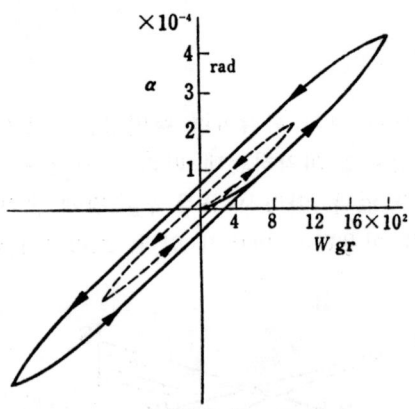

그림 2.5 岩石의 撓角-荷重線図

가압하여 그 가압력과 내경 변형량의 관계식에서 구하는 방법 혹은 원통상 암석의 외주에서 수압을 작용시켜 그 외압과 내경 변형량의 관계식에서 구하는 방법[식 (6.62)] 등이 있다[13.6 및 6.73 참조].

2.2 강성율의 측정과 포아송비

반경 a, 길이 l의 원주상 시료의 양단에 우력 M을 가하여 이것을 되돌리면 양단에 상대각변위 Θ가 생긴다(그림 2.6). 원주의 축방향을 z축에 취하여 식 (1.9)에서 다음

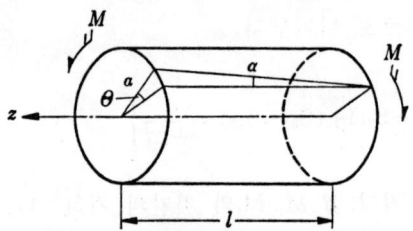

그림 2.6 되돌림을 받는 원주상 시료

$$\tau_{\theta z} = G\gamma_{\theta z} = G\frac{dv}{dz} \tag{2.5}$$

식이 얻어진다. 그러므로 v는 반경 r에 대한 접선방향의 변위이다. 양단 간의 상대변위는 $r\Theta$가 되므로 $dv/dz = r\Theta/l$이며, 식 (2.5)는 다음 식이 된다.

$$\tau_{\theta z} = G \cdot r\Theta/l \tag{2.6}$$

2.2 강성율의 측정과 포아송비

그러므로 우력 M은

$$M = \int_0^a 2\pi r^2 \tau_{\theta z} dr = \pi G \Theta a^4 / 2l \qquad (2.7)$$

이다. 단위 길이마다의 되돌이각을 θ(rad)로 하고, 직경을 d로 나타내면 식 (2.7)은 다음 식에 의해 나타낸다. 따라서 이 식을 이용하여 강성율 (G)를 측정할 수가 있다.

$$G = \frac{32M}{\pi d^4 \theta}. \qquad (2.8)$$

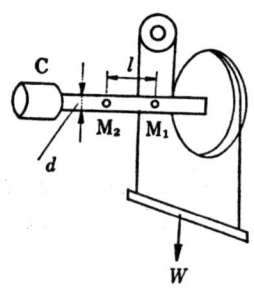

그림 2.7 剛性率測定法

그림 2.7은 원주상 시료에 되돌이 모우먼트를 가하는 장치의 일예로 C는
시료의 일단을 고정으로 하는 클럼프, M_1, M_2는 거울이며 l의 간격을 두고 장치되어 있다.
우측의 풀리(Pulloy)를 거쳐서 중량 W가 가해지므로 시료에는 우력이 가해진다.

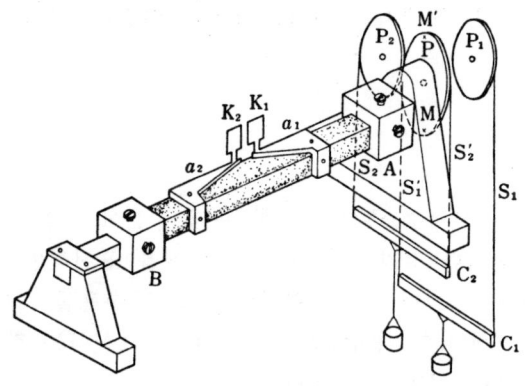

그림 2.8 柱狀試料의剛性率測定裝置

그림 2.8은 저자가 사용한 각주상 시료의 강성율 측정장치이며 시료는 그림 A, B간에 장치된다. 활차 P의 하부 M에는 2개의 강선 S_1, S_2가 장치 되었으며 활차 P_1, P_2의 주변에 따라 상호 반대방향으로 돌리며 다시 활차 P_1, P_2의 주변에 돌려서 매달려 있으며 다른 2개의 강선 S_1', S_2'는 M과 반대측의 M'에 장치되어 각각 반대방향으로 활차의 주변에 따라 매달려 있다.

강선의 하부에는 수평으로 철봉 C_1, C_2가 그림과 같이 연결 되었으며 그 중앙에 중추가 달려있다. 따라서 이 2개의 중추 차이가 우력으로서 시료에 가해지게 된다. 시료가 되돌아오면 거울 K_1, K_2는 회전하므로 자의 상은 거울로 반사되는 망원경의 시야에 들어가기 때문에 그 상의 이동을 파악하는데 따라 회전각이 구해진다. 각주상 시료의 경우에는 다음 식이 성립된다.

$$G = \frac{M}{\kappa a b^3 \theta}. \qquad (2.9)$$

그러므로 M:시료에 작용하는 우력, a:시료단면의 장변, b:같은 단변, κ:시료단면 형상에 의해 정하는 정수로 $a=b$ 일때는 $\kappa=0.141$, θ:시료 단위길이의 되돌이 각이다. 또 되돌이각 θ는 다음 식에서 구한다.

$$\theta = \frac{(L-R)}{2dl}. \qquad (2.10)$$

여기에서 l:시료의 측정길이, d:거울과 척도와의 거리, L:한쪽의 거울에서 반사된 척도의 상 이동량, R:다른쪽의 거울에서 반사된 척도의 상 이동량이다. 그림 2.8의 장치에 의해 암석 시료의 θ와 W의 이력곡선을 그리며, 영율을 구할 때의 $a-W$ 선도(그림 2.5)와 같이 루프상의 곡선이 얻어진다.

영율 (E)과 강성율 (G)가 구해지면 식(1.8)에서 포아송비 (ν)를 계산에 의해 구할 수가 있다.

2.3 수분의 영향

수분을 포함한 암석의 탄성계수 측정은 측정 중에 수분이 증발되어 가므로 매우 곤란하다. 그러나 저자가 실시한 요각-하중선도의 일예를 표시하면 그림 2.9와 같으며 함수율이 증가되면 계수치는 낮아지고 이력곡선은 굵은 루프를 그린다. 함수율을 w(%)로 하면 암석의 영율 (E)와의 사이에는 그림 2.10에 표시하는 칫수곡선이 존재하는 경우가 있다. 이 경우는, 다음 식이 성립된다.

$$E = ae^{bw} \qquad (2.11)$$

그러므로 $w=[(P-P_0)/P_0]\times 100$ 이며, P:습한시료의 중량, P_0:건조시료의 중량이다.

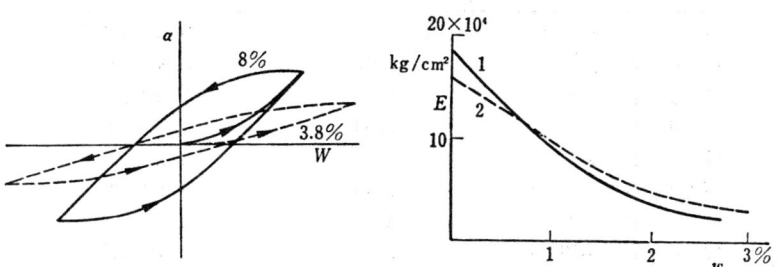

그림 2.9 $a-W$곡선에 미치는 함수율의 영향   그림 2.10 영율에 미치는 함수율의 영향

a 및 b는 암석고유의 상수로 예를 들면 그림 2.10의 곡선 1의 시료에 대해서는 $a=2.14\times 10^8$, $b=-0.836$으로, 2의 시료에 대해서는 $a=1.54\times 10^8$, $b=-0.577$의 값이 된다. 그림 2.11 및 그림 2.12는 각각 부석의 수분 증가에 대한 탄성계수의 변화와 포아송비의 변화를 표시한다.

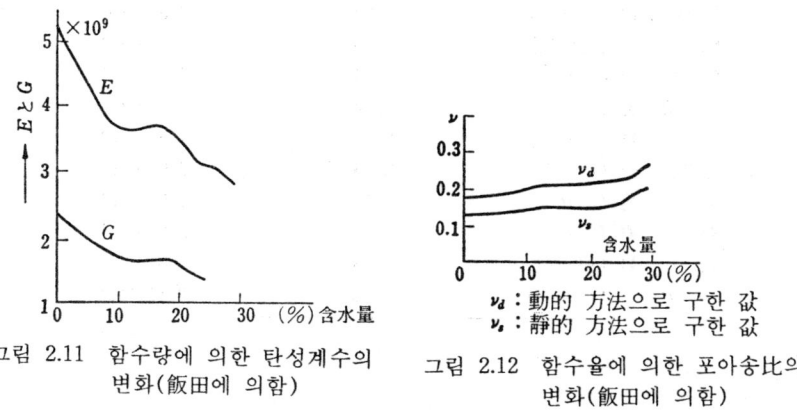

그림 2.11 함수량에 의한 탄성계수의   그림 2.12 함수율에 의한 포아송비의
         변화(飯田에 의함)   변화(飯田에 의함)

2.4 암석의 종류와 탄성계수

암석은 그 종류, 생성 연대 등에 따라 탄성계수는 다르며 동일 암석시료라도 응력의 차이에 따라 매우 폭 넓은 값을 갖는 것이지만 일단의 겨냥으로서 다음에 수예를 표시한다.

표 2.1 암석의 영율 수치

岩石	比重	평균영율 (kg/cm²)
石英片岩 (始原代)	2.67	8.78×10^5
粘板岩 (古世代)	2.71	9.90×10^5
花崗岩 (〃)	2.54	3.99×10^5
石灰岩 (〃)	2.66	1.99×10^5
砂岩 (第三紀)	2.47	3.53×10^5
石英粗面岩 (〃)	2.40	8.4×10^4
砂岩 (〃)	2.21	2.7×10^4
安山岩 (第四紀)	2.63	4.34×10^5
〃 (〃)	2.32	6.6×10^4
콘크리트(成分이나 養生法에 의한 차이가 있음)		$2 \sim 3 \times 10^5$

표 2.2 암석의 강성율의 수치

岩石	比重	平均剛性率 (kg/cm²)
綠泥片岩 (始原代)	2.82	2.21×10^5
石英片岩 (〃)	2.64	2.67×10^5
輝岩 (古世代)	2.90	3.60×10^5
粘板岩 (〃)	2.74	2.93×10^4
石灰岩 (〃)	2.64	7.73×10^4
花崗岩 (〃)	2.54	1.69×10^5
石英粗面岩 (第三紀)	2.36	2.93×10^4
砂岩 (〃)	2.20	1.53×10^4
凝灰岩 (〃)	1.91	5.96×10^4
安山岩 (第四紀)	2.63	8.09×10^4
〃 (〃)	2.32	2.17×10^4

参 考 文 献

1) B. E. BLAIR : Physical Properties of Mine Rock, Part III, Bureau of Mines RI 5130.
2) 日下部 : 震災予防調査会欧文報告第17号, 明治33年.
3) 鈴木 光 : 砂岩의物理的性質에 관한 연구 日本鉱業会誌, 70巻, 790号 (昭 29年4月号)
4) 飯田汲事 : 岩石의 탄성 및 점성에 관한 연구 地震研究所彙報 17号, 昭 14 年.
5) 杉原武徳 : 坑內地圧의解説, 東大工学部紀要, 1940 (昭 15年).

3 장 운동방정식과 진동

3.1 파동방정식과 탄성파

그림 1.2의 미소입방체 각각의 표면에 작용하는 응력을 고려하여 그 중에서 x방향의 성분만을 따서 x방향에 작용하는 힘을 생각하면 그것은

$$\left(\frac{\partial \sigma_x}{\partial x}+\frac{\partial \tau_{xy}}{\partial y}+\frac{\partial \tau_{xz}}{\partial z}\right)dxdydz$$

이다. 그러므로 운동의 방정식(NEWTON의 제2법칙)은 다음 식으로 표시된다.

$$m\frac{d^2x}{dt^2}=F \tag{3.1}$$

여기서 m은 질량을, 또 F는 힘을 나타낸다. 그러므로 x방향의 가속도 성분은 $\partial^2 u/\partial t^2$로 표시되기 때문에 ρ를 물체의 밀도로 하면 운동방정식은 다음 식이 된다.

$$\rho dxdydz\frac{\partial^2 u}{\partial t^2}=\left(\frac{\partial \sigma_x}{\partial x}+\frac{\partial \tau_{xy}}{\partial y}+\frac{\partial \tau_{xz}}{\partial z}\right)dxdydz$$

따라서

$$\left.\begin{array}{l}\rho\dfrac{\partial^2 u}{\partial t^2}=\dfrac{\partial \sigma_x}{\partial x}+\dfrac{\partial \tau_{xy}}{\partial y}+\dfrac{\partial \tau_{xz}}{\partial z}.\\ \text{이와 같이 } y\text{방향 및 } z\text{방향에 대해서는}\\ \rho\dfrac{\partial^2 v}{\partial t^2}=\dfrac{\partial \tau_{yx}}{\partial x}+\dfrac{\partial \sigma_y}{\partial y}+\dfrac{\partial \tau_{yz}}{\partial z}\\ \rho\dfrac{\partial^2 w}{\partial t^2}=\dfrac{\partial \tau_{zx}}{\partial x}+\dfrac{\partial \tau_{zy}}{\partial y}+\dfrac{\partial \sigma_z}{\partial z}\end{array}\right\} \tag{3.2}$$

이다. 식(3.2)의 우변은 응력성분으로 나타내기 때문에 이것은 응력성분으로 표시한 운동방정식이다.

다음에 응력성분을 변위성분으로 바꿀 것을 생각한다. 훅의 법칙 식(1.16)에 의해

$$\sigma_x=\lambda e+2G\varepsilon_x=\lambda e+2G\frac{\partial u}{\partial x}$$

이며, 또

$$e = \varepsilon_x + \varepsilon_y + \varepsilon_z = \frac{\partial u}{\partial x} + \frac{\partial v}{\partial y} + \frac{\partial w}{\partial z}$$

$$\lambda = \frac{\nu E}{(1+\nu)(1-2\nu)}$$

$$\tau_{xy} = G \cdot \gamma_{xy} = G\left(\frac{\partial u}{\partial y} + \frac{\partial v}{\partial x}\right)$$

$$\tau_{xz} = G \cdot \gamma_{xz} = G\left(\frac{\partial w}{\partial x} + \frac{\partial u}{\partial z}\right)$$

이다. 따라서 식(3.2)의 제1식은

$$\rho \frac{\partial^2 u}{\partial t^2} = (\lambda + G) \frac{\partial e}{\partial x} + G\left(\frac{\partial^2 u}{\partial x^2} + \frac{\partial^2 u}{\partial y^2} + \frac{\partial^2 u}{\partial z^2}\right) = (\lambda + G) \frac{\partial e}{\partial x} + G \nabla^2 u$$

이다. 그러므로 ∇^2 는

$$\nabla^2 = \frac{\partial^2}{\partial x^2} + \frac{\partial^2}{\partial y^2} + \frac{\partial^2}{\partial z^2}$$

을 의미하는 기호로 Laplace의 연산자라 부른다.

마찬가지로 식(3.2)의 제2, 제3식의 우변도 변위성분으로 바꾸어 쓰게 되므로 결국 변위성분으로 운동방정식을 나타내면

$$\left.\begin{array}{l}\rho \dfrac{\partial^2 u}{\partial t^2} = (\lambda + G) \dfrac{\partial e}{\partial x} + G \nabla^2 u \\[6pt] \rho \dfrac{\partial^2 v}{\partial t^2} = (\lambda + G) \dfrac{\partial e}{\partial y} + G \nabla^2 v \\[6pt] \rho \dfrac{\partial^2 w}{\partial t^2} = (\lambda + G) \dfrac{\partial e}{\partial z} + G \nabla^2 w\end{array}\right\} \qquad (3.3)$$

가 된다. 여기에서

$$(\lambda + G) = \frac{\nu E}{(1+\nu)(1-2\nu)} + \frac{E}{2(1+\nu)} = \frac{E(1-\nu)}{2(1+\nu)(1-2\nu)} \quad (3.4)$$

이다.

만약 그림 1.2의 미소입방체에 상기의 표면력 이외로 물체력이 작용하는 경우에는 그 물체력의 x, y 및 z방향의 성분을 X, Y 및 Z로 하면 식(3.2)의 제1식에는 그 우변에 ρX가 가해지므로 결국 식(3.3)의 제1식은 다음 식이 된다.

$$\rho \frac{\partial^2 u}{\partial t^2} = (\lambda + G) \frac{\partial e}{\partial x} + G \nabla^2 u + \rho X.$$

3.1 파동방정식과 탄성파

제2, 제3식에 대해서도 이와 같이 각각 ρY 및 ρZ의 항이 가해지게 된다.
따라서 식(3.3)을 각각 x, y, z에 대해서 미분하여 가합시키면,

$$\rho\left[\frac{\partial}{\partial x}\cdot\frac{\partial^2 u}{\partial t^2}+\frac{\partial}{\partial y}\cdot\frac{\partial^2 v}{\partial t^2}+\frac{\partial}{\partial z}\cdot\frac{\partial^2 w}{\partial t^2}\right]$$
$$=(\lambda+G)\left(\frac{\partial^2}{\partial x^2}+\frac{\partial^2}{\partial y^2}+\frac{\partial^2}{\partial z^2}\right)e+G\nabla^2\left(\frac{\partial u}{\partial x}+\frac{\partial v}{\partial y}+\frac{\partial w}{\partial z}\right).$$

따라서

$$\rho\cdot\frac{\partial^2}{\partial t^2}\left[\frac{\partial u}{\partial x}+\frac{\partial v}{\partial y}+\frac{\partial w}{\partial z}\right]=(\lambda+G)\nabla^2 e+G\nabla^2 e$$

그러므로
$$\rho\frac{\partial^2 e}{\partial t^2}=(\lambda+2G)\cdot\nabla^2 e$$

혹은

$$\frac{\partial^2 e}{\partial t^2}=\frac{\lambda+2G}{\rho}\cdot\nabla^2 e \tag{3.5}$$

이 된다. 그런데 $\partial^2 f/\partial t^2 = A\cdot\nabla^2 f$의 형의 식은 파동방정식(wave equation)이라 부르는 것으로, f가 $\sqrt{A}$의 속도로 전해지는 파동현상을 나타낸다. 식(3.5)에서는 e, 즉 체적변화 $\left(\frac{\partial u}{\partial x}+\frac{\partial v}{\partial y}+\frac{\partial w}{\partial z}\right)$가

$$\sqrt{\frac{\lambda+2G}{\rho}} \quad \text{즉} \quad \sqrt{\frac{E}{\rho}\cdot\frac{1-\nu}{(1+\nu)(1-2\nu)}}$$

의 속도로 물체의 안을 전하는 것을 표시하였다.

다음에 식(3.3)에 제2식과 제3식의 사이에서 e를 소거하기 위해 제2식을 z로, 제3식을 y로 미분하여 제3식에서 제2식을 빼면 다음 식이 얻어진다.

$$\rho\frac{\partial^2}{\partial t^2}\left(\frac{\partial w}{\partial z}-\frac{\partial v}{\partial z}\right)=G\nabla^2\left(\frac{\partial w}{\partial y}-\frac{\partial v}{\partial z}\right) \tag{3.6}$$

그러므로 식(1.3)에 의해 ( )내에는 $2\omega x$와 같으므로 위 식은 다음 식으로 바꾸어 쓸 수 있다.

$$\frac{\partial^2 \omega_x}{\partial t^2}=\frac{G}{\rho}\nabla^2 \omega_x \tag{3.7}$$

이 식도 또한 ωx에 관한 파동 방정식이다. 이 식은 ωx인 회전 성분이 x축에 따라 $\sqrt{G/\rho}$ 속도로 전파되는 것을 표시한다. 이와 같이 다른 회전 성분 ωy, ωz도 $\sqrt{G/\rho}$의

속도로 각각 y 및 z축에 따라 전파되는 것을 안다.

식(3.5)의 e는 체적변화이므로 식(3.5)는 체적변화의 전파되는 파, 즉 입자의 운동방향 파의 전파방향과 같은 것이며 이것을 종파(longitudinal wave), 소밀파(dilatational wave) 혹은 P파(primary wave)라 부른다. 이에 대해 식 (3.7)에서 나타내는 파는 횡파(transversal wave), 되돌이파(distortional wave, shear wave) 혹은 S파(secondary wave)라 부른다.

3.2 봉의 종진동과 되돌이 진동[2]

그림 3.1(a)를 표시하는 봉의 좌단을 예로서는 헤머로 가볍게 치면, 봉의 내부에는 소밀파 즉 종파가 생기며 x방향으로 전파된다. 즉 봉 내부에 미소부분 $mnm'n'$를 생각할 경우 그것이 봉의 종방향(Ox의 방향)에 신축되며 전파되어 간다. 이 경우 종파의 파장은 봉의 횡칫수에 비하여 매우 크기 때문에 종진동 중의 횡변형은 생략해도 지장이 없으므로 식(3.5)은 다음 식과 같이 써도 좋다.

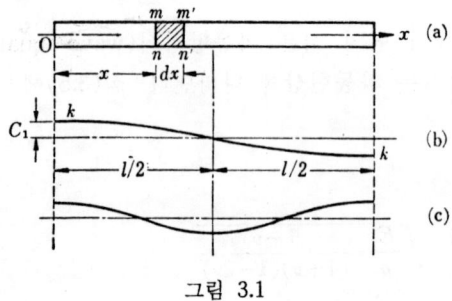

그림 3.1

왜냐하면 $\partial v/\partial y = \partial w/\partial z = 0$으로 둘 수 있으며 또 ν도 고려하지 않아도 좋기 때문이다.

$$\frac{\partial^2 u}{\partial t^2} = a^2 \frac{\partial^2 u}{\partial x^2} \tag{3.8}$$

여기에서

$$a = \sqrt{\frac{E}{\rho}} = v_l \tag{3.9}$$

로, v_l은 봉을 전하는 종파의 전파속도이다. 봉의 되돌이 진동에서는 봉 내부의 미소부분 $mnm'n'$가 Ox축의 둘레에 있는 각도로 되돌아오는 상태의 진동을 받는 것으로 식(3.7)이 그것에 상당하다. 따라서 이 횡파의 속도를 v_s로 하면

3.2 봉의 종진동과 되돌이진동

$$v_s = \sqrt{\frac{G}{\rho}} \tag{3.10}$$

이다.

따라서 식(3.8) 특별해석은

$$u = X(A \cos pt + B \sin pt) \tag{3.11}$$

이다. 이것은 봉이 어느 형의 자연진동을 하고 있는 것을 의미한다. 그리고 이 진동수는 $p/2\pi$, 주기는 $2\pi/p$이다. A, B는 임의의 정수이며 X는 x만의 함수로 지금 생각하고 있는 定規型振動의 형상을 결정하는 것이며 정규함수라 부른다.

지금 양단 자유의 봉 종진동을 생각하면 이 경우에는 양단의 진동 중의 응력은 영과 같으므로 응력은

$$\sigma_x = E \cdot \varepsilon_x = E \frac{\partial u}{\partial x}$$

가 되므로, 단 조건으로서는

$$\left(\frac{\partial u}{\partial x}\right)_{x=0} = 0; \quad \left(\frac{\partial u}{\partial x}\right)_{x=l} = 0 \tag{a}$$

식(3.11)을 식(3.8)에 대입하면

$$-p^2 X = a^2 \frac{d^2 X}{dx^2}.$$

이것에서

$$X = C \cos \frac{px}{a} + D \sin \frac{px}{a} \tag{b}$$

조건(a)의 처음 식을 만족시키기 위해서는 $D=0$이 되는 것이 필요하다.

또 조건(a)의 제2식은

$$\sin \frac{pl}{a} = 0 \tag{3.12}$$

으로 두면 만족된다. 또 (3.12)식에 의해, 다음 식이 성립된다.

$$pl/a = i\pi \tag{c}$$

단, $i = 1, 2, 3, \cdots$ 의 정수이다. 이것이 양단 자유인 봉의 자연 종진동의 진동수이다. 기본형 진동의 진동수는 $i=1$로 두면 구해지며, 그것은 다음 식으로 주어진다.

$$p_1 = \frac{a\pi}{l} = \frac{\pi}{l} \sqrt{\frac{E}{\rho}} \tag{3.13}$$

또 이것에 상당한 진동의 주기는

$$\tau_1 = \frac{2\pi}{p_1} = 2l\sqrt{\frac{\rho}{E}} \tag{3.14}$$

이다. 식(b)에서 얻어지는 이 형의 진동의 형상은 그림 3.1(b)에 있어서 곡선 kk에 의해 나타나 있으며 그 종좌표(진폭)은

$$X_1 = C_1 \cos \frac{p_1 x}{a} = C_1 \cos \frac{\pi x}{l} \tag{3.15}$$

이며, 그림 (c)에 표시하는 제2의 형의 진동에서는

$$\frac{p_2 l}{a} = 2\pi \quad \text{및} \quad X_2 = C_2 \cos \frac{2\pi x}{l}$$

이다. 따라서 식(3.14)은 기본형 진동의 주기를 표시하는 식이므로 그 진동수는 $f_1 = 1/\tau_1$ 이며, $2f_1 = p_1/\pi$가 되므로 식(3.13)에서 $a = p_1 l/\pi = 2f_1 l = v$를 얻는다.

따라서 그림 3.1에 표시한 탄성봉의 진동에 있어서 기본형 진동을 생각하면 종진동에 있어서는

$$v_l = 2l f_l \quad , \quad v_l = \sqrt{\frac{E}{\rho}}. \tag{3.16}$$

횡진동(되돌이 진동)에 있어서는

$$v_s = 2l f_l \quad , \quad v_s = \sqrt{\frac{G}{\rho}}. \tag{3.17}$$

의 관계가 성립되는 것을 알 수 있다.

3.3 점성을 가진 물체의 진동[3, 4]

점성이 있는 물체가 외부에서 P의 힘이 가해져 그 결과 진동이 생겼다고 하면 그 때 물체의 운동방정식은 다음 식으로 나타낸다.

$$m\frac{d^2 y}{dt^2} + \eta \frac{dy}{dt} + ey = P \tag{3.18}$$

여기서 y는 변위이며 m은 물체의 질량과 형상에 관련된 계수로 하면 좌변에 제1항은 관성에 관한 항이다. 다음으로 η를 점성에 관한 계수로 하면 제2항은 감쇠에 관한 항이며 e를 물체의 탄성율과 형상에 의해 정하는 값으로 하면 제3항은 탄성에 관한 항이다.

3.3 점성을 가진 물체의 진동

물체가 자유 진동(free vibration)을 하는 경우에는 $P=0$이므로 식(3.18)는

$$m\frac{d^2y}{dt^2}+\eta\frac{dy}{dt}+ey=0 \tag{3.19}$$

이 되며, 외부에서 가해지는 힘이 강제진동(forced vibration)이며 그것이 예를 들면 $P=P_0\sin\omega t$라고 하는 식으로 표시되는 강성진동일 때는 식 (3.18)의 우변을 $P_0\sin\omega t$로 두면 된다.

따라서 지금 다음 식으로 표시되는 자유 진동에 대해서 생각한다.

$$\frac{d^2y}{dt^2}+2\varepsilon\frac{dy}{dt}+n^2y=0 \tag{3.20}$$

위 식에서 ε, n^2은 (+)의 정수이며, 제2항의 계수에 특히 2를 붙인 것은 후의 계산에 편리하기 위함이다. 지금 $y=e^{-\alpha t}$로 놓고 $dy/dt, d^2y/dt^2$를 구해서 식(3.20)에 대입하면

$$\alpha^2-2\varepsilon\alpha+n^2=0 \tag{a}$$

이 얻어진다. 이 방정식의 α에 관한 2개의 근을 α_1, α_2로 하면

$$\left.\begin{array}{l}\alpha_1=\varepsilon+\sqrt{\varepsilon^2-n^2}\\ \alpha_2=\varepsilon-\sqrt{\varepsilon^2-n^2}\end{array}\right\} \tag{b}$$

가 되며 $e^{-\alpha_1 t}, e^{-\alpha_2 t}$ 독립인 특별 풀이가 된다. 따라서 식(3.20)의 일반 풀이는

$$y=Ae^{-\alpha_1 t}+Be^{-\alpha_2 t} \tag{3.21}$$

로 주어진다. 여기에 A, B는 임의 상수이다. 초기 조건이 주어지면(예를 들면 $t=0$에 대한 y 및 dy/dt의 값) 정해진다.

식(3.21)에서 주어지는 운동은 다음의 세가지 경우로 나눈다.

(1) $\varepsilon < n$ (감쇠운동)
(2) $\varepsilon > n$ (과감쇠) ⎫ (무주기운동)
(3) $\varepsilon = n$ (임계감쇠) ⎬

(1)의 경우는 점성이 별로 크지 않은 경우로 운동은 점차로 감소되어 간다.

(2)의 경우는 과감쇠(over damping), (3)의 경우는 임계감쇠(critical damping)이라 부르는 상태이다.

그리고 $h=\varepsilon/n$으로 나타내는 h, 혹은 때로는 ε를 감쇠상수라 부른다. 또 식 (3.19)의 계수 기호를 이용하면 임계감쇠에 상당한 η의 값을 η_c로 나타내면,

$$\eta_c = 2\sqrt{em} = 2mn = 2m\gamma_n$$

로 η_c 임계감쇠계수(critical damping coefficient)라 부르며

$$c = \eta/\eta_c$$

로 나타내는 c를 감쇠비(damping ratio) 혹은 임계감쇠비(fraction of critical damping) 라 부른다.

(1) 감쇠진동($\varepsilon < n$, $c < 1$, 혹은 $\eta^2 < 4me$의 경우):

따라서 (1)의 경우는 $\varepsilon^2 - n^2 < 0$이므로 식 (b)의 α_1, α_2는 복소수가 된다. 즉 식 (b)는

$$\left.\begin{array}{l}\alpha_1 = \varepsilon + i\gamma \\ \alpha_2 = \varepsilon - i\gamma\end{array}\right\} \quad (c)$$

여기에서 $i = \sqrt{-1}$, $\gamma^2 = (n^2 - \varepsilon^2)$ 로 γ는 (+)의 실수이다.

식 (c)을 식(3.21)에 대입하면

$$y = e^{-\varepsilon t}(Ae^{-i\gamma t} + Be^{i\gamma t})$$

그러므로

$$y = e^{-\varepsilon t}\{(B+A)\cos\gamma t + i(B-A)\sin\gamma t\}$$

가 된다.

$(B+A)$, $i(B-A)$ 는 역시 상수이므로 이것을 각각 C, D로 바꾸어 쓰면

$$y = e^{-\varepsilon t}(C\cos\gamma t + D\sin\gamma t) \tag{3.22}$$

가 된다. 지금 초기 조건으로서 $t = 0$에 있어서 $y = 0$, $dy/dt = \dot{y}_0$로 한다. 식(3.22)에 $t = 0$으로 하면 $C = 0$이 되며 따라서 식(3.22)는

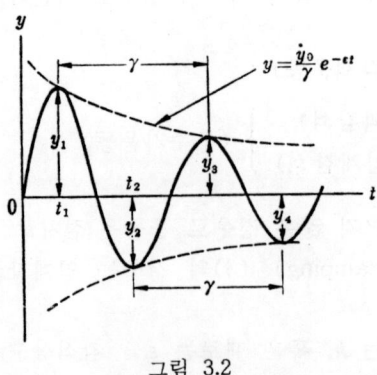

그림 3.2

3.3 점성을 가진 물체의 진동

$$y = e^{-\varepsilon t} \cdot D \sin \gamma t$$

가 된다. 다음에 이 식을 t에 관해 미분하여

$$\frac{dy}{dt} = e^{-\varepsilon t}(-\varepsilon D \sin \gamma t + \gamma D \cos \gamma t) \tag{d}$$

이 식에 $t=0$으로 하면 $\dot{y}_0 = \gamma D$ 따라서 $D = \dot{y}_0/\gamma$가 되므로 식(3.22)는

$$y = \frac{\dot{y}_0}{\gamma} e^{-\varepsilon t} \cdot \sin \gamma t \tag{3.23}$$

이 된다. 따라서 식(3.23)은 그림 3.2에 표시한 것처럼 시간과 함께 점차로 진폭이 감소되어 가는 진동을 표시한다. 식(3.23)은 $t=0$에 있어서 $y=0$이지만 y의 제1극대치 y_1에 대한 t의 값을 t_1으로 하면 t_1은 식(3.23)에서 $dy/dt = 0$으로서 구해진다. t의 값을 t_1로 하면 구해진다. 따라서 그 값은

$$\tan \gamma t_1 = \frac{\gamma}{\varepsilon} \quad \text{혹은} \quad t_1 = \frac{1}{\gamma}\tan^{-1}\frac{\gamma}{\varepsilon} \tag{e}$$

이다. 그리고 y_1의 값은 $y_1 = (\dot{y}_0/\gamma)e^{-\varepsilon t_1} \cdot \sin \gamma t_1$ 이다. 그런데

$$\sin \gamma t_1 = \frac{\tan \gamma t_1}{\sqrt{1+\tan^2 \gamma t_1}} = \frac{\gamma/\varepsilon}{\sqrt{1+\frac{\gamma^2}{\varepsilon^2}}} = \frac{\gamma}{\sqrt{\gamma^2+\varepsilon^2}}$$

이지만, $\gamma^2 = n^2 - \varepsilon^2$가 되므로 $\sin \gamma t_1 = \gamma/n$이 된다. 따라서

$$y_1 = \frac{\dot{y}_0}{n} e^{-\varepsilon t_1} \tag{f}$$

가 된다. 다음에 t_2에 있어서 극대치 y_2에 도달하는 것으로 하면 식 (e)을 참조하여 $\gamma t_2 = \gamma t_1 + \pi$ 즉 $t_2 = t_1 + (\pi/\gamma)$이며 따라서 $\sin \gamma t_2 = \sin(\gamma t_1 + \pi) = -\gamma/n$, 이 식과 식(3.23)에 의해 다음 식이 얻어진다.

$$y_2 = -\frac{\dot{y}_0}{n} e^{-\varepsilon t_2} \tag{g}$$

완전히 같게 하여 $t_3 = t_2 + (\pi/\gamma) = t_1 + (2\pi/\gamma)$ 및

$$y_3 = \frac{\dot{y}_0}{n} e^{-\varepsilon t_3} \tag{h}$$

가 된다. 이와 같이 하여 보통 다음 식이 얻어진다.

$$y_s = (-1)^{s+1} \frac{\dot{y}_0}{n} e^{-\varepsilon t_s} \tag{i}$$

여기서

$$t_\kappa = t_1 + (\kappa-1)\frac{\pi}{\gamma} \qquad\qquad (j)$$

이다. 이와 같이 하여 y의 극대치는 교호로 $(+)(-)$의 값을 취한다. y_κ, $y_{\kappa+1}$의 절대치를 $|y_\kappa|$, $|y_{\kappa+1}|$로 하면 그 비는

$$\frac{|y_\kappa|}{|y_{\kappa+1}|} = e^{\varepsilon(t_{\kappa+1}-t_\kappa)} = e^{\pi\frac{\varepsilon}{\gamma}} \qquad (3.24)$$

가 되며, 이어서 진폭은 일정한 비를 가지고 감소되어 가는 것을 알 수 있다. 그러므로 이와같은 진동은 감쇠진동(damped vibrarion)라 부르며, 이어지는 진폭의 비를 $v_{T/2}$로 표시하면, 이것을 감쇠비*(damping ratio)라 부른다.

$$v_{T/2} = \frac{|y_1|}{|y_2|} = \frac{|y_2|}{|y_3|} = \cdots = \frac{|y_\kappa|}{|y_{\kappa+1}|} = \cdots = e^{\pi\frac{\varepsilon}{\gamma}} \qquad (3.24)'$$

또, 그 대수를 취하여

$$\delta_{T/2} = \log v_{T/2} = \log\frac{|y_\kappa|}{|y_{\kappa+1}|} = \frac{\pi\varepsilon}{\gamma} \qquad (3.25)$$

을 대수감쇠율(logarithmic decrement)이라 부른다. 또 식(3.25)에 식 (j)를 대입하면 다음 식이 얻어진다.

$$\varepsilon = \frac{(\kappa-1)\cdot\log v_{T/2}}{(t_\kappa - t_1)}. \qquad (3.26)$$

이 ε는 감쇠상수라 부르는 수가 있다.

또 다음 식으로 표시되는 v_T도 감쇠비, 또 $\log v_T$도 대수 감쇠율이라 부른다.

$$\left.\begin{array}{l} v_T = \dfrac{|y_1|}{|y_3|} = \dfrac{|y_2|}{|y_4|} = \cdots, \\[2mm] \delta_T = \log v_T = \log\dfrac{|y_1|}{|y_3|} = \log\dfrac{|y_2|}{|y_4|} = \cdots = \dfrac{2\pi\varepsilon}{\gamma} \end{array}\right\} \qquad (3.25)'$$

혹은 또

$$\frac{|y_3|}{|y_1|} = e^{-\delta_T}$$

이다. 다시 예를 들면 감쇠비 $v_{T/2}$의 실용대수 $\log_{10} v_{T/2}$를 취하여 이것을 대수 감쇠율이라고도 한다. 이 경우는

---

* c (fraction of critical damping) も damping ratio と呼ばれるので注意.

3.3 점성을 가진 물체의 진동

$$\lambda = \log_{10} v_{T/2} = \pi \frac{\varepsilon}{\gamma} \log_{10} e \qquad (3.25)''$$

이다.

그림 3.3과 같이 $w_1 = |y_1| + |y_2|$, $w_2 = |y_2| + |y_3|$, $\cdots$, $w_\kappa = |y_\kappa| + |y_{\kappa+1}|$, 로 하면

$$v = \frac{|y_1| + |y_2|}{|y_2| + |y_3|} = \frac{|y_2| + |y_3|}{|y_3| + |y_4|} = \cdots = \frac{|y_{\kappa-1}| + |y_\kappa|}{|y_\kappa| + |y_{\kappa+1}|} = \cdots$$

$$= \frac{w_1}{w_2} = \frac{w_2}{w_3} = \cdots = \frac{w_{\kappa-1}}{w_\kappa}. \qquad (3.27)$$

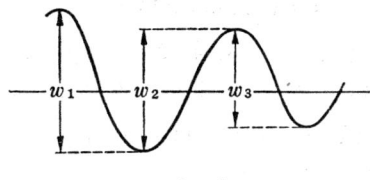

그림 3.3

가 된다. 따라서 $w_1, w_2, \cdots$의 비를 가지고 감쇠비라고도 하는 수도 있다. 이 경우 w_1, $w_2, \cdots$ 복진폭(double amplitude)이라고 부른다.

이어지는 두 가지의 (+)의 극대, 또 이어지는 두 개의 (−)의 극대 사이의 시간을 T로 하면

$$T = \frac{2\pi}{\gamma} \qquad (3.28)$$

에서, T는 이 감쇠진동의 주기이며, $f = 1/T$는 감쇠진동수(damped natural frequency)이다. 점성이 없는 경우 즉 $\eta = 0$(혹은 $\varepsilon = 0$)의 경우의 주기를 Tn으로 하면, $Tn = 2\pi/n$이기 때문에 이것과 비교하면 $\gamma < n$이 되므로 $T > Tn$이다. 따라서 진동은 점성을 받으면 혹은 또 점성이 강해지면 주기가 길어지며 진동수는 감소되어 가는 것을 알 수 있다.

$fn = 1/Tn$은 감쇠가 없는 상태의 자연 진동수(undamped natural frequenecy)이다.

따라서 식(c)에서

$$\gamma = \sqrt{n^2 - \varepsilon^2} = n\sqrt{1 - \left(\frac{\varepsilon}{n}\right)^2}.$$

점성이 없는 경우($\eta = 0$)에 있어서 γ의 값을 γn 으로 표시하면 그 경우는 $\gamma n = n$이 되기 때문에 위 식은

$$\gamma = \gamma_n \sqrt{1-\left(\frac{\varepsilon}{\gamma_n}\right)^2}$$

로 쓴다. 그런데 $\varepsilon = \eta/2m$, γ_n은 $\gamma_n = \eta_c/2m$이므로 γ와 γ_n은 다음의 관계이다.

$$\gamma = \gamma_n \sqrt{1-c^2}, \quad (\text{rad/s})$$

그리고 또 $\gamma/\gamma_n = f/f_n$이기 때문에 위 식은 다음과 같이 쓴다.

$$\frac{f}{f_n} = \frac{\gamma}{\gamma_n} = \sqrt{1-c^2}. \tag{3.29}$$

여기서 $c = \eta/\eta_c$ (fracrion of critical damping)이다.

따라서, 식(3.20)에 대한 ε은 n 그 물체의 고유 상수라고도 말하는 것이다. 이 두 가지가 주어지면 그 물체가 어떠한 운동을 하는가 정해지게 된다. 따라서 실제 문제로서 ε과 n의 값을 정할 필요가 생긴다. 거기서 다음에 감쇠진동의 측정에서 n과 ε를 구하는데 편리한 관계식을 유도해 둔다.

따라서 $\gamma^2 = n^2 - \varepsilon^2$이기 때문에 T_n은 다음 식이 된다.

$$T_n = \frac{2\pi}{n} = \frac{2\pi}{\sqrt{\gamma^2+\varepsilon^2}} = \frac{2\pi}{\gamma} \cdot \frac{1}{\sqrt{1+\left(\frac{\varepsilon}{\gamma}\right)^2}}. \tag{k}$$

위 식에 식(3.28), 식(3.25)를 대입하면

또,
$$\left. \begin{array}{l} n = \dfrac{2\pi}{T} \sqrt{1+\left(\dfrac{\log v_{T/2}}{\pi}\right)^2} \\[2ex] n = \dfrac{2\pi}{T} \sqrt{1+\left(\dfrac{\lambda}{\pi \cdot \log_{10} e}\right)^2} \end{array} \right\} \tag{3.30}$$

이다. $1/(\pi \log_{10} e)^2 = 0.53720$ 이 되므로

$$n = \frac{2\pi}{T} \sqrt{1+0.53720 \cdot \lambda^2} \tag{3.30}$$

을 얻는다. 또 ε에 대해서는 식(3.25)와 식(3.28)에서

$$\varepsilon = \frac{2 \cdot \log v_{T/2}}{T} \quad \text{혹은} \quad \varepsilon = \frac{2\lambda}{T \cdot \log_{10} e} \tag{3.31}$$

이다. $2/\log_{10} e = 4.6052$ 이 되므로 위 식은 아래 식이 된다.

$$\varepsilon = 4.6052 \frac{\lambda}{T}. \tag{3.31}$$

$\varepsilon/n = h$로 기술하면 이것도 감쇠상수라 부른다. 따라서 h는 혹은

3.3 점성을 가진 물체의 진동

$$h = \frac{\varepsilon}{n} = \frac{\log v_{T/2}}{\sqrt{\pi^2 + (\log v_{T/2})^2}}$$

혹은

$$h = \frac{\lambda}{\sqrt{\pi^2 (\log_{10} e^2) + \lambda^2}}$$

(3.32)

이가 된다.

감쇠상수(h)와 감쇠비($v_{T/2}$)와의 관계를 구하면,

$$\gamma = \sqrt{n^2 - \varepsilon^2} = n\sqrt{1-h^2} \quad (1)$$

따라서

$$\frac{\varepsilon}{\gamma} = \frac{h}{\sqrt{1-h^2}}$$

이 식을 식(3.24)'에 대입하면 다음 식이 얻어진다.

$$v_{T/2} = e^{\pi \frac{h}{\sqrt{1-h^2}}}. \quad (3.33)$$

(2) 과감쇠($\varepsilon > n$) 및 임계감쇠($\varepsilon = n$)의 경우:

$\varepsilon > n$의 경우는 식(b)에서 a_1, a_2는 동시에 실수가 된다. 따라서 식 (3.20)의 일반 풀이는 식 (3.21)에 표시한 바와 같으며 초기 조건을 정하여 운동의 모양을 살피면 진폭 y가 (+)(−)의 값을 취하지 않고 일정하게 감소되어 가는 무주기운동(aperiodic motion)이 된다. 또 $\varepsilon = n$의 경우는 식(a)는 등근이 같게 되므로 $a_1 = a_2 = n$이 된다. 이 경우에 있어서 식 (3.20)의 일반 풀이를 구하여 초기 조건을 정해서 운동 모양을 살피면 역시 이 경우도 운동은 무주기 운동이라는 것을 알 수 있다. $\varepsilon = n$의 상태는 감쇠진동과 무주기운동의 경계에 상당하는 것으로 특히 극한 감쇠, 임계감쇠(critical damping)의 상태라 부른다. 그리고 $\varepsilon > n$의 상태는 과감쇠(over damping)의 상태라 부른다.

3.4 강제진동과 공진

식(3.18)은 외부에서 P의 힘이 가해지는 경우의 식이지만 $P\sin \omega t$의 진동을 가하면 강제진동의 식이 된다. 즉 강제진동(forced vibration)의 식은 다음 식으로 표시된다.

$$m\frac{d^2y}{dt^2} + \eta\frac{dy}{dt} + ey = p\sin \omega t \quad (3.34)$$

이것을 바꾸어 쓰면

$$\frac{d^2y}{dt^2}+2\varepsilon\frac{dy}{dt}+n^2y=f_m\sin\omega t \qquad (3.35)$$

그러므로 $2\varepsilon=\eta/m,\qquad n^2=e/m,\qquad f_m=p/m$ 이다.

식(3.35)의 일반풀이는 (3.19) 혹은 식(3.20)의 일반풀이와 식(3.35)의 특해와의 합으로 주어진다. 즉

$$y=(自由振動의 項)+\frac{f_m}{\sqrt{(n^2-\omega^2)^2+4\varepsilon^2\omega^2}}\cdot\sin(\omega t-\theta)$$

자유진동의 항은 $e^{-\varepsilon t}$의 항이 관계되므로 t가 더하면 영에 가깝다. 따라서 충분히 t가 크면 후에는 강제진동의 항 만이 남고 **정상상태**(stationary state)가 된다. 따라서 정상상태에 있어서 일반풀이는 식(3.35)의 특해로 주어지기 때문에 그것은 다음 식으로 표시된다.

$$\begin{aligned}y&=\frac{f_m}{\sqrt{(n^2-\omega^2)^2+4\varepsilon^2\omega^2}}\cdot\sin(\omega t-\theta)\\&=\frac{f_m}{n^2\sqrt{\left(1-\frac{\omega^2}{n^2}\right)^2+\frac{4\varepsilon^2\omega^2}{n^4}}}\cdot\sin(\omega t-\theta)\\&=\frac{f_m}{n^2}\cdot\frac{1}{z}\cdot\sin(\omega t-\theta)\end{aligned} \qquad (3.36)$$

여기서

$$z^2=\left(1-\frac{\omega^2}{n^2}\right)^2+4\frac{\varepsilon^2\omega^2}{n^4},\qquad \tan\theta=\frac{2\varepsilon\omega}{n^2-\omega^2}$$

이다.

위 식에서 물체의 강제진동은 외부에서 가해지는 진동과 같은 주기 T_ω를 가지며 位相의 지연 θ를 가진 진동일 때 또 그 진폭은 외부에서 가해지는 진동의 진폭 f_m에 $1/n^2z$를 곱한 것이라는 것을 알 수 있다. 또 $1/z$은 위상차 θ는 모두 $u=n/\omega=T_\omega/T_n$ 및 $h=\varepsilon/n$의 함수로 되었다. h는 물체의 감쇠상수이기 때문에 물체에 의해 정해진다. 따라서 $1/z$ 및 θ의 값은 u(즉 외부에서 가해지는 진동의 주기 T_ω와 물체의 자연주기 T_n과의 비)의 값에 의해 정해지는 것이다. 그림 3.4 및 그림 3.5는 이러한 관계를 표시한다.

강제진동을 실시하는 물체의 진폭이 최대가 되는 것은 식(3.36)에서 z가 최소가 되는 경우이다. 이 조건에서 그 때의 ω의 값을 구하고 이것을 ω_{res}로 쓰면

$$\omega^2_{res}=n^2-2\varepsilon^2 \qquad (3.37)$$

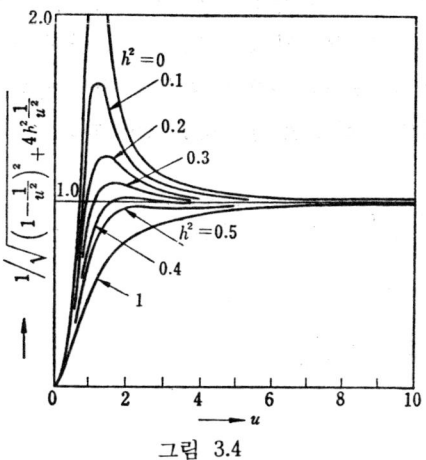

그림 3.4

을 얻는다. 즉 외부에서 가해지는 진동의 진동수 $f(=\omega/2\pi)$가 $f_{res}(=\omega_{res}/2\pi)$ 일 때에 물체의 진동은 최대가 되며 물체는 크게 흔들린다. 이것이 소위 공진(resonance)의 현상이다. 그런데 위 식에서 아는 바와 같이 공진시에 대한 ω의 값은 물체가 자유진동을 실시하는 경우의 γ의 값(즉 $\gamma^2=n^2-\varepsilon^2$의 값)과는 일치되지 않는다. 그러나 감쇠가 비교적 작을 때는 $\varepsilon < n$이므로

$$\gamma^2 \doteqdot \omega^2_{res} \doteqdot n^2 \tag{3.38}$$

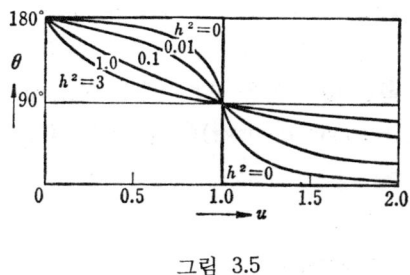

그림 3.5

로 두는 것이 허용된다. 즉 물체의 자유 진동수와 그 물체에 가해지고 있는 강제진동의 진동수가 거의 같을 때는 공진이 생기는 것이다.

식(3.36)은 따라서 다음과 같이 표시하는 것이 허용된다.

$$\left. \begin{array}{l} y = \dfrac{f_m \cdot \sin(\omega t - \theta)}{\omega^2_{res}\sqrt{\left(1 - \dfrac{\omega^2}{\omega^2_{res}}\right)^2 + \dfrac{4\varepsilon^2\omega^2}{\omega^4_{res}}}} \\ \tan\theta = 2\varepsilon\omega/(\omega^2_{res} - \omega^2). \end{array} \right\} \tag{3.39}$$

감쇠가 비교적 작을 때는 $\varepsilon < n$이기 때문에 식(3.20)으로 n^2에 대해 ε는 무시하면 그 때의 진동수는 $\gamma n/2\pi$로 나타내기 때문에 $\omega_{res} \fallingdotseq \gamma n$으로 다시 바꾸어 써도 큰 잘못이 없는 것이다. 따라서 위 식에서 ω_{res}를 γn으로 바꾸어 써도 좋다.

공진시에 있어서는 $\omega = \omega_{res}$이므로 식(3.39)은, 다음식이 된다.

$$y = \frac{m \cdot f_m}{\eta \cdot \omega_{res}} \cdot \sin\left(\omega t + \frac{\pi}{2}\right) = -\frac{p_0 \cdot \cos \omega t}{\eta \cdot \omega_{res}}. \tag{3.40}$$

따라서 공진시의 최대진폭 y_{res}는

$$y_{res} = \frac{p_0}{\eta \cdot \omega_{res}} \tag{3.41}$$

이다.

3.5 Specific Damping Capacity (Specific Loss) 및 Quality Factor에 대해서

물체 내부 마찰의 정도를 나타내는 하나의 표시법으로서 자주 진동체가 진동의 1주기 사이에 소비된 내부 에너지(ΔU)와 이 사이에 변형이 최대가 되었을 때의 탄성 변형 에너지(U)와의 비가 이용된다. 이 비를 b로 표시하면

$$b = \frac{\Delta U}{U} \tag{3.42}$$

에서 이 b는 specific damping capacity 혹은 specific loss라 부른다. 또 어느 진동체의 감쇠 정도는 공진시의 진폭으로 표시할 수가 있다. 이것은 자주 전기계측의 입장에서 Quality factor(Q)라 부르며, $1/Q$ 혹은 Q^{-1} 진동 흡수 계수(reciprocal Q)라 부른다.

진동체의 감쇠 정도는 공진곡선(resonance curve)(그림 3.6) 공진주파수 (f_{res})의 가

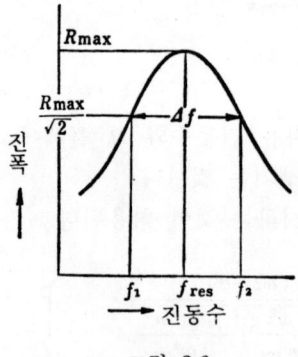

그림 3.6

3.5 Specific Damping capacity 및 Quality Factor에 대해서

까운데 있으므로 그 곡선의 형상에 의해 표시할 수가 있다. 즉 공진곡선으로 $R\text{max}/\sqrt{2}$ 의 선이 그 곡선을 끊어내는 폭을 Δf로 표시하면

$$\frac{\Delta f}{f_{\text{res}}} = \frac{1}{Q} \tag{3.42}$$

이다. 진동체의 내부마찰이 적을수록 공진곡선은 날카로운 형이 되며 진동 흡수 계수는 작은 값이 된다. 그러므로 기계적 진동과의 관계는 Q는 $Q=1/2c$로서 정의된다. 따라서

$$\frac{\Delta f}{f_{\text{res}}} = \frac{\Delta \omega}{\omega_{\text{res}}} = \frac{1}{Q} = 2c \tag{3.43}$$

의 관계이다.

또 specific damping capacity, 대수감쇠율 δ, quality facrtor(Q)의 사이에는 다음의 관계가 성립된다.

$$b = \frac{\Delta U}{U} = 2\delta_T = 4\delta_{T/2} = 2\pi \frac{\Delta f}{f_{\text{res}}} = \frac{2\pi}{Q} = \frac{2\pi \eta}{m\omega_{\text{res}}}. \tag{3.44}$$

다음에 이 관계를 설명한다.

따라서 진동의 제1파의 진폭을 y_1, 1주기 후의 진폭을 y_3로 하면 물체에 저장되는 탄성에너지는 진동의 2승에 비례하기 때문에 ($\because$ 탄성에너지 $\sigma \cdot \varepsilon/2 = (\varepsilon/2) \cdot \varepsilon E = E\varepsilon^2/2$) 제1파와 제2파 사이의 specific damping capacity $b(=\Delta U/U)$ 는 $(y_1^2 - y_3^2)/y_1^2$로 주어진다. 감쇠가 적은 경우는 $y_3 \doteqdot y_1$이기 때문에,

$$b = \frac{\Delta U}{U} = \frac{y_1^2 - y_3^2}{y_1^2} = \frac{y_1 + y_3}{y_1} \cdot \frac{y_1 - y_3}{y_1} \doteqdot \frac{2(y_1 - y_3)}{y_1},$$

또 식(3.25′)에서

$$\frac{y_3}{y_1} = e^{-\delta T},$$

가 되므로

$$\frac{y_1 - y_3}{y_1} = 1 - \frac{y_3}{y_1} = 1 - e^{-\delta T},$$

또 $e^{-\delta}$를 무한급수로 전개하면

$$e^{-\delta} = 1 - \frac{\delta}{1!} + \frac{\delta^2}{2!} - \frac{\delta^3}{3!} + \cdots, \quad |\delta| < \infty$$

가 되므로 $\delta < 0.2$에 대해서는 다음 식에서 매우 근사하게 된다.

$$\frac{y_1 - y_3}{y_1} = \delta_T.$$

따라서 다음 식이 성립된다.

$$b = \frac{\Delta U}{U} = \frac{2(y_1 - y_3)}{y_1} = 2\delta_T. \qquad (3.45)$$

공진시에 있어서 최대진폭은 식(3.40)에서 $m \cdot f_m/\eta \cdot \omega_{res}$이다. 또 강제진동에 있어서 진폭은 식(3.36)에서 구해진다. 따라서 이 진폭을 공진시에 있어서 최대진폭을 $1/\sqrt{2}$로 같게 하는 조건은 다음 식이 된다.

$$m^2(n^2 - \omega^2)^2 + 4m^2\varepsilon^2\omega^2 = 2\omega^2_{res}\eta^2 \qquad (a)$$

따라서

$$\omega^2 = (n^2 - 2\varepsilon^2) \pm \frac{1}{m}\sqrt{m^2(2\varepsilon^2 - n^2)^2 - (m^2 n^4 - 2\omega^2_{res}\eta^2)}$$

$$= (n^2 - 2\varepsilon^2) \pm \frac{\omega_{res} \cdot \eta}{m}. \qquad (b)$$

$$(\because\ 2\varepsilon = \eta/m,\ \omega^2_{res} = n^2 - \varepsilon^2)$$

구하는 두개의 ω의 값을 ω_1, ω_2로 하면 이 두개의 사이에는

$$\omega_1^2 - \omega_2^2 = \frac{2 \cdot \omega_{res} \cdot \eta}{m} \qquad (c)$$

이 성립된다.

또 공진곡선에 대한 식(3.43)은

$$\frac{\Delta f}{f_{res}} = \frac{\Delta \omega}{\omega_{res}} = \frac{\omega_1 - \omega_2}{\omega_{res}} \doteqdot \frac{\omega_1^2 - \omega_2^2}{2\omega^2_{res}} \qquad (d)$$

따라서 식(c)를 고려하면

$$\frac{\Delta f}{f_{res}} \doteqdot \frac{\omega_1^2 - \omega_2^2}{2\omega^2_{res}} = \frac{\eta}{m \cdot \omega_{res}} \qquad (e)$$

그러므로 또, 식(3.25), (3.25′)에 있어서 $\varepsilon = \eta/2m = c\eta_c/2m = c\eta_c/\eta_c/\gamma_n = c\gamma_n$이며, γ_n/γ는 식(3.29)로 나타내기 때문에 δ_T는 다음 식으로 표시된다.

$$\delta_T = \frac{2\pi c}{(1 - c^2)^{1/2}} \qquad (f)$$

그러므로 c의 작은 값(대개 0.10이하)의 경우는 식(f)에 의해 근사적으로 다음 식이 성립된다.

$$\delta_T = 2\pi c. \qquad (3.46)$$

따라서 식(3.45), (e), (3.25), (3.25′) 및 (3.46)의 제식에서 식(3.44)의 관계가 성립된다.

4 장 암석물리상수의 동적측정

4.1 암석탄성계수의 동적측정법

 탄성체의 영율 (E)이나 강성율 (G)은 그림 3.1에 표시한 바와 같은 양단자유인 봉상 시료에 대해서는 밀도와 음속에 관한 식(3.16) 혹은 식(3.17)으로 표시되는 관계에 있다. 따라서 봉상시료에 기본형 종진동 혹은 기본형 되돌이 진동을 주면 다음 식을 이용하여 공시체의 E 혹은 G를 구할 수가 있다.

$$\left. \begin{array}{ll} E = \rho v_l^2, & v_l = 2lf_l \\ G = \rho v_s^2, & v_s = 2lf_s \end{array} \right\} \tag{4.1}$$

 그러므로 ρ : 시료의 밀도, v_l : 시료를 전하는 종파의 속도, l : 시료의 길이, f_l : 종파의 1차 공진주파수, v_s : 시료를 전하는 횡파의 속도, f_s : 횡파의 1차 공진주파수이다.

 상기의 방법은 비교적 파장이 긴 탄성파를 사용하여 공시체를 공진시키고 E 혹은 G를 구하려고 하는 방법으로, 암석의 경우는 이 방법이 용이하며 또 정밀도가 높은 측정결과가 얻어진다. 이에 대해 펄스를 공시체에 주어 공시체내를 전하는 펄스속도를 직접적으로 2소자브라운관 등을 사용하여 측정하고 영율이나 감쇠정수를 구하는 방법도 있다.

 탄성계수의 동적측정법 $\begin{cases} (1)\ 공진법\ \begin{bmatrix} 150 \sim 수\ cm\ 정도의\ 비교적\ 긴\ 파 \\ 장의\ 탄성파를\ 이용하는\ 방법 \end{bmatrix} \\ (2)\ 펄스법\ (직접음속측정법)\ \begin{bmatrix} 수\ cm\ 이하의\ 짧은\ 탄성 \\ 파를\ 이용하는\ 방법 \end{bmatrix} \end{cases}$

 시료의 크기는 금속재료(밀도~8정도)의 경우는 길이 30~70cm, 직경 2.5cm 정도의 것, 암석시료(밀도 0.6~2.7 정도)에서는 길이 10~30cm, 직경 5cm 정도의 것이 측정에 편리하다.
 그림 4.1은 飯田汲事의 방법으로 공시암석의 일단은 운모판을 통하여 직경 15cm 두께 5cm 정도의 철제대에 실려 金屬箔을 붙였다. 金屬箔과 鐵製台가 운모판에 끼어서 하나의 콘덴서를 만들었다. 오시레이터에서 진동전압이 시료에 가해지면 시료의 고유 종진동 주기와 일치될 때 최대 진폭으로 진동한다. 따라서 시료의 상단에 미소한 피크

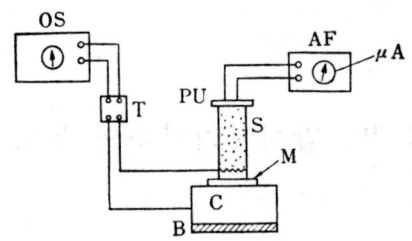

그림 4.1 OS:오시레이터(50～50,000c/s)
T:트랜스, C:철제대, M:운모판,
S:공시암석, PU:피크업, AF:증폭기,
μA:마이크로언미터(飯田에 의함)

업을 설치하면 이 피크업에 생긴 전압은 증폭되어 정류되어서 마이크로언미터의 바늘을 움직이게 하므로 오시레이터의 주파수를 바꾸어 그에 대응하는 미터바늘 진동의 흔들림을 읽는데 따라 공진곡선을 그릴 수가 있다. 그림 4.2는 이와 같은 방법으로 그려진 암석시료의 공진곡선이다. 같은 그림 (a) 및 (c)에서는 1차공진 이외로 2차공진의 산도 나타난다.

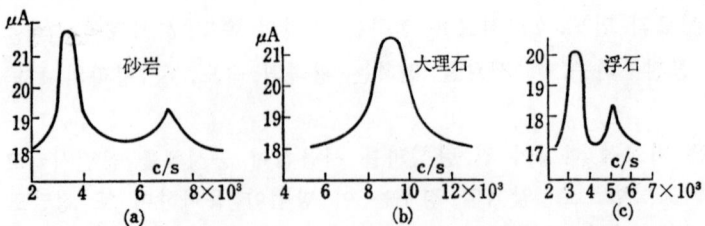

그림 4.2 각종 암석의 共振曲線(飯田에 의함)

그림 4.3은 미국광산국에서 실시한 방법으로 드라이바와 피크업은 그림 4.4에 표시한 바와 같이 동일구조(전자형)의 것으로 공시체의 단면에는 철편을 붙이고 이것을 15W의 전력으로 구동한다. 피크업의 출력은 증폭하여 高임피던스의 볼트미터로 계측되나 로셀염의 샌드위치 소자의 피크업 등을 사용하여 이소자 브라운관에서 관측해도 좋다. 시료는 중앙에서 지탱되나 되돌이진동을 전하기 위해서는 클럼프할 필요가 있다. 발진기의 발진 주파수를 변화시켜서 볼트미터가 최대의 흔들림을 나타낼 때의 주파수를 찾

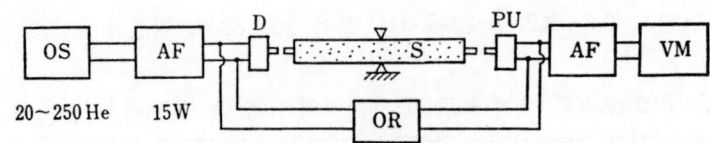

그림 4.3 OS:발진기, AF:증폭기, OR:零調整裝置, D:드라이버,
PU:피크업, S:공시체, VM:볼트미터

4.1 암석탄성계수의 동적측정법

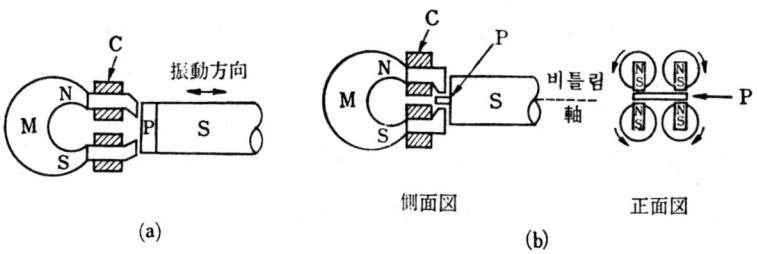

그림 4.4 세로파(a) 및 가로파(b)의 발신·수신장치
(Buvean of Mines에 의함)
M:마그네트, C:코일, P:폴피스, S:시료

으면 그것이 식(4.1)의 f_t 혹은 f_s가 되나 단면에 철편이 붙여져 있으므로 공진 주파수에 오차를 주게 되므로 정확을 기하는 데는 보정을 실시하지 않으면 안된다. 다음에 발진기의 다이얼을 일단 f_t로 세트한 다음 볼트미터의 판독이 최대 진폭시의 파악 $1/\sqrt{2}$가 되도록 발신기 주파수를 미조정 손잡이로 감소시키고 그 때의 주파수(f_1)를 판독하며 다음에 다시 미조정 손잡이로 주파수를 증가시키고 다시 최대 진폭시의 판독의 $1/\sqrt{2}$의 주파수(f_2)를 읽으면 그림 3.6에 표시한 것처럼 (f_2-f_1)이 Δf에 상당한 것으로 식(3.44)에 의해, 예를 들면 Specific danping capacity(b)는 다음 식에 의해 구해진다.

$$b = \frac{\Delta U}{U} = \frac{2\pi \Delta f}{f_{\text{res}}}. \tag{4.2}$$

또 감쇠정수의 측정에 있어서는 공시체에 정상파를 발생시켜 피크업의 출력을 2소자브라운관의 Y축에 넣어 놓고 발진기의 입력을 끊는 동시에 브라운관의 X축을 스타트시켜 單掃引 시키고 그 상을 사진으로 촬영하여 진폭의 변화상태를 해석하는 데에 따라, 식(3.26) 혹은 식(3.34) 등에서 감쇠정수를 구할 수가 있다.

그림 4.5는 스스끼·사사끼 등이 실시한 펄스법의 측정 장치로 공시체의 일단에 발진용수정진동자 (PU)가, 또 타단에는 수신용수정진동 (PU)가 장치되어 있다. 측정에 있어서는 송, 수신용 수정편을 직접 접촉시켜서 수신펄스의 브라운관 상에 있어서 입상점 t_1을 기록한다. 다음에 양 수정편의 사이에 시료를 넣고 똑같이 펄스의 입상점 t_2를

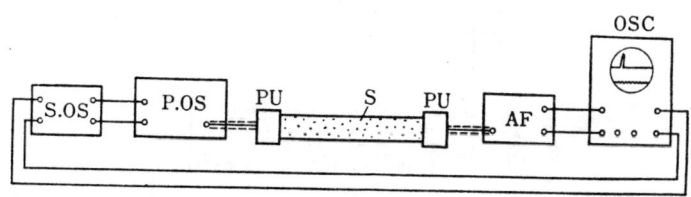

그림 4.5 P.OS:펄스발진기, S.OS:거리목도발진기,
AF:증폭기, OSC:2소자 브라운관오시로

기록하면 $t=t_2-t_1$이 시료중을 통과하는데 필요한 탄성파의 시간이기 때문에 음속(v_l)은 시료의 길이를 l로 하면 $v_l=l/t$로 구해진다. 감쇠정수의 측정에는 길이가 다른 시료를 다수 준비하여 길이 $l_1(m)$인 시료를 송·수신용 수정편 사이에 넣었을 때의 수신 펄스의 높이(h_1)을 측정하고, 다음에 긴 $l_2(m)$의 시료에 대해서 똑같이 h_2를 구한다. 그렇게 하면 감쇠정수(β)는 다음 식에 의해 구해진다.

$$\beta = \frac{1}{l_2-l_1} \cdot 20\log\frac{h_2}{h_1}. \quad (\text{db/m}) \tag{4.3}$$

4.2 암석의 음파특성

표 4.1은 각종 암석의 상온에 대한 물리적 성질과 탄성파 전파정수를 표시한다. 동표에 의하면 압축강도가 큰 암석은 전파속도도 큰 것이 많다. 또 그림 4.6은 2, 3의 암석시료의 주파수와 전파정수와의 관계를 표시한 것이다.

이것들의 측정결과에서 암석은 각각 고유의 전파속도(1,000~5,000m/s)를 가졌으며, 그것은 주파수에는 관계없이 일정하고 또 감쇠정수는 비교적 낮은 주파수(3KHz~20KHz)에 대해서는 주파수에 비례하여 증가되나
주파수가 높게 (50KHz~1MHz) 되면 가속도적으로 증가되는 것을 알 수 있다. 이것은 주파수가 낮은 경우에는 고체의 점성에 따라 진동에너지의 일부가 열로 바뀌는 것이며

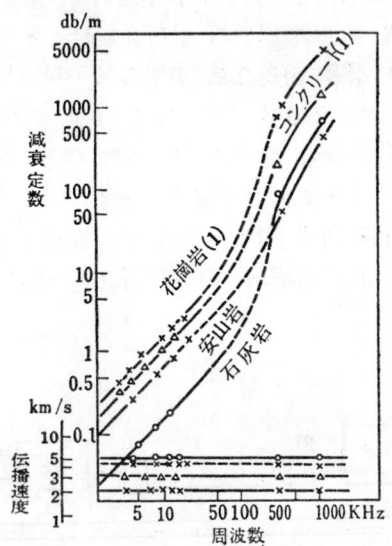

그림 4.6 주파수와 傳播定數의 관계
(鈴木, 佐佐木, 塩原에 의함)

4.2 암석의 음파특성

표 4.1 암석의 물리적 성질과 전파정수** (鈴木・佐佐木・鹽原에 의함)

岩 石 名	粒 子 徑 (mm)	比 重	空隙率 (%)	쇼아 硬度	壓縮强度 (kg/cm²)	伝播速度 (m/s)	減衰定數10 KHz에따라서 (db/m)	動 的 영율 (t/cm²)
大 理 石	~3	2.68	0.55	43.5	535	5000	0.13	683
花 崗 岩 (Ⅰ)	~1	2.57	3.04	71.4	900	2000	1.40	105
花 崗 岩 (Ⅱ)	2~4	2.61	0.42	90.2	1900	3750	0.80	374
安 山 岩	斑晶의 크기 1~2	2.67	0.96	80.5	1735	4450	0.67	540
石英閃緣岩	1~2	2.70	0.62	95.1	2450	4600	0.40	583
砂 岩 (Ⅰ)	0.5~1.0	2.45	6.05	59.2	940	3100	2.20	240
砂 岩 (Ⅱ)	0.3~1.5	2.47	5.53	59.0	1280	3180	1.90	254
砂 岩 (Ⅲ)	0.3~1.0	1.82	33.77	13.8	80	950	9.50	168
콘크리트 (Ⅰ)	시멘트 : 砂 = 1 : 2	1.85	9.69*	18.6	280	3150	1.06	187
콘크리트 (Ⅱ)	= 1 : 3	1.93	12.50*	12.6	95	2650	1.30	138
콘크리트 (Ⅲ)	시멘트 : 砂 : 砂利 = 1 : 2 : 3	2.13	8.57*	39.8	175	3150	1.32	216

* 吸水率에서逆算

** 註) β의 산정에는 $h_2/h_1 = 1/2$의 場合을 사용함.

이 점성감쇠가 주파수에 비례하는 것이지만 주파수가 높아지면 암석 내의 **組成**, 구조가 음파에 대해 이방성을 나타내며 **各造岩鑛物**의 경계에 있어서 음파의 불연속성이 생기고 산란파를 발생하며 소정방향으로 전파되는 음파에너지가 쇠약해지고 소위 산란감쇄가 점성감쇠에 부가되는 것으로 생각된다.

산란감쇠에 대해서는 금속의 결정입경과 감쇠정수와의 관계에 대해서는 파장이 결정입경에 가까운 곳에서는 파장이 결정입경 (D)보다 큰 경우는 $\beta \propto D^3 f^4$, 파장이 입경보다 작은 범위에 있어서는 주파수와 무관계로 $\beta \propto D^{-1}$의 관계에 있다고 생각된다.

암석에 있어서 산란감쇠에 증가율이 주파수가 대단히 높으면 저감되는 경향이 있다는 것을 생각하면 암석의 조성구조에 대해서도 금속의 경우와 똑같은 견해가 적용되는 것으로 생각된다. 산란감쇠를 일으키는 주파수를 암석의 조성구조에 의해 다르지만 산란감쇠를 일으키기 시작하면 생각하는 파장은 스스끼·사사끼 등의 연구의 경우는 대리석에 있어서 17cm, 세립 화강암에 있어서 7cm, 안산암에 있어서 6cm, 콘크리트(I)에 있어서 8cm(40KHz) 정도이며, 대리석의 경우에 있어서 파장이 비교적 긴 것은 결정입경이 비교적 크기 때문이라고 생각한다.

스스끼·사사기 등의 실험에 있어서는 탄성파에너지가 1/2로 감소되는 경우가 3db의 감쇠에 상당한 것을 생각하면 대리석에 있어서 10KHz 탄성파에 대해서는 약 23m로 에너지가 반감되는데 대해 30KHz에서는 7.7m, 300KHz에서는 3.7cm, 1MHz에서는 0.5KHz로 에너지가 반감된다. 이에 대해 사암(Ⅲ)에서는 10KHz에서는 0.4m로 에너지가 반감되며 주파수가 높아지면 더욱 감쇠가 심해진다. **鋼**에 있어서는 10KHz에 있어서 에너지가 반감될 때까지 약 330m를 전파하는 것을 생각하면 암석의 감쇠가 얼마나 큰가 이해된다.

이상의 측정결과는 봉상시료에 대해서 실시한 것이며 지각 암반내의 탄성파 전파시에는 탄성파가 구면상으로 펼쳐지므로 그 때문에 확산감쇄가 생김에 따라 암반내에 있어서 탄성파의 감쇠는 더욱 커진다.

4.3 함수율, 공극율, 압력 등의 영향

4.3.1 수분의 영향

지각암반은 일반적으로 습윤상태에 있으며 수분을 포함한다. 따라서 습윤상태에 있는 암석의 물리성을 살펴두는 것이 중요하다. 그림 4.7은 스스끼·사사끼 등의 실험결과를 표시 하였으며 2주간 수중에 방치한 암석과 건조암석과의 비교이다. 같은 그림에 의하면 함수율이 많은 것은 건조상태의 것에 비하여 전파속도는 數퍼센트 증가의 경향이 인정되나 함수율이 적은 것은 변화는 인정되지 않는다. 또 감쇠정수는 물을 포함한 암석에서는 상당히 증가되며 예를 들면 시료(1)의 콘크리트에서는 감쇠정수의 증가율은 1.3배 정도, 시료(2)의 화강암에서는 9배 정도 증가된다. 그러나 전파속도는 주파수와 관계없이 일정하며 감쇠정수의 주파수가 비교적 낮은 경우에 주파수에 비례하는 것

4.3 함수율, 공극율, 압력 등의 영향

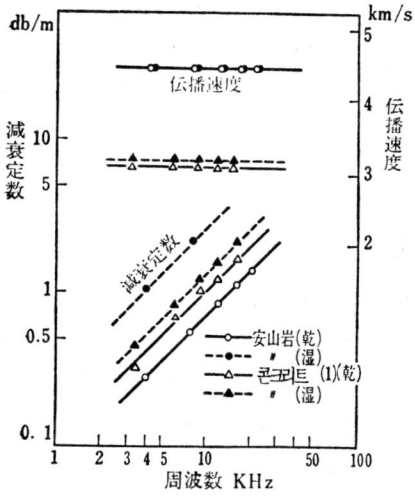

그림 4.7 수분에 의한 전파정수의 변화
(鈴木, 佐佐木, 塩原에 의함)

은 건조암석의 경우나 다름이 없다.

그림 4.8은 야마사끼·하기하라의 결과로 태평양 탄광산 사암을 20주간 수중에 水浸시킨후 시료에 대해 실시한 것이며 습윤의 정도가 증가되면 음속도 증가되는 것이 인정되었다.

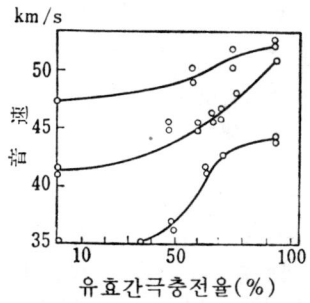

그림 4.8 砂岩의 습윤정도와 음속의
관계(山崎, 荻原에 의함)

4.3.2 공극율의 영향

砂岩과 같은 암석에서는 공극율이 매우 큰 것도 있다. WYLLIE 등의 연구에 의하면 공극이 있는 암석의 음속(V)은 다음 식으로 표시되는 관계라고 말한다.

$$\frac{1}{V} = \frac{\phi}{V_f} + \frac{1-\phi}{V_r}. \tag{4.4}$$

그러므로 V_f:공극을 포화한 액체의 음속, V_r:암석의 음속, ϕ:공극율이다. 공극을 액체로 포화하는 것은 일반적으로 곤란하다고 생각된다.

야마사끼 등의 실험에 의하면 위 식의 제 1항에 계수 a를 곱하고 $a=2$로 하면 실험치 (V)와 이론치가 일치된다고 한다. 또 공극율이 큰 암석은 감쇠도 커지는 것이 표 4.1에 의해 알 수 있다.

4.3.3 압력 및 온도의 영향

암석이 응력을 받으면 그 속을 전하는 음속이 변화될 것이라는 사실을 암석의 응력 -변형선도에 의해 구해지는 정적영율과 음속과 영율과의 관계식 등에서 추측될 수 있으나 실험에 의해서도 인정되고 있다. 압축방향과 직교되는 방향에서는 하중증가에 대해서 극히 약간이지만 음속은 감소된다. 석탄에서는 압축방향과 직교되는 방향의 변형이 급격히 커지는 점(파괴직전)에서 음속은 현저하게 작아진다. 압축방향의 음속을 측정하는 데는 가압면에 놓여진 탐촉자에 직접 하중이 가해지지 않도록 고려하나, 치탄산바륨은 어느 범위의 압력을 받더라도 특성은 변하지 않기 때문에 그와 같은 범위라면 그 탐촉자를 사용할 수도 있다.

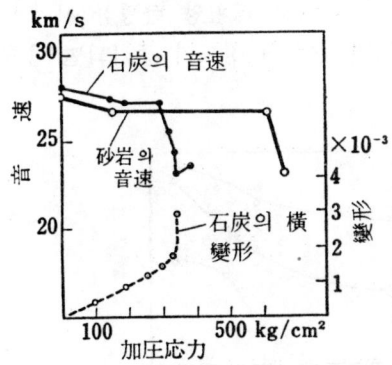

그림 4.9 암석의 가압응력과 가압직교방향의
음속의 관계 (山崎, 荻原에 의함)

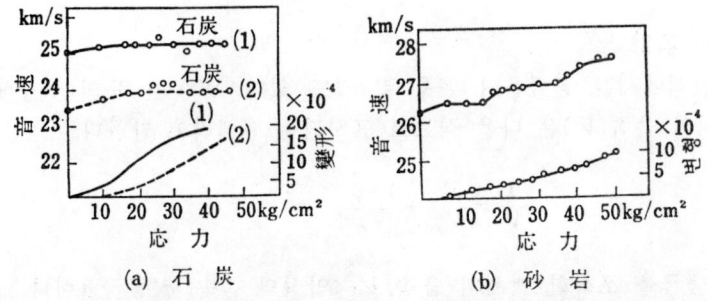

그림 4.10 암석 가압력에 대한 가압방향의 음속과 변형관계(山崎, 荻原에 의함)

실험의 결과에 의하면 가압방향의 응력 증대에 수반하여 음속은 보통 증가되는 경향이 인정되며 암석에 의해 거의 비례관계가 성립되는 것도 있다. 변형변화가 큰 것일수록 음속증가의 비율도 크다. 대개 10km/cm²의 응력증가에 대해 음속의 증가가 1km/s라는 연질사암의 예도 보고되었다.

온도변화(10℃~110℃)에 대해서는 스스끼·사사끼 등의 화강암에 대해서 실시한 실험에서는 음파속도도 감쇠정수도 변화는 거의 인정되지 않았다.

4.4 정적탄성계수와 동적탄성계수

동적방법으로 구한 영율은 정적가압 인장시험을 실시하여 그린 응력-변형선도의 영하중점에 접선을 긋는데 따라 구해진 영율(접선영율)과 동일하다는 보고도 있으나 일반적으로는 정적방법으로 구한 탄성계수는 동적방법에서 구해진 값보다 작다고 한다. SUTHERLAND이 양자의 차이를 영율 (E), 강성율 (G) 및 포아송비 (ν)에 대해서 검토하였다.

표 4.2는 그 결과를 비교하여 표시하였으나 동표에서 밝힌 바와 같이 보통 $E_d > E_s$로 그 차이는 E_d에 비하여 25%에 도달하는 것이며 G_d는
E_s나 ν_s에서 계산으로 구한 G_s보다 크고 그 차이는 G_s에 비하여 29%에 미치는 것도 있다. ν_d는 E_d와 G_d의 실측치에서 계산으로 구하기 위해 그 계산치는 E_d와 G_d의 측정에 의한 오차에 크게 영향되게 된다. ν_d가 ν_s보다 매우 작은 값으로 표시되는 것은 그 때문이라고 생각된다.

표 4.2 動的 및 靜的 탄성계수 (SUTHERLAND 에 의함)

岩石	$E_d \times 10^6$ (lb/in²) 動的	$E_s \times 10^6$ (lb/in²) 靜的	ν_d 動的	ν_s 靜的	$G_d \times 10^6$ (lb/in²) 動的	$G_s \times 10^6$ (lb/in²) 靜的
硅岩	12.68	9.6	0.083	0.17	5.86	4.2
礫岩	11.30	10.3	0.024	0.13	5.52	4.5
礫岩	10.19	10.7	0.022	0.22	5.02	4.4
片岩	12.67	9.8	0.180	0.27	5.37	3.9
Quarty carbonate with sulphide bands	16.16	12.2	0.146	0.16	7.05	5.2
Quarty-sericite-carbonate	13.04	13.6	0.098	0.33	5.93	5.1
礫岩	12.47	10.8	0.156	0.19	5.38	4.6
砂岩	3.81	3.7	0.133	0.28	1.68	1.4

註) E_s은 σ-ε 曲線에서 ν_s은 直接測定하면, G_s은 $G_s = E/2(1+\nu)$에 의하며, 또한 E_d, G_d은 共振法에 의하고, ν_d는 $\nu_d = (E_d/2G_d) - 1$에 의해서 구할 수 있다.

4.5 동적점탄성의 측정

점탄성의 연구에는 5장에서 말한 크리프나 응력완화 등의 정적측정법이 실시되었으나 이것과 함께 동적(진동)측정을 이용할 수가 있다. 그것은 진동법에 의하면 물질의 탄성과 점성을 분리하여 측정하는 것이 비교적 용이하기 때문이다. 측정에 요하는 시간도 정적방법에 비하여 단시간에 실시할 수가 있다.

동적점탄성의 측정은 그 사용하는 진동수의 범위에 따라 초저주파(대개 10Hz이하), 저주파(대충 10~10,000Hz) 및 고주파(대략 10^4Hz이상)의 세가지로 대별할 수가 있다.

4.5.1 신축 강제 진동법

예를 들면 원주상 암석시료에 신축강제진동을 주는 경우 진동수가 10^{-2}~10Hz의 사이라면 시료의 변형과 그에 대응하는 응력의 변화량을 전기적 출력으로 하고 잔광성브라운관의 $x-y$축에 넣으면 용이하게 리서쥬圖를 그릴 수가 있다.

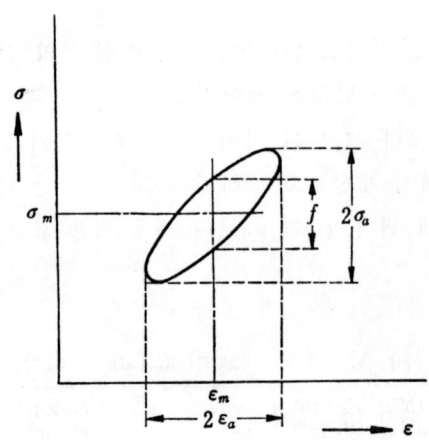

그림 4.11 점탄성재료의 응력과 변형의
리서쥬圖

그림 4.11에 표시한 리서쥬도에 대해서 같은 그림과 같이 기호는 붙이지 않고 다음의 관계가 성립된다.

$$E = \frac{2\sigma_a}{2\varepsilon_a} = \frac{\sigma_a}{\varepsilon_a}, \tag{4.5}$$

$$\sin \theta = f/2\sigma_a, \tag{4.6}$$

$$E' = E \cdot \cos \theta, \tag{4.7}$$

$$E'' = E \cdot \sin \theta = \omega \eta'. \tag{4.8}$$

4.5 동적점탄성의 측정

그러므로 E:탄성율(복소탄성율)[kg/cm²], E':동적탄성율, E'':손실탄성율, θ:위상각 [rad], ω:각속도[rad/s], η':동적점성율[kg/cm²·sec]이다.

점탄성재료의 역학적 임피던스의 개념에서 복소수표현을 이용하면 동적탄성율 E', 동적점성율 η'는, 다음 식의 관계이다.

$$z = \eta' + \frac{E'}{i\omega}. \tag{4.9}$$

그러므로 z:역학적 임피던스이다.

신축강제진동에 의해 시료에 생기는 응력은

$$\sigma = \sigma_m + \sigma_a \cdot \sin \omega \cdot t, \tag{4.10}$$

또, 그것에 의해 시료에 생기는 변형은

$$\varepsilon = \varepsilon_m + \varepsilon_a \cdot \sin(\omega t - \theta) \tag{4.11}$$

표 4.3 점탄성체의 동적 탄성율과 동적 점성율

種類	力學模型	E' 및 η'
HOOKE 彈性體	E	$E' = E, \quad \eta' = 0$
NEWTON 流體	η	$E' = 0, \quad \eta' = \eta$
MAXWELL 모델	$\eta_m \; E_m$ 단 $\tau_m = \eta_m / E_m$	$E' = \dfrac{E_m \cdot \omega^2 \tau_m^2}{1 + \omega^2 \tau_m^2}$ $\eta' = \dfrac{\eta_m}{1 + \omega^2 \tau_m^2}$
VOIGT 모델	E_k η_k	$E' = E_k, \quad \eta' = \eta_k$
BURGERS 모델	$\eta_m \; E_m \; E_k \; \eta_k$ 단 $k = E_k / \eta_k$ $m = E_m / \eta_k$ $n = E_m / \eta_m$	$E' = \dfrac{E_m \{\omega^2 (k^2 + k_1 \cdot n + \omega^2)\}}{(k \cdot n - \omega^2)^2 + \omega^2 (k + m + n)^2}$ $\eta' = \dfrac{E_m \{n \cdot k^2 + \omega^2 (m + n)\}}{(k \cdot n - \omega^2)^2 + \omega^2 (k + m + n)^2}$

로 표시된다. 식(4.5)~(4.9)에서 알 수 있는 바와 같이 $2\sigma^a$, $2\varepsilon^a$ 및 f를 측정하는데 따라 E, E', E'' 및 η'가 구해진다.

암석을 점탄성체로 생각하면 5장에서 설명하는 바와 같이 여러가지인 역학모형에 의해 암석물성을 표시할 수가 있다. 그 경우 탄성율 (E)과 점성율 (η)의 요소가 들지만 이것과 동적방향에 의해 측정된 동적탄성율 (E') 및 동적점성율 (η')의 관계는 식(4.9)을 이용하는데 따라 양자의 관계는 분명해진다. 표 4.3은 양자의 관계를 표시한다.

4.5.2 되돌이진동에 의한 방법

시료에 되돌이진동을 준 경우의 진동계의 운동방정식은 3장에서 표시한 바와 같이 다음 식으로 표시된다.

$$I\frac{d^2\theta}{dt^2} + \frac{\eta'}{A}\frac{d\theta}{dt} + \frac{G'}{A}\theta = P_0 \sin \omega_0 t . \tag{4.12}$$

여기서 I:시료봉의 관성능률, η':동적점성율, G':동적강성율, θ:각 변위, t:시간, P_0:외력의 진폭, ω_0:각속도, A는 시료의 기하학적 형상에 의한 정수이다. 원주상 시료에서는 $A=2l/\pi R^4$, 여기에서 l는 길이, R은 반경이다. 정방형 시료에서는 $A=l/\beta bc$로 b는 폭, c는 두께, β는 b/c에 의한 정수이다. 간단히 하기 위해서

$$2\varepsilon = \frac{\eta'}{AI}, \quad n^2 = \frac{G'}{AI}, \quad L = P_0/I.$$

로 두면 식(4.12)은, 다음 식이 된다.

$$\ddot{\theta} + 2\varepsilon\dot{\theta} + n^2\theta = L \cdot \sin \omega_0 t. \tag{4.13}$$

위 식은 식(3.20)에 대응한다. 따라서 자유 감쇠진동을 실시한 상태를 생각하면 대수감쇠율(δ_T)는

$$\left.\begin{array}{c} \delta_T = 2\pi\dfrac{\varepsilon}{\omega} = \varepsilon \cdot T \\ \\ n^2 = \omega^2 + \varepsilon^2 = \left(\dfrac{2\pi}{T}\right)^2 + \varepsilon^2 \end{array}\right\} \tag{4.14}$$

또

가 되므로, 주기(T), 대수감쇠율(δ_T)을 측정하는데 따라 G', η'를 구할 수가 있다.

参考文献

1) 飯田汲事: 振動方法에의한岩石의彈性学的研究, 地震研究所彙報 17 号, 1939 年.
2) Burean of Mines Report RI 3891, Aug. 1946.
3) 鈴木俊夫, 佐々木和郎, 塩原善一: 岩石의彈性波特性 과 응용 日本鉱業会誌, 74 巻, 837 号 (昭和 33 年 3 月).
4) 山崎豊彦, 荻原 浩: 岩石 및 石炭의超音波伝播에 관한 연구 日本鉱業会誌, 80 巻, 908 号 (昭1964 年 2 月).
5) R.B. SUTHERLAND: Some Dynamic and Static Properties, (Fairhurst: Rock Mechanics, Pergamon Press, 1963).
6) 高分子学会, 레오로지 委員会編: 레오로지 測定法, 共立出版, 1965 年 2 月.
7) 鈴木 光, 西松裕一, R. 헤르세요: 반복 압축 하중하에 대한 암석의 레오로지적 성질에관한 연구(第 1 報), 日本鉱業会誌, Vol. 86, No. 987(1970-6).
8) 鈴木 光, 西松裕一, R. 헤르세요: 반복 圧縮荷重下 에 대한 암석의 레오로지-的性質에 관한연구(第 2 報), 日本鉱業会誌, Vol. 86, No. 988(1970-7).

5 장 암석의 변형유동

5.1 재료의 변형유동

재료가 힘을 받으면 보통 변형되거나 혹은 유동을 일으킨다. 이 성질을 응력·변형·시간의 관계에 대해서 분류하면 표 5.1과 같다.

변형은 모두 탄성변형과 유동으로 나뉜다. 탄성변형이란 외력에 의해 생긴 변형이 외력을 제거하면 다시 본래의 원형으로 회복되는 변형의 일이다. 탄성변형 중 그 회복이 순간적이라는 것을 이상적, 그렇지 않은 것을 비이상적이라 한다. 이상적인 경우에도 전단력(τ)과 전단변형(γ)가 완전히 비례하는 것을 훅(Hooke)형, 비례관계가 성립되지 않는 것을 비훅형이라 한다. 비이상적인 경우는 응력을 제거한 후에 변형이 남지 않은 완전회복형과 변형이 남은 불완전 회복형으로 나뉜다. 불완전 회복형은 탄성변형과 유동의 중간에 위치하며 이 형에 속하는 소탄성과 점탄성은 유동측에도 속한다.

유동은 점성유동과 소성유동으로 나뉜다. 점성유동이란 전단응력(τ)가 아무리 작아도 속도구배 $\dot{\gamma}=d\gamma/dt$가 존재하며, $\dot{\gamma}-\tau$ 곡선이 좌표의 원점을 통하는 경우를 말하며, 소성유동이란 어떤 일정한 응력이하에서는 유동이 일어나지 않고, $\dot{\gamma}-\tau$ 곡선이 τ 좌표축과 교차되는 경우를 의미한다. 이 일정한 응력을 항복치라 한다. 점성유동은 물과 같이 $\dot{\gamma}-\tau$ 곡선이 원점을 통하는 직선으로 표시되는 뉴톤유동과 $\dot{\gamma}-\tau$ 곡선은 원점을 통하나 직선이 아닌 비뉴톤유동으로 나뉜다. 소성유동은 항복치 이상의 응력에 대해서 $\dot{\gamma}-\tau$사이에 직선관계가 성립되는 경우는 빙햄(Bingham) 유동이라 부르며, 직선관계가 성립되지 않는 경우는 비 빙햄(Bingham) 유동이라 부른다. 그리고 후자는 다시 탄성회복의 유무에 의해 소탄성과 비소탄성으로 나뉜다.

표 5.1 變形流動의 分類

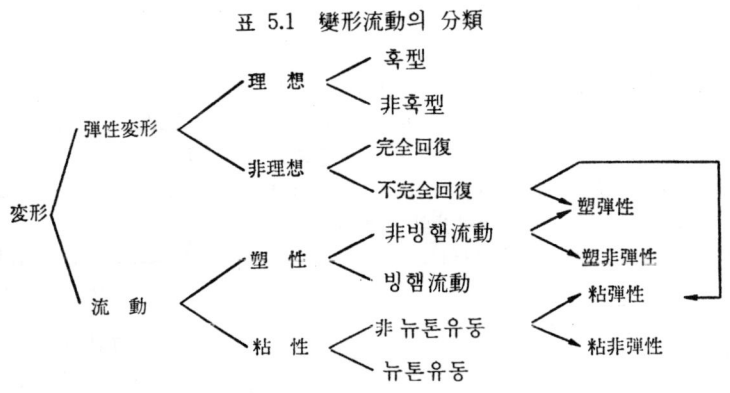

5.2 소성체의 전단변형속도(유동속도)와 전단력의 관계[2)]

5.1에 있어서 소성이라는 언어에 언급하며 그 물리적 의미를 좀 더 명확히 설명해 둔다.

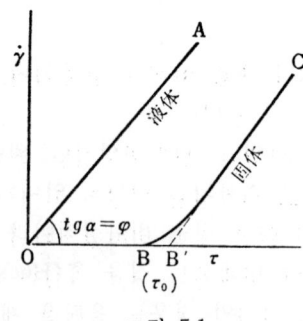

그림 5.1

단순한 전단응력을 받으면 물질은 전단변형속도가 생긴다. 단위시간에 생기는 전단변형속도[유동속도](shear strain rate)$[d\gamma/dt=\dot{\gamma}=du/dy]$와 전단응력과의 관계는 뉴톤유체에서는 그림 5.1에서 원점을 통하는 직선 OA가 된다. 왜냐하면 뉴톤유체(Newtonian liquid)에서는

$$\tau = \eta \frac{du}{dy} = \eta \frac{d\gamma}{dt} = \eta \cdot \dot{\gamma} \qquad (5.1)$$

가 되는 관계가 성립되기 때문이다*.

그러므로 5.1에서 τ_0인 전단응력을 가할 때까지는 운동이 생기지 않는다(혹은 탄성변형이 생기나 이것은 소성변형에 비하면 대단히 작으므로 무시할 수 있기 때문에)으로 $\tau > \tau_0$가 되면 액체와 같은 운동이 생기는 것이다. 이와같은 물체를 소성체라 한다. 즉 소성체에서는 다음 식이 성립된다.

*) 정상상태로 흐르고 있는 유체를 생각하여, 그 안에 그림 5.2에서 표시한 상호로 서로 근접되는 2층(AD, BC)를 생각할 때, $\overline{AD}$가 미소시간 dt의 후에 BC층에 대해, $\overline{A'D'}$에 이동되는 속도구배(즉 $dx/dt=du$로 하면 속도구배는 du/dy이지만)가 있는 경우, 뉴톤유체에서는 서로 근접되는 유체간의 단위면적에 작용하는 마찰력, 다시 말하면 전단력 (τ)와의 사이에는 다음 식이 성립된다.

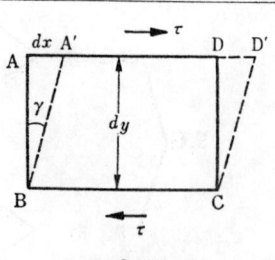

그림 5.2

5.2 소성체의 전단변형속도와 전단력의 관계

$$\dot{\gamma}=\frac{\partial \gamma}{\partial t}=\phi(\tau-\tau_0), \quad \tau > \tau_0 \\ =0 \qquad \tau < \tau_0 \quad (5.3)$$

이 경우 τ_0를 유동한계, 탄성한계 혹은 항복치(yield value)라 한다.

점토와 같은 세밀한 입으로 된 반유동체(paste)에서는 위 식의 관계는 거의 만족된다고 말한다. 단시간의 시험법에 의해 유동한계가 존재하는 물체는 고체, 존재치 않는 물질은 액체로 생각해도 된다.

완전탄성체에 있어서는 탄성변형은 응력을 제거하면 즉시 완전히 소멸되나 실제의 물질에는 응력을 제거한 후도 즉시 변형이 최초의 상태로 회복되지 않는 것이 많다. 암석도 그 예로 예를 들면 그림 2.1이나 그림 2.5는 그것을 표시한다. 응력을 완전히 제거한 후에도 완만하게 탄성회복을 하는 부분이 있다. 이 부분은 탄성여효(elastic after effect)라 부른다. 탄성여효의 현상은 탄성한계 내에 있어서도 탄성변형에 수반하여 약간의 소성변형이 병기되는 데에 기인되고 있다. 또 탄성여효와 같은 원인에서 일정한 응력에 의해 물체를 장시간 변형시켜 두면 변형이 시간의 경과에 수반하여 다소 증대되어 가는 경우가 실험에 의해 관찰되었다. 이것은 탄성변형 후에 약간의 소성변형이 추가되어 가기 때문이다. 이 사실에서 또 만약 변형 쪽을 일정하게 유지하면 그것에 요하는 응력은 시간과 함께 점차 감소되어 가는 것이 추찰되어 갈 것이다. 이 현상을 이완 혹은 응력 완화(relaxation)라 한다. 즉 이완이라는 현상은 불완전 탄성체의 응력과 변형만의 관계에 있어서 나타낸다.

이완의 현상에 대해서는 다음과 같이 생각하고 있다. 즉 변형된 탄성체내에는 어느 양의 포텐셜에너지가 있다. 이것은 물체를 형성하고 있는 분자, 또는 원자의 격자 내에 저장되었다. 즉 분자간의 힘에 대항하여 분자가 변위시키고 있는 것이다. 그런데 분자는 열적진동을 하고 있으나 이 진동은 대소 여러 가지 이지만 그 중에 분자간의 거리와 같은 정도의 것도 있을 것이다. 이것은 탄성적응력에 대해 영향을 가진 열적운동에 의해 어떤 분자가 가까운 분자에 대해 보다 작은 포텐셜에너지를 가져야 할 위치에 들어갈 수 있다. 이와 같은 과정에 의해 없어진 포텐셜에너지는 열이 되어 없어진다. 이 것이 반복되면 전체의 포텐셜에너지는 감소되고 따라서 외부적으로 변형을 불변으로 유지하면 응력이 감소되고(즉 relaxation의 현상), 밖에서 가해진 외력을 일정하게 유지하면 변형이 증가된다(즉 flow의 현상).

$$\tau = \eta \frac{du}{dy} \quad (5.2)$$

그리고 上式의 η은 점성 혹은 점성계수(coefficient of viscosity)로 부르기도 한다. 그러나 그림 5.2에서 $du/dy=(dx/dt)/dy=(dx/dy)/dt=\gamma/dt=\dot{\gamma}$ 된다. 또 식(5.2)에서

$$\frac{du}{dy}=\frac{1}{\eta}\tau=\varphi\tau \quad (5.2')$$

로 쓴다. 이 경우, $\varphi=1/\eta$ 는 流動性係數(fluidity coefficient)로 부른다.

그러므로 다음에 상기와 같은 현상을 수식으로 나타내는 것을 생각해 본다. 즉 지금 불완전 탄성체에 일정한 외력(τ)를 가한 경우를 생각해 본다. 시간 $t=0$일때 τ인 전단응력에 의해 τ/G인 전단변형이 생기며, 그 후 완화(이완)에 의해 단위시간마다 $\tau/G\cdot\lambda$인 전단변형이 가해지게 되면, 시간 t일 때의 전단변형 γ는 다음 식에 의해 나타낸다.

$$\gamma = \frac{\tau}{G} + \int_0^t \frac{\tau}{G\cdot\lambda}dt. \tag{5.4}$$

또 위식을 t로 미분하여 표시하면,

$$\frac{\partial\gamma}{\partial t} = \frac{1}{G}\frac{\partial\tau}{\partial t} + \frac{\tau}{G\lambda}, \tag{5.5}$$

혹은 또

$$\frac{\partial\tau}{\partial t} = G\frac{\partial\gamma}{\partial t} - \frac{\tau}{\lambda}. \tag{5.5'}$$

가 된다. 위 식은 전단응력 τ의 시간마다 변화되는 비율을 변형속도($\dot\gamma$)에 비례하는 부분과 완화현상에 의해 감소되는 부분($-\tau/\lambda$)으로 되는 것을 표시하였다. 식(5.5) 혹은 (5.5')는 맥스웰(Maxwell)의 식이라 부른다.

다음에 식(5.3)을 참조하여 변형속도($\dot\gamma = \partial\gamma/\partial t$) 다음 식으로 표시되는 응력에 비례되는 것으로 가정한다.

$$\frac{\partial\gamma}{\partial t} = \frac{1}{\eta}(\tau - G\gamma). \tag{5.6}$$

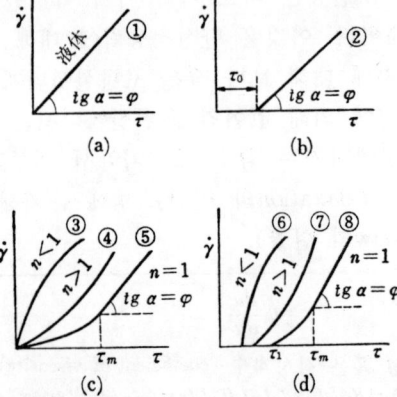

그림 5.3 (a), (b), (c), (d)

완성탄성체라면 $\gamma = \tau/G$가 되므로 $\partial\gamma/\partial t = 0$이며 변형은 안정된다. 그러므로 위 식을 다시 쓰면 다음 식이 된다.

5.2 소성체의 전단변형속도와 전단력의 관계

위 식은 포크트(VOIGT)의 식이라 부른다. 맥크웰의 식과 포크트의 식에 대해서는 후에 언급하겠지만 이와 같은 관계에 있는 물질은 점탄성체라고 말한다.

따라서 변형속도($\dot{\gamma}=du/dy$)와 이것이 생기는데 필요한 응력 τ와의 관계를 생각하면 액체의 경우에는 정상층류에 대해서는 그림 5.3(a) 같은 직선이 되며 또 결정체에 대해서는 같은 그림 (b)와 같다. 또 무정형 고체의 경우는 같은 그림 (c), (d)와 같은 여러가지의 형상의 곡선에 의해 나타나게 된다. 그리고 이 경우의 관계는 이미 정상적인 것은 아니다. 왜냐하면 무정형물질의 변형은 시간적 영향에 지배되어 변화가 생기기 때문이며 $\dot{\gamma}-\tau$곡선을 구할 때의 시간적 조건을 바꾸면 곡선의 형은 약간 달라지기 때문이다.

무정형 물질에 있어서 비정상적인 $\dot{\gamma}-\tau$의 관계는 일반적으로 유체의 경우 식 $\dot{\gamma}=\varphi\tau$에 대응하여 다음 식으로 표시된다.

$$\dot{\gamma}=\psi(\tau-\tau_0)^n \tag{5.7}$$

여기서 ψ는 유동성계수로 τ_0는 유동한계이다. 이 경우 유동성 계수를 φ 대신 ψ로 기록한 것은 n의 값이 1이 아닐때, ψ는 φ로 디멘션이 다르기 때문이다.

위 식에서 (i) $n=1$, $\tau_0=0$의 경우는 $\dot{\gamma}=\varphi\tau$가 되며 뉴톤의 법칙(진점성유동)의 성립의 경우가 된다. (ii) $n=1$, $\tau_0>0$의 경우는 위 식은 $\dot{\gamma}=\varphi(\tau-\tau_0)$가 되고, 진소성유동(진소성변형)의 경우 (그림 b)이다. (iii) $n \neq 0$, $\tau_0=0$의 경우는 $\dot{\gamma}=\psi\tau^n$ (그림 c)가 되며, 이 식에서 표시되는 소성변형은 준점성유동이라 부른다. (iv) $n \neq 0$, $\tau_0>0$의 경우는 식 (5.7)의 경우로, 이 변형을 준소성유동이라 한다. 이 경우, $n>1$에 속하는 물질을 다수 인정되고 있다고 하나, $n<1$의 경우는 아직 인정되지 않고 있다고 한다. 곡선 ⑧은 예를 들면 수지의 경우가 그것이며, τ_m을 유동의 상한치, τ_1을 유동의 하한치라 부른다.

비정상적인 소성변형의 과정에 있어서는 상기와 같은 시간이 중요한 역할을 연출하는 것이지만, 시간이 문제가 될 때에는 필연적으로 온도가 그 현상에 민감하게 영향을 미치게 된다. 그 이유는 앞에서도 말했지만 고체에 일정한 크기의 외력을 오랫동안 작용시키게 하면 변형이 시간과 함께 점차로 증대하여 결국은 소성유동이 나타나기 시작한다. 이것은 외력의 작용하에 고체가 변형되고 내부변형이 나타나지만 고체를 구성하는 원자의 열운동 결과로서 내부변형에 저장된 포텐셜에너지의 일부는 열에너지로 변환되고 그 결과 내부변형은 감소되며, 따라서 또 내부변형(응력)도 해이해진다.

이 때문에 외력과 균형이 안되며 변형은 증가되어 외력과 균형력이 생길때까지 변형은 진행된다. 그러므로 변형이 증대됨에 따라서 결국 소성유동에 도달한다. 이와 같은 이유에서 신속히 실시되는 변형은 완전히 탄성적이며 극히 완만하게 실행되는 변형은 소성적이 된다.

대단히 급속한 변형에 대해서는 유체라도 고체탄성을 표시하나 극히 완만한 변형에 대해서는 고체라고 하더라도 소성유동을 표시하는 것은 실험적으로도 용이하게 검증된다.

5.3 맥스웰의 식에 대해서

앞에서 불완전 탄성체에서는 변형을 불변으로 유지하면 그 물체내의 응력은 약간씩이지만 점차로 감소되며(이완의 현상), 외부에서 가해지는 힘을 일정하게 유지하면 물체의 변형은 조금씩 증대된다는(유동의 현상) 것을 말하였다. 이 현상에 대해서 맥스웰은 식(5.5) 혹은 식(5.5′)을 주고 있으나 이 맥스웰의 이론식

$$\frac{\partial \tau}{\partial t} = G \frac{\partial \gamma}{\partial t} - \frac{\tau}{\lambda} \tag{5.5′}$$

에 따르는 물체에 대해서 여러 가지 조건하에서 어떠한 거동을 나타내는가 고찰을 해 보기로 한다.

(i) **변형을 일정(γ_0)하게 해두는 경우**: 이 경우는 $t \geq 0$에 있어서 $\dot{\gamma} = 0$이다. 따라서 맥스웰의 식은

$$\frac{d\tau}{dt} = -\frac{\tau}{\lambda}, \quad \text{그러므로} \quad \int \frac{d\tau}{\tau} = -\int \frac{1}{\lambda} dt$$

따라서

$$\left. \begin{array}{l} \tau = \tau_0 e^{-t/\lambda} \quad \text{혹은} \quad \tau = \tau_0 \exp\left(-\frac{t}{\lambda}\right) \\ \tau_0 = G\gamma_0 \end{array} \right\} \tag{5.8}$$

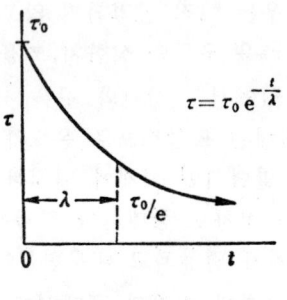

그림 5.4

가 된다. 즉 맥스웰의 식은 변형을 일정(γ_0)하게 해두면, 변형력(응력) τ는 시간의 경과와 함께 그림 5.4에 표시하는 바와 같이 지수 함수적으로 감소되고 λ시간을 경과하면 변형력 τ는 원래의 값 $1/e$가 되는 것을 표시하였다. 이와 같은 시간 λ은 완화시간(relaxation time)라 부른다.

(ii) **일정한 응력(τ_0)을 준 경우**: 이 경우는 $t \geq 0$에 있어서 $\dot{\tau} = 0$이다. 따라서 맥스웰의 식은

5.3 맥스웰의 식에 대해서

$$\tau_0 = G\lambda\dot{\gamma} = \eta\dot{\gamma} \tag{5.9}$$

가 된다. 여기서

$$\eta = G\lambda \tag{5.10}$$

으로 두었으나, 이것은 식(5.2)을 참조하는데 따라 η는 점성계수라는 것을 알 수 있다.
식(5.9)에서

$$\tau_0 = \eta \frac{d\gamma}{dt} . \text{그러므로} \int_{\gamma=0}^{\gamma} d\gamma = \int_{t=0}^{t} \frac{\tau_0}{\eta} dt \quad \text{따라서} \quad \gamma = \frac{\tau_0}{\eta} t$$

가 되며, 맥스웰의 식은 일정한 응력(τ_0)을 부여해 두면 시간의 경과에 수반하여 변형 γ는 $(\tau_0/\eta)t$의 값으로 변화되어 가는 것을 표시하였다.

(iii) **일정한 변형속도 $\dot{\gamma}_0$를 준 경우**: 이 경우 맥스웰의 식은

$$\frac{d\gamma}{dt} = \frac{1}{G} \frac{d\tau}{dt} + \frac{\tau}{G\lambda} = \dot{\gamma}_0$$

그러므로 $\quad \tau = G\lambda\dot{\gamma}_0 - \frac{d\tau}{dt} \quad$ 이다. $\quad \tau = G\lambda\dot{\gamma}_0 + C \cdot e^{-t/\lambda} \tag{5.11}$

위 식은, 응력 τ는 시간의 경과에 수반하여 변화되고 정상상태의 뉴톤 법칙에 점근적으로 접근하는 것을 나타내었다.

(iv) **급격한 응력변화를 받은 경우**: 이 경우 $d\tau/dt \gg \tau/\lambda$으로 하면 맥스웰의 식은 $d\tau/dt = G \cdot d\gamma/dt$가 되므로 $\tau = G\gamma$로 혹의 법칙이 성립된다. 즉 물체는 탄성적거동을 표시하는 것을 의미하였다.

(v) **응력변화가 완만한 경우**: 이 경우는 $d\tau/dt \ll \tau\lambda$으로 하면 $G \cdot d\gamma/dt = \tau/\lambda$이 되며, $G\lambda\dot{\gamma} = \tau$ 즉 $\eta\dot{\gamma} = \tau$로, 뉴톤의 점성법칙이 성립된다.

이상의 고찰에 따라 맥스웰의 이론식은 고체라고 하더라도 충분히 오랜 시간에 걸쳐 일정한 응력을 주면 액체와 같이 소성변형을 하며, 액체라고 하더라도 급격히 가해진 응력에 대해서는 고체와 같이 탄성변형을 이룰 수 있다는 것을 표시하였으며, 소성변형의 현상을 잘 나타내는 식이라고 말할 수 있을 것이다.

맥스웰의 이론에 있어서는 완화시간 λ은 다만 1종 뿐이었으나 무정형 물질은 몇 종류인가의 완화시간을 갖는 것이 이론적으로 가능하다고 하며 또 실험적으로도 알려져 있다. 이 사실을 고려하여 KUHN은 맥스웰의 이론식을 확장하였다.

$$\frac{d\tau_i}{dt} = G_i \frac{d\gamma}{dt} - \frac{\tau_i}{\lambda_i}, \quad \tau = \sum \tau_i. \tag{5.12}$$

위 식을 KUHN의 기초 방정식이라 말한다. 위 식에서 τ_i는 i번째의 결합기구만이 존

재할 때에 생기는 전단응력, λ_i는 같은 결합기구에 대한 완화시간, G_i는 그에 대한 (순간적)강성율이다. 또 변형 γ에 대한 변형력 τ는 τ_i의 합에 비등하다고도 가정한다.

5.4 암석의 크리프

재료에 일정한 응력을 가하면 변형이 생기나 이 변형이 시간의 경과에 수반하여 진행되어 가는 경우, 이 현상을 흐름 혹은 크리프(creep) 때로는 포도라고도 부른다. 크리프현상하중(응력)이 한계전단응력 이하의 경우에도 생기는 수가 있다. 크리프에 의한 변형은 그 재료의 내부에 미끄럼이 생기는 경우에도 발생된다. 크리프곡선(그림 5.5)은 보통 두개의 성분으로 분해할 수가 있다. 그 하나는 최초부터 일정한 속도로 변형(예를 들면 신장)해 가는 정상 크리프이며, 그 둘째는 최초에 급격히 변형되나 시간의 경과와 함께 변형이 정지되어 버리는 遷移크리프이다.

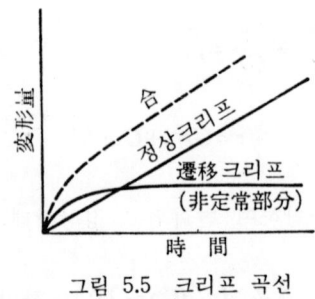

그림 5.5 크리프 곡선

금속단결정의 경우에는 정상크리프 속도는 저온도에 있어서는 거의 영이 되는 경향을 유지한다는 것이 알려졌으며 대개의 경우

$$\text{정상크리프속도} = Ae^{-\varepsilon/KT} \tag{5.13}$$

로 표시되는 변형을 한다고 되어 있다. 여기에서 A 및 ε은 금속에 의해 정하는 정수이다.

극히 낮은 온도로 약간의 하중에 의해 크리프를 실시하게 하면 遷移크리프 만이 관측된다. 轉位論의 입장에서 이것을 설명하면 저온에서 극히 작은 전단응력 하에서는 새로운 空位의 발생이 고려되는 것은 안되기 때문에, 결정 중에 이전부터 존재하였던 空位가 하중을 받았기 때문에 움직이기 시작하여, 이것이 어떤 거리로 움직인 곳에서 장해에 부딪혀서 움직일 수 없게 된 것으로 생각된다. 따라서 하중을 가했을 때에 생기는 처음 크리프 속도는 공위의 움직이는 평균속도와 공위 數의 積에 비례하는 것으로 생각된다. 온도가 높아지면 정상크리프가 일어난다. 이것은 열진동을 위해 새로 공위선이 발생하고 이것이 전단응력의 도움에 의해 움직이는 것이지만 다른쪽에서는 열 때문에 공위선이 소멸되는 현상이 일어나며 이 양자가 평형을 유지했을 때에 일정한

5.4 암석의 크리프

속도로 크리프가 생기는 것이라고 생각한다.

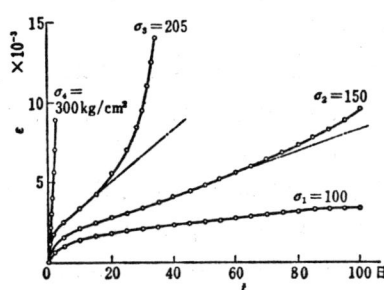

그림 5.6 水中에 놓인 석고(alabaster) 의 크리프곡선(Bull, Geol, Soc. Amer, 51 (1940)

암석의 경우에도 금속재료의 경우와 똑같이 크리프가 나타난다. 그림 5.6은 그 일예이다. 재료에 가해지는 응력(σ)의 크기에 따라 크리프곡선은 같은 그림에 표시한 것처럼 여러 가지이지만 σ_2곡선에서는 시간을 매우 오래 취하면 최후에는 파단된다. σ_1곡선은 크리프가 일정치가 도달하는 응력이다. 파단을 일으키지 않는 크리프가 생기는 응력의 최고치를 크리프한도(fundamental strength, dauerstandfestigkeit)라 한다. 이것은 같은 그림에서는 σ_1과 σ_2와의 사이에 있다.

금속재료에 관해서 독일(DUM법)에서는 수 종류의 하중을 파라미터로 하여 크리프를 측정하고 신장(%)-시간곡선에서 측정개시 후 25시간 및 35시간을 경과 하였을 때의 크리프신장에서 신장속도를 구하고 이 속도와 하중과의 관계를 나타내는 곡선을 그리고(그림 5.7), 이것에서 보간법에 의해 신장의 속도가 매시 0.001%되는 하중을 크리프한도라 정의하고 이것을 σ_d로 표시하였다.

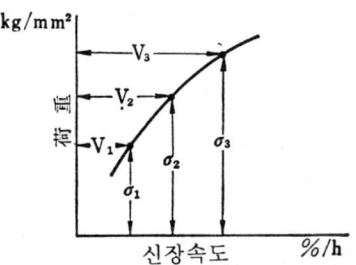

그림 5.7 크리프 한계를 구하는 법

암석시료를 그림 2.3과 같이 2점에서 지지하고 양지점의 중앙에 일정한 하중을 가하면 시료는 즉시 탄성적으로 휘게 되나 가해지는 하중의 크기에 따라 중앙의 휨 f는 시간의 경과와 함께 서서히 증가되고 그림 5.6에 표시한 $\varepsilon-t$의 관계와 같게 되고 결국 일정치에 가깝거나 혹은 휨이 증대되어 간다. 결국 시료는 파단하게 이른다.

이와 같은 암석의 크리프현상은 그림 2.8의 장치에 의해 시료에 우력을 줄 때에도 시료가 압축응력을 받을 때에도 나타난다.

그림 5.8에 대해서 설명하면 암석시료에 상기와 같은 방법으로 일정한 응력을 가하면 즉시 Oa인 탄성변형 혹은 그에 상당한 변형이 생기나 시간의 경과에 따라 $a \to b$와 같이 크리프가 생긴다. b점에서 응력을 제거하면 즉시 탄성변형은 감소되고 c점에 도달하나 거기에서 다시 완만하게 변형이 회복하게 되며 d점에 도달한다. 그 후 변형은 회복되지 않고 $\overline{Od'}$에서 표시되는 영구 변형이 남는다. 그리고 이 경우 $\overline{Oa} > \overline{bc}$, $\overline{a'b} > \overline{c'd'}$, $\overline{d'O} > 0$이며, cd곡선은 회복곡선(recovery curve)이라 부르나, 이 현상은 탄성여효(elastic after effect)와 다른 것이 없다.

암석, 예를 들면 암석에서는 자주 그림 5.9에 표시한 크리프곡선을 그린다. 이것은 遷移크리프가 차례로 연속하여 생기게 되는 것처럼 관찰된다. 그러나 그와 같은 미크

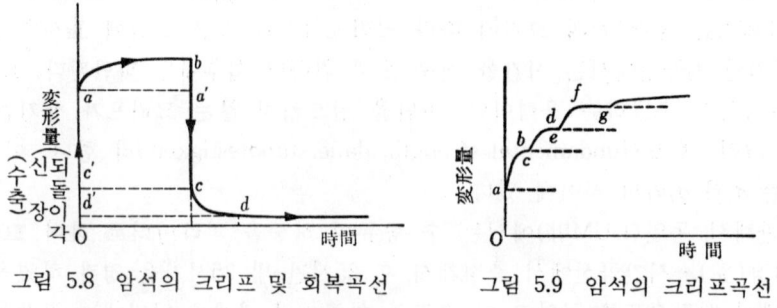

그림 5.8 암석의 크리프 및 회복곡선   그림 5.9 암석의 크리프곡선

로한 관찰을 하지 않고 단순히 완만하게 연속된 천이크리프 곡선으로 간주할 수도 있다. 그와 같이 관찰하여 그 천이크리프 곡선에서 실험식을 구하면 일반적으로 다음 식이 얻어진다.

$$x = A(1 - e^{-at}). \qquad (5.14)$$

그러므로 x는 되돌이각, 수축 혹은 신장 등의 변형량 A는 시간을 충분히 두었을 때의 변형량, a는 시료의 탄성이나 점성에 관한 상수이다.

5.5 암석의 역학적 구조 모형과 레오로지 상수

암석에 관한 압축, 되돌이, 휨 기타의 실험에서 암석의 거동을 관찰하면 암석은 역학적으로는 탄성과 점성을 混有한다는 느낌을 깊게 갖는다. 장기간에 걸쳐서 가해진 힘에 대해서는 암석은 점성체와 같은 성질을 나타내는데 대해, 단기간 혹은 순간적인 힘에 대해서는 탄성이 크게 나타난다.

전자에서 암석은 마치 탄성성분을 갖지 않은 것처럼 거동하는데 대해 후자는 점성성

5.5 암석의 역학적 구조모형과 레오로지상수

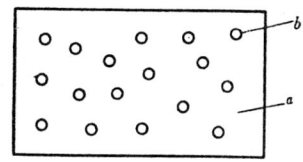

그림 5.10 암석의 구조모형

분을 갖지 않은 것처럼 거동한다.

이와 같은 물질에 관해서는 2종류의 구조모형이 주어진다. 하나는 그림 5.10에 있어서 탄성체 (a)내 다수의 공극내에 점성유체 (b)가 가득차 있는 것으로 생각하는 경우이며, 다른 하나는 점성유체 (a)의 내에 탄성물질 (b)가 현수되어 있는 것을 생각하는 모형이다. 전자는 장기의 힘에 대해서도 탄성고체의 성질을 크게 표시하는 동시에 점성유체의 성질을 표시하는 것에 대해, 후자는 장기간의 힘에 대해서는 점성유체의 성질 쪽이 크게 나타나는 물질의 설명에 편리하다.

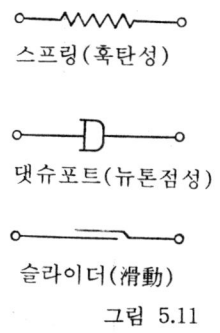

스프링(혹탄성)

댓슈포트(뉴톤점성)

슬라이더(滑動)

그림 5.11

따라서 지금 암석을 탄성성분과 점성성분을 가진 것으로 생각하자. 그리고 그림 5.11과 같이 탄성을 스프링으로, 또 점성을 대쉬포트(dashpot)로 나타내어 뉴톤의 점성법칙이 성립되는 것으로 한다. 암석은 영구변형해 버리는 부분이 있다는 것을 생각하면 그와 같은 소성(內部滑動)에 대해서는 슬라이더(slider)로 나타내며 기계적마찰 성분을 갖게 한다. 지금 그림 5.12(a)와 같이 스프링과 슬라이더를 직열로 연결한 계(系)를 생각하여 이 계의 양단에 힘을 가한 경우를 생각해본다. 그러면 이 계는 어떤 일정한 힘에 도달할 때까지는 슬라이더는 움직이지 않으므로 이 계의 거동을 혹탄성적이며, 따라서 이 계의 $\sigma-\varepsilon$ 線圖는 직선으로 한다. 다음 이 계가 일정한 응력 (s)에 도달하면 슬라이더는 미끄러지므로 $\sigma-\varepsilon$ 線圖는 일정한 응력을 받으며 변형만 변화되어 가며, 같은 그림(b)에서 표시되는 응력·변형선을 그리게 된다.

이와 같은 계는 산·부난(St. Venant)형이라 부른다. 그림 5.13(a)는 빙햄(Bingham)형이라 부르는 계이며, 슬라이더와 대쉬포트가 병열로 연결되어 그것이 스프링과 직열로 결합된다. 이 계의 양단에 힘을 가하면 이 계는 역시 어떤 일정한 힘에 도달할 때

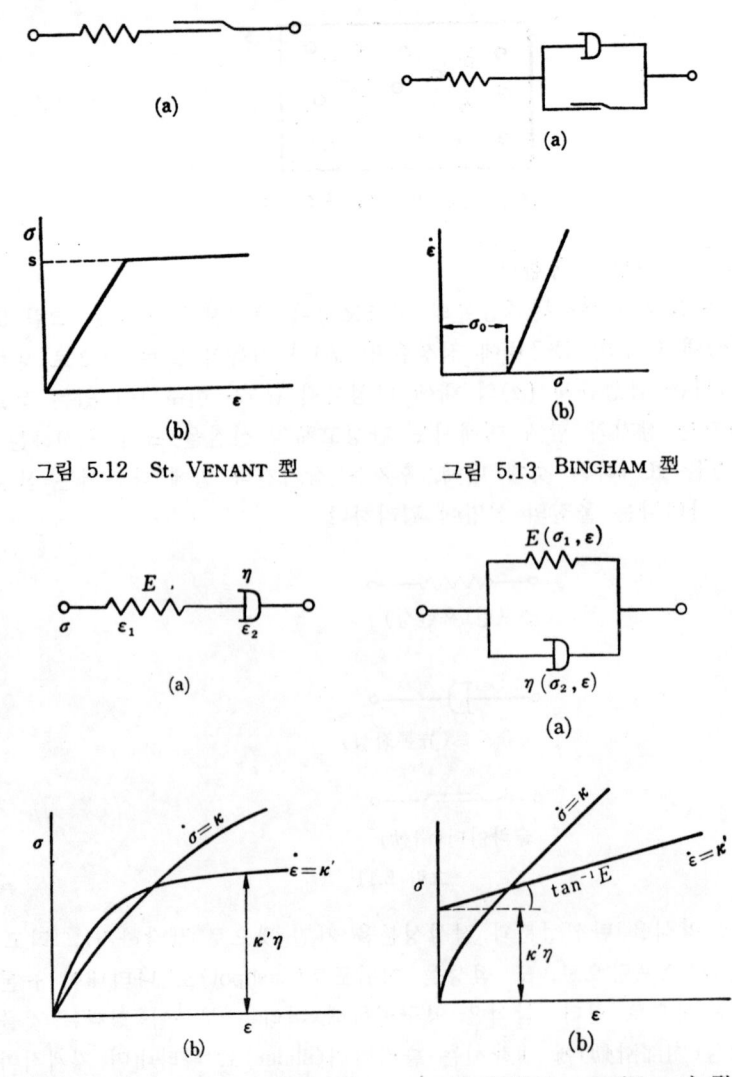

그림 5.12 St. Venant 型   그림 5.13 Bingham 型

그림 5.14 (a), (b) Maxwell 型   그림 5.15 Kelvin (Voigt) 型

까지는 훅탄성적으로 변화되고 그 힘에 도달하면 슬라이더는 미끄러지므로 대쉬포트가 작용하여 뉴톤점성의 성질을 나타내게 된다. 따라서 이 계의 변형속도(ε)와 응력(σ)의 관계를 표시하면 같은 그림(b)와 같으며 이 계는 소성유동의 한 형을 나타내게 된다.

그림 5.14(a)는 맥스웰(Maxwell)형, 그림 5.15(a)의 결합은 켈빈(Kelvin)형 혹은 포크트(Voigt)형이라 부른다. 맥스웰형에 대해서 생각하면 탄성성분은 훅법칙이 성립되므로 탄성응력(σ_1)과 탄성변형(ε_1)의 관계는 E를 영율로 하면 $\sigma_1 = E\varepsilon_1$의 관계가 성립된다. 또 점성은 뉴톤의 점성법칙에 따른다고 하면 η를 점성계수로 하면 $\sigma_2 = \eta \cdot d\varepsilon_2/dt$의 관계가 성립된다.

5.5 암석의 역학적 구조모형과 레오로지상수

맥스웰형에서는 스프링과 대쉬포트가 직열결합이므로 이 형으로서의 응력성분 (σ)과 변형성분 (ε)은 下記의 관계가 성립되게 된다.

$$\sigma = \sigma_1 = \sigma_2, \quad \varepsilon = \varepsilon_1 + \varepsilon_2. \tag{5.15}$$

따라서 맥스웰형에 대해서는 다음 식의 관계가 성립된다.

$$\frac{d\varepsilon}{dt} = \left(\frac{d\varepsilon_1}{dt} + \frac{d\varepsilon_2}{dt}\right) = \frac{1}{E}\frac{d\sigma}{dt} + \frac{\sigma}{\eta}. \tag{5.16}$$

이 식은 맥스웰식이라 부르는 것이며, 먼저 기술한 식(5.5) 혹은 식(5.5′)과 아주 같은 관계식이다.

지금 $\dot{\sigma} = \kappa$ (일정)로 하고, $t=0$에 있어서 $\sigma = 0$, $\varepsilon = 0$으로 하면, 위 식은 다음 식이 된다.

$$d\varepsilon = \frac{1}{E}d\sigma + \frac{\sigma}{\eta}dt = \frac{d\sigma}{E} + \frac{\sigma}{\eta} \cdot \frac{dt}{d\sigma} \cdot d\sigma$$

그러므로 $\int_0^\varepsilon d\varepsilon = \frac{1}{E}\int_0^\sigma d\sigma + \int_0^\sigma \frac{\sigma}{\eta} d\sigma \cdot \frac{1}{\frac{d\sigma}{dt}} = \int_0^\sigma \frac{1}{E} d\sigma + \int_0^\sigma \frac{d\sigma}{\eta\kappa} \cdot \sigma$

그러므로
$$\varepsilon = \frac{\sigma}{E} + \frac{\sigma^2}{2\kappa\eta}. \tag{5.17}$$

또 $\dot{\varepsilon} = \kappa'$ (일정)로서, $t=0$에서는 $\sigma=0$으로 하면 식(5.16)에서 다음 식을 얻는다.

$$\sigma = \kappa'\eta\left(1 - e^{-\frac{E}{\kappa'\eta}t}\right). \tag{5.18}$$

식(5.17)은 맥스웰형으로, 가해지는 응력을 일정시간에 일정 응력식을 변화시켜 간다고 하는 소위 재하속도를 일정하게 유지하는 경우에 있어서 이 형을 표시하는 응력과 변형의 관계식이며, 식(5.18)은 변형속도를 일정하게 한 경우의 응력과 변형의 관계식이며 그 관계는 그림 5.14(b)와 같게 된다.

이 그림에서 밝힌 바와 같이 점성을 가진 물체의 응력—변형선도는 응력을 가해가는 상태의 여하에 따라 곡선은 크게 다른 모양의 것이 된다는 것을 알 수 있다.

켈빈형에서는 스프링과 대쉬포트가 병열로 연결되어 있으므로 스프링의 변형 (ε_1)과 대쉬포트의 변형 (ε_2)은 같다. 또 이 계의 응력 (σ)은 스프링의 응력 (σ_1)과 대쉬포트의 응력 (σ_2)의 합이 된다. 따라서 다음 식이 성립된다.

$$\sigma = \sigma_1 + \sigma_2 = E\varepsilon + \eta\frac{d\varepsilon}{dt}. \tag{5.19}$$

지금 $\dot{\sigma} = \kappa$ (일정)로 하면 위 식에서 다음 식을 얻는다.

$$\varepsilon = \frac{\sigma}{E} - \frac{\kappa\eta}{E^2}\left(1 - e^{-\frac{E}{\kappa\eta}\sigma}\right). \tag{5.20}$$

또 $\varepsilon = \kappa'$ (일정)로 하면 다음 식이 된다.

$$\sigma = E\varepsilon + \kappa'\eta \tag{5.21}$$

따라서 켈빈형의 응력 (σ)과 변형 (ε)의 관계는 그림 5.15(b)와 같게 된다.

다음에 맥스웰형에 일정한 응력 σ_0를 가하여 그 때의 크리프곡선을 구해본다. 그러면 맥스웰의 식(5.16)에서 다음 식을 얻는다.

$$\varepsilon = \frac{\sigma_0}{\eta} t + c.$$

여기서 c는 상수이다. $t = 0$일 때 암석은 응력 σ_0에 대해서 탄성변형이 생기기 때문에 $\varepsilon = \sigma_0/E$로 둔다. 따라서 위 식은

$$\varepsilon = \sigma_0 \left(\frac{1}{E} + \frac{t}{\eta} \right) \tag{5.22}$$

가 된다. 이것은 맥스웰형의 크리프곡선이다.

똑같이 켈빈형의 물체에서는 다음 식을 얻는다.

$$\varepsilon = \frac{\sigma_0}{E} \left(1 - e^{-\frac{E}{\eta} t} \right). \tag{5.23}$$

이 식은 앞에서 기술한 암석의 크리프실험에서 구해진 실험식(5.14)과 같은 형이라는 것을 안다.

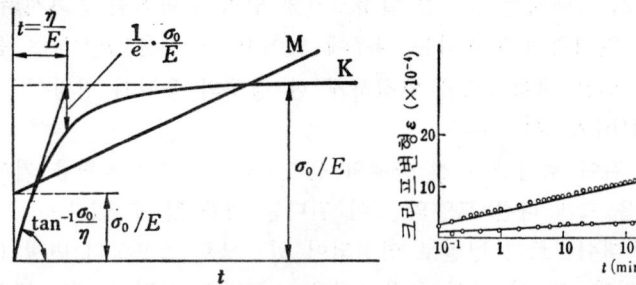

그림 5.16 맥스웰형 物體와 켈빈형 物體의 크리프곡선

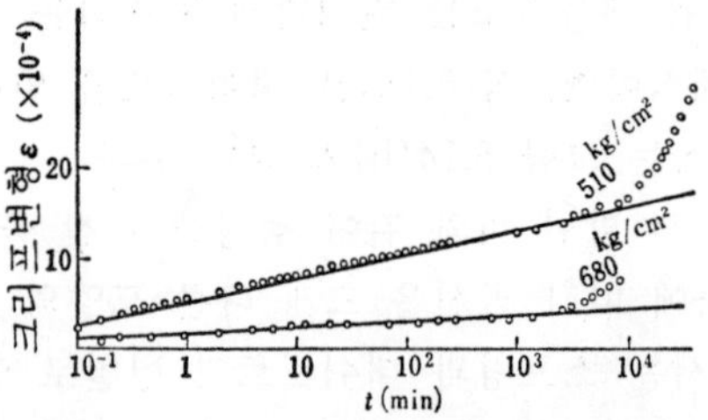

그림 5.17 압축응력을 받는 含濕砂岩의 크리프곡선(西原에 의함)

그림 5.16은 맥스웰형 물체와 켈빈형 물체의 크리프곡선을 표시한다. 그림 5.17은 실측예로 맥스웰형을 표시하였다. 또 그림 5.18은 시간을 대수 눈금으로 한 경우에 있어서 켈빈물체의 크리프곡선이다.

초응력 σ_0를 바꾸어 암석의 크리프시험을 실시하면 σ_0를 증가하는데 따라 그림 5.6과 같은 곡선을 표시하는 것을 이미 말하였다. 이 곡선에서 우리들은 맥스웰형과 켈빈형

5.5 암석의 역학적 구조모형과 레오로지상수

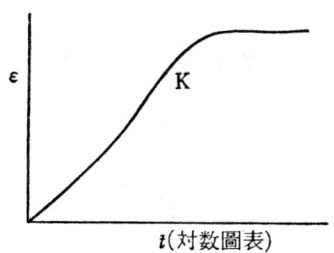

그림 5.18 켈빈형 물체의 크리프곡선

을 직열로 결합한 계가 암석의 역학적 모형으로서 채택되는 것이 적당하다고 하는 견해에 도달한다. 이와 같은 모형(그림 5.19a)을 브르겔모형(Burgels model)이라 한다. 브르겔형의 기초식은 다음 식으로 표시된다.

$$\frac{d\varepsilon}{dt} = \frac{1}{E_1}\frac{d\sigma}{dt} + \sigma\left(\frac{1}{\eta_1} + \frac{1}{\eta_2}\right) - \frac{E_2}{\eta_2^2}e^{-\frac{E_2}{\eta_2}t}\int_0^t \sigma e^{\frac{E_2}{\eta_2}t}dt. \tag{5.24}$$

이 모형으로 $\dot{\sigma}=\kappa$로 하면 응력 (σ)과 변형 (ε)의 관계로서 다음 식이 구해진다.

$$\varepsilon = \sigma\left(\frac{1}{E_1} + \frac{1}{E_2}\right) - \frac{\kappa\eta_2}{E_2^2}\left(1 - e^{-\frac{E_2}{\kappa\eta_2}\sigma}\right) + \frac{\sigma^2}{2\kappa\eta_1}. \tag{5.25}$$

또 $\dot{\varepsilon}=\kappa'$로 하면, 다음 식이 된다.

$$\sigma = \frac{\kappa'\eta_1\left(1 - e^{-\frac{E_1}{\kappa'\eta_1}t}\right)\left(\eta_2 + \frac{E_2}{\kappa'}\varepsilon\right)}{\eta_1\left(1 - e^{-\frac{E_1}{\kappa'\eta_1}\varepsilon}\right) + \left(\eta_2 + \frac{E_2}{\kappa'}\varepsilon\right)}. \tag{5.26}$$

그림 5.19(b)는 브르겔형 물체를 $\dot{\sigma}=\kappa$에서 가압한 경우와 $\dot{\varepsilon}=\kappa'$에서 가압한 경우에 있어서 응력-변형선도의 경향을 표시하였다. 또 식(5.25)에서 크리프곡선을 구하면 다

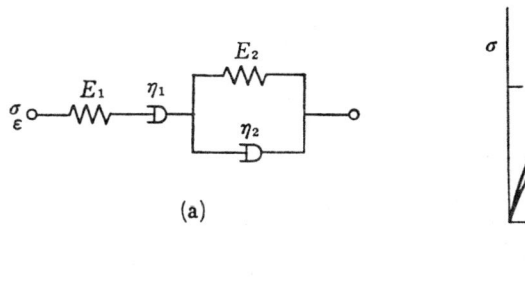
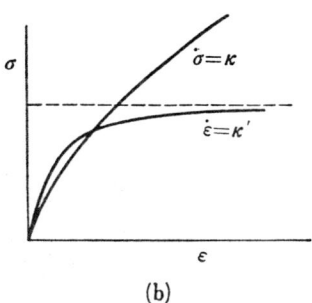

그림 5.19 (a), (b) Burgel 型

음 식이 얻어진다.

$$\varepsilon = \frac{\sigma_0}{E_1} + \frac{\sigma_0}{E_2}\left(1 - e^{-\frac{E_2}{\eta_2}t}\right) + \frac{\sigma_0}{\eta_1}t. \tag{5.27}$$

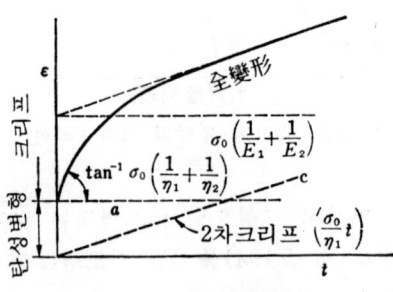

그림 5.20 BURGEL형의 크리프곡선

위 식 우변의 제1항을 a, 제2항을 b, 제3항을 c로 표시하면 식(5.27)은 그림 5.20에서 표시한 것과 같다. a는 크리프에 관계없이 탄성에 의거하는 변형, c는 일정한 속도로는 변형되는 항이 되므로 정상크리프(2차크리프)라 부르는 항이고 맥스웰형이 생기는 크리프이며 제2항의 b는 최초 비교적 급격히 변형이 진행되어가나, 시간의 경과와 함

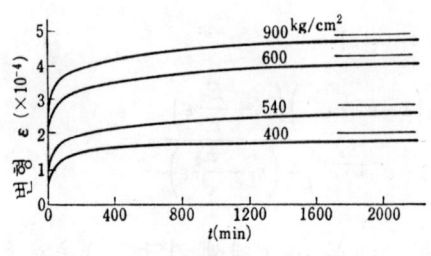

그림 5.21 혈암(乾) 크리프곡선
(西原에 의함)

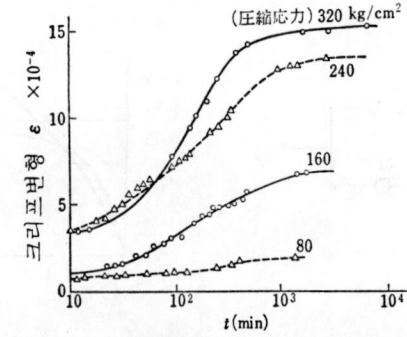

그림 5.22 압축응력을 받는 含濕砂 혈암의 크리프곡선(橫軸對數圖表)(西原에 의함)

께 변형이 결과적으로 중지되어 버리는 곡선으로 천이크리프(2차크리프)라 부르고 있는 항으로 켈빈형이 생기는 크리프이다. 가해지는 초응력 (σ_0)이 작은 사이는 1차크리프가 나타나는 것은 그림 5.21, 그림 5.22의 실측예에서 보는 바와 같다.

맥스웰형의 응력·변형식 (5.16)에서, $t=0$에 있어서 $\sigma=\sigma_0$, 그 때의 변형을 시간에 대해서 일정[$\varepsilon=\varepsilon_0$ 일정]하다고 하면, 다음 식이 얻어진다.

$$\sigma = \sigma_0 e^{-\frac{E_1}{\eta_1}t}. \tag{5.28}$$

이 식은 식(5.8)과 같은 형이다.
즉, 맥스웰 물체가 초기응력 (σ_0)을 받았을 때의 변형 (ε_0)을, 시간이 경과해도 불변으로서 두면 물체내의 응력은 지수함수적으로 감소되어 가며, 시간이 η_1/E_1만 경과된 후에는 응력은 초기응력의 $1/e$로 감소되는 것을 의미하며, 상수 $\eta_1/E_1=\tau_1$은 완화시간이라 부른다. 또 맥스웰 물체가 받은 변형은 탄성변형 부분은 즉시 복원되나 크리프변형의 부분은 회복되지 않는다는 것을 알 수 있다.

켈빈형의 응력-변형식 (5.19)에서 응력 σ_0시의 변형을 ε_0으로 하고, 다음에 σ_0를 제거하여 영으로 한다고 하면 같은 식에서 다음 식을 얻는다.

$$\varepsilon = \varepsilon_0 e^{-\frac{E_2}{\eta_2}t}. \tag{5.29}$$

이 식은 변형이 시간에 관해 지수함수적으로 감소되어 가는 것을 나타내며 초기응력 σ_0에 있어서 ε_0가 되는 변형이 생긴 켈빈형 물체는 σ_0를 제거하면 변형은 지수함수적으로 감소되며, 즉 물체는 점차로 완전히 원형으로 회복된다는 것을 의미한다. 따라서 켈빈형에서는 탄성성분이 시간적으로 지연되어 복원되는 것을 알 수 있다. 이것을 지연탄성이라 부른다. 그리고 이와 같은 변형의 회복은 앞에서도 말한 것처럼 탄성여효의 현상이다.

그러므로 이 경우 $\eta_2/E_2=\tau_2$ 시간 후의 변형 잔류량이 초기변형 ε_0의 $1/e$라는 데서 $\tau_2=\eta_2/E_2$를 지연시간(retardation time)이라 부른다.

따라서 먼저, 예를 들면 유연한 사암에서는 그림 5.9에 표시한 바와 같은 크리프곡선을 그리는 것을 말하였으나 이것은 브르겔모형 중의 켈빈계를 한개가 아니라 다수 연결되어 있는 켈빈모형을 바꾸어 놓는 방법이, 현상을 합리적으로 설명할 수가 있다. 그와 같이 생각한 경우 크리프곡선은 다음 식으로 나타낸다.

$$\varepsilon = \sigma_0 \sum_{i=1}^{n} \frac{1}{E_i}\left(1-e^{-\frac{E_i}{\eta_i}t}\right) = \sigma_0 \sum_{i=1}^{n} \frac{1}{E_i}\left(1-e^{-\frac{t}{\tau_i}}\right). \tag{5.30}$$

따라서 지금까지 설명한 바와 같은 견해는 암석의 물리성을 탄성과 점성에서 설명하려고 한 견해이며, 암석을 점탄성체(visco-elastic body)로 간주한 견해에 지나지 않는다.
그런데 암석의 크리프 및 회복실험을 실시하면 그림 5.8에 표시된 바와 같이 영구소성 변형을 잔류케 하는 것이 보통이다. 이 영구소성 변형을 역학모형으로 고려한다면 슬라이더를 사용할 필요가 있다. 그림 5.23은 SAWARAGI모형이라 부르는 형이며, 이 슬라이더는 응력이 어떤 일정치에 도달할 때에 미끄러지기 시작되는 것으로 생각한다. 이와 같은 모형은 점소탄성모형(visco-plastoelastic model)이다. SAWARAGI모형이 응력 S를 받아서 미끄러진다고 하면, 다음 식이 성립된다.

$$\sigma = E\varepsilon + \eta \frac{d\varepsilon}{dt} \pm S. \quad \left[\pm \frac{d\varepsilon}{dt} \gtreqless 0\right]. \tag{5.31}$$

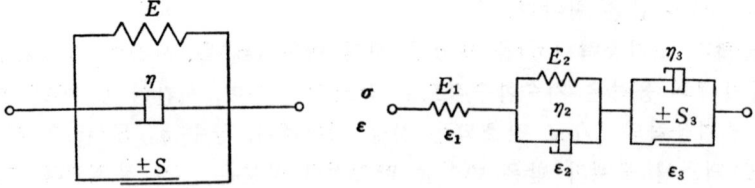

그림 5.23 SAWARAGI 模型   그림 5.24 西原模型

그림 5.24는 西原의 역학모형에서 브르겔 모형보다 더욱 많은 성질을 설명할 수가 있다. 같은 그림에서 $\pm S_3$는 슬라이더의 항복한계 응력(크리프한도)을 표시한다. 이 모형에 대한 관계식은 다음 식과 같다.

$$\left.\begin{array}{l} \dfrac{d\varepsilon}{dt} = \dfrac{1}{E_1}\dfrac{d\sigma}{dt} + \sigma\left(\dfrac{1}{\eta_2} + \dfrac{1}{\eta_3}\right) - \dfrac{S_3}{\eta_3} - \dfrac{E_2}{\eta_2^2} e^{-\frac{E_2}{\eta_2}t} \int_0^t \sigma e^{\frac{E_2}{\eta_2}t} \cdot dt. \\ \hspace{8cm} (\sigma > S_3) \\ \dfrac{d\varepsilon}{dt} = \dfrac{1}{E_1}\dfrac{d\sigma}{dt} + \dfrac{\sigma}{\eta_2} - \dfrac{E_2}{\eta_2^2} e^{-\frac{E_2}{\eta_2}t} \int_0^t \sigma e^{\frac{E_2}{\eta_2}t} \cdot dt. \quad (\sigma \leq S_3) \end{array}\right\} \tag{5.32}$$

일정한 응력 하에서 크리프할 때는 $\sigma = \sigma_0 =$ 일정하기 때문에 위 식에서 다음 식이 얻어진다.

$$\left.\begin{array}{l} \varepsilon = \dfrac{\sigma_0}{E_1} + \dfrac{\sigma_0}{E_2}\left(1 - e^{-\frac{E_2}{\eta_2}t}\right). \quad (\sigma_0 \leq S_3) \\ \varepsilon = \dfrac{\sigma_0}{E_1} + \dfrac{\sigma_0}{E_2}\left(1 - e^{-\frac{E_2}{\eta_2}t}\right) + \dfrac{(\sigma_0 - S_3)}{\eta_3}t. \quad (\sigma_0 > S_3) \end{array}\right\} \tag{5.33}$$

$\sigma_0 \leq S_3$의 경우에는 그림 5.24의 슬라이더는 움직이지 않으므로 변형되는 것은 스프링 E_1과 E_2 및 대쉬포트 η_2로 된 요소만으로 위 식의 제1항은 탄성변형, 제2항은 천이크리프를 나타낸다. $\sigma_0 > S_3$가 되면 슬라이더가 움직이기 시작하므로 같은 그림의 우단요소가 변형에 가해지며 그 변형은 위 식의 제3항과 같이 시간에 비례하는 정상흐름(정상크리프)을 나타낸다.

5.5 암석의 역학적 구조모형과 레오로지상수

즉 이 모형에서는 S_3이하의 응력에 있어서는 탄성변형과 천이크리프를 표시, S_3를 초과하는 응력에 있어서는 탄성변형, 천이크리프 이외로 정상크리프가 가해지게 된다. 그리고 S_3는 크리프한도에 상당하다.

따라서 다음에 일정한 속도로 외력을 가한 경우에는 $\sigma = \kappa t$ (κ는 정수)로 하면 식(5.32)에서 다음 식이 얻어진다.

$$\left. \begin{aligned} \varepsilon &= \frac{\sigma}{E_1} + \frac{\sigma}{E_2} - \frac{\kappa \eta_2}{E_2{}^2}\left(1 - e^{-\frac{E_2}{\kappa \eta_2}\sigma}\right). \quad (\sigma \leqq S_3) \\ \varepsilon &= \frac{\sigma}{E_1} + \frac{\sigma}{E_2} - \frac{\kappa \eta_2}{E_2{}^2}\left(1 - e^{-\frac{E_2}{\kappa \eta_2}\sigma}\right) + \frac{1}{2\kappa \eta_3}(\sigma - S_3)^2. \quad (\sigma > S_3) \end{aligned} \right\} \quad (5.34)$$

따라서 지금까지 설명한 바와 같이 암석의 역학적인 거동을 충분히 설명하기 위해서는 시간이라는 요소를 고려하지 않으면 안되는 것이 분명하다. 이와 같이 보통 매질(媒質)의 변형과정에 있어서 시간효과를 갖는 현상을 레오로지-*(rheological)현상이라 부른다.

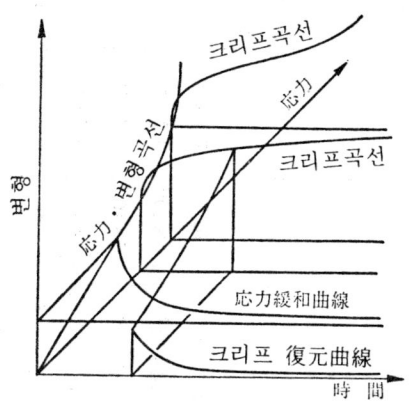

그림 5.25 암석의 응력-변형-시간의
관계도(西原에 의함)

암석의 성질을 역학적 구조모형으로 바꾸어 그 암석시료에 대해서 예를 들면 변형속도(strain rate) $\dot{\varepsilon}$을 일정하게한 응력-변형선도 및 크리프곡선 등을 구하고 그것을 해석하는데 따라 역학모형을 구성하는 각 요소, E_1, η_1, τ_1, E_2, η_2, τ_2 등 암석의 레오로지 상수(rheological constants)를 구할 수가 있다.

또 암석의 응력-변형 시간의 관계는 입체좌표를 이용하여 그림 3.25와 같이 표현할 수가 있다.

---

*) 레오로지(Rheology)는 "流動學"으로 부른다.

표 5.2 암석의 레오로지 상수(西原에 의함)

岩石種類	側壓 atm	溫度 °C	η_1 poises	E_1 dynes/cm²	τ_1 sec	η_2 poises	E_2 dynes/cm²	τ_2 sec	摘 要 kg/cm²
石 灰 岩	1		6.5×10^{22}	6.5×10^{11}	10^{11}	2×10^{18}	7×10^{12}	3×10^5	크리프 $\sigma_0=1,400$
혈암(乾)	1			$1.2 \sim 2.3 \times 10^{11}$		10^{16}	2×10^{12}	5×10^3	〃 $\sigma_0=400$
혈암(乾)	1					6×10^{15}	2×10^{12}	3×10^3	〃 $\sigma_0=540$
혈암(乾)	1					1.2×10^{17}	1.4×10^{12}	8.5×10^4	〃 $\sigma_0=600$
혈암(乾)	1					2×10^{17}	1.8×10^{12}	1.1×10^5	〃 $\sigma_0=960$
砂質혈암(濕)	1					2.9×10^{15}	2.2×10^{12}	1.3×10^4	〃 $\sigma_0=160$
砂質혈암(濕)	1					1.7×10^{15}	1.7×10^{11}	10^4	〃 $\sigma_0=240$
砂岩(濕)	1		7.7×10^{17}	10^{11}	7.7×10^6	7.1×10^{15}	3.8×10^{11}	1.9×10^4	〃 $\sigma_0=510$
白雲石	5,000	20~300	2.4×10^{13}	3.5×10^{11}	0.7×10^2				引張 $\dot{\varepsilon}=10^{-2}/\text{min}$
白雲石	5,000	20~300	4×10^{13}	6×10^{11}	0.7×10^2				壓縮 $\dot{\varepsilon}=10^{-2}/\text{min}$
大理石	5,000	300	2.3×10^{13}	4.1×10^{11}	0.6×10^2	6.8×10^{12}	3.7×10^{10}	1.8×10^2	壓縮 $\dot{\varepsilon}=1.5 \times 10^{-2}/\text{min}$
地殼岩石			$3 \times 10^{17} \sim 10^{22}$	10^{12}	$3 \times 10^5 \sim 10^{10}$	3×10^9	10^{12}	3×10^{-3}	
얼음			3×10^{13}	10^{11}	3×10^2				
콘크리트			$3 \times 10^{16} \sim 10^{17}$	10^{11}	$3 \times 10^5 \sim 16^6$				

(*) 레오로지(Rheology)는 "流動學" 또는 부동학

参　考　文　献

1) 森　芳郎: 레오로지-, 応用力学講座 13, 共立出版, 1964 年 8 月.
2) 武藤・福井・他: 塑性変形의理論과応用, 코로나社
3) Bull. Geol. Soc. Amer., 51 (1940), 1001-1022.
4) 鈴木　光: 砂岩의物理的性質에 관한 연구 日本鉱業会誌, 70 巻, 790 号, 1964 年 4 月).
5) M. NISHIHARA: Stress-Strain-Time Relation of Rocks, Doshisha Engineering Review, Vol. 8, No. 2 (1958).
6) 西原正夫: 岩石의 레오로지, 槇山次郎教授記念論文集, 1961 年 7 月.
7) 佐藤常三: 레오로지-模型과応用数学, 数理科学, 1970 年, 4 月号.

6 장 초등탄성학

6.1 평면응력과 평면변형

6.1.1 평면응력(Plane Stress)

공학적인 문제는 응력이 평면적으로 분포되어 있는 문제가 대단히 많다. 균일한 두께를 가진 박판의 주변에 힘이 작용하여 그 힘이 박판의 표면에 평행인 경우, 박판내에 분포되는 응력을 취급하는 문제는 평면응력의 문제로서 취급된다. 그림 6.1이 그 예이며, 이 경우 $\sigma_z, \tau_{xz}, \tau_{yz}$의 응력성분은 판의 양표면상에서는 영이며 또 판두께 전체에

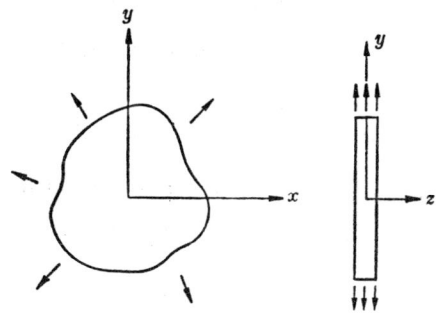

그림 6.1 평면응력의 상태

대해서도 영이라고 가정해도 큰 잘못은 없다. 즉 응력분포는 평면적이며 응력성분은 세가지 σ_x, σ_y 및 τ_{xy}가 존재하며, 이 응력은 판의 두께를 가로 잘라서 일정하게 하는 것으로 생각할 수가 있다. 판의 두께는 중요하지는 않고 그 두께는 통상 단위의 두께를 갖는 것으로 생각하여 해석한다.

6.1.2 평면변형(Plane Strain)

평면응력의 문제란 대조적으로 동일단면을 가진 긴 봉이라던가 긴 댐과 같이 z방향으로 대단히 긴 물체의 응력을 취급하는 문제가 있다. 긴 원통이라던가 입방채의 물체가 z축에 수직으로 작용하는 힘의 작용을 받고 또 그 힘이 길이 전역에 걸쳐서 변화되지 않는 경우에는 양단에서 거리가 떨어진 곳에서는 물체의 변형은 평면변형적이라고 생각해도 된다. 즉 물체내의 一小部分은 물체의 길이에 대해 수직인 평면내에서 변형되는 것으로 생각해도 좋다. 즉 그림 6.2와 같은 댐의 문제(z축 방향으로 길고 단면은

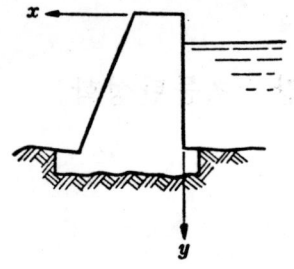

그림 6.2 평면변형의 상태

동일하며 응력은 z축방향에 대해 수직방향으로 작용한다)는 평면변형의 문제로 생각해도 된다. 수평인 지표하의 수평터널 둘레의 지압을 논하는 경우도 평면변형의 문제로 생각할 수가 있다. 이와 같은 경우 변형은 장축에 수직인 평면내에서 일어난다. 따라서 응력분포를 생각하는 경우 z축에 수직으로 교차되는 서로 근접하여 평행인 두개의 평면에 의해 잘라내는 부분의 응력상태를 생각하면 된다. 이와 같은 견해에서 평면변형의 문제에서는 w성분은 영이 된다. 따라서 식(1.2) 중 다음의 변형성분은 영이 된다.

$$\gamma_{yz}=\frac{\partial v}{\partial z}+\frac{\partial w}{\partial y}=0, \quad \gamma_{xz}=\frac{\partial u}{\partial z}+\frac{\partial w}{\partial x}=0, \quad \varepsilon_z=\frac{\partial w}{\partial z}=0.$$

그리고 결국 세개의 변형성분, $\varepsilon_x, \varepsilon_y$ 및 γ_{xy} 가 남는다. 이것들의 변형성분이 구해지면 그에 相等한 응력성분, $\sigma_x, \sigma_y, \tau_{xy}$ 는 혹의 법칙 식(1.6) 및 식(1.9)에서 구해지나 이 경우 σ_z는 영이 되지 않는다.

왜냐하면 식(1.6)에서 $\varepsilon_z=0$으로 하면

$$\sigma_z=\nu(\sigma_x+\sigma_y). \tag{6.1}$$

가 되기 때문이다. 따라서 평면변형의 문제에서는 응력성분은 $\sigma_x, \sigma_y, \tau_{xy}$ 및 σ_z의 4성분이 구해진다.

6.2 평면내의 응력

지금 균형상태에 있는 판판한 표리면을 가진 물체 내에 판판한 표면과 평행으로 하나의 얇은 층을 생각한다. 그 얇은 층은 대단히 얇으므로 一平面으로 간주할 수가 있을 것이다. 그리고 이 평면의 응력을 생각해본다.

그림 6.3과 같이 평면내에 미소직각 3각형 OAB를 생각하여 AB는 Ox축과 A점에서 Oy축과 B점에서 교차되며 원점을 O로 한다. 또 AB선에 세운 수선은 Ox축과 θ를 이루어 교차된다. 그리고 지금 이 직3각형 OAB의 균형을 생각한다.

요소 ABO는 대단히 얇으므로 이 3각형의 면에 작용되고 있는 σ_z, τ_{zx} 및 τ_{zy}는 각각

6.2 평면내의 응력

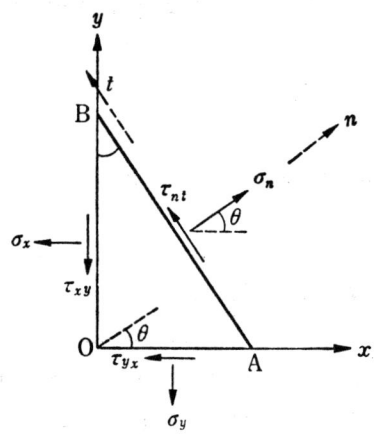

그림 6.3 3각형 요소에 작용하는 응력

의 면에서는 동일의 크기이므로 이 균형조건에는 영향을 미치지 않는 것으로 생각해도 좋다. 즉 평면응력의 문제로 생각해도 좋으므로 고려해야 할 응력성분은 이 그림에서 수직응력 $\sigma_x, \sigma_y, \sigma_n$과 전단응력 $\tau_{xy}, \tau_{yx}, \tau_{nt}$ 이다. 3각형 요소의 두께를 d로 하면 3각형이 작용하는 응력이 균형을 유지하기 위해서는 Ox방향에서는 다음 식이 성립되지 않으면 안된다.

$$\sigma_n \cdot \overline{AB} \cdot d \cdot \cos\theta - \tau_{nt} \cdot \overline{AB} \cdot d \cdot \sin\theta - \sigma_x \cdot \overline{OB} \cdot d - \tau_{yx} \cdot \overline{OA} \cdot d = 0.$$

그러나 $\overline{OB} = \overline{AB} \cdot \cos\theta$, $\overline{OA} = \overline{AB} \cdot \sin\theta$ 가 되며, $\tau_{yx} = \tau_{xy}$ 로 나타내지 않으면 안되므로 위 식은 다음과 같이 된다.

$$\sigma_n \cdot \cos\theta - \tau_{nt} \cdot \sin\theta = \sigma_x \cdot \cos\theta + \tau_{xy} \cdot \sin\theta. \qquad (a)$$

똑같이 Oy축에 평행인 응력성분을 고려하면 다음의 균형식이 성립된다.

$$\sigma_n \sin\theta + \tau_{nt} \cos\theta = \tau_{xy} \cos\theta + \sigma_y \sin\theta. \qquad (b)$$

식(a)에 $\cos\theta$를 식(b)에 $\sin\theta$를 각각 곱하여 양식을 가합시켜 식을 간단히 하면,

$$\sigma_n = \sigma_x \cos^2\theta + \sigma_y \sin^2\theta + \tau_{xy} \sin 2\theta. \qquad (6.2)$$

를 얻는다. 이 식은 θ의 방향에 대한 수직응력 σ_n을 Ox 및 Oy방향에 작용하는 응력의 항에서 표시된 식이다. 만약 식(a)에 $\sin\theta$를, 식(b)에 $\cos\theta$를 곱하여 양 식의 차를 취하면 다음 식을 얻는다.

$$\tau_{nt} = \frac{1}{2}(\sigma_y - \sigma_x)\sin 2\theta + \tau_{xy}\cos 2\theta. \qquad (6.3)$$

이 식은 AB면에 접하는 전단응력의 식이다. 상기의 양 식은 어느 1점에 있어서 임

의로 직교되는 두개의 방향의 수직응력과 전단응력에 의해, 다른 임의 방향의 응력을 나타내고 있는 관계식이다.

식(6.3)에서 $\tau_{nt}=0$의 조건을 구하면

$$\tau_{xy} \cos 2\theta = \frac{1}{2}(\sigma_x - \sigma_y) \sin 2\theta$$

즉

$$\tan 2\theta = \frac{2\tau_{xy}}{\sigma_x - \sigma_y}. \tag{6.4}$$

을 얻는다. 따라서 σ_x, σ_y 및 τ_{xy}의 값의 여하에 관계없이 식(6.4)을 만족시키는 θ의 값은 항상 두개가 존재한다. 즉 θ와 $\theta+90°$이다. 이것은 O점(임의점)에 있어서 응력상태가 어떠한 것이라도 전단응력이 영이란 것과 같은 미소면은 2개 존재하고 그것은 서로 직교되고 있다는 것을 의미한다. 그리고 전단응력이 영이 되는 면에 수직으로서는 수직응력은 주응력(principal stresses)이라 부르며, 예를 들면 σ_p, σ_q로 이것을 표시한다.

다음에 식(6.2)에서 θ에 대해 σ_n이 어떻게 달라지는가 살펴본다. σ_n를 θ에 관해서 미분하여 그것을 영으로 놓고 σ_n의 극대 또는 극소의 방향을 구하면 그것은 식(6.4)과 일치되는 것을 안다. 즉 전단응력이 작용치 않는 방향에서는 σ_n 는 극대 또는 극소가 되는 것으로 한다. 따라서 이 극대, 극소치가 주응력인 것이다.

전단응력이 작용치 않는 상호에 직교되는 미소면은 1점에서 인접되는 다른 점으로 그 방향을 차츰 바꾸어 가는 것이 보통이지만 그 방향을 연결하는 선은 주응력축(axes of principal stress)이라 부른다 주응력축에 따라 작용하는 응력은 즉 주응력이다. 3차원의 경우에 있어서도 물체내의 임의점을 통하여 전단응력이 작용치 않는 상호에 직교되는 3개의 미소평면이 존재한다. 이 사실은 미소면을 서로 연결하는 면은 주응력면(pricipal planes of stresses)이라 부른다.

그림 6.3에서 주응력축의 방향을 좌표축으로 선택하였다면 수직응력 σ_x, σ_y는 주응력 σ_p와 σ_q가 되며, 전단응력 τ_{xy}은 영이 된다. 따라서 식(6.2) 및 (6.3)는 각각

$$\sigma_n = \sigma_p \cos^2 \theta + \sigma_q \sin^2 \theta \tag{6.5}$$

$$\tau_{nt} = \frac{1}{2}(\sigma_q - \sigma_p) \sin 2\theta \tag{6.6}$$

가 된다.

다음에 σ_n에 직교되는 응력을 σ_t로 하면 σ_t는 식(6.5)에서 θ를 $(\theta+90°)$로 치환하는 데 따라 구해지기 때문에,

$$\sigma_t = \sigma_p \sin^2 \theta + \sigma_q \cos^2 \theta \tag{6.7}$$

6.2 평면내의 응력

가 된다. 또 식(6.5)과 식(6.7)을 가합시키면,

$$\sigma_n + \sigma_t = \sigma_p + \sigma_q \tag{6.8}$$

이라는 것을 안다. 상기의 제식에서 물체내의 임의의 1점에 대한 주응력의 크기와 그 작용방향을 알고 있다면 그 점에 대한 임의 방향의 응력을 구할 수가 있다. 또 식(6.8)은 우리들에게 다음 사항을 가르쳐준다. 임의의 1점을 통하는 2개의 직교되는 방향의 응력 합은 항상 일정하고 그 값은 2개의 주응력 합과 비등하다. 이 결론은 3차원의 경우에도 일반적으로 성립된다.

따라서 식(6.6)을 보면 $\sin 2\theta = 1$일때, 즉 $\theta = 45°$일때 $\sin 2\theta$는 최대치를 취한다. 이 사실에서 다음의 것이 결론된다. 즉 임의점에 대한 최대 전단응력은 2개의 주응력 차이의 1/2와 같고 주축(principal axes)간의 각을 2등분하는 방향으로 작용되고 있다.

2차원의 경우 식(6.5)에 相當한 3차원의 경우 식은 다음과 같다.

$$\sigma_n = \sigma_p \cos^2 \alpha + \sigma_q \cos^2 \beta + \sigma_r \cos^2 \gamma . \tag{6.9}$$

여기서 α, β 및 γ는 주응력의 방향 p, q 및 r가 고려되고 있는 평면에 세운 수선과 이루는 각도이다(그림 6.4). 식(6.9)은 σ_n의 작용면이 p, q평면의 경우에는 $\cos \gamma = 0$이 되며, $\cos \beta = \sin \theta$이며, 또 $\alpha = \theta$가 되므로 식(6.5)가 얻어진다. 또

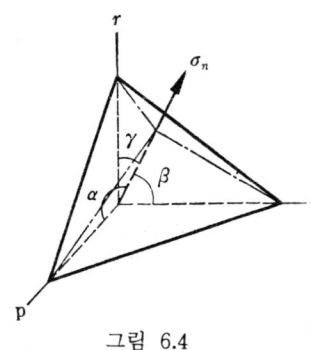

그림 6.4

3차원의 경우에 대한 전단응력의 식은 다음 식으로 표시된다.

$$\tau_{nt}^2 = \sigma_p^2 \cos^2 \alpha + \sigma_q^2 \cos^2 \beta + \sigma_r^2 \cos^2 \gamma - (\sigma_p \cos^2 \alpha + \sigma_q \cos^2 \beta + \sigma_r \cos^2 \gamma)^2 . \tag{6.10}$$

이 식에서 용이하게 다음 것을 안다. 3차원의 경우에는 전단응력은 최대 및 최소의 주응력 성분 사이의 각을 2등분하는 면내에 작용하며 그 값은 이것들 2개응력의 차이 1/2와 같다.

6.3 Mohr의 응력원과 포락선(재료의 파괴에 관한 Mohr의 학설)

그림 6.3에 있어서 σx를 주응력 σ_1, σ_y를 주응력 σ_2로 생각하면 식(6.5) 및 식(6.6)은 다음과 같이 바꾸어 쓸수 있다.

$$\sigma_n = \sigma_1 \cos^2 \theta + \sigma_2 \sin^2 \theta$$

$$\tau = \frac{1}{2}(\sigma_1 - \sigma_2) \sin 2\theta$$

이것을 다시 바꾸어 쓰면,

$$\left.\begin{array}{l} \sigma_n = \dfrac{\sigma_1 + \sigma_2}{2} + \dfrac{\sigma_1 - \sigma_2}{2} \cos 2\theta \\[2mm] \tau = \dfrac{\sigma_1 - \sigma_2}{2} \sin 2\theta \end{array}\right\} \tag{6.11}$$

가 되며, 위 식에 대응하는 기호로 그림을 그리면 그림 (6.5)가 된다. 그리고 또 이미 말한 것처럼 τ의 값은 주응력면 간을 2등분하는 면, 즉 $\theta = 45°$로 두고 최대치를 취하는 것을 알며, 그 값은

$$\tau_{max} = \frac{\sigma_1 - \sigma_2}{2} \tag{6.12}$$

이다. 그리고 그 전단응력 최대의 면상에서는 수직응력은

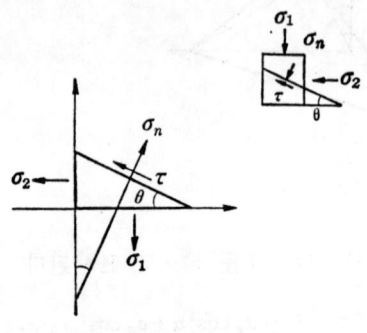

그림 6.5

$$\sigma_n = \frac{\sigma_1 + \sigma_2}{2}$$

이 된다. 그러므로 식(6.11)에서 즉시 다음 식이 얻어진다.

$$\left(\sigma_n - \frac{\sigma_1 + \sigma_2}{2}\right)^2 + \tau^2 = \left(\frac{\sigma_1 - \sigma_2}{2}\right)^2.$$

위 식은 σ_n, τ가 하나의 원주상에 있는 것을 표시한다. 이와 같은 응력 원의 표시를 몰 (Mohr)의 응력 원이라 하며, 그림 6.6은 Mohr의 응력 원을 표시하였다.

이 원에서 응력에 관한 많은 사항이 유도되나, 그것은 다음 기회에 언급키로 하고 여기서는 재료의 파괴에 관한 Mohr의 학설을 설명해둔다.

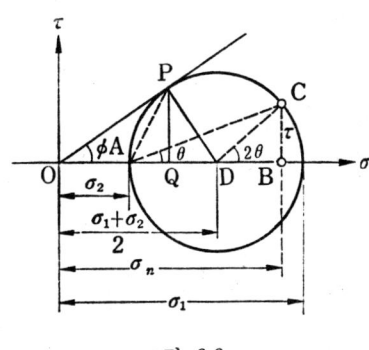

그림 6.6

지금 물체내의 1점에 작용하는 주응력이 σ_1, σ_2 및 σ_3로 하고, $\sigma_1>\sigma_2>\sigma_3$라고 한다면 그 점에 관한 응력원(주요원)의 중심은 σ, τ평면상의 횡축상 원점에서 $(\sigma_1+\sigma_3)/2$의 거리에 있다. 그리고 주요원의 반경은 $(\sigma_1-\sigma_3)/2$이다. 이 점에 있어서 σ_3의 방향과 θ의 각을 이루는 면상에 작용하는 응력 σ_n 및 τ는 그림 6.6에서는 C점의 좌표로 주어진다 (이 경우 그림 6.6의 σ_2는 σ_3로 생각하면 된다). 주요원의 위치 및 그 크기는 그 점에 작용하는 주응력 σ_1 및 σ_3가 변화되면 당연히 변화된다. 따라서 주응력의 크기를 여러 가지로 바꾸어 재료를 항복시켜서 그 재료의 극한상태의 σ_1과 σ_3의 관계를 구하면 극한상태에 관한 一連의 主要円을 그릴 수가 있다. 이것들의 主要円群은 Mohr의 설에 의하면 하나의 재료에 대해서는 하나의 포락선(envelope)을 갖게 된다. 그리고 이 포락선상의 점에 相等하는 응력으로 재료는 항복된다고 한다. 그러므로 포락선을 한계선이라 부르는 수도 있다.

6.4 응력균형방정식과 적합조건식

6.4.1 응력균형방정식

지금 응력상태가 물체내에 있어서 점차로 변화되고 있는 경우에 대해서 생각한다. 그 때문에 $dx=dy=1$의 측면을 가진 무한으로 작은 정방형의 균형방정식을 생각한다. 그림 6.7에서는 이 미소체 측면의 중앙에 작용하는 응력과 그 (+)의 방향이 표시되어 있다. dx, dy만 좌표위치가 달라지면 응력도 그에 대해서 약간 달라진다.

미소체에 작용하는 물체력은 응력변화와 같은 次數이므로 고려하지 않으면 안된다. X 및 Y를 물체의 단위 체적마다의 물체력 x 및 y축 방향의 성분으로 하면 미소요

$$\left.\begin{array}{l}\dfrac{\partial \sigma_x}{\partial x}+\dfrac{\partial \tau_{yx}}{\partial y}+\dfrac{\partial \tau_{zx}}{\partial z}+X=0,\\[6pt] \dfrac{\partial \tau_{xy}}{\partial x}+\dfrac{\partial \sigma_y}{\partial y}+\dfrac{\partial \tau_{zy}}{\partial z}+Y=0,\\[6pt] \dfrac{\partial \tau_{xz}}{\partial x}+\dfrac{\partial \tau_{yz}}{\partial y}+\dfrac{\partial \sigma_z}{\partial z}+Z=0.\end{array}\right\} \quad (6.14)$$

3차원의 경우는 미소6면체의 각 표면에 다음 표에 표시하는 응력이 작용하게 된다. 그리고 균형방정식은 다음 식으로 표시된다.

그러므로 식(1.16)의 응력과 변형의 관계식과 식(1.2)의 변형과 변위의 관계식을 이용하면 다음 식이 얻어진다.

$$\dfrac{\partial \sigma_x}{\partial x}=\dfrac{\partial}{\partial x}\left(\lambda\Delta+2G\dfrac{\partial u}{\partial x}\right)=\lambda\dfrac{\partial \Delta}{\partial x}+2G\dfrac{\partial^2 u}{\partial x^2},$$

$$\dfrac{\partial \tau_{xy}}{\partial y}=\dfrac{\partial}{\partial y}\left\{G\left(\dfrac{\partial v}{\partial x}+\dfrac{\partial u}{\partial y}\right)\right\}=G\left(\dfrac{\partial^2 v}{\partial x\partial y}+\dfrac{\partial^2 u}{\partial y^2}\right),$$

$$\dfrac{\partial \tau_{xz}}{\partial z}=\dfrac{\partial}{\partial z}\left\{G\left(\dfrac{\partial w}{\partial x}+\dfrac{\partial u}{\partial z}\right)\right\}=G\left(\dfrac{\partial^2 w}{\partial x\partial z}+\dfrac{\partial^2 u}{\partial z^2}\right).$$

따라서 식(6.14)의 제1식은 다음과 같다.

$$\dfrac{\partial \sigma_x}{\partial x}+\dfrac{\partial \tau_{xy}}{\partial y}+\dfrac{\partial \tau_{xz}}{\partial z}+X=\lambda\dfrac{\partial \Delta}{\partial x}+G\dfrac{\partial}{\partial x}\left(\dfrac{\partial u}{\partial x}+\dfrac{\partial v}{\partial y}+\dfrac{\partial w}{\partial z}\right)$$

$$+G\left(\dfrac{\partial^2 u}{\partial x^2}+\dfrac{\partial^2 u}{\partial y^2}+\dfrac{\partial^2 u}{\partial z^2}\right)+X=(\lambda+G)\dfrac{\partial \Delta}{\partial x}+G\nabla^2 u+X.$$

제2, 제3식도 이와 같이 바꾸어 쓸수가 있으므로 식(6.14)으로 대응하여 변위성분에서 균형방정식을 나타내면 다음식이 된다.

$$\left.\begin{array}{l}(\lambda+G)\dfrac{\partial \Delta}{\partial x}+G\nabla^2 u+X=0,\\[6pt] (\lambda+G)\dfrac{\partial \Delta}{\partial y}+G\nabla^2 v+Y=0,\\[6pt] (\lambda+G)\dfrac{\partial \Delta}{\partial z}+G\nabla^2 w+Z=0.\end{array}\right\} \quad (6.15)$$

6.4.2 적합조건식 (Compatibility Equations)

따라서 간단히 하기 위해 2차원 문제로 이야기를 진행키로 한다. 앞에서 기술한 식(6.13)에서는 3개의 미지응력 성분에 대해서 식은 2가지 밖에 없으므로 그 풀이는 구해지지 않는다. 그러므로 다시 또 하나의 관계식이 필요하다. 그러므로 물체는 탄성이

6.4 응력균형방정식과 적합조건

소에 작용하는 x축 방향의 모든 힘을 가합시키면 균형이 성립되기 위해서는 다음 식이 성립되지 않으면 안된다.

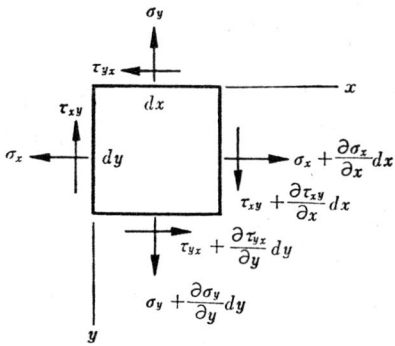

그림 6.7 微小平面 요소에 작용하는 응력

$$\left(\sigma_x+\frac{\partial \sigma_x}{\partial x}dx\right)dy-\sigma_x dy+\left(\tau_{yx}+\frac{\partial \tau_{yx}}{\partial y}dy\right)dx-\tau_{yx}dx+Xdxdy=0.$$

똑같은 관계식이 y축 방향의 성분에 대해서도 성립되므로 결국 다음 식이 얻어진다.

$$\left.\begin{array}{l}\dfrac{\partial \sigma_x}{\partial x}+\dfrac{\partial \tau_{yx}}{\partial y}+X=0 \\[2mm] \dfrac{\partial \sigma_y}{\partial y}+\dfrac{\partial \tau_{xy}}{\partial x}+Y=0\end{array}\right\} \quad (6.13)$$

위 식은 2차원의 장에 대한 균형방정식이다. 주어진 문제로 물체력이 중량일 때는 중력방향을 y축 방향으로 취하면 단위 체적마다의 중량은 ρg로 표시되기 때문에 위 식에서 $X=0$, $Y=\rho g$로 바꾸어 쓰면 좋다.

표 6.1

応力의作用面積	応 力 의 作 用 方 向		
	x 軸 方 向	y 軸 方 向	z 軸 方 向
$dydz$	$-\sigma_x,\ \sigma_x+\dfrac{\partial \sigma_x}{\partial x}dx$	$-\tau_{xy},\ \tau_{xy}+\dfrac{\partial \tau_{xy}}{\partial x}dx$	$-\tau_{xz},\ \tau_{xz}+\dfrac{\partial \tau_{xz}}{\partial x}dx$
$dzdx$	$-\tau_{yx},\ \tau_{yx}+\dfrac{\partial \tau_{yx}}{\partial y}dy$	$-\sigma_y,\ \sigma_y+\dfrac{\partial \sigma_y}{\partial y}dy$	$-\tau_{yz},\ \tau_{yz}+\dfrac{\partial \tau_{yz}}{\partial y}dy$
$dxdy$	$-\tau_{zx},\ \tau_{zx}+\dfrac{\partial \tau_{zx}}{\partial z}dz$	$-\tau_{zy},\ \tau_{zy}+\dfrac{\partial \tau_{zy}}{\partial z}dz$	$-\sigma_z,\ \sigma_z+\dfrac{\partial \sigma_z}{\partial z}dz$

라는 성질을 고려한 식을 생각한다. 2차원 문제에서는 3개의 변형성분을 고려하면 좋고 그 성분은

$$\varepsilon_x = \frac{\partial u}{\partial x}, \quad \varepsilon_y = \frac{\partial v}{\partial y}, \quad \gamma_{xy} = \frac{\partial u}{\partial y} + \frac{\partial v}{\partial x}.$$

이다. 그러므로 이 제1식을 y에 관해서 두번 미분하고, 제2식을 x에 관해서 두번 미분하며, 또 제3식을 x에 관해 한번, y에 관해서 한번 미분하면 결국 다음식이 얻어진다.

$$\frac{\partial^2 \varepsilon_x}{\partial y^2} + \frac{\partial^2 \varepsilon_y}{\partial x^2} = \frac{\partial^2 \gamma_{xy}}{\partial x \partial y}. \tag{6.16}$$

위 식은 변형성분으로 나타낸 적합조건식이다. 그런데 평면응력의 경우 훅의 법칙은 다음식이다.

$$\varepsilon_x = \frac{1}{E}(\sigma_x - \nu \sigma_y), \quad \varepsilon_y = \frac{1}{E}(\sigma_y - \nu \sigma_x), \quad \gamma_{xy} = \frac{2(1+\nu)}{E}\tau_{xy}.$$

위 식을 식(6.16)에 대입하면 다음식이 얻어진다.

$$\frac{\partial^2}{\partial y^2}(\sigma_x - \nu \sigma_y) + \frac{\partial^2}{\partial x^2}(\sigma_y - \nu \sigma_x) = 2(1+\nu)\frac{\partial^2 \tau_{xy}}{\partial x \partial y}. \tag{6.16'}$$

위 식을 간단히 하는 식(6.13)의 위 식을 x에 관해서 미분하고 아래 식을 y에 관해서 미분하여 두 식을 가하면 물체력이 작용치 않을 때는 다음식이 된다.

$$\frac{\partial^2 \sigma_x}{\partial x^2} + \frac{\partial^2 \sigma_y}{\partial y^2} = -2\frac{\partial^2 \tau_{xy}}{\partial x \partial y}.$$

그러므로 이것을 식(1.16′)에 대입하면 응력성분으로 나타낸 적합조건식이 구해지며 다음 식이 된다.

$$\left(\frac{\partial^2}{\partial x^2} + \frac{\partial^2}{\partial y^2}\right)(\sigma_x + \sigma_y) = 0. \tag{6.17}$$

물체력이 작용하는 경우에는 식(6.13)을 이용하므로 적합조건식은 다음 식이 된다.

$$\left(\frac{\partial^2}{\partial x^2} + \frac{\partial^2}{\partial y^2}\right)(\sigma_x + \sigma_y) = -(1+\nu)\left(\frac{\partial X}{\partial x} + \frac{\partial Y}{\partial y}\right). \tag{6.17'}$$

그러나 물체력이 자중만의 경우(예를 들면 $X=0$, $Y=\rho g$)에는 적합조건식은 식(6.17)이 된다. 결국 식(6.17) 혹은 (6.17′) 식(6.13)의 3가지의 식에 의해 평면응력 문제에 대한 3개의 응력성분, σ_x, σ_y 및 τ_{xy}를 구할 수가 있다.

평면변형 문제의 경우에는 훅의 법칙은 식(6.1)의 관계를 넣지 않으면 안되므로 다음식이 된다.

$$\varepsilon_x = \frac{1}{E}[(1-\nu^2)\sigma_x - \nu(1+\nu)\sigma_y], \quad \varepsilon_y = \frac{1}{E}[(1-\nu^2)\sigma_y - \nu(1+\nu)\sigma_x],$$

$$\gamma_{xy} = \frac{2(1+\nu)}{E}.$$

상기의 관계를 식(6.16)에 대입하고 식(6.13)을 이용하면 평면응력 문제의 식(6.17)에 상당한 평면변형 문제에 대한 적합조건식이 구해진다. 이렇게 하여 물체력을 고려한 경우에 있어서 평면변형 문제의 적합조건식은 결국 다음 식이 된다.

$$\left(\frac{\partial^2}{\partial x^2} + \frac{\partial^2}{\partial y^2}\right)(\sigma_x + \sigma_y) = -\frac{1}{1+\nu}\left(\frac{\partial X}{\partial x} + \frac{\partial Y}{\partial y}\right). \tag{6.18}$$

식(6.17′)과 식(6.18)을 비교하면 알 수 있는 것처럼 평면응력 상태와 평면변형 상태에서는 우변의 포아송비 (ν)를 포함하는 항만이 다를뿐이다. 따라서 평면탄성 문제에서는 평면응력 또는 평면변형 중 어느 것인가 한쪽에 대해서 풀면 다른쪽의 풀이도 용이하게 구해진다. 또 물체력이 작용치 않을 때에도 일정한 물체력이 작용하는 경우에도, 어떠한 상태에 대해서도 적합조건식은 탄성상수를 포함치 않는 것을 알 수 있다. 이 사실은 매우 중요하며 모형형상 및 하중상태가 동일하면 2차원 광탄성실험에 의한 응력해석이 평면응력 및 평면변형에 대해서 동일한 응력분포를 주고 다시 모형의 재료에 관계되지 않는 것을 의미하므로 광탄성재료에 의한 실험결과가 즉시 鋼 등의 재료에 대해서도 적용할 수 있는 것을 안다.

6.5 응력 함수 (Stress Function)

상기에 기술한 바와 같이 탄성이론의 2차원 문제의 해석은 균형방정식과 적합조건식을 적분하여 응력을 구하는데 귀착되는 것을 알았다. 지금 이 3개의 식을 정리하여 기술하면 물체가 중력만일 때는 다음 식이 된다.

$$\frac{\partial \sigma_x}{\partial x} + \frac{\partial \tau_{xy}}{\partial y} + \rho X = 0, \quad \frac{\partial \sigma_y}{\partial y} + \frac{\partial \tau_{xy}}{\partial x} + \rho Y = 0. \tag{6.19}$$

$$\left(\frac{\partial^2}{\partial x^2} + \frac{\partial^2}{\partial y^2}\right)(\sigma_x + \sigma_y) = 0. \tag{6.20}$$

여기서 ρ는 재료의 질량 X, Y는 각각 단위질량에 작용하는 x 및 y방향의 중력성분이다.

지금 3개의 응력성분 σ_x, σ_y 및 τ_{xy}가 다음 식으로 주어지는 하나의 함수

$$\sigma_x = \frac{\partial^2 F}{\partial y^2}, \quad \sigma_y = \frac{\partial^2 F}{\partial x^2}, \quad \tau_{xy} = -\frac{\partial^2 F}{\partial x \partial y} - \rho X y - \rho Y x. \tag{6.21}$$

$F(x, y)$를 생각하면 이것은 분명히 식(6.19)을 만족한다. 이와 같은 함수를 AIRY의 응력함수(AIRY'S stress function)라 부른다. 중력의 가속도가 y축 방향에만 작용하는 경우 $(X=0, Y=g)$에는 균형방정식 (6.13)은 $X=0, Y=\rho g$로 하면 좋고 이에 대해서는 응력성분을 다음과 같이 취할 수도 있다.

$$\sigma_x = \frac{\partial^2 F}{\partial y^2} - \rho gy, \quad \sigma_y = \frac{\partial^2 F}{\partial x^2} - \rho gy, \quad \tau_{xy} = -\frac{\partial^2 F}{\partial x \partial y}. \tag{6.22}$$

중력의 작용을 생각하지 않아도 좋은 경우는 응력성분을 표시하는 식(6.21)은 다음 식이다.

$$\sigma_x = \frac{\partial^2 F}{\partial y^2}, \quad \sigma_y = \frac{\partial^2 F}{\partial x^2}, \quad \tau_{xy} = -\frac{\partial^2 F}{\partial x \partial y}. \tag{6.21'}$$

식(6.21)내지 (6.21')식을 식(6.20)에 대입하면 모두 응력함수 $F(x, y)$가 만족해야 할 방정식으로서 다음 식이 얻어진다.

$$\frac{\partial^4 F}{\partial x^4} + 2\frac{\partial^4 F}{\partial x^2 \partial y^2} + \frac{\partial^4 F}{\partial y^4} = 0. \tag{6.23}$$

위 식의 미분연산자는 다음과 같게도 쓰인다.

$$\frac{\partial^4}{\partial x^4} + 2\frac{\partial^4}{\partial x^2 \partial y^2} + \frac{\partial^4}{\partial y^4} = \left(\frac{\partial^2}{\partial x^2} + \frac{\partial^2}{\partial y^2}\right)^2 = (\nabla^2)^2.$$

그러므로 식(6.23)은, 다음과 같이 표시해도 좋다.

$$\nabla^4 F = 0. \tag{6.23'}$$

연산자 $\nabla^2 = (\partial^2/\partial x^2) + (\partial^2/\partial y^2)$는 라프라스 혹은 조화연산자(LAPLACE or harmonic operation) 이라 하며 식(6.23)은 중조화방정식(biharmonic equation), 또 이 방정식을 만족한 함수를 중조화함수(biharmonics)라 한다.

6.6 응력함수를 이용하는 2차원문제(직각좌표의 경우)

6.6.1 다항식에 의한 해법

지금 물체력이 작용치 않거나, 일정한 경우를 생각한다. 이 경우 응력함수는 6.5에서 말한 바와 같이 $\nabla^4 F=0$을 만족하는 소위 중조화함수이며 문제의 경계조건을 만족한 것이 아니면 안된다. $\nabla^2 F=0$을 만족하는 풀이, 즉 조화함수는 물론 $\nabla^4 F=0$도 만족한다. 조화함수는 일반적으로 複素變數 $z=x+iy$의 해석함수(analytic function) $G(z)=\alpha(x, y)+i\beta(x, y)$의 實部 α 또는 虛部 β로 주어지기 때문에 함수 $x\alpha, y\alpha, (x^2+y^2)\alpha$ 등은 중조화함수가 되는 것을 용이하게 알 수 있다.

복소변수 z의 가장 간단한 해석함수는 $z=x+iy$ 자신이기 때문에 그 실, 허부인 x

6.6 응력함수를 이용하는 2차원문제

및 y, 또는 x,y 및 (x^2+y^2)를 곱해서 이루는 함수, x^2, xy, y^2, x^3+xy^2, x^2y+y^3는 역시 위에서 말한 바와 같이 중조화함수이다. 또 $G(z)=z^2=(x+iy)^2=(x^2-y^2)+i2xy$의 실부 x^2-y^2 및 허부 xy는 조화함수이기 때문에 그것에 x, y, x^2+y^2을 곱하여 얻어지는 함수, x^3-xy^3, x^2y, x^2y-y^3, xy^2, x^4-y^4, x^3y+xy^3 등도 중조화함수가 되며, 다시 그것들의 합 또는 차, 예를 들면 x^2+y^2, x^3, y^3 등도 중조화함수가 된다.

지금 장방형판의 문제를 생각하는데 있어서, 그 2변에 평행인 직각좌표계 (x, y)를 이용하면 상기의 x 및 y의 함수는 모두 응력함수 F에 의한 적합조건식 (6.23)의 풀이이다. 즉, 식(6.23)의 풀이는 x 및 y의 여러가지 차수의 다항식으로 표시되는 것을 안다. 다항식으로서 적당한 형을 선택하면 문제를 풀 수가 있다. 식(6.23)의 풀이는 많이 있으나 경계조건 예를 들면 판의 형상과 그 판의 주변에 따라 분포되고 있는 힘이 주어지면 풀이는 하나가 된다.

지금 x 및 y의 다항식으로서 같은 차수의 것을 취하여 생각해본다.

$$F=ax^2+bxy+cy^2. \tag{6.24}$$

이것은 식(6.23)을 만족한다. 이것을 식(6.21′)에 대입하여 응력성분을 구하면,

$$\sigma_x=2c, \quad \sigma_y=2a, \quad \tau_{xy}=-b. \tag{6.25}$$

가 된다. 만약 식(6.24)에서 $b=c=0$로 하면 응력성분은 $\sigma_y=2a$만 남는다.

이 응력함수($F=ax^2$)는 그림 6.8에 표시한 바와 같이 일정한 인장응력이 작용하는 경우에 상당하다는 것을 안다. 또 식(6.24)에서 제 2항만을 취하면 $F=bxy$에서 이것은 그림 6.9와 같은 순수전단의 경우에 해당된다.

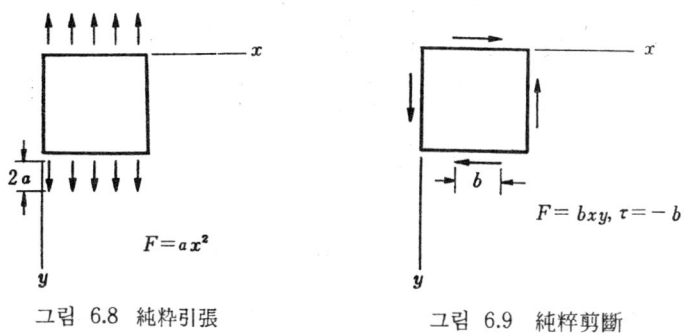

그림 6.8 純粹引張   그림 6.9 純粹剪斷

이와 같은 고찰에서 식(6.25)에서 표시되는 3개의 응력성분은 모두 장방형판 전체에 걸쳐서 균일하며, x 및 y의 방향에 등분포로 작용하는 인장, 혹은 압축응력과 등분포 전단응력이 작용하는 상태 그림 6.10을 표시하는 것을 안다. 응력이 인장인가 압축인가는 식(6.24)중의 정수의 부호에 의해 정해진다.

다음에 응력함수가 3차의 다항식

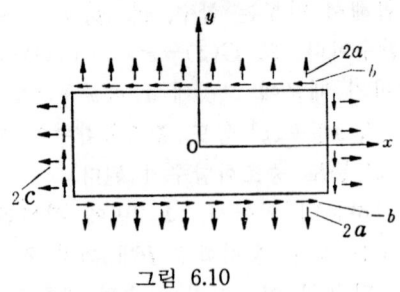

그림 6.10

$$F = ax^3 + bx^2y + cxy^2 + dy^3 \tag{6.26}$$

으로 나타내는 경우를 생각하는데, 이것은 분명히 적합조건식 (6.23)을 만족한다. 이 경우의 응력성분은

$$\sigma_x = 2cx + 6dy, \quad \sigma_y = 6ax + 2by, \quad \tau_{xy} = -2bx - 2cy \tag{6.27}$$

가 된다. 식(6.26)중의 각 계수는 장방형판의 주변에 대한 경계조건에서 구해진다. 그림 6.11과 같이 x면에 작용하는 수직응력에 의해 순수 휨을 받는 장방형판에 대해서는 판의 모든 점에서 $\sigma_y = \tau_{xy} = 0$이 되며, d이외의 계수는 모두 영이 되는 것을 안다. 따라서 그림 6.11에 상당한 응력상태는

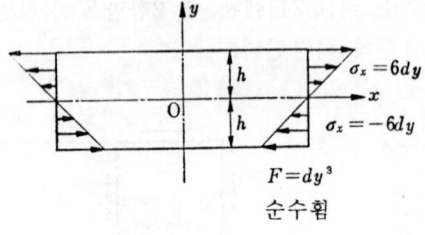

그림 6.11

$$\sigma_x = 6dy, \quad \sigma_y = 0, \quad \tau_{xy} = 0$$

이 되며, $F = dy^3$는 순수 휨(pure bending)을 주는 응력함수라는 것을 안다.

3차의 다항식까지는 모두 그 각 항이 중조화함수이므로 그것들의 계수가 어떠한 경우에도 적합조건식이 만족된다. 그러나 그 보다 고차의 다항식이 되면 계수 사이에 만족시키지 않으면 안되는 관계가 나오게 된다. 예를 들면 4차의 다항식 형의 응력함수

$$F = ax^4 + bx^3y + cx^2y^2 + dxy^3 + ey^4. \tag{6.28}$$

에서는 적합조건식 (6.23)을 만족시키는데는 다음의 조건이 필요하다.

$$e = \frac{-(c+3a)}{3}.$$

따라서 이 경우 계수 $a \sim d$는 임의이며, 직사각형 주변에 대한 하중조건을 만족하도록 적당히 정해진다.

위 식에서 $a=b=c=e=0$의 경우를 생각해본다. 즉 $F=dxy^3$를 생각하면 이것은 적합조건식(6.23)을 만족한다. 응력을 구하면 $\sigma_x=6dxy, \tau_{xy}=-3dy^2$이 된다. 이것을 만족하는 경계조건으로서는 그림 6.12와 같은 응력이 판의 주변에 가해진 경우라는 것을 안다. 즉 판의 길이방향에 따라서는 $-3dh^2$의 전단응력이 가해지며 양단에는 전단응력이 또 일단에는 수직응력 $\sigma_x=6dly$가 가해지고 있는 경우에 상당하다는 것을 안다.

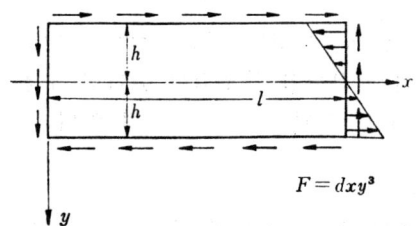

그림 6.12

그림 6.9와 그림 6.12를 중합시키면 중요한 경우가 된다. 즉 만약 $b=-3dh^2$이라면 전단응력은 판의 장변에 따른 것은 없어지고 $x=0$에서는 전단응력은

$$(\tau_{xy})_{x=0} = -b-3dy^2 = 3dh^2 - 3dy^2 = 3d(h^2-y^2)$$

가 된다. $x=l$에서는

$$(\sigma_x)_{x=l} = 6dly$$

가 된다. 즉

$$F = dxy^3 + bxy$$

$$\begin{cases} \sigma_x = 6dly, & (x=l\text{에 있어서}) \\ \tau_{xy} = 3d(h^2-y^2). & (x=0\text{에 있어서}) \end{cases}$$

지금 그림 6.13과 같이 일단고정보의 휨을 생각한다. 즉 판의 일단은 고정되고 타단에 P의 힘이 가해졌다고 하자. 판의 두께를 1로 하고 폭을 $2h$로 하면

$$P = \int_{-h}^{h} \tau_{xy} dy = \int_{-h}^{h} 3d(h^2-y^2) dy = 4dh^3. \tag{6.31}$$

그림 6.13과 같이 판을 일단고정보로서 취급하면 일단 $x=l$에서는 휨 모우먼트는 $M=Pl$이 되며 휨 응력은

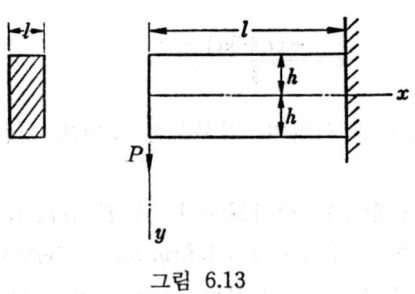

그림 6.13

$$\sigma_x = \frac{My}{I} = \frac{Ply}{I} = 12\frac{Ply}{(2h)^3} = 6dly.$$

가 되며 이것은 식(6.30)과 일치된다. 즉 만약 일단고정보의 일단에 그림 6.13과 같이 가해진 하중이 식(6.29)에서 표시된 것처럼 분포되어 있다면 보통 실시되고 있는 해법은 상기의 논리적인 해법과 일치되는 결과를 표시한 것을 안다.

응력함수가 5차의 다항식

$$F = ax^5 + bx^4y + cx^3y^2 + dx^2y^3 + exy^4 + fy^5 \qquad (6.32)$$

의 형으로 표시될 때는 이 응력함수가 적합조건식을 만족하기 위해서는 다음의 두가지 관계

$$\left.\begin{array}{l} e = -(c+5a) \\ f = -\dfrac{1}{5}(b+d) \end{array}\right\}$$

이 필요하다. 예를 들면 계수 $a \sim d$가 임의로 취해져 그것들의 값에 의해 여러가지의 하중상태에 대한 풀이를 준다.

이상으로 5차까지의 다항식을 형으로 주어진 응력함수에 대해서 말하였으나 장방형판이 일반적인 문제에 대한 응력함수로서는 여러가지 차수의 다항식을 포함한 것을 생각지 않으면 안된다.

6.6.2 Fourier급수에 의한 해법

장방형판 혹은 두께가 얇은 장방형보의 장변에 따라 하중이 연속적으로 분포되고 그 것이 직선이라던가 포물선분포와 같이 용이하게 수식(數式)으로 표시되는 경우에는 다항식의 형으로 표시된 응력함수를 이용할 수가 있는 것은 위에서 말한 바와 같다. 그러나 하중의 분포가 간단한 수식으로 나타낼 수 없는 경우라던가 하중이 불연속인 경우에는 응력함수로서는 Fourier급수 형의 것을 이용하지 않으면 안된다.

지금 다음과 같은 형의 응력함수를 생각해본다.

6.6 응력함수를 이용하는 2차원문제

$$F_n = \cos \frac{n\pi x}{l} f(y). \tag{6.33}$$

여기에서 $f(y)$는 y만의 함수이면 n은 정수이다. 이 응력함수는 적합조건식을 만족시키지 않으면 안되기 때문에 식(6.33)을 식(6.23)에 대입하면 $f(y)$가 만족할 만한 미분방정식은 다음과 같다.

$$\frac{d^4 f(y)}{dy^4} - 2\alpha_n^2 \frac{d^2 f(y)}{dy^2} + \alpha_n^4 f(y) = 0. \tag{6.34}$$

위 식에서 $\alpha_n = n\pi/l$ 이다. 위 식의 일반풀이는

$$f(y) = c_1 \cosh \alpha_n y + c_2 \sinh \alpha_n y + c_3 y \cosh \alpha_n y + c_4 y \sinh \alpha_n y. \tag{6.35}$$

가 되며, 따라서 응력관계는 다음과 같다.

$$F_n = \cos \alpha_n x (c_1 \cosh \alpha_n y + c_2 \sinh \alpha_n y + c_3 y \cosh \alpha_n y + c_4 y \sinh \alpha_n y). \tag{6.36}$$

n은 임의의 정수이므로 모든 F_n을 가합시켜도 식(6.23)의 풀이가 되며 가장 일반적인 풀이는 다음 식으로 주어진다.

$$F_n = \sum_{n=1}^{\infty} (c_1 \cosh \alpha_n y + c_2 \sinh \alpha_n y + c_3 y \cosh \alpha_n y + c_4 y \sinh \alpha_n y) \cdot \cos \alpha_n x. \tag{6.37}$$

이 응력함수에 의해 얻어지는 응력성분은

$$\left.\begin{aligned}
\sigma_x &= \sum_{n=1}^{\infty} [c_1 \alpha_n^2 \cosh \alpha_n y + c_2 \alpha_n^2 \sinh \alpha_n y + c_3 \alpha_n (2 \sinh \alpha_n y \\
&\quad + \alpha_n y \cosh \alpha_n y) + c_4 \alpha_n (2 \cosh \alpha_n y + \alpha_n y \sinh \alpha_n y)] \cos \alpha_n x, \\
\sigma_y &= -\sum_{n=1}^{\infty} [c_1 \cosh \alpha_n y + c_2 \sinh \alpha_n y + c_3 y \cosh \alpha_n y + c_4 y \sinh \alpha_n y] \\
&\quad \times \alpha_n^2 \cos \alpha_n x, \\
\tau_{xy} &= -\sum_{n=1}^{\infty} [c_1 \alpha_n \sinh \alpha_n y + c_2 \alpha_n \cosh \alpha_n y + c_3 (\cosh \alpha_n y \\
&\quad + \alpha_n y \sinh \alpha_n y) + c_4 (\sinh \alpha_n y + \alpha_n y \cosh \alpha_n y)] \alpha_n \sin \alpha_n x.
\end{aligned}\right\} \tag{6.38}$$

위 식중 c_1, c_2, c_3, c_4는 미정상수로 경계조건에서 결정되나 n 각각의 값에 대해서 일조의 $c_1 \sim c_4$가 존재한다.

응력함수로서

$$F_n = \sin \frac{n\pi x}{l} f(y). \tag{6.39}$$

을 생각하면 이 경우의 $f(y)$는 앞에서의 경우와 같이 식(6.35)에서 주어진다. 따라서 이 경우의 가장 일반적인 응력함수의 형은 식(6.37)에 대응하여 다음과 같이 표시된다.

$$F_n = \sum_{n=1}^{\infty} (c_1 \cosh \alpha_n y + c_2 \sinh \alpha_n y + c_3 y \cosh \alpha_n y + c_4 y \sinh \alpha_n y) \sin \alpha_n x. \tag{6.40}$$

일반적으로는 혹은 장방형의 상하연에 임의로 분포한 수직하중이 작용하는 경우 (그림 6.14)에는, 이것들의 하중상태는 다음과 같이 Fourier급수로 표시된다.

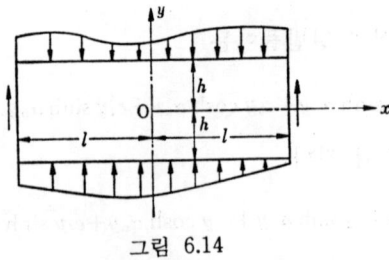

그림 6.14

$$\left.\begin{aligned} p_u &= A_0 + \sum_{n=1}^{\infty} A_n \sin \frac{n\pi x}{l} + \sum_{n=1}^{\infty} A'_n \cos \frac{n\pi x}{l}, \text{ (상연에 있어서)} \\ p_l &= B_0 + \sum_{n=1}^{\infty} B_n \sin \frac{n\pi x}{l} + \sum_{n=1}^{\infty} B'_n \cos \frac{n\pi x}{l}. \text{ (하연에 있어서)} \end{aligned}\right\} \tag{6.41}$$

국부적인 하중이 작용하는 경우도 똑같이 취급할 수가 있다. 이 경우 응력성분은 식(6.38)과 다음의 경계조건

$$\left.\begin{aligned} y &= +h \text{ 에 있어서 } \sigma_y = -p_n, \quad \tau_{xy} = 0 \\ y &= -h \text{ 에 있어서 } \sigma_y = -p_l, \quad \tau_{xy} = 0 \end{aligned}\right\} \tag{6.42}$$

에 의해, 식(6.38)중의 정수 $c_1 \sim c_4$를 구하는데 따라 용이하게 결정된다.

6.7 극좌표에 의한 2차원문제

6.7.1 균형방정식과 적합조건식

외압이나 내압을 받는 두꺼운 원통의 내부응력을 구하는 문제, 원형입갱 주위의 지압을 구하는 문제, 기타의 문제에서 극좌표를 이용하는데 따라 편리하게 풀리는 문제가 실제로는 상당히 많다. 그러므로 다음에 극좌표에 의한 응력의 균형방정식과 적합조건식을 구해둔다.

평면상의 임의의 1점 a의 좌표는 극좌표에 의하면 (γ, θ)에 의해 나타낸다. 지금 그림 6.15(a)와 같이 평면상의 미소면 $abcd$의 균형을 생각한다. 이 경우 $abcd$의 각 면에

6.7 극좌표에 의한 2차원문제

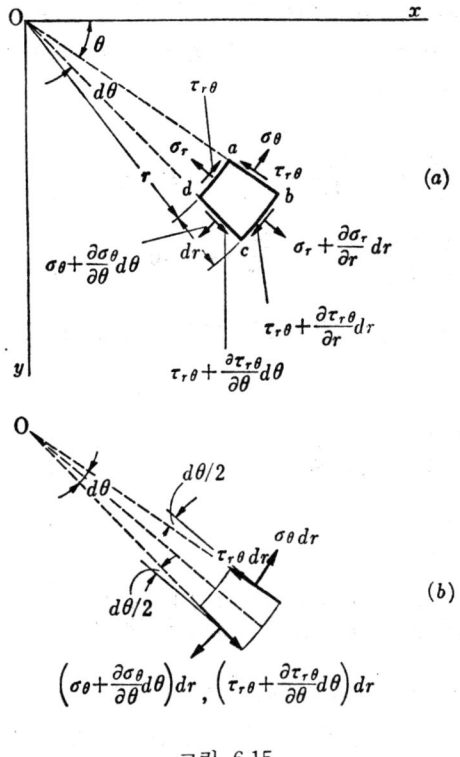

그림 6.15

작용하는 응력은 그림 표시와 같으며 그 중 반경방향 직응력에 의한 힘의 반경방향의 성분은,

$$\left(\sigma_r+\frac{\partial \sigma_r}{\partial r}dr\right)(r+dr)d\theta - \sigma_r r d\theta. \tag{a}$$

이다. 절선방향 직응력 및 전단응력에 의한 힘중 반경방향의 성분은 같은 그림(b)에서

$$-\left(\sigma_\theta+\frac{\partial \sigma_\theta}{\partial \theta}d\theta\right)dr\cdot\sin\frac{d\theta}{2} - \sigma_\theta dr\cdot\sin\frac{d\theta}{2}$$
$$+\left(\tau_{r\theta}+\frac{\partial \tau_{r\theta}}{\partial \theta}d\theta\right)dr\cdot\cos\frac{d\theta}{2} - \tau_{r\theta}\cdot dr\cdot\cos\frac{d\theta}{2}. \tag{b}$$

이다. $d\theta$는 작기 때문에 $\sin(d\theta/2) \fallingdotseq d\theta/2$, $\cos(d\theta/2) \fallingdotseq 1$이며, 또 고차원의 미소량을 생략하면 미소요소 $abcd$에 작용하는 응력성분 중 반경방향의 균형식으로서 다음 식이 얻어진다.

$$\frac{\partial \sigma_r}{\partial r}+\frac{1}{r}\frac{\partial \tau_{r\theta}}{\partial \theta}+\frac{\sigma_r-\sigma_\theta}{r}=0.$$

똑같이 하여 절선방향의 응력의 균형방정식도 구해진다. 단위 체적마다 작용하는 물체력의 반경방향 및 절선방향의 성분을 각각 R 및 T로 하면 물체력을 고려하는 균형방정식으로서 다음 식을 얻는다.

$$\left. \begin{array}{l} \dfrac{\partial \sigma_r}{\partial r}+\dfrac{1}{r}\dfrac{\partial \tau_{r\theta}}{\partial \theta}+\dfrac{\sigma_r-\sigma_\theta}{r}+R=0, \\ \dfrac{1}{r}\dfrac{\partial \sigma_\theta}{\partial \theta}+\dfrac{\partial \tau_{r\theta}}{\partial r}+\dfrac{2\tau_{r\theta}}{r}+T=0. \end{array} \right\} \quad (6.43)$$

물체력을 고려하지 않아도 좋은 경우에는 다음 식으로 표시되는 응력함수 $F(\gamma, \theta)$는 식(6.43)을 만족한다.

$$\left. \begin{array}{l} \sigma_r=\dfrac{1}{r}\dfrac{\partial F}{\partial r}+\dfrac{1}{r^2}\dfrac{\partial^2 F}{\partial \theta^2}, \\ \sigma_\theta=\dfrac{\partial^2 F}{\partial r^2}, \\ \tau_{r\theta}=\dfrac{1}{r^2}\dfrac{\partial F}{\partial \theta}-\dfrac{1}{r}\dfrac{\partial^2 F}{\partial r \partial \theta}=-\dfrac{\partial}{\partial r}\left(\dfrac{1}{r}\dfrac{\partial F}{\partial \theta}\right). \end{array} \right\} \quad (6.44)*$$

즉 식(6.43)을 만족하는 응력함수 $F(\gamma, \theta)$의 응력은 식(6.44)에 의해 구할 수가 있다. 그러므로 응력함수는 적합조건식도 만족하지 않으면 안된다.

적합조건식 (6.23)을 극좌표를 이용한 식으로 변환하는데는 직각좌표와 극좌표와의 사이의 관계

$$r^2=x^2+y^2, \quad \theta=\tan^{-1}\dfrac{y}{x}$$

를 이용한다. 즉 위식에서

$$\dfrac{\partial r}{\partial x}=\dfrac{r}{x}=\cos\theta, \qquad \dfrac{\partial r}{\partial y}=\dfrac{y}{r}=\sin\theta,$$

$$\dfrac{\partial \theta}{\partial x}=-\dfrac{y}{r^2}=-\dfrac{\sin\theta}{r}, \qquad \dfrac{\partial \theta}{\partial y}=\dfrac{x}{r^2}=\dfrac{\cos\theta}{r}.$$

또

$$\dfrac{\partial F}{\partial x}=\dfrac{\partial F}{\partial r}\dfrac{\partial r}{\partial x}+\dfrac{\partial F}{\partial \theta}\dfrac{\partial \theta}{\partial y}=\dfrac{\partial F}{\partial r}\cos\theta-\dfrac{1}{r}\dfrac{\partial F}{\partial \theta}\sin\theta.$$

---

* 식(6.44)의 도입에 관해서는 응력의 좌표축 변환에 관한 식과 직각 좌표계에 대한 응력함수와 응력과의 관계식의 x, y에 관한 미분을, r, θ에 관한 것으로 변환한 식에서 구할 수가 있다.

따라서

$$\frac{\partial^2 F}{\partial x^2} = \frac{\partial^2 F}{\partial r^2}\cos^2\theta - 2\frac{\partial^2 F}{\partial r\partial\theta}\frac{\sin\theta\cdot\cos\theta}{r} + \frac{\partial F}{\partial r}\frac{\sin\theta}{r}$$

$$+2\frac{\partial F}{\partial \theta}\frac{\sin\theta\cdot\cos\theta}{r^2} + \frac{\partial^2 F}{\partial \theta^2}\cdot\frac{\sin^2\theta}{r^2}. \qquad (\text{a})$$

똑같이하여

$$\frac{\partial^2 F}{\partial y^2} = \frac{\partial^2 F}{\partial r^2}\sin^2\theta + 2\frac{\partial^2 F}{\partial r\partial\theta}\frac{\sin\theta\cdot\cos\theta}{r} + \frac{\partial F}{\partial r}\frac{\cos^2\theta}{r}$$

$$-2\frac{\partial F}{\partial \theta}\frac{\sin\theta\cdot\cos\theta}{r^2} + \frac{\partial^2 F}{\partial \theta^2}\cdot\frac{\cos^2\theta}{r^2}. \qquad (\text{b})$$

식(a)와 (b)를 가하면

$$\frac{\partial^2 F}{\partial x^2} + \frac{\partial^2 F}{\partial y^2} = \frac{\partial^2 F}{\partial r^2} + \frac{1}{r}\frac{\partial F}{\partial r} + \frac{1}{r}\frac{\partial^2 F}{\partial \theta^2}. \qquad (\text{c})$$

직각좌표에 대한 적합조건식 (6.23)은

$$\frac{\partial^4 F}{\partial x^4} + 2\frac{\partial^4 F}{\partial x^2 \partial y^2} + \frac{\partial^4 F}{\partial y^4} = \left(\frac{\partial^2}{\partial x^2} + \frac{\partial^2}{\partial y^2}\right)\left(\frac{\partial^2 F}{\partial x^2} + \frac{\partial^2 F}{\partial y^2}\right) = 0. \qquad (6.23)'$$

으로 쓰기때문에 식(c)을 이용하면 극좌표에 대한 적합조건식은 다음과 같다.

$$\nabla^4 F = \left(\frac{\partial^2}{\partial r^2} + \frac{1}{r}\frac{\partial}{\partial r} + \frac{1}{r^2}\frac{\partial^2}{\partial \theta^2}\right)\left(\frac{\partial^2 F}{\partial r^2} + \frac{1}{r}\frac{\partial F}{\partial r} + \frac{1}{r^2}\frac{\partial^2 F}{\partial \theta^2}\right) = 0. \qquad (6.45)$$

즉 식(6.45)의 풀이에서 경계조건을 가진 극좌표의 2차원문제가 풀린다.

6.7.2 변형과 변위, 응력과 변위의 관계식

그림 6.16에 표시한 바와 같이 극좌표계에 대한 미소요소 *abcd*의 변형 후의 위치를

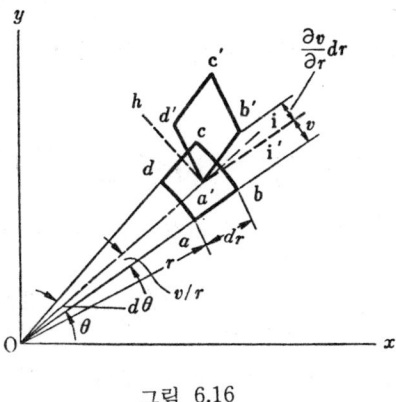

그림 6.16

$a'b'c'd'$로 하고, a점 변위의 반경 및 절선방향의 성분을 각각 u 및 v로 한다. 그러면 b의 변위성분은 $u+(\partial u/\partial r)dr$ 및 $v+(\partial v/\partial r)dr$가 되며, 변위 후의 변 $a'b'$의 길이는

$$\overline{a'b'} = \sqrt{\left(dr + \frac{\partial u}{\partial r}dr\right)^2 + \left(\frac{dv}{dr}dr\right)^2}$$

가 된다. 한편, 반경방향의 종변형을 ε_r로 하면 변형의 정의에 의해

$$\overline{a'b'} = (1+\varepsilon_r)\overline{ab} = (1+\varepsilon_r)dr.$$

따라서 고차의 미소항을 생략하면

$$\varepsilon_r = \frac{\partial u}{\partial r}$$

을 얻는다. 절선방향의 종변형 ε_θ는 u 및 v에 관계된다. 변위 전의 선요소 $\overline{ad}=rd\theta$는 변형 후 변위성분 u에 의해 $(r+u)d\theta$의 길이가 되며 동시에 a'가 절선방향 변위 v를, 또 d'가 $v+(\partial v/r\partial\theta)rd\theta$를 받으므로, 變形 後의 線要素 $\overline{a'd'}$는 다음과 같다.

$$(\overline{a'd'})^2 = \{(1+\varepsilon_\theta)rd\theta\}^2 = \left\{(r+u)d\theta + \frac{\partial v}{r\partial\theta}rd\theta\right\}^2 + \left(\frac{\partial u}{r\partial\theta}rd\theta\right)^2.$$

따라서 고차의 미소량을 생략하면 다음 식을 얻는다.

$$\varepsilon_\theta = \frac{u}{r} + \frac{1}{r}\frac{\partial u}{\partial \theta}.$$

그림 6.16에서 알 수 있는 것처럼, 선요소 $\overline{ab}$의 변형전후의 방향변화 즉, 각 $b'a'i'$는 $\partial v/\partial r$이며 선요소 $\overline{ad}$의 그것은 각 $d'a'h'=\partial u/r\partial\theta$이다. 따라서 각 dab의 변화, 즉 전단변형은

$$\gamma_{r\theta} = \angle d'a'h + \angle b'a'i = \angle d'a'h + \angle b'a'i - \angle ia'i' = \frac{\partial u}{r\partial \theta} + \frac{\partial v}{\partial r} - \frac{v}{r}.$$

가 된다. 따라서 극좌표에 의한 변형성분은 반경방향 변위 u 및 절선방향 변위 v에 의해 다음과 같이 표시된다.

$$\varepsilon_r = \frac{\partial u}{\partial r}, \qquad \varepsilon_\theta = \frac{u}{r} + \frac{1}{r}\frac{\partial v}{\partial \theta}, \qquad \gamma_{r\theta} = \frac{1}{r}\frac{\partial u}{\partial r} + \frac{\partial v}{\partial r} - \frac{v}{r}. \qquad (6.46)$$

또 위 식에서 u 및 v를 소거하면 다음의 적합조건식이 얻어진다.

$$\frac{\partial^2 \varepsilon_\theta}{\partial r^2} + \frac{\partial^2 \varepsilon_r}{r^2 \partial \theta^2} + \frac{2}{r}\frac{\partial \varepsilon_\theta}{\partial r} - \frac{1}{r}\frac{\partial \varepsilon_r}{\partial r} = \frac{\partial^2 \gamma_{r\theta}}{r\partial r\partial\theta} + \frac{1}{r^2}\cdot\frac{\partial \gamma_{r\theta}}{\partial \theta}. \qquad (6.47)$$

또 극좌표에 대한 응력—변형관계식은 평면응력상태에 대해서는

$$\varepsilon_r = \frac{1}{E}(\sigma_r - \nu\sigma_\theta)$$

$$\varepsilon_\theta = \frac{1}{E}(\sigma_\theta - \nu\sigma_r) \qquad (6.48)$$

$$\gamma_{r\theta} = \frac{1}{G}\tau_{r\theta} = \frac{2(1+\nu)}{E}\tau_{r\theta}$$

평면변형상태에 대해서는

$$\varepsilon_r = \frac{1+\nu}{E}[(1-\nu)\sigma_r - \nu\sigma_\theta]$$

$$\varepsilon_\theta = \frac{1+\nu}{E}[(1-\nu)\sigma_\theta - \nu\sigma_r] \qquad (6.49)$$

$$\gamma_{r\theta} = \frac{1}{G}\tau_{r\theta} = \frac{2(1+\nu)}{E}\tau_{r\theta}$$

이다.

6.7.3 축대칭의 응력문제

예를 들면 일정한 내압이나 외압을 받는 두꺼운 원통의 문제, 혹은 외주에서 일정한 지압을 받는 원형입갱의 문제에서는 원통이나 입갱벽에 작용하는 응력분포는 원통축이나 입갱축에 대해서 대칭적이 되며, θ의 값에 따라서는 변화되지 않는다. 즉 그림 6.15에서 xy면에 수직인 O축에 관해서 대칭적이다. 따라서 응력성분은 θ에는 무관계이며 r만의 함수가 된다. 또 대칭이기 때문에 전단응력$\tau_{r\theta}$도 없어진다. 그러므로 식(6.43)은 위 식의 제2항 및 아래 식은 없어지고 다음과 같이 간략해진다.

$$\frac{\partial \sigma_r}{\partial r} + \frac{\sigma_r - \sigma_\theta}{r} + R = 0. \qquad (6.50)$$

또 응력함수 F는 r만의 함수가 되므로 적합조건식은

$$\left(\frac{\partial}{\partial r^2} + \frac{1}{r}\frac{\partial}{\partial r}\right)\left(\frac{\partial^2 F}{\partial r^2} + \frac{1}{r}\frac{\partial F}{\partial r}\right) = \frac{\partial^4 F}{\partial r^4} + \frac{2}{r}\frac{\partial^2 F}{\partial r^3} - \frac{1}{r^2}\frac{\partial^2 F}{\partial r^2} + \frac{1}{r^3}\frac{\partial F}{\partial r} = 0. \qquad (6.51)$$

이 된다. 이 미분방정식에 $r = e^t$로서 변수(variable) t를 도입하면 상계수를 가진 선형 미분방정식이 된다. 그러므로 식(6.51)의 일반풀이를 구할 수가 있다. 이 풀이는 4개의 적분상수를 갖지만 그 상수는 주어지는 문제의 경계조건에서 주어진다. 따라서 다음식

$$F = A\log r + Br^2\log r + Cr^2 + D \qquad (6.52)*$$

가 식(6.51)의 일반풀이이다. 그러므로 축대칭의 응력분포를 가지며 물체력(R)을 갖지

않은 모든 문제의 풀이는 식(6.52)에서 구할 수가 있다. 식(6.52)의 응력함수 F를 식 (6.44)에 대입하여 응력성분을 구하면,

$$\left.\begin{array}{l} \sigma_r = \dfrac{1}{r}\dfrac{\partial F}{\partial r} = \dfrac{A}{r^2} + B(1+2\log r) + 2C, \\[6pt] \sigma_\theta = \dfrac{\partial^2 F}{\partial r^2} = -\dfrac{A}{r^2} + B(3+2\log r) + 2C, \\[6pt] \tau_{r\theta} = 0. \end{array}\right\} \qquad (6.53)$$

이 된다.

(A) 두꺼운 원통의 응력

그림 6.17에 표시한 두꺼운 원통의 경우에 대한 경계조건은

$$r=a\text{에 있어서 } \sigma_r = -p_i$$
$$r=b\text{에 있어서 } \sigma_r = -p_0$$

이다. 응력성분에 대한 식(6.53)에서는 3개의 적분정수를 포함하므로 이것을 정하는 경계조건식은 2개 밖에 없다. 따라서 이것들의 정수를 일의 적으로 정하는데는 변위의 상태에 대해서 생각할 필요가 있다.

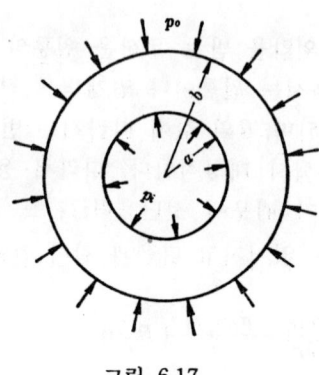

그림 6.17

---

* $F=\log r$인 응력함수는 식(6.53)에서 $\sigma_r = 1/r^2$, $\sigma_\theta = -1/r^2$, $\tau_{r\theta} = 0$ 이 되는 응력을 주며, 변위성분 u는 $-1/r$에 비례하게 되므로 이 함수는 순대칭 변위의 함수라는 것을 안다.
$F=r^2$인 응력함수는 $\sigma_r = \sigma_\theta = $상수가 되며 변위성분 u는 r에 비례하게 되므로 이것은 모든 방향에 일정한 인장을 받는 경우의 함수라는 것을 안다.
$F=r^2\log r$는 응력 쪽은 대칭이지만 변위 쪽은 대칭이 아니며, θ에 대해서 多額이 되며 dislocation의 경우에 해당된다.

축대칭의 경우 변형성분의 식은 식(6.46)에서, 다음과 같다.

$$\varepsilon_r = \frac{du}{dr}, \quad \varepsilon_\theta = \frac{u}{r}, \quad \gamma_{r\theta} = \frac{dv}{dr} - \frac{u}{r}. \tag{6.54}$$

평면응력상태를 생각하면 위 식에 응력-변형의 관계식 (6.48)을 이용하여,

$$\frac{du}{dr} = \frac{1}{E}(\sigma_r - \nu\sigma_\theta), \quad \frac{u}{r} = \frac{1}{E}(\sigma_\theta - \nu\sigma_r). \tag{a}$$

이 제1식에 식(6.53)을 대입하여 적분하면

$$Eu = B\{(1-3\nu)r + 2(1-\nu)r(\log r - 1)\} + 2C(1-\nu)r - A(1+\nu)r^{-1} + G. \tag{b}$$

가 얻어진다. 여기서 G는 적분정수이다. 또 제2식에서 다음식이 얻어진다.

$$Eu = B\{(3-\nu)r + 2(1-\nu)r\log r\} + 2C(1-\nu)r - A(1+\nu)r^{-1}. \tag{c}$$

식(b)와 (c)에서 우변을 같게 해두므로 그 결과

$$B = 0, \quad G = 0$$

을 얻는다. 따라서 변위식은 다음과 같다.

$$u = \frac{1}{E}\{2C(1-\nu)r - A(1+\nu)r^{-1}\}. \tag{6.55}$$

그리고 이 경우 $v = 0$이다.

그러므로 그림 6.17과 같은 축대칭의 문제에서는 식(6.52)의 응력함수로 $B=0$이 되는 것을 알았다. 따라서 응력성분은 식(6.53)에서 즉시

$$\left.\begin{array}{l} \sigma_r = \dfrac{A}{r^2} + 2C, \\[2mm] \sigma_\theta = \dfrac{A}{r^2} + 2C. \end{array}\right\} \tag{6.56}$$

를 얻는다. 그것으로 경계조건을 위 식에 대입하면 정수가 구해지며,

$$A = \frac{a^2 b^2 (p_0 - p_i)}{b^2 - a^2}, \quad 2C = \frac{p_i a^2 - p_0 b^2}{b^2 - a^2}. \tag{d}$$

가 된다. 여기에서 이러한 값을 식(6.56)에 대입하면 두꺼운 원통의 응력성분이 구해지며 다음 식이 된다.

$$\left.\begin{array}{l}\sigma_r = \dfrac{a^2b^2(p_0-p_i)}{b^2-a^2}\cdot\dfrac{1}{r^2}+\dfrac{p_ia^2-p_0b^2}{b^2-a^2}.\\[6pt]\sigma_\theta = -\dfrac{a^2b^2(p_0-p_i)}{b^2-a^2}\cdot\dfrac{1}{r^2}+\dfrac{p_ia^2-p_0b^2}{b^2-a^2}.\end{array}\right\} \quad (6.57)$$

위 식에서 $(\sigma_r+\sigma_\theta)$ 의 값은 원통의 두께에 대해서 무관계이며, 원통의 어느 부분에 있어서도 일정하다는 것을 안다. 식(6.57)에서 $p_0=0$ 으로 두면 내압을 받는 고압파이프의 응력이 구해진다. 즉 그것은 다음식이 된다.

$$\left.\begin{array}{l}\sigma_r = \dfrac{a^2p_i}{b^2-a^2}\left(1-\dfrac{b^2}{r^2}\right).\\[6pt]\sigma_\theta = \dfrac{a^2p_i}{b^2-a^2}\left(1+\dfrac{b^2}{r^2}\right).\end{array}\right\} \quad (6.58)$$

위 식에서 $r\leqq b$ 이기 때문에 σ_r 는 항상 압축 σ_θ 은 인장응력이 되며 이 인장응력은 원관의 내면 $(r=a)$ 에서 최대가 되며 그 값은

$$(\sigma_\theta)_{\max} = \dfrac{p_i(a^2+b^2)}{b^2-a^2}, \quad (6.59)$$

이다. 또 σ_r 는 $r=b$ 로 영이다. 또 식(6.58)에서 $b\to\infty$ 로 하면 무한관내의 원구멍이 내압을 받는 경우의 응력상태

$$\sigma_r = -p_i\dfrac{a^2}{r^2}, \qquad \sigma_\theta = p_i\dfrac{a^2}{r^2}. \quad (6.60)$$

를 준다. 위 식에서 이 경우 원구멍 주변의 최대인장응력은 작용내압 p_i 와 같다는 것을 안다.

(B) 외압을 받는 원통의 내경 변화

그림 6.17에 있어서 $p_i=0$ 으로 하고 외압만 작용하는 경우 외압과 내경 변화량의 관계에 대해서 살펴보기로 하자. 식(6.57)에서 $p_i=0$ 으로 하면 아래 식이 된다.

$$\left.\begin{array}{l}\sigma_r = \dfrac{p_0b^2}{b^2-a^2}\left(\dfrac{a^2}{r^2}-1\right)\\[6pt]\sigma_\theta = -\dfrac{p_0b^2}{b^2-a^2}\left(\dfrac{a^2}{r^2}+1\right)\end{array}\right\} \quad (6.61)$$

혹의 법칙에 의해 식(6.54)에서

$$\varepsilon_r = \dfrac{1}{E}(\sigma_r-\nu\sigma_\theta) = \dfrac{du}{dr}. \quad (\text{a})$$

$$\varepsilon_\theta = \frac{1}{E}(\sigma_\theta - \nu\sigma_r) = \frac{u}{r}. \tag{b}$$

식(6.61)에서 $r=a$일 때는 $\sigma_r=0$이므로 식(b)는

$$\varepsilon_\theta = \frac{\sigma_\theta}{E} = \frac{u}{a}. \tag{c}$$

식(6.61)의 식의 아래식과 식(c)에서

$$\varepsilon_\theta = -\frac{2}{E} \cdot \frac{p_0 \cdot b^2}{(b^2-a^2)} = \frac{u}{a}.$$

그런데, 내경의 변형량 U는 $U=2u$이므로 평면응력 문제로서 생각하면 결국 다음의 관계식이 얻어진다.

$$E = -\frac{4ab^2 p_0}{(b^2-a^2) \cdot U}. \tag{6.62}$$

또 평면변형의 문제로서 풀면 위 식의 우변에 $(1-\nu^2)$을 곱한 식이 된다.

위 식은 외압 p_0와 내부의 변화량 U와의 관계식이므로 p_0에 대한 U를 실측하는데 따라 원통상 탄성재료의 영율 E를 실험적으로 구하는 식으로서 이용할 수가 있다.

6.7.4 원구멍을 가진 판의 응력분포

그림 6.18과 같이 작은 원구멍을 가진 평판이 1축적으로 일정하게 인장되는 경우, 원구멍 둘레의 응력상태를 살펴본다. 판이 x축 방향으로 등분포인장응력 p를 받는 것으로 한다면, 구멍에서 매우 떨어진 점의 응력상태는 구멍이 존재치 않은 경우와 동일하다고 생각해도 되므로 (SAINT-VENANT의 원리에서 결론된다), 거기서는

$$\sigma_x = p, \quad \sigma_y = \tau_{xy} = 0 \tag{a}$$

이며, 이 경우의 응력함수는

$$F = \frac{1}{2} p y^2 \tag{b}$$

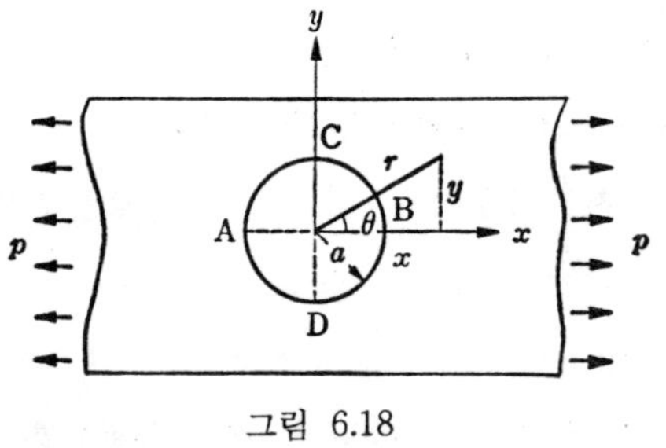

그림 6.18

에서 산출되는 것은 6.6.1에 의해 밝혀졌다. 이 응력함수를 극좌표로 나타내면,

$$F_1 = \frac{1}{2}pr^2 \sin^2\theta = \frac{1}{4}pr^2(1-\cos 2\theta) \qquad (c)$$

가 된다. 따라서 극좌표에 의한 응력성분은 다음과 같이 표시된다.

$$\left.\begin{array}{l}\sigma_{r_1} = \dfrac{1}{r}\dfrac{\partial F}{\partial r} + \dfrac{1}{r^2}\dfrac{\partial^2 F_1}{\partial \theta^2} = \dfrac{1}{2}p(1+\cos 2\theta), \\[2mm] \sigma_{\theta_1} = \dfrac{\partial^2 F_1}{\partial r^2} = \dfrac{1}{2}p(1-\cos 2\theta), \\[2mm] \tau_{r\theta_1} = -\dfrac{\partial}{\partial r}\left(\dfrac{1}{r}\dfrac{\partial F_1}{\partial \theta}\right) = -\dfrac{1}{2}p\sin 2\theta. \end{array}\right\} \qquad (6.63)$$

상기의 문제는 반경 a의 원공연에서는 $(\sigma_r)_{r=a}=0$, $(\tau_{r\theta})_{r=a}=0$으로, 그보다 훨씬 큰 반경 b의 원형연에서는 식(6.63)에서 표시되는 응력을 받는 원형환의 응력을 구하는 문제로 귀착시킬 수가 있다.

그러므로 식(6.63)의 응력은 2개의 응력성분으로 된 것을 알 수 있다. 하나는 $\sigma_{r_1}=\sigma_{\theta_1}=p/2$, $\tau_{r\theta_1}=0$이 되는 일정치의 응력성분이다. 이 응력성분은 원형환의 응력식(6.57)에서 $p_i=0$, $p_o=-p/2$, $a/b\to 0$으로 두면 얻어진다. 제2의 성분은 $\sigma_{r_1}=p\cos 2\theta/2$, $\tau_{r\theta_1}=-p\sin 2\theta/2$이다. 이것은 다음의 응력함수를 이용하면 구할 수가 있다. 이 함수는

$$F = f(r)\cos 2\theta \qquad (d)$$

이다. 그러므로 $f(r)$는 r만의 함수이다. 식(d)을 적합조건식 (6.45)에 대입하면 $f(r)$가 만족해야 할 미분방정식으로서 다음 식이 얻어진다.

$$\left(\frac{dr^2}{d^2} + \frac{1}{r}\frac{d}{dr} - \frac{4}{r^2}\right)\left(\frac{d^2f}{dr^2} + \frac{1}{r}\frac{df}{dr} - \frac{4}{r^2}f\right) = 0.$$

이 식의 일반풀이는

$$f(r) = C_1 r^2 + C_2 r^4 + C_3 r^{-2} + C_4$$

가 되며 따라서 응력함수는 다음과 같다.

$$F = (C_1 r^2 + C_2 r^4 + C_3 r^{-2} + C_4)\cos 2\theta. \qquad (e)$$

그러므로 C_1, C_2, C_3, C_4는 적분정수이다. 이것에서 응력성분을 구하면

$$\left.\begin{array}{l}\sigma_r = -(2C_1 + 2C_3 r^{-4} + 4C_4 r^{-2})\cos 2\theta \\[1mm] \sigma_\theta = (2C_1 + 12C_2 r^2 + 6C_3 r^{-4})\cos 2\theta \\[1mm] \tau_{r\theta} = (2C_1 + 6C_2 r^2 - 6C_3 r^{-4} - 2C_4 r^{-2})\sin 2\theta\end{array}\right\} \qquad (f)$$

6.7 극좌표에 의한 2차원문제

경계조건은

$$r=a \text{ 에서} \quad \sigma_r = \tau_{r\theta} = 0$$
$$r=b \text{ 에서} \quad \sigma_r = \sigma_{r_1}, \; \sigma_\theta = \sigma_{\theta_1}, \; \tau_{r\theta} = \tau_{r\theta_1} \quad (g)$$

가 되므로 (g)를 식(f)에 적용하면 $b \to \infty$로 생각하여 $a/b=0$으로 하고, 이것들의 식을 풀면

$$C_1 = -p/4, \quad C_2 = 0, \quad C_3 = -a^4 p/4, \quad C_4 = a^2 p/2$$

가 얻어진다. 이것들의 정수의 값을 식(f)에 대입하여 균일한 $p/2$가 되는 장력에 의해 생기는 응력을 원형환의 응력식에서 구하여 이것을 가합시키면 결국 다음 식을 얻는다.

$$\left. \begin{array}{l} \sigma_r = \dfrac{p}{2}\left(1 - \dfrac{a^2}{r^2}\right) + \dfrac{p}{2}\left(1 + \dfrac{3a^4}{r^4} - \dfrac{4a^2}{r^2}\right)\cos 2\theta \\[4pt] \sigma_\theta = \dfrac{p}{2}\left(1 + \dfrac{a^2}{r^2}\right) - \dfrac{p}{2}\left(1 + \dfrac{3a^4}{r^4}\right)\cos 2\theta \\[4pt] \tau_{r\theta} = -\dfrac{p}{2}\left(1 - \dfrac{3a^4}{r^4} + \dfrac{2a^2}{r^2}\right)\sin 2\theta \end{array} \right\} \quad (6.64)$$

위 식은 Kirsch의 방정식(Kirsch's equation)이라 부르는 중요한 관계식이다. 위식에서 원공연($r=a$)에 있어서 절선응력은

$$(\sigma_\theta)_{r=a} = p(1 - 2\cos 2\theta). \quad (6.65)$$

가 되며, $\theta = \pm \pi/2$로 최대치

$$(\sigma_\theta)_{\substack{r=a \\ \theta = \pm \pi/2}} = 3p \quad (6.66)$$

가 된다. 또 y축상에 대한 x방향의 응력, 즉 σ_θ를 구하면, 그림 6.19와 같다. 이와 같이 구멍의 주위에서 높은 응력이 생기는 상태를 응력집중(stress concentration)이라 한다. 판의 따낸 부분이나 角孔의 우각부 등에서도 응력집중의 현상이 나타난다. 응력집중은 구조물 등을 설계할 때에 고려하지 않으면 안되는 중요한 현상이다.

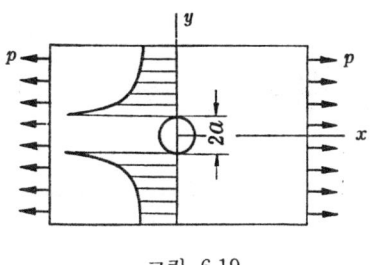

그림 6.19

원공이 있는 무한으로 큰 판에 x축방향과 y축방향에서 동시에 p가 되는 인장응력이 작용하는 경우는 원공둘레의 응력은 식(6.64)과, 식(6.64)의 θ를 $(\theta+90°)$로 바꾸어 놓은 식의 각각의 응력을 가합시키면 구해진다. 이와 같은 경우 원공의 주위응력은 결국 다음 식으로 주어진다.

$$\sigma_r = p\left(1-\frac{a^2}{r^2}\right), \quad \sigma_\theta = p\left(1+\frac{a^2}{r^2}\right), \quad \tau = 0. \tag{6.67}$$

이 식에서 σ_θ는 유한인 범위에 있어서는 어디에서라도 σ_r 보다 큰 값이며, 구멍의 가장자리 $r=a$에서는 최대치

$$(\sigma_\theta)_{r=a} = 2p$$

를 취하는 것을 안다.

다음에 그림 6.20에 표시한 바와 같이 소원공을 포함한 판이 순수전단을 받는 경우를 생각한다*. 등분포 전단응력을 S로 하면, 이 응력상태는 x축방향으로 인장응력 S를, y축방향으로 압축응력 S를 받는 경우와 동등하다. 그리고 전자에 대한 응력성분은 식 (6.64)에서 $p=S$로 두면 얻어지며, 후자에 대한 응력성분은 $p=-S$, θ를 $(\theta-\pi/2)$로 두면 얻어지기 때문에, 이 양자의 결과를 중합하면 순수전단을 받는 경우의 응력상태는 다음 식으로 표시된다.

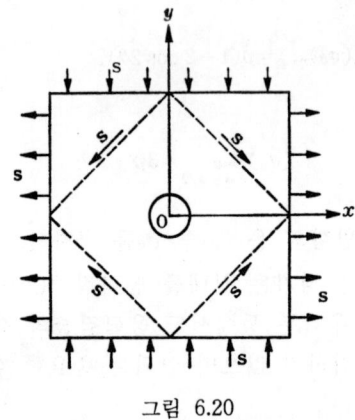

그림 6.20

$$\sigma_r = S\left(1 - \frac{4a^2}{r^2} + \frac{3a^4}{r^4}\right)\cos 2\theta$$

---

* 川本晄万: 応用弾性学 p. 80.

$$\sigma_\theta = -S\left(1+\frac{3a^4}{r^4}\right)\cos 2\theta$$

$$\tau_{r\theta} = -S\left(1+\frac{2a^2}{r^2}-\frac{3a^4}{r^4}\right)\sin 2\theta \quad (6.68)$$

위 식에서 원공주변상 $(r=a)$에서, $\theta=0$, $\pi/2$, π, $3\pi/2$의 곳에서 σ_θ는 최대가 되며, 그 값은 $-4S$가 되고, 응력집중이 작용하여 전단응력의 4배가 되는 것을 표시하였다.

6.7.5 직선경계를 가진 반무한 평판*

지금

$$F = Ar\theta\sin\theta \quad (6.69)$$

가 주는 응력상태를 생각해본다. 식(6.44)에 의해 응력성분을 계산하면

$$\sigma_r = \frac{2A}{r}\cos\theta, \quad \sigma_\theta = \tau_{r\theta} = 0. \quad (6.70)$$

이 된다. 이것은 반경 r에 반비례하는 여현분포의 σ_r 만이 방사상으로 존재하는 경우이며, 단순방사상분포(simple radial distribution)라 부르는 응력상태이다.

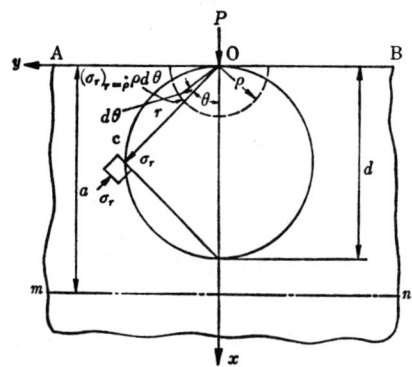

그림 6.21 (川本에 의함)

지금 그림 6.21에 표시한 것처럼 무한으로 큰 판의 수평인 직선경계 AB상의 1점 O에 연직인 집중하중이 작용하는 경우를 생각하면 하중점을 제외하고 이 위에는 σ_θ, $\tau_{r\theta}$는 작용치 않으므로 직선연은 자유경계이다. 응력상태로서 식(6.70)을 생각해 보면, 하중점을 제외한 경계상에서는 경계조건은 만족된다. 또 이 응력성분은 균형방정식 (6.

---

* 川本皠万: 応用弾性学, p. 82/91.

43)을 만족하고 있다. 하중점 $(r=0)$에서는 $\sigma_r=\infty$이 되며, O점에서는 대단히 큰 응력 집중이 일어나고 있으나, 그림 6.21의 점선으로 표시한 바와 같이 임의의 반경 ρ의 원주면을 고려하여 그 위에 작용하는 σ_r 합력의 연직성분이 집중력 P에 균형되지 않으면 안되는데에 따라 응력함수 중의 정수 A는 다음과 같이 정해진다.

$$2\int_0^{\pi/2}(\sigma_r)_{r=\rho}\cdot\cos\theta\cdot\rho d\theta=4A\int_0^{\pi/2}\cos^2\theta\cdot d\theta=-P. \quad\quad(a)$$

이것에서

$$A=-\frac{P}{\pi}. \quad\quad(b)$$

가 얻어진다. 따라서 직선연을 가진 반무한 판이 연직방향 집중하중을 받을 때의 응력상태는

$$\sigma_r=-\frac{2P}{\pi}\frac{\cos\theta}{r},\quad \sigma_\theta=\tau_{r\theta}=0. \quad\quad(6.71)$$

으로 주어진다. 이 응력식은 BOUSSINESQ의 3차원적인 풀이를 이용해도 얻어질 수가 있다.

그림 6.21에 표시한 바와 같이 x축상에 중심을 두며, 하중점 O에서 y축에 접하는 직경 d의 원을 생각하면 이 원상의 임의점 C에 대해서 $d\cos\theta=r$의 관계가 있으므로 식(6.71)은 다음과 같이 기술된다.

$$\sigma_r=\frac{2P}{\pi d}. \quad\quad(c)$$

따라서 이 원상의 각 점에 대한 O점을 중심으로 한 원의 반경방향 응력은 하중점을 제외하고 모두 같으므로 이 원은 등주응력선을 표시하는 것을 안다. 또 하나의 주응력은 $\sigma_\theta=0$이며, 최대 전단응력은

$$\tau_{\max}=(\sigma_r-\sigma_\theta)/2=\sigma_r/2$$

로 표시되기 때문에 이 원은 같은 최대 전단응력 선도를 주게 된다.

지표면에 하중이 작용하는 지반내의 응력해석은 상기의 응력식을 응용하여 얻는다. 또 분포하중에 대해서는 식(6.71)을 적당히 적분하면 좋게 된다.

6.8 원주좌표에 의한 균형방정식

극좌표에 의한 2차원 문제에 언급한 기회에 원주좌표 (r,θ,z)를 이용할 때의 변형과 변위의 관계와 균형방정식을 기술해둔다. z축방향에 대해서는 직각좌표의 z축방향

6.8 원주좌표에 의한 균형방정식

과 다름이 없으므로 원주좌표의 경우에 대한 변형과 변위의 관계는 식(1.2)과 식(6.46)을 참조하는데 따라 다음 식으로 표시된다.

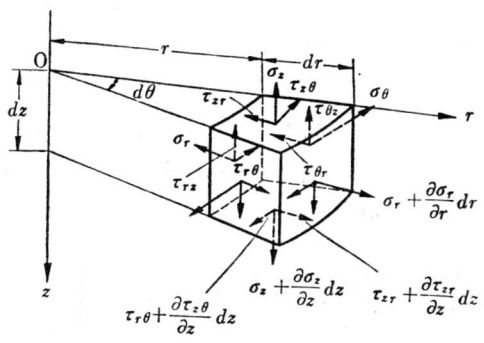

그림 6.22

$$\left.\begin{array}{l}\varepsilon_r=\dfrac{\partial u}{\partial r},\quad \varepsilon_\theta=\dfrac{u}{r}+\dfrac{\partial v}{r\partial\theta},\quad \varepsilon_z=\dfrac{\partial w}{\partial z},\\[2mm] \gamma_{r\theta}=\dfrac{\partial u}{r\partial\theta}+\dfrac{\partial v}{\partial r}-\dfrac{u}{r},\quad \gamma_{rz}=\dfrac{\partial u}{\partial z}+\dfrac{\partial w}{\partial r},\quad \gamma_{z\theta}=\dfrac{\partial v}{\partial z}+\dfrac{\partial w}{r\partial\theta}.\end{array}\right\} \quad (6.72)$$

여기서 u는 반경방향, v는 절선방향, w는 z축방향의 변위이다.

또 그림 6.22에 표시한 바와 같이 z축을 포함한 2개의 단면 및 z축을 중심으로 하는 2개의 원주면에서 잘려진 미소6면체를 생각하여 그 각면에 작용하는 응력성분에서 응력의 균형조건을 구하면 반경방향에 관해서는 다음 식이 성립된다.

$$\left[\left(\sigma_r+\dfrac{\partial\sigma_r}{\partial r}dr\right)(r+dr)d\theta dz-\sigma_r rd\theta dz\right]+\left[\left(\tau_{r\theta}+\dfrac{\partial\tau_{r\theta}}{\partial\theta}d\theta\right)drdz-\tau_{r\theta}drdz\right]$$
$$+\left[\left(\tau_{rz}+\dfrac{\partial\tau_{rz}}{\partial z}dz\right)\left(r+\dfrac{dr}{2}\right)d\theta dz-\tau_{rz}\left(r+\dfrac{dr}{2}\right)d\theta dz\right]$$
$$-\left(\sigma_\theta+\dfrac{\partial\sigma_\theta}{\partial\theta}d\theta\right)drdz\cdot\sin\dfrac{d\theta}{2}-\sigma_\theta drdz\sin\dfrac{d\theta}{2}=0.$$

절선방향, z방향에 대해서도 균형을 생각하면 위 식과 유사의 관계식이 얻어진다. 이것들의 제식중에서 고차의 미소량을 생략하여 식을 정리하면 결국 다음 식을 얻는다.

$$\left.\begin{array}{l}\dfrac{\partial\sigma_r}{\partial r}+\dfrac{1}{r}\dfrac{\partial\tau_{r\theta}}{\partial\theta}+\dfrac{\partial\tau_{rz}}{\partial z}+\dfrac{\sigma_r-\sigma_\theta}{r}=0,\\[2mm] \dfrac{\partial\tau_{rz}}{\partial r}+\dfrac{1}{r}\dfrac{\partial\tau_{\theta z}}{\partial\theta}+\dfrac{\partial\sigma_z}{\partial z}+\dfrac{\tau_{rz}}{r}=0,\end{array}\right\} \quad (6.73)$$

$$\frac{\partial \tau_{r\theta}}{\partial r} + \frac{1}{r}\frac{\partial \sigma_\theta}{\partial \theta} + \frac{\partial \tau_{\theta z}}{\partial z} + \frac{2\tau_{r\theta}}{r} = 0.$$

물체력이 작용하고 있는 경우는 R, Θ, Z를 각각 단위체적마다 작용하는 반경방향, 절선방향 및 z축방향의 물체력으로 하면, 위 식의 좌변에서 제1식에 R를, 제2식에 Θ를, 또 제3식에 Z를 가한 식이 된다. 탄성체가 이것들의 물체가 갖는 대칭축과 공통의 대칭축을 갖는 외력을 받는 경우는 축대칭의 문제가 되나 그와 같이 축대칭의 경우에는 응력성분은 θ에 무관계가 되며, $\tau_{r\theta}=\tau_{\theta z}=0$이 되므로 균형방정식은 간단하며, 물체력을 가진 경우에는 다음 식이 된다.

$$\left. \begin{array}{l} \dfrac{\partial \sigma_r}{\partial r} + \dfrac{\partial \tau_{rz}}{\partial z} + \dfrac{\sigma_r - \sigma_\theta}{r} + R = 0, \\[2mm] \dfrac{\partial \tau_{rz}}{\partial r} + \dfrac{\partial \sigma_z}{\partial z} + \dfrac{\tau_{rz}}{r} + Z = 0. \end{array} \right\} \quad (6.74)$$

변위성분에 대해서도 축대칭의 경우에는

$$v = 0, \quad \frac{\partial u}{\partial \theta} = 0, \quad \frac{\partial w}{\partial \theta} = 0$$

이 되므로 식(6.72)에서

$$\left. \begin{array}{l} \varepsilon_r = \dfrac{\partial u}{\partial r}, \quad \varepsilon_\theta = \dfrac{u}{r}, \quad \varepsilon_z = \dfrac{\partial w}{\partial z}, \\[2mm] \gamma_{rz} = \dfrac{\partial u}{\partial z} + \dfrac{\partial w}{\partial r}, \quad \gamma_{r\theta} = \gamma_{z\theta} = 0. \end{array} \right\} \quad (6.75)$$

따라서 체적변형 Δ는, $\Delta = \varepsilon_r + \varepsilon_\theta + \varepsilon_z$가 되므로

$$\Delta = \frac{\partial u}{\partial r} + \frac{u}{r} + \frac{\partial w}{\partial z} = \frac{1}{r} \cdot \frac{\partial}{\partial r}(ru) + \frac{\partial w}{\partial z}.$$

또 식(1.3)에서

$$2\omega_\theta = \frac{\partial u}{\partial z} - \frac{\partial w}{\partial r}, \quad \omega_r = \omega_z = 0$$

이 되는 것도 알 수 있다. 따라서 균형방정식을 식(6.15)에 의거하여 변위성분으로 표시하면

$$\left. \begin{array}{l} (\lambda + 2G)\dfrac{\partial \Delta}{\partial r} + 2G\dfrac{\partial \omega}{\partial z} + R = 0, \\[2mm] (\lambda + 2G)\dfrac{\partial \Delta}{\partial z} - \dfrac{2G}{r} \cdot \dfrac{\partial}{\partial r}(r\omega) + Z = 0. \end{array} \right\} \quad (6.76)$$

이 된다. 단 위 식에서는 ω_θ를 ω로 바꾸어 썼다.

6.9 3차원 응력의 좌표변환

임의점 O에 대한 응력성분($\sigma_x, \sigma_y, \sigma_z, \tau_{xy}, \tau_{yz}, \tau_{zx}$)이 주어진 경우, O점을 통하는 임의의 방향 면에 생기는 응력은 그림 6.23에 표시한 미소4면체 OBCD의 균형을 생각하는데 따라 구할 수가 있다. O를 통하는 임의 방향의 면에 평행인 미소면 BCD의 면적을 A, 그 법선 ON의 방향 여현을 l, m, n으로 하면, $\cos BON = l$, $\cos CON = m$, $\cos DON = n$이다. BCD면에 대한 응력이 x, y, z방향의 성분을 X_n, Y_n, Z_n으로 하면, 4면체 OBCD의 표면에 작용하는 x방향의 힘의 성분은 균형의 관계에서

$$X_n A - \sigma_x Al - \tau_{xy} Am - \tau_{xz} An = 0$$

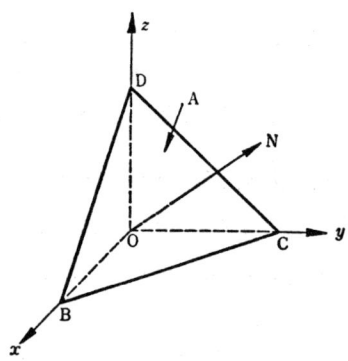

그림 6.23

이다. 똑같은 관계가 y, z방향의 균형조건에서도 얻어지므로 결국, 다음식이 성립된다.

$$\left.\begin{array}{l} X_n = \sigma_x l + \tau_{xy} m + \tau_{xz} n \\ Y_n = \tau_{xy} l + \sigma_y m + \tau_{zy} n \\ Z_n = \tau_{xz} l + \tau_{yz} m + \sigma_z \cdot n \end{array}\right\} \quad (6.77)$$

식(6.77)은, 1점의 좌표 x, y, z에 관한 응력성분으로 그 점을 통하는 임의방향의 면에 대한 응력성분을 표시한다. 이 관계를 이용하여 xyz좌표에 관한 응력성분을 다른 직각좌표(x', y', z')에 관한 응력성분으로 변환하는 경우의 관계식을 구할 수가 있다.

	x	y	z
x'	l_1	m_1	n_1
y'	l_2	m_2	n_2
z'	l_3	m_3	n_3

지금 이 양좌표 사이의 방향 여현을 위표와 같이 정한다. 그리고 x'축에 수직인 면에 생기는 응력의 x, y, z방향 성분을 식(6.77)에서 구하면 다음식이 된다.

$$\left. \begin{array}{l} X_{x'} = \sigma_x l_1 + \tau_{xy} m_1 + \tau_{xz} n_1, \\ Y_{x'} = \tau_{xy} l_1 + \sigma_y m_1 + \tau_{zy} \cdot n_1, \\ Z_{x'} = \tau_{xz} l_1 + \tau_{yz} m_1 + \sigma_z \cdot n_1. \end{array} \right\}$$

또 이것에 의한 x', y', z'방향에 대한 응력성분은 다음식으로 주어진다.

$$\sigma_{x'} = X_{x'} \cdot l_1 + Y_{x'} \cdot m_1 + Z_{x'} n_1, \qquad \tau_{x'y'} = X_{x'} l_2 + Y_{x'} m_2 + Z_{x'} n_2,$$
$$\tau_{z'x'} = X_{x'} l_3 + Y_{x'} m_3 + Z_{x'} n_3.$$

따라서 새로운 좌표(x', y', z')에 관한 응력성분은 하기와 같이 원의 좌표(x, y, z)에 관한 응력성분으로 나타낼 수가 있다. 기타 y', z'에 수직으로 교차되는 면에 생기는 응력에 대해서도 똑같이 계산되므로 결국 그것들을 정리하여 기술하면 다음과 같다.

$$\left. \begin{array}{l} \sigma_{x'} = \sigma_x l_1^2 + \sigma_y m_1^2 + \sigma_z n_1^2 + 2\tau_{xy} l_1 m_1 + 2\tau_{yz} m_1 n_1 + 2\tau_{zx} n_1 l_1, \\ \sigma_{y'} = \sigma_x l_2^2 + \sigma_y m_2^2 + \sigma_z n_2^2 + 2\tau_{xy} l_2 m_2 + 2\tau_{yz} m_2 n_2 + 2\tau_{zx} n_2 l_2, \\ \sigma_{z'} = \sigma_x l_3^2 + \sigma_y m_3^2 + \sigma_z n_3^2 + 2\tau_{xy} l_3 m_3 + 2\tau_{yz} m_3 n_3 + 2\tau_{zx} n_3 l_3, \\ \tau_{x'y'} = \sigma_x l_1 l_2 + \sigma_y m_1 m_2 + \sigma_z n_1 n_2 + \tau_{xy}(l_1 m_2 + m_1 l_2) \\ \qquad + \tau_{yz}(m_1 n_2 + n_1 m_2) + \tau_{zx}(n_1 l_2 + l_1 n_2), \\ \tau_{y'z'} = \sigma_x l_2 l_3 + \sigma_y m_2 m_3 + \sigma_z n_2 n_3 + \tau_{xy}(l_2 m_3 + m_2 l_3) \\ \qquad + \tau_{yz}(m_2 n_3 + n_2 m_3) + \tau_{zx}(n_2 l_3 + l_2 n_3), \\ \tau_{z'x'} = \sigma_x l_3 l_1 + \sigma_y m_3 m_1 + \sigma_z n_3 n_1 + \tau_{xy}(l_3 m_1 + m_3 l_1) \\ \qquad + \tau_{yz}(m_3 n_1 + n_3 m_1) + \tau_{zx}(n_3 l_1 + l_3 n_1). \end{array} \right\} \quad (6.78)$$

상기의 좌표변환에 대해서는 방향여현의 사이에 다음 관계가 성립된다.

$$\left. \begin{array}{l} l_1^2 + l_2^2 + l_3^2 = 1, \\ l_1^2 + m_1^2 + n_1^2 = 1, \\ l_1 l_2 + m_1 m_2 + n_1 n_2 = 0, \\ l_1 m_1 + l_2 m_2 + l_3 m_3 = 0. \end{array} \right\} \quad (6.79)$$

또, 식(6.78)의 최초의 3가지 식에서,

$$\sigma_x + \sigma_y + \sigma_z = \sigma_{x'} + \sigma_{y'} + \sigma_{z'} \quad (6.80)$$

의 관계가 얻어진다. 즉 $(\sigma_x + \sigma_y + \sigma_z)$의 양은 좌표의 직교변환에 관계없이 불변량이라는 사실을 안다.

参 考 文 献

1) S. Timoshenko and J. N. Goodier: Theory of Elasticity, McGraw-Hill. 1951.
2) 川本晀万: 応用弾性学, 共立出版, 昭和 43 年 6 月.

7 장 암석의 강도와 실용시험

7.1 압축강도 (Compressive Strength Druckfestigkeit)

암석의 압축강도는 통상 원주상 혹은 각주상의 시료를 장축 방향으로 가압하여 그 파괴될 때의 응력으로서 나타낸다. 예를 들면 단면 A cm²의 시료가 하중 P kg을 압축된다고 하면 시료가 받고 있는 압축응력은

$$\sigma_c = P/A \text{ (kg/cm}^2\text{)} \tag{7.1}$$

로 표시된다. P가 파괴시에 가해졌던 하중일 때는 P를 파괴하중이라 칭하며 σ_c 를 압축강도라 부른다. 위 식은 물론 압축력이 단면에 균일하게 분포되는 것으로 가정한 경우에 성립되는 식이다.

그러나 여러가지 시험을 겸해보면, 시험편의 형상, 크기, 시험편의 마무리정도, 특히 상하의 가압면마무리, 가압판과 시험편의 접촉면 사이의 마찰저항, 시료의 건조정도, 하중의 가압법(하중속도[응력속도 σ]나, 변형속도 $\dot{\varepsilon}$) 등에 의해 강도가 달라지는 것을 알 수 있다. 따라서 암석의 강도를 논한다던지 비교하는 경우에는 일정한 규준에 따른 시험을 실시하여 그 강도를 비교하지 않으면 안된다.

7.1.1 공시체의 형상과 크기

공시체는 보통 원주상이나 4각주상으로 만들며, 높이와 직경(혹은 일변의 길이)와의 비는 2:1로 취해지는 수가 많다. 공시체의 형상에 차이가 있으면 시험의 결과에도 차이가 나타난다. 이 영향은 형상효과(shape effect)라 부른다.

예를 들면 단면이 원형, 6각형, 4각형 및 3각형의 시험편에서는 그림 7.1에 표시한 바와 같이 압축강도는 차이가 있으며, 시험편의 상린(相隣)되는 양면에 이루는 각이 작아짐에 따라 압축강도가 작아진다. 이와 같은 형상효과가 생기는 것은 공시체의 형상에 의해 내부의 응력분포에 차이가 생기기 때문이라고 생각된다. 그러나 경암의 경우에는 형상효과는 없다고하는 실험보고도 있다.

시험편의 길이 L이 직경 d에 비하여 짧아지면 압축강도는 커지며, 반대로 길어지면 강도는 낮아진다는 사실이 알려졌으며, L/d를 파라미터로 하여 압축강도(σ_c)를 측정한 실험식이 연구자에 의해 표시되었다.

지금 σ_w :정입방체 시료의 압축강도, σ_c :직경 d, 길이 L(단 $L \geq d$)인 시료의 압축강도로 하면 다음식이 성립되며, 그 관계는 그림 7.2와 같다.

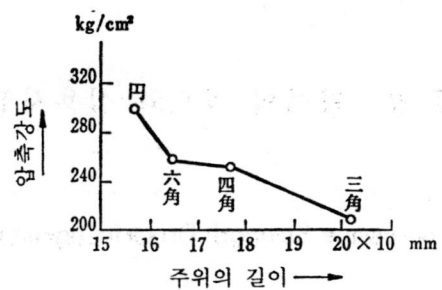

그림 7.1 시멘트 시험편 단면의 형과 압축강도
(堀部에 의함)

$$\sigma_w = \frac{9\sigma_c}{7+(2d/L)} \tag{7.2}$$

또 σ_L:L/d를 상당히 크게 잡았을 때의 압축강도, b:암석 고유의 정수(예를 들면 어떤 사암에서는 0.139, 어떤 혈암에서는 0.069였다)라고 한다면

$$\sigma_c = \frac{\sigma_L}{1-b(d/L)} \tag{7.3}$$

인 실험식(그림 7.3)이 주어지게 되며, 혹은 또 α, β, γ를 암석에 의한 정수라고 하면

$$\sigma_c = \alpha + \beta\frac{d}{L} + \gamma\frac{L}{d} \tag{7.4}$$

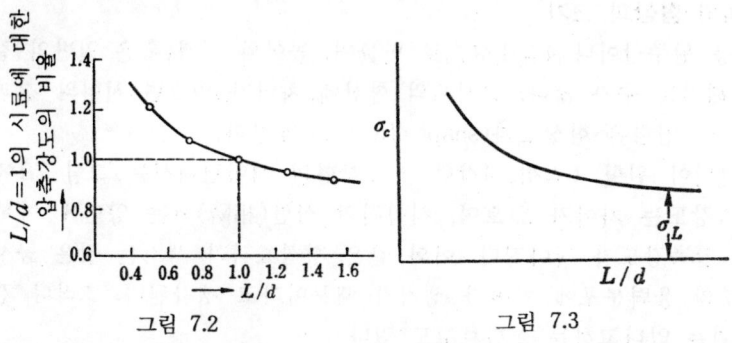

그림 7.2   그림 7.3

인 실험식도 표시된다. 그러므로 α, β 및 γ는 예를들면 어떤 종류의 화강암에서는 각각 538, 334 및 114의 값이다. 식(7.4)의 제 3항은 인장파괴의 저항을 고려한 보정항이며, L/d가 2~2.5보다 큰 시험편에서는 축방향에 늘어나는 인장균열이 파괴에 크게 영향된다. γ의 값은 포로어스한 안산암이나 사암 및 콘크리트에서는 거의 영에 가깝다. 치밀한 화강암이나 석회암에서는 큰 값을 취한다고 한다. 4각주상의 시멘트 몰탈시료

7.1 압축강도

에 대해서는 시료의 길이(L)와 일변의 길이(a)와의 비와 압축강도(σ_c)와의 관계는 표 7.1에 표시한 관계라고도 한다.

압축시험에 있어서는 상기의 시료에서 밝힌 바와 같이 시험편의 길이와 폭 혹은 직경과의 비를 어떻게 선택하는가에 따라 압축강도(σ_c)의 값이 차이가 나는 것을 안다.

表 7.1[6]

L/d	σ_c/σ_w
0.5	1.4 ~ 1.5
1.0	1.0
2.0	0.85~0.95
4.0	0.75~0.85

보통 $L \fallingdotseq 2d$로 잡고, 가압면의 영향이 적은 중앙부 $l(\fallingdotseq d)$의 부분에서 변형을 측정하며 압축시험을 실시한다. 미국광산국에서는 임의의 길이 시료의 압축강도를 시험에서 구하고 식(7.2)을 이용하여, $L/d=1$일 때에 있어야할 강도로 변환하여 암석시료의 압축강도로 하였다. 형상효과에 관한 관계식으로서는 위식 이외로 KEGEL, BAUSCHINGER, BARON, DREYER 및 HÖFER 등의 제식이 표시되었다.

시료형상이 동일한 경우에 시료의 칫수 즉 크기가 그 시료의 강도에 영향을 미친다고 하며, 이것을 칫수효과(size effect)라 부른다. 칫수효과에 따라 강도가 어떻게 영향을 받는가에 대해서는 아직 정설은 없으나 재료내의 약점의 존재 확률분포를 생각하여 관계식을 유도하는 것으로, 실험식을 표시하는 것이 있다.

암석을 구성하는 조암광물의 칫수에서 시험편의 최소칫수도 제한을 받는 셈이다. 보통 직경이 20mm에서 60mm정도의 시험편이 선택된다. 화강암과 같은 거칠은 조암광물을 가진 암석에 대해서는 미국의 압축시험법(ASTM)에서는 「직경은 2.5in($\fallingdotseq$63mm)보다 작은 것」으로 하였다.

여기서는 칫수효과에 관한 관계식으로서는 하기의 상식을 소개해 둔다.

프로트자코노프(PROTODYAKONOV)의 식:

$$\sigma_d = \frac{d+mb}{d+b}\sigma_m, \quad m = \frac{\sigma_0}{\sigma_m} \tag{7.5}$$

여기서 d:시료의 일변의 길이 혹은 직경 σ_m:$d=\infty$에 대한 암석괴의 강도, b:암석괴 내의 불연속선 간의 거리, σ_0:$b=0$에 대한(즉 크래크가 없는) 시료의 강도이다.

통계이론의 의거하여 제안되고 있는 와이블(WEIBULL)의 식:

$$m \log \frac{\sigma_1}{\sigma_2} = \log \frac{V_2}{V_1} \tag{7.6}$$

여기서 σ_1, σ_2는 각각 체적 V_1 및 V_2를 가진 시료의 강도, m은 $\log\sigma - \log V$ 선도로 직선의 경사를 표시하는 상수이다.

그린월드(GREENWALD) 등의 식:

$$\sigma = \kappa \frac{d^a}{L^b} \tag{7.7}$$

그러므로 a, b 및 κ는 시료에 의한 상수이다.

BIENIAWSKI는 정입방체의 석탄에 대해서 칫수와 1축압축강도의 관계를 실험적으로 구하여 그림 7.4 및 그림 7.5의 관계를 얻었다. 그림 7.4에 의하면 강도는 시료칫수가 증대하면 감소되나 시료칫수가 대개 1.5m가 되면 점근치(일정치)에 가깝다. 또 시료칫수가 커지면 강도의 살포는 감소되는 것도 주목할 가치가 있다. 프로트쟈코노프의 식과 대비하여 표시하였으나 $\sigma_0=321.7\text{kg/cm}^2$, $\sigma_m=45.2\text{kg/cm}^2$, 그리고 $m=\sigma_0/\sigma_m=7.1$이라는 것이 같은 그림에서 알 수 있다. 또 파라미터 b의 값은 현장의 석탄시료에서 약 6.6cm로 되었다. 또 같은 그림에서 알 수 있는 것처럼 약 6.35cm보다 작은 시료에서는 강도는 일정하므로 시료칫수에 관계가 없다.

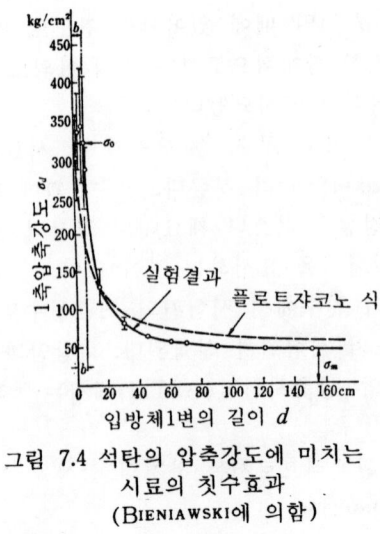

그림 7.4 석탄의 압축강도에 미치는 시료의 칫수효과
(BIENIAWSKI에 의함)

이 사실은 시료칫수가 불연속선간의 거리보다 작으면 시료의 강도는 불연속선의 존재에 따라 영향이 없는 사실에서도 그 이유가 이해된다.

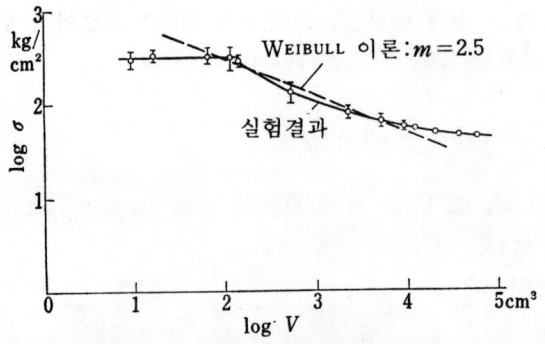

그림 7.5 석탄시료의 압축강도와 체적의 관계(BIENIAWSKI에 의함)

7.1 압축강도

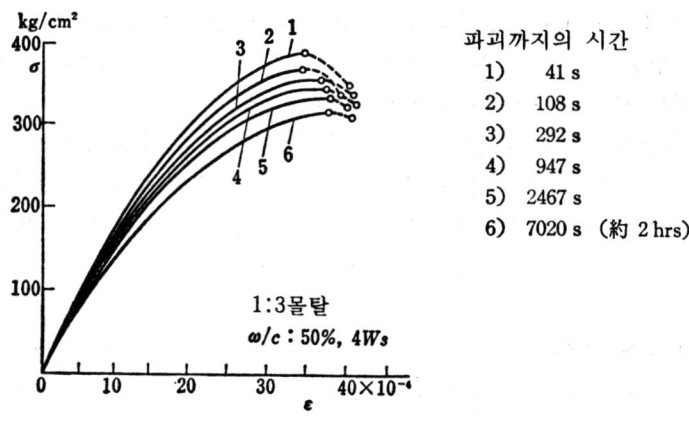

그림 7.6 몰탈의 재하속도에 의한 압축강도의 변화(　　에 의함)

$$\frac{1}{\sigma_u} = A + B \ln t_u$$

(단　$0.03\,s < t_u < 8,000\,s$)

이 이론식은 유리의 파괴에 관해서 TAYLOR에 이미 유도된 식과 일치된다. 콘크리트비 1:3:5, 물시멘트비 w/c=50%, 4주간 20℃의 수중양생의 콘크리트에서는 위 식에서 $A=22.29$, $B=0.975$, t_u:s, σ_u:kg/cm²이다.

수축능력 ε_c에 대해서는 파괴시간에 관계없이 다음의 관계가 동적파괴의 경우와 같이 성립된다.

$$\varepsilon_c = 一定 \tag{7.9}$$

(여기서 $0.03\,s < t_u < 8,000\,s$)

상기의 시료에 대해서는 $\varepsilon_c = 21.9 \times 10^{-4}$의 값이었다.

응력-변형곡선의 구배는 파괴시간의 감소와 함께 증대되는 것은 같은 그림의 표시와 같으나 그 상황을 secant modulus E_s를 이용하면 다음식으로 나타낼 수 있다.

$$\frac{1}{E_s} = C + D \cdot \ln t_u \tag{7.10}$$

(여기서 $0.03\,s < t_u < 8,000\,s$)

상기의 시료에 대해서는

$$\frac{1}{E_s, \varepsilon_c} = (4.96 + 0.180 \ln t_u) \times 10^{-6}$$

따라서 이 방법에서도 b의 값을 정할 수 있다. 특히 프로트자코노프의 식과 실험식과의 사이에는 상당한 차이가 있다는 것이 같은 그림에서 알 수 있으나 시료의 크기가 약 8m의 것이 되면 양자의 차이는 불과 5%이내에 머무르는 것 같다.

그림 7.5는 압축강도와 시료체적의 관계를 대수눈금으로 표시한 것이며, 와이블의 식은 시료의 체적을 더함에 따라 강도는 점차로 감소되는 것을 표시하였으나 실험결과에서는 체적이 작은 어느 범위내에서는 강도는 일정하며, 또 체적도 어느 범위 이상으로 커지면($d=1.5$m), 강도는 일정하다는 것을 표시하였다.

7.1.2 가압면의 마찰 영향

시험편을 가압할 때 가압판과 시험편의 접촉면 사이에는 마찰이 작용하므로 접촉면는 가압에 의해 측면에 포아송비만 팽창하려고 하나, 그 힘이 저지된다. 그 때문에 시험편 내부의 응력은 부분적으로 매우 복잡하게 되는 것으로 생각된다. 접촉면의 마찰력 대소에 따라 시험편의 파괴상태는 매우 변화되는 것은 잘 알려져 있는 사실이다. 예를들면 접촉면에 파라핀을 도포한다던지 얇은 종이를 끼워서 가압하면 시험편은 측면에서 평행에 가까운 균열이 생겨서 파괴되는 경향을 나타내며 압축강도는 약간 저하된다. 이와 같이 접촉면의 마찰을 감소시켜서 시험을 하면 가압판에 직접 시험편을 접촉시켜서 실시한 시험의 압축강도에 비하여 강도는 35~45%나 저하되나 시험결과의 살포는 감소된다.

7.1.3 재하속도와 압축강도

시험편에 가해지는 하중의 속도는 $1 \sim 10$kg/cm²/sec의 범위에서는 하중속도의 영향은 생각할 필요가 없으나 보통 하중속도가 증가되면 겉보기의 압축강도가 증가되는 것은 암석은 점탄성체라고 하는 견해에서 볼 때 5장에서 지정한 바와 같이 오히려 당연한 현상이라고 말할 수 있다.

그림 7.6은 畑野가 실시한 실험결과의 일예로 자동정하중장치(재하력을 자동적으로 일정한 속도의 6단계로 증대해가는 가압장치)를 사용하여 응력과 변형을 전자 오시로그래프에 동시에 기록시킨 시험기록에서 $\sigma-\varepsilon$선도를 그린 것이며, 공시체는 시멘트:모래비가 1:3이며, 물:시멘트비가 50%, 4주간 20℃의 수중에서 양생시킨 것을 사용하였다. 같은 그림에서 파괴시간(파괴시킬수 있을 때까지 가압하였던 시간)를 길게 할수록 공시체의 압축강도는 저하되고 탄성율은 파괴시간을 적게 할수록 증대되어 겉보기의 점성이 강하게 나타나는 것을 표시하고 또 최대응력시의 압축변형 즉 축소능력은 파괴시간에 관계없이 거의 일정하다는 것을 표시하였다.

상기의 실험 및 또는 짧은 파괴시간에 대해서 실시한 실험의 결과에서 파괴시간 t_u와 파괴강도 σ_u 및 파괴강도시의 변형 즉 축소능력(compressibility) ε_c의 관계로서 다음의 결과를 유도하였다.

7.1 압축강도

이었다.

7.1.4 마무리의 정도, 습윤, 온도 등의 영향

시험편의 상, 하 양면의 마무리 평행도는 중요하며 ±5/1000mm정도까지 연마마무리 하는 것이 시험의 정밀도를 높이는데 필요하다고 말한다. 또 시험편에 있는 습분의 다소가 압축강도에 크게 영향을 미치는 것은 잘 알려져 있다. 어떤 예에서는 100℃의 오픈중에 7일간 방치후 가압한 것은 대기중에서 2주간 건조한 후 가압한 것보다 6%압축강도가 높고 수중에 7일간 방치후 가압한 것은 대기중 건조의 것보다 12%강도가 저하되었다. 저자의 실험에 의하면 압축강도와 함수율은 대개 다음의 지수함수로 표기하게 되었다.

$$\sigma_c = a \cdot e^{-bw} \tag{7.11}$$

그러므로 a, b는 암석에 관한 정수로 w는 시료의 함유수분과 건조암석 중량의 비(%)로 나타낸 함수율이다.

암석은 또 빙점 이하의 온도가 되면 온도의 저하와 함께 압축강도가 증대된다. 이 현상은 건조된 암석에서는 그만큼 현저하지 않으나 사암에서는 습윤한 것은 저온도와 함께 크게 압축강도를 더한다.

7.1.5 이방성과 강도

암석의 이방성에 관해서는 후장에서 언급하기 때문에 거기서 압축강도와 이방성의 관계에 대해서도 기술한다. 여기서는 예를들면 성층암과 같은 이방성 암석은 그 성층면의 방향과 가압의 방향이 차이가 있으므로 압축강도가 상당히 차이가 있는 것을 지적해 두는데 그친다. 즉 사암이나 혈암과 같은 성층암에서는 시료가 성층면에 평행으로 가압되는 경우 ($\parallel$)와 그것의 직각방향에서 가압되는 경우 ($\perp$)에서는 압축강도는 다르며 전자의 강도는 후자의 경우보다도 일반적으로 작다. 또 석탄에서는 탄목이 가압의 방향과 거의 45°를 이루는 경우 압축강도는 낮다. 표 7.2에 수예를 표시해둔다.

표 7.2 암석의 이방성과 압축강도(kg/cm^2)

건 습 가압의 방향	건		습	
	$\perp$	$\parallel$	$\perp$	$\parallel$
사 암	800 950 1340	770 750 1280	400 850	300 600
혈 암	400 1160	240 1000	550	400

7.1.6 암석의 압축시험법

미국에서는 건축석재의 압축시험은 ASTM에서 정한 방법으로 실시된다. 이 방법에서는 시료는 입방체, 주상 혹은 원주상이어도 좋고 또 특히 시료의 최소칫수에 제한은 가해져 있지 않으나 화강암과 같은 거치른 조암광물을 함유하는 암석에서는 시료의 직경은 2.5in($\fallingdotseq$63mm)보다 작은 것으로 되어 있다. 시료의 높이 (L)와 직경 (d)와의 비 L/d는 1/1보다 큰 것이 요구되며 시험결과는 식(7.2)에 의해 $L/d=1/1$의 시료로 환산한 값으로 표시된다. $L/d\fallingdotseq1/1$의 시료는 식(7.1)으로 압축강도를 구한다. 시료는 적어도 10개를 준비하여 평균치, 표준편차 및 상대편차는 다음식에 의해 구한다. 또 독일에 있어서는 DIN 52105에 의한 시험법이 규정되어 있다.

측정치의 산술평균치(average) a는

$$a = \frac{1}{n} \sum_{i=1}^{n} X_i \tag{7.12}$$

표준편차(standard deviation) δ는

$$\delta = \sqrt{\frac{(X_1-a)^2+(X_2-a)^2+\cdots+(X_n-a)^2}{n-1}}$$

$$= \sqrt{\frac{\sum_{i=1}^{n}(X_i-a)^2}{n-1}} \tag{7.13}$$

또 상대편차(percent standard deviation) v는

$$v = \frac{\delta}{a} \times 100 \quad (\%) \tag{7.14}$$

이다. 여기서 n는 공시체수, X_i는 측정치이다.

또 동베를린 국제지압회의 사무국에서는 1936년에 암석의 강도시험법을 제안하였다.

7.2 인장강도 (Tensile Strength)

암석의 인장강도는 (1) 1축인장실험이나 (2) 압열시험을 실시하여 구한다(그림 7.7). 1축인장 시험의 경우는 시료에 휨모우먼트나 되돌이모우먼트가 가해지지 않도록 시료의 장치에 주의하고 순수인장 시험을 실시한다. 그러기위해서는 자유체인이 붙은 장치가 좋은 결과를 준다고 한다. 인장력은 P, 시료의 파단시 단면적을 A로 하면 시료의 인장강도는 다음식으로 구해진다.

$$\sigma_t = \frac{P}{A} \tag{7.15}$$

암석의 인장파단은 대개의 경우 인장응력과 직교되는 방향으로 파단된다. 암석의 인

7.2 인장강도

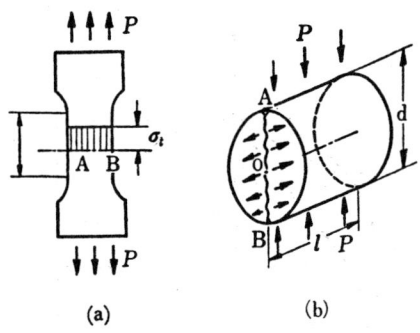

(a) 純引張試驗   (b) 圧裂試驗
그림 7.7 암석의 인장시험법

장강도는 그림 7.8의 응력-변형 선도상으로도 알 수 있는 것처럼 극히 낮고 압축강도의 대개 1/10~1/30정도의 값이다. 1축인장 시험에서는 보통 원주시료를 그림 7.7(a)와 같이 整形 加工할 필요가 있다. 그 작업을 덜기 위해, 자주 압열시험(radial compression test, Brasilian test)이 실시된다. 이것은 직경 d, 길이 l은 원주상 시료를 가로로 하고 그림 7.7(b)와 같이 직경 방향으로 가압한다. 그러면 시료의 중심 O 부근에는, $\overline{AB}$선과 직교방향에 거의 일정한 인장응력이 작용하게 된다. 따라서 하중 P를 더하여 가면 거의 $\overline{AB}$선에 따라 깨끗이 파단된다. 이 때 중심 O 부근에 생기는 인장응력은 하기의 탄성이론 풀이에 의해 대충 다음식으로 표시된다.

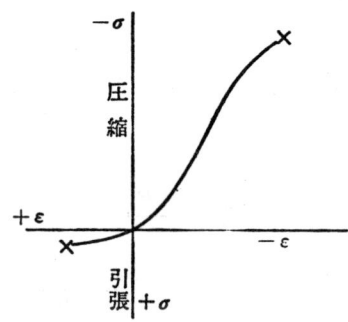

그림 7.8 암석의 응력-變形線圖

$$\sigma_t = \frac{2P}{\pi dl} \tag{7.16}$$

식(7.16)은 $P=(\pi d^2 \sigma_t/2)\cdot(l/d)$로 쓰기 때문에 P와 l/d의 관계를 그리면 원점을 통

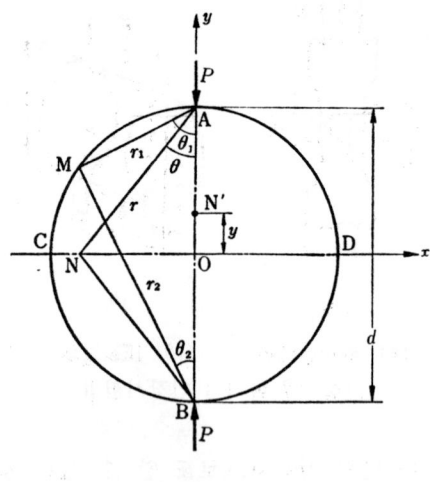

그림 7.9

하는 직선이 되는 사실을 깨닫게 되며, 실험적으로 l/d를 바꾸어 시험해 보더라도 σ_t의 값에는 변화가 없다.

암석 이외로 주물이나 도자기류와 같은 재료는 압축강도에 비하여 어느 것이나 인장강도는 대단히 약하다. 이와같은 재료는 취성재료(brittle material)라 부르며 취성도를 n으로 표시하면 $n = \sigma_c / \sigma_t$로 표시되며, n은 재료 취성 정도의 비교에 이용된다.

압열시험에서는 원주상 시료의 중앙부에서는 평면변형 상태로 생각해도 좋으므로 평면 문제로서 취급한다. 그림 7.9에 표시한 바와 같이 원판은 직경 AB방향으로 작용하는 일대의 집중하중 P를 받는다. 그러므로 양하중 모두 식(6.71)에서 표시되도록 반경방향 응력분포가 생기는 것으로 가정한다. 그러면 원판 주변상의 1점 M에는 반경 r_1 및 r_2방향으로 각각

$$\frac{2P}{\pi} \cdot \frac{\cos \theta_1}{r_1} \quad \text{및} \quad \frac{2P}{\pi} \cdot \frac{\cos \theta_2}{r_2}$$

의 압축응력이 생긴다. 그러므로 r_1과 r_2는 서로 직교되기 때문에

$$\frac{\cos \theta_1}{r_1} = \frac{\cos \theta_2}{r_2} = \frac{1}{d}$$

이 되는 관계이다. 따라서 M점에 대한 상기의 압축응력은 모두 $2P/\pi d$로 나타내며 더구나 이것들은 모두 주응력이며 원판 주변상의 위치에 관계가 없다. 그러므로 P에 의한 반경방향 응력 분포를 생각하면 원판의 주변에 따라, 주변에 수직방향으로 일정한 압축응력 $2P/\pi d$가 작용하게 된다. [왜냐하면 $2P \cdot \cos \theta_2 / \pi d + 2P \cdot \cos \theta_1 / \pi d = (2P/\pi d)$

$(\cos\theta_1 + \cos\theta_2) = 2P/\pi d$] 그러나 이 문제에서는 두개의 하중점을 제외하고 원판의 주변에는 하중은 작용치 않는 자유경계가 되므로 이 압축응력 $2P/\pi d$를 제외할 필요가 있다. 그러기 위해서는 상기 2개의 집중하중에 의한 순반경방향 응력 분포상태에 원판의 주변에 따라 일정한 인장응력 $2P/\pi d$를 가해주면 된다.

그러므로 지금 원판의 수평인 직경상의 1점 N에 대한 수평 및 연직방향 응력 σ_x 및 σ_y, 전단응력 τ_{xy}를 구하는데, $r_1 = r_2 = r$, $\theta_1 = \theta_2 = \theta$가 되므로 응력의 좌표변환에 주의하므로 다음과 같이 된다.

$$\left.\begin{array}{l}\sigma_x = -2 \cdot \dfrac{2P}{\pi} \cdot \dfrac{\cos\theta}{r} \cdot \sin^2\theta + \dfrac{2P}{\pi d} = -\dfrac{4P}{\pi} \cdot \dfrac{\sin^2\theta \cdot \cos\theta}{r} + \dfrac{2P}{\pi d} \\ \sigma_y = -2 \cdot \dfrac{2P}{\pi} \cdot \dfrac{\cos\theta}{r} \cdot \cos^2\theta + \dfrac{2P}{\pi d} = -\dfrac{4P}{\pi} \cdot \dfrac{\cos^2\theta}{r} + \dfrac{2P}{\pi d} \\ \tau_{xy} = -\dfrac{2P}{\pi} \cdot \dfrac{\cos\theta}{r} \cdot \sin\theta \cdot \cos\theta + \dfrac{2P}{\pi} \cdot \dfrac{\cos\theta}{r} \cdot \sin\theta \cdot \cos\theta = 0\end{array}\right\} \quad (7.17)$$

또 AB에 따른 1점 N'의 응력분포를 구하면, $r_1 = d/2 - y$, $r_2 = d/2 + y$, $\theta_1 = \theta_2 = 0$이 되므로 다음식을 얻는다.

$$\left.\begin{array}{l}\sigma_x = \dfrac{2P}{\pi d} \\ \sigma_y = -\dfrac{2P}{\pi} \cdot \dfrac{1}{d/2 - y} - \dfrac{2P}{\pi} \cdot \dfrac{1}{d/2 - y} + \dfrac{2P}{\pi d} \\ \quad = -\dfrac{8Pd}{\pi} \cdot \dfrac{1}{d^2 - 4y^2} + \dfrac{2P}{\pi d} \\ \tau_{xy} = 0\end{array}\right\} \quad (7.18)$$

식(7.18)의 σ_x에서 식(7.16)이 얻어진다.

압열 시험에 대한 시료 AB의 단면에 분포되는 응력은 위 식의 해석결과에서 그림 7.10에 표시하는 분포로 한다. 즉 중심 O 부근에 있어서는 거의 일정한 인장응력 $\sigma_x (= \sigma_t)$가 작용하나, $0.8 \cdot (d/2)$에 있어서는 인장응력은 영이 되며, 그 이상 A점, B점의 가압점에 접근하면 오히려 압축응력이 강하게 작용하게 되며, $0.9 \cdot (d/2)$에서는 $2.992 \times (2P/\pi dl)$, A점 혹은 B점에서는 $12.083(2P/\pi dl)$이 된다.

따라서 인장응력은 중심 O점에서 최대가 되나, 압축응력은 가압점에서 최대가 되며 그 절대치는 최대 인장응력의 10배 이상이다. 실제로 시료를 가압하면 A, B점 부근에서 우선 항복되나 완전한 국부파괴까지에 이르지 않고 거기서 완충역(緩衝域)을 형성하게 되므로 성분분포는 급변한다. 더우기 하중을 가하면 인장응력이 가장 크게 작용하는 O점 부근에서 균열이 생겨서 파단된다. 또 압열시험에 관한 이론해석으로서는 직교곡선 좌표를 이용한 J. KUNO의 해석이 있다.

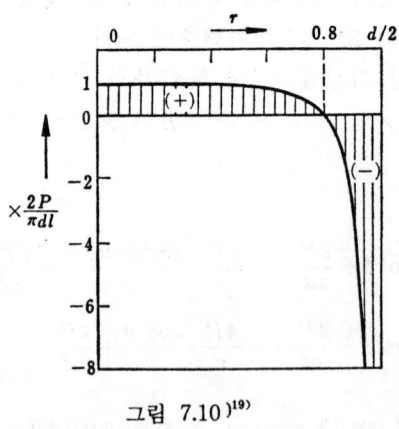

그림 7.10)[19)]

사암이나 혈암, 기타의 성층암과 같이 층리가 존재하는 암석에서는 층리가 발달된 방향과 인장력이 작용하는 방향의 관계에 따라 인장강도는 대단히 다르다.

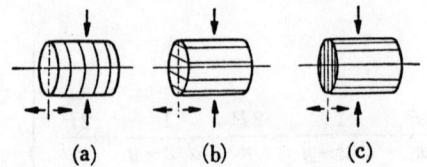

그림 7.11 성층암의 압열시험

혈암의 일예를 표시하면 그림 7.11의 (a)의 경우 인장강도를 T, (b)의 경우를 T', (c)의 경우를 T''로 하면

$$T : T' : T'' = 100 : 83 : 68$$

이었다. 층리가 발달되어 있는 암석에서는 인장강도가 대단히 약한 방향에 있다는데 주의할 필요가 있다.

파괴시간의 장단에 따라 콘크리트 및 몰탈에서는 인장강도에 큰 차이가 있는 것을 畑野는 실험적으로 확인하였다. 즉 인장파괴 강도의 역수치와 파괴시간의 대수치와 사이에는 직선관계가 성립되고 파괴시간이 작을수록 강도는 더하고 파괴강도시의 변형, 즉 신장능력은 파괴시간에 관계없이 일정하며, 또 탄성율의 역수치가 파괴시간의 대수치와 직선관계에 있으며 파괴시간이 작을수록 탄성율은 증가되는 것을 명확히 하였다.

그림 7.12가 그 일예이며 인장파괴강도 (σn)와 파괴시간 ($t u$)와 사이에는

7.2 인장강도

$$\frac{1}{\sigma_n} = A + B \ln t_u \tag{7.19}$$

$(0.03 \text{ s} < t_u < 100 \text{ s})$

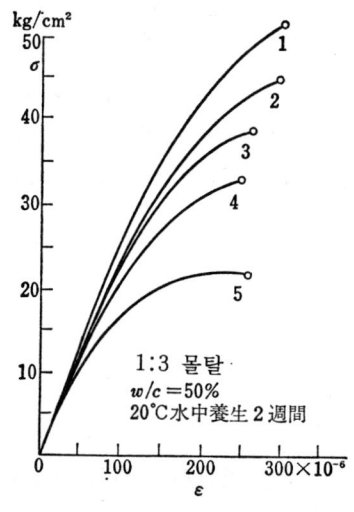

파괴까지의 시간
1) 0.04 s
2) 0.09 s
3) 0.20 s
4) 0.32 s
5) 90 s

1:3 몰탈
$w/c = 50\%$
20℃水中養生 2週間

그림 7.12 인장응력-변형선도
(畑野에 의함)

의 관계가 성립된다. 신장능력 (ε_c)에 관해서는 파괴시간의 여하에 불구하고

$$\varepsilon_c = 一定 \tag{7.20}$$

$(0.03 \text{ s} < t_u < 100 \text{ s})$

의 관계가 거의 성립된다. 또한 secant modulus (E_s)에 관해서는 식(7.19) 및 (7.20)의 관계에서

$$\frac{1}{E_s} = C + D \ln t_u \tag{7.21}$$

$(0.03 \text{ s} < t_u < 100 \text{ s})$

가 유도된다. 이것들의 관계는 이에 말한 압축시험에 대한 관계와 아주 동일한 것이다. 상기 3개의 식에 대해서 각각 일예를 표시하면 식(7.19)의 상수는 예를 들면 $A = 2.56 \times 10^{-2}$, $B = 0.144 \times^{-2}$, 식(7.20)에서는 $\varepsilon_c = 29.5 \times 10^{-4}$, 식(7.21)에서는

$$\frac{1}{E_{s, 0.25\varepsilon_c}} = (2.46 + 0.072 \ln t_u) \times 10^{-6}$$

이었다.

7.3 전단강도

전단이라고 말하는 상태는 그림 7.13과 같이 하나의 평면 $\overline{AB}$에 따라 상반되는 방향에 힘(τ)이 작용하는 응력상태이다. 그러므로 그림 1.9에 표시하는 바와 같이 정방체에 σ_z의 장력과 σ_y의 압축력이 작용하며, $\sigma_x = 0$에서 σ_z와 σ_y의 절대치가 같은 경우는 y축 및 z축과 각각 45°에 교차되는 abcd의 면을 생각하면 이 4면에는 $\tau = \sigma_z = \sigma_y$인 전단력이 작용하는 것을 분명히 하였으며 이 전단은 순수전단이다. 따라서 그림 1.9에 표시하는 응력을 암석시료에 주면, 그 시료는 순수전단을 받게 된다. 이 τ로 표시되는 전단강도는 Schubfestigkeit라 부른다.

그림 7.13

극히 보통 실시되는 전단시험은 1면 전단 혹은 2면 전단시험이다. 이것들의 시험법은 시료의 파단면에 작용하는 응력의 여하를 고려하지 않고 호칭응력에 의해 전단강도를 규정하려고 한다. 즉 그림 7.14에 표시하는 2면 전단시험에서는 A를 시료의 횡단면적, τ를 전단강도, P를 시료가 2면 전단되었을 때의 하중으로 하면,

$$\tau = \frac{P}{2A} \tag{7.22}$$

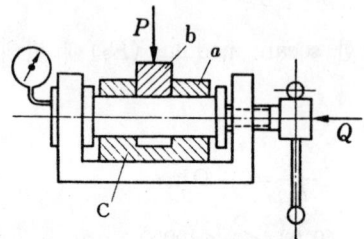

그림 7.14 2면전단시험

이다. 1면 전단시험은 예를 들면 그림 7.15와 같은 장치를 사용한다. 같은 그림에서 화살표 방향으로 가압하면 전단면의 수직응력 (σ_n)과 전단응력 (τ)은 각각 다음 식에 의해 구해진다.

$$\sigma_n = \frac{P}{F} \sin \alpha, \quad \tau = \frac{P}{F} \cos \alpha \tag{7.23}$$

7.3 전단강도

그러므로 F:파단면적, P:파단시의 하중, α:가압방향과 파단면과 이루는 각이다. 다이스의 기울기를 바꾸는데에 따라 α의 변화에 대한 σ_n과 τ가 구해지며 파괴한계선을 그릴 수가 있다. 그러나 이와 같은 1면 전단 혹은 2면 전단시험에서는 광탄성 사진이 표시하는 바와 같이 시료내의 응력분포는 극히 복잡하며 단순히 수직응력과 전단응력이 작용하여 시료가 파단되었다고는 생각지 않으므로 이 방법에 의한 파괴한계선은 Mohr의 포락선과는 의의가 다르다. 이와 같은 전단시험법에 의해 식(7.22)이나 (7.23)을 이용하여 구해지는 전단강도는 소위 호칭 전단응력이다.

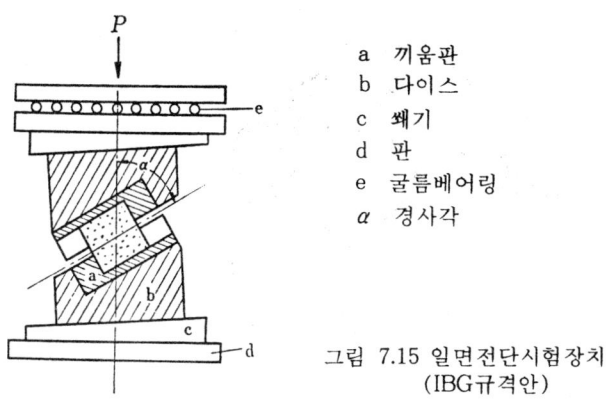

a 끼움판
b 다이스
c 쐐기
d 판
e 굴름베어링
α 경사각

그림 7.15 일면전단시험장치
(IBG규격안)

다음에 재료의 파괴에 대해서 합리적으로 적용한 설명을 Mohr의 학설에 의거하여 전단강도를 생각해보자. 먼저 기술한 Schubfestigkeit라 부르는 전단응력(순수전단응력)은 그림 7.16의 Mohr의 작도에 의하면 그림 1.9에서 아는 바와 같이 Mohr의 응력원에서 $\sigma-\tau$좌표로 O점을 원점으로 하여 $\sigma_z=\sigma_y=\tau$를 반경으로한 원으로서 그려지는 원이기 때문에 이 원이 τ축과 교차되는 점(E)과 원점(O)와의 길이 $\overline{OE}$에서 표시되는 것을 알 수 있다.

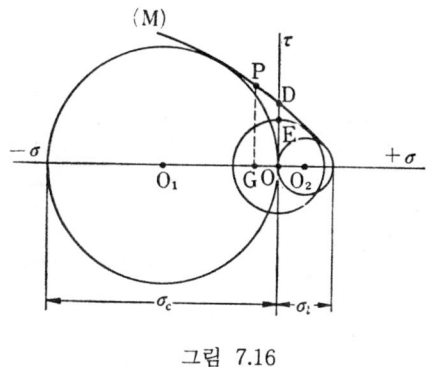

그림 7.16

그러나 Mohr의 한계선(M)은 τ축과 D점에서 교차되며 $\overline{OD}$의 길이는 역시 전단응력을 표시하며 이 전단강도는 Scherfestigkeit라 부른다. 그리고 이 Scherfestigkeit라 부르는 전단강도를 구하려고 한다면 Mohr의 포락선을 그리지 않으면 안된다. 그 때문에 시료의 순수 인장시험 1축압축 시험 및 3축압축 시험을 실시하여 각각 인장강도, 압축강도, 파괴시의 전압과 측압을 구하여 작도할 필요가 있다. 이와 같이 하여 포락선을 그리는 수고를 덜기 위해 이 곡선을 포물선으로 간주하여 실험식을 구할 수도 있다. 小林·堀部는 석성사암의 파괴한계선은 그림 7.17과 같다고 하며 다음식을 부여하였다.

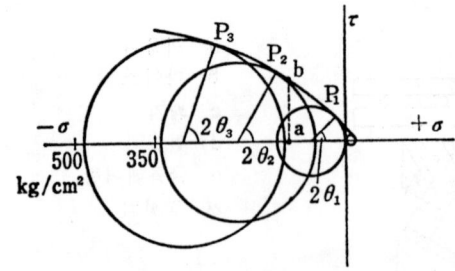

그림 7.17 석성사암의 Mohr 한계선

$$12 - \sigma = 0.0829 \tau^{1.555}$$

3축압축 시험을 실시하는 수고를 덜고 Mohr의 작도를 근사적으로 실시한다면 단축압축강도 (σ_c)와 단순인장강도 (σ_t)를 구하고, σ_c 원과 σ_t 원에 공통 접선을 그어 이것과 τ 축과의 교점에서 그림에 의해 전단강도를 산출하는 것도 고려된다(그림 7.18(a)). 그 경우 이 공통 접선의 방정식은 다음 식으로 주어지며

$$\pm \tau = \frac{\sqrt{\sigma_t \cdot \sigma_c}}{2}\left(1 - \frac{\sigma_c - \sigma_t}{\sigma_t \cdot \sigma_c} \cdot \sigma \right) \tag{7.24}$$

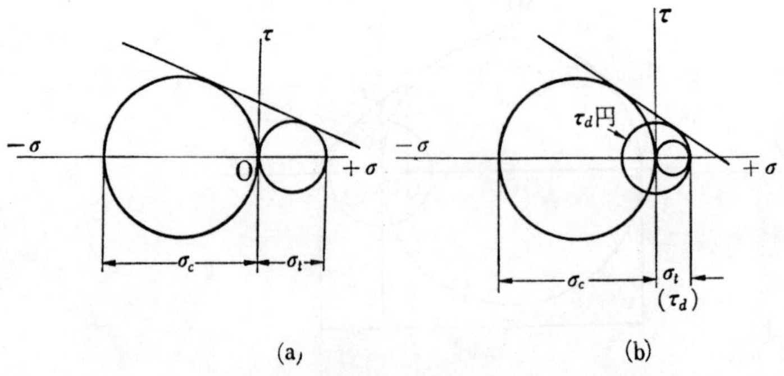

그림 7.18 Mohr작도의 근사법

7.3 전단강도

이 때의 전단강도는 위 식에서 σ=0으로 두면 구해진다.

또 되돌이강도 (τ_d)를 생각하여 되돌이 응력원을 Mohr 작도의 원점을 중심으로 하여 그리고, σ_c원과 τ_d원과의 공통 접선을 긋고 이것과 τ축과의 교점에서 작도상의 전단강도를 구한다고 하면(그림 7.18(b))(작도에 있어서는 $\sigma_t = \tau_d$에 취한다)이 방법으로 그려지는 공통접선은 다음 식으로 주어진다.

$$\pm\tau = \frac{\tau_d}{2\sqrt{\frac{\tau_d}{\sigma_c}\left(1-\frac{\tau_d}{\sigma_c}\right)}} - \frac{1-2\tau_d/\sigma_c}{2\sqrt{\frac{\tau_d}{\sigma_c}\left(1-\frac{\tau_d}{\sigma_c}\right)}} \cdot \sigma \qquad (7.25)$$

따라서 위 식에서 σ=0으로 하면 전단응력 τ가 구해진다.

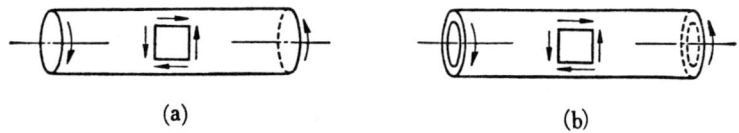

(a) 원주시료의 의한 되돌이시험   (b) 중공원통시료에 의한 되돌이시험

그림 7.19

그림 7.19(a)와 같이 원주시료의 축을 중심으로 되돌리면 시료축과 수직인 단면에 대해서 생각하면 중심에 있어서는 전단응력은 영, 주변에 있어서 최대가 되는 직선분포를 이루고 있다고 하면 외피에 대한 전단응력 (τ)는 재료역학에서 알려진 바와 같이 다음 식으로 주어진다.

$$\tau = \frac{16}{\pi d^3} T \qquad (7.26)$$

그러므로 d:시료의 직경, T:되돌이모우먼트이다. 또 같은 그림(b)와 같이 중공원통시료를 되돌리는 경우에는 외피전단응력 (τ)는 다음 식에 의해 주어진다.

$$\tau = \frac{16}{\pi} \cdot \frac{T}{(d_1^4 - d_2^4)/d_1} \qquad (7.27)$$

그러므로 d_1:시료의 외경, d_2:같은 내경이다. 그러나 같은 그림(a)의 경우에 있어서도 또 (b)의 경우에 있어서도 시료가 되돌아 올때에 斜張力을 생기게 하므로 시료는 전단파괴를 생기게 하기 전에 인장파단이 생긴다.

표 7.3은 상기 각각의 방법으로 구한 전단강도의 값을 표시하였다. 같은 표를 보면 직접전단법에서 구한 값은 Mohr의 한계선에서 구한 값보다 매우 크다. 이것은 2면 전단선상에서는 광탄성 실험에 의해서도 밝힌 바와 같이 복잡한 응력분포가 되며 압축응

표 7.3 석성사암의 전단강도(kg/cm²)

試料	압축강도 σ_c 인장강도 σ_t	직접전단법 (2면 전단) 시 험	Mohr의 파괴한계선에서 구하는 방법		3축압축시험에 의한 방법
			近似法(1)*	近似法(2)*	
(1)	$\begin{cases}\sigma_c=160\\\sigma_t=20\end{cases}$	56	29	30	$\begin{cases}20-\sigma=0.0881\tau^{1.533}\\34\end{cases}$
(2)	$\begin{cases}\sigma_c=130\\\sigma_t=12\end{cases}$	46	20	21	$\begin{cases}12-\sigma=0.0829\tau^{1.555}\\25\end{cases}$
(3)	$\begin{cases}\sigma_c=160\\\sigma_t=8\end{cases}$	43	18	18	$\begin{cases}8-\sigma=0.118\tau^{1.386}\\20\end{cases}$
(4)	$\begin{cases}\sigma_c=270\\\sigma_t=14\end{cases}$	85	31	32	$\begin{cases}14-\sigma=0.0456\tau^{1.545}\\41\end{cases}$

주) * 근사법 (1)은 그림 7.18(a)의 방법, 근사법 (2)은 그림 7.18(b)의 방법에 의한 경우이다.

력이 존재하기 때문이라고 생각된다.

  Scherfestigkeit의 조건을 만족하기 위해서는 전단면에 작용하는 수직응력은 영이 아니면 안된다. 즉 Mohr의 작도에서 보면 전단면에 OG인 수직압축응력이 작용한다고 하면 전단강도는 τ''($\overline{GP}$의 길이)로 표시되며, $\overline{OD}$(Scherfestigkeit)보다 커진다. 근사법 (1) 및 (2)에서 구한 전단강도가 3축 압축시험에서 구한 값보다 작은 것은 작도법에 기인되는 것을 알 수 있다. 전단강도가 인장강도의 약 2~3배의 값을 표시하고 있는 것도 주목할 만한 일이다.

표 7.4 암석의 압축강도와 전단강도(kg/cm²)

種類	産地	比重	압축강도	전단강도
花崗岩	栃木縣足尾	2.64	1280	107
石灰岩	茨城縣日立	2.71	1042	87
砂岩	千葉縣安房	2.61	762	62
凝灰岩	栃木縣城山	2.61	584	49
섬녹암	群馬縣淸水隧道	2.76	1760	—

7.4 기타의 실용강도

7.4.1 휨강도 (Flexural Strength, Modulus of Rupture)

  암석에 대해서도 휨강도가 문제가 되는 경우는 적지 않다. 그림 7.20과 같이 양단자유의 탄성보가 중앙에서 집중하중을 받을 때는 그 보가 휨모우먼트 (M)은 중앙재하

7.4 기타의 실용강도

점에서 다음 식으로 표시된다.

$$M_{max} = \frac{Pl}{4} \tag{a}$$

또 그 보의 단면을 받는 저항모우먼트는 일반적으로 다음 식으로 표시된다.(그림 7.21)

$$M = \sigma \frac{I}{e} = \sigma_1 \frac{I}{e_1} = \sigma_2 \frac{I}{e_2} = \sigma_1 Z_1 = \sigma_2 Z_2 \tag{b}$$

여기서 I:중립축에 관한 관성모우먼트, e:중립축에서의 거리, σ:거리 e의 층에 대한 내력, Z:단면계수이다. 그러므로 저항모우먼트는 항상 휨모우먼트와 비등하므로 식(a)과 (b)를 같다고 간주되므로 공시체가 중립축에 관해 대칭인 경우에는

$$\frac{Pl}{4} = \sigma Z \tag{7.28}$$

가 된다. 원형단면의 공시체에서는 단면계수는 $Z = \pi d^3/32$이므로 위 식에 의해 다음 식을 얻는다.

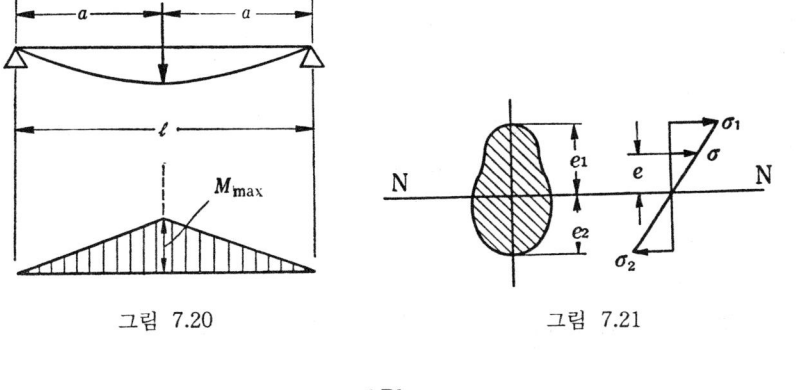

그림 7.20   그림 7.21

$$\sigma_b = \frac{8Pl}{\pi d^3} \tag{7.29}$$

여기서 P:원형단면 공시체의 보의 중앙에 가해지는 하중, l:양 지점간의 보의 길이, d:공시체 단면의 직경, σ_b:공시체의 중립축에서 최외피 점을 받는 응력이다. 만약 P가 휨 파괴 하중일 때는 이 σ_b를 휨강도(modulus of rupture)이라 부른다.

ASTM의 휨시험에서는 지점간격을 10in으로 하였으나 암석의 경우는 이와 같은 긴 시료를 얻는 것은 곤란하므로 미국광산국에서는 암석의 휨시험용 시료의 길이는 6in으로 하고 5in의 스팬으로 시험을 실시하였다. 직경 22~54mm정도의 것으로는 칫수효과

는 없다고 한다. 암석의 휨강도는 압축강도의 대개 1/10~1/25정도의 값을 표시하며 인장강도 2~3배(예를 들면 사암)에서 3~4배(결정질 석회암, 석회암, 화강암 등)의 값을 표시한다(혹의 법칙에 따르지 않는 시료에 대해서는 티모센코:재료역학(상) 참조).

7.4.2 충격강도

암석의 충격강도는 중추를 암석시료 위에 접촉정치 시켜있는 플랜저 위에 낙하시켜서, 시료에 균열이 생기게 하여 중추의 높이에 따라 구한다. 이 방법은 미국에서 실시한 방법으로 ASTM에서 표준시험법을 정하였다. 높이와 직경이 같은 원주상 시료(직경 22~41mm 정도)가 사용된다. 그림 7.22에서 시료를 50kg중량의 철상 위에 놓고 1kg중량의 플랜저를 암석시료 상면에 놓는다. 플랜저의 접점은 1cm의 곡율반경을 갖는다. 2kg중량의 해머를 가이드하며 플랜저 위에 자유낙하 시킨다. 해머의 높이를 1cm, 2cm, …로 차츰 증가하여 시료가 충격에 의해 파쇄될 때의 높이를 h, 시료의 횡단면적을 a ($=\pi d^2/4$, d는 직경)로 하면 충격강도(k)를 다음 식에서 정한다.

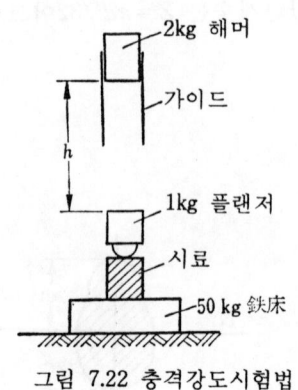

그림 7.22 충격강도시험법

$$k = h/a \quad (\text{cm}/\text{cm}^2) \tag{7.30}$$

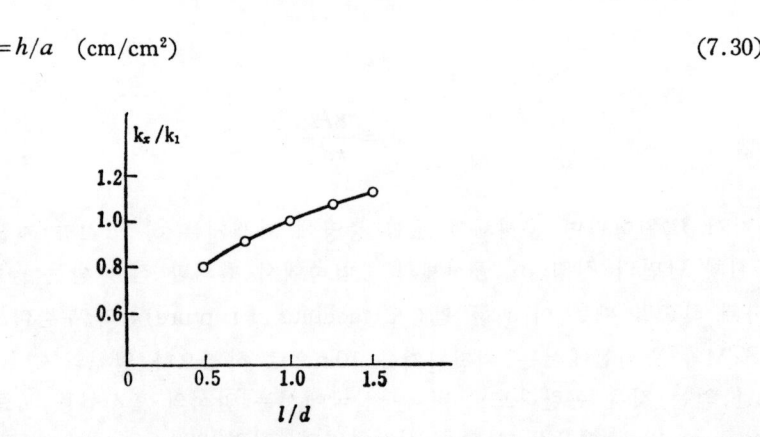

그림 7.23

시료의 단면적이 달라도 충격강도의 값은 동일하다고 말하나 시료의 길이와 직경의 비가 다르면 값은 다르며 그림 7.23과 같고 같은 그림에서 k_1을 $l/d=1$일 때의 충격강도, k_x:주어진 비율 l/d에 대한 강도로 하면 같은 그림에서 실험식을 구하면

$$\frac{k_x}{k_1} = 1.23 - \frac{0.23}{l/d} \tag{7.31}$$

이 된다. 결정질 석회암, 석회암, 화강암 등에서는 충격강도는 층리방향과 그와 직교방향에서는 값에 변화는 거의 보이지 않으나 사암에서는 층리방향에 충격을 주는 편이 그와 직교방향에서 충격을 받는 경우보다 약하다고 한다. 미국에서는 시료의 길이와 직경의 비가 1보다 다소 다를 때는 충격강도의 값은 식 7.31을 이용하여 k_1의 값에 수정하여 표시한다.

7.5 암석의 팽윤성(팽윤변형과 팽윤압)

니암(mudstone)이나 점토질암(clay stone)은 자주 흡습하여 팽윤(swelling)하며 그 때문에 터널벽이나 사면벽면을 붕괴시킨다. 일반적으로 성층면에 수직인 방향의 팽윤변형(swelling strain)은 성층면에 평행인 방향에의 팽윤변형보다 크고 그 비는 대충 2배 정도에 도달한다. 암석의 흡습상태가 부분적으로 다르면 팽윤의 정도도 다르며 그 결과 구속된 지층 속에서는 내부응력은 불균일하여 그 암석은 파괴되기 쉽다.

그림 7.24는 村山 등이 고찰한 흡수에 의한 암석의 팽윤변형을 측정한 장치이며 암석시료 (S)는 성층면이 장치의 저면과 평행되도록 정형되어 있다. 따라서 이 장치로 팽윤변형이 기인되는 성층면 방향의 변형과 그와 직교방향의 변형을 측정할 수가 있다. 그림 7.25는 니암의 성층면과 직교방향에서 가압되었을 때에 있어서 같은 방향의 팽윤변형을 표시한다. 그림 7.26은 그림 7.25에서 작성된 것으로 침윤 24시간 경과 후

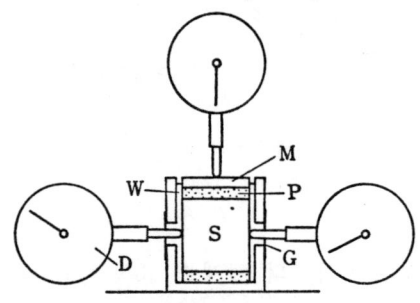

그림 7.24 팽윤변형 측정장치(村山에 의함)
M:금속판, P:다공질암석, S:암석시료
G:고무판, W:물, D:다이얼게이지

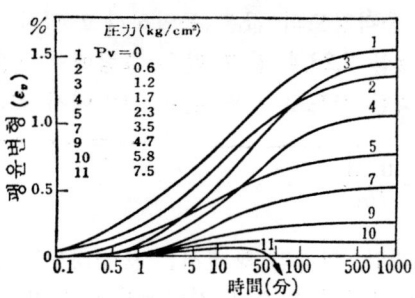

그림 7.25 압축을 받는 니암의 팽윤변형─
시간곡선(村山에 의함)

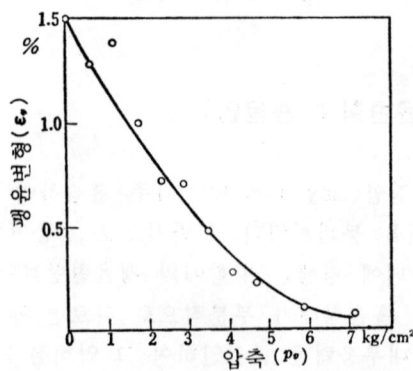

그림 7.26 니암의 축압에 대한 팽윤변형의
관계(村山에 의함)

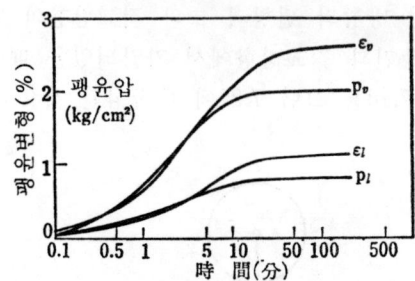

그림 7.27 니암의 팽윤변형 팽윤압─시간
곡선(村山에 의함)

에 대한 가압방향 팽윤변형과 부가압력의 관계를 표시한다. 같은 그림에서 암석의 팽윤을 막기 위해 필요한 가압력을 안다.

직경 3.5cm, 높이 3.5cm의 시료를 축방향에 가압하여 (p_v), 횡방향의 팽윤압(swelling pressure) (p_l)과 팽윤변형 (ε_l) 및 축방향의 팽윤변형 (ε_v)을 측정한 것이 그림 7.27

이다. 같은 그림에서 pv/pi는 $εv/εi$과 거의 같고 또 팽윤압과 팽윤변형은 거의 비례하는 것을 안다.

7.6 고온 암석의 파괴강도

암석을 섭씨 수백도의 고온에 가열하면 압축강도가 크게 저하되는 것으로 (예를들면 화강암)과 압축강도는 거의 변화되지 않거나 혹은 오히려 다소 강도를 더하는 암석이 있다. 이와 같이 암석이 온도에 의해 그 강도에 변화가 생기는 원인으로서는 (1) 암석의 구성성분이 온도에 의해 화학적변화를 받는 경우와 (2) 열응력을 부가시키는 경우가 고려된다. 이와 같은 고온도암석의 강도 변화는 암석파쇄나 천공기술에 응용되는 것이 고려된다. 예를 들면 십수년 전부터 미국에서 실시된 **화염젯트천공법**(jet piercing)은 그 일예이다.

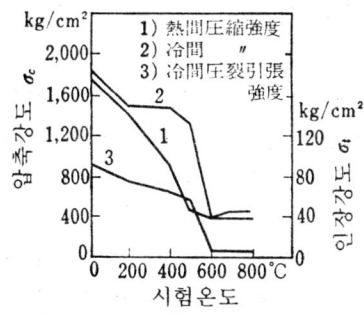

그림 7.28 稻田花崗岩의 시험온도와 강도의 관계(外尾, 高島에 의함)

그림 7.28은 稻田화강암을 爐內에서 가열하여 가열된 상태의 암석을, 혹은 가열후 이것을 상온까지 자연냉각 후에 가압하여 1축 압축시험 혹은 압열인장시험을 실시하여 압축강도와 인장강도를 구한 관계도이다. 이 그림에서 稻田화강암에서는 압축 및 인장강도는 시험온도 500°C까지 단조롭게 감소되어 500°C와 600°C 사이에서는 급격한 감

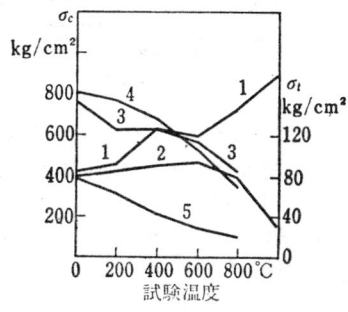

그림 7.29 응회암 및 석회암에 시험온도와 강도의 관계
(外尾, 高島에 의함)

1) 응회암 냉간압축강도
2) 똑같이 인장강도
3) 석회암 열간압축강도
4) 같게 냉간압축강도
5) 같이 냉간인장강도

소가 크다. 그러나 600℃ 이상에서는 거의 변화되지 않은 것을 알 수 있다.

안산암이나 사암에서는 시험온도의 상승과 함께 압축강도는 오히려 증가의 경향을 표시하나 인장강도는 근소하게 감소되어 간다.

화강암이나 석회암과 같은 결정질 암석에서는 가열온도의 상승과 함께 압축강도는 감소되고 그 강도 저하율은 800℃에 있어서 상온시의 20~40%에 도달한다. 그러나 비정질한 조직을 갖는 안산암이나 응회암과 같은 암석에서는 가열온도의 상승에 수반하여 압축강도가 상승하고 사암에서는 강도증감의 변화는 별로 보이지 않는다. 인장강도는 화강암이나 석회암에서는 온도의 상승에 수반하여 크게 감소되고 그 감소율은 800℃에 있어서 상온시의 인장강도의 10~30%의 값으로 저하된다.

비정질조직을 가진 암석에서는 인장강도는 거의 증가되지 않고 600~800℃의 고온에서는 강도의 저하가 두들어진다.

화강암은 대충 40% 정도의 석영을 함유하며, α석영, β석영 전이점이 575℃이라는 것을 생각하면 이 전이점에 있어서 양광물 물리상수의 급격한 변화때문에, 예를 들면 팽창의 이상때문에 광물의 결합이 손실되며 부분적으로 크래크가 발생하여 강도가 급감되는 것으로 생각된다. 석회암에서는 주성분인 $CaCO_3$가 800℃를 초과할 무렵 $CaCO_3 \rightarrow CaO + CO_2$와 같이 CO_2를 분리하여 분해되고 이것을 냉각하여 공기속에 방치하면 수분을 흡수하여 $CaO + H_2O \rightarrow Ca(OH)_2$가 되어 분화되므로 강도 저하를 가져오는 것으로 생각된다.

사암, 안산암 및 응회암과 같이 가열에 의해 강도가 너무 변화되지 않거나 혹은 오히려 강도가 증가하는 것에 대해서는 조암광물 중에 점토질 부분 또는 시멘팅이 존재하면, 소성에 의한 변화가 원인이 되는 것으로 생각된다. 대충 150℃에 있어서 화학적

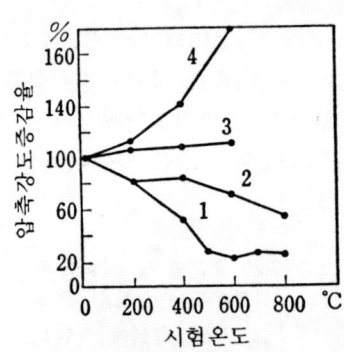 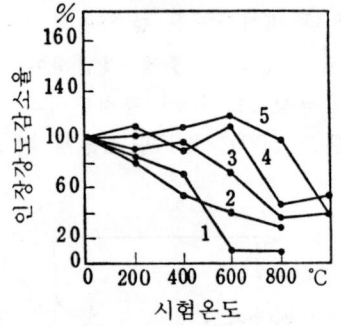

그림 7.30 각종 암석의 온도에 의한 압축강도의 증감율(外尾, 高島에 의함)
1) 花崗岩　2) 石灰岩
3) 砂岩　　4) 安山岩

그림 7.31 각종 암석의 온도에 의한 인장강도의 감소율(外尾, 高島에 의함)
1) 花崗岩　2) 石灰岩　3) 砂岩
4) 安山岩　5) 凝灰岩

탈수가 행해지기 시작하고 350℃에 있어서 산화가 진행된다. 이와 같이 소성과정에 의해 입자의 결합이 강하게 되는 경우가 강도증가의 한 원인이라고 생각된다.

7.7 암석물리성 상호의 관계

암석의 물리적 성질로서는 **겉보기 비중**(apparent specific gravity), **겉보기 공극율**(apparent porosity), 경도, 영율, 기타 많은 성질이나 물리상수를 들 수가 있다. 이와 같이 많은 성질을 살피기 위해서는 큰 노력과 시간을 요하게 된다. 또 이들 제물성은 암석의 조직구조에 원인되는 성질이므로 상호에 무엇인가의 관련이 있을 것이라고도 생각된다.

JUDD와 HUBER은 다수의 암석에 대해 많은 물성을 측정하고 전자계산기를 이용하여 물리성 상호의 관계를 좌표축상에 플로트 하였다. 그림 7.32는 그들의 얻은 결과 및 기타의 문헌에서 얻어진 그들의 관계도이다.

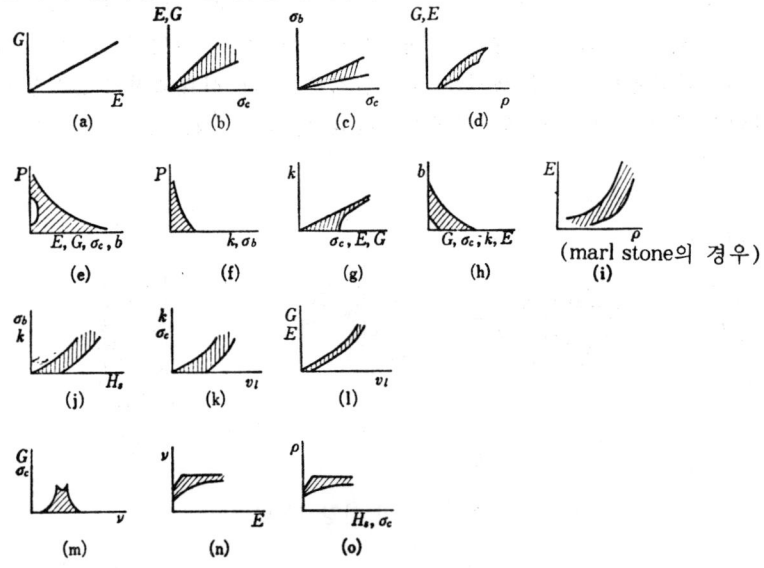

그림 7.32 암석물리성 상호의 관계
G: 강성율, E: 영율, σ_c: 압축강도, σ_b: 휨강도, ρ: 겉보기비중
P: 겉보기공극율, b: specific damping capacity, k: 충격강도
H_s: 스크레로스코프강도, v_l: 종파속도, ν: 포아송비

또 같은 그림의 기호에 대해서는

$$(\text{겉보기 비중})\ \rho = \frac{\text{건조시료의 중량}}{\text{시료체적}} \times \text{물의 밀도}$$

$$(\text{겉보기 공극율})\ P = \frac{(\text{습윤시료중량} - \text{건조시료중량}) \times 100}{(\text{물의 밀도})(\text{시료체적})}(\%)$$

이다.

같은 그림에서 (a)~(d)은 직선관계, (e)~(i)는 곡선관계, (j)~(l)는 약간 곡선적인 관계, (m)~(o)는 기타와 분류되는 것 같다.

7.8 비정형시료의 강도 시험법

암석강도를 시험하기 위해 시료를 정형하기 위한 노력과 시간은 대단한 것이다. 비정형시료에 대해서 하기와 같은 시험을 실시하는 것은 용이하지만 결과의 신뢰도는 정형시료에 비하면 낮다. 그러므로 비정형시료의 시험에 대해서는 칫수가 2배를 넘지않는 정도의 크기의 시료에 대해서 많이 실시하여 그 평균치를 취하도록 노력해야 한다. 그렇더라도 정형에 요하는 시간을 생각하면 비정형시료의 시험에 요하는 시간은 적게 든다고 말할 것이다.

암석시료의 인장강도를 구하는 데는 다음에 기술하는 수대로의 방법이 있다. 그림 7.33(a)는 시료를 긴편에 세워서 압쇄하는 방법이다. 이 경우 가압하면, 거의 수직면에 따라 균열이 생겨 파단된다. 이때 생기는 파단면적은 거의 시료체적의 2/3승으로 하면 파단시의 가압력을 P로 하면, 시료의 인장강도 (σ_t)는 다음 식으로 주어진다.

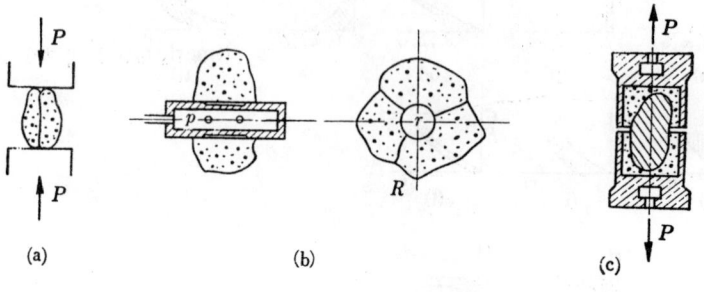

그림 7.33 비정형시료의 인장시험법

$$\sigma_t = \frac{P}{V^{2/3}} \tag{7.32}$$

같은 그림(b)는 시료의 거의 중앙부에 천공하여 고무카버를 가진 유공파이프를 삽입하여 유압을 가하고 구멍의 내벽을 균일한 압력 (p)으로 가압하는 방법이다. 이 실험에서는 균열은 최초시료의 내측에 발생하여 점차로 확대된다. 그러므로 균열의 발생모양을 고려하여 두꺼운 원통의 이론식을 응용하여 다음 식에 의해 σ_t를 구하는 것이다.

$$\sigma_t \doteqdot \frac{2.69R}{r} p_{max} \tag{7.33}$$

7.8 비정형시료의 강도시험법

그러므로 r:시료의 내경, R:마찬가지로 외경이다.

같은 그림(c)는 1축 인장시험이며, 다이스 내에 시료를 매립하는 방법이다. 시료를 동일칫수의 2개 다이스 내에 놓고 그 위에 콘크리트를 채워 공극을 충전한다. 그 때 2개의 다이스 사이에 같은 그림과 같이 좁은 슬리트를 남겨둔다. 다이스를 시험기로 장치하여 인장, 시료를 파단시킨다. 파단면상에 흰종이를 대고 복사하여 플라니미터로 면적 (F)를 잰다. 파단시의 인장력을 P로 하면 인장강도 (σ_t)는 다음 식으로 주어진다.

$$\sigma_t = \frac{P}{F} \tag{3.34}$$

단 이 시험에서는 인장력이 시료의 중심축을 통하지 않는 수도 생각하고 그 경우는 시료에 휨모우먼트가 가해지게 되므로 이 방법으로 얻어지는 σ_t 는 실제의 인장강도 보다 낮은 값으로 구하는 경향이 있다고 할 수 있다. 또 이 방법은 시료 매립에 사용되는 콘크리트의 강도보다 낮은 강도의 암석시료에 대해 적용할 수 있는 방법이다. 또 콘크리트의 강도가 충분할 때까지의 양생기간을 보지 않으면 안되므로 전기의 방법에 의해 시험완료까지의 시간이 걸리게 된다.

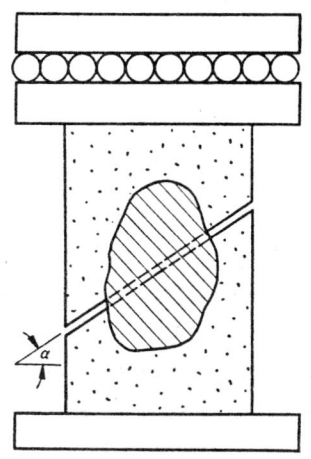

그림 7.34 가압전단시험

그림 7.34는 암석의 가압 전단시험법이다. 그림과 같이 α각을 이루고 상호 좁은 슬리트를 거쳐서 서로 인접하는 다이스 가운데에 비정형시료를 놓고 콘크리트를 채워서 시료를 묻는다. 콘크리트를 충분히 양생시킨 후 다이스를 로울러를 통하여 가압한다. 전기 인장강도 시험때와 같이 시료의 전단파단면적 (F)를 종이를 대고 찍어내어 플라니미터로 계측한다. α의 각도가 다른 적어도 2조의 다이스, 예를 들면 $\alpha = 40°$ 및 $60°$의 것을 사용하여 시험한다. 이 때 파단시에 작용하였던 수직응력 (σ_u) 및 파단시의 전단응력 (τ)은 다음 식으로 주어진다.

$$\sigma_n = \frac{P \cdot \cos \alpha}{F}, \quad \tau = \frac{P \cdot \sin \alpha}{F} \tag{7.35}$$

7.9 3축 시험

6.3에 있어서 재료의 파괴에 관한 Mohr의 학설에 대해서 언급하였다. 즉 그의 학설에 의하면 고체 내에 임의의 면을 생각한 경우 그 면에 따르는 전단응력이 어느 한계치에 도달했을때(어느 한계치는 보통 그 면에 수직으로 작용하는 응력에 관계를 갖는 것이지만) 그 면에 따라 미끄럼이 생겨서 파괴하던가 혹은 그 면에 작용하는 인장응력이 어느 한계치에 도달했을때, 인장력에 의해 파괴되는 것이다. 그림 7.35에 대해서 설명하면 재료 내부에 작용하는 주응력을 P, Q 및 R로 표시하면 Mohr의 응력원은 σ축

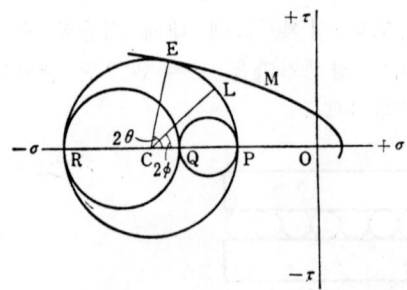

그림 7.35 Mohr의 파괴한계선

상에 따라 PQ, QR 및 PR을 직경으로 하여 그려지는 원으로 표시된다. 지금 PR원의 원주상에 임의점 L을 생각하면 L의 횡좌표는 주응력 Q의 방향에 대해 평행인 면에 작용하는 수직응력 σ의 크기를 주고 또 L의 종좌표는 그 면에 작용하는 전단응력 τ의 크기를 준다. 그리고 그 면에 수직인 방향은 최대주응력(major principal stress) P의 방향과 ϕ의 각에서 교차되는 것을 의미한다. 물체 내에서 주어지는 수직응력에 대해서는 최대전단응력을 표시하는 점은 최대주응력원(PR원) 상에 있다. 그러므로 Mohr가 말하는 파괴한계는 균질등방체 내에서는 파괴면상에 작용하는 응력은 최대주응력원상에 있는 점에서 표시하게 되며 중간주응력Q에는 무관계가 된다. 그러기 때문에 Mohr의 포락선 M은 PR을 직경으로 하는 원에 접한다. 또 같은 그림에서 PR원과 포락선 M과의 접점 E와 PR원의 중심 C를 연결한 직선이 σ축의 정방향과 이루는 각($\angle$ECO)를 2θ로 하면 파단면에 수직인 방향과 최대주응력 P와 사이의 각은 θ라는 것이 그림 6.5, 그림 6.6을 참조하는데 따라 알 수 있다.

Mohr의 학설은 재료의 파괴현상을 합리적으로 설명해주는 것이라고 말할 수 있으나 이것을 다시 학문적으로 깊이 연구를 추진하기 위해서는 일반적으로 3축 시험을 실시

해야 하는 것이 바람직하다. 3축 압축하의 암석의 파괴는 최대와 최소의 주응력에만 관계되며 파괴의 조건은 Mohr의 설이 실제와 맞는 경우도 일단은 인정되고 있다. 그러나 금속재료에서는 최대와 최소의 주응력 이외로 중간주응력도 파괴에 관계되는 경우가 있다는 사실이 알려졌으며 또 취성적 금속에서도 고정수압하에 있어서는 심한 연성을 표시하는 것도 알려져 있다. 또 지각을 구성하는 암석은 일반적으로 3축 응력을 받기 때문에 3축 응력하에 있어서 암석의 거동이나 파괴현상을 연구하는 것은 중요하다.

 암석의 3축시험에 관해서는 VON KÁRMÁN 이 실시한 유명한 실험이 있으나 최근 이 부문의 연구도 한창 실시하게 되었다. 3축시험이라 하더라도 대개는 2개의 주응력을 바꾸어 실시하는 것으로 그 중의 하나는 정수압적으로 가해지는 것이다. 즉 주응력 σ_1 과 $\sigma_2(=\sigma_3)$를 시료에 가하는 실험이 주로 실시되고 있다. 그림 7.36은 시험편에 대한 힘의 가해지는 방법을 표시한 것으로 시험편 S는 고압실린더 C_1의 가운데에 들어 있어서 주위에서 정수압 p가 작용하며 시험편내에 등방적응력이 생기게 되고, 한편 피스톤 B_1을 누르는 데에 따라 시험편의 축방향에 응력을 가하는 것이다. 그러나 이와 같은 구조에서는 시험편 S가 피스톤 B_1에 의해 압축되면 피스톤 B_1은 하측으로 이동되므로 고압실린더 C_1내의 정수압 p는 증대되게 된다.

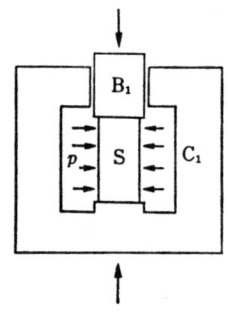

그림 7.36

 이와 같은 p의 변화가 생기지 않기 위해서는 시험편의 아래에도 B_1과 같은 단면적을 가진 피스톤 B_2를 놓고 B_1의 이동과 같은만큼 B_2를 이동시킨다. 그리고 B_1에 의해 시험편이 압축되도록 하는 구조로 하면 된다. 그림 7.37은 西原·平松에 의해 고찰된 이와 같은 구조의 3축시험기이다. 같은 그림에서 C_2는 저압실린더, B_2는 고압실린더 하측의 피스톤, B_3는 저압실린더 내의 피스톤이다. 이 구조는 일종의 증압기를 이루고 있으며 피스톤 B_2와 B_3는 일체로 되어 있어서 C_2내의 유압을 펌프에 의해 어느 강도로 하면 B_2와 B_3의 단면적의 비에 따라 고압실린더 C_1내에 높은 정수압을 줄 수가 있다. 이 기계의 증압비는 1:16이다. 고압실린더 상측의 피스톤 B_1은 고압실린더 내의 높은 정수압 때문에 위쪽으로 밀려나도록 하나, 압판 L_1 및 연결봉 R_1에 의해 지탱되고 있다. 이 상태로 이 장치를 시험기에서 압축하면 피스톤 B_1은 L_1을 통하여 밀려내린다. 그러나 고

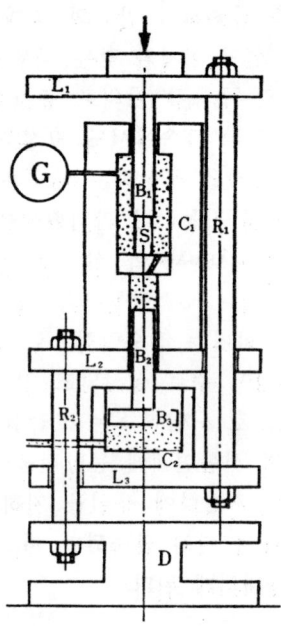

그림 7.37 3축시험기 고압장치
구조설명도(西原, 平
松에 의함)

압실린더의 저면은 압판 L_2, 연결봉 R_2 및 지지대 D를 통하여 시험기의 테이블에 의해 지지된다. 시험편은 피스톤 B_1과 고압실린더 내의 저판 사이에 끼워져서 압축되며 그 때 B_1이 고압실린더 내에 밀린분 만큼은 B_2가 아래쪽에 내려오게 되며 고압의 정수압은 일정하게 유지된다. 이 고압실린더의 허용 최고압은 5,000kg/cm²라고 한다. 압축응력을 (−)로 하면 이 시험기에 의해 $\sigma_1=\sigma_2>\sigma_3$의 응력상태하에 있어서 압축시험 또는 $\sigma_1>\sigma_2=\sigma_3$의 응력상태에 있어서 압축 혹은 인장시험이 실시된다. 시험편의 축방향에의 변형은 피스톤 B_1의 변위를 다이얼게이지나 차동변압기를 이용하여 포착한다. 이와 같은 시험에 사용하는 액체로서는 고압까지 동결치않는 기름, 예를 들면 화이트피스톤기름이 사용되며 시험편은 액체의 침투를 막기 위해 비닐 혹은 네오프랜계 합성고무관 등을 피복하여 시험한다.

그림 7.38, 7.39 및 7.40은 西原 등이 실시한 암석의 3축압축 시험결과의 예이다. 주압 p를 파라미터로 하고 횡축에 시료의 축방향의 변형 ε를, 종축에는 주응력차 $(\sigma_1-\sigma_3)$를 취하였다. 주응력차는 시험기에 의해 가해지는 하중 P에서 고압실린더와 피스톤 사이의 마찰력을 빼낸 값을 시험편 최초의 단면적으로 나눈 값이라고 본다. 대리석은 사암이나 화강암보다도 크게 변형되는 것이 그림에서 알 수 있다. 이러한 실험결과에서 파괴를 일으키는 응력상태를 표시하는 Mohr의 응력원과 그 포락선을 그릴 수가 있고 각각 그림 7.41, 7.42 및 7.43과 같으며 파괴조건으로서는 Mohr학설이 잘 맞는 것으

7.9 3축 시험

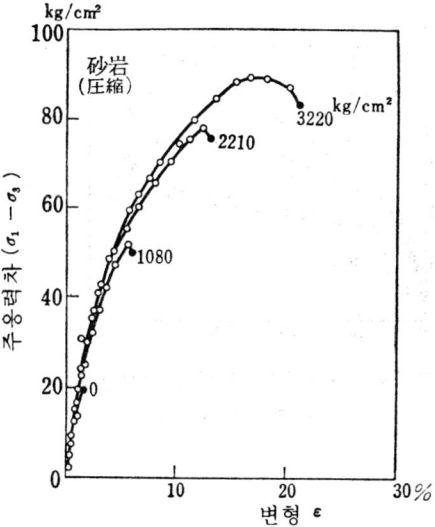

그림 7.38 사암의 3축압축시험결과(西原, 田中, 村松에 의함)

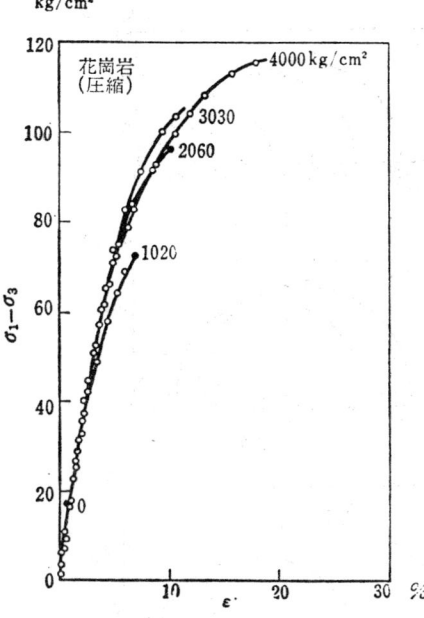

그림 7.39 화강암의 3축압축시험(西原, 田中, 村松에 의함)

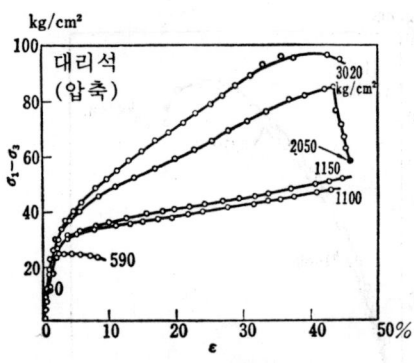

그림 7.40 대리석의 3축압축시험(西原, 田中, 村松에 의함)

로 알 수 있다.

석탄의 경우에는 암석에 비하여 압축강도는 대단히 약하다. 또 균질등방체가 아니라 층리나 탄눈(크리트)가 발달된 것이 보통이다. 그러나 주압이 높아지면 이것을 파괴시키기 위해서는 전압을 매우 높이지 않으면 파괴되지 않는 것은 다른 암석류와 같다.

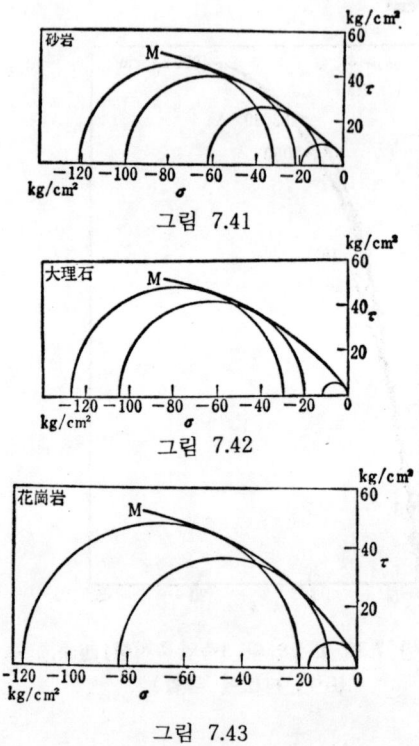

그림 7.41

그림 7.42

그림 7.43

7.9 3축 시험

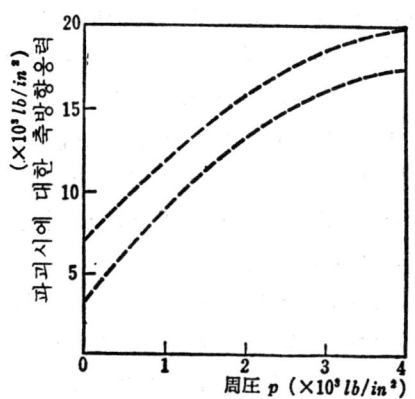

그림 7.44 硬炭의 3축시험
(Murrell에 의함)

예를 들면 주압 (p)가 0kg/cm²라면 전압 200kg/cm²로 파괴되는 석탄이, $p=250$kg/cm²에서는 1,250kg/cm², $p=500$kg/cm²에서는 1,700kg/cm², $p=750$kg/cm²에서는 1,930kg/cm²의 전압을 가하지 않으면 파괴를 일으키지 않게 된다. 그림 7.44는 Murrell이 실시한 경탄의 3축시험의 결과로 파괴는 두개의 점곡선 사이에서 일어나고 있다. 그림 7.45는 이 시험 결과에서 그려진 Mohr원과 포락선을 표시한다.

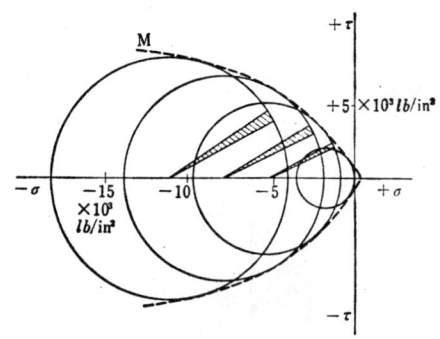

그림 7.45 硬炭의 Mohr의 포락선(Murrell에 의함)
(層理面과 主炭結은 시료축에 평행)

이와 같은 3축시험에 있어서 시험편에 생기는 파괴각(angle of fracture) θ는 시험편의 축과 파괴면 사이의 각도이며 최대주응력은 주압 (p)에서 최소주응력(minor principal stress)은 축방향응력이다.

그러므로 시험에 의해 우리들은 θ를 구할 수가 있으나 한편 Mohr의 응력원과 포락선을 그리는데 따라 $\sigma-\tau$좌표에서 Mohr의 이론파괴각, 즉 그림 7.35의 θ를 구할 수가 있다. 실측파괴각 θ가 Mohr의 이론파괴각 θ와 근사인 값을 취하는 예도 있으나 10차례나 다른 값을 취하는 시료도 있다. 실측파괴각과 이론파괴각이 차이가 나는 것은 이 방성재료에 나타나는 것으로 생각된다. MURRELL의 실험에 의하면 석탄의 경우 1축시험에서는 압축강도가 5:1정도 차이되는 시험편에도 주압을 높이면 양자의 축압에 대한 이 차이는 극히 적은 것이 되는 것도 알려져 있다. Mohr의 포락선이 τ축을 끊는 점은 거기서는 수직응력 σ_n은 영이므로 그 재료의 파괴면에 다른 전단강도를 표시하였다.

암석을 수중에 침지하면 흡수되는 것이 적지 않다. 이것은 암석내에 간극(pore)이 존재하는 것을 의미하고 있으나 간극을 채우고 있는 액체의 압력을 간극수압(pore pressure)이라 칭한다. TERZAGHI는 1945년에 물로 포화된 콘크리트나 암석의 파괴응력 상태에 대해서 검토하고 공극유체압을 제어하며 3축가압시험을 실시할 필요성을 말하였다. 기타의 연구자에 의해서도 이 문제에 대해서 연구하였으며 그들에 의하면 외압 (σ)과 간극수압 (u)와의 차이를 유효응력(effective stress)($\bar{\sigma}$)라 부르나 이것은 다른 파라미터를 일정하게 유지해 두면 암석의 마찰강도(frictional strength)에 영향을 미치는 요소라고 한다.

MOHR-COULOMB의 파괴조건을 적용하면 전단강도 (τ)는

$$\tau = c + \bar{\sigma} \cdot \tan \phi \tag{7.36}$$

그러므로 c:점착력, ϕ:내부마찰각, $\bar{\sigma}=\sigma-u$이다.

이와 같은 간극압(공극압)의 암석강도에 미치는 영향에 관해서는 아직 명확하지 않은 사항이 많다. 간극압의 암석강도에 미치는 영향을 연구하기 위해 그림 7.46에 표시하는 3축가압 장치가 개발되었다. 동 그림과 같은 장치를 사용하여 간극유체압을 제어하며 주압과 전압을 가하여 암석의 파괴응력을 구한다. 즉 종축에 τ, 횡축에 σ 혹은

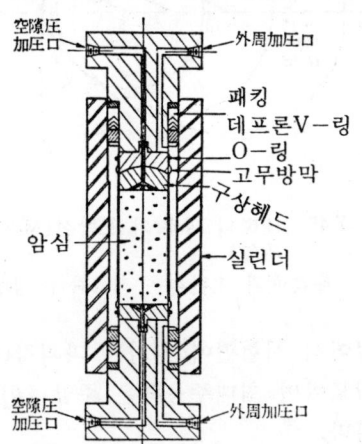

그림 7.46 공극압 측정 3축가압장치
(NEFF에 의함)

σ을 취하여 Mohr원을 그린다. 혹은 또 종축에 $(\sigma_1-\sigma_3)$와 간극압을 횡축에 축변형 (ε) 등을 취하여 파괴시의 상태를 연구한다.

그림 7.37과 같은 장치를 이용하여 실시하는 3축가압 시험에서는 $\sigma_2=\sigma_1$ 혹은 $\sigma_2=\sigma_3$의 조건하에서 가압이 실시하게 되므로 3개의 주응력$(\sigma_1\geq\sigma_2\geq\sigma_3)$의 조건하에서 중간주응력 σ_2가 재료의 파괴에 어떠한 영향을 미치는가하는 문제에 관한 실험은 실시치 않는다. 중간주응력의 영향을 살피는 시험방법으로서 중공원통시료를 사용하는 3축가압장치가 있다. 그림 7.47이 가압장치이며 중공원통시료의 내주, 외주 및 축방향에 각각 압력을 가한다.

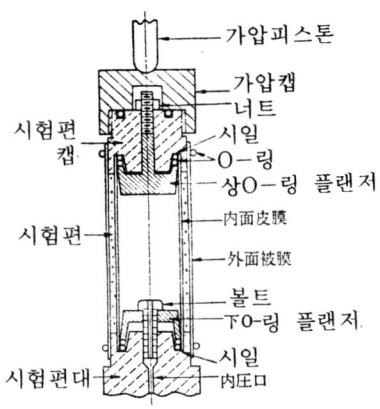

그림 7.47 중공원통시료의 2축가압장치
(MAZANTI, SOWERS에 의함)

내주 및 외주에 압력을 가하면 원통벽의 내부에 원주방향 및 반경방향에는 식 6.57에서 표시되는 응력을 유발한다. 동식에서 밝힌 바와 같이 이 때 유발되는 응력의 크기는 가해지는 압력의 값, 원통직경, 원통의 두께 및 원통중심에서의 거리와 관계된다. 그리고 σ_θ 및 σ_r는 각각 주응력이다. 이 3개의 주응력의 크기는 임의로 바꿀수 있으므로 중간주응력을 바꾸는데에 따른 파괴의 상태를 살필 수가 있다. 이와 같은 시험을 **中空円筒3축시험**(hollow cylinder triaxial tests)라 한다. 암석시료는 염화비닐피막으로 피복하여 시험편의 가압액체의 침입을 방지한다. MAZANTI 및 SOWER를 실시한 시험에서는 중공원통시료의 채취에는 이중원통 얇은 암심채취용 비트를 사용하여 암심외경 1.6in, 두께운 0.2in, 길이 4in의 것을 채취하여 정형하고 시험하였다. 가압에 있어서는 외주압은 축압에 대해 일정한 비율로 유지한다. 즉 축압을 더할때 외주압은 일정한 비율이 되도록 조절한다. 내주압은 시험을 통하여 일정하게 유지한다. 인장시험시는 외주압을 영으로 하여 실시한다.

8 장 탄성균질 암반내의 응력
(지압의 문제)

2장 및 4장에서 암석의 탄성적 성질에 대해서 언급하였다. 암석은 5장에서 언급한 바와 같이 점성적 성질이나 소성적 성질을 나타내는 수도 있으나 탄성적인 성질도 강하다. 그러므로 본 장에서는 지중의 암석을 일단 완전한 탄성체로 보고 균질등방체의 지중에 대한 응력(중지압)의 문제를 생각해 본다.

8.1 미채굴지중의 지압

수평인 지표면을 가지며 균질등방인 암석으로 이룬 지중 l의 깊이에 극소입방체를 생각하여 그 중심 O를 통과, Ox, Oy, Oz인 직교좌표를 그리고, Oz 축을 연직으로 취한다(그림 8.1).

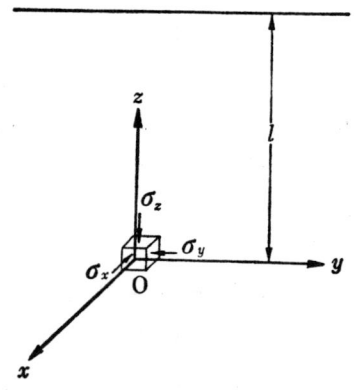

그림 8.1 미채굴지중의 지압

Ox 축에 직교되는 면에 작용하는 수평방향의 응력을 σ_x, Oy 축에 직교하는 면에 작용하는 수평방향의 응력을 σ_y, 이와 같이 Oz 축에 직교되는 면에 작용하는 수직방향의 응력을 σ_z으로 하면, 이것들의 응력은 주응력으로 생각해도 좋다. 그러면 탄성체 내에서는 후크의 법칙이 성립되므로 식(1.6)에서

$$\left.\begin{array}{l}\varepsilon_x = \dfrac{1}{E}\{\sigma_x - \nu(\sigma_y + \sigma_z)\} \\[4pt] \varepsilon_y = \dfrac{1}{E}\{\sigma_y - \nu(\sigma_x + \sigma_z)\} \\[4pt] \varepsilon_z = \dfrac{1}{E}\{\sigma_z - \nu(\sigma_x + \sigma_y)\}\end{array}\right\} \qquad (8.1)$$

이다. 그러므로 $\varepsilon_x, \varepsilon_y, \varepsilon_z$는 각각 x, y, z방향의 변형, E는 암석의 영율, ν는 같은 포아송비이다.

또 지중의 암석밀도를 ρ, 중력계수를 g로 하면, 연직방향의 응력은

$$\sigma_z = \rho g l \qquad (8.2)$$

로 표시된다.

또 이 미소입방체는 x 및 y의 방향에 대해서는 변형을 방해하기 때문에 $\partial u/\partial x = \partial v/\partial y = 0$, 따라서 $\varepsilon_x = \varepsilon_y = 0$ 으로 가정한다.

또 $\sigma_x = \sigma_y$로 생각하면 이것들의 조건을 식(8.1)에 대입하는데 따라 미소입방체에 작용하는 측압은

$$\sigma_x = \sigma_y = \dfrac{\nu}{1-\nu} \rho g l = \dfrac{1}{m-1} \rho g l \qquad (8.3)$$

이 된다. 그러므로 m은 $m = 1/\nu$이며 포아송상수이다. 암석의 포아송비는 0.2~0.3 정도의 것으로 생각하면 상기의 가정이 성립되는 것으로 하면 수평방향의 측압은 수직지압의 0.25~0.43배 정도의 것이 된다.

(예제) 암석의 무게를 $\rho g = 2.5 t/m^3$로 하면 지표에서 200m의 깊이에서는 수직지압은 $\sigma_z = \rho g l = 2.5 \cdot 200 \cdot 100/1000 = 50(kg/cm^2)$, 또 $\nu = 0.25$로 하면 측압은 $\sigma_x = \sigma_y = \nu \cdot \rho g l/(1-\nu) = 0.33 \rho g l = 16.7(kg/cm^2)$이 된다.

최근 지압측정이 실시하게 되어 왔으나 그 결과 깊은 지중의 측압은 식(8.3)에서 표시되는 값보다 상당히 큰 값을 표시하는 수가 많다.

이 원인으로서는 깊은 지중에서는 암석의 점성의 성질이 크게 나타나며 영년의 사이에 지중의 지압은 정수압의 상태에 접근되는 것으로 생각되며 또한 지각의 조산운동, 열원의 존재에 기인되는 열응력, 지각의 불균질성 및 침식작용 등이 원인된다고 말한다. 따라서 지압의 문제를 고찰할 때는 측압을 식(8.3)으로 취하는 경우 이외로 $\sigma_x = \sigma_z$ 혹은 $\sigma_x = 0$ 등의 경우에 대해서도 검토해 보는 것이 바람직하다.

8.2 원형수직갱 주위의 지압

그림 8.2의 원형막파기의수직갱을 생각해본다. 지표에서 임의의 깊이 l의 박층에 대해서 생각한다. 수직갱에서 멀리 떨어진곳에서는 채굴에 의한 영향이 작으므로 이 박층에 작용하는 수평방향의 지압(응력)은 $\sigma_x = \sigma_y = \nu \cdot \rho g l/(1-\nu) = Q$이다. 이 박층의 원형수직갱의 주위지압을 편의상 반경 a인 원형구멍을 가진 박판이 외주에서 균등하게 Q인 압축응력을 받는 평면응력의 문제로 간주하여 생각하기로 하면 수직갱외주에 작용하는 응력(지압)은 극좌표로 표시하며 식(6.67)에 의해

$$\left. \begin{array}{l} \sigma_r = Q\left(1 - \dfrac{a^2}{r^2}\right) \\ \sigma_\theta = Q\left(1 + \dfrac{a^2}{r^2}\right) \end{array} \right\} \tag{8.4}$$

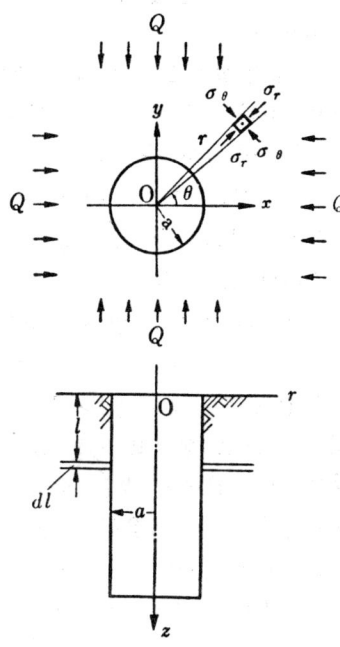

그림 8.2 소굴원형 수직갱

로 표시할 수가 있다. 그러므로 σ_r는 반경방향의 응력 σ_θ은 원주방향의 응력이다. 위 식에서 σ_r는 원의 주변상에서는 영으로, σ_θ는 주변상에서 최대치, $2Q$가 되는 것을 알 수 있다. 또 r이 커지면 σ_r는 더해지고 σ_θ는 감소되며, 무한원에서는 함께 Q가 된다.

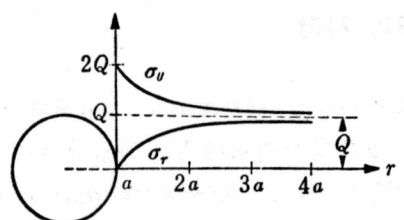

그림 8.3 수직갱 주위의 지압

예를 들면 r이 $4a$의 곳에서는 위 식에서 σ_r와 σ_θ는 Q의 값에서 불과 6%만 차이가 난다는 사실을 알았다. 그림 8.3은 수직갱중심에서의 거리와 지압이 큰 관계를 표시한다.

지금 최대 전단응력에 의해 암석이 파괴되는 것으로 하면, $r\theta$면(σ_r와 σ_θ의 작용하는 평면)의 최대 전단응력은 식(6.12)이 표시한 바와 같이 $(\sigma_\theta - \sigma_r)/2$로 표시되기 때문에, 이것은 수직갱 주변상에서 최대로 그 값은 $Q(a/r)^2$이며 수직갱 주변의 파괴는 이 전단응력에 의거하여 유발된다고 말한다.

수직갱 주변에는 물론 깊이 z의 방향에도 암석의 자중에 의한 지압이 작용하기 때문에 zr면에 작용하는 전단응력이 파괴의 원인이 되는 경우도 고려한다.

식(8.4)에서 σ_θ의 최대치는 상기와 같이 수직갱의 주변상에 존재하며 반경의 대소에는 관계없이 그 값은 $2Q$라는 것을 안다. 또한 수직갱 중심에서 일정한 거리에 있는 점의 지압은 수직갱 반경의 크기에 영향되는 것도 알았다.

예를 들면 중심에서 5m의 거리에 있는 점의 σ_θ를 생각하면 반경이 1m의 수직갱에서는 Q의 값보다 4%의 크기에 지나지 않으나 반경 2m의 수직갱에서는 그것이 16%나 크게 된다.

수직지압과 수평지압이 거의 같으므로 원형갱을 파는 경우에는 식(8.4)는 원형 수평갱도의 주위의 지압을 나타내는 식으로 생각할 수도 있다.

수직갱 축벽이 외주에서 Q가 되는 압력을 받는 경우 축벽 내에 생기는 응력은 얇은 원통 혹은 두꺼운 원통의 이론식(6.57)을 이용하여 구할 수가 있다. 축벽의 두께 S가 반경 r에 대해 $S<r/5$의 범위라면 얇은 원통의 식을 채택해도 지장이 없으므로 외주력에 대해 축벽 내에 생기는 원주방향의 압축응력 σ_θ는

$$\sigma_\theta = Pr/S \tag{8.5}$$

로 나타내도 좋다.

그러므로 식(8.4)는 원형 수직갱 주위의 응력을 주는 식이 있으나 z축 방향의 응력 σ_z는 수직갱 주위에서 어떠한 분포를 표시하는가? 그와 같은 분포를 알고 있는 것도 필요하므로 가장 엄밀한 해법에 의해 상기문제를 푸는 것을 생각해 본다.

그림 8.2를 이용하여 수직갱의반경을 a, 깊이를 l로 하고 원주좌표(r, θ, z)의 원점을 수직갱단면 중심에 놓고 중심축을 z축에 선택하여 그 $(+)$의 방향을 연직으로 취한다. 그러면 반경방향의 변위는 z축에 관해서 대칭이므로 중력의 아래에 대한 균형방정식은 식(6.76)에서 다음과 같다.

$$\left.\begin{array}{l}(\lambda+2G)\dfrac{\partial \Delta}{\partial r}+2G\dfrac{\partial \omega}{\partial z}=0 \\ (\lambda+2G)\dfrac{\partial \Delta}{\partial z}-2G\dfrac{1}{r}\dfrac{\partial}{\partial r}(r\omega)+\rho g=0\end{array}\right\} \quad (8.6)$$

단 $\quad \Delta=\dfrac{\partial u}{\partial r}+\dfrac{u}{r}+\dfrac{\partial w}{\partial z}, \quad 2\omega=\dfrac{\partial u}{\partial z}-\dfrac{\partial w}{\partial r},$ (a)

그러므로 u 및 w는 각각 반경 (r) 및 축 (z) 방향의 변위 ρ는 밀도, g은 중력계수이다.

식(8.6)에서 다음 식이 유도된다.

$$\dfrac{\partial^2 \Delta}{\partial r^2}+\dfrac{1}{r}\dfrac{\partial \Delta}{\partial r}+\dfrac{\partial^2 \Delta}{\partial z^2}=0 \quad (8.7)$$

$$\dfrac{\partial^2 \omega}{\partial r^2}+\dfrac{1}{r}\dfrac{\partial \omega}{\partial r}-\dfrac{\omega}{r}+\dfrac{\partial^2 \omega}{\partial z^2}=0 \quad (8.8)$$

식(8.7) 및 (8.8)의 풀이는

$$\Delta=\sum_{n=1}^{\infty} A_n K_0(\kappa_n r)\begin{Bmatrix}\sin\\ \cos\end{Bmatrix}\kappa_n z-\dfrac{\rho g}{\lambda+2G}z \quad (8.9)$$

$$2\omega=\sum_{n=1}^{\infty}\dfrac{\lambda+2G}{G}A_n K_1(\kappa_n r)\begin{Bmatrix}-\cos\\ \sin\end{Bmatrix}\kappa_n z \quad (8.10)$$

여기서 $K_m(\kappa nz)$은 베셀함수 제2종으로 A_n, κ_n은 임의의 상수이다.
식(a)에서

$$\left.\begin{array}{l}\dfrac{\partial^2 (ru)}{\partial r^2}-\dfrac{1}{r}\dfrac{\partial (ru)}{\partial r}+\dfrac{\partial^2 (ru)}{\partial z^2}=r\dfrac{\partial \Delta}{\partial r}+2r\dfrac{\partial \omega}{\partial z} \\ \dfrac{\partial^2 w}{\partial r^2}+\dfrac{1}{r}\dfrac{\partial w}{\partial r}+\dfrac{\partial^2 w}{\partial z^2}=\dfrac{\partial \Delta}{\partial z}-\dfrac{2}{r}\dfrac{\partial}{\partial r}(r\omega)\end{array}\right\} \quad (8.11)$$

식(8.9) 및 (8.10)을 이용하여 식(8.11)을 풀면

$$\left.\begin{array}{l}u=-\sum_{n=1}^{\infty}\left[\dfrac{\lambda+G}{2G}A_n r K_0(\kappa_n r)+C_n K_1(\kappa_n r)\right]\begin{Bmatrix}\sin\\ \cos\end{Bmatrix}\kappa_n z \\ w=\sum_{n=1}^{\infty}\left[\dfrac{\lambda+G}{2G}A_n r K_1(\kappa_n r)-\dfrac{\lambda+2G}{G}A_n \dfrac{K_0(\kappa_n r)}{\kappa_n}\right. \\ \left.+C_n K_0(\kappa_n r)\right]\begin{Bmatrix}\cos\\ -\sin\end{Bmatrix}\kappa_n z-\dfrac{1}{2}\dfrac{\rho g}{\lambda+2G}\cdot z^2\end{array}\right\} \quad (8.12)$$

여기서 C_n은 임의의 상수이다.

상기 A_n, C_n의 상수를 정하기 위해 주어진 문제의 경계조건을 생각한다.

경계조건은

$r=\infty$에 있어서 $\quad u=0, \quad w=-\dfrac{\rho g}{2(\lambda+2G)}z^2$ \hfill (b)

$r=a$에 있어서 $\quad \dfrac{\tau_{rz}}{G}=\dfrac{\partial u}{\partial z}+\dfrac{\partial w}{\partial r}=0$ \hfill (c)

$\quad\quad\quad\quad\quad\quad\quad \sigma_r=\lambda\Delta+2G\dfrac{\partial u}{\partial r}=0$ \hfill (d)

$z=0$에 있어서 $\quad \dfrac{\tau_{rz}}{G}=\dfrac{\partial u}{\partial z}+\dfrac{\partial w}{\partial r}=0$ \hfill (e)

$\quad\quad\quad\quad\quad\quad\quad \sigma_z=\lambda\Delta+2G\dfrac{\partial w}{\partial z}=0$ \hfill (f)

이다.

식(8.12)는 베셀함수 제2종의 성질상, 식(b)을 만족한다. 식(f)를 만족시키기 위해서는 $\left.\begin{array}{c}\sin\\\cos\end{array}\right\}\kappa_n z$ 등의 표현 중 $\sin \kappa_n z$의 一群을 사용하면 된다.

따라서 식(8.12) 및 식(c)에서

$$\begin{aligned}C_n &= \dfrac{A_n}{2G\kappa_n}\left\{(\lambda+2G)-(\lambda+G)\kappa_n a\dfrac{K_0(\kappa_n a)}{K_1(\kappa_n a)}\right\}\\ &= \dfrac{1}{(1-2\nu)}\cdot\dfrac{A_n}{2\kappa_n}\left\{2(1-\nu)-\dfrac{\kappa_n a K_0(\kappa_n a)}{K_1(\kappa_n a)}\right\}\end{aligned} \quad (g)$$

여기서 ν은 포아송비이다.

식(d)에서

$$\sum_{n=1}^{\infty} A_n\left[(\lambda+G)\kappa_n a K_1(\kappa_n a)+(\lambda+2G)\dfrac{K_1(\kappa_n a)}{\kappa_n a}\right.$$
$$\left.-(\lambda+G)\dfrac{\kappa_n a\{K_0(\kappa_n a)\}^2}{K_1(\kappa_n a)}\right]\sin \kappa_n z-\dfrac{\lambda}{\lambda+2G}\rho g z=0$$

다시쓰면

$$\dfrac{\pi z}{2l}=\sum_{n=1}^{\infty}\dfrac{\lambda+2G}{2\lambda}\dfrac{\pi}{\rho g l}A_n\left[(\lambda+G)\kappa_n a K_1(\kappa_n a)+(\lambda+2G)\dfrac{K_1(\kappa_n a)}{\kappa_n a}\right.$$
$$\left.-(\lambda+G)\dfrac{\kappa_n a\{K_0(\kappa_n a)\}^2}{K_1(\kappa_n a)}\right]\sin \kappa_n z \quad (h)$$

지금 $\pi z/2l$을 Fourier급수로 전개하면, 단

8.2 원형수직갱 주위의 지압

$$\frac{\pi z}{2l} = \sin\frac{\pi z}{l} - \frac{1}{2}\sin\frac{2\pi z}{l} + \frac{1}{3}\sin\frac{3\pi z}{l} - \frac{1}{4}\sin\frac{4\pi z}{l} + \cdots, \quad \text{(i)}$$

단 $-\pi + \delta \leq \dfrac{\pi z}{l} \leq \pi - \delta.$

식(h)과 식(i)를 비교하는데 따라 상수 A_1, A_2,……은 다음과 같이 정해진다.

$$\begin{aligned}
A_1 &= \frac{2\lambda}{\lambda+2G} \frac{\rho g l}{\pi} \\
&\times \frac{1}{\left[(\lambda+G)\left\{\kappa_1 a K_1(\kappa_1 a) - \dfrac{\kappa_1 a \{K_0(\kappa_1 a)\}^2}{K_1(\kappa_1 a)}\right\} + (\lambda+2G)\dfrac{K_1(\kappa_1 a)}{\kappa_1 a}\right]}, \quad \kappa_1 = \frac{\pi}{l} \\
A_2 &= -\frac{2\lambda}{\lambda+2G} \frac{\rho g l}{\pi} \cdot \frac{1}{2} \\
&\times \frac{1}{\left[(\lambda+G)\left\{\kappa_2 a K_1(\kappa_2 a) - \dfrac{\kappa_2 a \{K_0(\kappa_2 a)\}^2}{K_1(\kappa_2 a)}\right\} + (\lambda+2G)\dfrac{K_1(\kappa_2 a)}{\kappa_2 a}\right]}, \quad \kappa_2 = \frac{2\pi}{l} \\
A_n &= (-1)^{n+1}\frac{2\lambda}{\lambda+2G} \frac{\rho g l}{n\pi} \\
&\times \frac{1}{\left[(\lambda+G)\left\{\kappa_n a K_1(\kappa_n a) - \dfrac{\kappa_n a \{K_0(\kappa_n a)\}^2}{K_1(\kappa_n a)}\right\} + (\lambda+2G)\dfrac{K_1(\kappa_n a)}{\kappa_n a}\right]} \\
&= (-1)^{n+1}\frac{2\nu(1-2\nu)}{G(1-\nu)} \cdot \frac{\rho g l}{n\pi} \\
&\times \frac{1}{\left[\left\{\kappa_n a K_1(\kappa_n a) - \dfrac{\kappa_n a \{K_0(\kappa_n a)\}^2}{K_1(\kappa_n a)}\right\} + 2(1-\nu)\dfrac{K_1(\kappa_n a)}{\kappa_n a}\right]}, \quad \kappa_n = \frac{n\pi}{l}
\end{aligned} \quad \text{(j)}$$

따라서 (8.9), (8.12), (g) 및 (j)의 제식에서 응력이 구해지며 다음과 같다.

$$\begin{aligned}
\sigma_r &= \lambda \Delta + 2G\frac{\partial u}{\partial r} \\
&= -\rho g l \Bigg[\frac{\nu}{1-\nu}\frac{z}{l} + \sum_{n=1}^{\infty}\frac{GA_n}{\rho g l}\bigg\{K_0(\kappa_n r) - \frac{1}{1-2\nu}\kappa_n r K_1(\kappa_n r) \\
&\quad -\frac{1}{1-2\nu}\bigg(2(1-\nu) - \frac{\kappa_n a K_0(\kappa_n a)}{K_1(\kappa_n a)}\bigg)\bigg(K_0(\kappa_n r) + \frac{K_1(\kappa_n r)}{\kappa_n r}\bigg)\bigg\}\sin\kappa_n z\Bigg], \\
\sigma_\theta &= \lambda \Delta + 2G\frac{u}{r}
\end{aligned}$$

$$= -\rho g l \left[\frac{\nu}{1-\nu} \frac{z}{l} + \sum_{n=1}^{\infty} \frac{GA_n}{\rho g l} \left\{ K_0(\kappa_n r) + \frac{1}{1-2\nu} \right. \right. \tag{8.13}$$
$$\left. \left. \times \left(2(1-\nu) - \frac{\kappa_n a K_0(\kappa_n a)}{K_1(\kappa_n a)} \right) \frac{K_1(\kappa_n r)}{\kappa_n r} \right\} \sin \kappa_n z \right],$$

$$\sigma_z = \lambda \Delta + 2G \frac{\partial w}{\partial z} = -\rho g l \left[\frac{z}{l} + \sum_{n=1}^{\infty} \frac{GA_n}{(1-2\nu)\rho g l} \right.$$
$$\left. \times \left\{ \kappa_n r K_1(\kappa_n r) - \left(2 + \frac{\kappa_n a K_0(\kappa_n a)}{K_1(\kappa_n a)} \right) K_0(\kappa_n a) \right\} \sin \kappa_n z \right],$$

$$\tau_{rz} = G \left(\frac{\partial u}{\partial z} + \frac{\partial w}{\partial r} \right) = -\rho g l \sum_{n=1}^{\infty} \frac{GA_n}{(1-2\nu)\rho g l}$$
$$\times \left\{ \kappa_n r K_0(\kappa_n r) - \frac{\kappa_n a K_0(\kappa_n a)}{K_1(\kappa_n a)} K_1(\kappa_n a) \right\} \cos \kappa_n z,$$

암석의 탄성계수가 특히 $\lambda = G$, 즉 $\nu = 0.25$의 경우로 수직갱의 반경 a와 깊이 l 과의 비가 $a/l = 0.1/\pi$의 경우에 대해서 $n=5$까지 취해서 응력을 계산하면 그림 8.4와 같다. 동도에서 A_1, A_2, A_3는 각각 $z=0.3l$, $0.5l$, $0.8l$의 곳에 대한 $-\sigma_r/\rho g l$를, B_1, B_2, B_3는 각각 $z=0.3l$, $0.5l$, $0.8l$에 대한 $-\sigma_\theta/\rho g l$를, 또한 C_1, C_2, C_3는 같이 대응되는 $-\sigma_z/\rho g l$의 값을 표시한다. 또한 원형수직갱주변상의 지압(σ_θ, σ_z)을 z축(깊이)와의 관계로 보

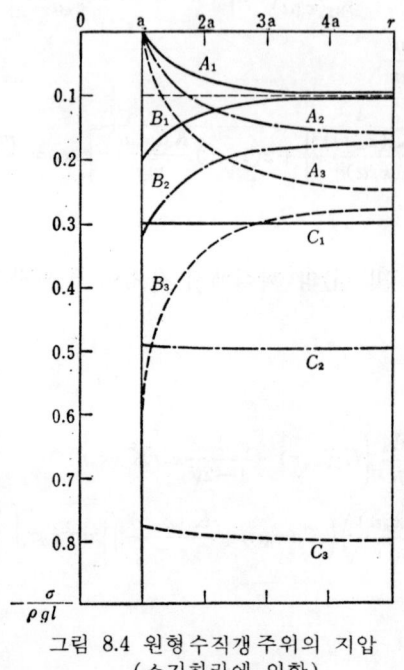

그림 8.4 원형수직갱주위의 지압
(스기하라에 의함)

8.2 원형수직갱 주위의 지압

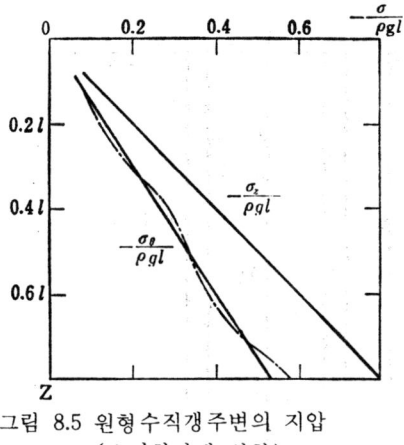

그림 8.5 원형수직갱주변의 지압
(스기하라에 의함)

면 그림 8.5와 같으며 수직갱벽의 파괴에 중대한 영향을 미치는 응력은 σ_θ 및 σ_z로 σ_θ는 ν의 값에 의해 크게 변화되며 σ_z보다 커지는 경우도 있으나, $\nu \leq 0.25$가 될때는 $\sigma_\theta < \sigma_z$ 라는 것을 알 수 있다.

앞에서 구한 식(8.4)과 식(8.13)을 수치계산하여 비교해 보면, 그림 8.3과 그림 8.4의 비교이지만 이 그림에서 이해하는 바와 같이 σ_r와 σ_θ에 관해서는 크게 차이는 보이지 않는다.

지금 **굴착의 영향율**로서 다음 식을 고려한다.

$$\begin{pmatrix} 수직갱굴착 \\ 의 ~영향율 \end{pmatrix} = \frac{(수직갱굴착전의응력)-(굴착후의 ~응력)}{(수직갱굴착전의 ~응력)} \times 100(\%) \qquad (8.14)$$

위 식에서 $\delta\sigma_r$ 및 $\delta\sigma_\theta$를 계산해 보면 굴착의 영향율은 수직갱 반경의 3배나 되면 10% 내외로 감소되어 실기상 굴착의 영향을 무시할 수가 있는 것을 알 수 있다.

8.3 円形打設 垂直坑의 應力分布

내경 $2a$, 타설 두께 $(b-a)$, 깊이 l인 원형타설 수직갱의 타설부에 유발되는 응력을 생각해 본다. 그림 8.6과 같이 원주좌표 (r, θ, z)를 취하면 물체력(이 경우 중력)을 고려한 균형방정식은 8.2의 경우와 같은 식(8.6)으로 주어진다. 이 경우 λ 및 G는 타설부의 탄성계수, ρ는 같은 밀도이다. 그러면 식(8.6)에서 (8.7), (8.8)의 두 식이 유도된다. 그러나 식(8.7) 및 (8.8)의 풀이는 주어진 문제에 대해서는 각각

$$\Delta = \sum_{n=1}^{\infty} \left\{ A_n K_0(\kappa_n r) + B_n I_0(\kappa_n r) \right\} \begin{Bmatrix} \sin \\ \cos \end{Bmatrix} \kappa_n z - \frac{\rho g}{\lambda + 2G} z \qquad (8.15)$$

$$2\omega = \sum_{n=1}^{\infty} \frac{\lambda + 2G}{G} \left\{ A_n K_1(\kappa_n r) - B_n I_1(\kappa_n r) \right\} \begin{Bmatrix} -\cos \\ \sin \end{Bmatrix} \kappa_n z \qquad (8.16)$$

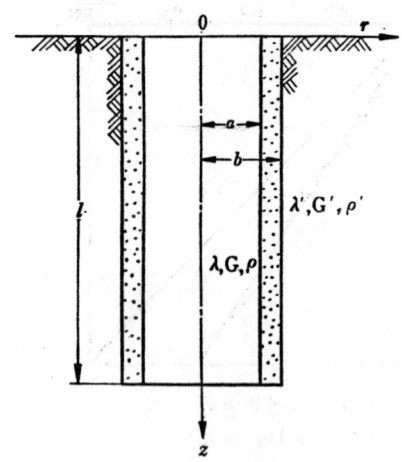

그림 8.6 円形打設 수직갱

이다.

여기서 $I_m(\kappa_n r)$, $K_m(\kappa_n r)$는 변형시키는 베셀함수의 제1종 및 제2종으로 A_n, B_n, κ_n은 임의의 상수이다. 식(8.11) 식은 그대로 여기서도 성립되므로 식(8.15) 및 (8.16)을 이용하여 식(8.11)을 풀면,

$$\begin{aligned}u = -\sum_{n=1}^{\infty}\Bigg[&\frac{\lambda+G}{2G}A_n rK_0(\kappa_n r)+C_n K_1(\kappa_n r)\\&+\frac{\lambda+G}{2G}B_n rI_0(\kappa_n r)+D_n I_1(\kappa_n r)\Bigg]{\sin\brace\cos}\kappa_n z\\w = \sum_{n=1}^{\infty}\Bigg[&\frac{\lambda+G}{2G}A_n rK_1(\kappa_n r)-\frac{\lambda+2G}{G}A_n\cdot\frac{K_0(\kappa_n r)}{\kappa_n}+C_n K_0(\kappa_n r)\\&-\frac{\lambda+G}{2G}B_n rI_1(\kappa_n r)+\frac{\lambda+2G}{G}B_n\cdot\frac{I_0(\kappa_n r)}{\kappa_n}\\&-D_n I_0(\kappa_n r)\Bigg]{\cos\brace -\sin}\kappa_n z-\frac{1}{2}\cdot\frac{\rho g}{\lambda+2G}z^2\end{aligned} \quad (8.17)$$

여기서 C_n, D_n은 임의의 상수이다. 상기의 풀이는 타설부의 변위를 주는 식이지만 타설부와 주위의 암석에 대해서는 K_0, K_1항만을 고려하면 같게 적용되는 식이다.

탄성체로 볼 수 있는 지층 중의 타설수직갱의 경우에는 경계조건은 다음과 같이 취하는 것이 적정할 것이다. 즉

$r=a$ 에 있어서 $\quad \dfrac{\tau_{rz}}{G} = \dfrac{\partial u}{\partial z}+\dfrac{\partial w}{\partial r}=0 \qquad (a)$

$\qquad\qquad\qquad\sigma_r = \lambda\Delta+2G\dfrac{\partial u}{\partial r}=0 \qquad (b)$

8.2 원형수직갱 주위의 지압

$r=b$ 에 있어서 $\sigma_r = \sigma_r{'}, \quad \tau_{rz} = \tau_{rz}{'}$ (c)

$\quad\quad\quad\quad\quad\quad u = u', \quad w = w'$ (d)

$r=\infty$ 에 있어서 $u' = 0, \quad w' = -\dfrac{\rho g}{2(\lambda+2G)} z^2$ (e)

$z=0$ 에 있어서 $\tau_{rz} = \sigma_z = \tau_{rz}{'} = \sigma_z{'} = 0$ (f)

그러므로 응력 및 변위의 기호 중 덧슈가 없는 것은 타설부에 대응하는 것으로, 덧슈를 붙인 것은 외주의 암석에 대응하는 것으로 한다. 또한 탄성계수도 암석에 대응하는 것은 덧슈를 붙인 것으로 한다. 식(8.17)은 변형되는 베셀함수 제2종의 성질상 (e) 조건을 만족하며 또한 (f)의 조건을 만족시키기 위해서는 전기의 해석 중 ${\cos \brace \sin} \kappa_n z$ 중 $\sin \kappa_n z$ 군을 채택하면 좋다. 그러므로 이것들의 경계조건의 관계식을 만드는데 따라 8.2와 같은 수법에 의해 상수 $A_n, B_n, C_n, D_n, A_n{'}, C_n{'}$ 가 정해지며 소요응력이 구해진다.

토질 혹은 분체질중의 원형타설수직갱(예를 들면 우물통의 경우)에 생기는 응력을 구하는 경우의 경계조건으로서는 다음과 같다.

$r=a$ 에 있어서 $\sigma_r = \tau_{rz} = 0$ (g)

$r=b$ 에 있어서 $\sigma_r = -F(z), \quad \tau_{rz} = 0$ (h)

$z=0$ 에 있어서 $\sigma_z = \tau_{rz} = 0$ (i)

(i)의 조건을 만족시키기 위해서는 전과 같이 $\sin \kappa_n z$ 의 一群을 채택하면 좋다. $F(z)$는 지반이 수직갱의 외주에 미치는 압력이며 z의 함수로, 예를 들면 토압이 Rankine 토압에 따르는 것으로 하면 $s\rho' gz$ (s는 RANKINE의 토압계수)의 형으로 표시된다. 따라서 상기 경계조건의 관계식에서 결국 상수 A_n, B_n, C_n, D_n 을 정할 수가 있으므로 응력이 결정된다.

응력은 다음의 제식에 의해 표시된다.

$$\sigma_r = \lambda \Delta + 2G \frac{\partial u}{\partial r} = \sum_{n=1}^{\infty} \Bigg[-GA_n K_0(\kappa_n r) + (\lambda+G)\kappa_n r A_n K_1(\kappa_n r)$$
$$+ 2GC_n \left\{ \kappa_n K_0(\kappa_n r) + \frac{K_1(\kappa_n r)}{r} \right\} - GB_n I_0(\kappa_n r)$$
$$- (\lambda+G)\kappa_n r B_n I_1(\kappa_n r) - 2GD_n \left\{ \kappa_n I_0(\kappa_n r) - \frac{I_1(\kappa_n r)}{r} \right\} \Bigg]$$
$$\times \sin \kappa_n z - \frac{\lambda \rho g}{\lambda+2G} z,$$
$$\sigma_\theta = \lambda \Delta + 2G \frac{u}{r} = -\sum_{n=1}^{\infty} \Bigg[+GA_n K_0(\kappa_n r) + C_n \frac{2G}{r} K_1(\kappa_n r)$$

제8장 탄성균질 암반내의 응력(지압의 문제)

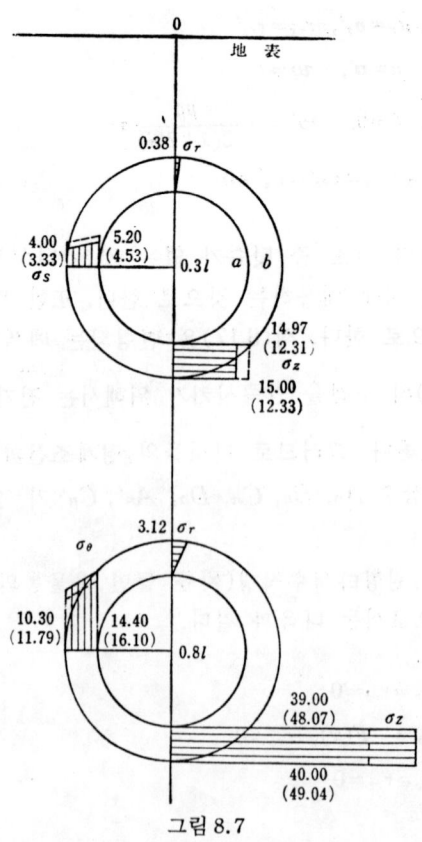

그림 8.7

$$\left.\begin{array}{l}
\qquad +GB_nI_0(\kappa_nr)+D_n\dfrac{2G}{r}I_1(\kappa_nr)\bigg]\sin\kappa_nz-\dfrac{\lambda\rho g}{\lambda+2G}\,z, \\
\sigma_z=\lambda\varDelta+2G\dfrac{\partial w}{\partial z}=-\sum\limits_{n=1}^{\infty}\bigg[-(3\lambda+4G)A_nK_0(\kappa_nr)+(\lambda+G) \\
\quad\times\kappa_nrA_nK_1(\kappa_nr)+2G\kappa_nC_nK_0(\kappa_nr)-(\lambda+G)\kappa_nrB_nI_1(\kappa_nr) \\
\quad+(\lambda+4G)B_nI_0(\kappa_nr)-2G\kappa_nD_nI_0(\kappa_nr)\bigg]\sin\kappa_nz-\rho gz, \\
\tau_{rz}=G\left(\dfrac{\partial u}{\partial z}+\dfrac{\partial w}{\partial r}\right)=-\sum\limits_{n=1}^{\infty}\bigg[(\lambda+G)\kappa_nrA_nK_0(\kappa_nr) \\
\quad-(\lambda+2G)A_nK_1(\kappa_nr)+2G\kappa_nC_nK_1(\kappa_nr)+(\lambda+G)\kappa_nrB_nI_0 \\
\quad\times(\kappa_nr)-(\lambda+2G)B_nI_1(\kappa_nr)+2G\kappa_nD_nI_1(\kappa_nr)\bigg]\cos\kappa_nz,
\end{array}\right\} \quad (8.18)$$

$a/l=0.1/\pi$, $b/l=0.14/\pi$인 경우, 즉 예를 들면 $a=3$m, $l=94.2$m로 바름 두께 $(b-a)=1.2$m의 경우로 타설콘크리트의 탄성정수 및 단위체적 중량을 $\lambda=5.0\times10^4$kg/cm²,

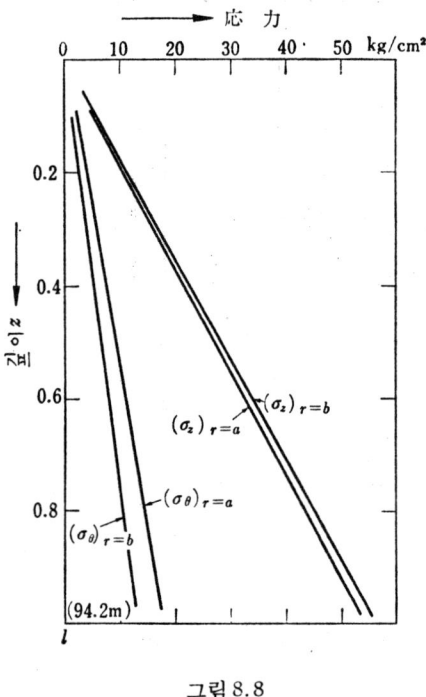

그림 8.8

$G=10.0\times 10^4\text{kg/cm}^2$ (즉 $\nu=0.17$, $E=2.34\times 10^5\text{kg/cm}^2$) $\rho g=2.3\times 10^3\text{kg/m}^3$, 수직갱 외주의 토양을 $\rho'g=2.0\times 10^3\text{kg/m}^3$, 똑같이 내부마찰각 $\phi=25°$로 하면(즉 랭킹토압은 $F(z)=s\rho'gz=[(1-\sin\phi)/(1+\sin\phi)]\cdot\rho'gz=0.461\rho'gz$) 타설에 유발되는 응력은 그림 8.7 및 그림 8.8과 같다.

8.4 원형갱도 주위의 지압

지표하, 상당히 깊은 곳에 수평인 막파기 원형갱도가 굴착되어 있는 경우, 이 갱도주위의 지압을 생각해 본다. 이 문제는 평면변형의 문제로서 취급해야할 것이나 평면응력의 문제로서 생각해도 결과적으로 양자의 사이에 큰 차가 없으므로 후자의 취급을 해본다.

우선 그림 8.9에서 측압 Q가 작용치 않고 수직압 P만이 지중에 존재하는 것으로 생각하자. 반경 a인 갱도의 중심 O는 지표에서 깊고, $a\ll l$이기 때문에 갱도주위의 지압 P는 ab면에서도 cd면에서도 같다고 가정하고, 또한 a b c d 내의 자중을 생각지 않는 것으로 한다. 그러면 유공평면탄성판 a b c d가 ab, cd 양면에서 일정하게 P가 되는 응력으로 압축되는 문제에 귀착된다. 이 평면응력의 문제는 6.7.4에서 풀리게 되며 식(6.64)에서 주어지게 된다. 즉 그림 8.9와 같이 좌표와 기호를 선택하면 다음 식에 의해

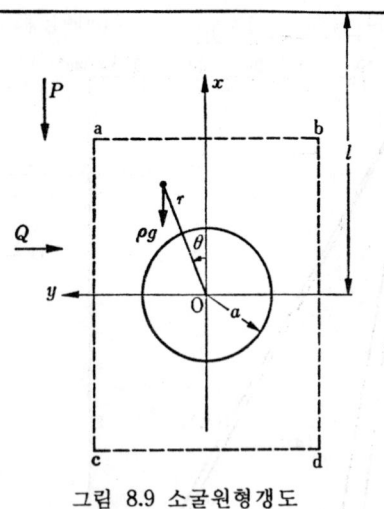

그림 8.9 소굴원형갱도

주어진다.

$$\left.\begin{array}{l}\sigma_r = \dfrac{P}{2}\left\{\left(1-\dfrac{a^2}{r^2}\right)+\left(1-\dfrac{4a^2}{r^2}+\dfrac{3a^4}{r^4}\right)\cos 2\theta\right\} \\[6pt] \sigma_\theta = \dfrac{P}{2}\left\{\left(1+\dfrac{a^2}{r^2}\right)-\left(1+\dfrac{3a^4}{r^4}\right)\cos 2\theta\right\} \\[6pt] \tau = -\dfrac{P}{2}\left(1+\dfrac{2a^2}{r^2}-\dfrac{3a^4}{r^4}\right)\sin 2\theta \end{array}\right\} \quad (8.19)$$

다음에 Q만 작용하는 경우는 위 식에서 P를 Q로 바꾸어 쓰고, θ를 $(\theta+90°)$로 치환하면 좋다. 또한 탄성체에서는 응력의 중합이 가능한 것을 생각하면 P와 Q가 동시에 작용하는 경우의 응력으로서 다음 식이 얻어진다.

$$\left.\begin{array}{l}\sigma_r = \left(1-\dfrac{a^2}{r^2}\right)\left\{\dfrac{P+Q}{2}+\dfrac{P-Q}{2}\left(1-\dfrac{4a^2}{r^4}+3\dfrac{a^4}{r^4}\right)\cos 2\theta\right\} \\[6pt] \sigma_\theta = \left(1+\dfrac{a^2}{r^2}\right)\dfrac{P+Q}{2}-\dfrac{P-Q}{2}\left(1+3\dfrac{a^4}{r^4}\right)\cos 2\theta \\[6pt] \sigma_z = \nu(\sigma_r+\sigma_\theta), \quad \tau = -\dfrac{P-Q}{2}\left(1+\dfrac{2a^2}{r^2}-\dfrac{3a^4}{r^4}\right)\sin 2\theta \end{array}\right\} \quad (8.20)$$

그러므로 σ_z는 갱도연장 방향의 응력에서 τ는 $r\theta$면에 작용하는 전단응력이다.

위 식에서 $P=Q$로 하면 수직의 경우에 $\sigma_x=\sigma_y=P$로서 구한 식(8.4)와 일치된다. 위 식에서 $r=a$로 하면 갱도주변의 지압이 구해진다. 즉

8.4 원형갱도 주위의 지압

$$\left.\begin{array}{l}\sigma_r = 0 \\ \sigma_\theta = P(1-2\cos 2\theta) + Q(1+2\cos 2\theta)\end{array}\right\} \quad (8.21)$$

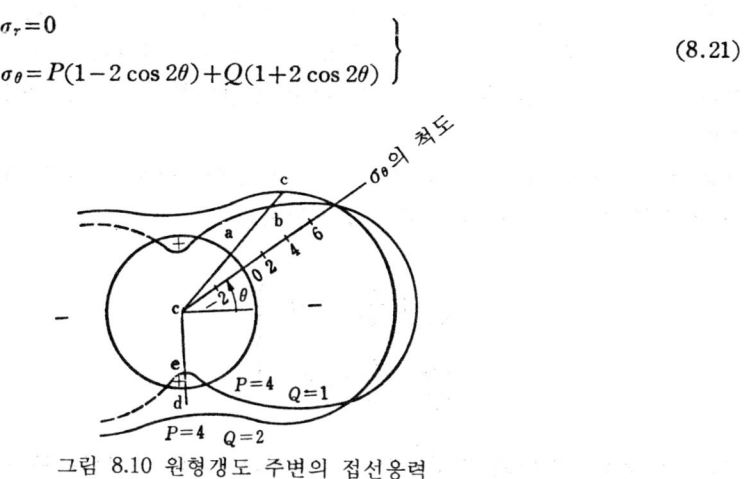

그림 8.10 원형갱도 주변의 접선응력
(Isaacson에 의함)

위 식에서 만약 $P=3Q$ 즉 $\nu=0.25$일때는 $\theta=0°$ 및 180°로 $\sigma_\theta=0$이 된다. 또 Q가 $P/3$보다 작으면, 즉 $\nu<0.25$가 되면 그 점에는 인장응력이 작용하게 된다. 또 $P>Q$라면 $\theta=90°$ 및 270°의 곳에, 즉 갱도의 측벽에서는 σ_θ는 최대값 $(3P-Q)$가 되며 $\theta=0°$ 및 180°의 곳, 즉 천장 중앙과 바닥 중앙부에서는 σ_θ는 최소값 $(3Q-P)$가 된다. $P=Q$의 경우는 이것들의 값은 $2P$가 된다.

P와 Q크기의 비율이 4:1 혹은 4:2의 경우에 대한 원형갱도 주변상의 σ_θ의 값을 圖示하면, 그림 8.10과 같다. 같은 그림에서 $P=4, Q=1$의 경우는 원주상 a점의 σ_θ의 값은 ab의 길이로, 또 d점의 σ_θ는 de의 길이로 표시되며 원주보다 외측에 있는 부분은 압축응력을, 내측에 있는 부분은 인장응력이라는 것을 표시한다. $\nu=0.2$로서 원형갱도 부근의 σ_r, σ_θ 및 τ를 도시하면 거의 그림 8.11과 같게 된다. 같은 그림, 예를 들면 σ_θ에서는 오른쪽 반은 그림 8.10과 똑같은 표시법에 의하는 것이며 왼쪽 반은 그림 8.3의 표시에 의하는 것이다.

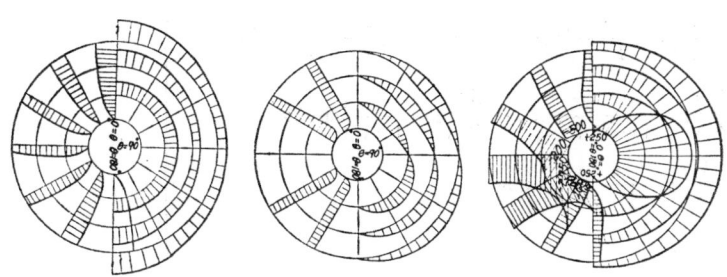

그림 8.11 원형갱도 주위의 지압(야마구찌에 의함)

상기의 고찰은 실은 매우 편의적인 것이다. 왜냐하면 문제를 평면응력의 문제로서 풀고 있다는 것도 물론이며 그림 8.9의 abcd 내에서는 물체력(중력)은 고려되지 않기 때문이다. 그러므로 다음 물체력을 고려하여 평면변형의 문제로 했을 때의 이론 해석을 표시한다.

그림 8.9에 표시하는 좌표에 따라 생각하면 물체력을 고려한 경우의 응력 균형방정식은 식(6.19)에 의해, 다음 식으로 표시된다.

$$\left. \begin{array}{l} \dfrac{\partial \sigma_x}{\partial x} + \dfrac{\partial \tau_{xy}}{\partial y} = \rho g \\ \dfrac{\partial \sigma_y}{\partial y} + \dfrac{\partial \tau_{xy}}{\partial x} = 0 \end{array} \right\} \qquad (8.22)$$

그러므로 ρg는 암반의 단위체적의 중량이다. 또한 응력함수를 F로 표시하면 응력성분은 (6.22)에서 생각하여 다음 식으로 표시된다.

$$\sigma_x = \frac{\partial^2 F}{\partial y^2} + \int \rho g dx, \quad \sigma_y = \frac{\partial^2 F}{\partial x^2}, \quad \tau_{xy} = -\frac{\partial^2 F}{\partial y \partial y} \qquad (8.23)$$

또 식(8.3)을 유도한 가정을 허용한다면 원형갱도에서 무한으로 먼 점에서는 다음 식으로 표시되는 경계조건이 성립된다.

$$\sigma_x = -\rho g(l-x), \quad \sigma_y = \sigma_z = -\frac{\nu}{1-\nu} \rho g(l-x), \quad \tau_{xy} = \tau_{zx} = \tau_{yz} = 0 \qquad (8.24)$$

위 식을 극좌표로 바꾸어 쓰면 다음 식으로 표시된다.

$$\left. \begin{array}{l} \sigma_r = -\dfrac{W}{2}\left(1+\dfrac{\nu}{1-\nu}\right) + \dfrac{V}{4}\left(3+\dfrac{\nu}{1-\nu}\right)\dfrac{r}{a}\cos\theta \\ \qquad -\dfrac{W}{2}\left(1-\dfrac{\nu}{1-\nu}\right)\cos 2\theta + \dfrac{V}{4}\left(1-\dfrac{\nu}{1-\nu}\right)\dfrac{r}{a}\cos 3\theta, \\ \sigma_\theta = -\dfrac{W}{2}\left(1+\dfrac{\nu}{1-\nu}\right) + \dfrac{V}{4}\left(1+\dfrac{3\nu}{1-\nu}\right)\dfrac{r}{a}\cos\theta \\ \qquad +\dfrac{W}{2}\left(1-\dfrac{\nu}{1-\nu}\right)\cos 2\theta - \dfrac{V}{4}\left(1-\dfrac{\nu}{1-\nu}\right)\dfrac{r}{a}\cos 3\theta, \\ \tau_{r\theta} = -\dfrac{V}{4}\left(1-\dfrac{\nu}{1-\nu}\right)\dfrac{r}{a}\sin\theta + \dfrac{W}{2}\left(1-\dfrac{\nu}{1-\nu}\right)\sin 2\theta \\ \qquad -\dfrac{V}{4}\left(1-\dfrac{\nu}{1-\nu}\right)\dfrac{r}{a}\sin 3\theta, \\ \sigma_z = \nu(\sigma_r + \sigma_\theta) \end{array} \right\} \qquad (8.25)$$

그러므로 $W = \rho g l$, $V = \rho g a$이다.

8.4 원형갱도 주위의 지압

원형구멍의 주위에서는 값을 갖지만, 무한원에서는 영이 되는 응력함수 중 주기항을 생각하면 다음 식으로 표시된다.

$$F = A_0 r\theta \sin\theta + B_0 r\theta \cos\theta + A_1 r \log r \cos\theta + B_1 r \log r \sin\theta \tag{8.26}$$

상기 응력함수는 고가이면 안되는 점과 평면변형의 문제라는 것을 고려하면 현재의 목적에 적합한 응력함수는 다음 식으로 표시된다.

$$\begin{aligned}
F = a^2 \Bigg[& A_0 \log\frac{r}{a} + A_1\left\{\frac{r}{a}\theta\sin\theta - \frac{1}{2}\left(1-\frac{\nu}{1-\nu}\right)\frac{r}{a}\log\frac{r}{a}\cos\theta\right\} \\
& + B_1\left\{\frac{r}{a}\theta\cos\theta + \frac{1}{2}\left(1-\frac{\nu}{1-\nu}\right)\frac{r}{a}\log\frac{r}{a}\sin\theta\right\} + C_1\frac{a}{r}\cos\theta \\
& + D_1\frac{a}{r}\sin\theta + \sum_{m=2}^{\infty}\left\{a^{m-2}\cdot r^{-m+2}(A_m\cos m\theta + B_m\sin m\theta)\right. \\
& \left. + a^m r^{-m}(C_m\cos m\theta + D_m\sin m\theta)\right\} \Bigg]
\end{aligned} \tag{8.27}$$

식(8.27)에서 응력성분을 구하면 식(6.44)에 의해 다음 식이 얻어진다.

$$\left.\begin{aligned}
\sigma_r = & A_0\frac{a^2}{r^2} + \frac{1}{2}\left(3+\frac{\nu}{1-\nu}\right)\frac{a}{r}(A_1\cos\theta - B_1\sin\theta) \\
& - \frac{2a^3}{r^3}(C_1\cos\theta + D_1\sin\theta) - \sum_{m=2}^{\infty}\{(m+2)(m-1)a^m r^{-m} \\
& \times (A_m\cos m\theta + B_m\sin m\theta) + m(m+1)a^{m+2}r^{-m-2} \\
& \times (C_m\cos m\theta + D_m\sin m\theta)\}. \\
\sigma_\theta = & -A_0\frac{a^2}{r^2} - \frac{1}{2}\left(1-\frac{\nu}{1-\nu}\right)\frac{a}{r}(A_1\cos\theta - B_1\sin\theta) \\
& + \frac{2a^3}{r^3}(C_1\cos\theta + D_1\sin\theta) + \sum_{m=2}^{\infty}\{(m-2)(m-1)a^m r^{-m} \\
& \times (A_m\cos m\theta + B_m\sin m\theta) + m(m+1)a^{m+2}r^{-m-2} \\
& \times (C_m\cos m\theta + D_m\sin m\theta)\}. \\
\tau_{r\theta} = & -\frac{1}{2}\left(1-\frac{\nu}{1-\nu}\right)\frac{a}{r}(A_1\sin\theta + B_1\cos\theta) \\
& - \frac{2a^3}{r^3}(C_1\sin\theta - D_1\cos\theta) + \sum_{m=2}^{\infty}\{m(m-1)a^m r^{-m} \\
& \times (-A_m\sin m\theta + B_m\cos m\theta) + m(m+1)a^{m+2}r^{-m-2} \\
& \times (-C_m\sin m\theta + D_m\cos m\theta).
\end{aligned}\right\} \tag{8.28}$$

위 식은 무한원에서는 소멸되는 응력이지만, $r=a$ 상에서 다음 식(8.29)으로 표시되는 응력을 갖도록 상수를 선택하는 것을 생각한다.

따라서 식(8.25)는 원형구멍이 없는 경우에 지중의 응력을 주는 식이지만 $r=a$ 인 원형구멍을 가상하면, 그 둘레상에서는 σ_r 및 $\tau_{r\theta}$ 성분은 다음 식으로 표시된다.

$$\left.\begin{aligned}(\sigma_r)_{r=a}=(\sigma_r)_a=&-\frac{W}{2}\left(1+\frac{\nu}{1-\nu}\right)+\frac{V}{4}\left(3+\frac{\nu}{1-\nu}\right)\cos\theta\\&-\frac{W}{2}\left(1-\frac{\nu}{1-\nu}\right)\cos 2\theta+\frac{V}{4}\left(1-\frac{\nu}{1-\nu}\right)\cos 3\theta.\\(\tau_{r\theta})_{r=a}=(\tau_{r\theta})_a=&-\frac{V}{4}\left(1-\frac{\nu}{1-\nu}\right)\sin\theta+\frac{W}{2}\left(1-\frac{\nu}{1-\nu}\right)\sin 2\theta\\&-\frac{V}{4}\left(1-\frac{\nu}{1-\nu}\right)\sin 3\theta.\end{aligned}\right\} \quad (8.29)$$

식(8.28)에 대해서 $r=a$로 놓고 관련 항을 꺼내어 $(\sigma_r)_a$ 및 $(\tau_{r\theta})_a$ 와 비교하는데 따라 상수 $A_0, A_1, A_2, A_3, C_1, C_2, C_3$가 구해진다.

따라서 다음 식(8.30)은 무한원에서는 소멸되고, $r=a$인 원주상에서는 $(\sigma_r)_a$ 및 $(\tau_{r\theta})_a$인 응력을 주는 응력의 식이다.

$$\left.\begin{aligned}\sigma_r=&\frac{W}{2}\left(1+\frac{\nu}{1-\nu}\right)\left(\frac{a}{r}\right)^2-\frac{V}{4}\left(3+\frac{\nu}{1-\nu}\right)\left(\frac{a}{r}\right)\cos\theta\\&+\frac{W}{2}\left(1-\frac{\nu}{1-\nu}\right)\left\{4\left(\frac{a}{r}\right)^2-3\left(\frac{a}{r}\right)^4\right\}\cos 2\theta\\&-\frac{V}{4}\left(1-\frac{\nu}{1-\nu}\right)\left\{5\left(\frac{a}{r}\right)^3-4\left(\frac{a}{r}\right)^5\right\}\cos 3\theta.\\\sigma_\theta=&-\frac{W}{2}\left(1+\frac{\nu}{1-\nu}\right)\left(\frac{a}{r}\right)^2-\frac{V}{4}\left(1-\frac{\nu}{1-\nu}\right)\left(\frac{a}{r}\right)\cos\theta\\&+\frac{W}{2}\left(1-\frac{\nu}{1-\nu}\right)3\left(\frac{a}{r}\right)^4\cos 2\theta-\frac{V}{4}\left(1-\frac{\nu}{1-\nu}\right)\\&\times\left\{4\left(\frac{a}{r}\right)^5-\left(\frac{a}{r}\right)^3\right\}\cos 3\theta.\\\tau_{r\theta}=&\frac{V}{4}\left(1+\frac{\nu}{1-\nu}\right)\left(\frac{a}{r}\right)\sin\theta-\frac{W}{2}\left(1-\frac{\nu}{1-\nu}\right)\left\{3\left(\frac{a}{r}\right)^4\right.\\&\left.-2\left(\frac{a}{r}\right)^2\right\}\sin 2\theta+\frac{V}{4}\left(1-\frac{\nu}{1-\nu}\right)\left\{4\left(\frac{a}{r}\right)^5-3\left(\frac{a}{r}\right)^3\right\}\sin 3\theta.\end{aligned}\right\} \quad (8.30)$$

따라서 식(8.30)과 무한원에 대한 조건식 (8.25)을 가합시키면 이 문제의 풀이를 주는 응력식이 얻어진다. 즉

$$\begin{aligned}\sigma_r=&-\frac{W}{2}\left(1+\frac{\nu}{1-\nu}\right)\left\{1-\left(\frac{a}{r}\right)^2\right\}+\frac{V}{4}\left(3+\frac{\nu}{1-\nu}\right)\left\{\frac{r}{a}-\frac{a}{r}\right\}\cos\theta\\&-\frac{W}{2}\left(1-\frac{\nu}{1-\nu}\right)\left\{1-4\left(\frac{a}{r}\right)^2+3\left(\frac{a}{r}\right)^4\right\}\cos 2\theta\end{aligned}$$

8.4 원형갱도 주위의 지압

$$
\begin{aligned}
&+\frac{V}{4}\left(1-\frac{\nu}{1-\nu}\right)\left\{\frac{r}{a}-5\left(\frac{a}{r}\right)^3+4\left(\frac{a}{r}\right)^5\right\}\cos 3\theta. \\
\sigma_\theta =&-\frac{W}{2}\left(1+\frac{\nu}{1-\nu}\right)\left\{1+\left(\frac{a}{r}\right)^2\right\}+\frac{V}{4}\left\{\left(1+\frac{3\nu}{1-\nu}\right)\frac{r}{a}\right. \\
&\left.-\left(1-\frac{\nu}{1-\nu}\right)\frac{a}{r}\right\}\cos\theta+\frac{W}{2}\left(1-\frac{\nu}{1-\nu}\right)\left\{1+3\left(\frac{a}{r}\right)^4\right\}\cos 2\theta \\
&-\frac{V}{4}\left(1-\frac{\nu}{1-\nu}\right)\left\{\frac{r}{a}-\left(\frac{a}{r}\right)^3+4\left(\frac{a}{r}\right)^5\right\}\cos 3\theta. \\
\tau_{r\theta} =&-\frac{V}{4}\left(1-\frac{\nu}{1-\nu}\right)\left\{\frac{r}{a}-\frac{a}{r}\right\}\sin\theta+\frac{W}{2}\left(1-\frac{\nu}{1-\nu}\right)\left\{1+2\left(\frac{a}{r}\right)^2\right. \\
&\left.-3\left(\frac{a}{r}\right)^4\right\}\sin 2\theta-\frac{V}{4}\left(1-\frac{\nu}{1-\nu}\right)\left\{\frac{r}{a}+3\left(\frac{a}{r}\right)^3-4\left(\frac{a}{r}\right)^5\right\}\sin 3\theta.
\end{aligned} \quad (8.31)
$$

및 $\quad \sigma_z=\nu(\sigma_r+\sigma_\theta), \quad \tau_{rz}=\tau_{\theta z}=0$

그러므로 식(8.31)은 다음 형으로 나타내어 쓸 수가 있다.

$$
\left.\begin{aligned}
\sigma_r &= \kappa_1 W + \kappa_2 V \\
\sigma_\theta &= l_1 W + l_2 V \\
\tau_{r\theta} &= m_1 W + m_2 V
\end{aligned}\right\} \quad (8.32)
$$

여기서 $\kappa_1, \kappa_2, l_1, l_2, m_1, m_2$는 다음 값이다.

$$
\left.\begin{aligned}
\kappa_1 =&-\frac{1+\nu/(1-\nu)}{2}\left\{1-\left(\frac{a}{r}\right)^2\right\} \\
&-\frac{1-\nu/(1-\nu)}{2}\left\{1-4\left(\frac{a}{r}\right)^2+3\left(\frac{a}{r}\right)^4\right\}\cos 2\theta. \\
\kappa_2 =&\frac{3+\nu/(1-\nu)}{4}\left\{\frac{r}{a}-\frac{a}{r}\right\}\cos\theta \\
&+\frac{1-\nu/(1-\nu)}{4}\left\{\frac{r}{a}-5\left(\frac{a}{r}\right)^3+4\left(\frac{a}{r}\right)^5\right\}\cos 3\theta. \\
l_1 =&-\frac{1+\nu/(1-\nu)}{2}\left\{1+\left(\frac{a}{r}\right)^2\right\}+\frac{1-\nu/(1-\nu)}{2}\left\{1+3\left(\frac{a}{r}\right)^4\right\}\cos 2\theta. \\
l_2 =&\frac{1}{4}\left\{\left(1+\frac{3\nu}{1-\nu}\right)\left(\frac{a}{r}\right)-\left(1-\frac{\nu}{1-\nu}\right)\left(\frac{a}{r}\right)\right\}\cos\theta \\
&-\frac{1-\nu/(1-\nu)}{4}\left\{\frac{r}{a}-\left(\frac{a}{r}\right)^3+4\left(\frac{a}{r}\right)^5\right\}\cos 3\theta. \\
m_1 =&\frac{1-\nu/(1-\nu)}{2}\left\{1+2\left(\frac{r}{a}\right)^2-3\left(\frac{a}{r}\right)^4\right\}\sin 2\theta. \\
m_2 =&-\frac{1-\nu/(1-\nu)}{4}\left\{\frac{r}{a}-\frac{a}{r}\right\}\sin\theta \\
&-\frac{1-\nu/(1-\nu)}{4}\left\{\frac{r}{a}+3\left(\frac{a}{r}\right)^3-4\left(\frac{a}{r}\right)^5\right\}\sin 3\theta.
\end{aligned}\right\} \quad (8.33)
$$

식(8.32) 및 식(8.33)과 식(8.20)을 비교 검토해 보면 다음 것이 이해된다. 즉 식(8.32)의 W의 항은 식(8.20)과 유사한 식이며, $\sigma_r, \sigma_\theta, \sigma_{r\theta}$의 응력값에 큰 영향을 갖는 항이지만 V의 항은 원형구멍의 둘레에서 다소 영향이 나타나게 되는 중력의 영향 성분이라는 것을 알 수 있다. 먼저 표시한 그림 8.11은 실은 $\kappa_1 W, l_1 W, m_1 V$의 값을 표시한 것이다.

8.5 원형구멍의 변형

다음에 탄성, 균질, 등방체의 무한판내의 원형구멍이 응력을 받은 경우 어떻게 변형되는가 하는 문제, 즉 원형구멍의 변형에 관한 W.I. Duvall의 풀이를 다음에 표시해 둔다. 평면응력 및 평면변형 상태에서는 1축 및 2축 응력을 받는 경우에 대해서 표시한다.

8.5.1 평면응력 상태에서 1축응력을 받는 원형구멍

평면응력을 받은 판 가운데의 원형구멍의 변형을 구하기 위해서는 구멍의 주위응력 분포에 관한 Kirsch의 방정식(6.64)을 평면응력에 관한 혹의 방정식에 대입하여 적분하면 구해진다.

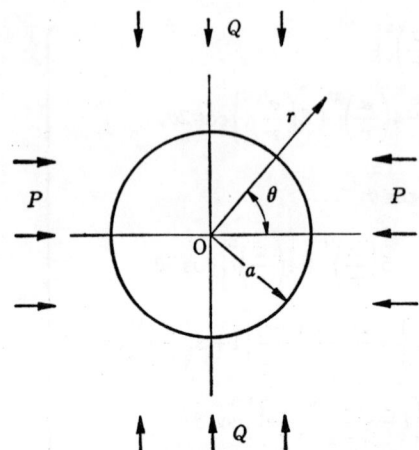

그림 8.12 2축응력을 받는 원형구멍의 변형

따라서 극좌표에 대한 변형성분과 변위의 관계는 식(6.46)에 의해

$$\left. \begin{array}{l} \varepsilon_r = \dfrac{\partial u}{\partial r} \\[6pt] \varepsilon_\theta = \dfrac{u}{r} + \dfrac{\partial v}{r \partial \theta} \end{array} \right\} \tag{a}$$

8.5 원형구멍의 변형

$$\tau_{r\theta} = \frac{\partial u}{r\partial \theta} + \frac{\partial v}{\partial r} - \frac{v}{r}$$

평면응력에 대한 훅의 법칙 방정식(6.48)에 의해

$$\left. \begin{array}{l} \varepsilon_r = \dfrac{1}{E}(\sigma_r - \nu\sigma_\theta) \\[4pt] \varepsilon_\theta = \dfrac{1}{E}(\sigma_\theta - \nu\sigma_r) \\[4pt] \tau_{r\theta} = \dfrac{2(1+\nu)}{E}\tau_{r\theta} \end{array} \right\} \quad (b)$$

원형구멍 둘레의 응력분포에 관한 KIRSCH의 방정식은 1축 응력장에서는 식(6.64) 그대로이기 때문에 그림 8.12의 기호를 이용하면

$$\left. \begin{array}{l} \sigma_r = \dfrac{P}{2}\left(1 - \dfrac{a^2}{r^2}\right) + \dfrac{P}{2}\left(1 - \dfrac{4a^2}{r^2} + \dfrac{3a^4}{r^4}\right)\cos 2\theta. \\[6pt] \sigma_\theta = \dfrac{P}{2}\left(1 + \dfrac{a^2}{r^2}\right) - \dfrac{P}{2}\left(1 + \dfrac{3a^4}{r^4}\right)\cos 2\theta. \\[6pt] \tau_{r\theta} = -\dfrac{P}{2}\left(1 + \dfrac{2a^2}{r^2} - \dfrac{3a^4}{r^4}\right)\sin 2\theta. \end{array} \right\} \quad (c)$$

또 식(a)와 (b)에서

$$\left. \begin{array}{l} \dfrac{\partial u}{\partial r} = \dfrac{1}{E}(\sigma_r - \nu\sigma_\theta) \\[6pt] \dfrac{u}{r} + \dfrac{\partial v}{r\partial \theta} = \dfrac{1}{E}(\sigma_\theta - \nu\sigma_r) \\[6pt] \dfrac{\partial u}{r\partial \theta} + \dfrac{\partial v}{\partial r} - \dfrac{v}{r} = \dfrac{2(1+\nu)}{E}\tau_{r\theta} \end{array} \right\} \quad (d)$$

식(c)의 σ_r와 σ_θ를 식(d)의 제1식에 대입하면 다음과 같다.

$$\begin{aligned} \frac{\partial u}{\partial r} &= \frac{1}{E}\left[\frac{P}{2}\left(1 - \frac{a^2}{r^2}\right) + \frac{P}{2}\left(1 - \frac{4a^2}{r^2} + \frac{3a^4}{r^4}\right)\cos 2\theta\right] \\ &\quad - \frac{\nu}{E}\left[\frac{P}{2}\left(1 + \frac{a^2}{r^2}\right) - \frac{P}{2}\left(1 + \frac{3a^4}{r^4}\right)\cos 2\theta\right] \end{aligned} \quad (e)$$

식(e)를 적분하면

$$\begin{aligned} u &= \frac{1}{E}\left[\frac{P}{2}\left(r + \frac{a^2}{r}\right) + \frac{P}{2}\left(r + \frac{4a^2}{r} - \frac{a^4}{r^3}\right)\cos 2\theta\right] \\ &\quad - \frac{\nu}{E}\left[\frac{P}{2}\left(r - \frac{a^2}{r}\right) - \frac{P}{2}\left(r - \frac{a^4}{r^3}\right)\cos 2\theta\right] + g_1(\theta) \end{aligned} \quad (f)$$

여기서 $g_1(\theta)$은 θ에만 관한 임의 함수이다.

σ_r, σ_θ 및 u를 식(d)의 제2식에 대입하여 항을 정리하면

$$\frac{\partial v}{\partial \theta} = \frac{1}{E}\left[-\frac{P}{2}\left(2r + \frac{4a^2}{r} + \frac{2a^4}{r^3}\right)\cos 2\theta\right]$$
$$- \frac{\nu}{E}\left[\frac{P}{2}\left(2r - \frac{4a^2}{r} + \frac{2a^4}{r^3}\right)\cos 2\theta\right] - g_1(\theta) \tag{g}$$

식(g)를 적분하면

$$v = \frac{1}{E}\left[-\frac{P}{2}\left(r + \frac{2a^2}{r} + \frac{a^4}{r^3}\right)\sin 2\theta\right]$$
$$- \frac{\nu}{E}\left[\frac{P}{2}\left(r - \frac{2a^2}{r} + \frac{a^4}{r^3}\right)\sin 2\theta\right] - \int g_1(\theta)d\theta + g_2(r) \tag{h}$$

여기서 $g_2(r)$는 r에 한한 함수이다.

식(f)를 θ에 관해서 미분하면

$$\frac{\partial v}{\partial r} = \frac{1}{E}\left[-\frac{P}{2}\left(1 - \frac{2a^2}{r^2} + \frac{3a^4}{r^4}\right)\sin 2\theta\right]$$
$$- \frac{\nu}{E}\left[\frac{P}{2}\left(1 + \frac{2a^2}{r^2} - \frac{3a^4}{r^4}\right)\sin 2\theta\right] + \frac{\partial g_2(r)}{\partial r} \tag{i}$$

$\tau_{r\theta}$, v, $\partial u/\partial \theta$ 및 $\partial v/\partial r$를 식(d)의 제3식에 대입하여 항을 정리하면

$$\frac{\partial g_1(\theta)}{\partial \theta} + \frac{r\partial g_2(r)}{\partial r} + \int g_1(\theta)d\theta - g_2(r) = 0 \tag{j}$$

위 식이 성립되기 때문에 θ를 포함한 항과 r을 포함한 항은 동시에 영과 같지 않으면 안된다. 따라서

$$\left.\begin{array}{l} \dfrac{rdg_2(r)}{dr} - g_2(r) = 0 \\[2mm] \dfrac{d^2 g_1(\theta)}{d\theta^2} + g_1(\theta) = 0 \end{array}\right\} \tag{k}$$

그러므로 g_2는 r에 한한 함수이며 g_1은 θ에 한한 함수이다. 식(k)의 위 식을 적분하면

아래식을 적분하면

$$\left.\begin{array}{l} g_2(r) = Cr \\[2mm] g_1(\theta) = A\sin\theta + B\cos\theta \end{array}\right\} \tag{l}$$

경계조건은 r의 모든 값에 대해서 $\theta=0$일때는 $v=0$, 또 $\theta=\pi/2$일때는 $v=0$이다. 식 (l) 및 상기의 경계조건을 식(h)에 대입하면 $A=0$, $B=0$, $C=0$이 되므로 임의함수 g_1

8.5 원형구멍의 변형

(θ), $g_2(r)$는 영이다. 따라서 변위 u 및 v는 식(f) 및 (h)에서 다음 식이 얻어진다.

$$\left.\begin{aligned}u &= \frac{1}{E}\left[\frac{P}{2}\left(r+\frac{a^2}{r}\right)+\frac{P}{2}\left(r+\frac{4a^2}{r}-\frac{a^4}{r^3}\right)\cos 2\theta\right] \\ &\quad -\frac{\nu}{E}\left[\frac{P}{2}\left(r-\frac{a^2}{r}\right)-\frac{P}{2}\left(r-\frac{a^4}{r^3}\right)\cos 2\theta\right]. \\ v &= -\frac{1}{E}\left[\frac{P}{2}\left(r+\frac{2a^2}{r}+\frac{a^4}{r^3}\right)\sin 2\theta\right]-\frac{\nu}{E}\left[\frac{P}{2}\left(r-\frac{2a^2}{r}+\frac{a^4}{r^3}\right)\sin 2\theta\right]\end{aligned}\right\} \quad (8.34)$$

식(8.34)는 매체내 임의점의 반경방향 및 접선방향의 변위를 표시한 것이다. 구멍의 임의지름에 대한 변화향(변형) U를 구하는 데는 $r=a=d/2$를 식(8.34)의 위 식으로 대입하면 구해지며 다음 식이 된다.

$$U = \frac{Pd}{E}(1+2\cos 2\theta) \tag{8.35}$$

8.5.2 평면변형의 상태에서 1축응력을 받는 원형구멍

평면변형에 대한 판 속 구멍의 변형을 구하는 데는 KIRSCH의 방정식을 평면변형을 위한 훅의 방정식, 즉 식(6.49)에 대입한다.

8.5.1에 대한 식(a) 및 식(c)은 평면응력의 조건에도 평면변형의 조건에도 유효하다. 평면변형에 관한 훅의 방정식은 평면응력의 식과는 많은 항, $(1-\nu^2)$과 $(1+\nu)$의 유무에 차이가 있다. 그러므로 해법이나 경계조건은 양자에서 같으나, 따라서 매체내의 임의점에 대한 반경방향 및 접선방향의 변위는 각각 다음 식으로 주어진다.

$$\left.\begin{aligned}u &= \frac{1-\nu^2}{E}\left[\frac{P}{2}\left(r+\frac{a^2}{r}\right)+\frac{P}{2}\left(r+\frac{4a^2}{r}-\frac{a^4}{r^3}\right)\cos 2\theta\right] \\ &\quad -\frac{\nu(1+\nu)}{E}\left[\frac{P}{2}\left(r-\frac{a^2}{r}\right)-\frac{P}{2}\left(r-\frac{a^4}{r^3}\right)\cos 2\theta\right]. \\ v &= -\frac{1-\nu^2}{E}\left[\frac{P}{2}\left(r+\frac{2a^2}{r}+\frac{a^4}{r^3}\right)\sin 2\theta\right] \\ &\quad -\frac{\nu(1+\nu)}{E}\left[\frac{P}{2}\left(r-\frac{2a^2}{r}+\frac{a^4}{r^3}\right)\sin 2\theta\right]\end{aligned}\right\} \quad (8.36)$$

구멍지름의 변형량 U를 구하는데는 $r=a=d/2$를 위 식의 제1식에 대입하면 좋다. 즉

$$U = \frac{Pd}{E}(1-\nu^2)(1+2\cos 2\theta) \tag{8.37}$$

8.5.3 평면응력 상태에서 2축응력을 받는 원형구멍

원형구멍의 둘레의 응력분포의 식은 8.5.1의 식(c)와 같은 식의 θ를 $\theta+\pi/2$로서 구해지는 σ_r, σ_θ 및 $\tau_{r\theta}$를 각각 중합시키는데 따라 구해지며 식(8.20)이, 즉 다음 식이 얻어진다.

$$\left.\begin{array}{l}\sigma_r = \dfrac{P+Q}{2}\left(1-\dfrac{a^2}{r^2}\right) + \dfrac{P-Q}{2}\left(1-\dfrac{4a^2}{r^2}+\dfrac{3a^4}{r^4}\right)\cos 2\theta, \\[2mm] \sigma_\theta = \dfrac{P+Q}{2}\left(1+\dfrac{a^2}{r^2}\right) - \dfrac{P-Q}{2}\left(1+\dfrac{3a^4}{r^4}\right)\cos 2\theta, \\[2mm] \tau_{r\theta} = -\dfrac{P-Q}{2}\left(1+\dfrac{2a^2}{r^2}-\dfrac{3a^4}{r^4}\right)\sin 2\theta \end{array}\right\} \quad (8.38)$$

및

변위를 구하는 해법은 8.5.1에서 실시한 것과 같은 방법으로 구할 수가 있으며, 다음의 결과가 얻어진다.

$$\left.\begin{array}{l} u = \dfrac{1}{E}\left[\dfrac{P+Q}{2}\left(r+\dfrac{a^2}{r}\right) + \dfrac{P-Q}{2}\left(r+\dfrac{4a^2}{r}-\dfrac{a^4}{r^3}\right)\cos 2\theta\right] \\[2mm] \qquad -\dfrac{\nu}{E}\left[\dfrac{P+Q}{2}\left(r-\dfrac{a^2}{r}\right) - \dfrac{P-Q}{2}\left(r-\dfrac{a^4}{r^3}\right)\cos 2\theta\right], \\[2mm] v = -\dfrac{1}{E}\left[\dfrac{P-Q}{2}\left(r+\dfrac{2a^2}{r}+\dfrac{a^4}{r^3}\right)\sin 2\theta\right] \\[2mm] \qquad -\dfrac{\nu}{E}\left[\dfrac{P-Q}{2}\left(r-\dfrac{2a^2}{r}+\dfrac{a^4}{r^3}\right)\sin 2\theta\right] \end{array}\right\} \quad (8.39)$$

및

또 원형구멍의 변형량 U는 다음 식이 된다.

$$U = \dfrac{d}{E}[(P+Q) + 2(P-Q)\cos 2\theta] \quad (8.40)$$

8.5.4 평면변형 상태에서 2축응력을 받는 원형구멍

이 경우는 2축응력을 받는 판 중 구멍둘레의 응력분포 식(8.38) 및 평면변형 조건에 대한 훅의 방정식(6.49)을 이용하여 이하 상기와 같은 수법에 의해 변형량 U를 구할 수가 있으므로 결국 다음 식을 얻는다.

$$U = \dfrac{(1-\nu^2)d}{E}[(P+Q) + 2(P-Q)\cos 2\theta] \quad (8.41)$$

8.6 직선경계를 가진 반무한 평판내의 응력

지금 다음과 같은 응력함수를 주는 응력 상태에 대해서 생각해 본다.

8.6 직선경계를 가진 반무한 평판내의 응력

$$F = Ar\theta \sin\theta \qquad (8.42)$$

식(6.44)에 의해 응력성분을 계산하면 다음과 같다.

$$\sigma_r = \frac{2A}{r}\cos\theta, \quad \sigma_\theta = \tau_{r\theta} = 0 \qquad (8.43)$$

이것은 반경 r에 반비례하는 여현분포의 σ_r 만이 방사선상으로 생기는 경우이며, **단순방사상분포**(simple radial distribution)라 부르는 응력 상태이다. 지금 그림 8.13에 표시한 바와 같이 직선경계를 가진 반무한 평판 AB상의 1점 O에 연직으로 집중하중 P가 작용하는 경우를 생각한다. 그러면 이 경우는 재하점을 제외하고 이 위에는 σ_θ, $\tau_{r\theta}$ 는 작용치 않기 때문에 직선연은 자유경계로 생각된다. 응력 상태로서 식(8.43)에 표시한 것을 이용한다면 재하점을 제외한 경계상에서는 분명히 경계조건이 만족되며 다시 이것들의 응력성분은 균형방정식 (6.43)도 만족된다. 재하점($r=0$)에서는 $\sigma_r = \infty$ 가 되며 O점에서는 대단히 큰 응력집중이 일어나고 있으나 그림 8.13의 점선으로 표시하는 바와 같이 임의의 반경 ρ인 원주면을 생각하여 그 위에 작용하는 σ_r 합력의 연직성분이 집중력 P에 균형되지 않으면 안되는데 따라 응력함수 중의 정수 A는 다음과 같이 정해진다.

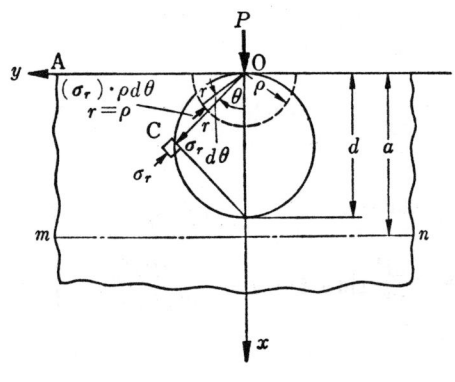

그림 8.13

$$2\int_0^{\pi/2}(\sigma_r)_{r=\rho}\cos\theta\cdot\rho d\theta = 4A\int_0^{\pi/2}\cos^2\theta\cdot d\theta = -P \qquad (a)$$

이것에서

$$A = -\frac{P}{\pi} \qquad (b)$$

가 얻어진다. 따라서 직선연을 가진 반무한판이 연직방향 집중하중을 받을 때의 응력

상태는 다음 식으로 주어진다.

$$\sigma_r = -\frac{2P}{\pi}\frac{\cos\theta}{r}, \quad \sigma_\theta = 0, \quad \tau_{r\theta} = 0 \tag{8.44}$$

이 응력식은 BOUSSINESQ의 3차원적인 해법을 이용해도 구해진다.

그림 8.13에 표시한 바와 같이 x축상에 중심을 가진 재하점 O에서 y축에 접하는 직경 d의 원을 생각하면 이 원상의 임의점 C에 대해서는 $d\cos\theta = r$의 관계가 있기 때문에 식(8.44)는 다음과 같이 쓴다.

$$\sigma_r = \frac{2P}{\pi d} \tag{c}$$

따라서 이 원상의 각 점에 대한 O점을 중심으로한 원의 반경방향 응력은 재하점을 제외하고 모두 같으며, 따라서 이 원은 같은 주응력선을 표시하는 것을 안다. 또 하나의 주응력은 $\sigma_\theta = 0$으로 최대 전단응력은 $\tau_{max} = (\sigma_r - \sigma_\theta)/2 = \sigma_r/2$로 표시되기 때문에 이 원은 같은 최대 전단응력 선도를 주게 된다.

지표면에 하중이 작용하는 지반 내부의 응력 해석에는 상기의 응력 식이 이용된다. 분포하중에 대해서는 식(8.44)을 적당히 적분하면 좋으나 그 경우 직각좌표에 의한 응력성분을 이용하는 편이 계산이 용이하다. 또한 지반내의 응력 분포로서도 어느 수평 혹은 연직단면상의 것을 구하는 경우도 많다. 그러므로 식(8.44)을 직각좌표에 의한 응력성분으로 변환하면 6.9에 의해 다음과 같다.

$$\left.\begin{array}{l} \sigma_x = \sigma_r \cos^2\theta = -\dfrac{2P}{\pi r}\cos^3\theta = \dfrac{-2Px^3}{\pi(x^2+y^2)^2} \\[6pt] \sigma_y = \sigma_r \sin^2\theta = -\dfrac{2P}{\pi r}\sin^2\theta\cdot\cos\theta = -\dfrac{2Pxy^2}{\pi(x^2+y^2)^2} \\[6pt] \tau_{xy} = \sigma_r \sin\theta\cdot\cos\theta = -\dfrac{2P}{\pi r}\sin\theta\cdot\cos^2\theta = -\dfrac{2Px^2 y}{\pi(x^2+y^2)^2} \end{array}\right\} \tag{8.45}$$

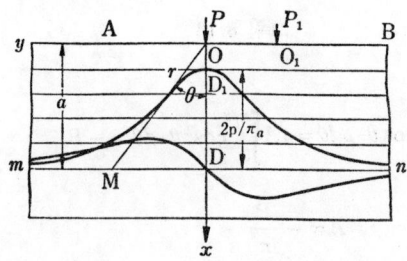

그림8.14

식(8.45)을 이용하여 직선연에서 a인 거리의 수평단면 mn상의 연직응력 및 전단응력의 분포를 그려보면 그림 8.14와 같다. 같은 그림은 직선연의 한점 O에 하중 P가 작용할 때의 연직응력 및 전단응력의 분포이지만 동시에 다른 한점 O_1에 하중이 작용한 경우의 O점하 D점에서의 응력을 구할 수도 있다. 따라서 직선연에 적당히 분포된 수직하중에 대한 D점의 응력성분도 이 영향선을 이용하여 용이하게 구해진다.

그림 8.15에 표시한 바와 같이 반무한판의 직선연의 1점 O에 절선방향의 집중하중 P가 작용하는 경우는 같은 그림과 같이 하중방향에서 각도 θ를 취하면 응력식은 식(8.44)로 주어진다. 다시 그림 8.16과 같이 집중하중이 직선연에 경사되어 작용하는 경우에는 그것을 연직, 수평방향의 성분하중으로 나누어 생각하면 임의점 N에 대한 반경방향 응력성분 σ_r는 식(8.44)을 이용하여 다음 식이 얻어진다.

$$\sigma_r = -\frac{2}{\pi r}\left\{P\cos\alpha\cdot\cos\theta + P\sin\alpha\cdot\cos\left(\frac{\pi}{2}+\theta\right)\right\} = -\frac{2P}{\pi r}\cos(\alpha+\theta) \tag{8.46}$$

이 경우도 하중방향에서 각도를 취한다고 하면 역시 응력식은 식(8.44)으로 주어지는 것을 안다.

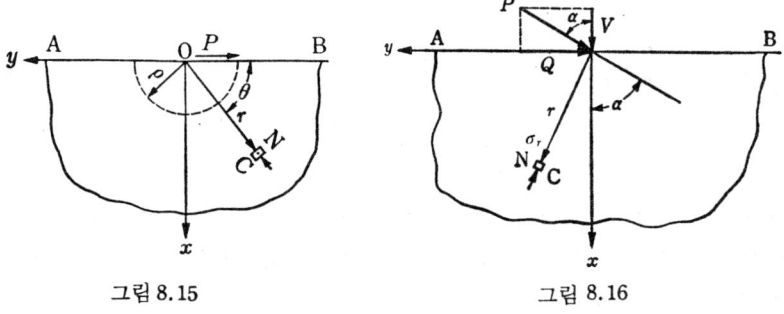

그림 8.15   그림 8.16

다음에 직선연에 연직집중 하중이 작용하는 경우의 변위에 대해서 생각해 본다. 평면응력 상태에 대해서 생각하면 식(8.44)을 식(6.48)에 대입하여 다시 식(7.46)을 이용하는데 따라 다음 식이 얻어진다.

$$\left.\begin{aligned}\varepsilon_r &= \frac{\partial u}{\partial r} = -\frac{2P}{\pi E}\cdot\frac{\cos\theta}{r} \\ \varepsilon_\theta &= \frac{u}{r}+\frac{\partial v}{r\partial\theta} = \nu\frac{2P}{\pi E}\cdot\frac{\cos\theta}{r} \\ \gamma_{r\theta} &= r\frac{\partial u}{\partial\theta}+\frac{\partial v}{\partial r}-\frac{v}{r} = 0\end{aligned}\right\} \tag{d}$$

위 식의 제1식을 적분하여

$$u = -\frac{2P}{\pi E} \cos\theta \log r + f_1(\theta) \qquad (\text{e})$$

여기서 $f_1(\theta)$는 θ만의 함수이다. 위 식을 식(d)의 제2식에 대입하여 적분하면 v가 다음과 같이 구해진다.

$$v = \frac{2\nu P}{\pi E}\sin\theta + \frac{2P}{\pi E}\log r\cdot\sin\theta - \int f_1(\theta)d\theta + f_2(r) \qquad (\text{f})$$

여기서 $f_2(r)$는 r만의 함수이다. 식(e) 및 (f)를 식(d)의 제3식에 이용하면 $f_1(\theta)$ 및 $f_2(r)$는 다음과 같은 식이 된다.

$$\left.\begin{aligned}f_1(\theta) &= -\frac{(1-\nu)P}{\pi E}\theta\cdot\sin\theta + A\sin\theta + B\cos\theta.\\ f_2(r) &= Cr.\end{aligned}\right\} \qquad (\text{g})$$

그러므로 A, B, C는 적분정수이며 경계조건에서 정해진다. 따라서 변형성분의 식은 다음과 같이 구해진다.

$$\left.\begin{aligned}u &= -\frac{2P}{\pi E}\cos\theta\log r - \frac{(1-\nu)P}{\pi E}\theta\sin\theta + A\sin\theta + B\cos\theta.\\ v &= \frac{2\nu P}{\pi E}\sin\theta + \frac{2P}{\pi E}\log r\sin\theta - \frac{(1-\nu)P}{\pi E}\theta\cos\theta\\ &\quad + \frac{(1-\nu)P}{\pi E}\sin\theta + A\cos\theta - B\sin\theta + Cr\end{aligned}\right\} \qquad (\text{h})$$

지금 반무한판 내의 x축상의 점이 횡방향으로 변위되지 않고($\theta=0$으로 $v=0$), 또 x축상으로 직선연에서 d_0인 거리의 점에서 연직방향으로도 변화되지 않는($\theta=0$, $x=d_0$이며 $u=v=0$) 경우를 가정하면,

$$A=0, \quad C=0, \quad B=\frac{2P}{\pi E}\log d_0 \qquad (\text{i})$$

가 된다. 그리고 이 경우 직선연에 대한 변위성분은 다음 식으로 주어진다.

$$\left.\begin{aligned}(u)_{\theta=\pi/2} &= (u)_{\theta=-\pi/2} = -\frac{(1-\nu)P}{2E}.\\ (v)_{\theta=\pi/2} &= -(v)_{\theta=-\pi/2} = \frac{2P}{\pi E}\log\frac{d_0}{r} - \frac{(1+\nu)P}{\pi E}\end{aligned}\right\} \qquad (8.47)$$

직선연에서의 수평방향 변위 $(u)_{\theta=\pi/2}$는 하중점 좌우의 어느 점에서도 같은 양으로 더구나 하중점 방향을 향하여, 또 하중점 ($r=0$)에서는 연직변위 $(v)_{\theta=\pi/2}$는 무한대가 되는 것을 안다. 이것은 먼저 설명한 바와 같이 하중점을 중심으로 하는 미소반경의 원주면에 의해 둘러싸인 영역(여기서는 소성적인 변형이 일어나고 있다)을 꺼내어 생

8.6 직선경계를 가진 반무한 평판내의 응력

각하면 설명이 간다. 직선연상으로 하중점에서 어느 정도 떨어진 위치($r=r_0$)에서는 연직변위가 일어나지 않는다고 하면, 정수 B는 다음과 같다.

$$B = \frac{P}{\pi E}(1+\nu) + \frac{2P}{\pi E}\log r_0 \qquad \text{(j)}$$

다음에 직선연으로 분포하중이 작용되는 경우에 대해서 생각한다. 일반적으로 그림 8.17에 표시한 바와 같이 분포된 연직하중이 작용되는 경우에는 점 N에 대한 응력성분은 식(8.45)을 이용하여,

$$\left.\begin{array}{l}\sigma_x = -\displaystyle\int_{S_1}^{S_2}\frac{2p}{\pi r}\cos^3\theta\,ds, \quad \sigma_y = -\displaystyle\int_{S_1}^{S_2}\frac{2p}{\pi r}\sin^2\theta\cos\theta\,ds, \\[2mm] \tau_{xy} = -\displaystyle\int_{S_1}^{S_2}\frac{2p}{\pi r}\sin\theta\cos^2\theta\,ds\end{array}\right\} \qquad \text{(k)}$$

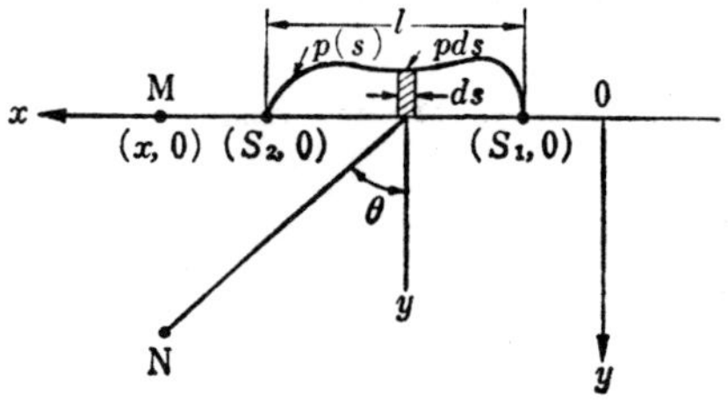

그림 8.17 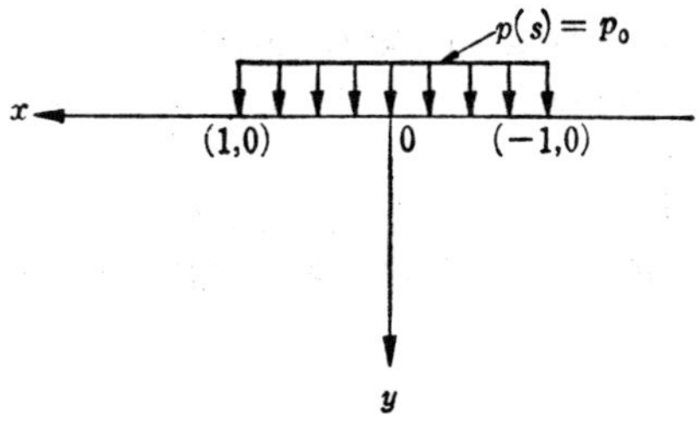 그림 8.18

에 의해 구해진다. 지금 그림 8.18에 표시한 바와 같이 등분포 연직하중에 대한 응력식을 구하면 다음과 같다.

$$\left.\begin{array}{l}\sigma_x = -\dfrac{p_0}{\pi}\left\{\tan^{-1}\dfrac{2y}{x^2+y^2-1} - \dfrac{2y(1-x^2+y^2)}{(x^2+y^2+1)^2-4x^2}\right\} \\[3mm] \sigma_y = -\dfrac{p_0}{\pi}\left\{\tan^{-1}\dfrac{2y}{x^2+y^2-1} + \dfrac{2y(1-x^2+y^2)}{(x^2+y^2+1)^2-4x^2}\right\} \\[3mm] \tau_{xy} = -\dfrac{4p_0}{\pi}\dfrac{xy^2}{(x^2+y^2+1)^2-4x^2}\end{array}\right\} \qquad (8.48)$$

또 직선연상에 여러 가지인 조건의 하중이 작용하는 경우에 대해서는 문헌 7) 및 8)을 참조하기 바란다.

参 考 文 献

1) 鈴木　光，西松裕一，石島洋二： 一次地圧の測定値とその粘弾性論的考察（第1報），日本鉱業会誌 Vol. 83, No. 950 ('67-6).
2) 杉原武徳： 坑内地圧の解説，東京帝国大学工学部紀要，22冊，1号，昭和15年12月.
3) 鈴木　光： 巻立円形立坑の応力分布，日本鉱業会誌，昭和24年4/5月，Vol. 65, No. 733.
4) Q. Isaacson : Rock Pressure in Mines, London 1958.
5) 山口　昇： On the stresses around a horizontal circular hole in gravitating elastic solid, 土木学会誌，昭和4年4月号.
6) R. H. Merrill and J. R. Peterson : Deformation of a Borehole in Rock, Bureau of Mines, RI 5881, (1961).
7) S. Timoshenko and J. N. Goodier : Theory of Elasticity, McGraw-Hill, p. 85/91.
8) 川本朕万： 応用弾性学，共立出版 (1968), p. 82/91.
9) 最上武雄： 土の力学，河出書房，昭和23年2月, p. 134/44.

9 장 암석의 파괴

9.1 재료의 파괴에 관한 학설

재료의 역학적인 성질을 알기 위해서는 보통 시험재료를 재료시험기를 사용하여 단순한 응력을 가하고 그 결과 생긴 응력과 변형의 관계 등에서 결정된다. 銅 기타 일반 금속재료와 같은 **연성재료**(ductile materials)의 경우는 단순인장시험의 결과에서 시험재료의 역학적 성질을 연구하지만 자기나 암석과 같은 **취성재료**(brittle materials)에서는 압축시험을 실시하는 것이 보통이다. 그러나 기계나 구조물의 일부분을 생각해 봐도 알 수 있는 것처럼 재료는 보통 인장, 압축, 휨 혹은 되돌이와 같은 개개의 응력을 받는다고는 할 수 없으며 이것들의 조합응력을 받는 경우가 많고 또 응력의 작용방향도 1방향만으로는 한하지 않는다. 이와 같은 상태는 지하의 암석이 주위의 조건에 따라 받는 응력에 대해서도 마찬가지이다. 재료가 응력을 받고 그 응력이 점차로 증가되어 가면 그 재료는 결국은 균열이 생기던가 혹은 소성적 변형이 생겨서 **파괴**(fracture)하게 된다. 그리고 그 재료는 재하능력이 없으면 파괴에 의한 **파손**(failure)이 생긴다고 한다. 이와 같은 파괴가 생기는 원인으로서는 종래 여러 가지 학설이 주장되고 있으나 다음에 파괴현상을 비교적 합리적으로 설명해주는 학설에 대해서 그 개요를 말한다.

9.1.1 **최대전단응력설**(Maximum Shear Theory, Tresca의 이론)

이것은 Coulomb에 의해 제창된 학설로 재료가 최대전단응력을 받은 때에는 파괴된다고 생각하는 설이다. 지금 재료 내부의 1점이 σ_1, σ_2, σ_3인 주응력을 받는다고 하면 그 점의 최대전단응력은 식(6.6)에 의해 다음의 세가지 값 중 하나이다.

$$\tau_1 = \pm(\sigma_1 - \sigma_2)/2, \quad \tau_2 = \pm(\sigma_2 - \sigma_3)/2, \quad \tau_3 = \pm(\sigma_3 - \sigma_1)/2$$

단순인장 혹은 압축을 실시하여 재료가 $\sigma_1 = \sigma_y$로 항복되었다고 하면 그 경우는 $\sigma_2 = \sigma_3 = 0$이기 때문에 $\tau = \sigma_y/2$가 된다. 따라서 이 학설에서의 재료는 $\tau = \sigma_y/2$로 표시되는 전단응력을 받으면 항복이 생겨서 파손하게 된다. 3차원의 경우에는 주응력 차가 그

$$\sigma_1 - \sigma_2 = \pm\sigma_y, \quad \sigma_2 - \sigma_3 = \pm\sigma_y, \quad \sigma_3 - \sigma_1 = \pm\sigma_y$$

중 어느 것인가에 도달할 때에 파손이 생기게 된다. 2차원 응력의 경우에는 $\sigma_3 = 0$이 되기 때문에

$$\tau = \pm(\sigma_1 - \sigma_2)/2 \tag{9.1}$$

로, 항복은 $\tau=\sigma_y/2$ 혹은 $\sigma_1-\sigma_2=\sigma_y$일 때에 일어난다.

주철이나 암석과 같은 취성재료에서는 항복응력과 파괴응력은 거의 같다고 생각해도 좋으므로 σ_y를 파괴응력으로 하면 좋다. 연성재료(즉 인장시험에서 큰 변형이 생기는 재료)에 대해서는, 이 학설은 비교적 좋고 실제와 일치된다고 말한다. 또 2축시험의 결과에서는 이 학설은 안전측이라는 것을 표시한다.

9.1.2 Mohr의 학설(MOHR'S Theory)

앞에서 표시한 식(6.11)에서 (σ_n, τ)는 하나의 원주상에 있는 것을 알며, 이 원 표시를 Mohr의 응력원이라 부르는 것을 설명하였다. 시험재료를 가압하여 주응력의 크기를 여러가지로 바꾸어 재료를 항복시켜서 그 재료의 극한상태의 σ_1과 σ_3($\sigma_1>\sigma_2>\sigma_3$로 한다)의 관계를 구하고 일련의 응력원을 그리면 이것들의 응력원군은 하나의 **포락선**(envelope)을 갖게 되며 이 포락선상의 점에 상당한 응력을 재료 내부의 임의점이 갖게 이루면 재료는 그로부터 항복된다는 것이 Mohr의 학설이다.

즉 그림 9.1에 대해서 설명하면 그림 6.5 및 6.6의 대비에서 이해하도록 PR 직경원 상의 L점의 횡축은 하나의 주응력 Q의 방향에 평행인 면상에 작용하여 최대 주응력 P의 방향과 ϕ를 이루는 면에 작용하는 수직응력 σ_n의 크기를 주며, L점의 종축은 그 면

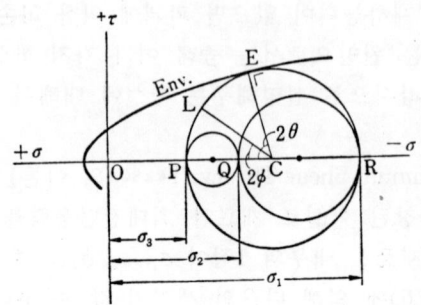

그림 9.1 Mohr의 포락선과 파괴면에 대한 주응력 작용방향을 구하는 법

에 작용하는 전단응력의 크기를 준다.

Mohr의 학설에서는 파괴면상에 작용하고 있는 응력은 최대의 주요원(주응력원) 즉 PR 직경의 원주상에 있는 점에 의해 표시되며 중간주응력 Q에는 무관계이다. 또한 포락선은 최대 주요원에 접하게 되므로 포락선과 최대 주요원과의 접점 E에 세운 수선 EC가 횡축의 정(+)방향과 이루는 각도의 반, 즉 θ는 파괴면과 주응력의 작용방향과 사이의 각도와 서로 같게 된다.

Mohr 포락선을 구하는 방법에 대해서는 이미 7.9에서 설명한 바와 같이 단순인장시험, 1축 압축시험을 실시하여 각각의 파괴강도를 구하면 단순인장강도 σ_t 1축 압축강도 σ_c

가 구해지므로 그림 9.2에 대한 A원 및 B원이 용이하게 구해진다. 그러므로 이 두개의 원에 접하도록 포락선을 그린다. 더욱 정밀한 포락선을 그리기 위해서는 소위 3축압 축시험을 실시하여 C, D, E원과 같이 몇개의 Mohr원을 그리고 그 각각의 원에 접하도록 곡선을 그리면 좋다.

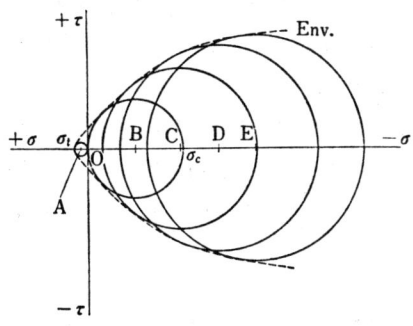

그림 9.2 Mohr 포락선의 작도법

Mohr의 포락선(한계선)은 대리석, 사암, 석탄, 기타의 취성재료에 대해서는 그 존재하는 것이 표시되어 있으나, 鋼에 대해서는 포락선이 상당한 폭을 갖는 것 같다. Mohr의 학설에서 파괴는 평균 주응력에는 영향되지 않는다고 말하나, 많은 연구에서 파괴는 평균 주응력의 영향이 있다는 것을 표시한다. 암석이나 주철과 같은 인장강도와 압축강도의 차이가 큰 재료(즉 취성재료)에서는 Mohr학설 혹은 다음에 설명하는 내부마찰설이 파괴의 설명에 상태가 좋다고 말한다. 또 포락선의 형은 재료에 따라서 다르다.

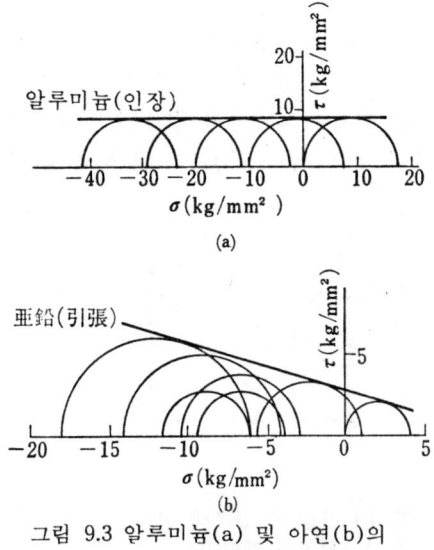

그림 9.3 알루미늄(a) 및 아연(b)의 Mohr 포락선

예를 들면 그림 9.3에 표시한 바와 같이 알루미늄 혹은 플라스틱 재료에서는 σ축에 거의 평행이 되며 아연에서는 유연하게 경사되는 직선상이 된다.

9.1.3 내부마찰설 (Internal Friction Theory)

이것은 Mohr의 학설의 특별한 경우에 해당된다. 앞에서 말한 최대 전단응력설에 대해서는 식(6.11)에 표시한 바와 같이 파단면은 주응력의 방향과 45°를 이루는 면에 생기게 된다. 즉 그림 6.5에 의하면 $\theta=45°$의 면에서 파단이 생기게 된다. 그러나 내부마찰설에서는 AB면에서 파단이 생길 때에 재료의 내부마찰계수를 μ로 하면 σ_n때문에 $\mu\sigma_n$만 전단응력의 영향을 감소시키게 된다고 말한다. 즉 파단이 생길 때의 유효한 전단응력은 식(6.11)의 기호를 이용하면 $(\tau-\mu\sigma_n)$이라고 한다. 즉 유효한 전단응력 S는

$$S=[(\sigma_1-\sigma_2)\sin 2\theta]/2-\mu[(\sigma_1+\sigma_2)+(\sigma_1-\sigma_2)\cos 2\theta]/2$$

이다. 이 값이 최대가 되는데서 전단되기 때문에 $dS/d\theta=0$으로 두고 θ의 값을 구하면 이것에서

$$\tan 2\theta=-\frac{1}{\mu} \quad \text{혹은} \quad \mu=-\cot 2\theta \tag{9.2}$$

가 얻어진다. 그런데 재료의 내부마찰각을 ϕ로 하면 내부마찰계수 μ와의 사이에는

$$\mu=\tan\phi$$

가 되는 관계가 있으므로 식(9.2)에서 $-\cot 2\theta=\mu=\tan\phi$, 그러므로 $\tan(2\theta-\pi/2)=\tan\phi$이다. 즉 재료가 압축응력을 받을 때에는 그림 6.5의 θ는

$$\theta=\frac{\pi}{4}+\frac{\phi}{2} \tag{9.3}$$

가 되는 사면에 따라 전단파괴가 생기게 된다. 이것은 내부마찰이 증가되면 같은 그림에서 주응력 σ_2의 방향과 파괴면과 이루는 각도는 증가되며 다시 말하면 주응력 $\sigma_1(\sigma_1>\sigma_2)$의 방향과 파괴면과 이루는 각도는 45°에서 감소되는 수가 있다. 그러므로 이 이론에 따르면 내부마찰이 큰 재료(예를 들면 사암)와 낮은 재료(예를 들면 혈암)에서는

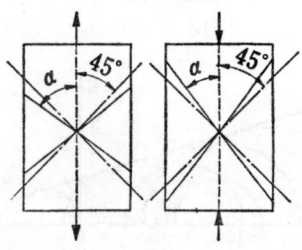

그림 9.4 인장 및 압축에 의한 활면의 생성

파괴각은 다르다.

또 그림 9.4와 같이 순인장시험의 파괴각과 압축에 의한 파괴각은 다른 셈이다. 그러나 암석과 같은 취성재료에서는 단순인장시험의 결과는 실제로는 같은 그림과 같은 파단각은 안되며 인장주응력 방향에 대해 대개 직교되는 방향으로 깨끗한 파단면이 생기는 것이다.

따라서 Mohr의응력원 그림 6.6에서 τ/σ_n이 최대가 되는 점은 P점이며 PQ/OQ가 그 값이며 tan POQ가 그것에 상당하다. 즉 같은 그림의 각 ϕ는 상기의 내부마찰각에 지나지 않는다. 따라서 같은 그림에서

$$\tau/\sigma_n = 最大 = \tan\phi = \mu \qquad (9.4)$$

또 같은 그림에서 $\sin\phi = (\sigma_1-\sigma_2)/(\sigma_1+\sigma_2)$, 따라서

$$\sigma_2/\sigma_1 = (1-\sin\phi)/(1+\sin\phi) = \tan^2(\pi/4 - \phi/2) \qquad (9.5)$$

로 쓸 수가 있다. 이것은 파괴가 생기기 때문에 σ_1과 σ_2사이에 존재하는 관계이다. μ를 이용하여 σ_1과 σ_2와의 관계를 표시하면

$$\sigma_1/\sigma_2 = (\mu + \sqrt{1+\mu^2})^2 \qquad (9.6)$$

가 된다. 그러므로 $\sigma_1/\sigma_2 = (1+\sin\phi)/(1-\sin\phi) = m-1$이기 때문에 m(포아송상수)를 일반적으로 K로 쓰는데 의하면 위 식에서

$$K = 2/(1-\sin\phi) \qquad (9.7)$$

가 된다.

다음에 물체내에 **점착력**이 있는 경우를 생각해 본다.(물체를 전단하는 경우 전단이 실시되는 면에는 마찰저항이 작용하나 그 저항이 마찰에 의하는 한편 단위면적마다 일정한 저항을 표시하는 경우 그 저항을 점착력이라 말한다)

점착력이 있는 물체 내의 임의의 면을 생각하여 그 면에 작용하는 수직 및 접선방향의 응력성분을 각각 σ_n 및 τ로 하면

$$\tau \leq \sigma_n \tan\phi + c \qquad (9.8)$$

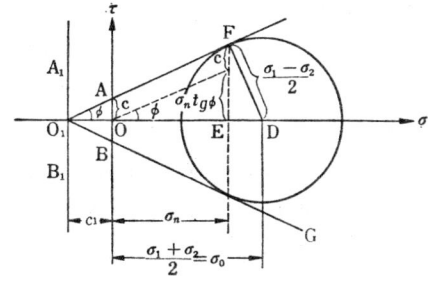

그림 9.5 점착력을 가진 재료의 Mohr 응력원

일때는 그 면에서는 활동이 생기지 않는다. 이 경우 c는 점착력의 크기이다. 건조한 모래에서는 점착력은 없으나 점토에서는 점착력이 있다. ϕ나 c는 식(9.8)을 이용한 실험에서 구해진다.

지금 c와 ϕ를 既知, 또 어느 σ_n에 대한 τ의 값을 既知로 하면 그림 9.5와 같이 $\sigma-\tau$ 좌표의 원점 O에서 ϕ의 각도를 이루는 직선을 긋고 OA=c인 A점을 τ축상에 잡고 A점에서 그것에 평행선을 그려서 그 직선상에 EF=$\sigma_n \tan\phi + c$인 점 F를 정할 수가 있다. OA=OB로서, σ축에 대칭으로 B점을 구하고 σ축에 대한 AF의 대칭 BG선을 긋는다. 그러면 τ가 그림에서 GBOAF에 있을 때는 σ_n에 수직인 면상에서는 활동은 생기지 않는 것을 알 수 있다. 그러므로 점착력이 없는 경우와 똑같이 생각하여 AF, BG를 Mohr 원의 한계선으로 생각할 수가 있다. 그러므로 그림과 같이 FA, GB 연장선의 교점 O_1을 구하고 $O_1O=c_1$으로 하면 그림에서

$$(\sigma_1-\sigma_2)/2 = (\sigma_1+\sigma_2)\sin\phi/2 + c_1 \sin\phi \qquad (9.9)$$

또 $(\sigma_1+\sigma_2)/2=\sigma_0$ 하고 다시 $\sigma=\sigma_0+c_1$으로 두면

$$(\sigma_1+\sigma_2)/2 = \sigma - c_1 \qquad (9.10)$$

로 쓴다. 혹은 또 같은 그림에서

$$(\sigma_1+c/\tan\phi)/(\sigma_2+c/\tan\phi) = (1+\sin\phi)/(1-\sin\phi) \qquad (9.11)$$

표 9.1

흙 혹은 암석	내부마찰각 ϕ	점 착 력 c (kg/cm^2)
粘　　　土	15°～20°	0.05～0.2～1.0 (강소성의 것)
砂	30°～45°	0～0.2～0.5　(고결된 것)
軟 質 頁 岩	37°	不　明
硬 質 頁 岩	45°	〃
砂　　　岩	30°～65°	〃

로 쓴다. 위 식은 모두 파괴(미끄럼)가 생기기 때문에 σ_1과 σ_2와 사이의 관계를 표시한다. 표9.1은 내부마찰각 ϕ나 점착력 c의 수치의 수예이다.

예를 들면 $\phi=45°$로 하면 점착력이 없는 물체에서는 식(9.5)에 의해 미끄럼은 σ_1/σ_2 =5.8에서 생기게 된다. 만약 식(9.11)에서 $\sigma_2=2c=1$로 하면 점착력이 있는 경우에는 미끄럼이 생기기 위해서는 σ_1의 값은 10.7이 아니면 안되게 된다.

9.1.4 전단변형에너지설 (Maximum Distortion Energy Theory)

이것은 MISES-HENCKY에 의해 발전시킨 이론이며 재료가 대단히 큰 수압을 받아도 항복을 일으키지 않으므로 견딜수 있다는 사실에 합치시키기 위해 고안된 학설이다. 이것은 그림 9.6과 같은 요소의 항복은 형상의 왜곡(전단변형)의 에너지(distortion en-

9.1 재료의 파괴에 관한 학설

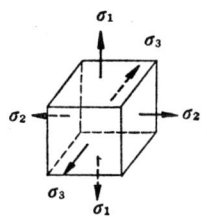

그림 9.6

ergy)가 단순인장에 의한 항복시의 왜곡에너지와 비등할 때에 항복된다는 설이다.

다시 상세하게 설명하면 동도의 요소 즉 단위체적을 생각한 경우, 이 요소의 **변형**(deformation)의 전 변형에너지(U)는 두개의 부분으로 구성되어 있다. 즉 이 요소의 형을 왜곡시키기 위해 필요한 에너지(왜곡에너지, V)와 체적변화가 생기게 하는 에너지(체적변화에너지, U_v)로 이루어졌다. 즉

$$U = V + U_v, \quad 혹은 \quad V = U - U_v$$

이다. 이 학설에서는 단위체적의 왜곡에너지 V, 즉 $(U-U_v)$가 단순인장에 의한 항복시의 왜곡에너지와 같게 되었을때 그 점에서 항복을 일으킨다고 하는 것이다.

지금 같은 그림의 단위체적 요소에 작용되고 있는 주응력을 σ_1, σ_2 및 σ_3로 하고 또 그 방향에 대한 단위 변형을 각각 ε_1, ε_2 및 ε_3로 하면, 단위체적의 모든 변형에너지는

$$U = \frac{\sigma_1 \varepsilon_1}{2} + \frac{\sigma_2 \varepsilon_2}{2} + \frac{\sigma_3 \varepsilon_3}{2} \tag{9.12}$$

이다. 위 식을 응력 성분만으로 나타내기 위해 훅의 식을 이용하여 바꾸어 쓰면 위 식은 다음 식이 된다.

$$U = \frac{1}{2E} \left[\sigma_1^2 + \sigma_2^2 + \sigma_3^2 - 2\nu(\sigma_1\sigma_2 + \sigma_2\sigma_3 + \sigma_3\sigma_1) \right] \tag{9.13}$$

그러므로 E는 인장의 종탄성계수이며 ν는 포아송비이다.

그러므로 체적변화가 생기기 위한 에너지 U_v는 지금 평균응력을 생각하여

$$\frac{1}{3}(\sigma_1 + \sigma_2 + \sigma_3) = p$$

로 두고 체적의 단위변화 $[\varepsilon = \varepsilon_1 + \varepsilon_2 + \varepsilon_3]$와 평균응력 p의 관계에 식(1.12)을 적용하면 체적의 변화에 의한 변형에너지는 다음 식이 된다.

$$U_v = \frac{p\varepsilon}{2} = \frac{3(1-2\nu)}{2E} p^2 = \frac{1-2\nu}{6E} (\sigma_1 + \sigma_2 + \sigma_3)^2 \tag{9.14}$$

따라서 왜곡에너지(전단변형에너지) V는 식(9.13)과 식(9.14)에 의해

$$V = \left(\frac{1+\nu}{3E}\right)[\sigma_1^2+\sigma_2^2+\sigma_3^2-(\sigma_1\sigma_2+\sigma_2\sigma_3+\sigma_3\sigma_1)]$$

혹은

$$V = \left(\frac{1+\nu}{3E}\right)\cdot\frac{1}{2}[(\sigma_1-\sigma_2)^2+(\sigma_2-\sigma_3)^2+(\sigma_3-\sigma_1)^2] \quad (9.15)$$

가 된다.

단순인장을 받는 재료의 단위체적이 항복될 때의 왜곡에너지의 값은 위 식에서 $\sigma_2=\sigma_3=0$으로 하고 $\sigma_1=\sigma_y$(단순인장에 의한 항복응력)로 하는데 따라 구해진다. 즉

$$V_y = \left(\frac{1+\nu}{3E}\right)\sigma_y^2 \quad (9.16)$$

가 된다.

전단변형에너지설에 의하면 재료가 항복되는 것은 상기의 V의 전단변형 에너지가 V_y와 똑같은 때라고 한다. 즉 재료의 항복은

$$\sigma_1^2+\sigma_2^2+\sigma_3^2-(\sigma_1\sigma_2+\sigma_2\sigma_3+\sigma_3\sigma_1)=\sigma_y^2 \quad (9.17)$$

에 의해 정해진다. 2차원응력의 장에서는 위 식은

$$\sigma_1^2-\sigma_1\sigma_2+\sigma_2^2=\sigma_y^2 \quad (9.18)$$

가 된다. σ_1, σ_2를 직교좌표 축으로 취하면 식(9.18)은 하나의 타원을 나타내는 것을 안다(σ_1, σ_2 축과 각각 $\pm\sigma_y$, $\pm\sigma_y$에서 교차되는 타원). 이 설은 많은 연성재료에 대해서 충분한 실험결과에 가깝다고 말한다.

9.1.5 파괴에 관한 기타의 학설과 제학설의 비교

재료의 파괴에 관한 학설에는 상기의 것 이외에, **최대응력설**(maximum stress theory or RANKIN'S theory) 및 **최대변형설**(maximum strain theory or SAIST VENANT theory)가 있다. 최대응력설은 가장 오랜 학설로 항복은 최대주응력 (σ_1)에 좌우되며, σ_2나 σ_3의 값에는 영향을 받지 않는다는 학설이다. 바꿔말하면 단위입방체 요소의 항복은 최대주응력 σ_1이 단순인장 시험에 의해서 생기는 항복σ_y 와 같을 때에 생긴다. 만일 응력이 압축이면 요소의 항복은 σ_1이 단순압축에서의 항복응력σ_y' 와 같을 때에 생긴다고 한다. 최대응력설은 실험결과와 일치하지 않는다. 특히 부호가 상반하는 2축 응력을 받는 재료의 경우에 차이가 현저하게 나타난다.

최대변형설은 연성재료의 항복은 최대변형 (ε_1)이 단순인장에서 항복이 생기고 변형과 같아질 때, 압축의 경우는 최대 압축변형이 단순 압축의 경우 항복을 일으킬 때는 최대변형과 같아질 때 항복을 일으키고 있다. 즉

$$\frac{\sigma_1}{E}-\frac{\nu}{E}(\sigma_2+\sigma_3)=\frac{\sigma_y}{E} \quad 혹은 \quad \frac{\sigma_1}{E}-\frac{\nu}{E}(\sigma_2+\sigma_3)=-\frac{\sigma_y'}{E}$$

이다. 이 학설도 실험결과와 모순된다. 예를 들면 板이 교대로 수직 2방향으로 인장을 받는 경우에는, 양방향으로의 늘어남은 모두 수직 방향에서 인장때문에 다소 줄게 되므로 최대변형설에 따르면 항복점은 단순인장의 경우보다 높아져야 한다. 이런 결론은 실험결과와 일치하지 않는다. 시험편에 수압을 가한 경우의 실험결과도 또 이 학설과 모순된다.

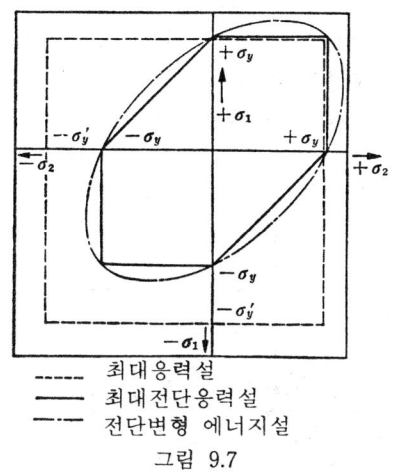

----- 최대응력설
———— 최대전단응력설
—·—·— 전단변형 에너지설

그림 9.7

최대 전단응력설과 전단변형 에너지설에서는 단순인장과 압축에서의 항복응력은 그림 9.7에 나타낸 바와 같이 같다고 가정하고 있다. 이 가정은 많은 **연성재료**(ductile materials)에 대해서는 대단히 근사하지만 다른 몇 가지의 재료에 대해서는 인장에서의 항복강도와 압축에서의 항복강도 사이에 상당한 차이가 있다. 취성재료에는 특히 그 차이가 크다. 항복강도에서의 이 차이에 대한 학설은 최대응력설, 내부마찰설 및 몰의 학설이 있다. 연성재료에 대하여 2축 응력을 가한 실험을 하면 전단변형 에너지설이 실제와 가깝고 최대 전단응력설은 안전측에 있으며, 최대 응력설에서는 반대부호의 2축 응력을 받은 경우는 안전하지 않다.

파괴에 관한 학설로서는 상기의 것 외에 암석과 같은 취성재료에 관하여 GRIFFITH의 이론이 주목되고 있다.

9.2 그리피스의 이론(GRIFFITH Theory)

암석의 인장강도는 압축강도에 비하면 대단히 약하다. 이와 같이 인장강도와 압축강도의 차이가 현저한 재료는 **취성재료**(brittle materials)라 하는데, 이와 같은 재료의 파괴에 관하여 GRIFFITH는 다음과 같은 이론을 전개하였다.

그리피스는 고체의 이론적 파괴강도와 암석 기타 취성재료의 파괴강도 사이에는 10.

6.2에 기술한 바와 같이 큰 차이가 있음[4]을 지적하고 이 차이는 고체 내에 존재하는 미소결함에 기인한다고 하였다. 그는 이 소결함(cracks)의 형을 타원형 공극이라고 가정하고 파괴시에 탄원형 주변에 야기되는 응력을 탄성이론을 적용하여 계산하였다[5,6].

그리피스는 파괴는 취성재료 내에 존재하는 미소크래크한 곳으로부터 발생한다고 생각한다. 미소크래크가 존재하는 물체가 응력을 받으면 크래크의 선단부 혹은 그 부근에 인장응력이 발생하고, 그 인장응력이 재료 고유의 점착력을 넘을 때에 균열이 발생하여 그것이 점차로 확대되어 간다고 한다. 실제 크래크는 여러 가지 형상을 하고 있겠지만, 그리피스는 크래크를 대단히 편평한 타원으로 간주해서 2차원 탄성론을 적용하고 그 타원 주변에 야기되는 응력을 계산하였다.

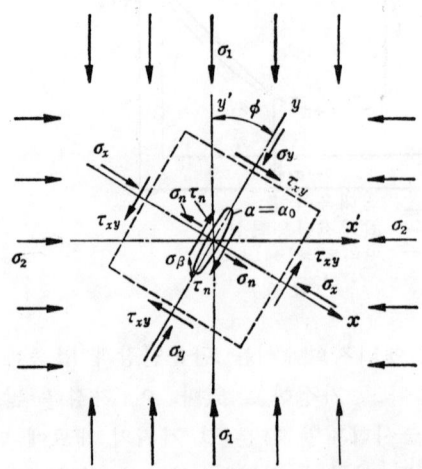

그림 9.8 주응력 σ_1의 방향과 각도 ϕ에서 교차되는 미소크래크 주변상에 작용하는 응력

GRIFFITH의 이론을 설명하면 다음과 같다[7,8]. 그림 9.8에서는 $\alpha = \alpha_0$를 타원구멍, σ_1, σ_2 ($\sigma_1 > \sigma_2$)를 타원구멍에 작용하는 주응력으로 한다. 타원구멍에 관하여 직교 좌표 xy를 생각하면 이 좌표에 관한 응력 σ_x, τ_{xy}와 주응력 σ_1, σ_2의 관계는 알려진 바와 같이

$$2\sigma_x = (\sigma_1 + \sigma_2) - (\sigma_1 - \sigma_2) \cos 2\phi$$

$$2\tau_{xy} = (\sigma_1 - \sigma_2) \sin 2\phi$$

이다. 응력 σ_y는 크래크(타원구멍)의 주축에 평행하므로 선단부근에 야기되는 응력에 대해서는 거의 영향을 미치지 않으므로 이것을 무시하기로 한다. 그러면 응력 σ_x 및 τ_{xy}에 의해 타원구멍의 주변에 야기되는 접선응력 σ_β는 다음 식으로 나타낸다.

$$\sigma_\beta = \frac{\sigma_x(\sinh 2\alpha_0 + e^{2\alpha_0} \cdot \cos 2\beta - 1) + 2\tau_{xy} \cdot e^{2\alpha_0} \cdot \sin 2\beta}{\cosh 2\alpha_0 - \cos 2\beta} \qquad (9.19)[9]$$

이로부터 인장 및 압축의 최대 주변응력은 β가 작을때 즉 크래크 선단 근처에 생기

9.2 그리피스이론

는 것을 알 수 있다. a_0의 값도 편평한 타원의 경우는 작으므로 식(9.19)를 간단하게 해서 2차이상의 고차항을 생략하면 크래크선단 부근에서는

$$\sigma_B = 2[(\sigma_x a_0 + \tau_{xy}\beta)/(a_0^2 + \beta^2)] \tag{9.20}$$

가 된다. $\partial \sigma_B/\partial \beta = 0$로 두고, 크래크주변에서 최대 및 최소 응력을 발생시키는 위치 β를 구하여 이 값을 식(9.20)에 대입해서 크래크주변에서 최대 및 최소 응력을 구하면

$$\sigma_B a_0 = \sigma_x \pm (\sigma_x^2 + \tau_{xy}^2)^{1/2} \tag{9.21}$$

가 된다. 식(9.21)을 σ_1, σ_2로 나타내면

$$\sigma_B a_0 = \frac{1}{2}[(\sigma_1 + \sigma_2) - (\sigma_1 - \sigma_2)\cos 2\phi]$$

$$\pm \left\{\frac{1}{2}[(\sigma_1^2 + \sigma_2^2) - (\sigma_1^2 - \sigma_2^2)\cos 2\phi]\right\}^{1/2} \tag{9.22}$$

또 $\partial \sigma_B/\partial \phi = 0$라 하고, 최대 및 최소 응력이 생기는 위치 ϕ_c를 구하면

$$\cos 2\phi_c = \frac{\sigma_1 - \sigma_2}{2(\sigma_1 + \sigma_2)} = \frac{1 - \kappa}{2(1 + \kappa)} \tag{9.23}$$

단, 여기서 $\kappa = \sigma_2/\sigma_1$이다. 그런데 $\cos 2\phi_c \leq 1$ 이므로 윗 식은 $(\sigma_1 - \sigma_2)/[2(\sigma_1 + \sigma_2)] \leq 1$ 즉 $\sigma_2/\sigma_1 \geq -1/3$에 대해서만 성립한다.

바꿔 말하면 $\kappa \geq -0.33$의 조건에서 ϕ_c (critical angle)에서의 최대, 최소 응력은 식(9.22)의 ϕ를 식(9.23)의 ϕ_c로 치환하면 구해진다. 식(9.23)에서 ϕ_c는 **파괴(균열)발생각** (critical angle of fracture)이라 부른다. 지금 "균열(파괴)은 크래크첨단 혹은 그 부근에 생긴 인장응력에 의해 발생한다"고 생각하면 이 대입에 의하여 주어진 최소 응력(부의 값)만 고려하면 된다.

따라서 그 σ_B의 값을 σ_0라 바꿔 쓰면

$$\sigma_0 \cdot a_0 = \frac{-(\sigma_1 - \sigma_2)^2}{4(\sigma_1 + \sigma_2)} \tag{9.24}$$

가 된다. 다만 여기에서

$\sigma_0 = (\sigma_B)_{min} \cdots\cdots$(재료의 분자결합력)이며,

a_0: 크래크형상(crack geometry)

이다.

만일 취성재료의 파괴가 재료의 분자결합력과 같은 인장응력에 의해 발생한다고 가정하면 식(9.24)는 $\kappa \geq -0.33$의 조건하에서 취성재료의 **파괴발생조건식(파괴발생기준)**(fracture initiation criterion)을 나타내고 있다고 생각할 수 있다[10].

윗 식의 σ_0나 a_0는 직접적으로는 물리적 측정에 의하여 결정할 수 없다. 그러나 이러한 積은 실험실에서 구할 수 있으며 1축 인장강도 (σ_t)의 항으로 나타낼 수 있다.

그림 9.9에서 1축 인장은 $\sigma_1 = 0$, $\sigma_2 < 0$, 따라서 $\sigma_2/\sigma_1 = -\infty$, 그래서 식(9.22)의 σ_B는 $\sigma_1 = 0$이므로

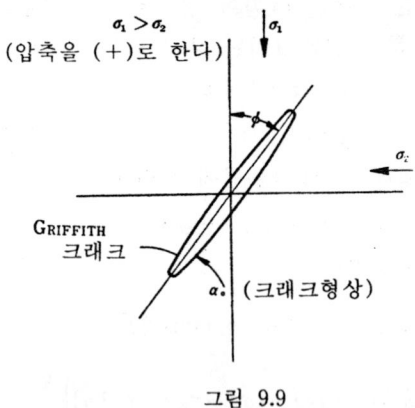

그림 9.9

$$\sigma_3 \cdot \alpha_0 = \sigma_2 \left\{ \frac{1}{2}(1+\cos 2\phi) \pm \left[\frac{1}{2}(1+\cos 2\phi) \right]^{1/2} \right\} \qquad (9.25)$$

가 된다. 크랙 첨단의 최대 인장응력은 식(9.25) 우변의 { } 내가 최대일 때 생긴다. 이것은 $\cos 2\phi = 1$ 즉 $\phi = 0$일 때이므로

$$\sigma_0 \cdot \alpha_0 = 2\sigma_2 \qquad (9.26)$$

이 된다. 따라서 식(9.26)은 재료의 분자결합력 (σ_0)와 크랙형상(α_0)의, 항으로 1차 인장응력 조건하에서의 파괴발생(균열발생) 한계치를 정의하게 된다.

그런데 실험실 시료로 측정한 재료의 1축 인장강도를 σ_t 로 하면 $\sigma_2 = \sigma_t$ 이므로 식(9.26)은

$$\sigma_0 \cdot \alpha_0 = 2\sigma_t \qquad (9.27)$$

로 바꿔 쓸 수 있다. 따라서 식(9.24)의 균열발생 조건은 다음 식으로 나타낼 수 있다.

$$\frac{(\sigma_1-\sigma_2)^2}{(\sigma_1+\sigma_2)^2} = -8\sigma_t \qquad (9.28)$$

단 (9.28)도 $\kappa = \sigma_2/\sigma_1 \geq -1/3$ 범위에서만 성립한다.

그런데 다음에 $\kappa = \sigma_2/\sigma_1$일 때는 최소 주응력 ($\sigma_2$)은 인장이니까 이 응력이 재료의 일축인장강도 (σ_t)에 도달했을 때, 즉 $\sigma_2 = \sigma_t$일 때 균열이 발생한다.

일축 압축의 경우에는 식(9.28)에서 $\sigma_2 = 0$라 하면 그 균열발생 조건은

$$\sigma_1 = -8\sigma_t \qquad (9.29)$$

가 된다. 이것은 1축 압축강도 σ_1은 인장강도 (σ_t)의 8배가 되는 것을 나타내고 있다.

상기의 그리피스 이론은 크랙(타원)이 열려 있는 경우는 의문이 생기지 않지만, 대단히 편평한 크랙일 경우에는 압축응력을 받은 크랙는 닫혀 있을 것으로 생각되며, 이 점에 관해서는 고려하지 않은 이론이라 할 수 있다. 즉 그리피스 이론은 인장응력을 받을 경우 혹은 크랙가 열려 있을 경우(open crack의 경우)에만 타당하다고 생각된다.

상기한 바와 같이 그리피스 이론에 의하면 σ_1 및 σ_2를 균열 발생시의 최대 및 최소 응력이라 하면 $(\sigma_1 > \sigma_2)$, $\sigma_2/\sigma_1 \geqq -0.33$의 조건하에서는

$$\cos 2\phi_c = \frac{\sigma_1 - \sigma_2}{2(\sigma_1 + \sigma_2)} \tag{9.23}$$

$$\frac{(\sigma_1 - \sigma_2)^2}{(\sigma_1 + \sigma_2)} = -8\sigma_t \tag{9.28}$$

가 성립하므로 실험*을 함으로써 윗 식에서 σ_t 및 ϕ_c를 산출할 수 있게 된다.

MURRELL의 3축 압축시험에 의하면 석탄에 대해서는 $\sigma_t = 30 \sim 85.6 \text{kg/cm}^2$, $\phi_c = 33° \sim 36.5°$를 나타냈다.

9.3 Mohr의 학설과 그리피스 이론의 관계

그림 9.10은 Mohr의 주응력원을 나타내고 있는데 그림의 σ_n을 σ로 바꿔 쓰면 Mohr의 주응력원은 다음 식으로 나타난다.

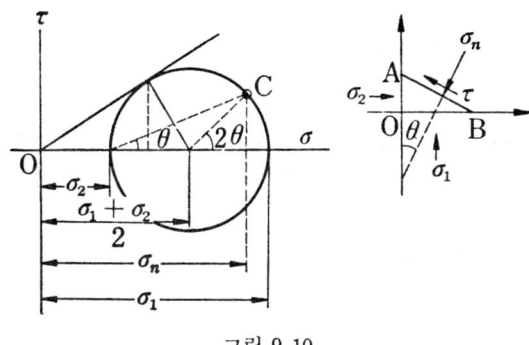

그림 9.10

$$\left.\begin{array}{c}(\sigma - S)^2 + \tau^2 = r^2 \\ \text{단} \quad S = \frac{\sigma_1 + \sigma_2}{2}, \quad r = \frac{\sigma_1 - \sigma_2}{2}\end{array}\right\} \tag{9.30}$$

그리피스 이론에 의하면 $\sigma_1 > \sigma_2$일 경우 파괴 발생 시기에서 주응력 사이의 관계는 $\kappa \geqq -1/3$, $(\sigma_2/\sigma_1 = \kappa)$일 경우에는 식(9.28)로 나타나므로, 식(9.30)의 기호를 이용해서 쓰면

$$r^2 + 4\sigma_t S = 0 \tag{9.31}$$

이 된다. 식(9.30)과 식(9.31)에서 r^2을 소거하면

$$(\sigma - S)^2 + \tau^2 = -4\sigma_t S \tag{9.32}$$

식(9.23)을 S에 관하여 편미분하면

$$\sigma - S = 2\sigma_t \tag{9.33}$$

식(9.32)와 식(9.33)으로부터 S를 소거하면

$$\left. \begin{array}{r} \tau^2 + 4\sigma_t \cdot \sigma = 4\sigma_t^2 \\ \text{혹은} \quad \tau^2 = 4\sigma_t(\sigma_t - \sigma) \\ \text{가 되며, } \sigma_t \text{를 } K \text{로 치환하면} \\ \tau^2 + 4K\sigma = 4K^2 \end{array} \right\} \quad (9.34)$$

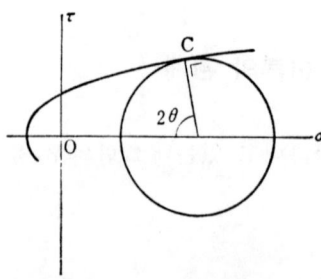

그림 9.11 Mohr의 포락선

가 된다. 이것은 $\tau - \sigma$선도로 포물선을 이루며, Mohr의 포락선이 바로 이것이다.

그런데 다음에 식(9.34)에서 유도되는 파손각 (θ)가 그리피스의 식으로 정의된 파괴각 (ϕ_c)와 동일한가 아닌가 검토하여 보자.

그림 9.11의 임의점 C에서의 포락선의 구배는 다음 식으로 나타난다.

$$\frac{d\tau}{d\sigma} = -\cot 2\theta \quad (9.35)$$

이 그림에서 θ는 Mohr의 학설에서는 파괴각이라 한다. 그런데 식(9.34)에서

$$\frac{d\tau}{d\sigma} = -\frac{2K}{\tau} \quad (9.36)$$

식(9.35)와 식(9.36)으로부터 $\cos 2\theta = 2K/\tau$이다. 그런데 $\cos \alpha = \cot \alpha / \sqrt{1 + \cot^2 \alpha}$인 관계가 있으므로

$$\cos^2 2\theta = \frac{4K^2}{\tau^2 + K^2} \quad (9.37)$$

이 얻어진다.

식(9.32)와 식(9.34)로부터 σ를 소거하면

$$\tau^2 = -4K^2 - 4KS \quad (9.38)$$

식(9.31), (9.37) 및 (9.38)로부터

$$\cos^2 2\theta = \frac{r^2}{4S^2} \quad (9.39)$$

가 된다. 따라서

$$\cos 2\theta = \pm \frac{1}{2}\left(\frac{\sigma_1-\sigma_2}{\sigma_1+\sigma_2}\right) \tag{9.40}$$

이 얻어진다. $\sigma_1 > \sigma_2$이고, 또 $\sigma_2/\sigma_1 \geq -1/3$의 범위에서 식(9.40)의 正値를 취하면, 윗 식은 그리피스의 식(9.23)과 동일하다. 따라서 $\theta = \phi c$이다.

$\sigma_2/\sigma_1 \leq -1/3$인 경우에 그리피스의 관계식은

$$\sigma_1 = K \tag{9.41}$$

또
$$\theta = 0 \tag{9.42}$$

가 된다. 식(9.34)부터 포락선의 임의점에서의 곡률반경은

$$\rho = \frac{(\tau^2 + 4K^2)^{3/2}}{4K^2} \tag{9.43}$$

이 된다. 그러므로 포락선의 頂点($\tau=0$, $\sigma=K$)에서의 곡률반경의 크기는 $2K$이며, 그 응력원 $\sigma_1 = K$ 및 $\sigma_2 = -3K$는 포락선의 頂点에서의 곡률반경의 원이다. $\sigma_1 = K$ 및 $\sigma_2 > -3K$의 모든 응력원은 정점에서의 곡률원의 내에 있으며, 또 일련의 원의 포락선이 궤적이다.

그리피스의 식(9.28)에서 σ_2를 σ_1의 항으로 나타내면

$$\sigma_2 = -4K + \sigma_1 - 4\sqrt{K^2 - K\sigma_1} \tag{9.44}$$

라고 쓸 수 있다. 이 식에서 $\sigma_1 = K$일 때(포락선의 정점에 상당한다) 이외는 $\sigma_2/\sigma_1 < -1/3$임을 알 수 있다. $\sigma_2/\sigma_1 \geq -1/3$에서의 파괴 응력원은 $\sigma_1 = K$일 때 또는 $\sigma_2 \geq -3K$일 때 파괴 응력원도 된다. 그리고 그러한 것들은 포락선의 정점($\tau=0$, $\sigma=K$)에서 접하므로 Mohr의 학설에 의하면 파괴각은 0이며, 그리피스의 식(9.42)와 일치한다.

9.4 폐쇄 크래크에 관한 파괴발생기준(그리피스 수정이론)

먼저 기술한 바와 같이 그리피스 이론은 크래크 내면이 서로 접촉할 때는 당연히 마찰력이 생기는데, 이 마찰력에 대해서는 전혀 고려하지 않고 있다. 요컨대 그리피스 이론은 인장응력 하에서는 타당성이 인정되지만 압축 하에서의 암석의 파괴를 고려할 경우에는 그리피스 이론은 타당하지 않음을 알 수 있다. McClintock 및 Walsh[12]는 압축할 때에 크래크 폐쇄라는 현상을 고려하여 그리피스 이론의 수정을 제안하였다. 따라서 다음에 기술하는 일련의 풀이는 **그리피스 수정이론**(Griffith modified theory)이라고도 부른다.

그들은 압축응력 조건하에서는 크래크면은 크래크 전장에 걸쳐서 균일하게 접촉하고, 이 접촉때문에 생기는 마찰전단 저항이 크래크 전파를 방해하고 있다고 가정하였다. 폐쇄 크래크에 작용하는 응력을 그림 9.8에 표시하였다(이 그림에서 크래크가 닫힌 상태를 고려한다). 상기의 가정에서 크래크의 폐쇄를 일으키는데 요하는 수직응력 σx는 영으로 한다.

주응력 σ_1의 방향에 대해 角 ϕ에 위치하고 있는 폐쇄크래크주변에 생기는 최대 인장 응력을 다음 식으로 나타낼 수 있다[7].

$$\sigma_B \cdot a_0 = -\frac{1}{2}\{(\sigma_1-\sigma_2)\sin 2\phi - \mu[(\sigma_1+\sigma_2)-(\sigma_1-\sigma_2)\cos 2\phi]\} \quad (9.45)$$

여기서 μ는 크래크면 사이의 마찰계수이다. σ_B가 최대 인장응력이 되는 ϕ의 각도, 즉 **크 래크발생각도**(critical crack orientation)는 $\partial\sigma_B/\partial\phi=0$으로 둠으로써 구해지고, 그 결과는

$$\tan 2\phi_c = 1/\mu \quad (9.46)$$

이 된다. 크래크발생각도를 이루는 크래크주변의 최대 인장응력은 식(9.45)의 ϕ에 식(9.46)의 ϕ_c를 대입함으로써 구해진다. 즉 그 값은

$$\sigma_B \cdot a_0 = -\frac{1}{2}\left\{\frac{(\sigma_1-\sigma_2)}{\sqrt{\mu^2+1}} - \mu\left[(\sigma_1+\sigma_2) - \frac{\mu(\sigma_1-\sigma_2)}{\sqrt{\mu^2+1}}\right]\right\} \quad (9.47)$$

파괴(균열) 발생기준(fracture initiation criterion) 즉 식(9.47)의 $\sigma_B \cdot a_0$는 그리피스의 식(9.27), 즉 $\sigma_0 \cdot a_0 = 2\sigma_t$ 식의 좌변과 같은 의미이므로 $\sigma_B \cdot a_0 = 2\sigma_t$라 하면 식(9.47)은 다음 식으로 주어진다.

$$\sigma_1 = \frac{-4\sigma_t}{\left(1-\frac{\sigma_2}{\sigma_1}\right)\sqrt{1+\mu^2} - \mu\left(1+\frac{\sigma_2}{\sigma_1}\right)} \quad (9.48)$$

윗 식은 σ_1 및 σ_2와 관계를 가진 수직응력 σ_x가 압축의 경우, 즉 $\sigma_x > 0$인 경우에만 성립한다.

취성재료에서는 1축 인장강도의 신뢰할 수 있는 측정을 하는 것은 곤란하므로 상기의 식을 1축 압축강도의 항으로 나타내는 방법이 편리하다.

처음에 폐쇄 크래크를 가진 취성재료의 1축 인장강도와 압축강도 사이의 관계식은 식(9.48)에 $\sigma_2=0$으로 하면 근사적으로 구해지고, 다음 식으로 주어진다.

$$\sigma_c = \frac{-4\sigma_t}{\sqrt{1+\mu^2} - \mu} \quad (9.49)$$

식(9.49)을 식(9.48)에 대입하면

$$\sigma_1 = \sigma_2 \frac{\sqrt{1+\mu^2}+\mu}{\sqrt{1+\mu^2}-\mu} + \sigma_c \quad (9.50)$$

식(9.46)과 식(9.50)은 크래크에 수직으로 작용하는 수직응력 σ_n이 압축일 경우에 의미를 갖는 식이다. σ_n이 압축이라는 것은,

$$\sigma_n = \frac{1}{2}[(\sigma_1+\sigma_2)-(\sigma_1-\sigma_2)\cos 2\phi] > 0 \quad (9.51)$$

이다. 또 σ_n이 인장일 때는 원래의 그리피스 이론이 적용된다.

그런데 그리피스 수정이론은 다음식 즉 Mohr의 포락선이 직선으로 나타날 경우의 식으로 나타낼 수 있는 것이다[13].

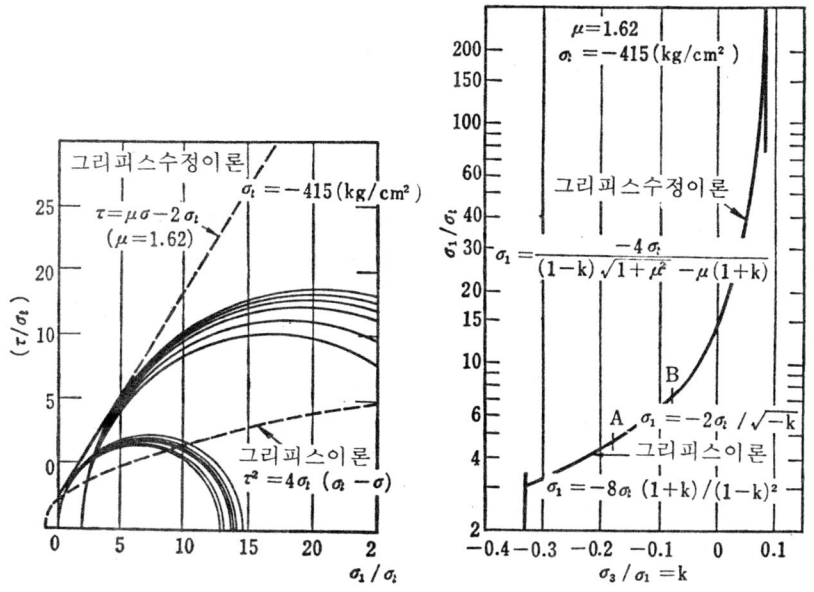

그림 9.12 Chert-dyke 岩石($\sigma_t = -415$ kg/cm²) Mohr원과 이론파괴 한계선

그림 9.13 $\mu = 1.62$, $\sigma_t = -415$ kg/cm²의 재료의 σ_2과 k($=\sigma_2/\sigma_1$) 사이의 관계

$$\tau = \mu\sigma - 2\sigma_t \tag{9.52}$$

E. Hoek는 암석시료를 3축적으로 가압해서 Mohr의응력원을 구한 결과[7], 그리피스 이론으로부터 구해지는 포락선 및 그 수정이론으로부터 구해지는 포락선과 응력원과의 관계는 그림 9.12에 나타낸 바와 같으며 또 그리피스 이론 식(9.28)과 그 수정이론 식(9.48)는 그림 9.13과 같은 관계에 있음을 지적하였다. 그림 9.12에 관해서는 다음에도 언급한다.

9.5 암석의 취성파괴와 술어의 정의

암석의 **취성파괴**(brittle fracture)에 관한 학설로서는 현재 Mohr의 학설과 그리피스의 학설이 특히 주목되고 있다. Mohr의 학설은 경험적 현상론적 학설인데, 그리피스 학설은 발생론적 학설이다. 그리피스의 설은 물체 내에는 미소한크래크혹은 결함(flaws)이 존재한다고 생각한다. 그리고 그것은 그 물체재료의 국부를 파손시킨 상태에 있는 것은 아닌데 파손상태가 될 가능성을 잠재하고 있다고 생각한다. 그리피스의 학설은 **국부파괴의 발생** 혹은 **균열의 발생**(fracture initiation)에 관한 학설이며, 암석 취성파괴 연구의 좋은 출발점이 되는 것이라 생각되고, 파괴 진행과정(fracture process) 이론의 하나의 근거로서 의의가 있다.

취성재료의 파괴 진행과정을 고찰해 나가는 경우, **균열발생**(fracture initiation)과 **균**

열(파괴)전파(fracture propagation)을 구별해서 생각해서는 안되는 점을 주의해야 한다. 그리피스 이론 혹은 그 수정이론은 균열발생에 관한 이론이지만 균열전개에 관해서는 전혀 고찰하지 않고 있다. 그리고 우리가 재료의 파괴에 관하여 고찰을 하려면 우선 술어의 정의를 명확하게 해둘 필요가 있음에 유의해야 한다. 그리고 다음에 문헌에 나타나는 원어와 의의[15], 주의를 환기해 두고 싶다.

파손(failure): 재료가 어떤 상태에서 다른 상태로 변화하는 진행과정이며, **항복**(yield), **강도 파손**(strength failure), **파괴(균열, 국부파괴)**(fracture) 및 **파단**(rupture)은 각각 파손의 중요한 상태이다.

항복(yield): 이것은 재료가 탄성에서 소성 상태로 변하는 파손과정이다.

강도파손(strength failure): 재료의 부하용량(load-bearing capacity)이 일정하거나 변형이 증가하는데 따라서 부하용량이 증가되는 상태에서 부하용량이 감소하거나 혹은 소실하는 상태를 말한다.

균열, 파괴, 국부파괴(fracture): 크래크의 형으로 새로운 표면이 재료 내에 생기거나 혹은 실재하는 크래크의 표면이 확대되는 파손 과정.

크래크발생(crack initiation): 이것은 PONCELET 개념에 의한 것인데 이제까지 재료 내에는 크래크가 없었는데 하나 혹은 그 이상의 크래크가 새로 발생하는 파손 과정이다.

균열발생, 파괴발생(국부적 파괴발생)(fracture initiation): 이것은 그리피스의 개념에 의한 것이며, 재료 내에 이미 존재하고 있는 하나 혹은 그 이상의 크래크가 확대되기 시작하는 파손 과정이다.

균열전파, 파괴전파(fracture propagation): 재료 내의 크래크가 확대되어 가는 파손 과정이며, 균열발생에 뒤이어 일어나게 되는 과정이다. 균열전파에는 두 가지 형이 있다. 하나는 안정적인 것, 다른 하나는 불안정적인 것이다.

안정적인 균열전파(stable fracture propagation): 크래크의 확대가 부하의 함수이며 부하에 의해 제어할 수 있는 균열전파의 파손 진행과정이다.

불안정적인 균열전파(unstable fracture propagation): 크래크의 확대가 부하 이외의 요소에 의해 생기므로 외부적으로 제어할 수 없는 균열전파의 파손 과정이다.

파단(rupture): 구조물이라든지 시료라든지 어떤 물체가 둘 혹은 그 이상의 부분으로 분리하는 파손 과정을 말한다.

취성파괴(brittle fracture): 영구변형(소성변형)이 나타나지 않거나 혹은 거의 나타나지 않는 파손을 말한다. 이와 대칭적인 술어로 **연성파괴**(ductile fracture)가 있다. 취성파괴라는 말에는 파괴까지는 탄성적으로(그러나 반드시 선형이 아니어도 좋다) **擧動**하는 것을 포함하고 있다. 취성파괴는 강재(연성재료)에 연성 파괴는 암석(취성재료)에도 생길 수 있으므로 **취성**(brittle)이라든지 **연성**(ductile)이라는 것은 **파괴**(fracture)의 상태를 말하는 것이며 재료를 말하는 것은 아니라고 이해해야 한다.

파괴전파와 강도파손은 파괴발생과 구별되어야 한다. 그 이유는 파괴 발생은 반드시 구조물이며 재료를 필요로 하지 않는 것과, 필요한 것이지만 강도파손은 그것을 필요치 않게 해버리며 파괴전파는 재료의 상태를 상당히 변화시키는 원인이 된다. 또 강도파손은 통상 파괴 발생보다 한층 더 높은 응력을 받은 상태에서 생기는 것이다.

9.6 파괴의 발생(Fracture Initiation)

GRIFFITH의 가설은 파괴 발생에 대하여 탄성론적으로 이해되는 기준을 제시하고 있다고 생각해도 좋을 듯하다. 그런데 이 가설이 다시 강도파손의 조건이 될 수 있는가 아닌가라는 문제가 생긴다. 어떤 특정 조건하에서는 파괴발생과 강도파손이 거의 동시에 일어난다. 이와 같은 경우에는 그 조건은 실제상 목적으로서는 재료의 강도파손이 된다고 생각해도 좋다. 그러나 많은 재료는 어떤 조건하의 암석은 파괴 전파과정이 명료하게 나타나며, 재료의 강도파손은 파괴발생 기준으로부터는 예측할 수 없다.

이와 같은 관점에서 의심할 여지도 없이 압축조건하의 필요한 응력은 강도파손을 일으키는 응력과는 다른 점이 특히 중요하다. 압축에서는 파괴전파의 평형이 어떤 응력 조건하에서 생기는 것인데 따라서 파괴 발생기준에 의하여 암석의 압축강도를 예지하거나 혹은 그것을 기대할 수는 없다.

9.6.1 파괴발생의 응력적 고찰

그리피스의 재료가 응력을 받으면 재료 내에 존재하고 있는 미소크랙 혹은 **결함**(flaws, GRIFFITH crack)의 첨단에 큰 인장응력 집중을 일으킨다고 생각하고 그는 크랙을 편평한 원형이라고 가정하여 크랙첨단에 생기는 인장응력과 가해진 응력 사이의 관계식을 유도하였다. 그리고 그 인장응력이 특정 극한치에 달하면 그 크랙이 확대되기 시작한다(파괴발생)고 가정하였다(이 극한치에 대해서는 OROWAN[16]이 재료의 분자 결합력을 나타내고 있다고 제창하였다).

이 결합력은 직접적으로 물리측정으로 구하는 것은 곤란하므로 크랙 첨단인장응력의 극한치는 가해진 응력과크랙첨단에서의 인장응력 사이의 관계를 써서, 1축 인장의 경우에 가해진 응력의 균열발생의 단계에서 가해진 주응력 성분과 재료의 1축 인장강도의 관계식 (9.28)을 구하였다(엄밀히 말하면, 상기의 표현은 정확하지 않다. 왜냐하면 1축 인장강도는 강도파손에 관한 것이며 1축 인장의 균열발생에 관한 것은 아니기 때문이다. 그러나 인장의 경우는 이 양자의 응력의 크기는 서로 가까운 값을 가지며 그 사이의 오차는 작고, 이 개념은 실제적 목적으로는 인정할 수 있는 것이다).

그리피스의 가설은 개방크랙(open crack)에 관한 가설이며 압축응력을 받는 재료에서는 MCCLINTOCK 및 WALSH에 의해 제안된 그리피스 수정이론이 적용된다. 즉 그들은 크랙면사이의 내부마찰계수를 도입하여 수정이론을 도출하였다(내부마찰 계수는 토질역학에 쓰이는 술어와는 다른 의미의 것이다). 즉 재료의 1축 인장강도(σ_t) 와 크래크면 사이의 내부마찰계수의 양을 포함하는 식(9.48) 혹은 1축 압축강도 (σ_c)와 μ의 양을 포함하는 식(9.50)이 그것이다. 최근의 연구에 의하면 그리피스 이론 및 그 수정이론은 각각 인장 및 압축에서 취성파괴 발생을 예지하는데 만족스럽게 적용되는 것을 알 수 있다.

그런데 **내부크래크마찰계수**(internal crack friction coefficient)는 어떻게 결정되는 것일까? 그래서 일련의 다축응력 상태의 시험을 하고 주응력 성분을 기록해서 이 데이타로 파괴 발생시의 Mohr원을 그린다. 그러면 파괴 발생시의 Mohr포락선은 이들 일련의 원에 접할 것이다. 이 일련의 시험에서 실험적으로 발견되는 포락선과 거의 일치하는 하나의 포락선을 만드는 마찰계수는 재료의 내부 크래크 마찰계수로 채택할 수 있겠다. 그림 9.12는 이 목적으로 즉, 내부 크래크 마찰계수 (μ)를 구하기 위해서 그려진 관계도이다. 상기한 이와 같은 균열발생 기준은 재료 내부의 크래크 주위의 응력 입장에서 고찰을 한 것이다. 그런데 한편 균열발생 기준은 에너지 평형의 입장에서 고찰을 할 수도 있다.

9.6.2 고체의 이론적 결합력과 실제 표면에너지

파괴란 재료가 두 가지 이상으로 분리되는 현상이다. 미시적으로 생각하면 파괴는 원자간 결합이 파괴면에서 파단되어 새로운 면이 만들어질때 파괴가 일어났다고 한다. 파괴는 원자 레벨에서는 격자간 거리 (10^{-8}cm)의 오더 영역에서 일어나며 미시적 레벨에서는 결정입자의 크기 (약 10^{-3}cm)의 오더 영역에서 일어난다. 그림 9.14로 설명하면 재료의 파괴강도는 원자 A와 A' 사이에 작용하는 원자결합의 강도에 의존한다. a_0를 응력이 없을 경우에 원자면 사이의 평형거리라 한다. 원자 사이의 간격을 $a(>a_0)$만 떼어놓기 위하여 필요한 응력 σ는 이론적 강도 σ_c(그림 9.15)에 도달하기까지 증가하는데, 그래서 결합이 파단된다고 생각한다. 이 응력 변위곡선을 파장 λ를 가진 정현곡선으로 근사하면

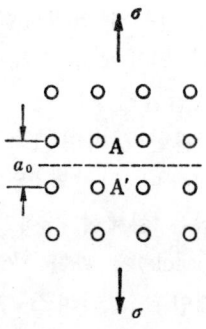

그림 9.14 原子레벨로 본 인장파괴

$$\sigma = \sigma_c \sin \frac{2\pi x}{\lambda} \tag{9.53}$$

로 표현되며, 여기서 $x=a-a_0$는 평형 위치에서의 변위이다. 변위는 작으므로 $\sin x \doteqdot x$ 로 하면

$$\sigma = \sigma_c \frac{2\pi x}{\lambda}$$

이 미소변위가 후크의 법칙에 따른다고 가정하면

$$\sigma = E \cdot \varepsilon = \frac{Ex}{a_0}$$

따라서

$$\sigma_c = \frac{\lambda}{2\pi} \cdot \frac{E}{a_0} \tag{9.54}$$

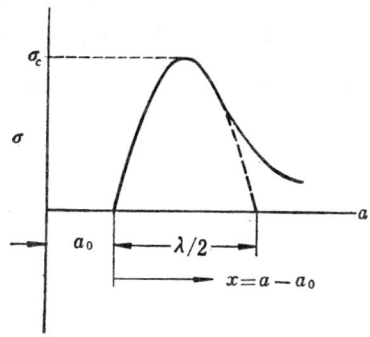

그림 9.15　原子間間隔을 $a(>a_0)$만 떼놓기 위해 필요한 인장력

가 되고, 이론적 강도 즉 이론적 결합력 (σ_c)을 수식으로 표현할 수 있다. 다음에 **실제 표면에너지**(true surface energy) γ (원자결합의 파괴에 의하여 새로운 표면적이 형성되는데 필요한 일)라는 양이 정의되고 있다. 이것은 결합이 끊어질 때에 새로운 표면이 두 개 만들어지므로 그림 9.15에서 γ는 응력 변위곡선하의 면적의 1/2이다.

$$\gamma = \frac{1}{2} \int_0^{\lambda/2} \sigma_c \sin\left(\frac{2\pi x}{\lambda}\right) dx = \frac{\lambda \sigma_c}{2\pi} \tag{9.55}$$

식 (9.54)를 대입하면

$$\sigma_c = \sqrt{\frac{E\gamma}{a_0}} \tag{9.56}$$

이 된다.

만일 $E = 10^{12}$ dyne/cm² (10^6 kg/cm²), $a_0 = 3 \times 10^{-8}$ cm, $\gamma = 10^3$ erg/cm² (10^{-3} kg-cm/cm²)의 값을 취하면 $\sigma_c = 1.73 \times 10^{11}$ dyne/cm² $= 1.4 \times 10^5$ kg/cm² $\doteqdot E/7$이 된다. 다른 방법으로도 이론적 강도가 구해지고 있으며 σ_c의 값으로서는 $E/4 \sim E/13$가 주어지고 있고, 일반적으로는 다음 식에 의해 많은 무기재료의 이론적 강도와 표면에너지 표준을 구할 수 있다.

$$\left.\begin{array}{l}\sigma_c = \dfrac{E}{10} \\ \gamma = \dfrac{Ea_0}{20}\end{array}\right\} \quad (9.57)$$

금속의 이론강도는 대개 70,000~200,000kg/cm²의 범위에 있는데 그 공업제품은 이들 값의 1/10~1/100의 부하응력으로 파괴되며 이론적 강도는 좀처럼 얻을 수 없다. 이 차이에 대해서는 첫째로 재료 속에 균열, 절결과 같은 **응력집중원**이 존재할 경우, 그리고 이러한 것들이 균열선단에서 부하응력을 이론적 강도까지 상승시키기 때문이라고 생각할 수 있다.

9.6.3 파괴발생의 에너지적 고찰

물체에 하중을 가함으로써 그 물체에 주어지는 에너지 W는 그 물체에 저장되는 **탄성변형에너지**(elastic strain energy) W_e 와 기존크래크의자유면에 존재하는 **표면에너지** (surface energy) W_s로 평형을 유지하고 있다고 생각하면 된다. 따라서

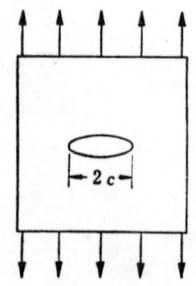

그림 9.16 크래크(길이 $2c$)을 가진 평판에 작용하는 응력

$$W = W_e + W_s \quad (9.58)$$

이다. 만일 하중이 증가하면 가해진 에너지 W의 증분 dW는 (1) 변형에너지 W_e 의 증분 (dW_e)와 평형을 이루거나, 또는 (2) 크래크표면에너지 W_s 의 증분 (dW_s) 와 평형을 이루거나, 또는 (3) 일부분은 증분 dW_e와 일부분은 증분 dW_s에 평형을 이루든가 어느 한가지로 평형을 이룰 것이다.

첫번째의 경우 $(dW = dW_e, dW_s = 0)$에는 크래크는 확대되지 않는다. 두번째의 경우 $(dW_s \neq 0)$에는 그 크래크 표면에너지는, 만일 크래크가 확대된다면, 즉 만일 기존 크래크의 길이 $(2c)$의 1/2, 즉 c는 $(c+dc)$까지 확대된다. 따라서 에너지 증가의 평형으로부터

$$\dfrac{dW}{dc} = \dfrac{dW_e}{dc} + \dfrac{dW_s}{dc} \quad (9.59)$$

그런데

$$\dfrac{dW}{dc} = 2\dfrac{dW_e}{dc} \quad (9.60)$$

인 관계가 있으므로[17] 식(9.60)을 식(9.59)에 대입하면

$$\frac{dW_e}{dc} = \frac{dW_s}{dc} \tag{9.61}$$

가 성립한다.

그림 9.16과 같이 크랙가 있는 박판이 평면응력 상태하에 1축 인장응력을 받을 경우에 대해서는 판의 단위두께에 대하여 축적되는 탄성변형에너지(W_e)는 그리피스에 의해 계산되고 있으며[18] 다음 식으로 주어진다.

$$W_e = \pi c^2 \sigma^2 / E \tag{9.62}$$

또 판의 단위 두께당 크랙 표면의 에너지는

$$W_s = 2 \cdot 2c\gamma = 4c\gamma \tag{9.63}$$

이다. 여기서 σ: 가해진 1축 인장응력, E: 영률, γ: 크랙표면의 단위 길이당 표면에너지(specific surface energy)이다.

(9.62) 및 (9.63)의 두 식을 c에 관하여 미분하고, 그 결과를 식(9.61)에 대입하면

$$\sigma = \sqrt{2\gamma E / \pi c} = \sigma_{in} \tag{9.64}$$

이 얻어진다. 이 식은 실제로, 크랙가 확대되기 시작하는 조건, 즉 파괴발생을 위한 조건이다. 윗 식에서 주어지는 조건에 대하여

$$\sigma < [\sqrt{2\gamma E / \pi c} = \sigma_{in}]$$

의 범위에서는 크랙는 확대되지 않는다. 그리고 그것은 첫번째의 경우($dW_s = 0$)에 해당한다. 그리고

$$\sigma > [\sqrt{2\gamma E / \pi c} = \sigma_{in}]$$

의 범위에서는 파괴전파가 나타난다.

식(9.64)는 가해지는 응력이 기존 크랙(길이 $2c$), 표면에너지(specific surface energy) γ 및 재료의 탄성율 E에 관계된 부분의 극한치 σ_{in}에 달할 때에 파괴가 발생한다는 것이다.

9.7 파괴의 전파(Fracture Propagation)[15]

가해지는 응력이 식(9.64)로 주어지는 값에 도달하여 파괴(균열)가 발생하면 다음에 파괴(균열)전파의 단계가 된다. 그런데 경험에 의하면 이에는 안정적인 파괴전파와 불안정적인 파괴전파가 있음을 알 수 있다.

크랙의 반에 해당하는 길이 c와 가해지는 응력 σ 사이의 관계와 조건 $\sigma < \sigma_{in}$의 관계가 유지되는 한, 파괴전파는 안정적이다. 이 관계는 가해지는 응력이 증가할 경우만 타당하며 감소할 경우는 타당하지 않다. 바꿔말하면 이 과정은 비가역적이다. 왜냐하면 가해진 응력의 증분 $+\Delta\sigma$에 의해 생기는 증분 Δc의 계산은 되지만, 응력의 감소분 ($-\Delta\sigma$)에 의한 ($-\Delta c$)의 감소는 발생하지 않기 때문이다. 왜냐하면 크랙는 하중을 감

소시켜도 원형으로 복원할 수 없기 때문이다.

c와 σ사이의 특정한 관계가 존재하지 않게 되면 파괴전파는 불안정적이 된다. 즉 다른 양, 예를 들면 파괴 성장속도도 영향을 미치는데 그때 파괴전파는 이미 가해진 하중에 의해서는 제어할 수 없다. 그러나 안정적인 전파에서는 파괴(균열)의 성장은 하중의 증가를 없애면 정지시킬 수 있다. 이것은 불안정적인 파괴전파에서는 성립하지 않는다. 후자의 경우 파괴는 응력이 일정하게 유지되어도 제어할 수 없으며 전파되어 간다.

안정적인 파괴전파에서 불안정적인 파괴전파로 변하는 극한치(조건)이 존재하는가라는 의문이 생긴다. IRWIN[19,20]은 다음 식을 그와 같은 극한치로 하였다.

$$\sigma = \sqrt{GE/\pi c} \tag{9.65}$$

여기서 G: 크래크표면 단위면적당 방출된 에너지이다. 이 관계식은 파괴전파는 G로 표현되는 일정량의 에너지가 축적된 탄성에너지 W_e에서 방출되고, 다음 크래크표면 면적을 만들기 위하여 사용된다는 개념에 근거하고 있다. 이 G는 **균열진전력**(crack extention force)[4]이라 부른다.

그런데 그는 다음과 같이 가정하였다. 즉, 파괴전파는 크래크 단위 표면적당 방출에너지 G가 **극한치**(critical energy release rate) G_c에 도달했을 때 불안정이 된다. 그리고 그 극한치는 재료에 따라 특정한 값을 갖는다. 그래서 불안정 파괴전파의 조건으로는

$$\sigma \geq [\sqrt{G_c E/\pi c} = \sigma_u] \tag{9.66}$$

이 된다. 여기서 σ_u: 박판에 가해진 1축 응력의 값으로 파괴전파가 불안정이 될 때의 값이다. 또 재료의 G_c값은 불안정적인 파괴전파가 시작될때 가해진 응력 σ_u와 크래크 길이의 반인 c_u를 측정하여 식(9.66)을 사용하면 다음과 같이 결정할 수 있다.

$$G_c = \sigma_u^2 \cdot \pi c_u / E \tag{9.67}$$

G_c는 **인성**(toughness) 혹은 재료의 **균열저항력**(crack-resistance force)이라 부른다[4].

그런데 식(9.64)와 식(9.66)에서 $\sigma_{in} = \sigma_u$라 하면

$$G_c = 2\gamma \tag{9.68}$$

이라는 관계가 얻어진다.

표 9.2 재료의 G_c 값

材　　料	G_c (lb-in/in²)	G_e (kp-cm/cm²)	文　　獻
유　　　　리	0.08	0.0143	IRWIN[20]
콘 크 리 트	0.11	0.0197	KAPLAN[22]
硅　　　　岩	3.5	0.6283	BIENIAWSKI[23]
舶 用 鋼 材	80.0	14.3200	IRWIN[20]
回 転 子 用 鋼材	135.0	24.1650	WINNE and WUNDT[24]

표 9.2는 각종 재료에 대하여 구해진 G_c의 값을 나타낸다.

취성재료의 파괴에 관해서 조금 자세히 고찰 하였는데, 파괴 과정의 각 단계에서 성립한다고 생각되는 여러 가지 가설(조건)을 이용하여 암석의 파괴기구를 가압에서 파단에 이르기까지의 과정을 기술하여 보면 그림 9.17[25]와 같은 그림이 된다.

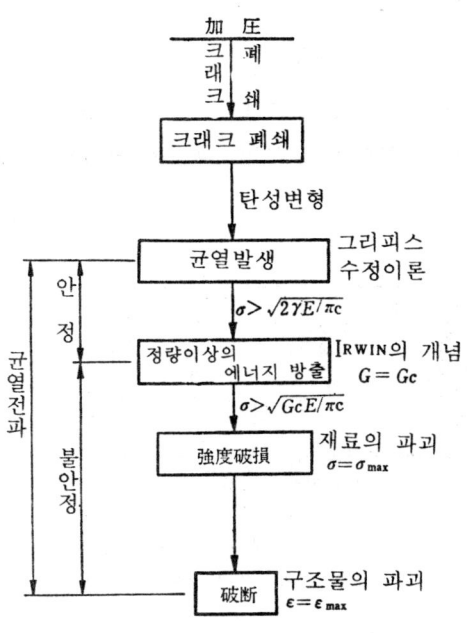

그림 9.17 암석의 취성파괴의 과정
(BIENIAWSKI의 함)

그런데 식(9.61)에 의한 그리피스 에너지 평형은 축적되어 있는 탄성에너지(W_e)와 크래크표면에너지(W_s)만을 고려하고 있다. 그러나 이외에 몇가지의 에너지 손실이 있을 것이다. 특히 운동에너지로 변환되어서 열로 변환된 탄성 변형에너지는 상당한 양이라는 점이 지적되고 있으므로 식(9.61)은 다음 식과 같이 바꿔 쓰는 방법이 비교적 정확하다.

$$\frac{dW_e}{dc} = \frac{dW_s}{dc} + \frac{dW_k}{dc} \tag{9.69}$$

여기서 W_k: 손실 운동에너지이다.

그런데 운동에너지는 MOTT[26]에 의해 그림 9.16에 나타낸 바와 같이 장축에 대하여 수직인 1축 인장응력을 받는 박판의 크래크에 대하여 다음 식과 같이 값이 구해졌다.

$$W_k = k\rho c^2 v^2 \sigma^2 / 2E^2 \tag{9.70}$$

여기서 k: 비례상수, ρ: 재료의 밀도, c: 크래크길이의 1/2, v: 크래크속도, σ: 가해진 응력, E: 재료의 영율이다. (9.70), (9.62) 및 (9.63)의 세 식을 c에 관하여 미분하고,

식(9.69)에 대입해 v, **크래크 속도**(crack velocity)는 다음 식으로 표현된다.

$$v = 0.38E/\rho(1-c_0/c) \qquad (9.71)$$

여기서 c_0는 최초 크래크길이의 1/2, 즉 기존 그리피스 크래크 길이의 1/2이다. 식 (9.71)에서 크래크속도는 크래크길이 $2c$의 증가에 따라서 일정한 값에 가까워짐을 알 수 있다.

$$v_T = 0.38\sqrt{\frac{E}{\rho}} \qquad (9.72)$$

에서 v_T는 **한계속도**(terminal velocity)라 부른다.

식(9.72)에서 한계속도는 재료 특유의 값이며, 그것은 재료의 탄성종파 속도의 항으로 포함하는 것이 주목된다.

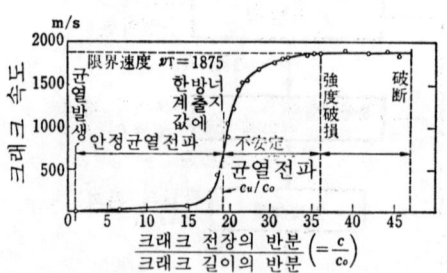

그림 9.18 노라이트 암석의 크래크 속도와 c/c_0의 관계(BIENIAWSKI에 의함)

그림 9.18은 BIENIAWSKI가 실시한 실험[25] 결과로 양단자유보의 직4각형 단면 암석시료의 중앙에 노치로 인공적인 크래크를 만들고 이 시료에 휨 응력을 가하고 노치에 균열을 발생시켜 균열의 전파속도를 고속카메라로 촬영해서 균열의 전파속도를 측정해 구한 관계이다. 이 관계에서 크래크 속도는 방출에너지 한계치까지는 비교적 저속으로 전파되지만 그 이상의 에너지가 방출되면 크래크 속도는 대단히 급속하게 그 한계속도에 다다름을 알 수 있다.

9.7 파괴전파

参　考　文　献

1) ASME Handbook, Metals Engineering Design, McGraw-Hill, 1953, p. 317.
2) 石橋　正: 金属의疲労와破壊　防止, 養賢堂, 1956, p. 87/106.
3) M. Nishihara, K. Tanaka and T. Muramatsu: Effect of Hydrostatic Pressure on Mechanical Behaviour of Materials, Proc. 7th Japan Congress on Testing Materials, 1964.
4) A. S. Tetelman and A. J. Mcevily: Fracture of Structural Materials, 宮本博訳: 構造材料의強度과破壊 1, 培風館,　1970 年7月, p. 42/44.
5) A.A. Griffith: The Phenomena of Rupture and Flow in Solids, Phil. Trans. Roy. Soc. London, Ser A. (1921) 221: 163-197.
6) A.A. Griffith: Theory of Rupture, Proc. of 1st Int. Congress for Applied Mech., Delft, 1924, Berlin: Springer, 1925, p. 55/63.
7) E. Hoek: Rock Fracture around Mining Excavation, Int. Conf. on Strata Control and Rock Mechanics, New York (May 1964).
8) 鈴木　光: 岩石力学研究의動向, 材料, 14 巻, 141 号　1965 年6月), p. 438/44.
9) S. Timoshenko and J. N. Goodier: Theory of Elasticity, McGraw-Hill, p. 197/206
10) E. Hoek and Z.T. Bieniawski: Brittle Fracture Propagation in Rock under Compression, Jour. of Fracture Mechanics, Vol. 1, p. 137/55, No. 3, Sept. 1965.
11) S.A.F. Murrell: The Strength of Coal under Triaxial Compression, Mech. Prop. of Non-Metallic Brittle Materials, edited by W.H. Walton, Butterworths Scientific Pub., London, 1958, p. 139.
12) F. A. McClintock and J. B. Walsh: Friction on Griffith Cracks in Rock under Pressure, Int. Congress on Applied Mechanics, Berkeley, 1962 (In press).
13) W. F. Brace: An Extension of the Griffith Theory of Fracture to Rocks, Jour. of Geophysical Research, Vol. 65, No. 10, Oct., 1960.
14) E. Hoek and Z. T. Bieniawski: Fracture propagation mechanism in hard rock, Proc 1st Congress on ISRM, (1967), 32.
15) Z.T. Bieniawski: Mechanism of Brittle Fracture of Rock, (R. MEG 580), Aug. 1967.
16) E. Orowan: Fracture and strength of solids., Rep. Prog. Phys., Vol. 12, 1949, p. 185/232.
17) A.F.H. Love: A Treatise on the mathematical theory of elasticity, 2nd ed., Kembridge Univ. Press., London, 1906.

18) A. A. GRIFFITH: The phenomena of rupture and flow in solids., Phil. Trans. R. Soc., Vol. A221, 1921, p. 163/98.
19) G.R. IRWIN: Onset of fast crack propagation in high strength sheet and aluminum alloys, U.S. Naval Research Laboratory Report, No. 4763, May 24, 1936.
20) G. R. IRWIN: Fracture mechanics., Structural Mechanics, ed. GOODIER and HOFF, Pregamon Press, New York, 1960, p. 557/92.
21) G.R. IRWIN: Encyclopedia of physics, Vol. VI, Springer, Heidelberg (1958).
22) M. F. KAPLAN: Crack propagation and fracture of concrete, J. Am. Conc. Inst., Vol. 58, No. 5, Nov. 1961, p. 591/610.
23) Z. T. BIENIAWSKI: Stable and unstable fracture propagation in rock., Rep. Coun. scient. ind. Res. S. Afr., MEG 493, Oct., 1966.
24) D. H. WINNE and B. M. WUNDT: Application of the Griffith-Irwin theory of crack propagation to the bursting behaviour of discs., Trans. Am. Soc. mech. Engrs., Vol. 80, 1958, p. 1643/51.
25) Z. T. BIENIAWSKI: Stabitity Concept of Brittle Fracture Propagation in rocks, Eng. Geol. Vol. 2, No. 3, Dec. 1967, p. 149/162.
26) N. F. MOTT: Fracture of metals: Theoretical Considerations, Engineering, London, Vol. 165, 1948, p. 15/8.

10 장 지하공동 주위의 파괴

본 장에서는 이제까지 얻어진 지식에 기초하여 지하에 존재하는 공동(주로 원형공동) 주위의 파괴 범위 혹은 응력 분포 등에 대해서 대략 개념을 세우기 위하여 이론적인 고찰을 행하여 보기로 한다.

10.1 원형 수직갱 주위에 존재하는 수평연약층에 유발되는 지압

그림 10.1과 같이 원주좌표 (r, θ, z)를 잡고 $z=0$을 지표면, z축의 정(+)의 방향은 지중을 향하는 것으로 하고, 또 수직갱주위에생기는 응력은 중심축에 관해서 대칭이며, θ와는 관계없다고 가정한다. 그러면 응력 조합방정식은 물체력을 무시하면 식(6.73)에 의해 다음 식과 같이 표현된다.

$$\left.\begin{array}{l}\dfrac{\partial \sigma_r}{\partial r}+\dfrac{\partial \tau_{rz}}{\partial z}+\dfrac{\sigma_r-\sigma_t}{r}=0 \\ \\ \dfrac{\partial \tau_{rz}}{\partial r}+\dfrac{\partial \sigma_z}{\partial z}+\dfrac{\tau_{rz}}{r}=0\end{array}\right\} \quad (10.1)$$

여기서 $\sigma_r, \sigma_t, \sigma_z$는 각각 r, θ, z축 방향의 축응력, τ_{rz}는 z축에 수직인 면에 작용하는 r방향의 전단응력이다. 지금 dz의 박층에 대하여 생각하는 것으로 하고 $\partial \tau_{rz}/\partial z=0$라고 하면, 윗 식에서 다음 식을 얻는다.

$$r\frac{d\sigma_r}{dr}=\sigma_t-\sigma_r \quad (10.2)$$

이 관계는 탄성변형 구역에서도 또 소성변형 구역에서도 성립해야 하는 관계식이다.
다음에 변형 ε는 일반적으로 탄성부분 ε'와 소성부분 ε''로 이루어진다. ε'는 후크의 법칙을 따르니까 다음 식이 성립한다.

$$\varepsilon'_z=\frac{1}{E}\left\{\sigma_z-\frac{1}{m}(\sigma_r+\sigma_t)\right\}$$

여기서 E는 영률, m은 포아송상수이다.

ε''에 관해서는 소성변형의 도중에 있어서 그 물질의 밀도 혹은 용적은 거의 변화하지 않는 점, 또 몰의 세가지 주변형원과 세가지 주응력원은 기하학적으로 유사하다는 점을 가정하면

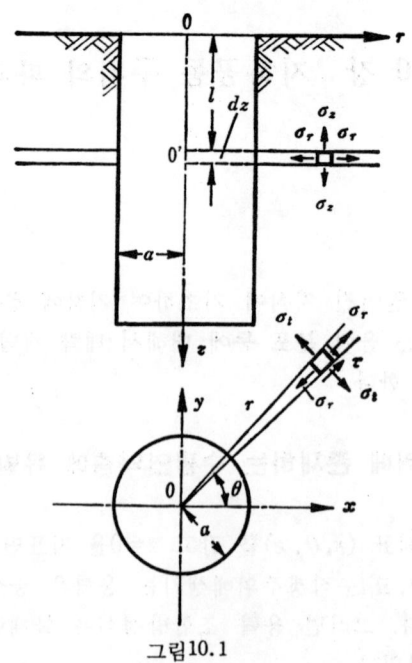

그림10.1

$$\varepsilon''_z = c\left\{\sigma_z - \frac{1}{2}(\sigma_r + \sigma_t)\right\}$$

로 나타낼 수가 있다. 여기서 c는 임의상수이다. 지금 z방향의 변형 $\varepsilon_z=0$ 이라 가정하면 $\varepsilon_z = \varepsilon_z' + \varepsilon_z'' = 0$에서

$$\sigma_z = \frac{1/E \cdot 1/m + 1/2}{1/E + c}(\sigma_r + \sigma_t)$$

탄성변형만이 존재하는 구역에서는

$$c=0, \quad \sigma_z' \doteqdot \frac{1}{m}(\sigma_r + \sigma_t) \tag{10.3}$$

소성을 보이고 있는 부분에서는 소성변형이 탄성변형보다 상당히 크다고 생각해도 좋으므로

$$\sigma_z'' \doteqdot \frac{1}{2}(\sigma_r + \sigma_t) \tag{10.4}$$

지금 소성(유동)의 조건으로서 H. HENCKY 및 R. von MISES의 조건, 즉 (9.17) 혹은 이것을 바꿔 써서 다음 식

$$(\sigma_1, \sigma_2)^2 + (\sigma_2 - \sigma_3)^2 + (\sigma_3 - \sigma_1)^2 = 2\sigma_0^2 \tag{10.5}$$

을 채택한다. 여기서 $\sigma_1, \sigma_2, \sigma_3$는 주응력이며 σ_0는 순인장의 항복응력이다.

평면변형($\varepsilon_z=0$)상태에서는 소성변형은 탄성변형보다 상당히 크다고 생각되며, 지금의 경우 $\sigma_r, \sigma_t, \sigma_z$는 각각 주응력이므로

10.1 원형 수직갱주위에 존재하는 수평연약층에 유발되는 지압

$$\sigma_3 = \sigma_z = \frac{1}{2}(\sigma_r + \sigma_t)$$

라고 할 수 있으며 식(10.5)는 간단히

$$\sigma_t' - \sigma_r' = \pm \frac{2}{\sqrt{3}}\sigma_0 = \pm 2k \tag{10.6}$$

가 되고, 이것을 소성의 조건(유동의 조건)으로 채택할 수 있다. 여기서 덧슈를 붙인 것은 소성변형 구역에서의 응력임을 나타내기 때문이다.

粉體 혹은 粒體의 경우는 식(10.6)에 대응하는 식(9.5) 또는 식(9.6)이니까 그 문제에 대해서는

$$\sigma_t' = \sigma_r' \left(\frac{1+\sin\phi}{1-\sin\phi} \right) = \sigma_r'(\mu + \sqrt{1+\mu^2})^2 \tag{10.7}$$

을 채택해야 한다. 여기서 ϕ는 분체 혹은 입체의 내부마찰각이며 $\mu = \tan\phi$이다.

ρ를 지표에서 박층까지의 평균밀도, l을 깊이로 하면 무한원($r \to \infty$)에서 박층이 받는 압력은 $p = \sigma_z = \rho g l$이며, 탄성한계 이내의 응력이 작용하는 범위 내에서는 다음 식도 성립한다.

$$\sigma_r + \sigma_t = \frac{2p}{m-1} \tag{10.8}$$

그리고 이제 문제를 풀기 위한 경계조건으로서는

$r \to \infty$ 에서 $\sigma_r = \sigma_t = \dfrac{p}{m-1}$ (10.9)

$r = b$ 에서 $\sigma_r = \sigma_r'$, $\sigma_t = \sigma_t'$ (10.10)

$r = a$ 에서 $\sigma_r' = 0$ (10.11)

라고 생각하자. 여기서 b는 탄성 구역과 소성 구역과의 경계에서 수직갱중심으로부터의 반경으로 한다.

그런데 상기의 일반적 조건하에서 문제를 풀어보자.

소성변형 구역에서 성립해야 하는 관계는 식(10.2) 및 식(10.6) 혹은 식(10.7)이다. (10.2) 및 (10.6), 두 식으로부터는 다음 식이 얻어진다.

$$r \frac{d\sigma_r'}{dr} = \frac{2\sigma_0}{\sqrt{3}} = 2k$$

$d\sigma_r' = 2k \cdot dr/r$, 따라서 $\sigma_r' = 2k \cdot \log r + C$.

여기서 C는 적분상수이다. 식(10.11)의 조건으로부터 C를 구하고, 이것을 윗 식에 대입하면

$$\sigma_r' = 2k \log \frac{r}{a} \tag{10.12}$$

따라서

$$\sigma_t' = 2k \left(1 + \log \frac{r}{a}\right) \tag{10.13}$$

이 된다.

다음에 탄성변형 구역에 있어서의 관계를 구하기 위하여 O'를 중심으로 하는 극좌표로 나타낸 적합조건식은 축대칭의 경우이므로 F를 응력함수로 하면 식(6.51)과 같다. 여기서 그것을 다시 쓰면

$$\left.\begin{array}{c}\left(\dfrac{\partial^2}{\partial r^2}+\dfrac{1}{r}\cdot\dfrac{\partial}{\partial r}\right)\left(\dfrac{\partial^2 F}{\partial r^2}+\dfrac{1}{r^2}\cdot\dfrac{\partial F}{\partial r}\right)=0 \\ \sigma_r=\dfrac{1}{r}\cdot\dfrac{\partial F}{\partial r},\quad \sigma_t=\dfrac{\partial^2 F}{\partial r^2},\quad \tau=0 \end{array}\right\} \quad (10.14)$$

따라서 응력함수 F는 윗 식을 만족시킴과 동시에 이 문제에 대해서는 다음과 같이 선택해야 한다.

$$F=c_0+c_1\log r+c_2 r^2 \quad (10.15)$$

여기서 c_0, c_1 및 c_2는 모두 상수이다.

식(10.9)의 조건으로부터 상수를 구하면 $c_2=p/[2(m-1)]$, (10.10)의 조건으로부터

$$(\sigma_r)_{r=b}=\dfrac{c_1}{b^2}+\dfrac{p}{m-1}=p', \text{ 따라서 } c_1=b^2\left(p'-\dfrac{p}{m-1}\right)$$

여기서 p'는 $r=b$에서 r방향의 응력으로 한다. 따라서

$$\sigma_r=\dfrac{p}{m-1}-\left(\dfrac{p}{m-1}-p'\right)\dfrac{b^2}{r^2};\ \sigma_t=\dfrac{p}{m-1}+\left(\dfrac{p}{m-1}-p'\right)\dfrac{b^2}{r^2} \quad (10.16)$$

p'의 값을 구하기 위해서는 (10.6) 및 (10.8)에서 $\sigma_r=\sigma_r'$, $\sigma_t=\sigma_t'$로 해야 하므로 이로부터

$$\sigma_r=p'=\dfrac{p}{m-1}-k \quad (10.17)$$

를 얻는다.

b를 구하는데는 (10.12)에서 $r=b$일 때 $\sigma_r'=\sigma_r$로 식(10.17)을 대입하면 된다. 즉

$$\dfrac{p}{m-1}-k=p'=2k\log\dfrac{b}{a}, \text{ 따라서 } 2k\log b=2k\log a+\left(\dfrac{p}{m-1}-k\right)$$

혹은

$$b=a\cdot e^{\frac{1}{2k}\cdot\frac{p}{m-1}-\frac{1}{2}} \quad (10.18)$$

라고 쓸 수 있다.

다음에 $r=a$에서 박층이 탄성한계에 달하고, 소성(유동)을 나타낼 때 이르는 깊이를 구하는데는 식(10.18)에서 좌변과 우변을 같게 하는 p를 구하면 된다. 즉

$$\dfrac{1}{2k}\cdot\dfrac{p}{m-1}-\dfrac{1}{2}=0$$

따라서
$$p=(m-1)k=\rho gl$$

고로
$$l = \frac{1}{\rho g} \cdot \frac{\sigma_0}{\sqrt{3}} (m-1) \tag{10.19}$$

이며 윗 식을 만족하는 깊이 l에서 비로서 $r=a$의 주변이 유동(파괴)를 나타내는데 이른다.

 박층이 탄성한계 이상의 응력을 받았을때 파괴가 생기며, 그 때 응력에 대한 성질을 분체 혹은 입체와 마찬가지로 생각해도 좋을 경우에는 식(10.7)을 채택해야 한다. 즉 식(10.7) 및 식(10.14)로부터

$$\frac{\partial^2 F}{\partial r^2} - D \frac{1}{r} \cdot \frac{\partial F}{\partial r} = 0 \tag{10.20}$$

여기서 $D = (1+\sin\phi)/(1-\sin\phi) = (\mu+\sqrt{1+\mu^2})^2$이다. 윗 식의 풀이는

$$F = \frac{C}{1+D} r^{1+D} \tag{10.21}$$

그래서 $\sigma_r' = C \cdot r^{D-1}$; $\sigma_t' = C \cdot D \cdot r^{D-1}$이 된다. 상수 C를 정하기 위하여 σ_{ra}'로 박층을 둘러싸는 갱내 지보자체의 항력을 나타내면 $r=a$에서 $\sigma_r' = \sigma_{ra}'$이므로

$$C = \frac{\sigma_{ra}'}{a^{D-1}}$$

따라서
$$\sigma_r' = \sigma_{ra}' \left(\frac{r}{a}\right)^{D-1}; \quad \sigma_t' = D \cdot \sigma_{ra}' \left(\frac{r}{a}\right)^{D-1} \tag{10.22}$$

 유동조건이 식(10.7)을 만족하는 경우의 p'의 값을 구하기 위해서는 식(10.7) 및 (10.8)에서 $\sigma_r = \sigma_r'$, $\sigma_t = \sigma_t'$로 해야 하므로 이로부터

$$\sigma_r = p' = \frac{2p}{(m-1)(1+D)} \tag{10.23}$$

을 얻는다. 또 b를 구하는데는 식(10.22)에서 $r=b$될때 $\sigma_r' = \sigma_r$로 식(10.23)을 대입하면 된다. 즉

$$\sigma_r' = \sigma_{ra}' \left(\frac{b}{a}\right)^{D-1} = \frac{2p}{(m-1)(1+D)}$$

혹은
$$b = a^{D-1} \sqrt{\frac{2p}{(m-1)(1+D)} \cdot \frac{1}{\sigma_{ra}'}} \tag{10.24}$$

가 된다.

 다음에 $r=a$에서 박층이 탄성한계에 분체 혹은 입체도 마찬가지로 생각하고 파괴가

발생하는데 이르는 깊이를 구하는데 식(10.24)에서 좌변과 우변을 같게 하는 p를 구하면 된다. 즉

$$\frac{2p}{(m-1)(1+D)} \cdot \frac{1}{\sigma_{ra}'} = 1$$

따라서

$$p = \frac{1}{2} \cdot \sigma_{ra}'(m-1)(1+D)$$

혹은

$$l = \frac{1}{2} \cdot \frac{\sigma_{ra}'}{\rho g}(m-1)(1+D) \tag{10.25}$$

가 된다. 즉 윗 식을 만족하는 l에서 최초로 $r=a$의 주변에 파괴가 발생하는데 이른다.

이제 박층의 포아송상수, 박층의 위쪽에 존재하는 지층의 평균중량 ρg, 박층의 인장강도 σ_0를 다음과 같이 취한 경우의 박층이 수직갱주변에서 소성을 나타내는데 이르는 깊이 l, 탄성한계에서 소성으로 이행하는 수직갱중심으로부터의 반경 b, σ_r, σ_t, σ_r', σ_t'를 보이면 표 10.1, 그림 10.2 및 그림 10.3과 같아진다.

A: $m=4$, $\rho g=2.0\,\text{gr/cm}^3$, $\sigma_0=25\,\text{kg/cm}^2$
B: $m=4$, $\rho g=2.5\,\text{gr/cm}^3$, $\sigma_0=25\,\text{kg/cm}^2$
C: $m=3$, $\rho g=2.0\,\text{gr/cm}^3$, $\sigma_0=25\,\text{kg/cm}^2$

表 10.1

	l (m)
A	216.7
B	173.3
C	144.3

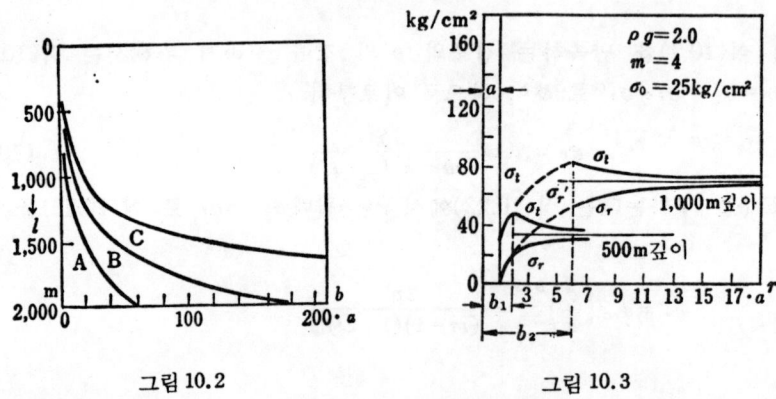

그림 10.2 그림 10.3

또 박층이 강한 응력을 받아서 균열이 생기고, 무수한 균열이 생긴 파쇄대의 응력에 대한 거동이 분체 혹은 입체의 거동과 같다고 생각하기로 하고 또 $\sigma_{ra}'=1.0\,\text{kg/cm}^2$로 한 경우에 하기와 같은 조건에서의 l, b, σ_r, σ_t, σ_r', σ_t'를 보이면 표 10.2, 그림 10.4

및 그림 10.5와 같다.

表 10.2	
	l (m)
A′	22.5
B′	18.0
C′	15.0

A′: $m=4$, $\rho g=2.0\,\text{gr/cm}^3$, $D=2$
(혹은 $\mu=0.36$)

B′: $m=4$, $\rho g=2.5\,\text{gr/cm}^3$, $D=2$

C′: $m=4$, $\rho g=2.0\,\text{gr/cm}^3$, $D=3$
(혹은 $\mu=0.58$)

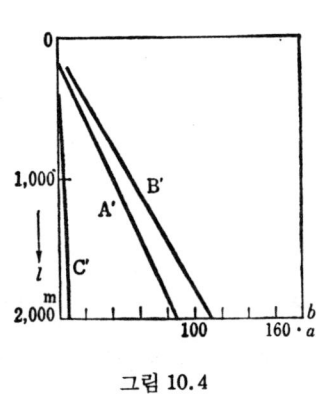

그림 10.4

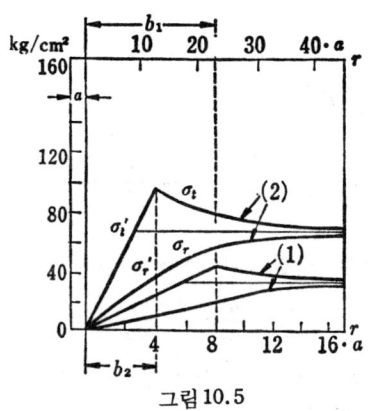

그림 10.5

10.2 갱도주위에 존재하는 砂立體의 유동

원형갱도에 대하여 생각해 보자. 원의 중심을 원점으로 하는 극좌표를 잡고, 지중의 임의의 점과 원점의 거리를 r, 직선 r이 원점에 세운 연직선과 이루는 각을 θ라 하면,

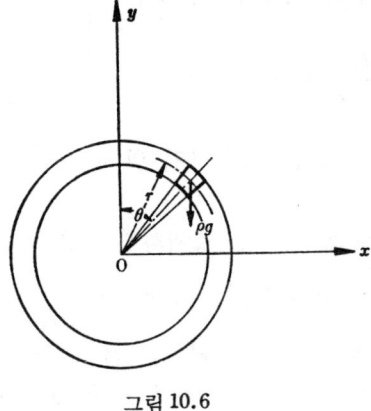

그림 10.6

지중에 생기는 응력의 사이에 성립하는 균형방정식은 중력을 고려하면 식(6.43)을 참조로 하여 다음 식과 같아진다.

$$\left.\begin{array}{l} \sigma_r + r\dfrac{\partial \sigma_r}{\partial r} + \dfrac{\partial \tau}{\partial \theta} - \sigma_t = -r \cdot \rho g \cos \theta \\ 2\tau + r\dfrac{\partial \tau}{\partial r} + \dfrac{\partial \sigma_t}{\partial \theta} = r \cdot \rho g \sin \theta \end{array}\right\} \quad (10.26)$$

또 윗 식을 만족하는 응력함수를 F라 하면 응력성분은 다음 식에 의해 표현된다.

$$\left.\begin{array}{l} \sigma_r = \dfrac{1}{r^2} \cdot \dfrac{\partial^2 F}{\partial \theta^2} + \dfrac{1}{r} \cdot \dfrac{\partial F}{\partial r} - \dfrac{2}{3} r \cdot \rho g \cos \theta \\ \sigma_t = \dfrac{\partial^2 F}{\partial r^2} \\ \tau = -\dfrac{1}{r} \cdot \dfrac{\partial^2 F}{\partial r \cdot \partial \theta} + \dfrac{1}{r^2} \cdot \dfrac{\partial F}{\partial \theta} + \dfrac{1}{3} r \cdot \rho g \sin \theta \end{array}\right\} \quad (10.27)$$

점착성이 없는 사질지반 내의 주응력을 σ_1, σ_2라 하면

$$\dfrac{\sigma_1}{\sigma_2} = \dfrac{1+\sin \phi}{1-\sin \phi} = (\mu + \sqrt{1+\mu^2})^2 = k \quad (10.28)$$

되는 관계가 존재한다. 여기서 ϕ는 사질지반의 내부마찰각으로 $\tan \phi = \mu$ 되는 관계가 있으며 μ는 내부마찰계수이다.

그런데 갱도로부터 먼 곳에 있는 임의점의 수직방향 응력성분을 p로 나타내면 $\sigma_y = p$이며, 따라서 $\sigma_x = kp$라고 할 수 있다. 또 직교좌표에 의한 상기의 응력성분 (σ_x, σ_y)를 극좌표에 의한 응력성분 $(\sigma_r, \sigma_\theta, \tau)$로 변환하면 다음 식이 얻어진다.

$$\left.\begin{array}{l} \sigma_r = \dfrac{p}{2k} \{(k+1) + (k-1) \cos 2\theta\} \\ \sigma_t = \dfrac{p}{2k} \{(k+1) - (k-1) \cos 2\theta\} \\ \tau = -\dfrac{p(k-1)}{2k} \cdot \sin 2\theta \end{array}\right\} \quad (10.29)$$

윗 식은 유동조건을 만족하고, 교란을 받지 않은 사질지반중의 응력성분을 구하는 식이다.

식(10.29)로부터 $\cos 2\theta$, $\sin 2\theta$ 및 p를 소거하면 다음 식이 된다.

$$\sigma_r + \sigma_t = \dfrac{k+1}{\sqrt{k}} \cdot \sqrt{\sigma_r \cdot \sigma_t - \tau^2} \quad (10.30)$$

윗 식은 점착성이 없는 사질지반중의 응력 사이에 만족해야 하는 관계식이다.

그런데 식(10.26)에서 y축상의 응력을 구하는 법을 생각하여 보면 $\theta = 0$에서는 대칭의 관계에서

10.2 갱도주위에 존재하는 砂立體의 유동

$$\frac{\partial \tau}{\partial \theta} = \frac{\partial \sigma_t}{\partial \theta} = 0$$

이어야 한다. 따라서 $\theta = 0$에서는 다음 식이 성립한다.

$$\sigma_R + r\frac{\partial \sigma_R}{\partial r} - \sigma_T + r \cdot \rho g = 0 \tag{10.31}$$

윗 식은 $\theta = 0$에서의 단위체적 砂粒體의 평형조건이다.

또 $\theta = \pi$에서는 윗 식 제4항의 부호를 부$(-)$로 하면 되는 것을 알 수 있다.

그런데 이 경우의 응력함수를 F로 하면 식(10.31)으로부터 응력성분은 다음 식에 의해 주어짐을 알 수 있다.

$$\left.\begin{array}{l}\sigma_R = \dfrac{1}{r} \cdot \dfrac{\partial F}{\partial r} - \dfrac{r}{2}\rho g \\[6pt] \sigma_T = \dfrac{\partial^2 F}{\partial r^2} \\[6pt] \tau = 0\end{array}\right\} \tag{10.32}$$

$\theta = \pi$에 대해서는 윗 식의 σ_R 식의 우변 제2항의 부호는 正이 된다.

그런데 응력함수 F는 유동조건식 (10.28)도 만족시켜야 하므로 다음 식이 성립한다.

$$\frac{\partial^2 F}{\partial r^2} - \frac{k}{r} \cdot \frac{\partial F}{\partial r} + \frac{k}{2} \cdot r \cdot \rho g = 0 \tag{10.33}$$

윗 식을 두번 적분을 하면

$$F = \frac{C}{k+1} r^{k+1} + \frac{k}{6(k-2)} \cdot r^3 \cdot \rho g \tag{10.34}$$

$\theta = 0$에서의 응력은, 따라서 식(10.32)에서 구해진다. 여기서 적분상수 C는 $r = a$(원형갱도의 반경)에서는 $\sigma_R = \sigma_{Ra}$라 하면 구해지고, 다음 식이 된다.

$$C = \sigma_{Ra} \cdot \frac{1}{a^{k-1}} - \frac{k}{2(k-2)} \cdot \frac{1}{a^{k-2}} \cdot \rho g + \frac{1}{2}\rho g \frac{1}{a^{k-2}}$$

따라서

$$\left.\begin{array}{l}\sigma_R = \sigma_{Ra}\left(\dfrac{r}{a}\right)^{k-1} - \dfrac{a\rho g}{k-2}\left(\dfrac{r}{a}\right)^{k-1} + \dfrac{r\rho g}{k-2} \\[8pt] \sigma_T = k \cdot \sigma_{Ra}\left(\dfrac{r}{a}\right)^{k-1} - k \cdot \dfrac{a\rho g}{k-2}\left(\dfrac{r}{a}\right)^{k-1} + k \cdot \dfrac{r\rho g}{k-2}\end{array}\right\} \tag{10.35}$$

그러나 $(\sigma_R = \sigma_T)$은 유동이 발생하는데 이르는 한계 $(r = b)$에서는 교란을 발생시키지 않는 지반 내에서 만족되어야 하는 조건식 (10.29)와 동일하다고 가정하면 $(\sigma_R + \sigma_T)_{r=b}$ $= (\sigma_r + \sigma_t)_{r=b}$가 성립해야 한다고 생각해서 다음 식이 얻어진다.

$$\sigma_{Ra}\left(\frac{r}{a}\right)^{k-1} - \frac{\rho g}{k-2}\left\{a\left(\frac{r}{a}\right)^{k-1} - r\right\} = \rho g \frac{(l-r)}{k}$$

여기서 l은 수평인 지표에서 원형갱도의 중심까지의 거리이다.

윗 식은 다음 식이 된다.

$$\sigma_{Ra} = \frac{1}{k}\left(\frac{a}{r}\right)^{k-1} \cdot \rho g(l-r) - \frac{\rho g}{k-2} r\left(\frac{a}{r}\right)^{k-1} + \frac{\rho g}{k-2} \cdot a \tag{10.36}$$

σ_{Ra}의 최소치를 구하기 위하여 r로 미분하고 우변을 영과 같다고 놓으면 $r=l/2$이 된다. 그때 σ_{Ra}의 값은

$$\sigma_{Ra,\,min} = \frac{\rho g a}{k-2} - \rho g l \frac{1}{k(k-2)} \cdot \left[\frac{2a}{l}\right]^{k-1} \tag{10.37}$$

또 $\theta = \pi$에서 식(10.37)에 해당하는 식은 식(10.37) 우변의 제2항 [ ]내를, $a(k^2-2)/[(k-1)l]$로 치환한 식이 된다.

$k=3$, $a=3$m, $\rho g=2.5$t/m³, $l=1,000$m에 대해서는 $\sigma_{Ra,\,min}=4.215$kg/cm²가 얻어진다.

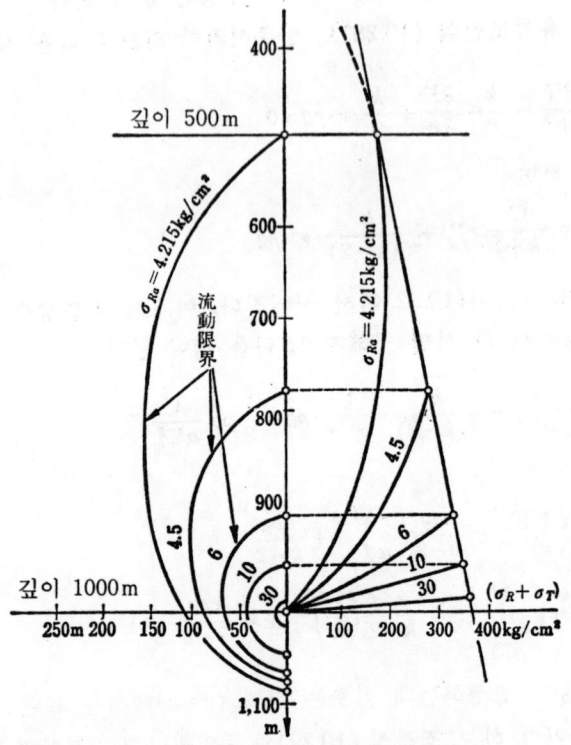

그림 10.7 사질지반 중에 있어서 갱도 주위의 유동범위(R. FENNER에 의함)

그러므로 1,000m의 깊이에서 $a=3m$, $\rho g=2.5t/m^3$의 조건에서 지보에 걸리는 지보압이 4.215kg/cm²와 같거나, 지보가 그 이상의 지보압을 지지할 수 있으면 그와 같은 경우에는 사립지반은 평형이 유지된다.

그림 10.7은 R. FENNER[1]에 의한 해석으로 $k=3(\mu=0.35354)$, $a=3m$, $\rho g=2.5t/m^3$, $l=1,000m$의 조건에서 σ_{Ra}를 4.215kg/cm², 4.5kg/cm², 6kg/cm², 10kg/cm² 및 30kg/cm²로 했을 때의 유동범위를 나타내고 있다. 이 그림에서 상기 조건에서 $\sigma_{Ra}=4.215$kg/cm²로 하면 사립체의 유동범위는 지표로부터의 깊이 l의 반, 즉 500m 되는 곳까지 이르는데, 6kg/cm² 높이는 것만으로 그 범위는 900m까지 이르는데 불과하므로, σ_{Ra}가 조금 변화해도 사립의 유동범위는 크게 영향을 받음을 나타내고 있다. 이 해석에서 지보(支保)의 지지력은 경제상의 견지에서 일정한 한도가 고려되며 일정한 σ_{Ra}에 대해서 정해지는 유동범위는 지중은 안정을 유지하게 된다.

10.3 수직갱벽의 파괴

균질 등반 탄성체라고 가정해도 좋은 지반중에 굴착된 수직갱 내벽에 생기는 파괴에 대하여 생각해 보자. 수직갱주위에 작용하는 지압을 생각할 때 그림 6.22와 마찬가지인 원주좌표를 생각하면, 수직갱에 작용하는 측방의 지압이 축대칭적이라고 한다면 수직갱벽의 주응력은 그림 10.8에서 σ_r, σ_θ, σ_z 이다. 따라서 파괴가 만일 최대 전단응력설을 따르는 것이라면 9.1로부터 $(\sigma_\theta-\sigma_r)$ 혹은 $(\sigma_z-\sigma_r)$이 최대의 응력차를 줄 때에 파괴가 생기게 된다. $(\sigma_z-\sigma_\theta)$는 前二者보다 큰 값이 되는 것은 있을 수 없다.

$(\sigma_\theta-\sigma_r)$이 최대의 응력차가 되는 경우는, $(\sigma_z-\sigma_r)<(\sigma_\theta-\sigma_r)$의 경우이며 입갱벽면에서는 일반적으로 $\sigma_r=0$ 이므로 $\sigma_z<\sigma_\theta$일 것이 필요하게 된다.

σ_θ는 수직갱주변에서는 그 위치에서 깊이의 측압(Q)의 두배 크기를 가지며 σ_z는 그 위치의 깊이에 상당하는 수직압에 거의 대등하게 $\rho g l$인 것을 그림 8.3 및 8.4에서 알 수 있다. 따라서 측압 Q를 $\nu \cdot \rho g l(1-\nu)$로 하면 포아송비 ($\nu$)가 0.35보다 크게 되면 $\sigma_\theta>\sigma_z$이 된다. 이 경우 파단면은 주응력면, 즉 $r\theta$면 내에 생기며, 그림 10.9와 같이 σ_r의 방향에 대해 θ의 각을 이루어 발생하게 된다.

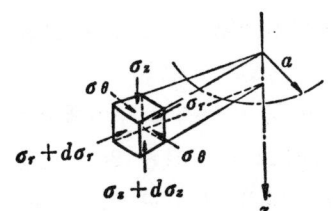

그림 10.8 수직갱주위의 주응력

그리고 θ의 각도는, 파괴가 최대 전단응력설에 따른다면 $\theta=45°$이나, 내부마찰설에 따른다면 $\theta=45°+\phi/2$이 될 것이다.

$\nu<0.35$인 경우에는 $(\sigma_z-\sigma_r)$이 최대의 응력차가 된다. 이 경우 파단면은 σ_z와 σ_r을 포함하는 면에 생기고 σ_r 방면에 대하여 역시 $\theta(=45°+\phi/2)$의 각을 이루어 발생할 것이다. σ_r은 축대칭의 관계에 있으므로 이것은 수직갱 주변에서 원추형을 이룰 것이며, 따라서 균열발생의 상태는 그림 10.10과 같아질 것이다.

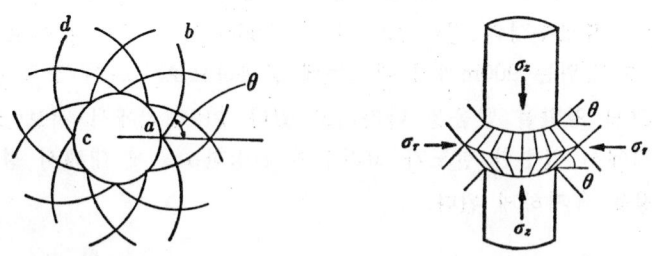

그림 10.9 수직갱벽 $\gamma\theta$면에 생기는 균열   그림 10.10 수직갱벽 γz면에 생기는 균열

10.4 수평원형 갱도 주변의 파괴

수평원형 갱도의 경우에는 $(\sigma_\theta-\sigma_r)$이 최대 응력차를 주는 것이 보통이다. 주변의 응력은 식(8.21)에 제시하였고 그림 8.9에서 $P>Q$의 경우에는 최대 전단응력 즉 $(\sigma_\theta-\sigma_r)/2$의 최대치는 $(3P-Q)/2$이며, $\theta=90°$ 및 $270°$인 부분, 즉 측벽 중앙부에 작용하게 되며, 그곳에 균열이 생긴다. 그리고 그 균열은 종종 그림 10.9의 ab, cd와 같이 대수곡선적인 발달을 하고 상반에 트롬피터帶가 생기며, 직접 天盤을 붕괴시키는 경우가 있다.

또 그림 8.11에 나타낸 바와 같이 어떤 조건하에서는 주위 암석내에서는 전단응력 τ는 대개 $\theta\fallingdotseq 45°$ 및 $\theta=135°$의 방향에서 최대이므로 이 방향에서도 균열이 발생하는 경우가 많다.

$Q<P/3$일때, 혹은 암석의 포아송비 ν가 0.25보다 작을 경우에는, $\theta=0°$, $\theta=180°$인 부분, 즉 천장과 바닥의 중앙부에는 인장응력이 작용하므로, 암석의 성질이 측벽부의 전단응력보다 천장의 인장응력에 대하여 용이하게 균열이 생기기 쉽도록 할 경우에는 천장중앙부 및 바닥중앙부에 갱도의 연장방향으로 긴 인장에 의한 균열이 생기게 된다.

갱도 연장방향의 응력 σ_z는 $\sigma_z=\nu(\sigma_r+\sigma_\theta)$로 주어지고 주변에서는 $\sigma_z=0$이므로 $\sigma_z=\nu\sigma_\theta$가 되고, 따라서 $(\sigma_z-\sigma_r)$이 $(\sigma_\theta-\sigma_r)$보다 커지는 일은 보통 있을 수 없다. 따라서 수직갱의 경우 그림10.10에서 나타내는 바와 같은 균열은 원형수평 갱도에서는 발

생하지 않는다.

원형수평 갱도 주위의 응력은 일반적으로 근사식인 식(8.20)으로 나타낸다. 그리고 주위의 임의점이 최대 전단응력은 $(\sigma_\theta-\sigma_r)/2$로 주어진다. 만일 최대 전단응력이 생기는 부분에서 塑性流動이 생긴다고 생각하면 식(9.1)로부터 $(\sigma_\theta-\sigma_r)/2=\sigma_y/2=k$ 일테니까 P, Q, a 및 k가 주어지면 r이 구해지고, 塑性流動의 범위를 알 수 있다.

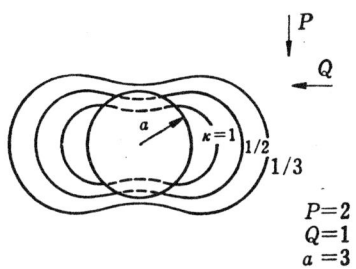

그림 10.11 원형수평갱도 주위의 소성유동대

그림 10.11은 주어진 조건하에서 塑性流動의 범위를 나타낸다. 예를 들면 $k=1/3$일 때는 암석은 용이하게 항복하고, 塑性帶는 완전히 갱도를 둘러싸며 $k=1$이면 塑性帶는 갱도 양측부분에 국한되고 천장과 바닥은 탄성한계내에 머무르게 된다.

参 考 文 献

1) R. FENNER: Glückauf 74, 1938, p. 681/95, p. 705/15.
2) E. de St. Q. ISAACSON: Rock Pressure in Mines, 1958, p. 61.

11 장 異方性體의 역학

11.1 成層岩中 공동의 直接上盤의 휨과 응력

수평의 성층암 속에 직4각형 갱도가 굴착되고 있으며, 직접 天盤과 그 상층 사이에 점착력이 없는 것으로 한다. 이와 같은 경우, 직접 天盤은 그 양단을 고정된 보로 擧動하는 것이라 생각하고 직접 上盤層의 휨, 기타에 대하여 생각해 본다.

지금 w를 보의 단위 길이, 단위 폭으로 작용하는 하중, l을 보 길이의 반, I를 관성능률, b를 보의 폭, h를 보의 두께라 하면 그림 11.1에서 N-N축에 관한 보의 관성능률은 $I=bh^3/12$, 단위 폭의 보를 생각하면 $I=h^3/12$가 된다.

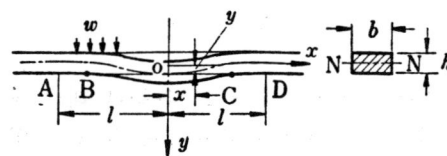

그림 11.1 직접상반의 변형

보의 중앙을 원점 O로 하고, O에서 임의점까지의 수평거리를 x, 그 점의 수직변위(휨)을 y로 하면, 양단이 고정되고 등분포 하중을 받는 보에서는
$$y=w(l^2-x^2)^2/24EI \tag{11.1}$$
이 된다. 최대의 휨은 보의 중앙 즉 원점에 생기고 그 크기는
$$y=w \cdot l^4/24EI \tag{11.2}$$
가 된다. 윗 식에서 보 중앙의 휨은 보 길이의 4승에 비례하여 증가함을 알 수 있다. 따라서 보의 길이 (직4각형空洞의 폭)을 2배로 하면 보 중앙부의 휨은 16배가 된다.

보 하면의 양단 부근에서는 압축응력이 중앙 부근에서는 인장응력이 생기고, 하면의 만곡 방향이 양단부근과 중앙부근이 역이 된다. 이 만곡점의 위치는 식(11.1)의 y를 x로 두 번 미분하여 영과 같게 놓으면 구해진다. 그 위치는 보의 중앙으로부터 좌우로 $\sqrt{3} \cdot l$의 거리에 있음을 알 수 있다. 따라서 보 길이의 57%에 해당하는 BC 사이에서는 인장력이 작용하게 된다.

보의 임의점의 휨 모멘트는
$$M=w(3x^2-l^2)/6 \tag{11.3}$$

이다. 따라서 보의 양단에서는 최대치 $w \cdot l^2/3$이 되고, 중앙에서는 $-w \cdot l^2/6$이 된다. 여기서 負부호는 인장력을 나타낸다. 보 하면의 접선응력은 $wh(3x^2-l^2)/12 \cdot I$, 보의 중앙점에서는 최대치 $whl^2/12 \cdot I$가 된다.

보에 작용하는 전단력은 $Q=dM/dx=wx$, 이것은 보의 全斷面上에 분포되어 있으므로 보에 작용하는 전단응력은 wx/h이다. 따라서 중앙에서는 영, 양단에서는 최대치 wl/h가 된다.

보가 전단에 의해 양단에서 파단되거나 그렇지 않으면 인장에 의해서 중앙에서 파단되는가는 그 암석의 전단강도와 인장강도 여하에 관계된다. 일반적으로 공동(갱도)의 폭이 좁을 때는 $wl/h > wl^2h/12I$일 것이므로, 그와 같은 경우에는 전단에 의해 파단되고 공동의 폭이 확대되면 인장응력이 전단응력보다 급속하게 증대되므로 보의 휨을 방지하기 위하여 立柱로 하지 않으면 인장응력에 의해 파단되게 된다.

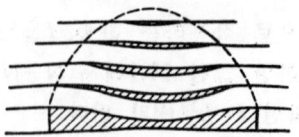

그림 11.2 공동 상층의 변형

이상의 고찰에서는 직접 天盤만을 생각하였지만 그 위쪽에 대개 동일한 두께의 累層이 있는 경우는 직접 天盤에 가해지는 하중은 등분포 하중은 되지 않으며 보의 양단부근에서는 중앙부보다 큰 하중이 걸리게 된다. 이와 같은 경우에 상층은 그림 11.2와 같이 휘어질 것이므로 직접 天盤에 걸리는 하중분포는 양단으로 갈수록 Parabola(포물선)적으로 증가하며 $w'=w \cdot x^2/l^2$이라고 가정하자. 그러면 이 경우 휨에 관한 식은

$$y = \frac{w}{360EIl^2}(l^2-x^2)^2(2l^2+x^2)$$

이 된다. 이 경우의 B, C점은 $x=\pm(1/5)^{1/4} \cdot l$이다. 따라서 직접 天盤의 하면의 67%에 해당하는 중앙부에서는 인장응력이 작용한다. 휨모멘트는 $M=w(5x^4-l^4)/60l^2$이므로, 중앙에서는 $-wl^2/60$이며 양단에서는 $wl^2/15$이다. 전단응력은 $wx^3/3hl^2$이며 직접 天盤의 하면을 따르는 휨에 의한 접선응력은 $h(5x^4-l^4)/120Il^2$이 된다.

또 위쪽의 지층이 직접天盤보다 박층일 경우에는 그 박층의 자중 일부가 직접天盤에 분포되어 가해진다. 이와 같은 경우에는 별도의 관계식이 성립하게 된다.

지금까지는 수직압만을 생각하고 측압 Q는 고려하지 않았다. 측압을 고려하면 보의 하면을 따라서 작용하는 접선응력은 $Q+(Mh/2I)$가 된다. 균일 하중을 받는 보에서는 이 값은 $Q+wh(3x^2-l^2)/12I$이 되므로, 만일 $Q>whl^2/12I$일 경우는 보의 하면 중앙에서는 아무 장력도 생기지 않는다.

공동(갱도)의 폭을 변화시킨 경우 보 중앙부의 휨이 d_1에서 d_2로 변화했다고 하면 직접天盤의 유효두께 h는 식(11.1)에서 구해지고 다음 식이 된다.

$$h = \rho(l_2^4 - l_1^4)/24E(d_2 - d_1) \tag{11.4}$$

여기서 ρ는 직접 天盤의 밀도, l_1 및 l_2는 확장전후 공동폭 길이의 1/2이다.

공동의 길이가 폭에 대하여 그다지 길지 않을 때는 직접天盤은 주변을 고정된 판으로 擧動하게 된다.

공동의 직접天盤이 반경 a인 원형일 경우에는 원의 중심으로부터 r의 거리에서 天盤의 휨은 다음 식

$$y = 3w(1-\nu^2)(a^2-r^2)^2/16Eh^3 \tag{11.5}$$

로 주어지고, 또 중앙에 생기는 최대응력은 대개 $\sigma_{max} = 0.75wa^2/h^2$이다.

여기서 w는 단위면적당의 하중, h는 天盤의 두께, ν는 암석의 포아송비이다. 윗 식으로부터 최대의 휨은 원판 중앙에 생기고, 휨은 대개 반경의 4승에 비례하는 것을 알 수 있다. 또 만곡점은 중심에서 $\sqrt{a/3}$의 거리에 있으며, 따라서 원판 면적의 33%에 상당하는 원판의 중심부는 인장응력을 받는다.

직접 天盤이 주변을 고정하여 등분포하중을 받는 直四角形 板으로 생각될 경우에는 중앙부의 최대 휨과 최대 응력은 다음 식

$$y_{max} = \alpha \cdot w \cdot a^4/Eh^3, \quad \sigma_{max} = \beta wa^2/h^2 \tag{11.6}$$

으로 표시된다. 여기서 α 및 β는 직4각형 변의 비 b/a 및 포아송비에 따라 다르며, $\nu = 0.3$일 경우에는 표 11.1의 값이 된다[1].

表 11.1

b/a	1	1.5	2	2.5	3	3.5	4
α	0.0138	0.0240	0.0277	0.028	0.028	0.028	0.028
β	0.308	0.454	0.497	0.500	0.500	0.500	0.500

11.2 암석의 強度異方性

지층은 走向(strike), 습곡(folding), 단층(fault) 등 여러 가지 상태를 나타내고 있으며 地 構造的 異方性(tectonic anisotropy)을 가지고 있다. 따라서 이와 같은 지층을 구성하고 있는 시험편을 채취한 경우 그 시료도 채취상태에 따라서 여러 가지 강도적 異方性을 나타내는 경우가 있다.

H. G. PAULMANN[2]은 "Ball Test" 및 "Needle Test"라고 부르는 간단한 압축시험법에 의해 암석시료의 이방성을 조사하였다. 그림 11.3은 그 시험법으로 지층에서 채취한 암석 코아(C)를 원판 모양으로 절단해서 원판의 중심에 鋼球(B)를 놓고, 이것을 가압하면 같은 그림의 파단 예와 같이 대개 직선형으로 파단면이 생겨서 시료가 파단된다. 이 경우 채취시료의 방위를 분명히 해두면 시료의 파단방위와 파단강도로부터 그림

224   제11장 이방성체의 역학

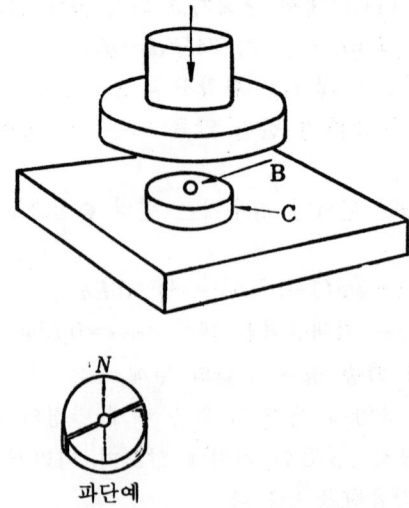

그림 11.3 "Ball Test"와 암석시료의 파단예

11.4와 같은 강도비율과 파단방위의 관계도를 그릴 수가 있다. 鋼球 대신에 小徑의 鋼棒(needle)을 이용해서 시료의 직각방향으로 가압하는 방법은 "Nedle Test"라 부른다. 이 방법에서는 강봉과 직교하는 방향으로 파단되기 쉬운 상태에 놓이게 되므로 채취방위가 분명한 많은 시료에 대하여 니들의 방위를 바꾸어 시험하면 그림 11.5와 같은 강

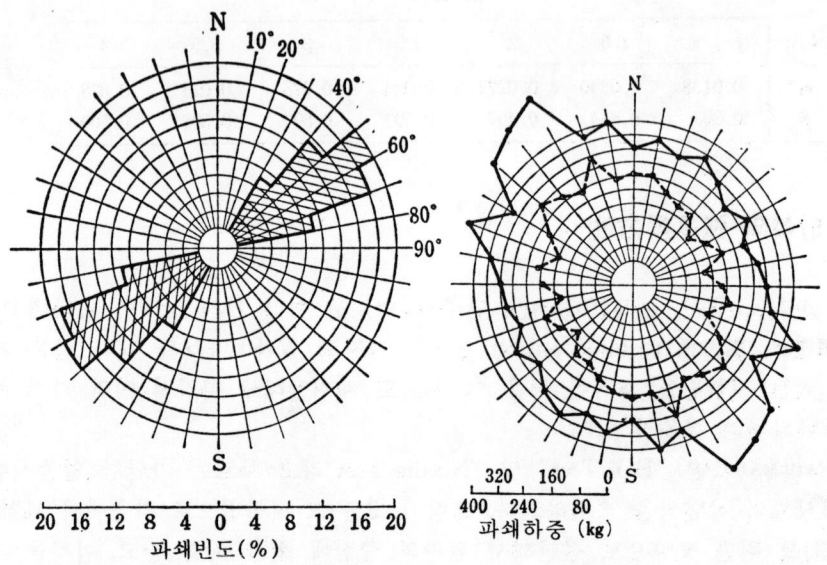

그림 11.4 암석의 강도비율과 파단방위
        (PAULMANN 에 의함)

그림 11.5 Nedle Test에 의한 강도와 파
        단 방위의 관계 PAULMANN에 의함)

도와 파단방위의 관계도가 그려지고, 강도는 방위에 따라 다른 값을 갖는 것이 판명된 다고 한다.

11.3 접합구조암반의 균형한계와 異方性

돌결(岩目), 절리 혹은 균열이 규칙적으로 배열된(이와 같은 구조는 일반적으로 **接合構造**(jointed structure)라 부른다) 암괴 또는 암반의 응력의 균형상태를 생각해 보자. 지금 암석은 그림 11.6(a)에 나타낸 것과 같은 평행의 접합을 가진 것으로 하고 이 암괴에 작용하는 주응력 $(\sigma_1 > \sigma_2)$이 접합면상의 1점에서 그림과 같이 작용하는 것으로 한다. 그러면 접합면에 작용하는 응력성분은 다음 식이 된다.

$$\left. \begin{array}{l} \sigma = \dfrac{1}{2}(\sigma_1+\sigma_2) - \dfrac{1}{2}(\sigma_1-\sigma_2)\cos 2\beta \\ \tau = \dfrac{1}{2}(\sigma_1-\sigma_2)\sin 2\beta \end{array} \right\} \qquad (11.7)$$

그런데 이 접합면에 생기는 滑動 조건은 滑動 마찰각을 ϕ, 접합면의 접착력을 c로 하면

$$|\tau| = \sigma \cdot \tan \phi + c \qquad (11.8)$$

식(11.8)에서 $c=0$으로 하고, 식(11.7)을 식(11.8)에 대입하면 주응력 성분으로 표시된 **균형한계**(limiting equilibrium or critical equilibrium)의 식(균형조건식)이 얻어진다. 즉 그것은

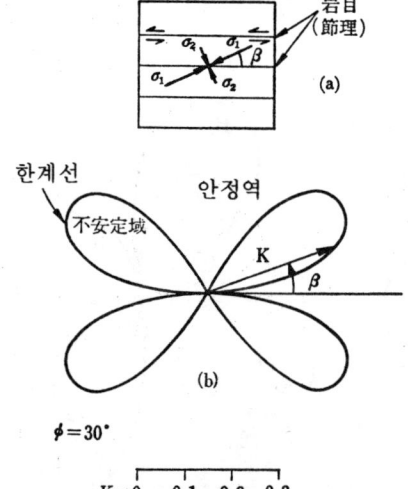

그림 11.6 암석접합면에 작용하는 주응력(a)와 응력균형 한계선(b) (BRAY에 의함)

$$\frac{\sigma_2}{\sigma_1}=K=\cot(\,|\,\beta\,|\,+\phi)\cdot\tan\,|\,\beta\,| \tag{11.9}$$

가 된다. 윗 식에서 β는 $-90°$에서 $+90°$까지의 범위에 있도록 한다. 식(11.9)에서 ϕ $=30°$로 하고, β를 변화시켜서, **極線圖**(polar diagram)를 그리면 그림 11.6(b)가 얻어진다. 이 그림에서 $K=\sigma_2/\sigma_1$의 값이 큰 방향에서는 K가 그 값만큼 크지 않으면 접합면에서 **滑動**이 생기는 것을 의미하므로 그 방향에서는 **滑動**이 생기기 쉽다고 말할 수 있다. 이에 대하여 K의 값이 영 혹은 대단히 작은 값을 갖는 방향에서는 σ_2와 σ_1의 比가 커져도 **滑動**이 생기지 않는데 **滑動**이 생기기 어렵다는 의미이며, **滑動**이 생기기 어려운 방향임을 알 수 있다.

그림 11.6(a)는 접합면이 단지 한 방향으로 평행하여 존재하는 예인데, 이 예에 한하지 않고 접합면이 복합하여 존재하는 경우에도 중합(superposition)의 원리를 써서 **極線圖**를 구할 수가 있다. 예를 들면 그림 11.7(a)는 서로 $\theta=30°$로 교차하는 6조의 접합면을 가진 암괴이다. 同圖 (b)는 암괴의 **合成極線圖**(resultant polar diagram)이며, 이 선도에서는 적당한 방향에서의 **線圖**를 각조에 대하여 그리고, 그러한 것을 조합해서 서로 중첩되는 부분은 삭제하고 구한 것이다. 이와 같은 **極線圖**는 그 암괴 一種의 **파괴특성**(failure characteristics)을 나타낸다고 볼 수 있다.

그런데 이와 같은 극선도에서 나타나는 파괴특성을 비교하면 접합면이 발달한 암괴, 일반적으로 표현하면 균열이 발달한 재료는 그 균열이 다른 방향을 향한 면의 수가 많

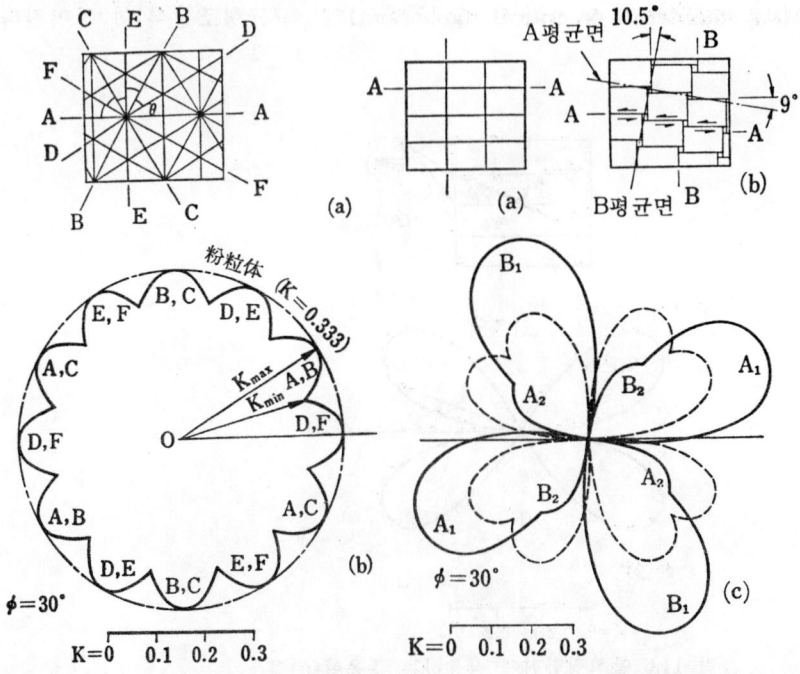

그림 11.7 (a), (b) (BRAY에 의함)   그림 11.8 (a), (b), (c) (BRAY에 의함)

을수록 **等方性**(isotropic)이 되는 경향이 있음을 알 수 있다. 예를 들면 粒狀 토질을 생각한 경우는 이것은 等方性 재료로 생각해도 되고 이 경우 상기의 극선도는 하나의 원형을 이루게 된다. 그리고 이와 같은 토질과 다르고, 규칙적으로 균열이 발달한 암석의 **擧動**은 본질적으로 異方性(anisotropy)을 나타내게 된다.

돌결(岩目)이 발달한 암괴가 어떤 외력을 받아서 변형된 경우를 생각하면, 변형되면 돌결(岩目) 모양이 변하고, 따라서 파괴특성이 변한다. 이것을 그림 11.8에서 설명한다. 그림 11.8(a)는 서로 직교하며 연속되는 돌결(岩目)을 갖는 암괴로 한다. 이 암괴의 極線圖는 같은 그림 (c)의 점선으로 표시된다. 이 암괴가 외력을 받아서 그림 (b)와 같이 변형된 경우를 생각하면 그것은 돌결(岩目)의 수직면과 수평면에서 滑動을 생기게 하며, 돌결(岩目)은 불연속이 되면서도 다수의 공극이 암괴 내에 형성되는 상태가 되므로 암괴자체도 체적이 증가한다. 그림 (c)의 실선은 암괴의 돌결(岩目)이 그림 (b)의 모양이 되었을 때의 극선도를 나타낸다. 그림 (c)의 점선과 실선의 極線圖를 비교해 보면 그림 (d)의 경우와 그림 (c)의 경우에 암괴의 파괴특성은 다르다. 바꿔 말하면 파괴하기 쉬운(변형하기 쉬운) 외력의 방향이 다르다는 것을 이해할 수 있다.

그런데 이상의 고찰에서 **돌결(岩目)이 발달한 암괴**(jointed rock)의 異方性의 擧動은 본질적으로 **조인트의 구성**(joint configuration)과 관련을 가지는 점, 암괴의 변형(이동현상)은 조인트의 배치를 바꾸게 되므로 따라서 그 암괴의 파괴특성을 바꾸게 되는 점, 조인트의 방향이 여러 방향을 향하고 있으면 있을수록 그 재료는 그 이상 균질등방성에 가까와지는 점 등을 알 수 있다.

11.4 층상암반의 물리상수[4]

층상암반의 물리상수에 대하여 생각해 보자. 그림 11.9와 같이 여러개의 2층으로 이루어진 층상암반이며 각층은 等方等質이라고 가정한다. 각층사이의부착상태는 각층 암석의 조성, 풍화침식의 정도 등에 따라 일반적으로 균질하지 않지만층사이의전단저항이 크고, 滑動이 생기지 않는 경우에는 층상암반을 전체적으로 보아서 그것과 等價한 성질을 갖는 等質 直交 異方性體로 바꿔 놓고 생각해도 되겠다. 또 한쪽의 층은 대단

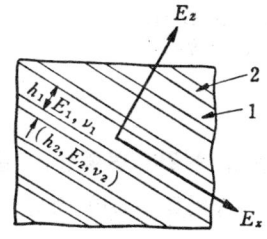

그림 11.9 이상화된 층상체

히 얇고, 또 층 상호간에 마찰이 없다(전단저항이 없다)고 가정하면 금이 간 암반의 상태에 가까워진다고 생각해 보자. 여기서는 전술한 상태 즉 層間이 완전히 부착되어 있는 경우에 대하여 等價암반의 물리상수를 생각해 본다.

지금 E_1, ν_1, G_1, ρ_1을 지층 1에 대한 영율, 포아송비, 剛性率 및 밀도로 하고, E_2, ν_2, G_2, ρ_2를 다른 층 2(이것은 割目에 따른 풍화부를 생각해도 좋다)의 영률, 포아송비, 剛性率 및 밀도로 한다. 층 1의 두께를 h_1, 층 2의 두께를 h_2로 하면 층 1의 암반전체에 대한 체적성분비는 $\gamma = h_1/(h_1+h_2)$이다. 지금 z축 방향에 작용하는 수직응력을 σ_z, 지층 1 및 지층 2에 생기는 변형을 각각 ε_1, ε_2 또 等價암반에 생기는 변형을 ε_z로 하면

$$\varepsilon_z = \frac{h_1\varepsilon_1 + h_2\varepsilon_2}{h_1+h_2} = \gamma\varepsilon_{z1} + (1-\gamma)\varepsilon_{z2} \tag{11.10}$$

이다. 그런데 σ_x, σ_y의 응력은 작용하지 않는 1축 응력상태를 생각하면 $\sigma_z/\varepsilon_{z1} = E_1$, $\sigma_z/\varepsilon_{z2} = E_2$, $\sigma_z/\varepsilon_z = E_z$이므로 이러한 것들을 식(11.10)에 대입하면

혹은
$$\left. \begin{array}{l} \dfrac{1}{E_z} = \dfrac{\gamma}{E_1} + \dfrac{(1-\gamma)}{E_2} \\[2mm] E_z = \dfrac{(h_1+h_2)E_1E_2}{h_1E_2 + h_2E_1} \end{array} \right\} \tag{11.11}$$

이 얻어진다.

다음에 x축 방향에 대하여 생각한다. x축 방향으로 등가암반에 작용하는 응력을 σ_x로 하고, 그 경우 층 1에 대하여 작용하고 있는 x축 방향의 응력을 σ_1, 마찬가지로 층 2에 작용하고 있는 응력을 σ_2로 하면 $\sigma_1/\varepsilon_1 = E_1$, $\sigma_2/\varepsilon_2 = E_2$, $\sigma_x/\varepsilon_x = E_x$이며

$$\varepsilon_1 = \varepsilon_2 = \varepsilon_x \tag{11.12}$$

인 관계도 성립할 것이다. 또 다음 식으로 표시되는 관계도 성립한다.

$$h_1\varepsilon_1 + h_2\varepsilon_2 = \varepsilon_x(h_1+h_2) \tag{11.13}$$

따라서 $h_1\varepsilon_1 E_1 + h_2\varepsilon_2 E_2 = (h_1+h_2)\varepsilon_x E_x$, 즉 탄성율에 관해서는

$$E_x = \frac{h_1E_1 + h_2E_2}{h_1+h_2} \tag{11.14}$$

를 얻는다. 等價剛性率 G_{zx}에 관해서는 식(11.11)과 같은 관계에 있으므로

$$G_{zx} = \frac{(h_1+h_2)G_1 \cdot G_2}{h_1G_2 + h_2G_1} \tag{11.15}$$

가 얻어진다.

x축 방향에 작용하는 σ_x에 대해서는 층 1, 층 2의 변형량은 같으므로 식(11.12)가 성립한다. 그리고 σ_x에 대한 z축 방향의 포아송비를 ν_{xz}라 하면, 다음 관계가 성립한다.

$$\nu_1 h_1 \varepsilon_1 + \nu_2 h_2 \varepsilon_2 = (h_1+h_2)\nu_{xz} \cdot \varepsilon_x$$

따라서 ν_{xz}에 관해서는 다음 식이 얻어진다.

$$\nu_{xz} = \frac{\nu_1 h_1 + \nu_2 h_2}{h_1 + h_2} \tag{11.16}$$

z축 방향의 변형 ε_z에 대한 x축 방향의 변형 ε_x의 비율, 즉 포아송비 ν_{zx}는 정의에 의해

$$\nu_{zx} = \frac{\varepsilon_x}{\varepsilon_z} = \frac{\sigma_x/E_x}{\sigma_z/E_z}$$

이다. E_x, E_z의 값을 대입하고, 또 $\nu_{xz} = \varepsilon_z/\varepsilon_x$의 관계가 있음을 생각하면 결국 다음 식이 얻어진다.

$$\nu_{zx} = \frac{(h_1 + h_2) E_1 E_2 (\nu_1 h_1 + \nu_2 h_2)}{(h_1 E_2 + h_2 E_1)(h_1 E_1 + h_2 E_2)} \tag{11.17}$$

또 층 1 및 층 2의 層高 및 탄성계수의 비를 각각

$$\alpha = \frac{h_2}{h_1}, \quad \beta = \frac{E_2}{E_1}$$

로 하면, 암반(등가암반)의 주탄성계수비 E_x/E_z는 다음과 같이 표현된다.

$$\frac{E_x}{E_z} = \frac{(1+\alpha\beta)(\alpha+\beta)}{(1+\alpha)^2 \beta}, \quad (E_x \geq E_z) \tag{11.18}$$

이 경우 E_z는 층과 수직이며, E_x는 층과 평행이므로 항상 $E_x \geq E_z$가 적용된다. 이와 같이 **直交異方性岩盤**(cross anisotropic or orthotropic rock)의 탄성정수가 정해지면 그러한 값을 써서 그 탄성암반 내의 응력상태를 산출할 수 있게 된다.

11.5 直交異方性體의 후크 법칙[5]

탄성적으로 대칭이며 서로 직교하는 평면을 가진 재료는 **直交異方性**(orthotropic) 재료라 부른다. 그림 11.19에 나타낸 바와 같이 x, y, z 축을 암괴 탄성의 대칭축에 일치하도록 하여 x축 방향의 종탄성계수를 E_1, σ_x에 대한 y축 및 z축 방향의 포아송비를 ν_{21} 및 ν_{31}이라 하면, σ_x만의 작용에 대하여

$$\frac{\sigma_x}{\varepsilon_x} = E_1 \quad \nu_{21} = -\frac{\varepsilon_y}{\varepsilon_x}, \quad \nu_{31} = -\frac{\varepsilon_z}{\varepsilon_x}$$

이다. 따라서

$$\varepsilon_y = -\nu_{21} \cdot \varepsilon_x = -\nu_{21} \cdot \sigma_x/E_1,$$
$$\varepsilon_z = -\nu_{31} \cdot \varepsilon_x = -\nu_{31} \cdot \sigma_x/E_1$$

이므로

$$\varepsilon_x = \frac{\sigma_x}{E_1}, \quad \varepsilon_y = -\frac{\nu_{21} \cdot \sigma_x}{E_1}, \quad \varepsilon_z = -\frac{\nu_{31} \cdot \sigma_x}{E_1} \qquad (11.19)$$

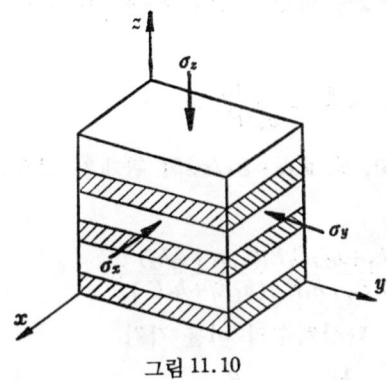

그림 11.10

이 된다. y, z 방향에 대해서도 각 탄성계수를 $(E_2, \nu_{32}, \nu_{12})$, $(E_3, \nu_{13}, \nu_{23})$라 하고 마찬가지 관계식이 얻어지므로 σ_x, σ_y, σ_z 각각의 응력에 대한 x, y, z 방향의 합성변형 ε_x, ε_y 및 ε_z는 다음과 같아진다.

$$\left.\begin{array}{l} \varepsilon_x = \dfrac{1}{E_1}\sigma_x - \dfrac{\nu_{12}}{E_2}\sigma_y - \dfrac{\nu_{13}}{E_3}\sigma_z \\[6pt] \varepsilon_y = -\dfrac{\nu_{21}}{E_1}\sigma_x + \dfrac{1}{E_2}\sigma_y - \dfrac{\nu_{23}}{E_3}\sigma_z \\[6pt] \varepsilon_z = -\dfrac{\nu_{31}}{E_1}\sigma_x - \dfrac{\nu_{32}}{E_2}\sigma_y + \dfrac{1}{E_3}\sigma_z \end{array}\right\} \qquad (11.20)$$

또 전단변형에 대해서는

$$\gamma_{yz} = \frac{1}{G_{23}}\tau_{yz}, \quad \gamma_{zx} = \frac{1}{G_{13}}\tau_{zx}, \quad \gamma_{xy} = \frac{1}{G_{12}}\tau_{xy}$$

이다(G_{12}는 x축, y축 사이의 전단계수(剛性率)를 나타낸다. 다른 것도 마찬가지). 이것이 直交異方性體에 관한 3차원인 경우의 Hooke의 법칙이다.

단, 변형에너지 함수의 존재로부터

$$\frac{\nu_{12}}{E_2} = \frac{\nu_{21}}{E_1}, \quad \frac{\nu_{23}}{E_3} = \frac{\nu_{32}}{E_2}, \quad \frac{\nu_{31}}{E_1} = \frac{\nu_{13}}{E_3} \qquad (11.21)$$

가 성립하므로, 6개의 포아송비 중 3개는 독립이 아니다.

식(11.20)은 다음의 기호를 써서 간단히 나타낼 수 있다.

11.5 직교이방성체의 훅법칙

$$\left.\begin{array}{l}\varepsilon_x = a_{11}\sigma_x + a_{12}\sigma_y + a_{13}\sigma_z \\ \varepsilon_y = a_{21}\sigma_x + a_{22}\sigma_y + a_{23}\sigma_z \\ \varepsilon_z = a_{31}\sigma_x + a_{32}\sigma_y + a_{33}\sigma_z \\ \gamma_{yz} = a_{44}\tau_{yz}, \quad \gamma_{xz} = a_{55}\tau_{xz}, \quad \gamma_{xy} = a_{66}\tau_{xy} \end{array}\right\} \quad (11.22)$$

또 材料係數(compliance coefficient)[혹은 材料定數(modulus of compliance)라 부른다] a_{ij} 는

$$a_{ij} = a_{ji} \quad (11.23)$$

의 관계에 있음을 식(11.21)의 관계로부터 알 수 있다. 그래서 식(11.22)에는 9개의 독립계수가 존재한다. 이러한 계수와 영률 E, 剛性率 G 및 포아송비 사이에는 다음의 관계가 있다.

$$\left.\begin{array}{llll} a_{11} = \dfrac{1}{E_1}, & a_{44} = \dfrac{1}{G_{23}}, & a_{23} = -\dfrac{\nu_{23}}{E_2}, & a_{22} = -\dfrac{\nu_{32}}{E_3}, \\ a_{22} = \dfrac{1}{E_2}, & a_{55} = \dfrac{1}{G_{13}}, & a_{31} = -\dfrac{\nu_{31}}{E_3}, & a_{13} = -\dfrac{\nu_{13}}{E_1}, \\ a_{33} = \dfrac{1}{E_3}, & a_{66} = \dfrac{1}{G_{12}}, & a_{12} = -\dfrac{\nu_{12}}{E_1}, & a_{21} = -\dfrac{\nu_{21}}{E_2}. \end{array}\right\} \quad (11.24)$$

또 식(11.21)이 성립하기 위해서는 포아송비 사이에 다음 관계가 존재하여야 한다.

$$\nu_{23} \cdot \nu_{31} \cdot \nu_{12} = \nu_{32} \cdot \nu_{13} \cdot \nu_{21} \quad (11.25)$$

2차원 문제로 취급할 수 있는 直交異方性體에서는 탄성대칭축 방향에 직교 좌표축을 잡으면(그림 11.11), 후크의 법칙은 식(11.20) 혹은 식(11.22)을 참조하면 다음과 같이 쓸 수 있다.

$$\left.\begin{array}{l} \varepsilon_x = a_{11}\sigma_x + a_{12}\sigma_y \\ \varepsilon_y = a_{12}\sigma_x + a_{22}\sigma_y \\ \varepsilon_z = a_{13}\sigma_x + a_{23}\sigma_y \\ \gamma_{xy} = a_{66}\tau_{xy} \end{array}\right\} \quad (11.26)$$

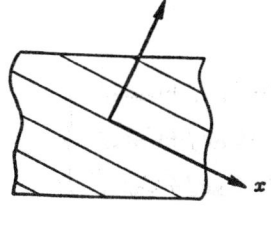

그림 11.11

이러한 것들의 재료계수는 식(11.20)에서 평면 변형상태에 대해서는

$$
\left.\begin{array}{l}
a_{11}=\dfrac{1}{E_1}-\dfrac{\nu^2_{13}}{E_1}, \quad a_{12}=-\left(\dfrac{\nu_{12}}{E_2}+\dfrac{\nu_{13}\cdot\nu_{23}}{E_2}\right), \\[2mm]
a_{22}=\dfrac{1}{E_2}-\dfrac{\nu^2_{23}}{E_2}, \quad a_{13}=a_{23}=0, \quad a_{66}=\dfrac{1}{G_{12}} \\[2mm]
\text{평면응력상태에 대해서는} \\[2mm]
a_{11}=\dfrac{1}{E_1}, \quad a_{12}=-\dfrac{\nu_{12}}{E_2}=-\dfrac{\nu_{21}}{E_1}, \quad a_{22}=\dfrac{1}{E_2}, \\[2mm]
a_{13}=-\dfrac{\nu_{31}}{E_1}, \quad a_{23}=-\dfrac{\nu_{32}}{E_2}, \quad a_{66}=\dfrac{1}{G_{12}}
\end{array}\right\} \quad (11.27)
$$

이다. 따라서 평면 응력상태의 경우에 다음 식(11.26)을 매트릭스로 표시하면 다음 식이 된다[6].

$$
\begin{bmatrix}\varepsilon_x\\ \varepsilon_y\\ \gamma_{xy}\end{bmatrix}=\begin{bmatrix}a_{11}&a_{12}&0\\ a_{21}&a_{22}&0\\ 0&0&0\end{bmatrix}\begin{bmatrix}\sigma_x\\ \sigma_y\\ \tau_{xy}\end{bmatrix}=\begin{bmatrix}1/E_1&-\nu_{21}/E_1&0\\ -\nu_{12}/E_2&1/E_2&0\\ 0&0&1/G_{12}\end{bmatrix}\begin{bmatrix}\sigma_x\\ \sigma_y\\ \tau_{xy}\end{bmatrix} \quad (11.28)
$$

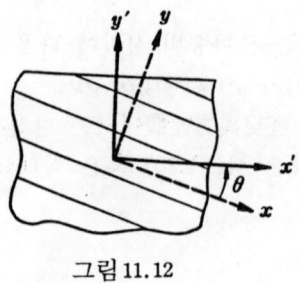

그림 11.12

x, y축이 탄성 대칭축과 일치하지 않는 경우 (그림 11.12)에는, 식(11.26) $x-y$ 좌표의 응력성분을 다른 $x'-y'$ 좌표의 응력성분으로 변환하는 식 및 $x-y$ 좌표의 변형성분을 $x'-y'$ 좌표의 변형성분으로 변환하는 식을 조합하면 다음 식으로 표시되는 Hooke의 법칙이 구해진다.

$$
\left.\begin{array}{l}
\varepsilon_x'=C_{11}\sigma_x'+C_{12}\sigma_y'+C_{16}\tau_{xy}' \\
\varepsilon_y'=C_{12}\sigma_x'+C_{22}\sigma_y'+C_{26}\tau_{xy}' \\
\gamma_{xy}'=C_{16}\sigma_x'+C_{26}\sigma_y'+C_{66}\tau_{xy}'
\end{array}\right\} \quad (11.29)
$$

여기서

11.5 직교이방성체의 훅법칙

$$\left.\begin{aligned}
C_{11} &= a_{11}l_1^4 + a_{22}m_1^4 + (2a_{12}+a_{66})l_1^2 m_1^2 \\
C_{22} &= a_{11}m_1^4 + a_{22}l_1^4 + (2a_{12}+a_{66})l_1^2 m_1^2 \\
C_{66} &= a_{66} + 4(a_{11}+a_{22}-2a_{12}-a_{66})l_1^2 m_1^2 \\
C_{12} &= a_{12} + (a_{11}+a_{22}-2a_{12}-a_{66})l_1^2 m_1^2 \\
C_{16} &= 2a_{11}l_1^3 m_1 + 2a_{22}l_1 m_1^3 + (2a_{12}+a_{66})l_1 m_1(l_1^2 - m_1^2) \\
C_{26} &= -2a_{11}l_1 m_1^3 + 2a_{22}l_1^3 m_1 - (2a_{12}+a_{66})l_1 m_1(l_1^2 - m_1^2)
\end{aligned}\right\} \quad (11.30)$$

여기서 $l_1 = \cos\theta$, $m_1 = \sin\theta$ 이므로 윗 식은 아래 식과 동일하다.

$$\begin{bmatrix} \varepsilon_x' \\ \varepsilon_y' \\ \gamma_{xy}' \end{bmatrix} = \begin{bmatrix} 1/E_1' & 1/F & 1/H \\ 1/F & 1/E_2' & 1/K \\ 1/H & 1/K & 1/G_{12}' \end{bmatrix} \cdot \begin{bmatrix} \sigma_x' \\ \sigma_y' \\ \tau_{xy}' \end{bmatrix} \quad (11.31)$$

여기서

$$\left.\begin{aligned}
\frac{1}{E_1'} &= \frac{\cos^4\theta}{E_1} + \frac{\sin^4\theta}{E_2} + \sin^2\theta \cdot \cos^2\theta \left(\frac{1}{G_{12}} - \frac{2\nu_{21}}{E_1}\right) \\
\frac{1}{E_2'} &= \frac{\sin^4\theta}{E_1} + \frac{\cos^4\theta}{E_2} + \sin^2\theta \cdot \cos^2\theta \left(\frac{1}{G_{12}} - \frac{2\nu_{21}}{E_1}\right) \\
\frac{1}{G_{12}'} &= \frac{1}{G_{12}} + 4\sin^2\theta \cdot \cos^2\theta \left(\frac{1}{E_1} + \frac{1}{E_2} + \frac{2\nu_{21}}{E_1} - \frac{1}{G_{12}}\right) \\
\frac{1}{F} &= -\frac{\nu_{21}}{E_1} + \sin^2\theta \cdot \cos^2\theta \left(\frac{1}{E_1} + \frac{1}{E_2} + \frac{2\nu_{21}}{E_1} - \frac{1}{G_{12}}\right) \\
\frac{1}{H} &= 2\cos^3\theta \cdot \sin\theta \left(\frac{1+\nu_{21}}{E_1}\right) - 2\sin^3\theta \cdot \cos\theta \left(\frac{1+\nu_{12}}{E_2}\right) \\
&\quad - \sin\theta \cdot \cos\theta(\cos^2\theta - \sin^2\theta) \cdot \frac{1}{G_{12}} \\
\frac{1}{K} &= 2\cos\theta \cdot \sin^3\theta \left(\frac{1+\nu_{21}}{E_1}\right) - 2\sin\theta \cdot \cos^3\theta \left(\frac{1+\nu_{12}}{E_2}\right) \\
&\quad + \sin\theta \cdot \cos\theta(\cos^2\theta - \sin^2\theta) \cdot \frac{1}{G_{12}}
\end{aligned}\right\} \quad (11.32)^{7)}$$

식(11.32)에서 $\theta = 45°$일 때는 첫번째 식으로부터

$$\frac{1}{G_{12}} = \frac{4}{E_{45°}} - \left(\frac{1}{E_1} + \frac{1}{E_2} - \frac{2\nu_{21}}{E_1}\right) \quad (11.33)^{7)}$$

가 되고 G_{12}는 45° 방향의 인장탄성계수 $E_{45°}$와 E_1, E_2, ν_{21}로 나타낼 수가 있다.

11.6 異方性體의 탄성계수[8]

(가장 일반화된 후크의 법칙)

식(11.22)는 直交異方性體에 관한 후크의 법칙인데, 가장 일반화된 후크의 법칙은 탄성체의 어떤 점에서의 응력성분은 각각 그 점에서의 변형성분의 1차 함수라고 생각되므로 다음 식으로 표시할 수가 있다.

$$\left.\begin{array}{l}\sigma_x = a_{11}\varepsilon_x + a_{12}\varepsilon_y + a_{13}\varepsilon_z + a_{14}\gamma_{yz} + a_{15}\gamma_{zx} + a_{16}\gamma_{xy} \\ \sigma_y = a_{21}\varepsilon_x + a_{22}\varepsilon_y + a_{23}\varepsilon_z + a_{24}\gamma_{yz} + a_{25}\gamma_{zx} + a_{26}\gamma_{xy} \\ \sigma_z = a_{31}\varepsilon_x + a_{32}\varepsilon_y + a_{33}\varepsilon_z + a_{34}\gamma_{yz} + a_{35}\gamma_{zx} + a_{36}\gamma_{xy} \\ \tau_{yz} = a_{41}\varepsilon_x + a_{42}\varepsilon_y + a_{43}\varepsilon_z + a_{44}\gamma_{yz} + a_{45}\gamma_{zx} + a_{46}\gamma_{xy} \\ \tau_{zx} = a_{51}\varepsilon_x + a_{52}\varepsilon_y + a_{53}\varepsilon_z + a_{54}\gamma_{yz} + a_{55}\gamma_{zx} + a_{56}\gamma_{xy} \\ \tau_{xy} = a_{61}\varepsilon_x + a_{62}\varepsilon_y + a_{63}\varepsilon_z + a_{64}\gamma_{yz} + a_{65}\gamma_{zx} + a_{66}\gamma_{xy}\end{array}\right\} \quad (11.34)$$

따라서 36개의 탄성계수가 존재하게 된다. 그러나 단위체적당 응력이 하는 일은 응력과 그 방향의 변형의 곱의 합이다. 이 변형에 의한 일을 δW로 나타내면

$$\delta W = \sigma_x \delta\varepsilon_x + \sigma_y \delta\varepsilon_y + \sigma_z \delta\varepsilon_z + \tau_{yz}\delta\gamma_{yz} + \tau_{zx}\delta\gamma_{zx} + \tau_{xy}\delta\gamma_{xy} \quad (11.35)$$

그런데 이 식은 LOVE의 설명과 같이[9], 완전미분을 나타내며 변형에너지 함수 W가 존재하게 된다. 따라서 예를 들면

$$\frac{\partial \sigma_x}{\partial \varepsilon_y} = \frac{\partial \sigma_y}{\partial \varepsilon_x} = \frac{\partial^2 W}{\partial \varepsilon_x \partial \varepsilon_y}$$

등의 관계가 15쌍이 되므로 탄성계수 사이에는 다음 관계가 나타난다.

$$a_{12}=a_{21}, \quad a_{13}=a_{31}, \quad a_{14}=a_{41}, \quad a_{15}=a_{51}, \quad a_{16}=a_{61}$$
$$a_{23}=a_{32}, \quad a_{24}=a_{42}, \quad a_{25}=a_{52}, \quad a_{26}=a_{62}$$
$$a_{34}=a_{43}, \quad a_{35}=a_{53}, \quad a_{36}=a_{63}$$
$$a_{45}=a_{54}, \quad a_{46}=a_{64}$$
$$a_{56}=a_{65}$$

그래서 독립 상수는 21개가 된다. 그리고 만일 고체의 탄성적 성질에 대칭성이 있으면 그에 따라서 독립 탄성상수는 감소된다. 예를 들면 z축이 대칭축이고, 180°회전하여도 동일한 성질을 갖는다고 하면 그 회전 후의 좌표를 x', y', z라고 하면 $x'=-x, y'=-y, z'=z$이므로 $\gamma_{y'z'}=-\gamma_{yz}, \gamma_{z'x'}=-\gamma_{zx}, \tau_{y'z'}=-\tau_{yz}, \tau_{z'x'}=-\tau_{zx}$만큼은 부호가 변화한다. 이것을 윗 식에 대입해서 변화하는 항이 있다고 하는 것은 탄성적 성질이

동일하다는 것과 모순되므로 그 항의 계수는 영이 되어야 하는 것이다. 즉

$$\alpha_{14}=\alpha_{15}=\alpha_{24}=\alpha_{25}=\alpha_{34}=\alpha_{35}=\alpha_{46}=\alpha_{56}=0 \tag{11.36}$$

이며, 따라서 상수는 21-8=13개가 된다. 이와 같이 하여 x, y, z 축과 함께 180° 회전하여도 동일한 성질일 때는 상기한 것 외에

$$\alpha_{16}=\alpha_{26}=\alpha_{36}=\alpha_{45}=0 \tag{11.37}$$

이 된다. 이것은 이미 기술한 바와 같이 일반적인 **直交異方性體**(anisotropic body)라고 이름을 붙인 것이며, 이 경우 상수는 9개가 된다. 마찬가지로 탄성체의 대칭성에 따라서 여러 가지 경우가 성립한다. 등방성의 경우에는 상기한 直交異方體 외에

$$\alpha_{11}=\alpha_{22}=\alpha_{33}, \quad \alpha_{12}=\alpha_{13}=\alpha_{23}, \quad \alpha_{44}=\alpha_{55}=\alpha_{66}$$

및

$$\alpha_{66}=\frac{1}{2}(\alpha_{11}-\alpha_{12})$$

라는 조건이 되어 독립된 것은 2개가 된다. 그것을 α_{12}, α_{44}로 잡았다면

$$\alpha_{12}=\lambda, \; \alpha_{44}=\mu \tag{11.38}$$

로 표시하면

$$\alpha_{11}=\alpha_{22}=\alpha_{33}=\lambda+2\mu \tag{11.39}$$

$$\alpha_{13}=\alpha_{23}=\alpha_{12}=\lambda \tag{11.40}$$

$$\alpha_{44}=\alpha_{55}=\alpha_{66}=\mu \tag{11.41}$$

이 된다. 이 λ, μ는 LAMÉ의 **彈性常數**이다.

등방성에 대한 탄성상수의 표현방법은 이 LAMÉ 의 상수 외에 E, G, ν, m(포아송상수) 및 k가 있는데, 독립된 것이 2개인 점에는 차이는 없으며 따라서 그 어느 것이든 두 개를 취하여 다른 계수를 나타낼 수 있을 것이며, 1.5에 기술한 바와 같은 관계가 있다.

11.7 直交異方性體의 탄성계수

탄성체 내에 서로 직교하는 세 개의 좌표축을 생각하고, 그 축의 주변을 180° 회전하여도 동일한 성질이 있을 때에는 그 물체는 直交異方性體(orthotropic body)라고 부르는 것이며 이미 기술한 바와 같이 식(11.36) 및 식(11.37)의 조건이 있으므로 결국 탄성상수는 9개가 되며, 변형과 응력의 관계는 아래와 같다.

$$\left.\begin{array}{l}\sigma_x=\alpha_{11}\varepsilon_x+\alpha_{12}\varepsilon_y+\alpha_{13}\varepsilon_z \\ \sigma_y=\alpha_{12}\varepsilon_x+\alpha_{22}\varepsilon_y+\alpha_{23}\varepsilon_z \\ \sigma_z=\alpha_{13}\varepsilon_x+\alpha_{23}\varepsilon_y+\alpha_{33}\varepsilon_z \\ \tau_{yz}=\alpha_{44}\gamma_{yz},\quad \tau_{zx}=\alpha_{55}\gamma_{zx},\quad \tau_{xy}=\alpha_{66}\gamma_{xy}\end{array}\right\} \quad (12.42)$$

혹은 또, 이것을 반대로 $\varepsilon_x, \varepsilon_y, \varepsilon_z\cdots$ 에 대하여 풀면, 이미 기술한 바와 같이 다음식, 즉 식(11.22)가 얻어진다.

$$\left.\begin{array}{l}\varepsilon_x=a_{11}\sigma_x+a_{12}\sigma_y+a_{13}\sigma_z \\ \varepsilon_y=a_{21}\sigma_x+a_{22}\sigma_y+a_{23}\sigma_z \\ \varepsilon_z=a_{31}\sigma_x+a_{32}\sigma_y+a_{33}\sigma_z \\ \gamma_{yz}=a_{44}\tau_{yz},\quad \gamma_{zx}=a_{55}\tau_{zx},\quad \gamma_{xz}=a_{66}\tau_{xy}\end{array}\right\} \quad (11.22)$$

이러한 **直交異方性體**의 **변형에너지 함수** W는 다음과 같다.

$$2W=\alpha_{11}\varepsilon_x^2+\alpha_{22}\varepsilon_y^2+\alpha_{33}\varepsilon_z^2+2\alpha_{12}\varepsilon_x\varepsilon_y+2\alpha_{13}\varepsilon_x\varepsilon_z$$
$$+2\alpha_{23}\varepsilon_y\varepsilon_z+\alpha_{44}\gamma_{yz}^2+\alpha_{55}\gamma_{zx}^2+\alpha_{66}\gamma_{xy}^2 \quad (11.43)$$

특별한 경우로 $\alpha_{11}=\alpha_{22}=\alpha_{33}$, $\alpha_{12}=\alpha_{13}=\alpha_{23}$, $\alpha_{44}=\alpha_{55}=\alpha_{66}$인 경우가 있으며 이것은 3개의 독립 계수로 이루어져 있는데, 이 경우는 **正方晶系的**이라고 한다. 이 밖에 다시 $\alpha_{44}=1/2(\alpha_{11}-\alpha_{12})$의 관계가 첨가되면 등방성이 된다.

다시 특별한 것으로 변형에너지 함수 W가 다음에 기술한 형태로 쓰이는 것이 있다.

$$2W=\alpha_{11}(\varepsilon_x^2+\varepsilon_y^2)+\alpha_{33}\varepsilon_z^2+2\alpha_{23}(\varepsilon_y+\varepsilon_x)\varepsilon_z$$
$$+2(\alpha_{11}-2\alpha_{66})\varepsilon_x\varepsilon_y+\alpha_{44}(\gamma_{yz}^2+\gamma_{zx}^2)+\alpha_{66}\gamma_{xy}^2 \quad (11.44)$$

즉

$$\alpha_{11}=\alpha_{22},\quad \alpha_{13}=\alpha_{23},\quad \alpha_{12}=\alpha_{11}-2\alpha_{66},\quad \alpha_{44}=\alpha_{55}$$

가 되며, 독립 계수는 5개가 된다. 이것은 z축과 직교하는 방향은 모두 동일한 탄성계수를 가지는 것이며, 이와 같은 재료의 성질은 **橫等方性**(transversely isotropic)이라 한다.

그런데 식(11.42)에 나타난 탄성계수 a_{11}을, 종탄성계수 E_x, E_y, E_z로 바꿔 쓰면

$$\frac{1}{E_x}=\frac{(\alpha_{22}\alpha_{33}-\alpha_{23})^2}{\begin{vmatrix}\alpha_{11}&\alpha_{12}&\alpha_{13}\\ \alpha_{12}&\alpha_{22}&\alpha_{23}\\ \alpha_{13}&\alpha_{23}&\alpha_{33}\end{vmatrix}} \quad (11.45)$$

등이 된다. 또 다음과 같이 F_x, F_y, F_z를 정하면

$$\frac{2}{F_x} = \frac{2(\alpha_{13}\alpha_{12}-\alpha_{11}\alpha_{23})}{\begin{vmatrix} \alpha_{11} & \alpha_{12} & \alpha_{13} \\ \alpha_{12} & \alpha_{22} & \alpha_{23} \\ \alpha_{13} & \alpha_{23} & \alpha_{33} \end{vmatrix}} + \frac{1}{\alpha_{44}} \tag{11.46}$$

탄성대칭축 x, y, z와 方向余弦이 l, m, n인 방향의 종탄성계수 E는

$$\frac{1}{E} = \frac{l^4}{E_x} + \frac{m^4}{E_y} + \frac{n^4}{E_z} + \frac{2m^2n^2}{F_x} + \frac{2n^2l^2}{F_y} + \frac{2l^2m^2}{F_z} \tag{11.47}$$

로 주어진다.

11.8 直交異方性體의 평면 문제[9,10]

바닥의 중앙면을 xy면으로 하고, 그것이 탄성 대칭면이라고 하자. 그러면 응력성분과 변형성분 사이에는 일반적으로 다음 관계가 성립한다.

$$\left. \begin{aligned} \varepsilon_x &= a_{11}\sigma_x + a_{12}\sigma_y + a_{13}\sigma_z + a_{16}\tau_{xy} \\ \varepsilon_y &= a_{12}\sigma_x + a_{22}\sigma_y + a_{23}\sigma_z + a_{26}\tau_{xy} \\ \varepsilon_z &= a_{13}\sigma_x + a_{23}\sigma_y + a_{33}\sigma_z + a_{36}\tau_{xy} \\ \gamma_{yz} &= a_{44}\tau_{yz} + a_{46}\tau_{xy} \\ \gamma_{zx} &= a_{46}\tau_{yz} + a_{55}\tau_{zx} \\ \gamma_{xy} &= a_{16}\sigma_x + a_{26}\sigma_y + a_{36}\sigma_z + a_{66}\tau_{xy} \end{aligned} \right\} \tag{11.48}$$

그런데 일반화한 평면 응력상태에서는 $\sigma_z = \tau_{yz} = \tau_{zx} = 0$이므로 윗 식은 다음 식이 된다.

$$\left. \begin{aligned} \varepsilon_x &= a_{11}\sigma_x + a_{12}\sigma_y + a_{16}\tau_{xy} \\ \varepsilon_y &= a_{12}\sigma_x + a_{22}\sigma_y + a_{26}\tau_{xy} \\ \gamma_{xy} &= a_{13}\sigma_x + a_{26}\sigma_y + a_{66}\tau_{xy} \end{aligned} \right\} \tag{11.49}$$

또, 만일 평면 변형상태이면 $\sigma_z = 0$ 대신에 $\varepsilon_z = 0$로 하면 되므로 다음 식이 된다.

$$\left. \begin{aligned} \varepsilon_x &= b_{11}\sigma_x + b_{12}\sigma_y + b_{16}\tau_{xy} \\ \varepsilon_y &= b_{12}\sigma_x + b_{22}\sigma_y + b_{26}\tau_{xy} \\ \gamma_{xy} &= b_{16}\sigma_x + b_{26}\sigma_y + b_{66}\tau_{xy} \end{aligned} \right\} \tag{11.50}$$

b_{ik}는 a에 의하여 다음과 같이 표현된다.

$$b_{ik} = \frac{a_{ik}a_{33} - a_{i3}a_{k3}}{a_{33}} \tag{11.51}$$

또

$$\sigma_z = -\frac{1}{a_{33}}(a_{13}\sigma_x + a_{23}\sigma_y + a_{36}\tau_{xy}) \tag{11.52}$$

이 된다. 혹은 b_{ik} 대신에 식(11.42)의 a_{ik} 값을 사용해도 좋다.

直交異方性에서 그 대칭축에 x, y를 잡으면 윗 식에서 $a_{16}=a_{26}=a_{36}=0$이 된다. 따라서 x, y 대칭축이 아닐 때에는 形은 식(11.49), (11.50)이지만 독립 계수는 4개에 불과하다. 지금 대칭축을 X, Y축으로 잡았을 때의 계수를 다음과 같이 나타내기로 한다.

$$\left.\begin{array}{l}\varepsilon_x = c_{11}\sigma_x + c_{12}\sigma_y \\ \varepsilon_y = c_{12}\sigma_x + c_{22}\sigma_y \\ \gamma_{xy} = c_{66}\tau_{xy}\end{array}\right\} \tag{11.53}$$

이 c에 식(11.49)중에서 a를 나타내면 다음과 같아진다. 단 x축의 방향이 x축에서 θ 만큼 회전한 방향에 있는 것으로 한다.

$$\left.\begin{array}{l}\varepsilon_x = \{c_{11}\cos^4\theta + c_{22}\sin^4\theta + (2c_{12}+c_{66})\cos^2\theta\cdot\sin^2\theta\}\sigma_x \\ \quad + \{c_{12} + [c_{11}+c_{22}-(2c_{12}+c_{66})]\cos^2\theta\cdot\sin^2\theta\}\sigma_y \\ \quad + \{2c_{11}\cos^3\theta\cdot\sin\theta - 2c_{22}\cos\theta\cdot\sin^3\theta \\ \quad - (2c_{12}+c_{66})(\cos^2\theta-\sin^2\theta)\cos\theta\cdot\sin\theta\}\tau_{xy} \\ \varepsilon_y = \{c_{12}+[c_{11}+c_{22}-(2c_{12}+c_{66})]\cos^2\theta\cdot\sin^2\theta\}\sigma_x \\ \quad + \{c_{11}\sin^4\theta + c_{22}\cos^4\theta + (2c_{12}+c_{66})\cos^2\theta\cdot\sin^2\theta\}\sigma_y \\ \quad + \{2c_{11}\cos\theta\cdot\sin^3\theta - 2c_{22}\cos^3\theta\cdot\sin\theta \\ \quad + (2c_{12}+c_{66})(\cos^2\theta-\sin^2\theta)\cos\theta\cdot\sin\theta\}\tau_{xy} \\ \gamma_{xy} = \{2c_{11}\cos^3\theta\cdot\sin\theta - 2c_{22}\cos\theta\cdot\sin^3\theta \\ \quad - (2c_{12}+c_{66})(\cos^2\theta-\sin^2\theta)\cos\theta\cdot\sin\theta\}\sigma_x \\ \quad + \{2c_{11}\cos\theta\cdot\sin^3\theta - 2c_{22}\cos^3\theta\cdot\sin\theta \\ \quad + (2c_{12}+c_{66})(\cos^2\theta-\sin^2\theta)\cos\theta\cdot\sin\theta\}\sigma_y \\ \quad + \{c_{66}+4[c_{11}+c_{22}-(2c_{12}+c_{66})]\cos^2\theta\cdot\sin^2\theta\}\tau_{xy},\end{array}\right\} \tag{11.54}$$

그런데 이와 같이 정해진 $a_{11}, \cdots\cdots, a_{66}$을 사용해서 일반화한 평면 응력상태의 문제를 생각해 보자. 물체력이 없는 경우를 생각하면 응력의 균형식으로부터 다음 응력 함수를 도입할 수 있는 것은 등방성의 경우와 마찬가지이다.

11.8 직교이방성체의 평면문제

$$\sigma_x = \frac{\partial^2 F}{\partial y^2}, \quad \sigma_y = \frac{\partial^2 F}{\partial x^2}, \quad \tau_{xy} = -\frac{\partial^2 F}{\partial x \partial y} \tag{11.55}$$

또 변형성분을 변위 u, v로 나타내고 이로부터 u, v를 소거한 적합조건식도 등방성과 같이

$$\frac{\partial^2 \varepsilon_x}{\partial x^2} + \frac{\partial^2 \varepsilon_y}{\partial y^2} = \frac{\partial^2 \gamma_{xy}}{\partial x \partial y} \tag{11.56}$$

이다. 식(11.49)의 응력을 식(11.55)의 응력함수로 표시하고 변형성분을 식(11.56)에 대입하면 다음 식이 된다.

$$a_{22}\frac{\partial^4 F}{\partial x^4} - 2a_{26}\frac{\partial^4 F}{\partial x^3 \partial y} + (2a_{12}+a_{66})\frac{\partial^4 F}{\partial x^2 \partial y^2} - 2a_{16}\frac{\partial^4 F}{\partial x \partial y^3} + a_{11}\frac{\partial^4 F}{\partial y^4} = 0 \tag{11.57}$$

이 식은 直交異方性板의 임의의 방향(즉 그림 11.12에서 x', y'의 방향)에 x, y축을 잡은 경우 응력함수 F가 만족해야 하는 식이다. 또 x, y축이 탄성 대칭축과 일치할 때에는(그림 11.11),

$$c_{22}\frac{\partial^4 F}{\partial x^4} + (2c_{12}+c_{66})\frac{\partial^4 F}{\partial x^2 \partial y^2} + c_{11}\frac{\partial^4 F}{\partial y^4} = 0 \tag{11.58}$$

의 形이 된다. 평면 변형의 경우에는 식(11.57)의 a_{ik} 대신에 b_{ik}를 사용하면 된다. 또 식(11.58)의 계수도 대응되는 것으로 치환되게 된다.

보통 사용되는 탄성계수와 c를 비교하면 종탄성계수를 E_x, E_y, 횡탄성계수를 G_{xy}, $x(y)$ 방향의 연장에 의한 $y(x)$ 방향의 압축을 나타내는 포아송비를 $\nu_{yx}(\nu_{xy})$로 나타내면 평면 응력상태에서는(식 11.27 참조),

$$c_{11} = \frac{1}{E_x}, \quad c_{22} = \frac{1}{E_y}, \quad c_{66} = \frac{1}{G_{xy}}, \quad \frac{\nu_{yx}}{E_x} = \frac{\nu_{xy}}{E_y} = -c_{12} \tag{11.59}$$

가 된다. 즉 ν_{yx}와 ν_{xy}는 독립이 아니며 윗 식과 같은 관계가 있다.

식(11.58) 대신에 다음 형태로 나타낼 수도 있다.

$$e^2\frac{\partial^4 F}{\partial x^4} + e(2+g)\frac{\partial^4 F}{\partial x^2 \partial y^2} + \frac{\partial^4 F}{\partial y^4} = 0 \tag{11.60}$$

여기서

$$e = \sqrt{E_x/E_y}, \quad g = \frac{\sqrt{E_x E_y}}{G_{xy}} - 2(1+\sqrt{\nu_{yx}\cdot\nu_{xy}}) \tag{11.61}$$

이다.

식(11.59)에 대응하여 평면 변형상태에 대해서는 다음 식이 성립한다.

$$\left.\begin{array}{l} c_{11} = (1-\nu_{xz}\cdot\nu_{zx})/E_x, \quad c_{22} = (1-\nu_{yz}\cdot\nu_{zy})/E_y \\ c_{12} = -(\nu_{yz}\cdot\nu_{zy})/E_x, \quad c_{66} = 1/G_{xy} \end{array}\right\} \tag{11.62}$$

다만 ν_{zx}, ν_{zy}는 각각 z축 방향에 관한 x축, y축 방향의 포아송비이다.

11.9 直交異方性 탄성체에서의 변위식[11]

2차원 문제로 直交異方性의 x, y축을 탄성 대칭축과 일치시키면(그림 11.11), 식(11.58)이 성립하였다. 즉

$$c_{22}\frac{\partial^4 F}{\partial x^4} + (2c_{12}+c_{66})\frac{\partial^4 F}{\partial x^2 \partial y^2} + c_{11}\frac{\partial^4 F}{\partial y^4} = 0 \tag{11.58}$$

윗 식의 근은 $s_1=i\beta_1$, $s_2=i\beta_2$, $s_3=-i\beta_1$, $s_4=-i\beta_2$(β_1, β_2는 실정수)가 되며, 이러한 정수 β_1, β_2는 다음과 같아진다.

$$\beta_1^2\beta_2^2 = c_{22}/c_{11}, \quad \beta_1^2+\beta_2^2 = (2c_{12}+c_{66})/c_{11} \tag{11.63}$$

식(11.58)의 일반 풀이는 다음 형태로 표시된다.

$$F(x,y) = U_1(z_1) + U_2(z_2) + \overline{U_1(z_1)} + \overline{U_2(z_2)} \tag{11.64}$$

여기서 $z_k = x + s_k y (k=1, 2)$이며, $U_1(z_1)$ 및 $U_2(z_2)$는 해석함수이다. 이제

$$\varphi(z_1) = \frac{dU_1}{dz_1}, \quad \psi(z_2) = \frac{dU_2}{dz_2}$$

라 하면 $\overline{\varphi(z_1)} = d\overline{U_1}/d\overline{z_1}$, $\overline{\psi(z_2)} = d\overline{U_2}/d\overline{z_2}$가 되고 식(11.64)로 주어지는 응력함수로부터 각 응력성분은 두 가지의 해석 함수 $\varphi(z_1)$과 $\psi(z_2)$에 의해 다음과 같이 표현된다.

$$\left.\begin{array}{l} \sigma_x = \dfrac{\partial^2 F}{\partial y^2} = 2R_e[s_1^2 \varphi'(z_1) + s_2^2 \psi'(z_2)] \\[2mm] \sigma_y = \dfrac{\partial^2 F}{\partial x^2} = 2R_e[\varphi'(z_1) + \psi'(z_2)] \\[2mm] \tau_{xy} = -\dfrac{\partial^2 F}{\partial x \partial y} = -2R_e[s_1\varphi'(z_1) + s_2\psi'(z_2)] \end{array}\right\} \tag{11.65}$$

여기서 R_e는 [ ]내의 실수부를 나타내며, $\varphi'(z_1) = \partial\varphi/\partial z$, $\psi'(z_2) = \partial\psi/\partial z_2$이다.

다음에 x, y방향의 변위를 $u(x, y)$ 및 $v(x, y)$로 표현하면 평면 문제에서의 각 성분 변형은 식(11.53)에 나타낸 바와 같이 일반적으로 다음 식으로 주어진다.

$$\varepsilon_x = \frac{\partial u}{\partial x} = c_{11}\sigma_x + c_{12}\sigma_y \Bigg]$$

11.9 직교이방성 탄성체에서의 변위식

$$\left.\begin{aligned}\varepsilon_y &= \frac{\partial v}{\partial y} = c_{12}\sigma_x + c_{22}\sigma_y \\ \gamma_{xy} &= \frac{\partial u}{\partial y} + \frac{\partial v}{\partial x} = c_{66}\tau_{xy}\end{aligned}\right\} \quad (11.66)$$

식(11.66)에 식(11.65)의 σ_x, σ_y 값을 대입하여 적분하면 $u(x, y)$ 및 $v(x, y)$는 다음과 같아진다.

$$\left.\begin{aligned}u(x, y) &= 2R_e[p_1\varphi(z_1) + p_2\psi(z_2)] - \gamma_0 y + \alpha_0 \\ v(x, y) &= 2R_e[q_1\varphi(z_1) + q_2\psi(z_2)] + \gamma_0 x + \beta_0\end{aligned}\right\} \quad (11.67)$$

여기서

$$\left.\begin{aligned}p_k &= c_{11}s_k^2 + c_{12} \\ q_k &= (c_{12}s_k^2 + c_{22})/s_k, \quad (k=1, 2)\end{aligned}\right\} \quad (11.68)$$

이며, 또 $(-\gamma_0 y + \alpha_0)$ 및 $(\gamma_0 x + \beta_0)$는 물체 전체의 고정변위를 고려한 항으로, 문제에 따라서는 고려하지 않아도 좋다.

평면 문제에서 탄성의 주방향에 대하여 x, y 좌표측이 임의로 기울어져 있을 경우 그림 11.12의 x', y'가 x, y축으로 잡혀 있을 경우, 적합조건식은 前記한 바와 같이 식 (11.57)로 주어진다. 즉

$$a_{22}\frac{\partial^4 F}{\partial x^4} - 2a_{26}\frac{\partial^4 F}{\partial x^3 \partial y} + (2a_{12} + a_{66})\frac{\partial^4 F}{\partial x^2 \partial y^2} - 2a_{16}\frac{\partial^4 F}{\partial x \partial y^3} + a_{11}\frac{\partial^4 F}{\partial y^4} = 0 \quad (11.57)$$

윗 식의 근을 s_1, s_2, s_3, s_4로 하면

$$s_1 = \alpha_1 + i\beta_1, \quad s_2 = \alpha_2 + i\beta_2, \quad s_3 = \alpha_1 - i\beta_1, \quad s_4 = \alpha_2 - i\beta_2$$

와 같아지며, 식(11.57)을 만족하는 응력함수 F는

$$z_1 = x + s_1 y, \quad z_2 = x + s_2 y$$

에 관한 두 가지의 해석함수 $W_1(z_1)$ 및 $W_2(z_2)$로 다음과 같이 주어진다.

$$4F = \iint W_1(z_1)dz_1 + \iint W_2(z_2)dz_2 + \iint \overline{W}_1(\bar{z}_1)dz_1 + \iint \overline{W}_2(\bar{z}_2)dz_2 \quad (11.69)$$

윗 식에서 주어지는 응력함수를 써서 x 및 y방향의 변위성분 u 및 v를 계산하면 다음 식을 얻는다.

$$\begin{aligned}4(u+iv) =\ & p_1\int W_1(z_1)dz_1 + p_2\int W_2(z_2)dz_2 \\ & + \bar{q}_1\int \overline{W}_1(\bar{z}_1)dz_1 + \bar{q}_2\int \overline{W}_2(\bar{z}_2)dz_2 + \text{const}\end{aligned} \quad (11.70)$$

여기서

$$\left.\begin{array}{l}p_k=a_{12}-a_{16}s_k+a_{11}s_k^2+i(a_{22}-a_{26}s_k+a_{12}s_k^2)/s_k\\ \bar{q}_k=a_{12}-a_{16}\bar{s}_k+a_{11}\bar{s}_k^2+i(a_{22}-a_{26}\bar{s}_k+a_{12}\bar{s}_k^2)/\bar{s}_k, \quad (k=1,\,2)\end{array}\right\} \quad (11.71)$$

等方等質의 경우에는 식(11.57)의 특성 방정식의 근은 $\alpha_1=\alpha_2=0$, $\beta_1=\beta_2=1$로 주어지는데, 이 계수를 변위식으로 쓰면, 그런 것들의 분모가 영이 되므로 등방등질인 경우의 계산에는 이러한 식을 변형하여 써야 한다. 그러나 이러한 식의 변형은 面側이므로 상기의 경우와 마찬가지 수단으로, 특별히 처음부터 등방등질의 경우 해석함수를 써서 변위식을 구해본다. 해석함수를 $W(z)$, $(z=x+iy)$로 하면, 이 경우의 변위성분은 식 (11.70) 대신에 다음 식으로 주어진다.

$$4\mu(u+iv)=k\int W(z)dz-z\overline{W}(z)-\int \bar{w}(\bar{z})d\bar{z}+\text{const} \quad (11.72)$$

윗 식에서 평면 변형상태에 대하여 $\mu=G$, $k=3-4\nu$ 이며, $w(z)$는 半無限板 內의 영역으로 다음과 같이 주어진다.

$$w(z)=-\overline{W}(z)-W(z)-z\frac{dW(z)}{dz} \quad (11.73)$$

11.10 直交異方性 彈性體中 내압을 받는 円孔 주변의 변위와 円孔 직경의 변화

그림 11.13에 나타낸 바와 같은 하중상태에 대한 문제에 대해서는 적합조건식은 식 (11.58)로 표시된다. 그리고 같은 그림에 대한 두 가지의 해석함수는 다음과 같이 구해진다. 경계부분에서 그러한 합力이 영이 되도록 외력 X_n, Y_n이 작용할 경우에는, 일반

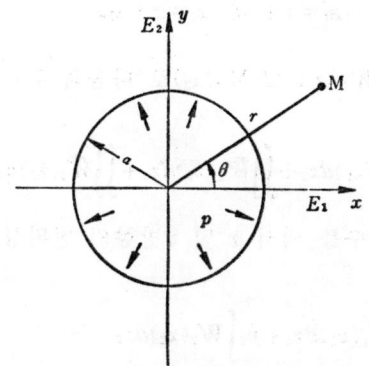

그림 11.13 직교이방성 탄성체중의 일정 내압을 받는 안구멍의 변형

11.10 직교이방성 탄성체중 내압을 받는 円孔주변의 변위와 변화

적으로 경계조건은 다음과 같이 해석함수 $\varphi(z_1)$ 및 $\psi(z_2)$로 표시된다.

$$\left.\begin{array}{l} 2R_e[\varphi(z_1)+\psi(z_2)] = -\int_0^s Y_n ds + c_1 = f_1 \\ 2R_e[s_1\varphi(z_1)+s_2\psi(z_2)] = \int_0^s X_n ds + c_2 = f_2 \end{array}\right\} \tag{11.74}$$

여기서 c_1 및 c_2는 실정수이며, s는 경계상의 임의점으로부터의 거리이다. 그런데 山本은 해석함수 $\varphi(z_1)$, $\psi(z_2)$를 다음과 같이 구하였다.

$$\left.\begin{array}{l} \varphi_1(z_1) = -\dfrac{ipa^2(1+is_2)}{2(s_1-s_2)} \cdot \dfrac{(1-is_1)}{z_1+\sqrt{z_1^2-a^2(1+s_1^2)}} \\ \psi(z_2) = \dfrac{ipa^2(1+is_1)}{2(s_1-s_2)} \cdot \dfrac{(1-is_2)}{z_2+\sqrt{z_2^2-a^2(1+s_2^2)}} \end{array}\right\} \tag{11.75}$$

식(11.75)를 식(11.67)에 대입하고, 식(11.68)을 고려하면, 이 경우의 변위성분 $u(x, y)$ 및 $v(x, y)$는 다음 식으로 주어진다.

$$\left.\begin{array}{l} u(x, y) = pa^2 \displaystyle\sum_{\substack{k=1,2 \\ l=1,2}}^{k \neq l} (c_{11}\beta_k^2 - c_{12}) \dfrac{(1+\beta_k)(1-\beta_l)}{(\beta_k-\beta_l)} \\ \quad \times \displaystyle\sum_{n=1}^{\infty} \dfrac{1\cdot3\cdot5\cdots(2n-3)a^{2(n-1)}(1-\beta_k^2)^{n-1}}{2\cdot4\cdot6\cdots 2n(x^2+\beta_k^2 y^2)^{2n-1}} \\ \quad \times \displaystyle\sum_{j=0}^{n-1} (-1)^j \, C_{2n-1 \; 2j} \, \beta_k^{2j} x^{2n-2j-1} \cdot y^{2j}. \\ v(x, y) = pa^2 \displaystyle\sum_{\substack{k=1,2 \\ l=1,2}}^{k \neq l} \dfrac{-c_{12}\beta_k^2 + c_{22}}{\beta_k} \cdot \dfrac{(1+\beta_k)(1-\beta_l)}{(\beta_k-\beta_l)} \\ \quad \times \displaystyle\sum_{n=1}^{\infty} \dfrac{1\cdot3\cdot5\cdots(2n-3)a^{2(n-1)}(1-\beta_k^2)^{n-1}}{2\cdot4\cdot6\cdots 2n(x^2+\beta_k^2 y^2)^{2n-1}} \\ \quad \times \displaystyle\sum_{j=1}^{n} (-1)^j \, C_{2n-1 \; j-1} \, \beta_k^{2j-1} x^{2n-2j} \cdot y^{2j-1}. \end{array}\right\} \tag{11.76}$$

단, 윗 식의 급수합 $\displaystyle\sum_{n=1}^{\infty}$ 내의 계수에 있어서 $n=1$일 때 $1/2$이다. 等方等質性 혹은 그와 가까운 성질일 때는 $\beta_1-\beta_2=0$ 혹은 $\beta_1-\beta_2\fallingdotseq 0$이 된다. 등방등질의 탄성체에서는 $\beta_1=\beta_2$ 및 $c_{11}=c_{22}=1/E$이고, 변위성분은 다음 식이 된다.

$$\left.\begin{array}{l} u(x, y) = \dfrac{pa^2}{E}(1+\nu) \cdot \dfrac{x}{(x^2+y^2)} \\ v(x, y) = \dfrac{pa^2}{E}(1+\nu) \cdot \dfrac{y}{(x^2+y^2)} \end{array}\right\} \tag{11.77}$$

극좌표 표시로는

$$u_r = \frac{pa^2(1+\nu)}{Er}, \quad u_\theta = 0$$

이다.

다음에 円孔周緣에서 변위 혹은 円孔 직경의 변화를 고려해 본다. 周緣上에서는 식 (11.75)에서

$$\sqrt{z_k^2 - a^2(1+s_k)^2} = \sqrt{(x+i\beta_k y)^2 - a^2(1-\beta_k^2)} = a(i\sin\theta + \beta_k\cos\theta), \quad (k=1, 2)$$

가 성립하므로, $\varphi(z_1)$ 및 $\psi(z_2)$는 다음과 같아진다.

$$\left.\begin{array}{l} \varphi(z_1) = -\dfrac{pa(1-\beta_2)}{2(\beta_1-\beta_2)}(\cos\theta - i\sin\theta) \\[2mm] \psi(z_2) = \dfrac{pa(1-\beta_1)}{2(\beta_1-\beta_2)}(\cos\theta - i\sin\theta) \end{array}\right\} \quad (11.78)$$

따라서 周緣에서 x, y 방향의 변위성분은, 식(11.78)을 식(11.67)에 대입해서 다음과 같이 구해진다.

$$\left.\begin{array}{l} u_{r=a} = pa\{c_{11}(\beta_1 - \beta_1\beta_2 + \beta_2) - c_{12}\}\cos\theta \\[2mm] v_{r=a} = \dfrac{pa}{\beta_1\beta_2}\{c_{22}(\beta_1+\beta_2-1) - a\beta_1\beta_2\}\sin\theta \end{array}\right\} \quad (11.79)$$

또, 극좌표계에서 변위성분으로 변환하면

$$u_r = u\cos\theta + v\sin\theta, \quad u_\theta = -u\sin\theta + v\cos\theta$$

이므로, 円孔周緣에서의 반경방향 및 절선방향의 변위 u_r 및 u_θ는 다음 식이 된다.

$$\left.\begin{array}{l} u_r = pa\left\{c_{11}(\beta_1-\beta_1\beta_2+\beta_2)\cos^2\theta + \dfrac{1}{\beta_1\beta_2}c_{22}(\beta_1+\beta_2-1)\sin^2\theta - c_{12}\right\} \\[2mm] u_\theta = pa\left\{-c_{11}(\beta_1-\beta_1\beta_2+\beta_2) + \dfrac{1}{\beta_1\beta_2}c_{22}(\beta_1+\beta_2-1)\right\}\sin\theta\cdot\cos\theta \end{array}\right\} \quad (11.80)$$

등방등질의 경우는 윗 식에 $\beta_1=\beta_2=1$, $c_{11}=c_{22}=1/E$, $c_{12}=-\nu/E$를 대입하면

$$u_r = \frac{(1+\nu)}{E}pa, \quad u_\theta = 0 \quad (11.81)$$

이된다.

다음에 전단탄성계수 G가 그 방향에 무관계하게 일정하다고 하고, $\nu_{13}\cdot\nu_{31}$ 및 $\nu_{23}\cdot\nu_{32}$가 1에 비하여 작으므로 이것을 무시하면

$$\frac{1}{G} = \frac{1}{E_1} + \frac{1}{E_2} + \frac{2\nu_1}{E_1}$$

이고 식(11.63)으로부터

11.10 직교이방성 탄성체중 내압을 받는 円孔주변의 변위와 변화

$$\beta_1^2\beta_2^2 = E_1/E_2 = e, \quad \beta_1^2+\beta_2^2 = E/G-2\nu_1 = 1+e$$

따라서,

$$\beta_1 = 1, \quad \beta_2 = \sqrt{E_1/E_2} = \sqrt{e} \tag{11.82}$$

이므로 u_r 및 u_θ는 다음과 같아진다.

$$\left.\begin{aligned} u_r &= \frac{pa}{E_1}(\cos^2\theta + e\cdot\sin^2\theta + \nu_1) \\ u_\theta &= -\frac{pa}{E_1}(1-e)\sin\theta\cdot\cos\theta \end{aligned}\right\} \tag{11.83}$$

u_r 및 u_θ로부터 円孔 반경 a의 변화 Δa는 다음과 같아진다.

$$\Delta a = u_r\left(1+\frac{u_\theta^2}{(a+u_r)^2}\right)^{1/2} + \frac{a}{2(a+u_r)^2}u_\theta^2$$

등방등질의 경우에는 $u_\theta = 0$이므로 $\Delta a = u_r$로 반경의 변화는 반경방향 변위와 일치한다. 일반적으로 u_θ는 $(a+u_r)$에 비해 작으므로 이 경우도 근사적으로 $\Delta a = u_r$로 잡으면, 円孔 직경의 변화 ΔD는 다음 식으로 주어진다.

$$\Delta D = \frac{2pa}{E_1}(\cos^2\theta + e\sin^2\theta) + \frac{2pa}{E_2}\nu_1 \tag{11.84}$$

윗 식에서 포아송비가 ν_1일 때, 円孔의 각 방향에서 직경의 변화는 $\nu_1 = 0$일 때의 변화에 대하여 $2pa/E_2$만큼 일정하게 증가하는 것을 알 수 있다.

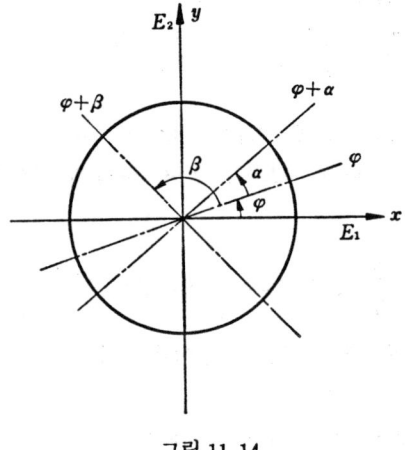

그림 11.14

지금 그림 11.14와 같이 x방향에서 φ만큼 경사한 방향을 기준으로 하여 그 방향 및 그것과 각 α, β를 이루는 방향의 직경변화를 측정하여 $\Delta D_\varphi, \Delta D_\alpha, \Delta D_\beta$가 얻어졌다고 하면 그러한 값을 식(11.84)에 쓰면 3개의 방정식을 얻는다. 主彈性係數 E_1 및 E_2(혹은 e), 그 방향 φ, 포아송비 ν_1의 4 가지 미지수를 결정하기 위해서는 4방향의 직경변화를 측정하여 4개의 방정식을 쓰면 좋다고 생각되는데 식(11.84)를 변형하면 알 수 있는 바와 같이 3개의 미지수가 남은 1개의 미지수를 표현될 뿐이며 4개의 미지수는 구해지지 않는다.

그런데 3개의 방정식으로부터 E_1, e 및 φ를 ν_1을 파라미터로 구하기로 한다. $\alpha=45°$, $\beta=90°$로 하면

$$\left.\begin{array}{l} \Delta D_\varphi = \dfrac{2pa}{E_1}(\cos^2\varphi+e\sin^2\varphi+\nu_1) \\[4pt] \Delta D_{45} = \dfrac{pa}{E_1}\{(1+e)-(1-e)\sin 2\varphi+2\nu_1\} \\[4pt] \Delta D_{90} = \dfrac{2pa}{E_1}(\sin^2\varphi+e\cos^2\varphi+\nu_1) \end{array}\right\} \quad (11.85)$$

여기서 측정기준 방향(φ의 방향)이 $-22.5°\leq\varphi\leq 45°$의 범위에서 취해지는 것으로 한다. 또 주탄성계수비 $e=E_1/E_2$로, $0\leq e\leq 1.0$으로 한다. 식(11.85)으로부터 E_1을 구하면

$$E_1 = 4pa(1+\nu_1)\times \dfrac{(\Delta D_\varphi+\Delta D_{90})-\sqrt{2}\cdot\sqrt{(\Delta D_\varphi-\Delta D_{45})^2+(\Delta D_{45}-\Delta D_{90})^2}}{4(\Delta D_\varphi)(\Delta D_{90})}$$

$$= 2pa(1+\nu_1)\cdot\dfrac{1}{\Delta D_\varphi}\cdot U. \tag{11.86}$$

여기서 $s=\Delta D_{45}/\Delta D_\varphi$, $t=\Delta D_{90}/\Delta D_\varphi$ 로 하면

$$U = \dfrac{2\{(1+t)-\sqrt{2}\cdot\sqrt{(1-s)^2+(s-t)^2}}{\{4t-(1-s+t)^2\}} \tag{11.87}$$

이다. 또 $0\leq e\leq 1.0$이므로 $0\leq s\leq 1.0$, $0\leq t\leq 1.0$이며, 따라서 $0\leq U\leq 1.0$이 된다. 등방등질의 경우에는 $s=t=1.0$이 되며 $U=1.0$이 된다. 다음에 식(11.85)의 제1식 및 제3식을 쓰면

$$e = \dfrac{E_1}{2pa}\Delta D_\varphi(1+t)-(1+2\nu_1)$$

윗 식의 E_1에 식(11.86)을 대입하면, 주탄성계수비 e는 t 및 U에 의하여 다음과 같이 주어진다.

$$e = (1+\nu_1)(1+t)U-(1+2\nu_1) \tag{11.88}$$

다시 식(11.85)로부터 비 $s=\Delta D_{45}/\Delta D_\varphi$ 및 $t=\Delta D_{90}/\Delta D_\varphi$를 만들고, 그 양자로부터 e를 소거하면 ν_1과 관계없이 t와 s의 관계가 φ를 파라미터로 다음과 같이 주어진다.

11.10 직교이방성 탄성체중 내압을 받는 円孔주변의 변위와 변화

$$t = \frac{(2s-1)\cos\varphi + \sin 2\varphi}{\sin 2\varphi + \cos 2\varphi} \tag{11.89}$$

$\varphi=0°$, $\nu_1=0$로 하고 $e=E_1/E_2$의 값을 주고 円孔의 변형상태를 조사하면 그림 11.15 와 같아진다. 이와 같은 결과는 암반내의 보링 구멍에서 내압재하시험을 함으로써, 그 측정결과로부터 암반의 異方特性을 추정하는데 이용된다.

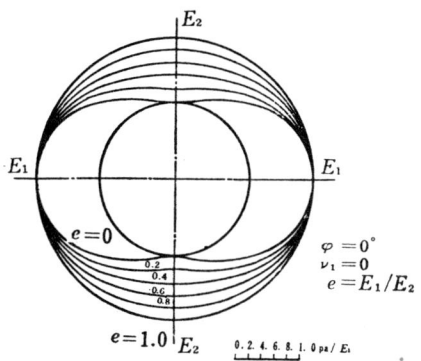

그림 11.15 円孔의変形状態 ($\varphi=0°$, $\nu_1=0$)
(가와모또에 의함)

参 考 文 献

1) ASME Handbook, Metals Engineering Design, 1953, p. 366.
2) H. G. PAULMANN: Messungen der Festigkeits-Anisotropie Tektonischen Ursprungs an Gesteinsproben, Proc. Inter. 1st Congress ISRM, 1960, Vol. I, p. 125/31.
3) J.W. BRAY: Limiting equilibrium of fractured and jointed rocks, Proc. Int. 1st Congress, Vol. 1, 1960, p. 531/35.
4) 南雲昭三郎: 物理探鉱, 14 巻 3 号 1961 年 9 月)
5) 土木学会: 岩盤力学, p. 165.
6) SOKOLNIKOFF, I. S., "Mathematical Theory of Elasticity", Chap. 3 (1956), McGraw-Hill, New York.
7) 硲 伸夫, 川端季雄, 河合弘迪: FRP板の直交異方性弾性定数의解析法, 材料, Vol. 16, No. 170, Nov. 1967.
8) 倉西正嗣: 弾性学, 日本機械学会, 昭和 23 年 12 月, p. 29.
9) LOVE: Mathematical Theory of Elasticity, p. 94.
10) 8) p. 584
11) 川本脁万: 直交異方性弾性体内의一定内圧을 받는 円孔의 변형상태에 대해서, 土木学会論文集 118 号, June, 1965.

12 장 암반의 시험과 조사

12.1 암반의 정적 변형계수의 측정

암반 위에 기초를 구축한다든지 혹은 또 암반내에 공동을 구축한다든지 하는 경우에도 암반으로서 하중에 대한 변형의 정도를 알아둘 필요가 있다. 요컨대 **변형계수**(탄성계수)를 조사하여 둘 필요가 있다. 이것은 암석에 대한 탄성계수의 측정에 해당하는 고려 방법이지만 암반의 경우는 여러 가지 岩質·구조·균열·狹雜物 등을 포함한 암괴에 대하여 시험하게 되므로 그 변형은 반드시 탄성적인 것에 한정되지 않는다. 그래서 이와 같은 측정은 일반적으로 **변형계수**(deformation moduli)의 측정이라고 불리게 되었다. 암반 변형계수의 측정은 일반적으로 현장에서 실시되며 정적 변형시험법과 탄성파 시험법이 있다.

암반의 변형계수를 구하는 정적 시험법으로서는, 통상 터널내에서 암반을 재하하여 암반의 변형을 측정하고 이로부터 계산식을 써서 계수를 구한다. 이에는 두 가지의 방법이 실시되고 있으며 그 하나는 잭법, 또 하나는 水室法이다.

12.1.1 잭법

재하장치로서는 그림 12.1 혹은 그림 12.2에 나타낸 것과 같은 것이 쓰인다[1,2]. 전자는 剛性이 큰 재하판을 끼워 터널 바닥의 암반에 균일한 변위를 주는 방법으로 후자는 유압의 쿠션작용으로 일정 균일한 응력(변위 분포는 일정하지 않다)을 주는 방법이다. 전자는 재하점으로부터 격리된 위치(재하판 직경의 6배 이상의 거리)에 설치된 양각으로 지지되는 기준보를 부동점으로 해서, 그에 다이얼 게이지를 달아서, 지표면의 변위를 측정한다. 재하판은 직경 20-60cm 정도의 강제원판으로 50~200t 정도의 하중을 준다.

후자에서는 **剛體栽荷板** 대신에 기름을 봉입한 다이아프램을 끼우고 목재 등으로 가압하여, 암반에 균일한 응력분포가 이루어지도록 한 것이며, 장치의 중심선상에 구멍이 뚫려 있어서 천장과 바닥면 사이의 변위 측정관에 부착되어 있는 다이얼 게이지로 측정한다. 다이아프램 직경은 80~120cm 정도로 200~800t 정도의 하중을 주고, 전자에 비해 규모는 커진다.

측정은 위험을 피하는 의미도 있어서 다이얼 게이지를 망원경으로 알아내는 방법이

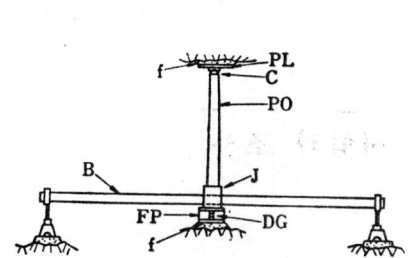
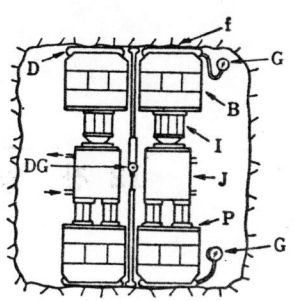

그림 12.1 정변위식 잭 시험장치
(50~200t)
f:페싱, B:기준보, DG:다이얼게이지,
PL:지압판, J:잭, PO:지주, FP:하중대
(300φ×150)

그림 12.2 정압식 잭 시험장치
f:페싱, G:압력계, J:잭, D:유봉입 다이어프램, B:목제대자리, P:강판, I:I형강,
DG:다이얼게이지

채택되지만 차동변압기나 칼슨 변위계를 이용하여 원격 측정할 수도 있다. 주어진 힘은 잭의 마찰손실 등을 고려해서 유압압력계를 산정하는데 전기적 하중계나 유압계도 쓰인다.

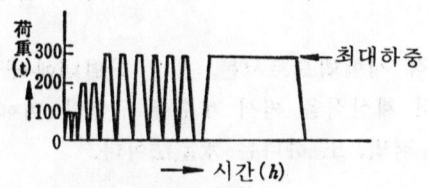

그림 12.3 재하법의 일례

재하방법은 일정한 방식은 없지만 그림 12.3[1,2]은 그 일례를 나타낸다. 우선 예비하중으로 최대하중의 1/3이하 정도를 수회 반복하여 주는 재하장치, 페이싱, 측정기구 등 상호 친숙도를 좋게 하고 제장치의 이상유무도 조사한다. 이어서 지속 하중과 최대 하중이 거의 동등한 크기를 지속하중을 주어 12시간 이상 지속시켜서 도시한 바와 같이 최대치를 단계적으로 증가시켜서 하중-침하곡선의 변화를 조사한다. 다음에 실물 구조물에 기대된다고 생각되는 응력도가 지표면에 생기도록 최대 하중을 3회 이상 반복하여 주고, 지표변위를 측정해서 하중-침하곡선을 그린다. 재하판은 20~100cm 정도의 것이 쓰인다.

이와 같이 하여 암반의 **시간-침하곡선, 하중-침하곡선**을 그리고, 직선상, 히스테리시스, 영구변위 등을 조사하고, 또 최대 하중시 가까운 往路의 직선부분을 잡아서 절선을 그려서 정탄성계수를 산정한다. 탄성계수는 강체원형 재하판(등분포변위)을 쓸 때는 식(12.1)을, 또 기름봉입다이어프램재하판(등분포응력)을 쓸 때는 식(12.2)가 쓰인다.

12 장 암반의 시험과 조사

12.1 암반의 정적 변형계수의 측정

암반 위에 기초를 구축한다든지 혹은 또 암반내에 공동을 구축한다든지 하는 경우에도 암반으로서 하중에 대한 변형의 정도를 알아둘 필요가 있다. 요컨대 **변형계수**(탄성계수)를 조사하여 둘 필요가 있다. 이것은 암석에 대한 탄성계수의 측정에 해당하는 고려 방법이지만 암반의 경우는 여러 가지 岩質·구조·균열·狹雜物 등을 포함한 암괴에 대하여 시험하게 되므로 그 변형은 반드시 탄성적인 것에 한정되지 않는다. 그래서 이와 같은 측정은 일반적으로 **변형계수**(deformation moduli)의 측정이라고 불리게 되었다. 암반 변형계수의 측정은 일반적으로 현장에서 실시되며 정적 변형시험법과 탄성파 시험법이 있다.

암반의 변형계수를 구하는 정적 시험법으로서는, 통상 터널내에서 암반을 재하하여 암반의 변형을 측정하고 이로부터 계산식을 써서 계수를 구한다. 이에는 두 가지의 방법이 실시되고 있으며 그 하나는 잭법, 또 하나는 水室法이다.

12.1.1 잭법

재하장치로서는 그림 12.1 혹은 그림 12.2에 나타낸 것과 같은 것이 쓰인다[1,2]. 전자는 剛性이 큰 재하판을 끼워 터널 바닥의 암반에 균일한 변위를 주는 방법으로 후자는 유압의 쿠션작용으로 일정 균일한 응력(변위 분포는 일정하지 않다)을 주는 방법이다. 전자는 재하점으로부터 격리된 위치(재하판 직경의 6배 이상의 거리)에 설치된 양각으로 지지되는 기준보를 부동점으로 해서, 그에 다이얼 게이지를 달아서, 지표면의 변위를 측정한다. 재하판은 직경 20-60cm 정도의 강제원판으로 50~200t 정도의 하중을 준다.

후자에서는 **剛體栽荷板** 대신에 기름을 봉입한 다이아프램을 끼우고 목재 등으로 가압하여, 암반에 균일한 응력분포가 이루어지도록 한 것이며, 장치의 중심선상에 구멍이 뚫려 있어서 천장과 바닥면 사이의 변위 측정관에 부착되어 있는 다이얼 게이지로 측정한다. 다이아프램 직경은 80~120cm 정도로 200~800t 정도의 하중을 주고, 전자에 비해 규모는 커진다.

측정은 위험을 피하는 의미도 있어서 다이얼 게이지를 망원경으로 알아내는 방법이

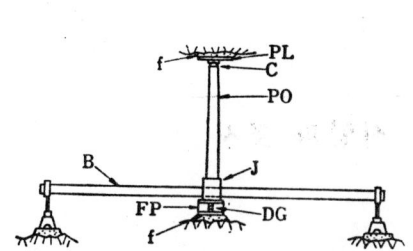
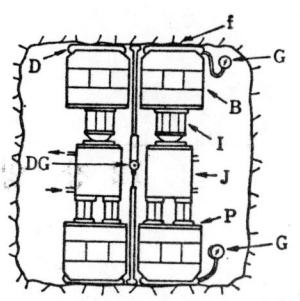

그림 12.1 정변위식 잭 시험장치
(50~200t)
f:페싱, B:기준보, DG:다이얼게이지,
PL:지압판, J:잭, PO:지주, FP:하중대
(300φ×150)

그림 12.2 정압식 잭 시험장치
f:페싱, G:압력계, J:잭, D:유봉입 다이어프램, B:목제대자리, P:강판, I:I형강,
DG:다이얼게이지

채택되지만 차동변압기나 칼슨 변위계를 이용하여 원격 측정할 수도 있다. 주어진 힘은 잭의 마찰손실 등을 고려해서 유압압력계를 산정하는데 전기적 하중계나 유압계도 쓰인다.

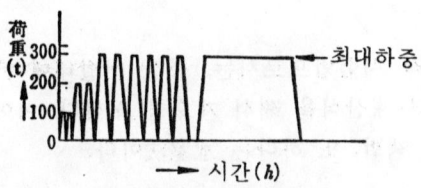

그림 12.3 재하법의 일례

재하방법은 일정한 방식은 없지만 그림 12.3[1,2]은 그 일례를 나타낸다. 우선 예비하중으로 최대하중의 1/3이하 정도를 수회 반복하여 주는 재하장치, 페이싱, 측정기구 등 상호 친숙도를 좋게 하고 제장치의 이상유무도 조사한다. 이어서 지속 하중과 최대 하중이 거의 동등한 크기를 지속하중을 주어 12시간 이상 지속시켜서 도시한 바와 같이 최대치를 단계적으로 증가시켜서 하중－침하곡선의 변화를 조사한다. 다음에 실물 구조물에 기대된다고 생각되는 응력도가 지표면에 생기도록 최대 하중을 3회 이상 반복하여 주고, 지표변위를 측정해서 하중－침하곡선을 그린다. 재하판은 20~100cm 정도의 것이 쓰인다.

이와 같이 하여 암반의 **시간－침하곡선**, **하중－침하곡선**을 그리고, 직선상, 히스테리시스, 영구변위 등을 조사하고, 또 최대 하중시 가까운 往路의 직선부분을 잡아서 절선을 그려서 정탄성계수를 산정한다. 탄성계수는 강체원형 재하판(등분포변위)을 쓸 때는 식(12.1)을, 또 기름봉입다이어프램재하판(등분포응력)을 쓸 때는 식(12.2)가 쓰인다.

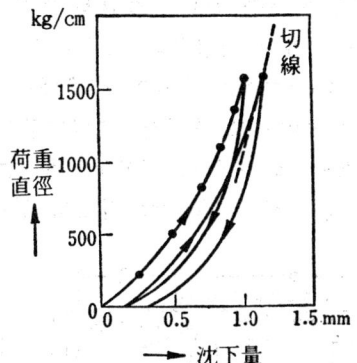

그림 12.4 荷重-沈下量의 1例[2]

$$E = \frac{(1-\nu^2)(\varDelta F)}{2a(\varDelta \delta)} \tag{12.1}$$

$$E = \frac{a(1-\nu^2)(\varDelta p)}{(\varDelta \delta')} \tag{12.2}$$

여기서 ($\varDelta F$)와 ($\varDelta \delta$)는 서로 대응하는 하중 증분 (kg)과 변위 증분 (cm), ($\varDelta p$)와 ($\varDelta \delta'$)는 서로 대응하는 압력 증분 (kg/cm²)과 다이어프램에 의한 재하면 간격의 증분 (cm), a는 원형재하판 또는 다이어프램의 반경 (cm), ν는 암반의 포아송비로 0.2정도를 준다. E는 암반의 변형계수(탄성계수) (kg/cm²)이다.

또 그림 12.1의 경우 재하원판 외측의 지표면의 침하량(중심선으로부터 x의 거리 점)의 계산식은 식(12.3)이며, 또 재하원판의 중심선상에서 지표면으로부터 깊이 z인 점의 침하는 식(12.4)로 주어진다[2].

$$(\varDelta \delta)_x = \left(\text{arc sin}\ \frac{a}{x} \right) \frac{(\varDelta F)(1-\nu^2)}{\pi a E} \tag{12.3}$$

$$(\varDelta \delta)_z = \left\{ \frac{az}{2(a^2+z^2)(1-\nu)} + \text{arc tan}\ \frac{a}{z} \right\} \frac{(\varDelta F)(1-\nu^2)}{\pi a E} \tag{12.4}$$

상기한 계산식은 암반을 균질등방 반무한 탄성체로 가정하여 유도되는 수식인 점, 또 이 시험에서 정밀도에 가장 큰 영향을 주는 것은 변위량이며, 그 측정 오차가 예를 들면 1/100mm이라고 하여도 30,000kg/cm² 정도의 탄성계수 오차를 야기하는 점, 더우기 터널 주위는 굴진시 발파 작업에 의해 盤에 균열이 다수 생겨 盤이 이완되는 점, 함수량이나 재하판의 치수효과 등도 영향을 미치는 것이라는 점에 유의해야 한다.

12.1.2 水室法試驗

그림 12.5는 水室法 시험 장치의 일례로 횡갱내에 직경 1.7~2.5m 길이는 직경의 2

배 이상의 원형단면의 시험 부분을 굴착하고 양단 플러그와 철근 콘크리트 라이닝으로 둘러싼 원통형 水室을 만든다. 입구측 플러그에는 출입용 맨홀, 파이프, 케이블류의 인출 구멍을 뚫고, 라이닝은 수압에 의해 반경방향의 자유로운 신축을 할 수 있지만 누수가 생기지 않도록 하기 위하여 4～5개소의 축방향 이음매를 가진 두께 20～40cm 정도의 철근 콘크리트 세그먼트로 이루어지고, 특수한 수밀가공이 실시되고 있다. 또 콘크리트의 원주방향 인장응력은 30kg/cm² 이하로 억제되도록 설계한다. 암반과 라이닝 사이의 틈은 미리 배관되어 있는 관에서 2～3kg/cm² 정도의 압력으로 콘택트 그라우트

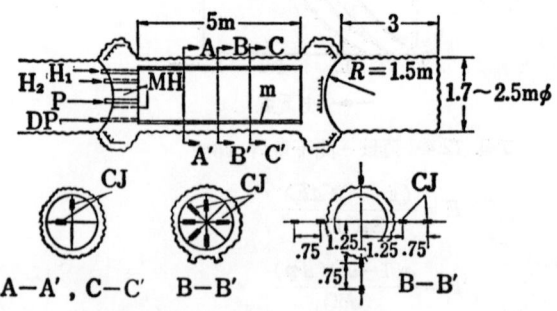

그림 12.5 수실법 시험장치
MH:맨홀, P:케이블인출구. 수압계용 파이프, m:시멘트 몰탈, CJ:카르슨 이음매 계, H₁, H₂:공기빼기 구멍 DP:주수파이프, 드레인파이프

를 실시한다.

수실에 주는 수압은 고압 펌프를 사용하거나 고낙차의 靜水壓을 이용한다. 누수량을 알기 위하여 양수계를 설치한다. 가압속도는 특히 클리프 특성을 고려하지 않아도 좋을 때는 매분 1/3～1kg 정도로 하고, 최고 30kg/cm² 정도로 억제한다.

라이닝의 반경 방향 변위는 水室의 중심을 지나는 4개 1조의 칼슨형 이음계로, 또 이 방향의 라이닝과 암반의 변형은 매설된 변형계(칼슨형 등)로 측정된다.

시험시에는 수압, 시간, 반경방향 라이닝 변위, 암반이나 라이닝의 변형, 누수량이나 수온 등을 측정한다. 누수량은 결과의 신뢰성의 검토에, 수온변화는 변위, 변형의 보정에, 변형계는 라이닝 변형량의 체크, 균열발생 유무의 탐지, 변위측정 결과의 체크 및 암반의 비균질성 탐지 등의 목적으로 한다.

암반의 탄성계수는 식(12.5)에 의해, 또 암반내의 어떤 점의 변형은 식(12.6)에 의해 계산된다.

$$E = \frac{d \cdot p(1+\nu)}{\Delta d} \tag{12.5}$$

$$\varepsilon_r = -\frac{a \cdot b \cdot p(1+\nu)}{r^2 \cdot E} \tag{12.6}$$

여기서 E는 탄성계수, εr 는 수실 중심에서 암반내까지의 r의 거리에 있는 점의 변형, d는 수실암반면사이의 직경, Δd는 그 변화량으로 이음계의 값이다. p는 작용되는 수압, ν 는 암반의 포아송비로 0.2정도로 취해지며 a와 b는 수실의 중심으로부터 각각 암반내벽과 라이닝내벽까지의 거리이다.

12.2 탄성파시험

12.2.1 탄성파의 굴절과 走時曲線

지질구조를 조사하는 과학적 수단의 하나로 탄성파 탐사법이라고 부르는 방법이 있다. 지표에 비교적 가까운 지층이나 암반의 구조·강약, 암반에 존재하는 균열의 정도 등의 판정에 탄성파 시험법이 이용되고 있다.

폭약을 지중에 매설하고, 이것을 폭발시키면 탄성파(지진파)가 발생한다. 이 탄성파의 종류나 그 속도, 매체의 탄성 상수와의 관계식 등에 관해서는 이미 3장 및 4장에서 기술하였다. 그런데 이 탄성파는 지중으로 전파되어 가는데, 탄성이나 밀도가 다른 지층의 경계면에 도달하면 일부는 반사되며 일부는 굴절되어 하층으로 진입한다. 입사탄성파가 P파인 경우, 반사파는 반사 P파(PP_1)와 반사 S파(PS_1)이 생기고, 굴절파는 굴절 P파(PP_2)와 굴절 S파(PS_2)가 생긴다. 또 입사탄성파가 S파인 경우는 반사 S파(SS_1)와 반사 P파(SP_1), 굴절 P파(SP_2), 굴절 S파(SS_2)가 생기는 것이 알려져 있다(그림 12.6).

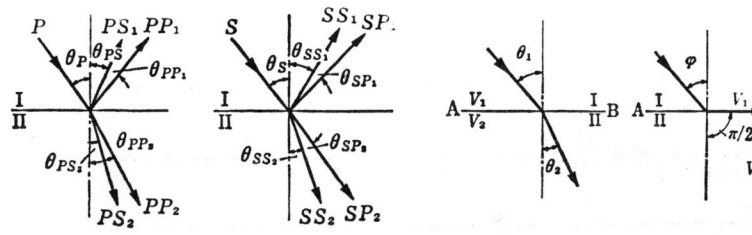

그림 12.6 탄성파의 굴절과 반사   그림 12.7 굴절파와 임계각

또, 매질 Ⅰ의 P파 및 S파의 전파속도를 각각 V_{P_1}, V_{S_1}으로 하고, 매질 Ⅱ의 경우는 V_{P_2}, V_{S_2}로 하고, 입사파, 반사파 및 굴절파의 진행 방향이 각각 경계면의 경사선과 이루는 각을 그림 12.1과 같다고 하면 다음의 관계가 성립한다.

$$\left.\begin{array}{l}\dfrac{V_{P_1}}{\sin\theta_P}=\dfrac{V_{P_1}}{\sin\theta_{PP_1}}=\dfrac{V_{S_1}}{\sin\theta_{PS_1}}=\dfrac{V_{P_2}}{\sin\theta_{PP_2}}=\dfrac{V_{S_2}}{\sin\theta_{PS_2}} \\ \dfrac{V_{S_1}}{\sin\theta_S}=\dfrac{V_{S_1}}{\sin\theta_{SS_1}}=\dfrac{V_{P_1}}{\sin\theta_{SP_1}}=\dfrac{V_{S_2}}{\sin\theta_{SS_2}}=\dfrac{V_{P_2}}{\sin\theta_{SP_2}}\end{array}\right\} \quad (12.7)$$

254   제12장 암반의 시험과 조사

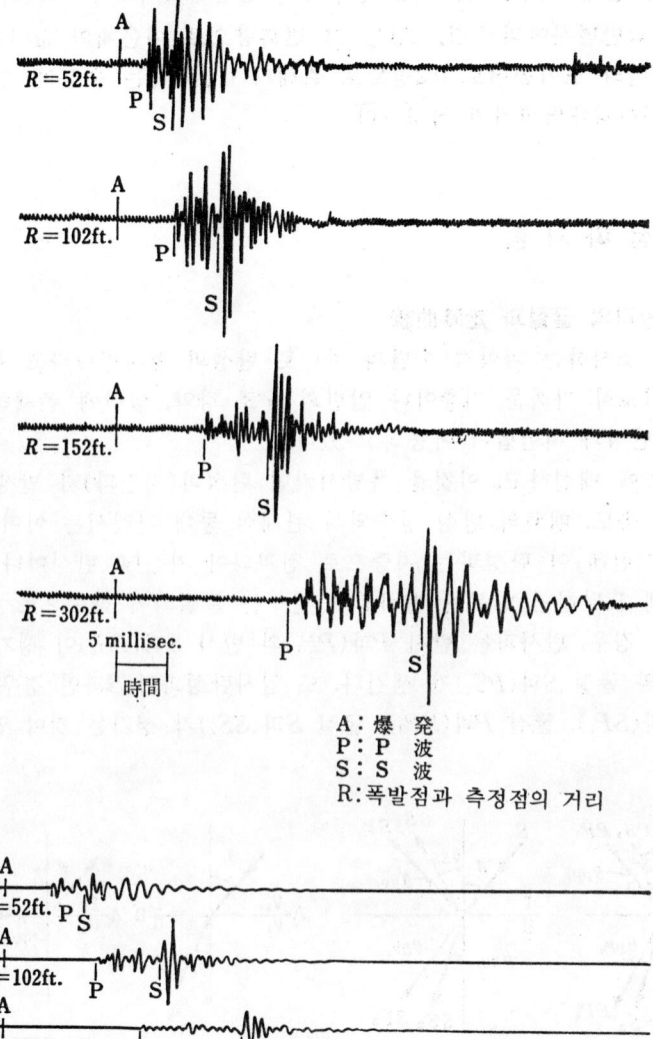

그림 12.8 화강암·편마암 지역을 전파하는 탄성파(H.R. NICHOLLS에 의함)

12.2 탄성파시험

이제 P파에 주목하여 입사파와 굴절파를 생각해 보자. 그림 12.7에서 지층 I과 지층 II의 속도를 각각 V_1, V_2, 그 경계면을 AB로 하면 굴절각 θ_2는 입사파면내에 있고, 그 입사각과 굴절각의 관계는

$$\frac{\sin\theta_1}{\sin\theta_2} = \frac{V_1}{V_2} \quad \text{혹은} \quad \frac{\sin\theta_1}{V_1} = \frac{\sin\theta_2}{V_2} = \text{일정} \tag{12.8}$$

이다. 그 관계는 SNELL의 **법칙**이라 부른다. 굴절각 θ_2가 90°인 경우에 입사각 θ_1을 φ라 하면

$$\sin\varphi = \frac{V_1}{V_2} \tag{12.9}$$

가 되고, φ를 **임계각**이라 한다. 임계각으로 입사한 탄성파는 지층의 경계면을 따라서 진행하고, 그 도중에서 파동의 일부는 임계각으로 다시 굴절하여 위의 지층으로 진입한다. 탄성파에는, 또 경계면에서 반사하여 위의 地層으로 다시 돌아오게 되는 파도 있다. 따라서 지표에서 수감되는 탄성파로서는 발파점으로부터 직접 전파되는 **직접파**, 일단 하층으로 전달되고 그로부터 다시 상층으로 돌아오게 되는 **굴절파**, 하층에서 반사되어 바로 상층으로 돌아오게 되는 반사파의 세 종류의 파가 존재한다.

탄성파가 지층에 전달되는 속도를 측정하여 지층의 탄성율을 구하거나, 암반의 균열의 정도를 추정할 수 있다는 점은 이미 기술하였는데, 지층에 전달되는 파의 속도를 구하기 위해서는 탄성파 발생의 순간으로부터 관측점에 파가 도달하기까지의 시간을 정확히 측정할 필요가 있다. 탄성파가 발생원점에서 관측점에 도달하는데 요하는 시간을 **走時**라 한다. 종축에 走時와 거리의 관계를 그린 선도를 **走時曲線**이라 한다. 그림 12.8은 경암지대에서 전파되는 탄성파의 기록이며, 이와 같은 탄성파의 기록으로부터 走時曲線을 그리게 된다.

탄성파(지진파)가 그림 12.9(a)와 같이 폭발점 A로부터 BCD의 경로를 거쳐 관측점 D에 도착하는데, 폭발점으로부터 적당한 간격을 두고 관측점(受振点)을 다수 설치하여 탄성파를 관측하면 그림 12.9와 같은 走時曲線(그림 b)이 구해진다. 이 곡선의 원점과

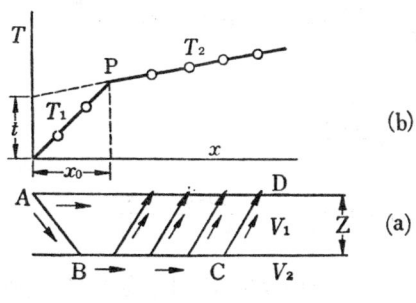

그림 12.9 주 시 곡 선

가까운 부분 T_1은 상층을 V_1의 속도로 전파된 직접파의 走時를 나타내고 원점에서 먼 부분 T_2는 하층을 V_2의 속도로 전파된 굴절된 파의 走時를 나타내고 있다. 하층은 일반적으로 상층보다 단단하고, 영률도 높으므로 일반적으로 $V_1<V_2$이며, 따라서 하층에 굴절되어온 파는 상층으로 직접 전파되어온 파보다도 오히려 빨리 관측점에 도달하므로, 원점으로부터 거리가 있는 점에서 아래쪽으로 꺾여져 곡선의 기울기가 완만해진다.

이와 같이 꺾여진 점 P를 折点, 원점으로부터 절점까지의 거리를 절점거리 또는 臨界距離라 한다. 또 하층의 속도가 상층의 속도보다 늦을 때는 굴절파는 지표로 돌아오지 않으므로 관측할 수는 없다.

굴절법에서는 우선 관측결과로부터 주시곡선을 구한다. 그 주시곡선의 기울기에서 각 지층의 속도를 구하고 절점거리나 속도로부터 지층의 깊이나 경사 등을 산출해서 지하의 지질구조를 추정한다. 지하구조가 복잡한 경우에는 주시곡선도 복잡해지므로 미리 기본적인 지질구조의 경우에 얻어지는 주시곡선에 대하여 여러 가지로 조사해 두고 그것과 실제로 얻어진 주시곡선을 비교해서 해석하여 지질구조를 추정한다.

12.2.2 주시곡선 해석예(하나의 불연속면을 가진 수평층의 해석)

그림 12.9와 같이 지표로부터 z의 깊이에 수평 경계면이 있는 경우에 대하여 생각해 보자. 상층을 전파하는 탄성파 속도를 V_1, 하층의 경우는 V_2로 한다. 굴절파가 되는 조건은 $V_2>V_1$의 경우이다. 같은 그림에서 A를 폭발점, D를 관측점, AD의 거리를 x로 하면, 직접파의 주시 T_1은

$$T_1 = \frac{x}{V_1} \tag{12.10}$$

이다. 굴절파의 경로를 ABCD로 하면 그 주시 T_2는

$$T_2 = \frac{\overline{AB}}{V_1} + \frac{\overline{BC}}{V_2} + \frac{\overline{CD}}{V_1} \tag{12.11}$$

이 된다.

임계각을 φ로 하면

$$\overline{AB} = \overline{CD} = \frac{z}{\cos\varphi}, \quad \overline{BC} = x - 2z\tan\varphi, \quad \sin\varphi = \frac{V_1}{V_2} \tag{12.12}$$

이므로 식(12.11)은

$$T_2 = \frac{2z}{V_1 \cos\varphi} + \frac{x - 2z\tan\varphi}{V_1}$$

$$= \frac{2z}{V_1 \cos\varphi}(1-\sin^2\varphi) + \frac{x}{V_2} = \frac{2z\cos\varphi}{V_1} + \frac{x}{V_2} \tag{12.13}$$

이 된다. 또 식(12.12)의 관계로부터 $\cos\varphi$를 V_1, V_2 등으로 바꿔 쓰면, 식(12.13)은

$$T_2 = \frac{2z\sqrt{V_2^2 - V_1^2}}{V_1 V_2} + \frac{x}{V_2} \tag{12.14}$$

를 얻는다. 주시곡선의 절점거리를 x_0로 하면 절점에서는 직접파와 굴절파가 동시에 도달하므로 $T_1 = T_2$가 된다. 따라서 식(12.10)과 식(12.14)로부터

$$\frac{x_0}{V_1} = \frac{2z\sqrt{V_2^2 - V_1^2}}{V_1 V_2} + \frac{x_0}{V_2}$$

이 되며, 이로부터 z를 구하면

$$z = \frac{x_0}{2}\sqrt{\frac{V_2 - V_1}{V_2 + V_1}} \tag{12.15}$$

이 되며, 이 식으로부터 상층의 두께 z가 구해진다.

다음에 직접파 및 굴절파의 주시곡선의 기울기는, 식(12.7)과 식(12.14)로부터

$$\frac{dT_1}{dx} = \frac{1}{V_1}, \quad \frac{dT_2}{dx} = \frac{1}{V_2} \tag{12.16}$$

이 되므로, 각각 속도의 역수를 알 수가 있다. 따라서 주시곡선의 경사로부터 속도가 구해진다.

굴절파 주시의 연장이 종축과 교차하는 점의 주시를 t(이것을 **原点走時** 또는 **교차시**라고 한다)로 하면 식(12.14)에서 $x=0$이라 하면

$$t = \frac{2z\sqrt{V_2^2 - V_1^2}}{V_1 V_2} \tag{12.17}$$

이 된다. 따라서

$$z = \frac{t}{2} \cdot \frac{V_1 V_2}{\sqrt{V_2^2 - V_1^2}} \tag{12.18}$$

이 되며, 원점주시로부터도 z를 구할 수가 있다.

12.2.3 탄성파 속도 측정법

지표에 가까운 지층이나 암반의 구조를 조사하기 위하여 행해지는 탄성파 속도 측정법으로서는 (1) 橫坑內에서의 굴절파법, (2) 평균속도법 및 (3) 직접파법의 세 가지 방법이 있다. (1)은 예를 들면 댐사이트 암반의 조사에 있어서 댐사이트에 橫坑을 뚫고, 횡갱내의 암반 위에 測線을 만들고, 측선위에 2~3m 간격으로 지진계를 설치해서 폭발점 간격을 15~20m 정도로 왕복측정을 행한다. 이 방법에 의해, 예를 들면 그림 12.10과 같은 주시곡선이 구해진다. (2)는 예를 들면 그림 12.11과 같이 횡갱내에 지진계를 설치하고 다른 횡갱내에 폭발점을 설정하여 탄성파의 전파시간 t를 측정한다. 한편 정확하게 폭발점과 지진계 사이의 거리 x를 측량해 두면 $v = x/t$에 의하여 폭발점과 지진

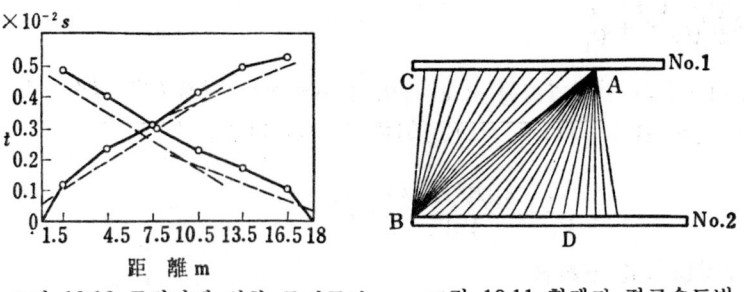

그림 12.10 굴절파에 의한 주시곡선   그림 12.11 횡갱간 평균속도법

계 사이의 암반의 평균속도가 구해진다. 그 결과 예를 들면 ABC 사이의 범위에서는 속도의 평균치는 4.01km/s이며, BAD의 범위에서는 4.05km/s의 평균치가 얻어지게 되며, 이와 같은 측정결과로부터 **速度分布圖**가 만들어지고 암반의 탄성계수를 구하는데 유용하다.

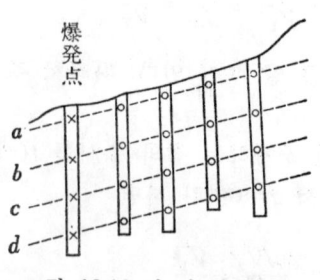

그림 12.12 직접파법

(3)은 그림 12.12에 나타낸 바와 같이 일직선상으로 2~5m 간격으로 암반에 천공을 하고, $a, b, c \cdots$, 이와 같이 암반내부에 측선을 설정하고, 각 측선에 대하여 각각 주시곡선을 구하고, 직접파라고 간주되는 부분에서 속도를 계산할 수 있도록 한다. 이 방법에 의하면 탄성파의 전파 경로가 폭발점과 지진계를 연결하는 직선위에 있기 때문에 구해진 속도에 대한 위치를 명확하게 할 수가 있으며, 좁은 범위를 정밀하게 조사하는 경우에 적합하다고 한다.

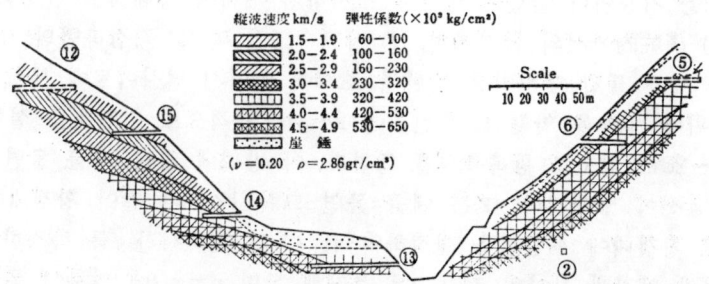

그림 12.13 댐사이트에 대한 속도 분포도의 일례 (마스다에 의함)

12.2.4 음속에 의한 암반의 판정

암석은 풍화 기타 변질되어 있는 것도 있고, 新鮮硬岩에서 연약한 공극이 많이 있는 것과 연속적으로 변화하는 것도 있으므로 그 탄성파 속도도 동일 암종에 대해서 측정해도 상당한 속도의 차이는 피할 수가 없다. 암종별 속도분포는 조사한 예도 있지만[2,5], 砂礫層은 0.5~2.5km/s, 심성암, 고생층, 변성암 등에서는 5.0km/s 이상의 음속을 유지하는 것이 있으며, 화산암류는 2.5~5.0km/s 정도의 범위에 있다. 이방성 암석에서는 음속이 방향에 따라 다른 점에도 주의해 둘 필요가 있다[6].

표 12.1은 초음파 펄스에 의한 현장 암석시료의 탄성파(P) 속도의 일예이다. 이 표의 (b)에서는 V_2의 값은 V_1의 값보다 평균 10% 작고 (a)에서는 평균 36% 작다. 즉 (a)에서는 현저한 이방성이 있다고 생각된다.

표 12.1 이방성 암석의 초음파(P파) 속도(km/s)

	V_1	V_2
(a) 黑色千枚岩	5.3~5.9	3.2~3.9
(b) 硅化·砂岩質千枚岩	4.9~5.2	4.2~4.7

V_1: 편리면에 평행인 방향의 속도
V_2: 편리면에 직각인 방향의 속도

암반암석에 균열이 많으면 탄성파 속도는 늦어지는 것이 알려져 있다. 그와 같은 이유에서, 지금 E_D : 양질인 암석 供試體의 동적 영률

E_d : 동질인 암반의 동적 영률

라 하면

$$\frac{E_D - E_d}{E_D} = 균열계수 \qquad (12.19)$$

라고 부르는 것이 있다 그리고 암반의 "우량도" 정도를 균열계수에 따라서 분류하는 경우가 있다.

상기한 바와 같이 암반 속으로 전파되는 탄성파의 속도는 암반의 균열이나 풍화에 의하여 영향을 받으므로 속도에 의하여 암반의 견고도나 풍화의 정도를 분류하는 일이

표 12.2 균열계수에 의한 암반의 분류

균 열 계 수	암 질
0.25 以下	극 히 양 질
0.25~0.5	良 質 健 岩
0.5~0.65	健 岩
0.65~0.8	약 간 불 량
0.8 以上	不 良

그런데 속도로부터 암반의 탄성계수 E_v를 구할 때는 암석시료에 대하여 밀도 ρ를 측정하고, 포아송비 ν를 0.25라고 가정해서 균질등방 탄성체에 관한 다음 식이 쓰인다.

$$E_v = \rho v^2 \frac{1}{g} \cdot \frac{(1+\nu)(1-2\nu)}{(1-\nu)} \tag{12.20}$$

이와 같이 해서 구한 탄성계수는 동일암반에 대하여 잭 법이나 水室法에 의해 구한 값보다 상당히 큰 값을 나타낸다. 그림 12.14는 몇 개의 댐사이트에서 이루어진 측정 결과로, E_s는 잭법에 의한 값으로 E_s는 E_d의 약 1/6~1/4을 나타내고 있다. 예를

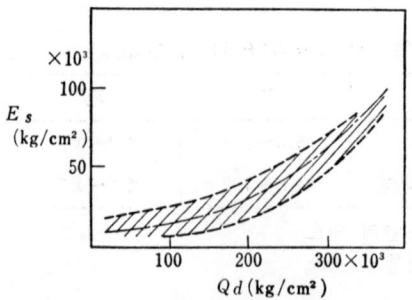

그림 12.14 암반동탄성계수 (E_d)와 정탄성 계수 (E_s)의 비교 (고노데라에 의함)

들면 잭법에 의해 구한 값(E_J)이나 水室法에 의해 구한 값(E_c) 사이에는

$$E_v : E_J : E_c = 10 : 2 : 1 \tag{12.21}$$

정도의 관계가 있다고 되어 있다. 따라서 속도로부터 구한 탄성계수의 1/5의 값을 가지고 靜彈性係數라고 일단 가정하는 경우도 있다. 또 암반의 탄성계수를 E_R로 하면, 다음 식

$$E_R = \frac{1}{2} \cdot \frac{v}{v_m} \cdot E_v \tag{12.22}$$

을 가지고, E_R을 구하는 사람도 있다[4]. 여기서 v는 암반내의 탄성파 속도, v_m은 균열이 없는 암석시료의 속도이다.

음속측정에서 구한 영률은 靜的一軸加壓試驗(응력-변형선도)으로부터 구한 영률보다 대개 2배, 큰 값을 보이는 것이 콘크리트에 대하여 알려져 있고, 암석의 경우에도 일반적으로 그러한 경향이 강하다. 이 점은 암반의 영률을 설계자료로 이용하는 경우는 반드시 주의해 두어야 한다.

12.3 암반강도시험

암반에는 節理, 균열 기타 불균질성이 있으며 역학적으로 이방성을 나타내는 것도 있으므로 암반내의 시료를 보링 등에 의해 채취해서 그 강도를 조사해도 그 강도를 가지고, 곧 암반의 강도라고 할 수는 없다. 일반적으로 암반 강도는 암석시료의 강도보다 상당히 낮은 것이 확인되고 있다. 암반강도 시험으로서는 전단시험, 압축시험 및 인발시험[11] 등이 행해지고 있다.

12.3.1 암반전단시험

이것은 횡갱의 내부 등에서 잘리고 남은 암반에 대해서 행하는 경우(암반전단시험)와 콘크리트와 암반의 부착력이 전단강도보다 클 경우를 예상하고 암반면에 콘크리트

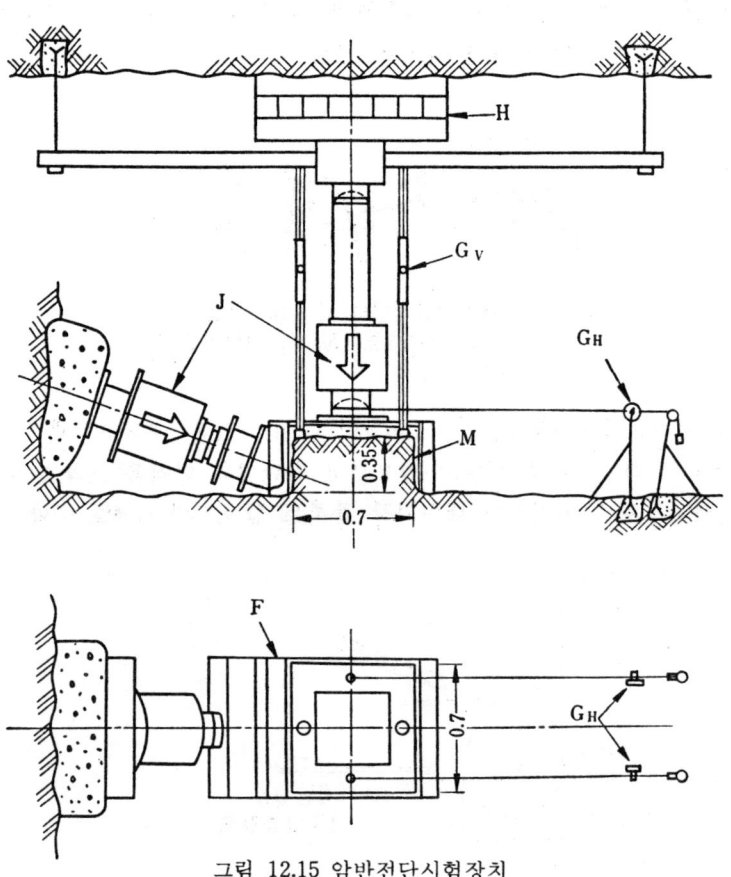

그림 12.15 암반전단시험장치
H:각재블록, J:유압잭, F:강제틀, G_V:수직변위측정용 게이지,
G_H:수평변위측정용 게이지, M:몰탈

블록을 타설하고 시험하는 방법(블록 전단시험)의 두 가지 방법이 있다.

그림 12.15는 전자의 방법에 의한 시험 장치를 나타낸다. 시험 암반은 0.5~10.0㎡ 정도의 것이 보통 쓰이고 있다. J는 유압 잭으로 전단 예상면에 대하여 합력으로서는 보통 경사 하중이 가해지도록 한다. 파괴후의 암반 면적이 전단면적이다. 암질이 동일한 여러곳에서 수직하중을 변화시켜 행하는, 전단시의 전단면에 대한 수직하중(수직응력 σ)과 전단하중(전단저항 τ)의 관계를 플롯트 하고 이로부터 암반의 전단 저항강도가 COULOMB의 파괴 조건식

$$\tau = c + \sigma_1 \tan \phi \tag{12.23}$$

로 표시된다고 가정했을 때의 결합력(점착력) (c)와 전단저항 계수각(내부마찰각) (ϕ)를 구한다.

그림 12.16에 대해서 설명하면 $\overline{AB}$가 시험에 의해 전단이 생긴 면(전단면), P를 암괴에 가해진 외력의 합력, N을 전단면(滑動面)에 대한 수직력, T를 전단력이라고 하면

$$T = P \cos \beta, \quad \tan \theta = T/N \tag{12.24}$$

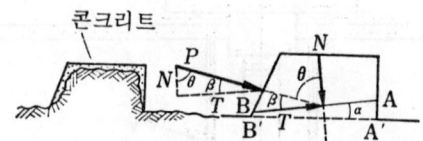

그림 12.16 암반전단시험에 물통을 재하합력
(P), 수직하중 (N) 및 전단하중
(T)의 관계

이며, 전단의 조건은 $T \geq \mu N$이며, $\mu = \tan \phi$이다. μ는 물론 내부마찰계수이다. 시험 결과로부터 합력 P, 각 β 및 θ를 알고 있으므로 전단면의 면적을 A라고 하면, $\tau = T/A$이며, $\sigma = N/A$이므로 $\tau - \sigma$선도에 데이타를 플롯트 함으로써 c, ϕ를 구할 수가 있다. A

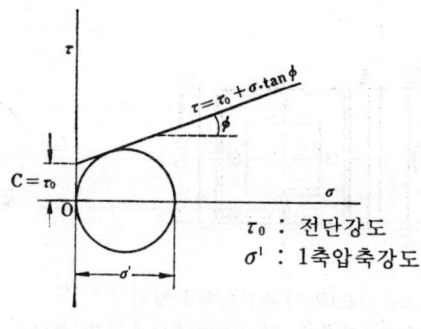

τ_0 : 전단강도
σ^1 : 1축압축강도

그림12.17

12.3 암반강도시험

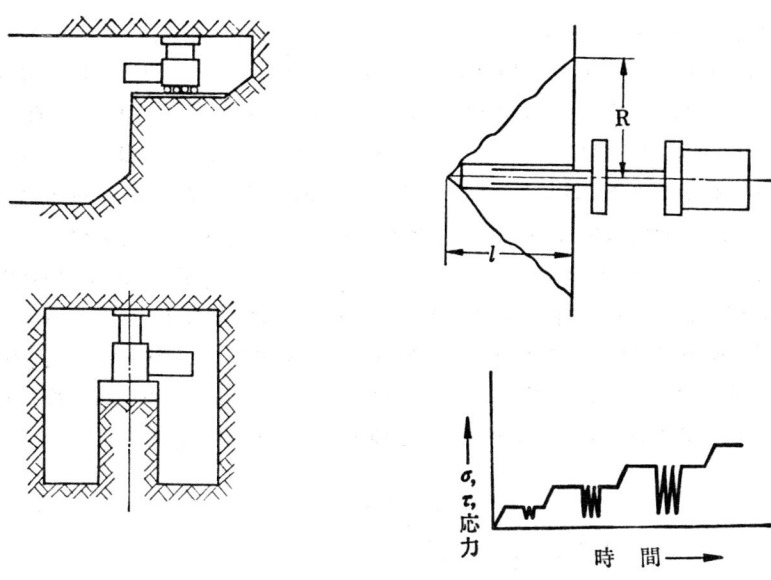

그림 12.18 암반재하방식의 일례

'B'의 면적을 A'라 하면 전단면적은 A=A'/cos α이므로 A의 계산에 이 관계를 이용해서 각 α를 측정해도 좋다. 또 점착력 (c)는 수직응력 σ=0에서의 전단 저항이므로 1축압축강도, 전단강도 등은 그림 12.17과 같은 관계에 있다. 실측에서는 재하방식[8]을 정해두고 하중에 대한 "수평변위" 및 "부상변위" 등도 측정해서 응력-변형 곡선을 구한다.

그런데 11.2 및 11.3에서 언급한 바와 같이 암반의 돌결, 절리 등의 방향과 암반에 작용하는 힘의 방향의 관계는 중요하다. 예를 들면 그림 12.19에 나타낸 바와 같이 전단력 (T)의 작용방향에 대한 돌결의 방향에 따라서 이 그림과 같이 "음수"(negative joint system)와 "정량"(positive joint system)의 두 가지로 분류할 수 있다. 林[9]은 시료의 결 방향 즉 θ의 각도를 바꾸고, 전단력 (T)와 측압 (N)을 변경해서 환경조건 그림 12.20을 구하였다. 이 그림에서 중심 O로부터 파괴 곡선까지의 길이는, 일정 측압

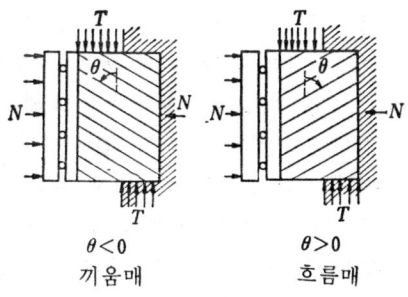

θ<0 θ>0
끼움매 흐름매

그림 12.19 바위결과 전단력의 작용방향

(N)에 대한 전단력을 나타내므로 이 곡선의 내부는 안정역, 외부는 불안정역(파괴역)임을 의미하므로 만일 시료가 균질등방체이면 이 곡선은 O를 중심으로하는 하나의 원을 이룰 것이며 파괴곡선이 θ에 관하여 방향성을 갖는 경우는 그 시료에 強度異方性이 있어서 그것이 돌결의 방향 (θ)이 그림과 같은 관계에 있음을 나타내고 있다.

이제까지 행한 현장시험의 결과를 총괄하여 보면, 節理가 존재하면 전단저항은 저하하는 점, 암석시료의 전단강도에 대하여 암반의 경우는 일반적으로 3~11% 저하하는 것이 분명하다. 또 암반의 전단파괴는 想定 전단면에서 단순전단에 의해 한번에 절단파괴되는 것은 아니고, 균열이나 약층의 존재에 의해 암괴 상호의 상대운동이 일어나고, 외관 체적을 팽창시키면서 복잡한 운동에 의한 국부파괴가 일어나고, 드디어는 이것이 확대되어 하중 지지력을 상실하고, 전면적인 파괴에 이르는 것이다. 빠르면 최대하중의 1/2~1/3로 국부파괴가 생기는 것이 실태라고 보고되어 있다.

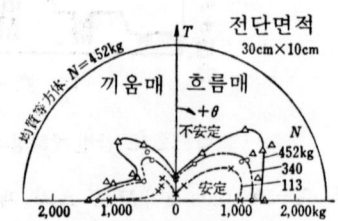

그림 12.20 전리성암반의 전단강도의
이방성(하야시에 의함)

재하방식은 재료의 강도에 크게 영향을 미치는 것은 물론이다. 암반에 한하지 않고 재료의 변형과 강도는 하중의 상태, 즉 재하 속도(7.1참조), 반복 유무에 따라서 현저한 영향을 받는다. 암반의 시험에서는 그 암반이 어떤 상태의 반복하중을 받는가, 최대하중은 몇 가지를 상정하여 설계되는지 등에 따라서 시험의 방법을 정해야 한다.

12.3.2 암반압축시험

암반의 압축 시험에서는 1축 및 3축 시험이 행해진다. 1축 시험은 횡갱내에 예를 들면 12.21[10)과 같이 바닥의 암괴를 잘라내고, 상하에 각재 (B)와 형강 (S)를 끼우고, 암괴면을 몰탈 페이싱을 하고, 유압 잭 (J)를 그림과 같이 배치해서 암괴를 가압한다. 일반적으로 암괴가 커지면 7.1에 기술한 바와 같이 균열 기타의 영향으로 압축강도가 저하하는 것이 알려져 있는데, 그림 12.22는 석탄괴에 대해서 갱내에서 행해진 시험의 결과를 나타내고 正立方形 석탄괴 1변의 길이가 짧아지면 급격하게 압축강도가 상승하는 것을 나타내고 있다. 그런데 그림 12.23에 나타낸 바와 같이 炭柱의 압축강도는 정방형 탄주의 높이에 대한 폭의 비율 (R)이 커짐에 따라 압축강도는 증가하며 그 관계는 직선적이었다. 암석괴에 대해서도 이와 유사한 관계가 존재하는 것으로 생각해 보자.

12.3 암반강도시험

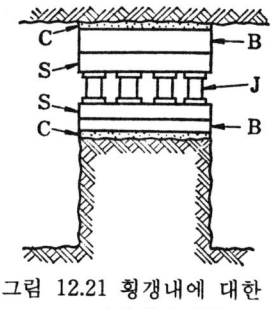

그림 12.21 횡갱내에 대한
1축압축시험

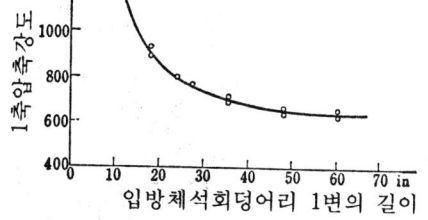

그림 12.22 석탄덩어리의 압축강도치수의 관계
(BIENIAWSKI에 의함)

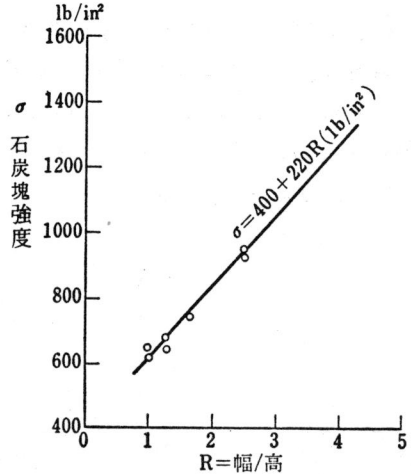

그림 12.23 석회덩어리의 압축강도와 R의 관계
(BIENIAWSKI에 의함)

   3축 압축시험을 행하는 경우는 시험 암괴의 축의 방향 및 경사각은 예상되는 地盤 內部 주응력의 방향에 맞추어 결정한다. 최대 주응력을 주는 방향은 수평으로 취하는 경우가 많다. 측압을 받는 4면중 1면은 암괴의 바닥면이 되어 암반과 연결되는데, 그 구속 조건은 강도시험에 대해서는 영향을 무시해도 지장없음이 光彈性 實驗에 의하여 확인되고 있다고 한다[8]. 3축 압축시험은 단층의 강도나 운동을 조사할 때에 행해지고 있다.

12.3.3 반복시험과 암반강도

   현지 암반시험의 결과로부터 반복응력(전단응력, 압축응력)-변형곡선을 그리고, 그 곡선의 최대 응력의 각 단계에 있어서의 최종 변형량의 포락선을 그리면, 이러한 곡선은 파괴에 도달하기까지 둘 이상의 만곡점을 가지고 있음을 알 수 있다(그림 12.24). 이 만곡점을 A점 및 B점······ 으로 하면, A점은 파괴응력의 20~40%, 평균적으로 30%

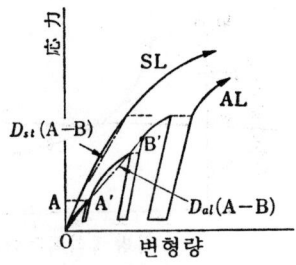

그림 12.24 암반전단시험의
응력-변형곡선

정도의 응력에서 나타나며, B점은 같은 파괴응력의 50~80%, 평균적으로 60% 정도에서 나타난다고 하고 있다[8]. 정적재하, 반복재하에 대한 변형계수를 각각 D_{st}, D_{al} 로 나타내면, O점에서 A점까지의 변형의 정도는 (O-A)로 나타나며, A점에서 B점까지 변형의 정도는 (A-B)로 나타나므로 $D_{st}(A-B)/D_{st}(O-A)$ 혹은 $D_{al}(A-B)/D_{al}(O-A)$에 의해 양자의 변형의 비율을 비교할 수가 있다.

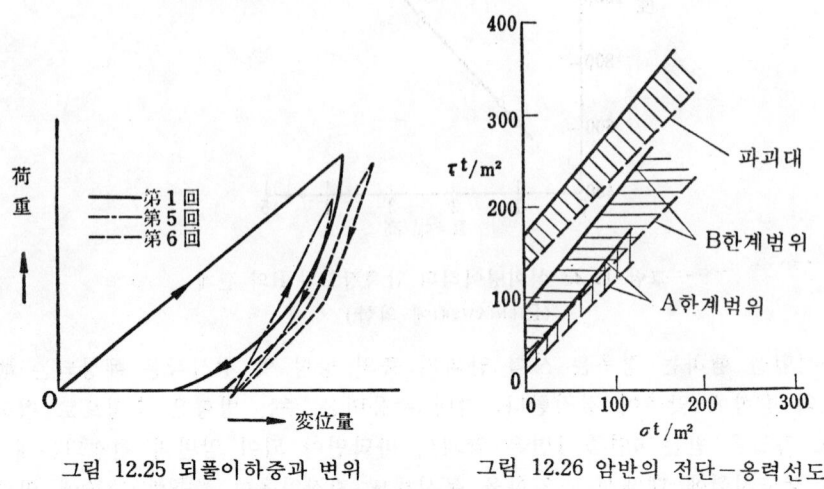

그림 12.25 되풀이하중과 변위   그림 12.26 암반의 전단-응력선도

암반은 낮은 응력의 반복에 의해서도 약간의 비탄성변형이 일어난다. 반복재하를 실시하면 그 全變形量은 물론 靜的재하 변형량보다 커지는데 반복재하 후의 하중증분에 대한 변형증분은 그림 12.25와 같이 작아진다.

그림 12.26은 블록 전단시험으로 암반의 내부마찰각 (ϕ)를 45~50°로 가정하고 전단강도의 범위를 추정한 예이다. 이 실측 예에서는 전단강도는 암반에서 20~30kg/cm², 단층부에서 2~5kg/cm²의 범위에 있었다.

12.4 암반의 강도 저하에 영향을 미치는 요소

12.4.1 균열의 영향

암반 내부에는 節理, 균열, 돌결, 미소단층 등 무수한 불연속면이 존재한다. 암반은 이런 균열면에서 서로 접해있는 암석의 집합체라고 생각할 수도 있다. 균열면으로 둘러싸인 하나의 岩石片은 그 자체는 상당히 좋은 탄성적 성질을 가지는 것이 많지만, 균열면이 무수하게 존재하는 암반은 균질등방의 탄성체와는 다른 특성을 나타내는 것은 앞에서도 지적하였다.

균열면이 암반의 역학적 성질에 미치는 영향으로서는 대별하면 세 가지가 있다. 첫째는 암반의 강도를 저하시키는 점, 둘째는 변형을 상당히 비가역적으로 만드는 점, 세째는 변형 등의 역학적 성질에 방향성을 주는 점이다.

첫번째에 대해서는 암반을 구성하고 있는 암석시료는 강한 것이어도 힘이 암반 전체에 걸리는 경우에는 내부의 약점이 되는 균열면에도 힘이 걸리므로 암반의 강도는 균열면의 강도에 의해서 지배되게 되며(11.3참조), 암반을 구성하고 있는 암석시료의 강도 자체와 강도는 일단 무관계하다는 점에 주의하여야 한다.

두번째 변형의 비가역성에 대해서는 그림 12.25[12]에 대하여 설명한다. 예를 들면 잭 시험에서 첫번째 재하시의 변위와 除荷時의 잔존변위에 대해 살펴보면 잔존변위는 많이 남으며, 변위는 비가역적이다. 그러나 재하를 반복함에 따라서 곡선은 彈性履歷에 가까워진다. 이것은 재하 부근 암반내의 균열이 첫번째 재하에 의해 간극이 작아지고, 균열면이 달라 붙으므로 두번째 이후의 반복재하에서는 하중-변위곡선이 탄성변형에 가까워지리라고 생각된다.

세번째의 영향은 균열면이 암반의 변형이나 강도에 방향성을 주는 점이다. 균열면에 수직으로 힘이 작용하여도 미끄러짐이 생기지 않지만, 비스듬하게(마찰각 이상의 각도) 힘을 작용시키면 滑動이 생기게 되며, 암반은 역학적으로 방향성을 갖는 점은 11.3에서 설명하였다.

12.4.2 지하수의 영향

암반의 균열면에 물이 있으면 그 면의 역학적 저항은 저하한다. 풍화가 진행된 암반은 절리면에 여러 가지 연약한 재료를 포함하고 있으며, 이러한 물질은 물이 포함되면 강도가 현저하게 저하한다. 따라서 물이 포함된 암반과 그렇지 않은 암반은 그 강도 혹은 지지력은 크게 변화를 보일 것이다.

균열면의 전단 저항력을 Coulomb식에 의하여 $\tau = c + \sigma \tan \phi$라 하면, 압력을 가진 물(간극 수압 u)이 들어오게 되면, c는 취약화하여 0에 가까와지고 ϕ는 감소하여 ϕ'가 되며, 그 면에 작용하는 수직력 σ는 감소해서 $(\sigma - u)$가 될 것이다. 그 결과 滑動에 대한 저항력은 $(\sigma - u) \tan \phi'$가 되어 크게 감소할 것이다.

또 틈이 수압에 의해 눌려서 열린 경우, 그것이 어느 한도를 넘거나 유속이 어떤 한도를 넘으면, 그 틈에 채워져 있는 연약한 재료는 흐르기 시작할 것이다. 그러므로 균열면의 역학적 강도는 한층 더 크게 저하되리라고 생각된다. 댐 기초 그라우트의 경우, 수압 테스트를 그라우트공 이전에 행하면 注水壓과 注水量의 관계는 그림 12.27과 같

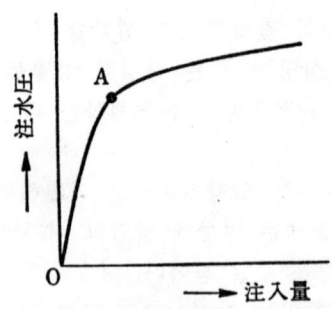

그림 12.27 수압테스트에 대한 주수압과 주입량의 관계

아지는 경우가 있다고 보고되고 있다. 이 그림에서 곡선이 갑자기 구배가 바뀌는 점A는 전술한 한계점이 아닐까. 그렇다고 하면 그것은 보기에 따라서는 암반의 파괴라고도 할 수 있을 것이다. 댐과 같이 큰 수압이 직접 암반에 작용하는 구조물에서는 암반의 안정성을 운운하는 경우 이 물의 문제를 잊어서는 안된다.

12.5 암 반 침 투 류[13]

12.5.1 암반침투류의 제요소와 문제점

암반의 역학적 성상을 정확하게 파악하기 위해서는 암반내를 흐르는 물의 제성질을 명확하게 하는 일이 중요하다. 암반침투류의 문제로서는 (a) 유량, (b) 수압, (c) 유선형상, (d) 유속의 네 요소가 중요하다. 유량에 관해서는, 예를 들면 댐 저수의 누설, 터널 굴진에서의 용수의 문제가 있다. 수압의 문제로서는, 암반내 균열면의 간극 수압의 상승이 암반 전단저항 저하의 원인이 되는 점을 생각할 수 있다. 유선형상은 암반의 안정성을 논하는 경우에 중요하며, 침투수의 유속은 어떤 한계치를 넘으면, 단층면이나 균열면에 개재하는 점토 등의 미립물질을 흘러가게 하여 암반 결합력을 약화시키는 원인이 된다. 따라서 水拔孔에 의해 지나치게 급격한 動水勾配를 주는 것은 오히려 위험이 되는 점도 생각할 수 있다.

암반내의 침투현상은 균열이나 단층 기타 암반의 불규칙성에 많이 지배되므로 단순히 DARCY법칙 등을 적용해도 실태가 정확하게 해석되지 않는 경우도 많다. 암반내의 침투현상이 거시적으로 보아서 (a) 균질등방성으로 볼 수 있는지, 그렇지 않으면 (b) 異方性(heterogeneous)으로 간주해야 하는지, 판단하는 일이 중요하다. 더우기, 예를 들면 대상암반의 균열을 1~3m 간격으로 그리드를 끼우고 그 각 교점에 가장 가까운 균

열의 走行, 경사를 측정해서 SCHMIDT 네트 표시에 의해 이방성의 유무를 조사하는 것도 한 방법이다(12.6참조). 만일 균열이 슈미트 네트의 各像限에 고르게 분포되어 있으면 그것은 균질매체내에서의 흐름의 문제로 생각할 수 있다.

12.5.2 투 수 계 수

암반이 거시적으로 보아서 사층과 같은 투수층이라고 간주할 수 있는 경우에는 DARCY의 법칙이 성립하며, 투수계수 k 및 k'는 다음 식으로 주어진다.

$$Q = kA \frac{\Delta h}{\Delta l} = k' \frac{A}{\mu} \frac{\Delta p}{\Delta l} \tag{12.25}$$

여기서 Q: 단면적 A를 통과하는 유량, Δl: 투수층의 두께, Δh: Δl간의 損失水頭, Δp: Δl간의 압력 저하량, μ: 점성계수이다. k는 속도의 차원을 가지며, 보통 cm/sec 단위가 쓰이고, 또 k'는 길이의 2승의 차원을 가지며, Darcy 단위가 쓰인다. 1Darcy는 점성계수 1centipoise의 유체가 압력구배 1기압/cm 하에서 단면적 1cm²당 1cm³/sec의 유량이 흐르는 경우의 透水度에 해당한다.

암반의 투수계수는 실험실에서는 측정할 수 없으며, 또 현장에서 식(12.25)를 만족하는 조건하에서 행하는 것도 곤란하다. 그래서 후술하는 Lugeon 시험이 일반적으로 행해지며, 시추공으로부터 물의 壓入度에서 투수계수를 평가하는 Lugeon 단위가 통상쓰이고 있다. 1Lugeon이란 試錐孔 1m에 대해 10kg/cm²의 압력으로 1ℓ/min의 물이 암반중에 압입되었을 때의 압입도를 말한다. 암반의 투수계수의 값은 암반의 성상에 따라 많이 변화하는데, 예를 들면 0.8~3.6Lugeon이다. 또 단위상호의 관계를 온도 20℃의 물을 사용했다고 할 때 아래와 같이 나타낼 수 있다.

$$1 \text{ cm/sec} = 1035 \text{ Darcy}$$
$$1 \text{ Darcy} = 9.65 \times 10^{-4} \text{ cm/sec}$$
$$1 \text{ Lugeon} \simeq 1 \times 10^{-5} \text{ cm/sec}$$

小球로 이루어진 투수층에 대해서는 LINDQUIST의 실험식이 있다. 이제

$$R = \frac{dV}{\nu}, \quad \zeta = \frac{2}{\rho} \cdot \frac{d\Delta p}{V^2 \Delta l} \tag{12.26}$$

라고 했을 때, R의 값에 따른 저항법칙은 다음 식으로 나타낸다.

$$\left.\begin{array}{l} R<4 \text{인 경우는 } R\cdot\zeta = 일정 \\ R>4 \text{인 경우는 } R\cdot\zeta = a+b\cdot R \end{array}\right\} \tag{12.27}$$

여기서 d: 粒徑, V: 평균침투유속, ρ: 밀도, ν: 動粘性係數, ζ: 저항계수, a, b: 상수

식(12.27)로부터 $R<4$일 때는 간극내의 흐름은 層流이며, 식(12.25)와 같은 DARCY 법칙이 성립하지만, $R>4$이면 흐름은 亂流가 되어 DARCY법칙은 성립하지 않게 된다.

이 점은 암반내의 침투류에 대해서도 균열이나 균열의 간극 t, 침투유속 V가 커지게 되어 $R'=Vt/\nu$가 어떤 한계치를 넘으면, 마찬가지 상태가 되는 것을 유추할 수 있는 것이다.

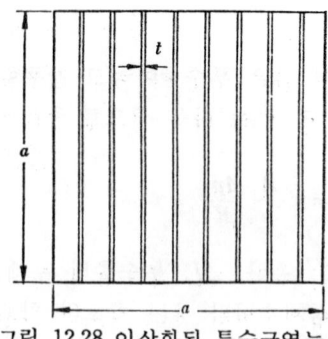

그림 12.28 이상화된 투수균열눈

다음에, 암반내의 투수경로를 단순이상화해서, 그림 12.28에 나타낸 바와 같이 간극 t인 다수의 평행벽면으로 구성되는 것으로 가정한다. 흐름의 방향에 직각인 단면을 한 변이 a인 정방향으로서 m개의 균열이 있다고 하고, 動水勾配를 I로 나타내면, 이 단면을 통과하는 전체유량 Q는 층류라고 하면, 다음 식으로 주어진다.

$$Q = \frac{mat^3}{12\nu} gI \tag{12.28}$$

단면적은 $A=a^2$, 간극율 λ는

$$\lambda = mt/a \tag{12.29}$$

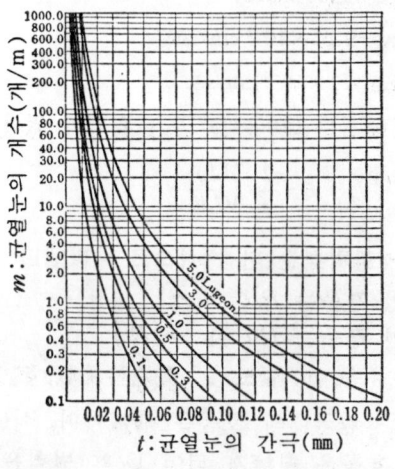

그림 12.29

이므로, 식(12.28), (12.29) 및 (12.25)로부터 투수계수 k는, 다음 식으로 나타낸다.

$$k = \frac{mt^3g}{12a\nu} = \frac{\lambda t^2 g}{12\nu} \qquad (12.30)$$

투수계수(Lugeon 단위)를 파라미터로 하고, 폭 1m당 균열의 수와 간극의 관계를 그래프로 나타내면, 그림 12.29가 얻어진다. 이 그림 및 식(12.30)은 Lugeon 시험의 결과로부터 암반내 균열의 성상이나 실제 유속을 추정하는데 유용하다.

12.5.3 Lugeon 시험과 유속법

Lugeon 시험은 암반의 투수계수를 측정하는 방법이며, 그 시험장치는 그림 12.30과 같다. 싱글 패커 방식(스테이지)과 더블 패커 방식이 있으며, 압력수의 암반내 압입방식이 다르다. 싱글 패커 방식은 시추공의 구멍 뚫기와 끼우는 고무(패커)의 사이로 압력수를 압입하는데 대하여 더블 패커에서는 상하 패커 사이의 A부분으로 압입한다. 모두 압입의 길이는 5m를 표준으로 해서, 10kg/cm²의 압력을 걸어 약 10분 후의 안정된 유입량을 구해서 Lugeon값을 구한다. 시추공의 직경은 46~76mm이다. 싱글 패커 방식은 시험할 때마다 시추를 하므로 공정은 번잡하지만 패커의 수가 적으므로 누수에 의한 오차는 적다. 더블 패커 방식은 시추공 전장을 먼저 굴착하므로 공정은 단순하지만 누수 오차는 크다.

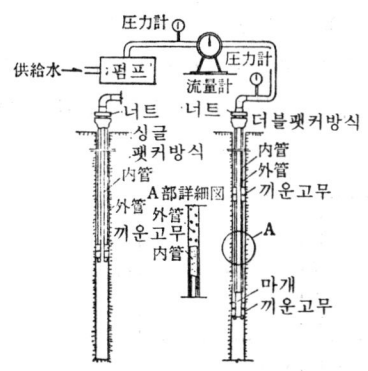

그림 12.30 Lugeon 시험장치

Lugeon 시험은 실측된 Lugeon 값을 식(12.25)로 정의되는 투수계수치와 직접 관계 지우는데는 (1) 孔徑, 압입 길이 등이 규격화되어 있지 않다. (2) 패커에 난점이 있다. (3) 지하수위에 대한 고려가 되어 있지 않다. 등 아직 문제점이 남아 있다고 한다.

流速法은 한 시추공으로 트레이서를 주입하고, 다른 시추공으로 그것을 검출하는 방법으로 유선 길이 Δl과 검출에 요하는 시간 T로부터 암반내의 실제 유속 v를

$$v = \Delta l / T \qquad (12.31)$$

로 구하도록 하는 것이다. 여기서 유선형상이 단순하며, 평균유속 V를

$$V = k \frac{\Delta h}{\Delta l} \qquad (12.32)$$

라고 할 수 있으며, 動水勾配 $\Delta h / \Delta l$도 측정가능하다. 실제유속과 평균유속은 간극율을 이용하여, 일단

$$V = \lambda v \qquad (12.33)$$

라고 쓰고, λ가 균열의 관찰에 의해 측정가능하다고 하면, (12.29), (12.31), (12.32) 및 (12.33)의 제식으로부터 투수계수 k를 구할 수가 있다. 혹은 역으로 Lugeon 시험으로부터 k값이 추정되면, λ나 t의 값을 구할 수가 있다.

그러나, 암반내의 침투유속은 일반적으로 작고, 검출까지 장시간을 요하므로 확산현상 때문에 샤프한 농도시간 곡선이 얻어지지 않는다. 또 주입공으로부터 암반내로 침투한 트레이서는 원추형으로 확산하는데다가 주입공과 검출공이 동일 유선상에 있지 않은 경우가 많으므로 검출공의 농도는 일반적으로 대단히 낮아지게 되며, 이와 같은 조건하에서 농도시간 곡선으로부터 적정한 실제유속을 산정하는데에는 문제가 남는다.

12.5.4 止水效果와 水拔孔

암반내의 침투류를 지수하는 하나의 방법으로 그라우트 커어튼으로 지수벽을 구성하는 경우가 있다. 그라우트 커어튼은 면밀하게 그라우트를 시공해도 완전히 지수할 수는 없다. 지수효과에 대한 개념을 세우기 위하여 다음에 고찰을 해보자.

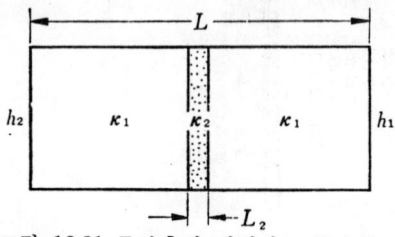

그림 12.31 중간층의 개재하는 투수층

그림 12.31에 나타낸 바와 같이 전장 L인 투수층의 중간에 투수계수가 낮은 별도의 층이 개재하는 경우의 흐름을 생각해 보자. 투수층 및 그 중간층의 길이를 L_1 및 L_2, 각각의 투수계수를 k_1 및 k_2로 한다. 양단의 압력水頭를 h_1 및 h_2로 하면, 흐름과 직각인 단위 면적당 침투유량 Q는 다음 식으로 주어진다.

$$Q = \frac{k_1 k_2 (h_1 - h_2)}{k_2 L_1 + k_1 L_2} \qquad (12.34)$$

또, 중간층이 없을 때의 유량 Q_0는

$$Q_0 = \frac{k_1(h_1-h_2)}{L} \tag{12.35}$$

이다. 따라서 그라우트 커어튼 등에 의한 **止水效率** E_c는 이와 같은 흐름의 **場**에서는

$$E_c = \frac{Q_0-Q}{Q_0} = \frac{\beta(1-\alpha)}{\alpha(1-\beta)+\beta} \cdot 100(\%) \tag{12.36}$$

로 표시된다. 여기서 $\alpha = k_2/k_1 < 1$, $L_2/L = \beta$이다.

그림 12.32는 식(12.36)으로부터 β를 파라미터로 하고, E_c 와 α의 관계를 나타내는 것이다. 이 그림에서 침투류의 유선길이가 길어지면(β가 작아지고) 그라우트 커어튼이 완전한 지수벽에 가깝게(α가 거의 0) 되지 않는 한, 지수효율 E_c 는 커지지 않음을 나타낸다.

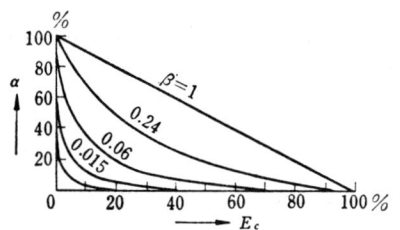

그림 12.32 지수효율과 투수계수비 및 층두께비와의 관계

중력 댐의 기초에 작용하는 **揚壓力**을 경감시키기 위하여 또는 아취 댐의 기초암반의 안정에 대하여 **浸潤面**을 저하시키기 위하여 **水拔孔**은 그라우트 커어튼에 비하여 효과

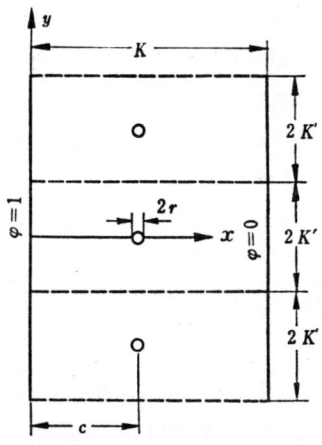

그림 12.33 물빼기구멍의 경계조건

적이라고 생각된다. 그 이유는 인위적으로 누수를 방지하는 것보다도, 누수를 촉진시킴으로써 水拔孔 주변의 압력이나 침윤면을 저하시키는 편이 자연스럽고 확실하기 때문이다.

이제 그림 12.33에 나타낸 간단한 침투류의 장을 생각해 보자. 좌우단은 각각 $\varphi=1$ 및 $\varphi=0$이 되는 등 포텐셜면에서 그 간격을 K로 한다. c되는 위치에 포텐셜 0인 水拔孔이 간격 $2K'$로 배열되어 있으며, 각각의 직경을 $2r$로 한다. 이때 이론적인 풀이는 嶋에 의하면, $r \ll K$, $2K'$인 경우, 다음 식으로 표현된다.

$$\left. \begin{array}{l} w = \dfrac{Q_2-Q_1}{\pi} \log \dfrac{\vartheta_0([c-z]/2K)}{\vartheta_0([c+z]/2K)} + \left(1-\dfrac{z}{K}\right) \\ Q_2-Q_1 = \dfrac{\pi(1-c/K)}{\log[\vartheta_1(c/K)/\vartheta_1(r/2K)]} = \dfrac{K}{c}\left(\dfrac{K'}{K}-Q_1\right) \end{array} \right\} \quad (12.37)$$

여기서 $2Q_2$ 및 $2Q_1$은 개개의 영역에서 좌변으로부터 유출하는 유출량 및 우변으로 유입하는 유입량을 나타내는 것이며, $2(Q_2-Q_1)$은 水拔孔 유입량을 나타내는 것이다. 또 w는 複素 포텐셜, z는 物理面을 나타내며 각각

$$w = \varphi + i\psi, \quad z = x + iy$$

이다. 한편 水拔孔이 없을 때의 침투유량을 Q_0로 하면

$$Q_0 = 2K'/K \tag{12.38}$$

이다.

(12.37) 및 (12.38)의 계산 결과로부터 다음 사항이 지적되었다.

(1) 水拔孔의 유효간격은 양변 간격의 1/20정도가 적당하며, 그 이상 가깝게 해도 집수능력은 그다지 증가하지 않는다. (2) 孔徑은 통상 K, K'에 비해 대단히 작으므로 이 범위에서 孔徑의 대소는 집수량에 거의 관계가 없다. (3) 水拔孔이 없는 것과 마찬가지이지만 좌변으로 이동함에 따라 Q_2, Q_2-Q_1은 증가하고, 좌변과 일치하는 극한에서는 무한대가 된다. 또 Q_1은 水拔孔이 양변의 중앙에 있을 경우 최소이며, 양변의 어느 한쪽에 가까와짐에 따라 대칭적으로 증가하며 극한에 이르면 水拔孔이 없는 경우와 일치한다. (4) x축에 따르는 압력분포는 물빼기 구멍 가까운 주변을 제외하고 거의 직선형이다. 水拔孔 위치에서의 유효 압력 저하를 $\Delta\varphi$로 하면 前記의 이론으로부터

$$\Delta\varphi = \dfrac{c}{K}\left\{1+\left(1-\dfrac{c}{K}\right)\dfrac{Q_2-Q_1}{Q_0}\right\} \tag{12.39}$$

으로 주어진다. (5) 水拔孔은 좌변에 가까와질수록 압력이 저하하는 영역이 넓어지며 따라서 침윤면의 저하영역도 넓어지므로 揚壓力이나 기초암반의 안정에 대하여 유리하

지만, 한편으로는 水拔孔을 향하는 動水勾配가 급해지므로 수량이 과대해지거나 아니면 실제유속이 한계치를 넘을 우려가 있으므로 주의를 요한다고 한다.

12.6 암반 균열분포의 표현법
 (울프 또는 슈미트네트에 의한 표현)

암반에 존재하는 균열, 절리 등의 방위, 경사각 및 그 지역적 분포의 상태를 나타내는데, 종종 결정면의 투영에 쓰이는 울프의 망(Wulf's net) 혹은 슈미트의 망(Schmidt net)을 사용하여 표현이 이루어지고 있다.

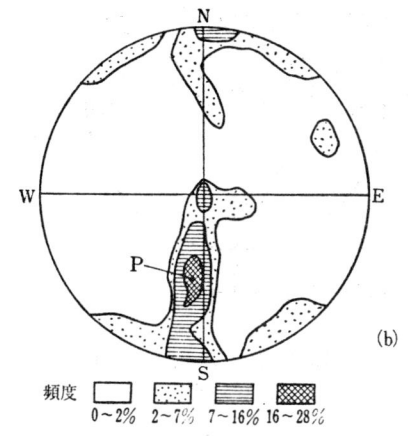

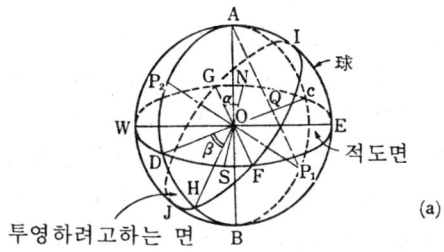

그림 12.34 스테레오 투영법(a)과 슈미트
 네트의 일례(b)

임의로 경사하는 1평면을 투영하는 방법으로 스테레오 투영법(stereographic projection)이라고 부르는 방법이 있다[19,20]. 그림 12.34(a)에서 하나의 절리면 [走向 Na°W, 경사 β°(=DÔH)]의 한점 O에 수선을 세우고, 그 수선 $\overline{OP_1}$과 O를 중심으로 하는 구와의 교점을 P_1으로 하고, 적도면(WDEN면)에 대해 P_1과 반대의 반구 극A점과 P_1을 연결할 때, 그 직선 AP_1이 적도면과 교차하는 점, 즉 Q점은 스테레오 투영법에 의해 구해진 절리면(IGJHFI면)을 대표하는 점이다. 이 투영법에 의하면 임의의 방위와 경사를 가진 평면은 모두 O를 중심으로 하는 적도면상의 1점으로 표현된다. 이와 같이 하여 어떤 구역에 존재하는 많은 절리면(균열)을 하나의 적도면에 스테레오 투영하면, 그 구역에서의 절리면의 방위, 경사 및 그러한 것들의 분포상태를 잘 알 수 있다. 스테레오 투영을 용이하게 할 수 있도록, 또 스테레오 투영의 해석을 용이하게 하기 위하여 울프의 망이 고안되었으며, 널리 사용되고 있다.

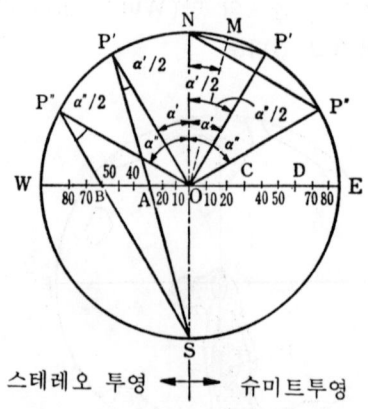

그림 12.35 울프의 망과 슈미트
망의 관계

그림 12.35의 A, B점은 각각 P', P''점에 대한 스테레오 투영에 의한 점을 나타낸다. 지금 P'는 경사 30°를 이루는 평면에 세운 수선과 O를 중심으로 하는 球와의 교점이라고 하면, 즉 $a'=30°$이면, $\overline{P'S}$와 $\overline{WE}$와의 교점 A는 30눈금을 가로지른다. 또 마찬가지로 $a''=60°$라고 하면, $\overline{P''S}$는 $\overline{WE}$ 선상의 60눈금을 가로지른다. 이와 같이 눈금을 정하는 것이 울프의 망이다. 울프의 망에서는, 따라서 OW선상의 눈금은 O점에 가까운 쪽이 密이 되고, W점에 갈수록 疎가 된다. 슈미트 투영에서는 P'점의 투영 C점은 $\overline{OC}=\overline{P'N}/\sqrt{2}$, 또 P''점의 투영 D점은 $\overline{OD}=\overline{P''N}/\sqrt{2}$ 로 정해진다. 따라서 OE선상의 눈금은 O점에 가까운 쪽이 W점에서부터의 눈금보다 약간 疎가 되는데, 등분포에 가까운 눈금이 된다.

그림 12.34(b)는 슈미트 네트를 이용한 투영도로 중심에서의 거리는 경사를, 또 표준축에서의 각도는 走向을 나타낸다. 이 그림에 나타난 곡선은 존재하는 절리면 방향의 等頻度線이다. 이 그림에서는 P점으로 나타나는 走向傾斜가 첫번째로 빈도가 많음을 보여주고 있다.

12.7 암반의 균열, 균열용이도의 측정(RQD법)

암반의 절리, 균열 등의 발달 정도에 대한 조사법으로서 RQD법(rock quality designation)이라고 부르는 방법이 있다. 이것은 그림 12.36에서 설명하지만, 암반에 보링을 하여, 회수된 岩心(rock core)중 길이가 10cm 이상인 것만을 집계해서 그 길이와 보아 홀 길이의 비율을 구해서 이것을   %로 표시함으로써 암반의 균열, 균열 용이도의 비교에 용이하도록 하는 방법이다. 암반내, 단위 깊이당 존재하는 균열수가 많으면 많을수록 그 암반의 천공에서 회수된 암심의 길이가 짧고 그 갯수는 많을 것이다. 인위적으로 코아를 절취하여 회수했을 때는, 그 코아의 破斷面은 新鮮하며, 또 파단면의 상태에서도 이것을 본질적인 균열과는 구별할 수 있을 것이므로 그와 같은 코아는 결합하여 1개의 코아로 길이를 측정하면 좋다. 그런데 보링의 孔底에서 岩心이 母岩과 일체를 이루고 있는 상태에 대해 고찰해 보면, 그 岩心의 모암과 연결부분에서 응력 집중 현상이 생기는 것이 광탄성 실험[17]에 의해서도, 또 이론적으로도[17] 판명되고 있다(13장 참조). 따라서 보링이 이루어지고 있을 때는 岩心의 근원은 대단히 깨지기 쉬운 상태에 놓이게 되므로 잠재 균열이 있거나, 혹은 약한 암석이면 그곳에서 파단돼 버리게 된다.

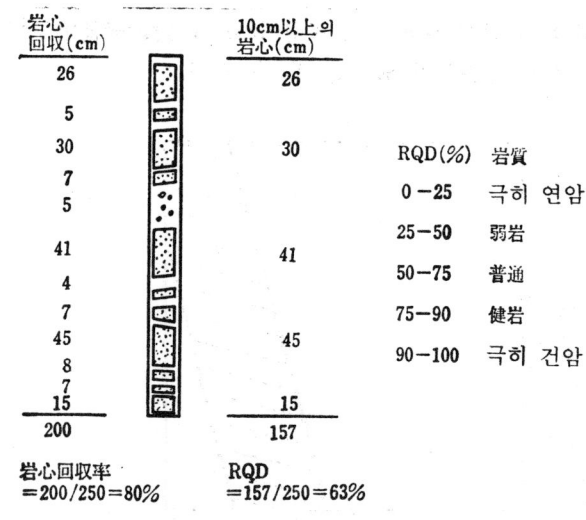

그림 12.36 RQD법 설명도

그런 이유에서 RQD법은 암반에 존재하는 균열, 절리 기타 균열에 기인하는 균열용이성 뿐만 아니라, 암반의 강도적인 균열용이성의 판단에도 유효한 조사법이라 할 수 있다.

그림 12.36을 이용하여 RQD법을 설명해 보자. 길이 250cm의 보링孔에서 합계 200cm 길이의 岩心이 회수 되었다고 하면, "岩心回收率"은 200/250=80%이다. RQD법에서는

길이 10cm 이상인 암심을 가산하므로, 그 전장이 157cm였다면, 그 암반 특성 RQD 지수는 157/250=63%가 된다. 그리고 암질의 분류에 의하면, 그것은 "보통" 암반이라고 판정되게 된다. 이 암반 균열용이도의 판정법은 일단 합리적인 방법이라고 생각되는데, 균열이 보어 홀 軸의 방향과 일치할 때는 그릇된 판단을 하게 되므로, 다른 방향에 2개 이상의 보링을 하여 조사해야 할 것이다.

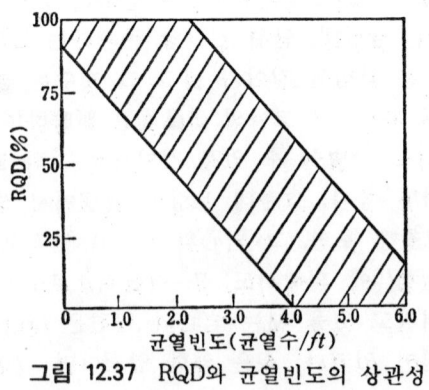

그림 12.37 RQD와 균열빈도의 상관성

그림 12.37은 각개 각종 암반에 대해서 실시한 RQD와 **암반균열빈도**(단위 길이당 균열수)의 관계도이며, 분명히 상관성이 있음을 알 수 있다.

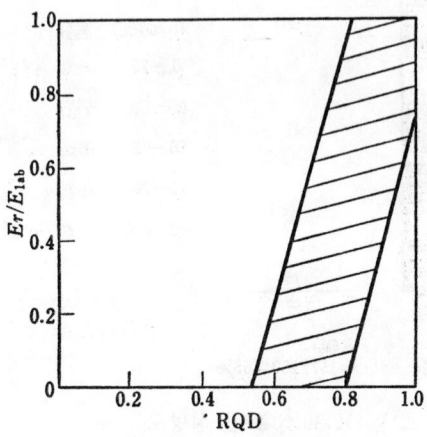

그림 12.38 E_r/E_{lab} RQD의 관계

또 그림 12/38은 각개 각종 암반에 대하여 현장에서 실시한 잭 테스트에 의해 구해진 영율(E_r)과 그 암반 암석시료에 대해 실험실에서 측정된 영률(E_{lab})의 비(reduction factor) E_r/E_{lab}와 RQD와 과계도로 이것도 분명히 상관성이 존재한다. 여기서

E_r/E_{lab}는 암반암괴의 불연속성의 함수이다. 이 RQD법 암반의 균열용이성 판정법으로서 미국에서 이용되고 있다.

参 考 文 献

1) 土木学会: 土木技術者를 위한岩盤力学, 1966 年 11 月, p. 71.
2) 君島博次, 若本 清, 増田秀夫, 安江朝光: 講座岩盤力学 1, 土木学会誌 Vol. 49, No. 1 (Jan. 1964).
3) 物理探鉱, 11 巻, 4 号, 1958 年 12 月.
4) 増田秀夫: 댐 基礎의地球物理学的調查, 物理探鉱 13 巻 1 号, 1970 年 3 月.
5) 小野寺透: 建設省에서 시험한 物理地下探査, 特히岩盤 영 係数의動的測定方法의紹介, 物理探鉱, 13 巻 1 号, 1960 年 3 月.
6) T. F. ONODERA: Dynamic Investigation of Foundation Rocks in Situ, Rock Mechanics edited by Fairhurst, Pregamon press, 1963.
7) 狐崎長琅: 高周波地震探鉱의研究 (3), 物理探鉱, 14 巻 3 号, 1971 年 9 月.
8) 野瀬正儀: 講座岩盤力学 2, 土木学会誌 Vol. 49, No. 2 (Feb. 1964).
9) 林 正夫: 岩盤力学에 관한 2, 3의考察, 大댐, 47 号, 1969 年 3 月.
10) Z.T. BIENIAWSKI: In Situ Strength and Deformation Characteristics of Coal, Engineering Geology, Vol. 2, No. 5, Aug. 1968, p. 325/40.
11) M.M. PROTODYAKNOV: Methods of studying the strength of rocks, used in the U.S.S.R., G.B. CLARK: Mining Research, Vol. 2, p. 649/68, Feb. 1962.
12) 吉越盛次: 講座岩盤力学 (3), 土木学会誌 Vol. 49, No. 3, 1964 年 3 月, p. 80/86.
13) 嶋 祐之: 岩盤浸透流, 講座岩盤力学 5, 土木学会誌 Vol. 49, No. 5, 1964 年 5 月.
14) L. MÜLLER: Die Darstellung geologischer Flächen in Bauplänen, Geologie und Bauwesen, Jahrgang 20, Heft 1, 1953.
15) K. G. STAGG and O. C. ZINKIEWICZ: Rock Mechanics in Engineering Practice, McGraw Hill, 1967, p. 14/17, p. 42/46.
16) A. J. RAMBOSEK: Bureau of Mines RI 6462 (1964).
17) 岡 行俊, 菅原勝彦, 平松良雄: 보링 孔周囲의応力解析, 日本鉱業会, 昭和 46 年秋期大会論文.
18) LAGINHA SERAFIN: Rock Mechanics Consideration in the Design of Concrete Dams., State of Stress in the earth's crust edited by W. R. JUDD, 1964.
19) 原田準平: 鉱物概論, 岩波全書 230, 1957 年 10 月, p. 8/11.
20) 須藤俊男: 鉱物学本論, 朝倉書店, 1963 年 4 月, p. 87/99.
21) HILLS, E. S.: Elements of Structural Geology, John Wiley & Sons, 1963.

13 장 암반의 변형과 응력의 측정

13.1 암반응력의 개념

13.1.1 1차지압과 擾亂地壓

갱내채굴이나 터널굴진시 때때로 생기는 암반의 붕락이나 낙반, 또 채굴현장이나 탄층의 연층굴진에 있어서의 가스 탄진의 돌출, 혹은 지하 깊이 굴착한 갱내에서 발생하는 산파열(rock burst) 등의 현상은 대개는 암반내부의 응력상태와 그 암반고유의 역학적 강도의 평형상실에 기인하는 현상이라고 생각되고 있다.

암반내에서 갱도가 굴진되거나 채굴이 이루어지거나 하면, 그 암반내의 응력상태는 그곳에 존재하는 공동(갱도, 막장 등) 때문에 동요를 받는다. 그 결과 그 공동주위의 암반은 개소에 따라서는 과대한 압축응력 혹은 전단응력 혹은 또 인장응력을 받아서 그 결과로 암반에는 균열이 발생하거나 낙반이 생기거나 붕락사고가 유발되기도 한다. 갱도나 채굴장이 지하 깊이 존재할 때는 갑자기 「산파열」이 발생하여 인체에 위해를 미칠 경우가 있다. 따라서 절대지압을 측정하거나 암반내의 응력변화를 측정하고 암반의 움직임을 감시하는 것은 상기의 움직임을 사전에 탐지해서 사고의 발생을 방지하는 것도 가능하기 때문에, 갱내 작업의 보안상 극히 중요한 의미를 갖는다. 지하개착을 할 때 支保를 실시하는 경우에도, 암반에 작용하는 응력상태를 알면, 합리적인 개발계획이나 시공법이 입안될 것이다.

8.1에서 고찰한 바와 같이, 이제 동요되지 않은 지역의 지표하 l의 지점에 작용하는 연직방향 응력(그림 8.1)을 σ_z로 하면 $\sigma_z = \rho g l$ 이며, 수평방향의 응력 σ_x 및 σ_y는, 만일 이 지하암반을 탄성체로 생각하여 x 및 y방향에는 변위가 생기고, 또 $\sigma_x = \sigma_y$ 로 가정하면 $\sigma_x = \sigma_y = \nu \cdot \rho g l / (1-\nu)$ 되는 점을 기술하였다. 이와 같이 하여 간단히 구해지는 σ_x, σ_y 및 σ_z의 값은 일반적으로 이론 1차 지압이라 부른다.

그런데 예를 들면, 원형 수평갱도가 지하에 굴착되면 8.4에 기술한 바와 같이 그 주위의 지압상태는 대개 식(8.20)으로 주어지는 상태로 변화한다. 식(8.20)을 써서 원형 갱도 측벽 중앙부 ($\theta = \pi/2$)선상에서의 지압분포를 그리면, 그림 13.1에 나타낸 바와 같이 σ_θ는 ADB 곡선, σ_r 는 OEC 곡선이 된다. 결국 갱도중심 M으로부터 r되는 거리에 있는 MO 연장 선상의 점F에서는 σ_θ의 값은 $\overline{DF}$의 길이로, σ_r의 값은 $\overline{EF}$의 길이로 나타난다. P 및 Q의 크기는 1차지압의 크기이므로 실제로 동요된 값은 각각 $(\sigma_\theta - P)$

282   제13장 암반의 변형과 응력의 측정

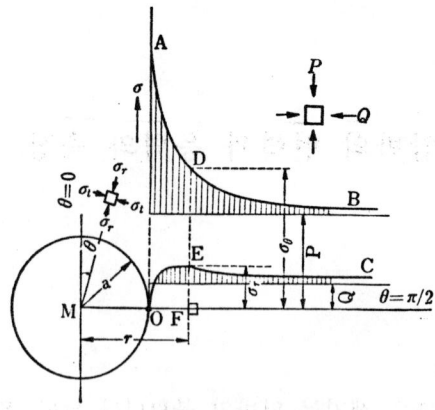

그림 13.1 원형수평갱의 측벽에 작용하는 지압

및 $(\sigma_r - Q)$이다. 그림 13.1의 지압분포 상태는 암반을 탄성체라고 생각하고 円形孔의 주위도 완전한 탄성상태를 유지하고 있다고 생각한 경우이다. 만일 원형갱도가 발파를 하여 굴착되고 있으면, 그 영향으로 암반벽면 부근에는 미세한 균열이나 壓碎 등에 의한 일종의 파쇄대가 존재하며, 또 암반이 연약하거나 塑性的 성질이 강할 경우에는 벽면에 생기는 응력때문에 파괴되거나 소성변형이 생기게 되므로 응력분포는 그림 13.1과는 다른 것이 된다.

그림 13.2는 $\sigma_x = \sigma_y = \sigma_z$인 水壓的인 1차 지압이 작용하고 있다고 가정한 경우의 원형갱도 주위의 지압분포를 나타낸다. 이와 같은 응력분포는 10.1에서 했던 것과 마찬가지의 사고방식을 원형 수평갱도에 대하여 도입하면 구해진다. 이 그림에서 B대는 발파에 따른 파쇄구역으로 응력이 저하하고 있다고 생각한 부분이며, P대는 암반이 소성변형을 받았기 때문에 응력이 저하하는 부분이다. E대는 强性域이며, 최대 응력점도 암

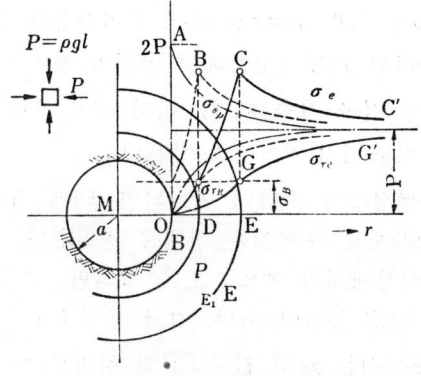

그림 13.2 연약암이 수압적 1차지압을 받는
원형구멍의 측벽에 작용하는 지압

반의 상태에 따라서 A점에서 D점으로, 다시 E점으로 이행되리라고 생각되며, 그 값도 $\overline{OA}$로부터 $\overline{BD}$ 혹은 $\overline{CE}$로 변화하여 가리라고 생각된다.

그런데, 이와 같은 지압분포를 나타내는 갱도 주위의 탄성암반이 부근의 채굴에 의해 비교적 급격하게 변동을 받았다고 생각해 보자. 그 경우 갱도주위의 응력분포는 어떻게 될 것인가? 이것은 식(8.20)에서 $\partial\sigma_r/\partial P$, $\partial\sigma_\theta/\partial P$ 혹은 $\partial\sigma_r/\partial Q$, $\partial\sigma_\theta/\partial Q$를 생각해 보면 된다.

식(8.20)은 P 및 Q에 관하여 각각 독립하여 1차이므로, 그 변화에 대해서도 σ_r 및 σ_θ의 변화는 동일한 형태를 유지하는 것을 알 수 있다. 바꿔 말하면, 예를 들면 갱도로부터 격리된 측벽중앙 선상의 점과 갱도 벽면에 가까운 점에서는 dP에 대한 변화 $d\sigma_\theta$도 현저하게 차이가 있으며, 그 차이의 정도는 결국 식(8.20)으로 나타내게 된다. 예를 들면 원형갱도 중앙부에서 지압변화가 3을 나타냈다고 하여도 측벽에서 상당히 격리된 동일한 깊이의 점에서는 1정도 밖에 변화하지 않을 것이다. 지압측정시 측정결과의 해석에는 이 점에 관해서도 주의하지 않으면 안된다. 지압측정의 관점에서 발파를 쓰지 않는, 예를 들면 터널 굴진기 등으로 굴진된 탄성암반의 터널은, 그 자체가 비교적 감도가 좋은 증폭된 측정기라고 할 수 있겠다.

13.1.2 갱내채굴에 따르는 지압의 변동

그림 13.3은 殘柱式 채굴법을 나타내며, A장에서 화살표의 방향으로 채굴이 이루어진다고 한다. 이 경우 殘柱에는 그 부근에 존재하는 공동의 형상이나 크기에 따라서 어떤 동요지압이 분포한다. 예를 들면 殘柱 표면상의 a점에 작용하는 접선응력 σ_t는 공동 B의 형상과 크기에 기인하는 접선응력의 동요 응력성분 σ_t'와 공동 A때문에 야기되는 접선응력의 동요 응력성분 σ_t''에 공동의 존재에 영향을 받지 않는 응력성분 P를 더한 것, 즉 이 그림에서 길이 $\overline{EE'}$로 표시되는 응력이다. 여기서 공동 A의 형상이 변화하여 가는 과정을 보자. 공동 A가 그림 13.3에서 화살표의 방향으로 진행하여 가면, 공동 A는 그림 13.4의 1에서 2.3.4와 같은 형상으로 변화하여 가는 것이다.

그림 13.4는 폭과 높이의 비가 변화하고 있는 직4각형의 第1像限과 주변의 접선응력을 나타내고 있다. 예를들면 직4각형1의 주변 a점에서 접선응력 σ_t는 $\sigma_t \fallingdotseq \rho g l F$로 표시

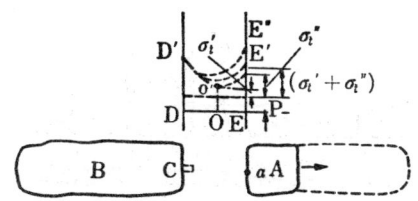

그림 13.3 殘柱側壁部의鉛直応力

되며, l는 지표로부터 O점까지의 깊이이며, a점에서의 F의 값은 $\overline{aa'}$의 길이로 표시되고 있다. 그림 13.3에서 공동 A가 점선으로 표시된 형태로 확장되었다 하고, 그 경우 형상이 그림 13.4[2) 직4각형의 4로 표시된다고 하면, a점에서의 접선응력은 $(\overline{dd'}-\overline{aa'})$ 만큼 변화한 것이 된다. 이것을 그림 13.3으로 나타내면 $\overline{E'E''}$만큼 변화한 것이 된다. 따라서 a점에서의 지압변화 측정을 하면, 변화가 현저하게 나타날 것임에 틀림없다.

그림 13.5는 餠形의 공동을 나타낸다. 공동 1의 a점에서의 접선응력 σ_t는 $\sigma_t \fallingdotseq \rho g l F$로 표시되며, F의 값은 a점에서는 $\overline{aa'}$의 길이와 서로 같다. 이 공동 1이 高落이 생겨서 3의 공동형상이 되었다고 하면, a점에 상당하는 c점의 접선응력 F의 값은 $\overline{cc'}$이므로 $(\overline{aa'}-\overline{cc'})$에 상당하는 응력 부분만큼 감소하게 된다. 따라서 a점에서 측정을 하면 변화가 관측될 것이다.

그림 13.6은 탄갱의 長壁채탄 막장부근의 탄층내에 연직방향으로 작용하고 있다고 생각되는 응력분포를 나타낸다. 막장과 탄층 아래에 존재하는 갱도의 관계위치가 A(점선)와 같다고 하면 A갱도의 측벽 중앙부에 작용하는 접선응력은 동요되지 않은 지압 P에 관련된 응력이다. 막장이 進行되어 갱도와 막장의 관계위치가 B갱도와 같이 되었을 때는 B갱도에는 $\overline{aa'}$와 관련된 동요지압이 작용하게 되므로 B갱도의 측벽중앙부에 작용하는 접선응력은 현저하게 증가한다. 따라서 측벽부에서 지압변화를 계속 측정하면 변화가 현저하게 나타날 것이다.

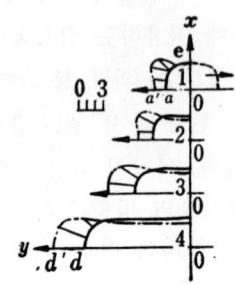

그림13.4 직4각형 구멍주변의지압

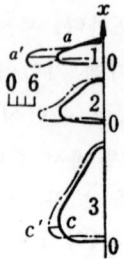

그림 13.5 병형공동 주변의 지압

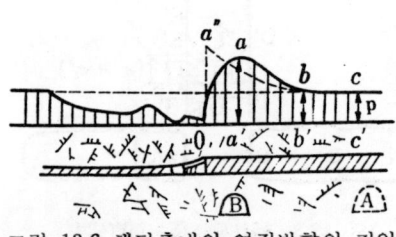

그림 13.6 채탄측내의 연직방향의 지압

13.2 평면상 변형의 측정과 응력의 계산

균질등방 완전탄성체에서는 8장에서 기술하였듯이, 다음 식으로 나타나는 후크의 법칙이 성립한다.

$$\left.\begin{array}{l} \varepsilon_x = \dfrac{\sigma_x}{E} - \dfrac{\nu}{E}\sigma_y - \dfrac{\nu}{E}\sigma_z \\[6pt] \varepsilon_y = \dfrac{\sigma_y}{E} - \dfrac{\nu}{E}\sigma_z - \dfrac{\nu}{E}\sigma_x \\[6pt] \varepsilon_z = \dfrac{\sigma_z}{E} - \dfrac{\nu}{E}\sigma_x - \dfrac{\nu}{E}\sigma_y \end{array}\right\} \quad (13.1)$$

$x-y$ 평면상의 문제라고 하면 응력 σ_z 는 0이라고 할 수 있으므로 주변형의 항으로 주응력을 나타내면

$$\left.\begin{array}{l} \sigma_x = \dfrac{E}{1-\nu^2}(\varepsilon_x + \nu\varepsilon_y) \\[6pt] \sigma_y = \dfrac{E}{1-\nu^2}(\varepsilon_y + \nu\varepsilon_x) \end{array}\right\} \quad (13.2)$$

만일 주응력의 방향을 이미 알고 있다면, 그 방향의 主變形 ε_x, ε_y를 측정함으로써 탄성율 E나 포아송비 ν의 값을 이미 알고 있다면, 주응력의 크기는 윗 식을 이용하여 계산된다. 그러나 일반적으로는 主變形의 방향은 불분명하므로 주변형의 값을 임의의 방향을 향하고 있는 변형으로 나타내는 법을 생각해야 한다. 그런데 이 양자의 관계는 양자간에 존재하는 기하학적인 관계에서 구할 수가 있다. 이제 변형 ε_x는 그림 13.7에서 x축 방향에 있다고 하고 변형계는 $\overline{OB}$ 방향으로 접착되었다고 한다. 즉, 변형계가 주변형 ε_x의 방향과 ϕ의 각도를 이루는 방향에 있다고 한다. x방향에 변형이 일어나 x의 길이 $\overline{OA}$가 δx만큼 늘어서 $\overline{OA'}$가 되었다고 한다.

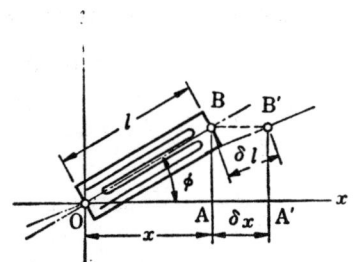

그림 13.7 x방향의 변형에 의한 스트레인게이지의 변화

이 경우, 게이지의 길이는 $\overline{OB}=l$이었던 것이 δl만큼 $\overline{OB'}$가 되었으므로 이 그림에서 분명하듯이 x방향의 변형 ε_x는 $\varepsilon_x=\delta x/x$, 또 게이지에 의해 측정된 변형 ε_ϕ는 $\varepsilon_\phi=\delta l/l$ 이다. 그런데 $l=x/\cos\phi$, $\delta l=\delta x \cos\phi$이므로 $\varepsilon_\phi=\delta x \cos^2\phi/x=\varepsilon_x \cos^2\phi$, 마찬가지 관계가 y방향의 주변형 ε_y와 변형계로 측정된 변형 ε_ϕ 사이에도 성립한다. 즉

$$\varepsilon_\phi = \varepsilon_y \cos^2(90°-\phi) = \varepsilon_y \sin^2\phi$$

이 된다. 다음에 평면상 전단변형 γ_{xy}가 가해진 경우를 생각해 본다. 그림 13.8에서 xy

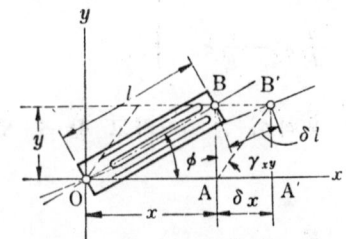

그림 13.8 전단변형에 의한 스트레인게이지 변화

면에 전단변형 γ_{xy}가 가해지면 $\overline{OB}$는 $\overline{OB'}$로 이동하며 길이 l은 δl만큼 늘어난다. 따라서 게이지에 의하여 기록되는 변형 ε_ϕ는 $\varepsilon_\phi=\delta l/l$, 그런데 $l=y/\sin\phi$이고, $\delta l=\delta x \cos\phi$, $\delta x=y \tan\gamma_{xy} \doteqdot y\gamma_{xy}$라고 쓸 수 있으므로 $\delta l=y\gamma_{xy}\cos\phi$, 따라서 $\varepsilon_\phi=y\gamma_{xy}\cos\phi/(y/\sin\phi)=\gamma_{xy}\sin\phi\cos\phi$, 변형 ε_x, ε_y 및 γ_{xy} 이 동시에 작용할 때는 게이지를 이러한 대수합으로 할 때에 일반적으로

$$\left.\begin{array}{l}\varepsilon_\phi=\varepsilon_x\cos^2\phi+\varepsilon_y\sin^2\phi+\gamma_{xy}\sin\phi\cos\phi\\[2pt]\text{이 된다. 上式을 바꿔쓰면}\\[2pt]\varepsilon_\phi=\dfrac{\varepsilon_x+\varepsilon_y}{2}+\dfrac{\varepsilon_x-\varepsilon_y}{2}\cos 2\phi+\dfrac{\gamma_{xy}}{2}\sin 2\phi\end{array}\right\} \qquad (13.3)$$

우리들이 Straingauge로 측정하여 얻는 것은 ε_ϕ이므로 윗 식에서 3가지 미지수 ε_x, ε_y 및 γ_{xy}를 포함하므로 임의의 x 및 y방향의 변형을 구하는 데는 3가지의 변형 ε_1, ε_2 및 ε_3를 측정할 필요가 있다. 이 3가지 변형은 x축과 각 ϕ_1, ϕ_2 및 ϕ_3를 이루는 3개의 직선을 따라서 선택하면 되므로

$$\left.\begin{array}{l}\varepsilon_1=\dfrac{\varepsilon_x+\varepsilon_y}{2}+\dfrac{\varepsilon_x-\varepsilon_y}{2}\cos 2\phi_1+\dfrac{\gamma_{xy}}{2}\sin 2\phi_1\\[4pt]\varepsilon_2=\dfrac{\varepsilon_x+\varepsilon_y}{2}+\dfrac{\varepsilon_x-\varepsilon_y}{2}\cos 2\phi_2+\dfrac{\gamma_{xy}}{2}\sin 2\phi_2\\[4pt]\varepsilon_3=\dfrac{\varepsilon_x+\varepsilon_y}{2}+\dfrac{\varepsilon_x-\varepsilon_y}{2}\cos 2\phi_3+\dfrac{\gamma_{xy}}{2}\sin 2\phi_3\end{array}\right\} \qquad (13.4)$$

이다. 윗 식으로부터 ε_x, ε_y 및 γ_{xy}를 구할 수가 있다.

그런데, 다음에 구해진 ε_x, ε_y 및 γ_{xy}로부터 그 점에서 주변형의 크기와 그 방향을 구하여야 한다. 주변형은 정의에 따르면 그 점의 변형의 최대 및 최소값이므로 $d\varepsilon_\phi/d\phi =0$ 라고 하면

$$\tan 2\phi_p = \frac{\gamma_{xy}}{\varepsilon_x - \varepsilon_y} \tag{13.5}$$

의 관계가 구해진다. 윗 식으로부터 주변형의 방향 ϕ_p가 구해지므로 이 값 ϕ_p를 식 (13.3)의 ϕ에 대입하면 ε_{max} 및 ε_{min} 이 구해진다. 즉 그 값은

$$\varepsilon_{\substack{max\\min}} = \frac{\varepsilon_x + \varepsilon_y}{2} \pm \frac{\sqrt{(\varepsilon_x - \varepsilon_y)^2 + \gamma_{xy}^2}}{2} \tag{13.6}$$

식(13.6)에 의해 구해진 주변형을 식(13.2)의 ε_x 및 ε_y에 각각 대입하면 주응력이 구해진다. 즉 다음 식에서 주응력이 구해진다.

$$\left.\begin{array}{l} \sigma_{max} = \dfrac{E}{1-\nu^2}(\varepsilon_{max} + \nu\varepsilon_{min}) \\[2mm] \sigma_{min} = \dfrac{E}{1-\nu^2}(\varepsilon_{min} + \nu\varepsilon_{max}) \end{array}\right\} \tag{13.7}$$

3방향의 변형을 측정해서 주응력을 구할 때 계산을 용이하게 하기 위하여 종종 그림 13.9와 같은 **로제트·게이지**(rosette gauge)가 사용된다. (a)는 等三角形, (b)는 직각형, (c)는 델타형이라고 부른다.

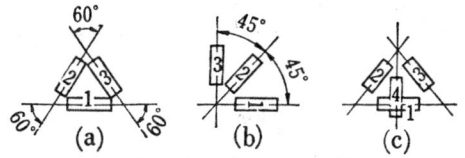

그림 13.9 로제트·게이지
(a) 등3각형 (b) 직각형 (c) T델타형

13.3 측정법과 측정기

암반내의 응력을 측정하려고 하는 시도는 요즈음 십수년간 여러 나라의 학자에 의해 연구가 진행되고 있으며, 그중에는 현장 실측을 시도하는 사람도 있다. 여러가지 측정

법 중 우선 실시 가능한 것, 가까운 장래에 측정 가능하게 되리라고 생각되는 것을 모아 보면, 표 13.1과 같이 분류할 수가 있다. 표에 기술한 방법은 암반의 변형 혹은 변위를 측정하고 그로부터 계산에 의해 응력을 구하는 방법이다. (A)는 측정점의 외주에 작용하는 응력을 드릴링(drilling), 보링(boring), 컷터(cutter) 등을 사용하여 배제 해방시키고 해방전후의 암석의 변형 혹은 변위를 측정해서 계산에 의해 응력을 구하는 방법이다. 이에 대해 (B)는 암반표면에 다수의 측정점을 설정하고, 그 측정점 사이에 컷터 등을 사용해서 슬로트를 잘라서 응력을 해방하고 그 슬로트내에 가압기 예를 들면 플랫트 잭(flatjack)을 삽입하고, 그 잭의 내압을 높혀 슬로트 양측의 암반을 가압해서 측정점 상호간의 거리가 슬로트 작성전의 상태로 복원되었을 때 잭 壓에서 암반응력을 구하는 방법이다[5,6]. 따라서 암석의 영률 (E)나 포아송비 (ν)를 측정하지 않고 직접적으로 응력을 구하려고 하는 방법으로 비교적 작은 응력의 측정에 적합하다고 생각되는

표 13.1 암반응력 측정법과 사용계측기

(A) 응 력 해 방 법		(B) 응 력 보 상 법
측 정 법	사 용 계 측 기	플 래 트 잭 법
① 측점거리측정법	엑스텐소미터	사용계측기:
보아홀법 ② 구멍 및 변형법	스트레인게이지 광탄성피막	① 공극충전법 ⎱ 스트레인게이지접착 ② 공극무충전법 ⎰ 핀매설
③ 구멍내벽변형법	스트레인게이지 차동변압기형신계 실린더게이지 에어마이크로 전기마이크로 보아홀게이지	
④ 구멍지름변화법		
⑤ 구멍지름변화 하중법	광탄성유리법 자석측정법 (N. NAST법) 톨크측정법	

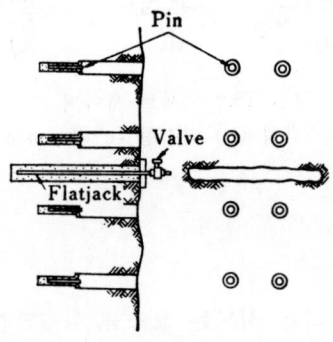

그림 13.10 플래트잭법

데, 측정은 암반의 표면에 한정된다. 플랫트 잭법 중 공극 충전법이라는 것은 만들어진 슬로트와 삽입된 플랫트 잭 사이의 공극을 시멘트 몰탈 혹은 기타로 충전한 후에 측정하는 방법이며, 무충전법은 그러한 번거로운 일을 하지 않고 플랫트 잭을 눌러 넣기만 하고 측정하는 방법이다.

應力解放法 중 ① **測点距離測定法**은 수개의 測点을 암반표면에 설정고정하고 측점 상호의 간격을 Extenso meter 로 측정하는 방법이니까, 응력 해방을 위해 깎아내는 홈도 길고 깊은 것이 요구되는데 넓은 면의 평균응력이 구해진다.

② **孔底변형법**은 직경 수cm의 보어 홀을 뚫고, 孔底面을 평활하게 마무리한 후, 예를 들면 스트레인 게이지를 갖춘 계기(그림 13.11)를 접착하여 應力解放을 하고, 응력해방 전후의 변형 변화에서 응력을 산출하는 방법이다. 그러나 이 경우 변형 측정을 받는 孔底面은 응력집중을 그림 13.12는 光彈性板을 축방향으로 인장했을 때 생긴 孔底 부근의 프리지 모양인데, 3차원 암반내의 孔底에도 응력 집중이 생기고 있으며, 孔底 변형법에서는 이 변형을 측정하는 것과 그리고 그 때문에 孔底는 파괴되기 쉽다는데 주의할 필요가 있다.

③ **孔內壁변형법**은 보어 홀 내벽에 예를 들면 스트레인 게이지를 부착하고 보어 홀 외주의 응력해방 전후의 변형 변화로부터 응력을 산출하는 방법인데 이 경우에도 내벽에는 응력집중이 생기는 것은 탄성이론으로부터 용이하게 이해할 수 있다. 그림 13.13

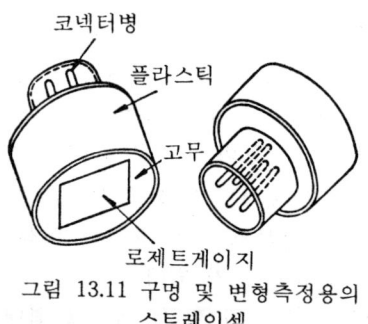

그림 13.11 구멍 및 변형측정용의 스트레인셀

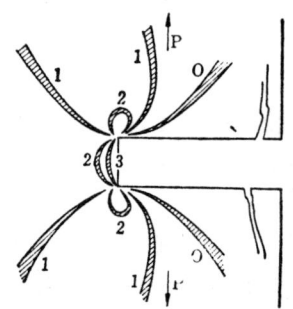

그림 13.12 2차원 광탄성실험에 의한 구멍 밑에 생긴 후리진 모양 (RAMBOSEK에 의함)

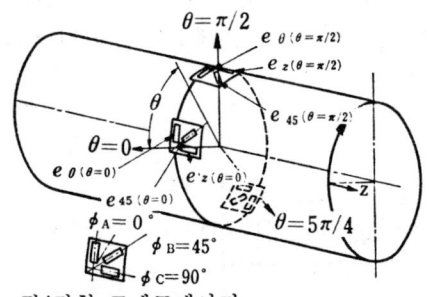

그림 13.13 孔內壁變形法(LEEMAN에 의함)

은 孔內壁變形의 측정방법으로 직각형 로제트 게이지를 圖示한 바와 같이 내벽에 부착시킴으로써 응력의 해석이 용이해진다. ② 및 ③의 방법은 모두 접착법으로 게이지를 접착하는 것이므로 암석표면이 습기로 덮혀 있으면 접착되지 않는다.

④ 孔徑變化法(borehole deformation method)[4]은 암반에 걸리는 응력변화와 보어 홀의 孔徑變化 사이의 이론 관계식을 써서 응력해방 전후의 孔徑을 측정함으로써 응력을 구하는 방법이다. 공경측정을 위한 계기로서는 差動變壓器을 사용한 LVDT 스트레인 셀, 실린더 게이지, 에어 마이크로미터, 전기 마이크로미터 등을 이용할 수 있는데, 이 측정 목적을 위하여 보어 홀 게이지(borehole gauge)라고 부르는 계기도 제작되어 있다.

孔徑變化荷重法이라는 것은 보어 홀 내에 직각 방향으로 일종의 하중계라고도 해야 할 측정기를 끼워 두고, 응력해방 전후의 孔徑變化에 의해 생기는 측정기에 걸리는 하중변화로부터 보어 홀 외주에 걸리는 응력을 구하는 방법으로 하중계로서는 광탄성 유리를 사용한 것, 스웨덴의 N, HAST가 고안한 자석 현상을 응용한 전기적 계측법[9] 및 하중변화를 톨크 변화로 측정하는 법 등이 있다. 이 하중법은 계기를 孔壁에 쐐기로 고정하는 방법이므로 암석과 계기 접촉부의 변형 상태는 암질의 상태에 따라 다를 것이 예상되므로 경암에 대한 적용은 가능하지만, 계기의 눈금검정은 결국 큰 암석시료를 가압하여 이루어지게 되며, 2차원 혹은 3차원적인 시험은 하기 어렵다. 그림 13.14는 스웨덴의 토목기사 NILS HAST가 고안해서 현장측정에 사용한 자석식 측정기이다. 測定子는 이 그림의 ①, ② 및 ③의 세 부분으로 이루어지고, ①은 니켈 합금제의 受感部를 코일로 감고, 외측을 파마로이의 스크린으로 덮여 있는 본체와 受軸을 가진 하우징이며, ③은 下部受軸, ②는 세 부분으로 이루어진 쐐기삽입 구조 부분이다. 이 측정기를 孔內에 삽입하고, ②의 쐐기를 강하게 때려 넣어서 상하의 수축을 孔壁에 강하게 부착시킨다. 응력해방 전후로 공경이 변화하고, 따라서 측정기의 受軸에 걸리는 하중이 변화한다. 그 때문에 측정자 본체에 걸리는 하중도 변화하므로 자석 효과에 의해 측정자 본체에 감겨있는 코일에 의해 이것을 전기적으로 검출할 수가 있다.

자석 효과가 뚜렷한 합금은 68%의 니켈을 함유하는 철 니켈 합금인데, 그 최대변형 감도는 대개 3,500Gauss/(kg/mm^2)이라고 한다. 지금 길이 l, 단면적 a, 透磁率 μ의 자성재료에 단위 길이당 n회의 권선이 감겨져 있는 경우에는 이 소레노이드 인덕턴스 L은

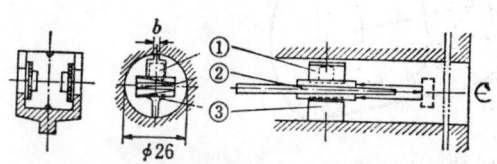

그림 13.14 N. HAST의 자석식 지압계

$L = k \cdot l \cdot n^2 \cdot \mu \cdot a$로 표시된다. 여기서 k는 상수이며, 자석 효과는 자성재료에 걸리는 하중이 변화하면 μ가 변화하므로, 따라서 L이 변화하여 전기적으로 응력변화가 검출되게 된다. 그러나 이 효과는 모든 조건에서 완전히 가역적인 것은 아니다.

보오 홀을 이용하는 암반 응력 측정법에는 표 13.1과 같이 네 가지 방법이 있는데, 이 방법은 보어 홀을 점차 연장하여 측정점 외주의 응력을 배제하기 위한 오버 코어링(over-coring)을 반복해 나가면 암반표면의 가까이뿐만 아니라 암반내부의 응력도 측정해낼 수 있다는 점에서 다른 측정법보다 우수하다.

그림 13.15는 네 가지 보어 홀법에 대한 설명도이다. 이 그림에 의해 측정 실시 순서

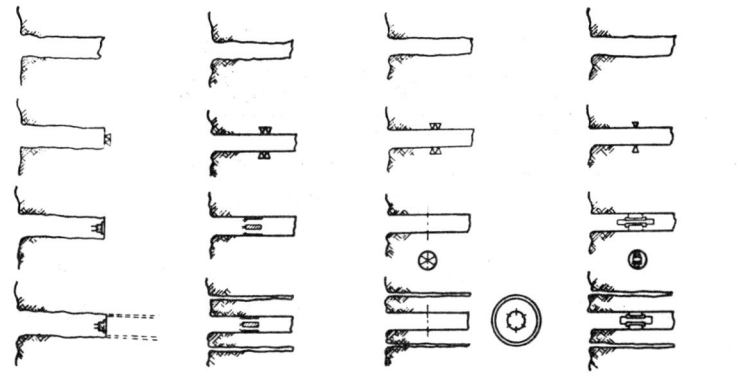

시추공 변형법 시추공내벽변형법 시추공지름변화법 시추공지름변화하중법

그림 13.15 보어 홀법의 비교

를 생각해 보면, 孔底변형법에서는 (천공)→(孔底面 마무리)→(물로 씻기, 건조)→(게이지 부착)→(측정)→(캡핑)→(오버 코어링)→(건조)→(측정)이 되며, 孔內壁 변형법에서는 (천공)→(내벽 마무리)→(물로 씻기, 건조)→(게이지 부착)→(측정) 이하 孔底 변형법과 동일한 순서가 되는데, 게이지 부착을 작은 孔內壁에서 잘하는 것이 중요하다. 孔徑 變化荷重法(孔內 쐐기삽입법)은 孔內壁을 정밀도 높게 마무리할 필요는 없지만 직경방향의 하중변화(공경변화)를 측정하므로 孔軸과 직교하는 면내의 2차원 응력을 해석한다고 해도 3조의 측정기를 삽입할 필요가 있다. 孔徑變化法에서는 (천공)→(내벽 마무리)→(물로 씻기, 건조)→(측정)→(오버 코어링)→(측정)로 1사이클의 측정이 끝난다. 측정에 앞서서 孔內를 특별히 건조시킬 필요는 없으며, 내벽이 다소 습기가 있어도 측정에는 오차를 가져오지 않는다.

공저변형법, 孔徑變化法 및 孔徑變化荷重法은 모두 보어 홀 孔軸과 직교하는 평면의 응력을 측정하는데 대하여 孔內壁 변형법에서는 측점에서의 3차원 응력을 해석할 수 있는 점이 특이하다.

13.4 응력해방법의 고려 방식

암반내에 존재하는 응력을 측정하는데 있어서 측정용 보어 홀을 천공하면, 그 작업에 의하여 암반의 응력장은 교란된다. 보어 홀 법의 측정은 그 교란된 응력을 측정하게 되며 결과적으로 그러한 방법으로 암반응력이 측정될 것인가 하는 의문이 생길지도 모른다. 그래서 여기에 응력해방법에 의한 지압측정의 기본적인 원리를, 孔徑變化法을 예로 들어 2차원 문제로 생각해 본다[10].

(1) 지금, 그림 13.16에 의해 암반내에 존재하는 주응력 (σ_1, σ_2)로 한다. 그리고 이 때

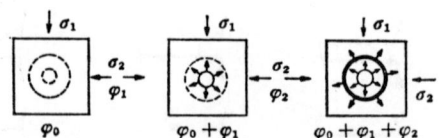

그림 13.16 천공과 오버 코어링의 작업에
의한 암심에 유기되는 응력장

의 응력장을 상징적으로 φ_0로 나타내기로 한다. 물론 이 응력은 측정용 보어 홀을 천공하려고 하는 부분의 응력이다. 이 응력을 측정하기 위하여 孔徑變化法은 다음의 작업을 행한다.

(2) 균일한 응력장 φ_0 (σ_1, σ_2)에 있는 암반내에 보어 홀을 천공한다. 그래서 이 작업에 의하여 보어 홀의 周緣上은 自由緣($\sigma_r = \tau_{r\theta} = 0$) 이 된다. 바꿔 말하면 $r=a(a$: 보어 홀의 반경)에서 $\sigma_r = \tau_{r\theta} = 0$ 가 되도록 응력장 φ_1이 보어 홀의 천공에 따라서 새로 생긴 것이다. 따라서 천공후 보어 홀의 주위에 생기는 응력장은 φ_0과 φ_1을 서로 중첩한 것, 즉 ($\varphi_0 + \varphi_1$)이 되는데, 이 응력장은 有孔板의 외측으로부터 (σ_1, σ_2)의 응력을 작용시켰을 때의 응력 분포와 완전히 같아지는 것이다.

(3) 다음에, 이 보어 홀에 동심원상으로 슬리트를 넣는다(이 작업이 오버 코어링이다). 이제 이 작업에 의해 잘라낸 中空円筒形 岩心에 생기는 응력과 내경의 변화에 대하여 생각한다. 슬리트를 넣으면, 슬리트를 넣은 岩心의 표면에서는 자유로운 테두리가 되므로 이 작업에 의하여 생긴 응력장 φ_2는, 中空円筒領域의 외주에 경계조건을 만족하도록 표면응력을 외향으로 작용시킨 것이 된다.

결국 슬리트를 넣은 후 中空円筒形 岩心內의 응력분포는 ($\varphi_0 + \varphi_1 + \varphi_2$)가 된다. 그런데 φ_2에 대응하는 응력은 ($\varphi_0 + \varphi_1$) 응력과 절대값이 동일하고 부호가 반대 되므로 암심내의 응력은 어디서나 영이다. 결국 $\varphi_0 + \varphi_1 + \varphi_2 = 0$이 되는 것이다. 이것은 응력 해방 작업에 의하여 암심내의 응력이 해방된 것을 나타낸다.

13.5 孔底 변형법의 이론과 변형계

13.5 孔底변형법의 이론과 변형계

 암반내 임의의 1점의 응력은 그림 13.17(a)과 같이 일반적으로 $\sigma_x, \sigma_y, \sigma_z, \tau_{xy}, \tau_{yz}$ 및 τ_{zx}로 표시할 수 있다. 이제 보아 홀을 z축 방향으로 천공하였다고 하면, 그 孔底面上 응력은 같은 그림의 (b)와 같으며, 여기서 예를 들면 로제트형 스트레인 게이지를 부착하면 응력 σ_x', σ_y' 및 τ_{xy}'를 구할 수가 있다. 그리고 σ_x, σ_y 등 암반내의 응력과 孔底面에서의 응력 $\sigma_x', \sigma_y', \tau_{xy}'$ 등과 관계가 되므로 그 관계식을 써서 응력 $\sigma_x', \sigma_y', \tau_{xy}'$ 등의 측정치로부터 측점 주위의 응력 $\sigma_x, \sigma_y, \sigma_z, \tau_{xy}, \tau_y$ 및 τ_{zx}를 구할 수가 있다.

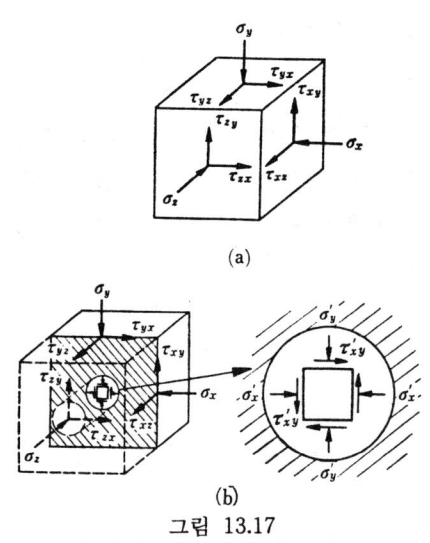

그림 13.17
(a) 암반내의 1점에 대한 응력
(b) 시추공저면상의 응력

 BONNECHERE[11,12] 및 van HEERDEN은 이 양자의 관계를 구하기 위하여 스틸, 암석 및 아랄다이드의 프리즘이나 실린더로 천공하고, 그 孔底에 스트레인 게이지를 부착해서 시료를 가압하거나 혹은 광탄성실험을 하였다.
 그들은 이 양자 응력의 관계를

$$\sigma_x' = a\sigma_x + b\sigma_y + c\sigma_z, \quad \sigma_y' = a\sigma_y + b\sigma_x + c\sigma_z, \quad \tau_{xy}' = d\tau_{xy} \tag{13.8}$$

라고 놓고, 계수 a, b, c 및 d의 값을 구하였다. τ_{yz} 및 τ_{zx}는 xy면내에서는 응력에 영향을 미치지 않을 것이다. 그러한 것들은 x 및 y축의 주위에 이 면을 회전시키는 영향을 미칠 뿐이므로, 그 위에 부착된 게이지는 그에 의해 영향을 받지 않을 것이다. 따라서 양자의 관계를 윗 식과 같이 놓았다. BONNECHERE는 $a = 1.25$, $b = 0$, $c = -0.75(0.5+\nu)$, $d = 1.25$의 값을 얻었고, van HEERDEN은 $a = 1.25$, $a = -0.0064$, $c = -0.75(0.645+\nu)$의 값을 얻었다.

a의 값은 양자 공히 같은 값을 얻었는데, c의 값은 van HEERDEN이 여러 가지 실험을 해서 얻은 값이라고 하므로 그 값을 취하기로 한다. b의 값은 대단히 작은 값이므로 이것을 무시한다. τ_{xy}'와 τ_{xy}의 관계는 σ_x'와 σ_x 혹은 σ_y'와 σ_y의 관계와 동일한 관계에 있을테니까 d 값은 BONNECHERE의 값을 취하기로 하면 양자의 관계는 다음 식과 같아진다.

$$\left.\begin{array}{l}\sigma_x'=1.25\sigma_x-0.75(0.645+\nu)\sigma_z \\ \sigma_y'=1.25\sigma_y-0.75(0.645+\nu)\sigma_z \\ \tau_{xy}'=1.25\tau_{xy}\end{array}\right\} \quad (13.9)$$

그림 13.18(a)는 광탄성실험에 의해 구해진 것으로 보어 홀 孔底面上의 σ_x'/σ_x 및 σ_y'/σ_y 분포를 나타낸다. 이 그림에 의하면 보어 홀 지름의 약 1/3 중앙부에서는 대개 일정한 분포를 나타내며 $a=1.25$, $b=0$이 된다. 그래서 스트레인 게이지에 의한 측정도 그 범위내에서 하는 것이 필요하다.

단일 보어 홀 저면에 직각형 로제트 게이지를 부착하고, 오버 코어링 후에 그곳의 변형이 측정된 경우를 생각해 보자. 그림 13.19의 (a)에서 一軸 게이지 G_A의 변형을

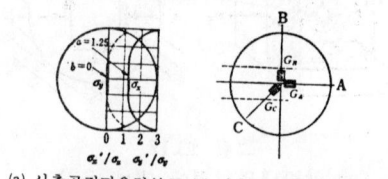

(a) 시추공저면응력분포 (b) 시추공저면상의 게이지배치
(HEERDEN에 의함)

그림 13.18

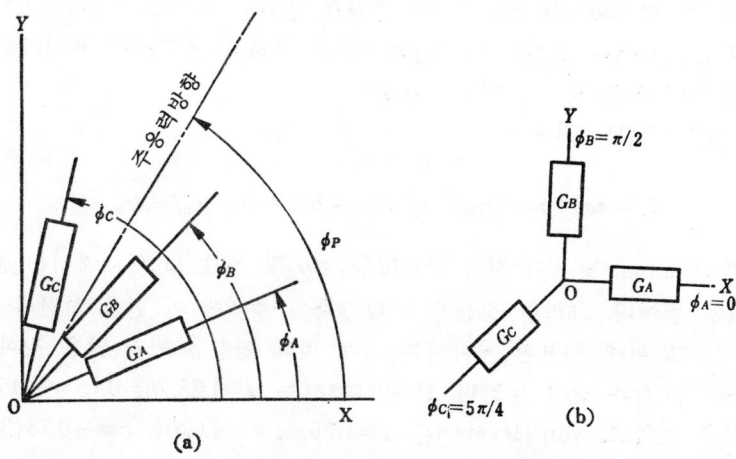

그림 13.19 직각형 로제트게이지

ε_A, 측점 O에서의 X축 방향의 변형을 ε_X, Y축 방향의 변형을 ε_Y, 전단변형을 γ_{XY}로 하고, 게이지 G_A가 X축과 이루는 각을 ϕ_A 라고 하면, 식(13.3)에 의해 다음 식이 얻어진다.

마찬가지로
및
$$\left.\begin{array}{l}\varepsilon_A=\varepsilon_X\cos^2\phi_A+\varepsilon_Y\sin^2\phi_A+\gamma_{XY}\sin\phi_A\cdot\cos\phi_A\\ \varepsilon_B=\varepsilon_X\cos^2\phi_B+\varepsilon_Y\sin^2\phi_B+\gamma_{XY}\sin\phi_B\cdot\cos\phi_B\\ \varepsilon_C=\varepsilon_X\cos^2\phi_C+\varepsilon_Y\sin^2\phi_C+\gamma_{XY}\sin\phi_C\cdot\cos\phi_C\end{array}\right\} \quad (13.10)$$

스트레인 게이지가 이 그림(b)와 같은 직각형 로제트 게이지라고 하면, $\phi_A=0$, $\phi_B=\pi/2$, $\phi_C=5\pi/4$이므로 윗 식은 다음 식이 된다.

$$\varepsilon_A=\varepsilon_X$$
$$\varepsilon_B=\varepsilon_Y$$
$$\varepsilon_C=\varepsilon_{45°}=\frac{1}{2}\{(\varepsilon_X+\varepsilon_Y)+\gamma_{XY}\}=\frac{1}{2}\{(\varepsilon_A+\varepsilon_B)+\gamma_{AB}\}$$

따라서
$$\gamma_{AB}=2\varepsilon_C-(\varepsilon_A+\varepsilon_B)$$

주변형 $\varepsilon_1, \varepsilon_2$의 크기는 G_A, G_B 및 G_C에 의해 주어지는 스트레인 게이지로 읽고, ε_A, ε_B 및 ε_C에서 다음 식에 대입하여 구해진다[식(13.4) 참조].

$$\varepsilon_{1,2}=\frac{1}{2}\{(\varepsilon_A+\varepsilon_B)\pm\sqrt{[(\varepsilon_A-\varepsilon_B)^2+\gamma_{AB}^2]}\}$$
$$=\frac{1}{2}\{(\varepsilon_A+\varepsilon_B)\pm\sqrt{[(\varepsilon_A-\varepsilon_B)^2+\{2\varepsilon_C-(\varepsilon_A+\varepsilon_B)\}^2]}\} \quad (13.11)$$

또 그 방향은
$$\tan 2\phi_P=\frac{\gamma_{AB}}{\varepsilon_A-\varepsilon_B}=\frac{2\varepsilon_C-(\varepsilon_A+\varepsilon_B)}{\varepsilon_A-\varepsilon_B} \quad (13.12)$$

이제 $\sqrt{[(\varepsilon_A-\varepsilon_B)^2+\{2\varepsilon_C-(\varepsilon_A+\varepsilon_B)\}^2]}=\sqrt{X}$ 라고 하면

$$\sin 2\phi_P=\frac{\gamma_{AB}}{\sqrt{X}}=\frac{2\varepsilon_C-(\varepsilon_A+\varepsilon_B)}{\sqrt{X}} \quad (\text{a})$$

$$\cos 2\phi_P=\frac{\varepsilon_A-\varepsilon_B}{\sqrt{X}} \quad (\text{b})$$

$$\tan\phi_{1,2}=\frac{2(\varepsilon_{1,2}-\varepsilon_A)}{2\varepsilon_C-(\varepsilon_A+\varepsilon_B)} \quad (13.13)$$

식(13.11)로부터
$$\varepsilon_1+\varepsilon_2=\varepsilon_A+\varepsilon_B \quad (\text{c})$$

또
$$\varepsilon_1-\varepsilon_2=\sqrt{X} \quad (\text{d})$$

따라서 보어 홀 孔底上의 주응력 σ_1, σ_2는

$$\sigma_1 = \frac{E}{1-\nu^2}(\varepsilon_1 + \nu\varepsilon_2), \quad \sigma_2 = \frac{E}{1-\nu^2}(\varepsilon_2 + \nu\varepsilon_1) \tag{13.14}$$

으로 구해진다. 여기서 E: 암석의 영률, ν: 암석의 포아송비이다.

또 A, B 방향의 응력 σ_A 및 σ_B, 그리고 전단응력 τ_{AB}는 다음 식으로 주어진다.

$$\left.\begin{array}{l}\sigma_A = \dfrac{1}{2}(\sigma_1+\sigma_2) + \dfrac{1}{2}(\sigma_1-\sigma_2)\cos 2\phi_P \\[4pt] \sigma_B = \dfrac{1}{2}(\sigma_1+\sigma_2) - \dfrac{1}{2}(\sigma_1-\sigma_2)\cos 2\phi_P \\[4pt] \tau_{AB} = \dfrac{1}{2}(\sigma_1-\sigma_2)\sin 2\phi_P\end{array}\right\} \tag{13.15}$$

식(13.14)와 식(13.15)를 조합하면

$$\left.\begin{array}{l}\sigma_A = \dfrac{E}{2}\left[\dfrac{\varepsilon_1+\varepsilon_2}{1-\nu} + \dfrac{\varepsilon_1-\varepsilon_2}{1+\nu}\cos 2\phi_P\right] \\[6pt] \sigma_B = \dfrac{E}{2}\left[\dfrac{\varepsilon_1+\varepsilon_2}{1-\nu} - \dfrac{\varepsilon_1-\varepsilon_2}{1+\nu}\cos 2\phi_P\right] \\[6pt] \tau_{AB} = \dfrac{E}{2}\left[\dfrac{\varepsilon_1-\varepsilon_2}{1+\nu}\sin 2\phi_P\right]\end{array}\right\} \tag{13.16}$$

또 (a), (b) 양식을 이용하면, 아래 식을 얻는다.

$$\left.\begin{array}{l}\sigma_A = \dfrac{E}{2}\left[\dfrac{\varepsilon_A+\varepsilon_B}{1-\nu} + \dfrac{\varepsilon_A-\varepsilon_B}{1+\nu}\right] \\[6pt] \sigma_B = \dfrac{E}{2}\left[\dfrac{\varepsilon_A+\varepsilon_B}{1-\nu} - \dfrac{\varepsilon_A-\varepsilon_B}{1+\nu}\right] \\[6pt] \tau_{AB} = \dfrac{E}{2}\left[\dfrac{2\varepsilon_C-(\varepsilon_A+\varepsilon_B)}{1+\nu}\right]\end{array}\right\} \tag{13.17}$$

이상의 관계식에 의하여 보어 홀 孔底의 주응력과 그 방향 ($\sigma_1, \sigma_2, \phi_P$) 혹은 A, B축 방향의 응력과 전단응력 ($\sigma_A, \sigma_B, \tau_{AB}$)를 구할 수가 있다.

윗 식에서 구해진 σ_A, σ_B 및 τ_{AB}는 그림 13.19의 A 및 B 방향의 식(13.9)에 관한 그림 13.17의 X 및 Y 방향과 평행이라고 하면, 식(13.9)의 $\sigma_{X'}, \sigma_{Y'}$ 및 $\tau_{XY'}$는 각각 $\sigma_A = \sigma_{X'}, \sigma_B = \sigma_{Y'}$, 또 $\tau_{AB} = \tau_{XY'}$이므로 식(13.9)로부터 주위 암반내의 응력 σ_X, σ_Y 및 τ_{XY}를 구할 수가 있다.

그림 13.20[7]은 **孔底변형계**(doorstopper)의 구조를 나타내며, 그림 13.21은 그것을 보

13.6 孔徑變化法의 이론과 측정기

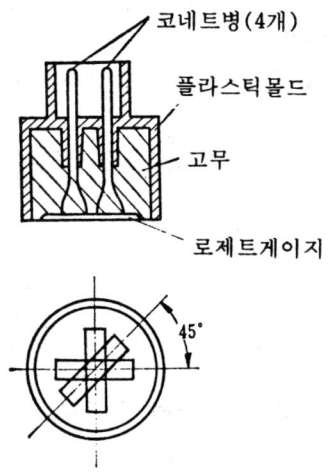

그림 13.20 시추공 및 변형계(doorstopper)의 구조

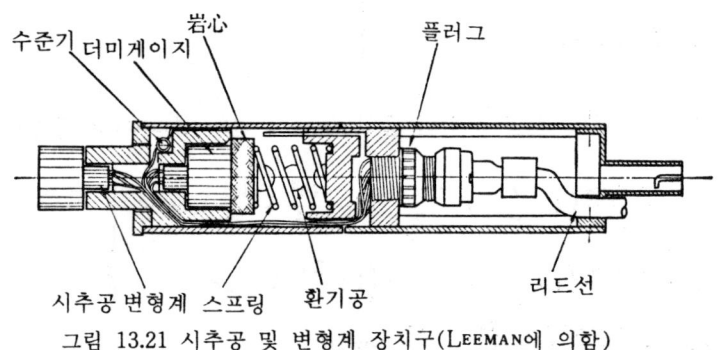

그림 13.21 시추공 및 변형계 장치구(LEEMAN에 의함)

어 홀 孔底面에 부착 고정시키기 위하여 사용되는 도구로, 이 도구에는 온도보상용 더미 게이지가 암석시료면에 부착되어 설치된다. 또 변형계를 정확한 방향을 향해서 부착시키기 위한 방향감시수은 스위치가 갖추어져 있다.

13.6 孔徑變化法의 이론과 측정기

13.6.1 공경변화법에 관한 이론

공경변화법(borehole deformation method, 공경측정법)에 의해 암반응력을 구하기 위해서는 암반의 응력 변화에 대하여 암반에 뚫린 원공이 어떻게 변형하는가, 이 양자의 관계를 구해 둘 필요가 있다.

이 양자의 관계는 平版內 원공 주위의 응력 분포에 관한 KIRSCH의 방정식과 HOOKE의 방정식을 써서 구할 수가 있다[14].

극좌표에 관한 변형과 변위의 관계는 이미 6.7에서 기술하였듯이

$$\varepsilon_r = \frac{\partial u}{\partial r}, \quad \varepsilon_\theta = \frac{u}{r} + \frac{\partial v}{r\partial \theta}, \quad \gamma_{r\theta} = \frac{\partial u}{r\partial \theta} + \frac{\partial v}{\partial r} - \frac{v}{r} \tag{a}$$

이며, 평면응력에 관한 HOOKE의 식은

$$\varepsilon_r = \frac{1}{E}(\sigma_r - \nu\sigma_\theta), \quad \varepsilon_\theta = \frac{1}{E}(\sigma_\theta - \nu\sigma_r), \quad \gamma_{r\theta} = \frac{2(1+\nu)}{E}\tau_{r\theta} \tag{b}$$

이었다. 또 평면변형에 관한 HOOKE의 식은 아래와 같다.

$$\left. \begin{array}{l} \varepsilon_r = \dfrac{1}{E}[(1-\nu^2)\sigma_r - \nu(1+\nu)\sigma_\theta] \\[1ex] \varepsilon_\theta = \dfrac{1}{E}[(1-\nu^2)\sigma_\theta - \nu(1+\nu)\sigma_r] \\[1ex] \gamma_{r\theta} = \dfrac{2(1+\nu)}{E}\tau_{r\theta} \end{array} \right\} \tag{b'}$$

二軸 응력을 받는 평판내 원공 주위의 응력 분포에 관한 KIRSCH의 방정식은

$$\left. \begin{array}{l} \sigma_r = \dfrac{\sigma_1+\sigma_2}{2}\left(1-\dfrac{a^2}{r^2}\right) + \dfrac{\sigma_1-\sigma_2}{2}\left(1-\dfrac{4a^2}{r^2}+\dfrac{3a^4}{r^4}\right)\cos 2\theta \\[1ex] \sigma_\theta = \dfrac{\sigma_1+\sigma_2}{2}\left(1+\dfrac{a^2}{r^2}\right) - \dfrac{\sigma_1-\sigma_2}{2}\left(1+\dfrac{3a^4}{r^4}\right)\cos 2\theta \\[1ex] \tau_{r\theta} = -\dfrac{\sigma_1-\sigma_2}{2}\left(1+\dfrac{2a^2}{r^2}-\dfrac{3a^4}{r^4}\right)\sin 2\theta \end{array} \right\} \tag{c}$$

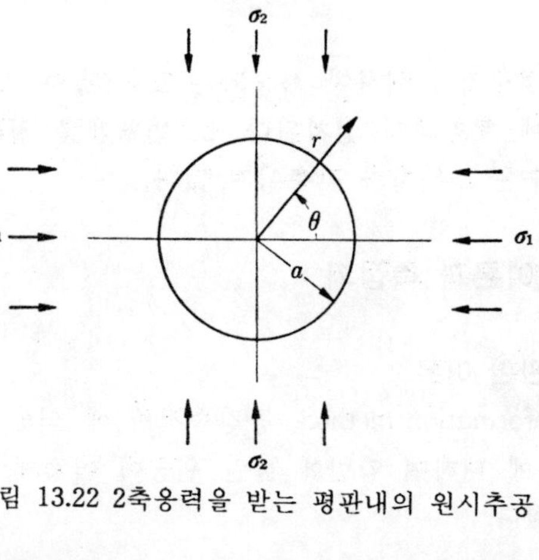

그림 13.22 2축응력을 받는 평판내의 원시추공

13.6 孔徑變化法의 이론과 측정기

여기서 θ는 주응력 σ_1의 작용방향에서 반시계방향으로 측정된 각도이다. 식(a)의 1, 2, 3을 각각 식(b) 혹은 식(b′) 1, 2, 3식에 대입하면 평면응력 혹은 평면변형의 경우에서는 응력과 변위의 관계식이 얻어진다. 변위와 응력 관계식의 응력성분에 KIRSCH의 식(c)를 대입하면 二軸 응력에서 원공 변형의 관계식이 구해진다.

이와 같이 구해진 반경방향의 변위(u)와 접선방향 변위 (v)는 2軸 응력이 작용하는 평면응력 조건하에서는 다음 식으로 나타낸다.

$$\left.\begin{aligned}u=&\frac{1}{E}\left[\frac{\sigma_1+\sigma_2}{2}\left(r+\frac{a^2}{r}\right)+\frac{\sigma_1-\sigma_2}{2}\left(r+\frac{4a^2}{r}-\frac{a^4}{r^3}\right)\cos 2\theta\right]\\&-\frac{\nu}{E}\left[\frac{\sigma_1+\sigma_2}{2}\left(r-\frac{a^2}{r}\right)-\frac{\sigma_1-\sigma_2}{2}\left(r-\frac{a^4}{r^3}\right)\cos 2\theta\right]\\v=&-\frac{1}{E}\left[\frac{\sigma_1-\sigma_2}{2}\left(r+\frac{2a^2}{r}+\frac{a^4}{r^3}\right)\sin 2\theta\right]\\&-\frac{\nu}{E}\left[\frac{\sigma_1-\sigma_2}{2}\left(r-\frac{2a^2}{r}+\frac{a^4}{r^3}\right)\sin 2\theta\right]\end{aligned}\right\} \quad (13.18)$$

원공의 변형량 U는 $U=2u_{(r=d/2)}$ 이므로

$$U=\frac{d}{E}[(\sigma_1+\sigma_2)+2(\sigma_1-\sigma_2)\cos 2\theta] \quad (13.19)$$

평면변형의 문제라고 하면

$$U=\frac{(1-\nu^2)d}{E}[(\sigma_1+\sigma_2)+2(\sigma_1-\sigma_2)\cos 2\theta] \quad (13.20)$$

이 된다.

그런데, 식*13.19) 혹은 (13.20)은 평면상 두 가지의 주응력과 원공변형량 사이의 관계식이다. 이제 암반내에 천공해서 그 보어 홀 축과 수직으로 교차하는 평면내에 주응력이 작용한다고 생각할 수 있는 경우는 윗 식을 이용하여 두 개의 주응력과 작용방향을 구할 수가 있다. 윗 식으로 우리가 측정할 수 있는 양은 암석의 영률 (E)와 포아송비 (ν), 원공의 직경 (d)와 그 변형량 (U)이며, 미지수는 σ_1, σ_2 및 θ의 세가지이다. 따라서 변형량은 다른 세 가지 이상의 방향에 대하여 측정해 두지 않으면 세개의 미지수를 구할 수는 없다.

이제 그림 13.23과 같이 서로 60°로 교차하는 3방향의 직경 변화량 U_1, U_2 및 U_3가 측정되었다고 하자. θ_1은 주응력 σ_1에서 U_1의 방향까지 반시계방향으로 측정된 각도로 한다.

이제 $K=d/E$, $A=\sigma_1+\sigma_2$ 및 $B=\sigma_1-\sigma_2$라고 놓으면 식(13.19)는

$$U=KA+2KB\cos\theta$$

이다. 그리고 U_1, U_2 및 U_3는 다음 식으로 표시된다.

$$U_1 = KA + 2KB\cos\theta_1, \quad U_2 = KA + 2KB\cos\theta_2, \quad U_3 = KA + 2KB\cos\theta_3$$

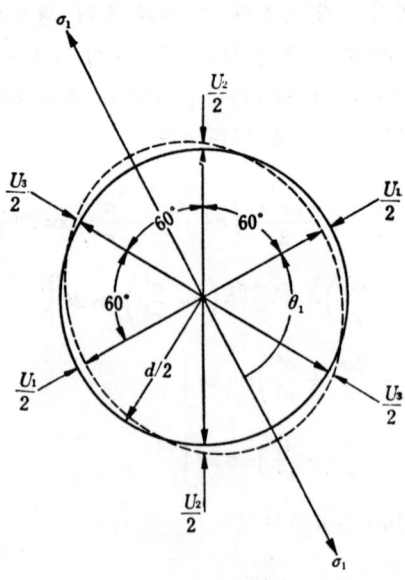

그림 13.23 응력변화에 의해 생기는 원시추공의 변화

그런데 $\theta_2 = \theta_1 + 60°$, 또 $\theta_3 = \theta_1 + 120°$ 이므로, 이것을 윗 식에 대입하고 변형하여 A 및 B에 대하여 풀면, 다음 식이 얻어진다[14].

$$\left. \begin{array}{l} \sigma_1 + \sigma_2 = \dfrac{E}{3d}(U_1 + U_2 + U_3) \\[2mm] \sigma_1 - \sigma_2 = \dfrac{\sqrt{2}\cdot E}{6d}[(U_1-U_2)^2 + (U_2-U_3)^2 + (U_1-U_3)^2]^{1/2} \end{array} \right\} \quad (13.21)$$

또 θ_1을 구하면

$$\tan 2\theta_1 = -\frac{\sqrt{3}(U_2-U_3)}{2U_1-U_2-U_3} \quad (13.22)$$

여기서 θ_1은 U_1의 방향과 주응력 σ_1 사이의 각도이다.

평면변형 문제로 풀 경우는 식(13.21)의 우변에서 $(1-\nu^2)$를 빼면 된다. 이러한 제식은 60°형 보어 홀 게이지를 사용해서 암반응력을 측정하는데 이용된다. (13.19) 및 (13.20)의 양식은 주응력과 원공 변형량의 관계식인데, 일반 응력 σ_x, σ_y, τ_{xy}를 받는 원형공 내경의 변형량 U는 평면 변형의 경우에는 다음 식으로 나타낸다.

$$U = (1-\nu^2)\left[\frac{d}{E}(1+2\cos 2\theta)\sigma_x + \frac{d}{E}(1-2\cos 2\theta)\sigma_y + \frac{4d}{E}\tau_{xy}\cdot\sin 2\theta\right] \quad (13.23)$$

윗 식은 다음 식으로 바꿔 쓸 수 있다.
  단

$$U = f_1\sigma_x + f_2\sigma_y + f_3\tau_{xy}$$
$$f_1 = \frac{d}{E}(1-\nu^2)(1+2\cos 2\theta)$$
$$f_2 = \frac{d}{E}(1-\nu^2)(1-2\cos 2\theta)$$
$$f_3 = \frac{4d}{E}(1-\nu^2)\cdot\sin 2\theta$$

(13.24)

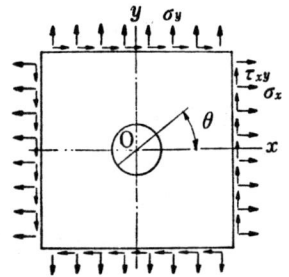

그림 13.24 원시추공의 주위에 작용하는 응력

식(13.24)는 측정방정식이다. 공내의 내경 측정용으로 사용되는 에어 마이크로 미터, 전기 마이크로 미터, 기타 계기를 여러 방향에 대한 U의 변형량을 구하면, 결국 식(13.24)를 써서 σ_x, σ_y 및 τ_{xy} 의 最確値를 구하는 문제로 생각해도 된다. 즉 식(13.24)의 잔차방정식은 e를 잔차로 하면

$$e = U - (f_1\sigma_x + f_2\sigma_y + f_3\tau_{xy})$$

윗 식의 정규방정식은

$$\left.\begin{array}{l}\sigma_x a_{11} + \sigma_y a_{12} + \tau_{xy} a_{13} = g_1 \\ \sigma_x a_{21} + \sigma_y a_{22} + \tau_{xy} a_{23} = g_2 \\ \sigma_x a_{31} + \sigma_y a_{32} + \tau_{xy} a_{33} = g_3\end{array}\right\}$$

(13.25)

라고 쓸 수 있다. 다만

$$a_{ij} = \sum_{i,j=1}^{N} f_i f_j, \quad g_i = \sum_{i=1}^{N} f_i U_i$$

N: 測定數

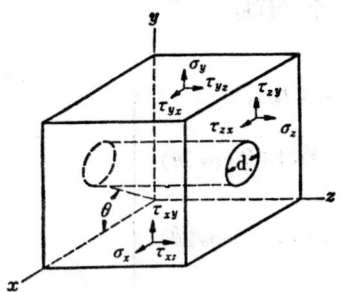

그림 13.25 3차원응력과 시추공

따라서 식(13.25)를 풀면 N개의 U측정으로부터 $\sigma_x, \sigma_y, \tau_{xy}$ 의 **最確値**가 구해진다. N을 증가하는데는 θ 를 바꾸는 것과 측정기를 **孔軸**과 조금 비켜서 측정을 한다.

이상은 2차원의 장으로 고찰을 해본 것인데, 3차원의 경우에 대하여 언급하겠다.

이제, 좌표축의 하나 z를 보어 홀 축과 일치시킨 직교 좌표계로 생각한다.

xy면내의 응력성분 $\sigma_x, \sigma_y, \tau_{xy}$ 가 공경변화에 미치는 영향은 식(13.24)로 나타냈다. 보어 홀 축 방향의 변형성분 ε_z가 공경변화에 미치는 영향은

$$U_{(\varepsilon_z)} = -d\nu\varepsilon_z$$

이 된다. 그런데 $\varepsilon_z = [\sigma_z - \nu(\sigma_x + \sigma_y)]/E$ 이므로

$$U_{(\varepsilon_z)} = \sigma_x d\nu^2/E - \sigma_z d\nu/E + \sigma_y d\nu^2/E$$

이다. 다음에 τ_{zy}, τ_{zx} 가 U에 미치는 영향을 생각하는데, 그림 13.25에 의한 기하학적 고찰로부터 추측하며 이 양성분의 영향은 타 성분에 비하여 무시할 수 있다. 따라서 3차원 응력과 공경변화량의 관계는 다음 식이 된다.

$$U = f_1\sigma_x + f_2\sigma_y + f_3\tau_{xy} + f_4\sigma_z \tag{13.26}$$

여기서

$$f_1 = \frac{d}{E}(1-\nu^2)(1+2\cos 2\theta) + \frac{d}{E}\nu^2$$

$$f_2 = \frac{d}{E}(1-\nu^2)(1-2\cos 2\theta) + \frac{d}{E}\nu^2$$

$$f_3 = \frac{4d}{E}(1-\nu^2)\sin 2\theta$$

$$f_4 = -\frac{d}{E}\nu$$

이다.

13.6.2 영율 측정법

공경변화법에 의해 암반의 응력 측정을 할 때에 円筒形 岩心이 회수된다(그림 13.15 참조). 응력계산을 하는 경우, 이 암심을 이용하여 영률 기타 물리 상수를 측정하는 것이 바람직하다.

원통형 암심을 원통축과 직교하는 두 개의 평면으로 절단하면 그림 13.26과 같은 円輪狀 岩心이 얻어지므로 이것을 직경방향으로 1축 가압해서 축력 P와 내경의 변형량 U의 관계로부터 암심의 영률을 구할 수가 있다[4,15]. 그러나 원통형 암심을 외주가압 장치에 삽입하고, 외주로부터 유압을 작용시켜 그 압력 p_0에 대한 내경변형량 U를 측정하면, 두꺼운 원통 이론식에 후크의 법칙을 적용해서 $r=b$에서는 $\sigma_r=0$ 이며, 內孔반경의 변위를 u로 하면, 내경변화량 U는 $U=2u$인데 주의하면, 평면변형의 상태에서는 다음 식이 구해지므로 이로부터 영율을 구할 수가 있다.

$$E=(1-\nu^2)\frac{4a^2bp_0}{(a^2-b^2)\cdot U} \tag{13.27}$$

평면응력 상태에서는 윗 식 $(1-\nu^2)$을 1로 치환한 식이 된다.

그림 13.27은 저자가 제작한 암심 외주 가압장치로 기름은 펌프 (P)에 의해 가압장치의 자켓 (J)와 플라스틱 박층으로 피복된 암심 (R) 및 양측의 U링으로 둘러싼 공간에 넣어 암심을 외주로부터 균일하게 가압한다. A는 공기배출구, V는 스톱 밸브이며, G는 브르돈관식 압력계이다. 외주압에 대한 내경변형량 U는 孔軸에서 그림 13.28과 같이 변화하므로 내경변형량 U의 측정은 자켓 중앙부에서 한다.

이러한 외주 가압장치를 사용해서 암심을 가압하는 경우는, 암심 양단은 自由端이라고 생각되므로 암심의 축방향으로 응력 σ_z 가 발생한다. 이것을 유한요소법을 응용해서 해석하면 그림 13.29와 같은 분포 (σ_z) 가 얻어진다. 결국 외주에 압력 $p_0=100\mathrm{kg/cm^2}$를 작용시키면 공내벽에는 $40\mathrm{kg/cm^2}$에 달하는 z축 방향의 인장응력이 작용하는 것을 알 수

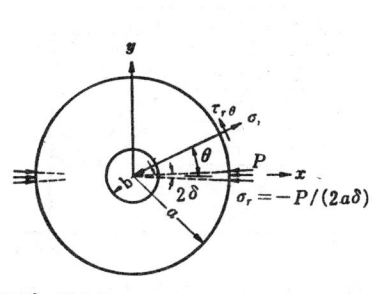

그림 13.26 1축가압을 받는 링상암심

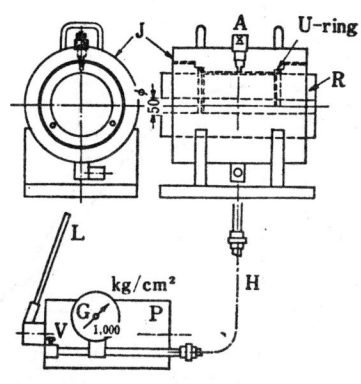

그림 13.27 암심외주 가압장치

있다. 원통형 암심을 이 외주 가압장치에 삽입해서 가압해 가면 결국 암심은 파괴되는데, 파단면은 z축에 대개 수직으로 교차하는 평면을 이루는 경우가 많으며, 이것은 파괴가 z축 방향에 작용하는 인장응력에 기인하는 것임을 나타내는 것일 것이다. 따라서 암심 파단시에 가해진 외주압으로부터 암심 시료의 대강의 인장강도 값을 추정할 수가 있다.

13.6.3 孔徑測定技術과 測定器

이제, 측정에 관한 기술상의 예상을 하기 위하여 식(13.20)을 이용한다. 동식에서 $E=5.0\times 10^5 \mathrm{kg/cm^2}$, $\nu=0.25$, $d=50\mathrm{mm}$로 하고 지표하 300m 정도의 이론적 1차 암반응력을 계산하면 공경변화법에서 측정되는 변화량 U는 대개 $20\sim 60\mu\mathrm{m}$ 정도인 것임을 알 수 있다. 이 점에서 U의 측정에는 대단히 정밀한 계기를 사용하여야 하는 것임을 알 수 있다.

따라서 보어 홀 내벽도 정밀도가 높은 면마무리를 하는 것이 바람직하다. 저자가 촉침식 표면거칠은 정도를 이용해서 측정한 결과에 의하면 화강암, 섬록암, 석회암은 비교적 용이하게 매끄러운 마무리가 가능하지만, 유문암이나 안산암은 전자에 비하여 면마무리의 정밀도를 높이기가 어렵다.

공경측정기로서는 실린더 게이지나 에어 마이크로 미터의 사용은 가능하지만 암벽면에서 약 3m 이상이 되는 深孔에서는 이러한 계기로는 측정 곤란해지므로 전기 마이크로 부착 실린더 게이지 외에 전기적 변환기를 사용한 것이 편리하다. 이러한 공경측정기로서 差動變壓器를 이용한 LVDT 스트레인 셀[16]이나 스트레인 게이지를 이용한 보어 홀 게이지[19,20,21,22] 등이 개발되었다.

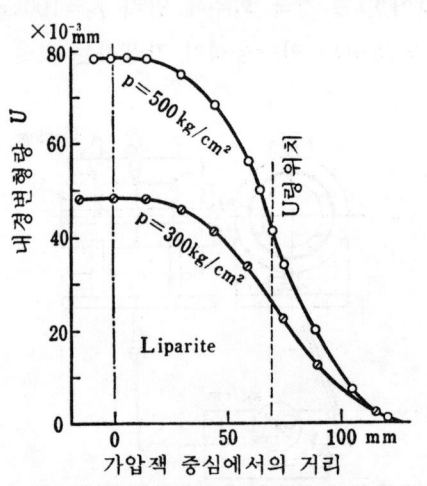

그림 13.28 외주가압된 암심의 구멍축상에 대한 내경변화량

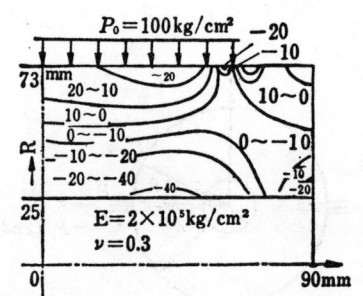

그림 13.29 외주가압을 받는 암심에 작용하는 축방향 응력(σ_z)의 분포

13.6 孔徑變化法의 이론과 측정기

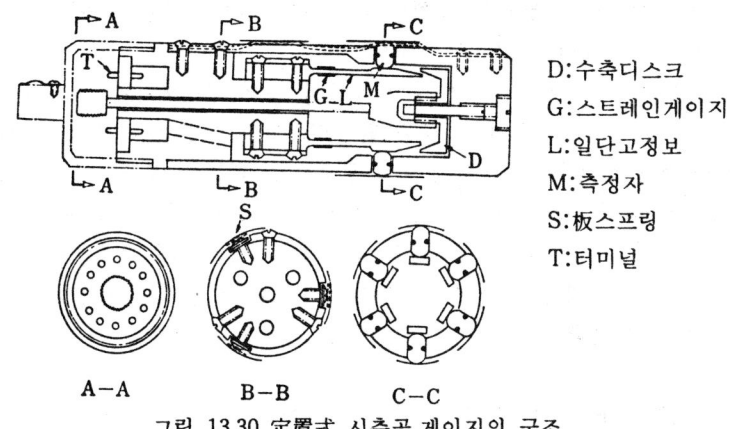

그림 13.30 定置式 시추공 게이지의 구조

그림 13.30은 서로 60° 방향을 이루는 3방향의 보어 홀의 내경을 동시에 측정할 수 있는 보어 홀 게이지(borehole gauge)의 구조를 나타내며, 보어 홀 내벽에 판 스프링을 고정시키게 된다. 일단 고정보 이론을 응용하여 보 표면에는 스트레인 게이지가 부착된다. 보 표면의 변형 ε와 재하점(공경측정점)의 처짐 δ의 관계는

$$\varepsilon = (3h\delta)/(2l^2) \tag{13.28}$$

으로 나타낸다. 여기서 h는 일단고정보의 두께, l은 일단고정보의 고정단과 재하점 사이의 거리이다. 윗 식에서 ε와 δ는 비례 관계에 있음을 알 수 있는데, 실제로 정밀한 孔徑의 마스터 게이지를 사용해서, 그 게이지에 보어 홀 게이지를 삽입하고, 공경과 측정기 눈금의 관계를 검토하면 양자의 관계는 깨끗한 직선성을 보인다.

다음에 그림 13.31에 의해 측정법을 설명한다. 우선 형식이 없는 좋은 보링 기계를 측정현장에 설치하고, 다이아몬드 비트와 리마를 사용해서 보어 홀을 천공한다. 이 때 보어 홀의 내경이 보어 홀 게이지의 측정 범위내에서 마무리되는 것이 가장 중요한 요점이다. 다음에 원추상 비트를 사용해서 보어 홀의 입구를 원추상으로 擴孔하여 둔다. 다음에 보어 홀 게이지를 리드선을 부착한 접속 파이프와 결합하여 공내에 삽입하고 定置시킨다. 이 상태에서 우선 스트레인 미터의 값을 읽어둔다. 다음에 파이프를 분리

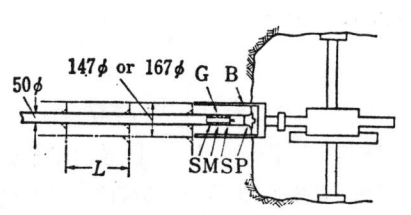

그림 13.31 定置式 보어홀 게이지에 의한 지압측정법

하고, 원추상의 고정마개로 공구를 폐쇄한다. 보링 기계에 오버 코어링용의 大口徑 다이아몬드를 사용해서 약 50cm 길이를 천공한다.

고정마개를 벗겨내고 파이프 리드선의 소케트를 보어 홀 게이지의 터미널과 접속하여 스트레인 미터에 의해 2회째의 눈금을 읽는다. 그리고 오버 코어링된 암심을 밑부분에서 절취구를 사용해서 회수한뒤 영률 측정용으로 보존해 둔다. 이상으로 측정의 1 사이클이 완료되게 되며, 같은 절차를 반복해 나감으로써 점차 암반내의 깊숙한 곳까지 측정해낼 수 있다. 이때 오버 코어링된 대구경의 공저부가 다음 사이클의 측정에 오차를 일으키지 않을까 하는 의문에 대해서는 다음에 기술하는 有限要素法의 해석결과로부터 보어 홀의 변형량에 미치는 프리·오버 코어링의 영향은 거의 없음이 분명해 졌다.

그림 13.32는 직경 50mm의 보어 홀이 천공되어 있는 부분에 후방에서 직경 167mm의 오버 코어링이 이루어지게 되는 경우를 상정하고, 그때 보어 홀의 외주에 $\sigma_r = 100 \text{kg/cm}^2$를 軸對稱的으로 작용시켰을 때 직경 167mm인 보어 홀의 영향을 나타내고 있다. 공경변화법에 의한 측정에서는 z축상 O점으로부터, 바꿔 말하면 오버 코어링의 공저면으로부터 약 10~20cm의 위치에서 공경변화량이 측정되므로 $\sigma_r = 100 \text{kg/cm}^2$의 압력을 받은 경우라도, 측점에서의 영향은 $0.5\mu \text{m}$ 이하의 직경 축소이며, 공경변화량의 측정치에 대하여 큰 오차는 일으키지 않음을 알 수 있다.

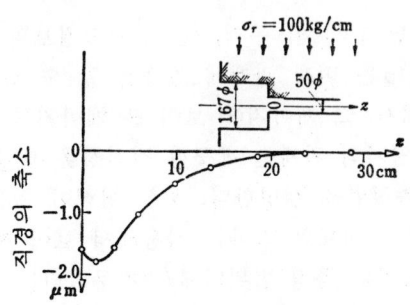

그림 13.32 보어홀 시추공 변형화에 미치는 프리·오버코어링의 영향

13.7 3개의 보어 홀에 의한 3차원 응력의 결정

3차원 상태에 있는 응력을 결정하기 위해서는 응력성분 ($\sigma_x, \sigma_y, \sigma_z, \tau_{xy}, \tau_{yz}, \tau_{zx}$)을 결정하여야 하는데, 공저변형법 혹은 공경변화법에 의해서 이러한 응력성분을 결정하기 위해서는 3개의 보어 홀이 필요하다는 점이 분명하게 되어 있다[4]. 그래서 다음에 그 결정법을 생각해 본다.

13.7 3개 시추공에 의한 3차원 응력의 결정

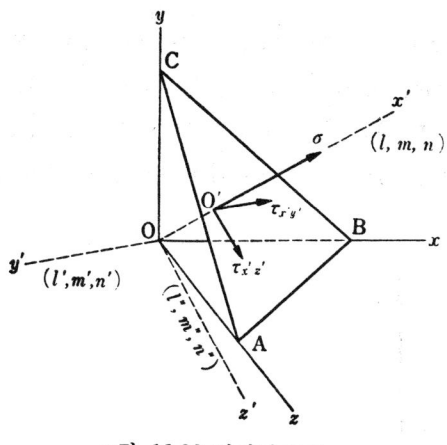

그림 13.33 일반좌표계

그림 13.33의 Ox, Oy, Oz로 표현되는 직교 좌표계에 관하여 임의의 1점의 응력은 σ_x, $\sigma_y, \sigma_z, \tau_{xy}, \tau_{yz}$ 및 τ_{zx}로 나타난다. 평면 ABC위에 작용하는 수직응력 σ는 그 방향 余弦을 l, m, n으로 나타내면, (6.9)에 의해 다음 식으로 표현된다.

$$\sigma = l^2\sigma_x + m^2\sigma_y + n^2\sigma_z + 2lm\tau_{xy} + 2mn\tau_{yz} + 2nl\tau_{zx} \tag{13.29}$$

응력 σ의 작용방향을 x'로 하는 다른 직교좌표계 $x'y'z'$를 생각하고, Oy'축은 xyz 좌표에 관해서 l', m', n', 또 Oz'축은 l'', m'', n'' 방향 余弦을 갖는다고 한다.

	x	y	z
x'	l	m	n
y'	l'	m'	n'
z'	l''	m''	n''

평면 ABC위에 작용하는 두 개의 전단응력을 $\tau_{x'y'}$ 및 $\tau_{x'z'}$라 하면 l', m', n' 방향에 작용하고 있는 전단응력 성분 $\tau_{x'y'}$는 다음 식으로 나타난다.

$$\tau_{x'y'} = ll'\sigma_x + mm'\sigma_y + nn'\sigma_z + (mn' + m'n)\tau_{yz}$$
$$+ (nl' + n'l)\tau_{zx} + (lm' + l'm)\tau_{xy} \tag{13.30}$$

l'', m'', n'' 방향에 작용하는 $\tau_{x'z'}$에 대해서도 유사한 관계식이 성립한다.

그런데 해석을 단순화하기 위하여 그림 13.34에 나타낸 바와 같이 O점 부근의 균일한 3차원 응력을 해석하기 위해서 xz 평면 위에 있고, O점을 향하는 3개의 보어 홀 ①, ②, ③을 천공하고, 그 보어 홀과 수직으로 교차하는 평면상의 2차원 응력 (σ_{Ai}, σ_{Bi},

τ_{ABi}, $i=1, 2, 3$)이 해석 되었다고 하면, σ_{Ai}, σ_{Bi} 및 τ_{ABi} ($i=1, 2, 3$)와 좌표계 xyz에 관한 응력성분 σ_x, σ_y, σ_z, τ_{xy}, τ_{yz} 및 τ_{zx}의 관계는 다음 표 13.2와 같다.

σ_{Ai}, σ_{Bi}, τ_{ABi} ($i=1, 2, 3$) 및 δ_2, δ_3는 이미 알고 있으므로, xyz 좌표계에 관한 응력성분 σ_x, σ_y, σ_z, τ_{xy}, τ_{yz} 및 τ_{zx}는 표 13.2와 같아지므로 이러한 응력성분은 구할 수 있다.

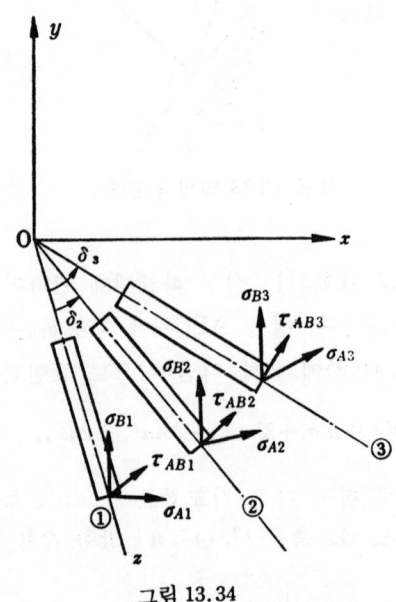

그림 13.34

표 13.2 xz면내에 있어서 더구나 Oz축에 대해 $\delta_1°(=0)$, $\delta_2°$ 및 $\delta_3°$을 이루는 3개의 보어홀축에 직교되는 응력성분(σ_{Ai}, σ_{Bi}, τ_{ABi})의 좌표계 xyz에 관한 응력성분에의 변환

보어홀 No.	측정된 응력성분	방향여현 l	m	n	방향여현을 대입하여
1	σ_{A1}	1	0	0	$\sigma_{A1} = \sigma_{x1}$
	σ_{B1}	0	1	0	$\sigma_{B1} = \sigma_{y1}$
	τ_{AB}	1,0	0,1	0,0	$\tau_{AB1} = \tau_{xy1}$
2	σ_{A2}	$\cos \delta_2$	0	$-\sin \delta_2$	$\sigma_{A2} = \sigma_{x2} \cdot \cos^2 \delta_2 + \sigma_{z2} \cdot \sin^2 \delta_2 - 2\tau_{zx2} \cdot \sin \delta_2 \cdot \cos \delta_2$
	σ_{B2}	0	1	0	$\sigma_{B2} = \sigma_{y2}$
	τ_{AB2}	$\cos \delta_2, 0$	$0, 1$	$-\sin \delta_2, 0$	$\tau_{AB2} = -\tau_{yz2} \cdot \sin \delta_2 + \tau_{xy2} \cdot \cos \delta_2$
3	σ_{A3}	$\cos \delta_3$	0	$-\sin \delta_3$	$\sigma_{A3} = \sigma_{x3} \cdot \cos^2 \delta_3 + \sigma_{z3} \cdot \sin^2 \delta_3 - 2\tau_{zx3} \cdot \sin \delta_3 \cdot \cos \delta_3$
	σ_{B3}	0	1	0	$\sigma_{B3} = \sigma_{y3}$
	τ_{AB3}	$\cos \delta_3, 0$	$0, 1$	$\sin \delta_3, 0$	$\tau_{AB3} = -\tau_{yz3} \cdot \sin \delta_3 + \tau_{xy3} \cdot \cos \delta_3$

암반내 세 개의 주응력 ($\sigma_i =$) σ_1, σ_2 및 σ_3는 잘 아는 바와 같이 다음 식의 세 개의 근으로 구한다[7.23].

$$\sigma_i^3 - \sigma_i^2(\sigma_x+\sigma_y+\sigma_z) + \sigma_i(\sigma_x\sigma_y+\sigma_y\sigma_z+\sigma_z\sigma_x-\tau_{xy}^2-\tau_{yz}^2-\tau_{zx}^2)$$
$$- (\sigma_x\sigma_y\sigma_z - \sigma_x\tau_{yz}^2 - \sigma_y\tau_{zx}^2 - \sigma_z\tau_{xy}^2 + 2\tau_{xy}\tau_{yz}\tau_{zx}) = 0 \qquad (13.31)$$

윗 식은, 아래 식의 형태로 쓸 수 있다.

$$\sigma_i^3 + B\sigma_i^2 + C\sigma_i + D = 0 \qquad (13.32)$$

혹은

$$W_i^3 + \alpha W_i + \beta = 0 \qquad (13.33)$$

여기서

$$\sigma_i = W_i - \frac{B}{3}, \quad \alpha = \frac{1}{3}(3C - B^2), \quad \beta = \frac{1}{27}(2B^3 - 9BC + 27D)$$

식(13.33)은, 만약

$$\frac{\beta^2}{4} + \frac{\alpha^3}{27} < 0$$

이면, 실근 W_1, W_2 및 W_3를 갖는다. 그리고 그 값은

$$W_1 = 2 \cdot \sqrt{-\frac{\alpha}{3}} \cdot \cos\frac{\phi}{3}$$
$$W_2 = 2 \cdot \sqrt{-\frac{\alpha}{3}} \cdot \cos\left(\frac{\phi}{3} + 120°\right)$$
$$W_3 = 2 \cdot \sqrt{-\frac{\alpha}{3}} \cdot \cos\left(\frac{\phi}{3} + 240°\right)$$

이다.

여기서

$$\phi = \cos^{-1}\left[\frac{+\beta/2}{\sqrt{-\alpha^3/27}}\right] \quad (\text{단} \quad 0 < \phi < 180°)$$

이렇게 해서 W_1, W_2 및 W_3를, 즉 σ_1, σ_2 및 σ_3를 구할 수가 있다. 각 주응력 ($\sigma_i =$) σ_1, σ_2 및 σ_3의 方向余弦 l_i, m_i, n_i는 식(13.29), 즉 아래 식에 대입함으로써 구할 수 있다.

$$\sigma_i = l_i^2\sigma_x + m_i^2\sigma_y + n_i^2\sigma_z + 2l_im_i\tau_{xy} + 2m_in_i\tau_{yz} + 2n_il_i\tau_{zx} \qquad (13.34)$$

13.8 孔內변형법의 이론과 측정기

공저변형법과 함께 공경변화법에서는 3차원 응력을 구하기 위해서는 적어도 세 개

의 보어 홀을 천공할 필요가 있다. 공내벽변형법은 단지 1개의 보어 홀로 3차원 응력을 결정할 수 있는 점에서 특징이 있다.

물체내 임의의 1점의 응력은 다음 여섯 가지의 응력성분에 의해 나타낼 수가 있다. 즉 그림 13.17(a)에서 $\sigma_x, \sigma_y, \sigma_z, \tau_{xy}, \tau_{yz}$ 및 τ_{zx} 이다.

지금 균일한 응력 분포를 갖는 암석 중에 그림 13.35와 같은 円孔을 천공한 경우를 생각하자. 이 그림에 나타낸 바와 같이 원도좌표 $(r\theta z)$을 생각하면 円孔 부근 1점의 응력성분은 $\sigma_r, \sigma_\theta, \sigma_z, \tau_{r\theta}, \tau_{\theta z}$ 및 τ_{zr} 로 표시할 수 있다.

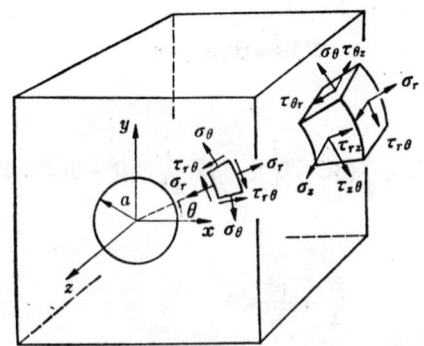

그림 13.35 원형 시추공의 둘레의 응력계·

원공이 천공되기 이전의 응력성분 $\sigma_x, \cdots\cdots, \tau_{yz}$와 원공이 천공된 후의 응력성분 $\sigma_r, \cdots\cdots, \tau_{zr}$ 사이의 관계는 다음 식이 된다[7].

$$\left. \begin{aligned} \sigma_r &= \frac{\sigma_x+\sigma_y}{2}\left(1-\frac{a^2}{r^2}\right) + \frac{\sigma_x-\sigma_y}{2}\left(1+3\frac{a^4}{r^4}-4\frac{a^2}{r^2}\right)\cos 2\theta \\ &\quad + \tau_{xy}\left(1+3\frac{a^4}{r^4}-4\frac{a^2}{r^2}\right)\sin 2\theta. \\ \sigma_\theta &= \frac{\sigma_x+\sigma_y}{2}\left(1+\frac{a^2}{r^2}\right) - \frac{\sigma_x-\sigma_y}{2}\left(1+3\frac{a^4}{r^4}\right)\cos 2\theta \\ &\quad - \tau_{xy}\left(1+3\frac{a^4}{r^4}\right)\sin 2\theta. \\ \sigma_z &= -\nu\left\{2(\sigma_x-\sigma_y)\frac{a^2}{r^2}\cos 2\theta + 4\tau_{xy}\frac{a^2}{r^2}\sin 2\theta\right\} + \sigma_z. \\ \tau_{r\theta} &= \frac{\sigma_x-\sigma_y}{2}\left(1-3\frac{a^4}{r^4}+2\frac{a^2}{r^2}\right)\sin 2\theta \\ &\quad + \tau_{xy}\left(1-3\frac{a^4}{r^4}+2\frac{a^2}{r^2}\right)\cos 2\theta. \end{aligned} \right\} \quad (13.35)$$

13.8 孔內變形法의 이론과 측정기

$$\tau_{\theta z} = (-\tau_{zx} \cdot \sin\theta + \tau_{yz} \cdot \cos\theta)\left(1 + \frac{a^2}{r^2}\right).$$

$$\tau_{yz} = (\tau_{zx} \cdot \cos\theta + \tau_{yz} \cdot \sin\theta)\left(1 - \frac{a^2}{r^2}\right).$$

상기 식(13.35)에서 $r = a$라고 하면, 보어 홀 내벽상 임의점의 응력을 구할 수 있다. $r = a$에서는 $\sigma_r = 0, \tau_{r\theta} = 0$ 및 $\tau_{rz} = 0$이다. 그래서 σ_θ, σ_z 및 $\tau_{\theta z}$가 남는데, 이러한 것들은 세 방향의 게이지를 갖는 로제트 게이지로 측정된다. 즉 그림 13.34에서 A, B 게이지가 θ 및 z 방향에 설정된다고 하면, 즉 보어 홀의 원주방향과 축방향에 설정된다고 하면 $\sigma_A = \sigma_\theta, \sigma_B = \sigma_z$이며, 또 $\tau_{AB} = \tau_{\theta z}$가 된다.

공내벽변형법에 사용되는 **3축변형계**(triaxial strain cell)에서는 3개의 로제트 게이지가 그림 13.36과 같이[7] 한개의 보어 홀 내벽 위에 부착되어 있다. 즉 로제트 (1)은 보어 홀의 側壁위 ($\theta = \pi$)에, 로제트 (2)는 보어 홀의 천장위 ($\theta = \pi/2$)에, 그리고 로제트 (3)은 로제트 (1)과 로제트 (2)의 중간점 ($\theta = 7\pi/4$)에 부착되어 있다. 세개의 측정점 $i = 1, 2, 3$ ($\theta = \pi, \pi/2, 7\pi/4$)에서의 응력성분 $\sigma_{\theta(i)} = \sigma_{A(i)}, \sigma_{z(i)} = \sigma_{B(i)}$ 및 $\tau_{\theta z(i)} = \tau_{AB(i)}$는 이 그림에 나타나 있다. $\sigma_{A(i)}, \sigma_{B(i)}$ 및 $\tau_{AB(i)}$의 값은 스트레인 게이지의 눈금으로부터, 다음 식에 의해 구할 수가 있다[식(13.17) 참조].

$$\left. \begin{aligned} \sigma_{A(i)} &= \frac{E}{2}\left\{\frac{e_{Ai}+e_{Bi}}{1-\nu} + \frac{e_{Ai}-e_{Bi}}{1+\nu}\right\} \\ \sigma_{B(i)} &= \frac{E}{2}\left\{\frac{e_{Ai}+e_{Bi}}{1-\nu} - \frac{e_{Ai}-e_{Bi}}{1+\nu}\right\} \\ \tau_{AB(i)} &= \frac{E}{2}\left\{\frac{2e_{Ci}-(e_{Ai}+e_{Bi})}{1+\nu}\right\} \end{aligned} \right\} \quad (13.17)$$

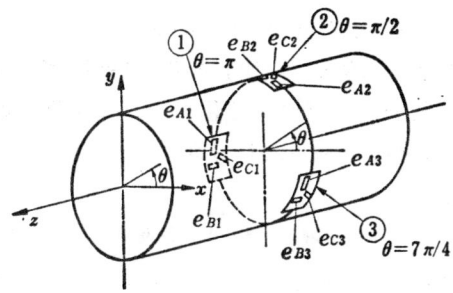

그림 13.36 3축변형계에 의한 시추공내벽 변형
측정법 (LEEMAN에 의함)

암반내의 여섯 가지 응력성분 $\sigma_x, \sigma_y, \sigma_z, \tau_{xy}, \tau_{yz}$ 및 τ_{zx}는 식(13.17)을 식(13.35)에 대입함으로써 다음 표 13.3의 9가지 식에서 구할 수 있다. 물론 6개 식만 필요하며, 별표한 식이 이 목적에 쓰인다.

表 13.3

$r=a$ 에서	로제트 1 $\theta=\pi$	로제트 2 $\theta=\pi/2$	로제트 3 $\theta=7\pi/4$
$\sigma_\theta=(\sigma_x+\sigma_y)-2(\sigma_x-\sigma_y)\cos 2\theta$ $-4\tau_{xy}\cdot\sin 2\theta=\sigma_{A(i)}$	*$\sigma_{A(1)}=$ $-\sigma_x+3\sigma_y$	$\sigma_{A(2)}=$ $3\sigma_x-\sigma_y$	$\sigma_{A(3)}=$ $(\sigma_x+\sigma_y)$ $+4\tau_{xy}$
$\sigma_z=-\nu\{2(\sigma_x-\sigma_y)\cos 2\theta+4\tau_{xy}\cdot\sin 2\theta\}$ $+\sigma_z=\sigma_{B(i)}$	*$\sigma_{B(1)}=$ $-2\nu(\sigma_x-\sigma_y)$ $+\sigma_z$	*$\sigma_{B(2)}=$ $2\nu(\sigma_x-\sigma_y)$ $+\sigma_z$	*$\sigma_{B(3)}=$ $-4\tau_{xy}+\sigma_z$
$\tau_{\theta z}=2\tau_{yz}\cdot\cos\theta-2\tau_{zx}\cdot\sin\theta=\tau_{AB(i)}$	*$\tau_{AB(1)}=$ $-2\tau_{yz}$	*$\tau_{AB(2)}=$ $-2\tau_{zx}$	$\tau_{AB(3)}=$ $\sqrt{2}$ $\times(\tau_{yz}+\tau_{zx})$

이와 같이 결국, 다음 식에서 6가지 응력성분이 구해진다.

$$\left.\begin{array}{ll}\sigma_x=\dfrac{1}{8}\{3\sigma_{A(2)}+\sigma_{A(1)}\} & \tau_{xy}=-\dfrac{1}{8}\{\sigma_{A(1)}+\sigma_{A(2)}-4\sigma_{A(3)}\} \\ \sigma_y=\dfrac{1}{8}\{3\sigma_{A(1)}+\sigma_{A(2)}\} & \tau_{yz}=-\dfrac{1}{2}\tau_{AB(1)} \\ \sigma_z=\sigma_{B(1)}+\dfrac{\nu}{2}\{\sigma_{A(2)}-\sigma_{A(1)}\} & \tau_{zx}=-\dfrac{1}{2}\tau_{AB(2)}\end{array}\right\} \quad (13.36)$$

그런데 윗 식은 石島 등이 유도한 "孔壁變形法에 의한 응력 측정"의 일반식에서도 용이하게 구할 수 있다. 그런데 전기한 로제트의 9성분을 모두 쓸 필요는 없고 6성분만으로 되는데, 보어 홀 축방향(z방향 즉 B방향)의 변형을 측정하는 3枚의 게이지 ($e_{B(i)}=e_{z(i)}$)는 보어 홀의 원주 위에서는 일정하므로 동일한 값을 제공할 것이다. 즉 모든 결과는 다음의 변형 값에서 구할 수가 있다.

	로제트 1	로제트 2	로제트 3
z 方 向	$e_{B(1)}$	$e_{B(2)}$	$e_{B(3)}$
θ 方 向	$e_{A(1)}$	$e_{A(2)}$	$e_{A(3)}$
$45°$ 方 向	$e_{C(1)}$	$e_{C(2)}$	$e_{C(3)}$

여섯가지 응력성분 $\sigma_x, \sigma_y, \sigma_z, \tau_{xy}, \tau_{yz}$ 및 τ_{zx}를 구할 수 있으면, 암석내의 주응력크기와 그 방향은 식(13.31) 및 식(13.34)의 양 식에 의해 구할 수가 있다.

그림 13.37은 저자가 시험 제작한 三軸 변형계 (a)와 그 삽입구 (b)로, 변형계의 측정자표면에는 특수접착제를 도포하고, 삽입구를 사용해서 변형계를 공내에 삽입하고, 측정 위치에 정치시키고 압기를 사용해서 로트를 전방으로 이동시켜 측정자를 공내벽에 압착시킨다.

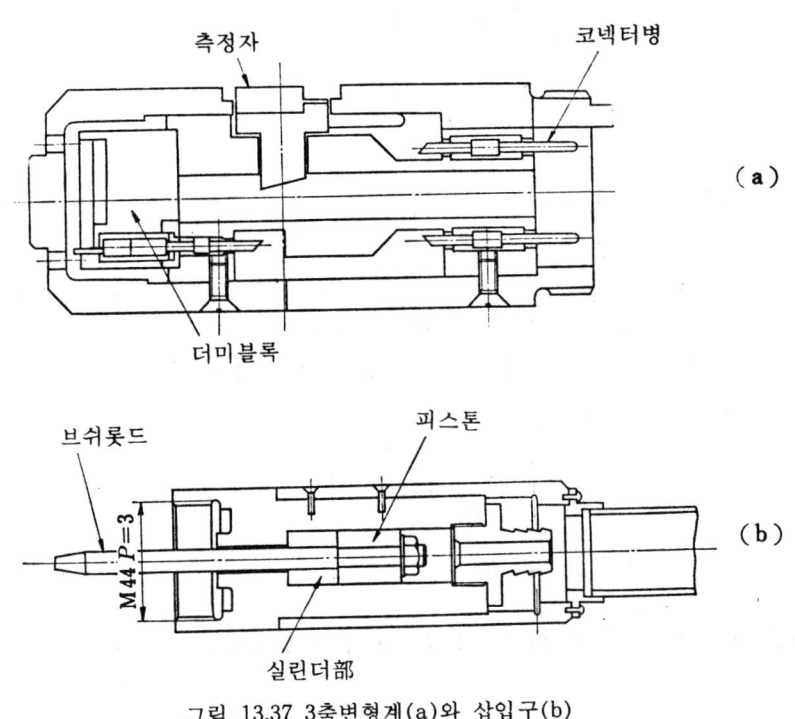

그림 13.37 3축변형계(a)와 삽입구(b)

13.9 지압의 변화와 절대지압의 관계

이제, 예를 들면 공경변화법에 의해서 암반내 1점의 절대지압을 측정하고, 그 주응력의 크기 σ_1, σ_2와 그 방향을 미리 알게 되었다고 하자. 그 측정에 그다지 멀지 않은 곳에 채굴장이 있다든지 혹은 長壁採炭 막장이 있어서 그것이 확대되어 간다든지 이동해 갈 경우에는 막장 부근에 지압의 변동이 일어나고, 그 영향이 측점에서도 나타날 것이다. 그래서 측점에서의 지압 변화를 측정하기 위해서는 어떻게 하면 좋은지 다음에 설명한다.

지압변화를 해석하기 위해서는 절대지압 측정에 사용된 보어 홀 혹은 오버 코어링

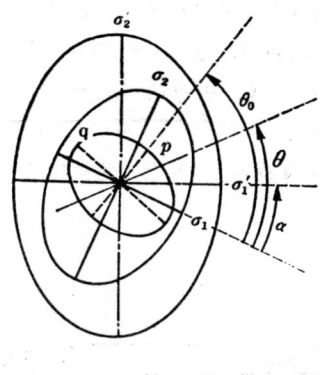

그림 13.38

孔을 이용해서, 시간의 경과에 따르는 공경의 변화를 측정해 나가면 된다.

이제 2차원의 경우에 대하여 생각한다. 어떤 시기에 측점 P의 절대지압 즉 주응력을 σ_1, σ_2로 하고, 응력 상태가 변화한 후 그 점의 주응력을 σ_1', σ_2', 주응력 방향의 변화각을 α로 한다(그림 13.38). σ_1이 작용하는 면과 θ만큼 기울어진 경계면에 처음에 작용하던 수직응력 및 전단응력을 각각 σ 및 τ로 하면 응력에 관한 기초적 관계에 따라 다음 식이 성립한다.

$$\left.\begin{array}{l} \sigma = \dfrac{\sigma_1+\sigma_2}{2} + \dfrac{\sigma_1-\sigma_2}{2}\cos 2\theta \\[2mm] \tau = \dfrac{\sigma_1-\sigma_2}{2}\sin 2\theta \end{array}\right\} \quad (a)$$

또, 응력변화 후에 이 면에 작용하는 수직응력 및 전단응력을 각각 σ' 및 τ'라고 하면

$$\left.\begin{array}{l} \sigma' = \dfrac{\sigma_1'+\sigma_2'}{2} + \dfrac{\sigma_1'-\sigma_2'}{2}\cos 2(\theta-\alpha) \\[2mm] \tau' = \dfrac{\sigma_1'-\sigma_2'}{2}\sin 2(\theta-\alpha) \end{array}\right\} \quad (b)$$

이다. 이제

$$\Delta\sigma = \sigma'-\sigma, \quad \Delta\tau = \tau'-\tau \quad (c)$$

라고 놓으면,

$$\left.\begin{array}{l} \Delta\sigma = \dfrac{\sigma_1'+\sigma_2'-\sigma_1-\sigma_2}{2} + \dfrac{\sigma_1'-\sigma_2'}{2}\cos 2(\theta-\alpha) - \dfrac{\sigma_1-\sigma_2}{2}\cos 2\theta \\[2mm] \Delta\tau = \dfrac{\sigma_1'-\sigma_2'}{2}\sin 2(\theta-\alpha) - \dfrac{\sigma_1-\sigma_2}{2}\sin 2\theta \end{array}\right\} \quad (d)$$

13.9 지압의 변화와 절대지압의 관계

식(d)의 제1식을 θ에 대하여 미분하면,

$$\frac{d\Delta\sigma}{d\theta} = -(\sigma_1' - \sigma_2')\sin 2(\theta - \alpha) + (\sigma_1 - \sigma_2)\sin 2\theta \qquad (e)$$

이 된다. 식(e)의 우변은 $\Delta\tau$의 -2배와 같다. 그러므로 $\Delta\sigma$가 極値를 갖는 경계면에서 $\Delta\tau=0$임을 알 수 있다. 이러한 경계면의 경사선이 σ_1의 방향과 이루는 각을 θ_0라 하면, 식(e)의 θ를 θ_0로 치환해서 그 식을 0이라고 놓고

$$-(\sigma_1' - \sigma_2')\sin 2(\theta_0 - \alpha) + (\sigma_1 - \sigma_2)\sin 2\theta_0 = 0 \qquad (f)$$

을 얻는다. 윗 식을 변형하면,

$$\tan 2\theta_0 = \frac{(\sigma_1' - \sigma_2')\sin 2\alpha}{(\sigma_1' - \sigma_2')\cos 2\alpha - (\sigma_1 - \sigma_2)} \qquad (13.37)$$

식(13.37)에서 $\Delta\sigma$가 극치를 취하고 $\Delta\tau=0$인 경계면은 둘이 있으며, 그러한 것들은 서로 직교함을 알 수 있다.

이러한 두 경계면, $\theta=\theta_0$, $\theta=\theta_0+\pi/2$에 작용하는 수직응력을 p 및 q라 하면, 식(d)의 제1식으로부터

$$\left.\begin{array}{l}p\\q\end{array}\right\} = \frac{\sigma_1' + \sigma_2' - \sigma_1 - \sigma_2}{2} \pm \frac{\sigma_1' - \sigma_2'}{2}\cos 2(\theta_0 - \alpha) \mp \frac{\sigma_1 - \sigma_2}{2}\cos 2\theta_0 \qquad (g)$$

따라서

$$\left.\begin{array}{l} p+q = \sigma_1' + \sigma_2' - \sigma_1 - \sigma_2 \\ p-q = (\sigma_1' - \sigma_2')\cos 2(\theta_0 - \alpha) - (\sigma_1 - \sigma_2)\cos 2\theta_0 \end{array}\right\} \qquad (13.38)$$

을 얻는다. 우선 임의의 경계면을 나타내는데, 그 경계면의 경사선이 σ_1의 방향과 이루는 θ를 썼는데, $\theta=\theta_0+\beta$로 놓고, β를 가지고 임의의 경계면을 나타내기로 한다. 그 때 임의의 경계면에 관한 $\Delta\sigma$ 및 $\Delta\tau$의 값은 $\theta=\theta_0+\beta$를 식(d)에 대입해서

$$\left.\begin{array}{l} \Delta\sigma = \dfrac{\sigma_1' + \sigma_2' - \sigma_1 - \sigma_2}{2} + \dfrac{\sigma_1' - \sigma_2'}{2}\cos 2(\theta_0+\beta-\alpha) - \dfrac{\sigma_1 - \sigma_2}{2}\cos 2(\theta_0+\beta) \\ \Delta\tau = \dfrac{\sigma_1' - \sigma_2'}{2}\sin 2(\theta_0+\beta-\alpha) - \dfrac{\sigma_1 - \sigma_2}{2}\sin 2(\theta_0+\beta) \end{array}\right\} \qquad (h)$$

로 나타난다. 이 식을 (f)와 (13.38)의 양 식을 고려해서 변형하면, 다음 식을 얻는다.

$$\left.\begin{array}{l} \Delta\sigma = \dfrac{p+q}{2} + \dfrac{p-q}{2}\cos 2\beta \\ \Delta\tau = \dfrac{p-q}{2}\sin 2\beta \end{array}\right\} \qquad (13.39)$$

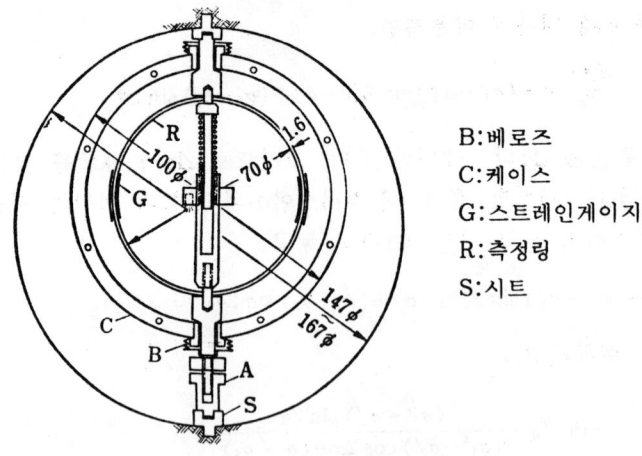

B: 베로즈
C: 케이스
G: 스트레인게이지
R: 측정링
S: 시트

그림 13.39 시추공지름 변위계

이상의 해석에서 다음에 기술하는 관계가 존재함을 알 수 있다.

즉, $\theta=\theta_0$, $\theta=\theta_0+\pi/2$의 두 경계면에서는 $\Delta\tau=0$이며, $\Delta\sigma$는 극치 p 및 q가 되고, 이러한 경계면과 임의의 각 β를 이루는 경계면의 $\Delta\sigma$ 및 $\Delta\tau$는 식(13.39)로 주어진다. 즉 $\Delta\sigma$ 및 $\Delta\tau$를 각각 수직응력 및 전단응력과 같이 취급할 수가 있다.

그런데 우리는 공저변형법, 공경변화법, 기타 방법에 의해 절대지압의 주응력 크기 (σ_1과 σ_2)와 그 방향을 알 수 있고, 그 후 지압변화의 측정을 위하여 공저에 로제트 게이지를 부착하거나, 또 공경변화법에 이용된 보어 홀 혹은 오버 코어링 孔을 이용하여 보어 홀 게이지 혹은 그림 13.39에 나타내는 孔形變位計를 3개, 각도를 설치해 둠으로써, 식(13.39)로 나타나는 변화 응력 $\Delta\sigma$, $\Delta\tau$에 대응하는 변화 주응력 p, q 및 그 방향 $\theta_0(=\theta+\beta)$를 구할 수가 있다. 그래서 다음에 p, q를 주응력으로 보고, σ_1, σ_2이 작용하는 경계면의 응력성분을 구하고 그에 σ_1, σ_2을 더하면 응력 변화 후의 응력성분이 구해진다. 이러한 성분에서 다음 식에 의해 변화 후의 주응력 $\sigma_1{}'$, $\sigma_2{}'$ 및 그 방향을 구할 수 있다.

$$\left.\begin{array}{l}\left.\begin{array}{l}\sigma_1{}'\\ \sigma_2{}'\end{array}\right\}=\dfrac{\sigma_1+\sigma_2+p+q}{2}\pm\dfrac{1}{2}\\ \qquad\times\{(\sigma_1-\sigma_2)^2+(p-q)^2+2(\sigma_1-\sigma_2)(p-q)\cos 2\theta_0\}^{1/2},\\ \tan 2\alpha=\dfrac{(p-q)\sin 2\theta_0}{\sigma_1-\sigma_2+(p-q)\cos 2\theta_0}\end{array}\right\} \qquad (13.40)$$

여기서 θ_0는 σ_1과 p가 이루는 각, α는 σ_1과 $\sigma_1{}'$의 방향이 이루는 각이다. 보어 홀 속에 보어 홀 게이지를 삽입하고 정치시켜 변화 응력을 측정할 수도 있는데, 감도가 높은 관측을 하려면 오버 코어링 孔(大口徑孔)에 설치하기 위하여 저자가 설계한 孔徑變

位計이다. 공경이 변화하면 변위계내의 측정 링이 변형되므로, 그 측정 링에 부착되어 있는 4枚의 스트레인 게이지에 변형변화를 일으키므로 이것을 브리지로 회로를 짬으로써 안정되고 감도 높은 변화량을 읽어낼 수가 있다. 변위계 내부는 질소가스가 채워져 있으며, 장기 예측에 적합하다.

参 考 文 献

1) 鈴木 光: 盤圧測定法 (・그 1), 日本鉱業会誌 81巻, 928号, 1965年 8月.
2) 鈴木 光: 坑内地圧의彈性学的考察, 日本鉱業会誌, 67巻, 753号, 1951年.
3) PERRY, C.C. and H.R. LISSNER: The Strain Gage Primer, McGraw-Hill, 1955, p. 101/116.
4) 鈴木 光, 石島洋二: 孔径測定法에의한盤圧測定의理論과実際, 材料 17巻, 181号, 1968年 10月, p. 856/62.
5) R.H. MERRILL, J.V. WILLIAMSON, D.M. ROPCHAN and G.H. KRUSE: Stress Determinations by Flatjack and Borehole-Deformation methods., Bureau of Mines RI 6400 (1964).
6) L.A. PANEK and JOHN A. STOCK: Development of a Rock Stress Monitoring Station based on the Flat Slot Method of Measuring existing Rock Stress, Bureau of Mines RI 6537 (1964).
7) E.R. LEEMAN: The Doorstopper and Triaxial Rock Stress Measuring Instruments developed by The CSIR., Journal of the South African Institute of Mining and Metallurgy, Vol. 69, No. 7, Feb. 1969, p. 305/39.
8) A.J. RAMBOSEK: The Stress Field within a Core Stub in a Borehole, Bureau of Mines, RI 6462 (1964).
9) N. HAST: The Measurement of Rock Pressure in Mines, Stockholm (1958).
10) 鈴木 光, 石島洋二: 応力解放法에 의한 地圧測定에 관한 1, 2 의基礎的考察, 日本鉱業会誌, Vol. 86, No. 983 (1970年 3月).
11) F. BONNECHERE: A comparative study of in situ rock stress measurements, M.S. Thesis, Univ. of Minnesota, Feb. 1967.
12) F. BONNECHERE and C. FAIHURST: Determination of the regional stress field from doorstopper measurements., J.S. Afr. Inst, Min. Metall., Vol. 68, No. 12, July 1968, p. 520/44.
13) Van W.L. HEERDEN: The effect of end of borehole configuration and stress level on stress measurements using doorstopper., Rep. Coun. Scient. Ind. Res. S. Afr., Meg 626, Jan. 1968.
14) R.H. MERRILL and J.R. PETERSON: Deformation of a borehole in rock, Bureau of Mines, RI 5881 (1961).
15) 鈴木 光, 石島洋二: 円筒形岩心을 이용한 岩石物理常数의測定, 東京大学工学部 紀要 A, No. 8 (1970年), p. 50/51.
16) E.R. LEEMAN: Measurement of stress in abutments at depth, 3rd, Int.

Conference on Strata Control, Paris, May 1960, D 5, p. 301/14.
17) D. W. WISECARVER: A Device for placing a borehole deformation gage in a horizontal hole, Bureau of Mines, RI 6544 (1964).
18) L. OBERT: In situ determination of stress in rock, Mining Engineening, Vol. 14, II, August 1962, p. 51/58.
19) D. W. WISECARVER, R. H MERRILL, D. O. RAUSCH and S. J.: HUBBARD Investigation on in situ rock stresses, Ruth mining district, Nevada, with emphasis on slope design problems in open-pit mines, Bureau of Mines RI 6541 (1964).
20) S. L. CROUCH and C. FAIRHURST: A four-component borehole deformation gauge for the determination of in situ stresses in rock, Int. J. Rock Mech. Min. Sci. Vol. 4, p. 209/17, Pregamon Press Ltd. 1967.
21) K. SUZUKI: Fundamental study on the rockstress measurement by borehole deformation method, 1st Int. Conf. Rock Mechanics, Lisbon, 1966.
22) K. SUZUKI and Y. ISHIJIMA: Rockstress Measurements at Rockburst Danger Area, 2nd Int. Conf. Rock Mechanics, Beograd, 1970.
23) A. J. DURELLI, E. A. PHILLIPS and C. H TSAO: Introduction to the Theoretical and Experimental Analysis of stress and strain, McGraw-Hill, 1958.
24) 石島洋二, 小出 仁, 鈴木 光: 孔壁変形法에 의한 岩盤応力測定에 관한 考察, 日本鉱業会誌, Vol. 86, No. 993 (1970-12).
25) 平松良雄, 岡 行俊: 岩盤內의応力変化의測定, 日本鉱業会誌, Vol. 80, No. 910 (1964-4), p. 356/61.

제 2 편

岩盤計測解析

第２章

営業用機関車

목 차 (제2편)

序 文 ··· I

第1章 岩盤試驗과 岩石物性 ·· 1

1.1 암반토질조사로 판명하는 물성 요소 ··· 1
1.2 암반시험의 종류와 관계식 ·· 1
1.3 평판재하시험 ·· 4
1.4 하이드로릭잭법 ··· 9
1.5 케이블잭법 혹은 강관인장 재하법 ·· 10
1.6 압력터널시험과 래디얼잭법 ·· 12
1.7 직접전단시험법 ··· 13
1.8 비틀림전단시험법 ··· 16
1.9 공내 재하시험 ··· 18
1.10 플랫잭 1축 압축시험 ·· 21
1.11 인터그랄 샘플링에 의한 암심회수와 암석 균열계수 ······················ 21
1.12 이방성암석의 물성 ··· 22
1.13 이방성 암석의 물리상수 표현법과 이방성의 판단 ·························· 25
1.14 直交이방성 두꺼운 원통암심의 내경변화측정에 의한 탄성계수를 구하는 법 27
1.15 암석의 파괴거동과 파괴기준식 ·· 28
1.16 Point load강도지수와 1축 압축강도의 관계 ································· 33
1.17 암석강도에 미치는 수분과 변형속도의 영향 ·································· 35
1.18 암석·암괴의 강도와 칫수, 형상의 관계 ··· 36
1.19 암석의 영률(Er)과 암반의 변형계수(Em)와의 비율 ···················· 38
1.20 암석·암반물성상호의 관계 ·· 39
1.21 암석의 1축 압축강도, 점착력 및 내부마찰각 ································· 41

第2章 支保覆工에 加해지는 盤壓計測 ··· 43

2.1 지보공웨브에 생기는 변형과 축력, 모멘트 및
    전단력의 관계 ·· 43
2.2 원형지보공에 가해지는 축력, 휨모멘트 및
    지압의 간이계측법 ··· 44

2.3 지보공에 생기는 변형과 외력의 관계
　　　(鋼틀변형의 측정에서 鋼틀에 가해지는 외력을 구하는 법) ················ 45
2.4 지보공의 숏크리트 반력과 축력의 분담률 ···························· 47

第3章　락볼트, 어스앵커와 NATM施工管理計測 ···················· 49

3.1 락볼트와 효과 ·· 49
3.2 락볼트의 강도와 접착력 ·· 54
3.3 접착제와 접착력 ·· 59
3.4 뿜칠, 지보틀, 락볼트의 조합시공 ····································· 61
4.5 NATM의 설계 ·· 62
3.6 터널주위의 이완 ·· 68
3.7 NATM의 시공관리와 계측기 ·· 70
　3.7.1 Disc load cell ·· 71
　3.7.2 다점식 Extenso meter ··· 72
　3.7.3 Convergence meter ·· 73
3.8 락앵커의 시공계획 ··· 73
3.9 락앵커의 유한요소법에 의한 응력해석 방법 ······················ 76
　3.9.1 암반안전률(F_s)의 계산법 ······································· 76
　3.9.2 계산과정 ··· 78
3.10 경사면의 안정을 위한 락앵커와 프레임의 시공계획 ············ 78
　3.10.1 앵커의 설계 ·· 79
　3.10.2 프레임의 설계 ·· 79
3.11 락앵커의 종류와 공법 ·· 80
3.12 락앵커 긴장력의 계측과 앵커의 인장시험 ························ 82
　3.12.1 앵커긴장력의 계측 ··· 82
　3.12.2 앵커의 인장시험 ·· 84

第4章　彈性波에 의한 地盤調査와 振動測定 ···················· 85

4.1 탄성파에 관한 기초식 ··· 85
4.2 탄성파의 반사, 굴절과 주시 곡선 ···································· 86
4.3 암반·토질의 탄성파특성 ··· 92
4.4 발파와 진동 ··· 104

4.4.1　지진과 발파진동 ··· 104
　4.4.2　발파진동에 관한 관계식과 진동데이터, 진동계 설치 ············· 105
　4.4.3　발파진동의 규제(한계진동값, 허용진동값 및 허용발파패턴) ···· 112
4.5　진동위치를 구하는 법 ··· 115
4.6　진동에너지(암석파열에너지) ·· 121

第5章　淺層探査와 超音波探査 ·· 127

5.1　얕은층 탐사의 문제점 및 해결책 ·· 127
5.2　얕은층 탐사의 실기 ·· 133
5.3　초음파 탐사법 ·· 140
　5.3.1　탐사에 관한 관계식 ··· 140
　5.3.2　경암내 불연속면 음파에 의한 탐사 ······································ 144
　5.3.3　초음파탐사에 의한 지질조사법 ·· 146
　5.3.4　시추공내 텔레비젼(공내벽 관측초음파 영상장치) ··················· 148

第6章　地盤의　振動解析 ·· 155

6.1　지진계에 의한 진동관측과 지반의 탁월주기(卓越周期) ················ 155
　6.1.1　지진계의 원리와 진동기록 ··· 155
　6.1.2　지반의 탁월주기 ·· 158
6.2　지반의 상시미동측정과 해석 ··· 159
6.3　지반의 물성값(층두께, 밀도 및 횡파속도)에서 지반의 진동특성
　　　(고유진동수)를 구하는 방법[다질점계의 진동] ······················· 166
6.4　지진동에 대한 구조물의 응답 ·· 174
　6.4.1　응답의 수치계산 ·· 175
　6.4.2　지진응답　스펙터 ·· 177
　6.4.3　응답스펙터의　意義 ·· 179
6.5　다질점계 지동에 대한 기준 좌표와 자격계수(刺激係數) ·············· 180
6.6　가속도응답・스펙터를 이용한 응력계산 ··································· 183
6.7　Modal Analysis ·· 184
　6.7.1　모달어나리시스의 원리와 순서 ·· 185
　6.7.2　모달어나리시스에 의한 계산방법 ··· 185

6.8 지상구조물의 지진시 응력의 계산예 ……………………………………………… 190
6.9 지하구조물의 내진성 FEM에 의한 검토 …………………………………………… 194

第7章 岩盤應力測定法 ………………………………………………………………… 199

7.1 암반응력의 발생 ……………………………………………………………………… 199
　7.1.1 자중에 의한 지반응력의 발생 …………………………………………………… 199
　7.1.2 지형의 영향 ………………………………………………………………………… 200
　7.1.3 지각응력(plate tectonics)의 영향 ……………………………………………… 201
　7.1.4 지반내의 지층구조(공동, 단층, 불연속 등)의 영향 ………………………… 203
7.2 암반응력의 증가 변동에 수반되는 제현상 ………………………………………… 205
7.3 암반응력측정법 ……………………………………………………………………… 210
　7.3.1 실용측정법의 분류 ………………………………………………………………… 210
　7.3.2 공내벽 변형법 ……………………………………………………………………… 211
　7.3.3 공벽변형의 이론식 ………………………………………………………………… 216
　7.3.4 공경변화법 ………………………………………………………………………… 218
　7.3.5 영률의 측정 ………………………………………………………………………… 219
　7.3.6 3개의 시추공에 의한 3차응력의 결정 ………………………………………… 220
　7.3.7 주응력의 크기와 방향(방향코사인)결정 ……………………………………… 221
　7.3.8 수압파쇄법의 이론 ………………………………………………………………… 223
　7.3.9 수압파쇄법의 실제 ………………………………………………………………… 231
　7.3.10 오버코어링에 의한 지압 계측순서와 문제점검토 …………………………… 235

目 次

序 文 ·· I

第1章 岩盤試驗과 岩石物性 ·· 1

1.1 암반토질조사로 판명하는 물성 요소 ································ 1
1.2 암반시험의 종류와 관계식 ·· 1
1.3 평판재하시험 ·· 4
1.4 하이드로릭잭법 ·· 9
1.5 케이블잭법 혹은 강관인장 재하법 ································ 10
1.6 압력터널시험과 래디얼잭법 ·· 12
1.7 직접전단시험법 ·· 13
1.8 비틀림전단시험법 ·· 16
1.9 공내 재하시험 ·· 18
1.10 플랫잭 1축압축시험 ·· 21
1.11 인터그랄 샘플링에 의한 암심회수와 암석 균열계수 ···· 21
1.12 이방성암석의 물성 ·· 22
1.13 이방성 암석의 물리상수 표현법과 이방성의 판단 ······ 25
1.14 直交이방성 두꺼운 원통암심의 내경변화측정에 의한 탄성계수를 구하는 법 ··· 27
1.15 암석의 파괴거동과 파괴기준식 ······································ 28
1.16 Point load강도지수와 1축 압축강도의 관계 ················ 33
1.17 암석강도에 미치는 수분과 변형속도의 영향 ·············· 35
1.18 암석·암괴의 강도와 칫수, 형상의 관계 ······················ 36
1.19 암석의 영률(E_r)과 암반의 변형계수(E_m)와의 비율 ···· 38
1.20 암석·암반물성상호의 관계 ·· 39
1.21 암석의 1축 압축강도, 점착력 및 내부마찰각 ············ 41

第2章 支保覆工에 加해지는 盤壓計測 ··························· 43

2.1 지보공웨브에 생기는 변형과 축력, 모멘트 및
    전단력의 관계 ·· 43
2.2 원형지보공에 가해지는 축력, 휨모멘트 및
    지압의 간이계측법 ·· 44

2.3 지보공에 생기는 변형과 외력의 관계
(鋼틀변형의 측정에서 鋼틀에 가해지는 외력을 구하는 법) ············ 45
2.4 지보공의 숏크리트 반력과 축력의 분담률 ······························ 47

第3章 락볼트, 어스앵커와 NATM施工管理計測 ······························ 49
3.1 락볼트와 효과 ·· 49
3.2 락볼트의 강도와 접착력 ··· 54
3.3 접착제와 접착력 ·· 59
3.4 뿜칠, 지보틀, 락볼트의 조합시공 ·· 61
4.5 NATM의 설계 ·· 62
3.6 터널주위의 이완 ·· 68
3.7 NATM의 시공관리와 계측기 ··· 70
   3.7.1 Disc load cell ·· 71
   3.7.2 다점식 Extenso meter ·· 72
   3.7.3 Convergence meter ··· 73
3.8 락앵커의 시공계획 ··· 73
3.9 락앵커의 유한요소법에 의한 응력해석 방법 ·························· 76
   3.9.1 암반안전률(F_s)의 계산법 ····································· 76
   3.9.2 계산과정 ·· 78
3.10 경사면의 안정을 위한 락앵커와 프레임의 시공계획 ··············· 78
   3.10.1 앵커의 설계 ··· 79
   3.10.2 프레임의 설계 ·· 79
3.11 락앵커의 종류와 공법 ·· 80
3.12 락앵커 긴장력의 계측과 앵커의 인장시험 ··························· 82
   3.12.1 앵커긴장력의 계측 ·· 82
   3.12.2 앵커의 인장시험 ··· 84

第4章 彈性波에 의한 地盤調査와 振動測定 ································ 85
4.1 탄성파에 관한 기초식 ··· 85
4.2 탄성파의 반사, 굴절과 주시 곡선 ······································ 86
4.3 암반·토질의 탄성파특성 ·· 92
4.4 발파와 진동 ··· 104

4.4.1 지진과 발파진동 · 104
4.4.2 발파진동에 관한 관계식과 진동데이터, 진동계 설치 · 105
4.4.3 발파진동의 규제(한계진동값, 허용진동값 및 허용발파패턴) · 112
4.5 진동위치를 구하는 법 · 115
4.6 진동에너지(암석파열에너지) · 121

第5章 淺層探査와 超音波探査 · 127
5.1 얕은층 탐사의 문제점 및 해결책 · 127
5.2 얕은층 탐사의 실기 · 133
5.3 초음파 탐사법 · 140
  5.3.1 탐사에 관한 관계식 · 140
  5.3.2 경암내 불연속면 음파에 의한 탐사 · 144
  5.3.3 초음파탐사에 의한 지질조사법 · 146
  5.3.4 시추공내 텔레비젼(공내벽 관측초음파 영상장치) · 148

第6章 地盤의 振動解析 · 155
6.1 지진계에 의한 진동관측과 지반의 탁월주기(卓越周期) · 155
  6.1.1 지진계의 원리와 진동기록 · 155
  6.1.2 지반의 탁월주기 · 158
6.2 지반의 상시미동측정과 해석 · 159
6.3 지반의 물성값(층두께, 밀도 및 횡파속도)에서 지반의 진동특성
    (고유진동수)를 구하는 방법〔다질점계의 진동〕· 166
6.4 지진동에 대한 구조물의 응답 · 174
  6.4.1 응답의 수치계산 · 175
  6.4.2 지진응답 스펙터 · 177
  6.4.3 응답스펙터의 意義 · 179
6.5 다질점계 지동에 대한 기준 좌표와 자격계수(刺激係數) · 180
6.6 가속도응답·스펙터를 이용한 응력계산 · 183
6.7 Modal Analysis · 184
  6.7.1 모달어나리시스의 원리와 순서 · 185
  6.7.2 모달어나리시스에 의한 계산방법 · 185

6.8 지상구조물의 지진시 응력의 계산예 ··· 190
6.9 지하구조물의 내진성 FEM에 의한 검토 ··································· 194

第7章 岩盤應力測定法 ··· 199

7.1 암반응력의 발생 ·· 199
  7.1.1 자중에 의한 지반응력의 발생 ·· 199
  7.1.2 지형의 영향 ··· 200
  7.1.3 지각응력(plate tectonics)의 영향 ·· 201
  7.1.4 지반내의 지층구조(공동, 단층, 불연속 등)의 영향 ················· 203
7.2 암반응력의 증가 변동에 수반되는 제현상 ···································· 205
7.3 암반응력측정법 ·· 210
  7.3.1 실용측정법의 분류 ··· 210
  7.3.2 공내벽 변형법 ··· 211
  7.3.3 공벽변형의 이론식 ··· 216
  7.3.4 공경변화법 ··· 218
  7.3.5 영률의 측정 ··· 219
  7.3.6 3개의 시추공에 의한 3차응력의 결정 ···································· 220
  7.3.7 주응력의 크기와 방향(방향코사인)결정 ································ 221
  7.3.8 수압파쇄법의 이론 ··· 223
  7.3.9 수압파쇄법의 실제 ··· 231
  7.3.10 오버코어링에 의한 지압 계측순서와 문제점검토 ················ 235

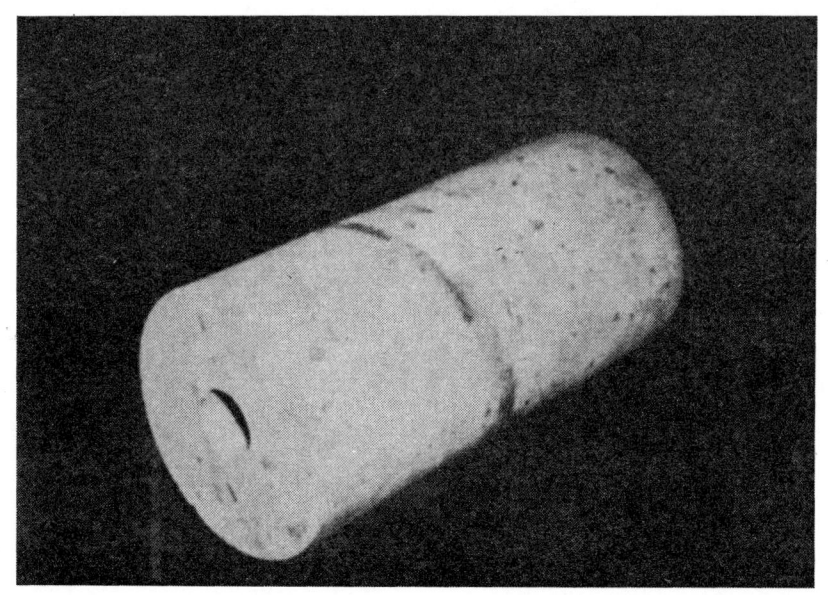

回收岩心

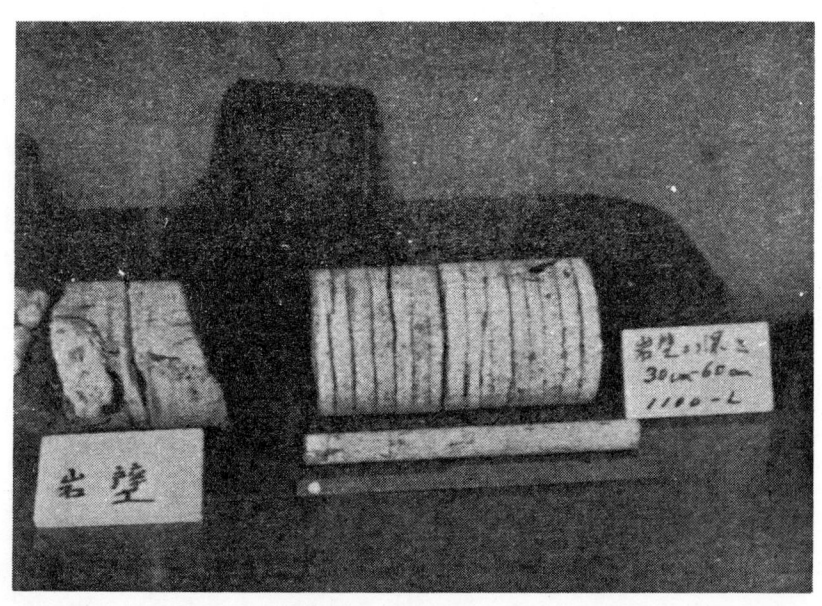

高地壓을 위한 디스킹을 생기게 한 岩心

第 1 章   岩盤試驗과 岩石物性

1.1 岩盤土質調査로 判明하는 物性要素

암반이나 토질의 조사항목은 건설공사의 목적에 따라 각각 경중의 차는 있지만 표 1.1에 명시한 바와 같이 정보를 얻을 필요가 있다. 그리고 그와 같은 정보를 얻기 위해서는 시추조사 시험굴조사 탄성파조사, 암석시험, 암반시험, 토질시험 등을 할 필요가 있다. 이러한 시험이나 조사를 통해서 同表에 표시되고 있는 물성이 판명된다.

이 장에서는 암반물성의 중요한 시험법과 조사법에 대하여 기술한다.

1.2 岩盤試驗의 種類와 關係式

실내시험에 의해 암석의 물성(σ_t, σ_c, c, ϕ, τ, V_p, V_s, E, G, Mohr 포락선 etc)이 판명된다. 암괴거동은 암석물성이 판명된 것만으로는 추정이 안되나 암괴에는 균열, 절리, 암목이 발달하고 있으며, 암석물성만으로 추정되는 거동과는 다른 거동을 나타내기 때문이다. 따라서 현장에서는 적어도 한변이 30cm정도이상의 암괴에 대하여 암반시험을 하는 일이 필요해진다.

주요 암반시험으로서는 표 1.2에서와 같은 시험법이 있고 이러한 시험법에 의해 구해지는 물성도 기록되고 있다. 표 1.3은 이러한 시험에 요하는 대략의 일수와 경비비율을 나타내고 있으며, 압력 터널시험(압력실 시험)이나 래디얼잭 시험은 이 밖의 시험법에 비해 많은 경비를 요하는데 대하여 탄성파 속도측정은 비교적 싼 비용이라는데 주목해야 한다.

제1장 암반시험과 암석물성

표 1.1 岩盤·土質調査와 判明하는 物性要素

	연약지층을 굴착하는 경우		암반을 굴착하는 경우
공사목적	터널, 지하구축공사 경사면(슬로프)안정공사 기초말뚝타입공사	공사목적	터널, 지하구축공사 댐견설, 경사면안정공사 기초암반공사
필요정보	① 지층의 종류, 두께 ② 지층의 관입경도(N치) ③ 지층의 粒度構成(%) ④ 지하수위, 용수량 ⑤ 투수성(K치), 간극율 ⑥ 滑動性(地層의 電位差) ⑦ 막장의 자립성 ⑧ 굴착에 의한 지반변위, 이완	필요정보	① 암석·암반의 종류와 강도 ② 암석·암반의 전단강도 ③ 균열·돌결의 빈도와 방향성 ④ 단층의 크기, 방향성, 위치 ⑤ 지하수위, 용수량 ⑥ 굴착에 의한 암반의 변위, 이완예상 ⑦ 암반내 1차 응력상태
	시추 조사 지질조사①③⑥ 比抵抗(Ω-m) ③④ 粒度分布③⑦⑥ 표준관입시험(N치) ② 투수시험(K치) ⑤ 지하수위, 용수량(W) ④ 지층의 전위차(ch, Veder 전위차 측정법)⑥ Pit 시험 지질조사① 지층의 전위차⑤⑥ 滑動層의 發見⑥ 토질시험 (粒度分布, 몬모리로나이트, etc.) 3축시험 (q, c, ϕ, τ)		시추 조사 암석물성시험(σ_c, c, ϕ, τ) ①② 균열빈도(RQD법)과 방향성 ③ 단 층 ④ 지하수위, 용수량 ⑤ 탄성파조사 (V_s, V_p) 광범위한 암반강도 ① 광범위한 균열빈도 ③ 단 층 ④ 硬·軟지층의 경계면 암석시험 ($\sigma_c, \sigma_t, c, \phi, \tau$, Mohr 포락선) ($G, E, V_p, V_s$) 암석시험 ($E$ or D, G, c, ϕ, τ, Mohr포락선)

토질·암반조사자료 → 토질·암반·시공분류표 → 굴착공법의 선정
$\{\rho, N, \%, W, K, V, \Omega\text{-m}, \phi, c, \sigma_c, \tau, \text{RQD}\}$ → 사용기계의 선정 ↔ 지보·복공설계 → 시공경비견적

표 1.2 암반시험의 종류와 관계식

표 1.2 암반시험의 종류와 적용식

시험종류	구하는물성	시험법	적용식	비고(이론·특징)
① 平板載荷 (잭테스트) Plate bearing test	변형계수 E or D		등변위재하 $E = \frac{(1-\nu^2)}{2a} \cdot \frac{\Delta p}{\Delta \delta}$ 등분포재하 $E = 2(r_1 - r_2)(1-\nu^2) \cdot \frac{\Delta p}{\Delta \delta}$	$\Delta\delta$: 변위량 Δp : 하중증분 a : 재하판반경
①' 재하시험 Plate bearing test	E or D	Bousinesq의 풀이	$E = \frac{P(1-\nu^2)}{\pi r \delta_0}$ $E = \frac{\overline{m}P(1-\nu^2)}{\overline{W_0} \cdot \sqrt{A}}$	$\overline{W_0}$: 재하관표면의 평균변위 $\overline{m}$: 변위계수, 문헌부표 A : 재하관면적 文獻 : Stagg & Zienk. p.126 (7)
①" 하이드로잭 재하시험 (재하시험의 변형) 形)	E or D 深部 E로 구한다.		$E = 0.54 P \frac{(1-\nu^2)}{U_m \cdot a}$ P : 전하중(kg) U_m : 평균변위(cm)	2nd ISRM 및 Stagg & Zienk. p.133~134의 (5·8)식 Bousinesq의 풀이 a : 재하면의 직경(cm)
①"' 케이블잭시험 혹은 강관인장재하	G or E 순차적으로 깊은 곳 E를 구한다.		$G = \frac{P(1-\nu)}{4U_0 \cdot a}$ U_0 : Z방향 지표의 변위 G : 전단탄성계수	同上 p.135 經濟的
①"" 더블케이블시험	G or E 광범위, 긴 거리 E			同上 p.137 經濟的
①ᵛ 압력터널시험 Pressure tunnel test	E or D)		$E = \frac{(1-\nu)}{\Delta D} \cdot D \cdot \Delta p$ D : 터널직경, ΔD : 수압변화 Δp에 상당한 직경변화량	同上 p.138
①ᵛ" 래디얼잭법	E or D		$E = \psi \frac{PR}{U} \cdot \frac{m+1}{m}$ R : 원형터널반경 ψ : 계수, m : 포아송數 P : 암석에 가하는 압력(kg/cm²)	U : 반경변화(cm) 2nd ISRM, vol 4, p.155
② 전단시험	τ ϕ c		$P_n = P_{na} + P_{sa} \cdot \sin\alpha$ $P_s = P_{sa} \cdot \cos\alpha$ $\sigma_n = P_n/A$, $\tau = P_s/A$ A : 접촉면적(m²) [수정치]	最大强度 破壞線 殘留强度 破壞線
②' 비틀림 전단법	τ ϕ c		硬岩 : $\tau = \frac{0.5 TD}{J}$ 軟岩 : $\tau = \frac{0.365 TD}{J}$ $J = \frac{\pi(D^4-d^4)}{32}$, T : 톨크=(荷重)·(톨크반경)	
③ 시추공다이라트 미터의 사용 (LLT사용법))	E [이방성판명]	시추공내에 가압, Δp와 Δr의 관계를 구한다.	$E = (1+\nu) r_m \cdot \frac{\Delta p}{\Delta r}$ Δr : 주압변화량 Δp에 대응하는 반경변화량, r_m : 반경변화	同上 P.141 지질조사용시추 공을사용하여얻고, 수중에서도측정하 여얻는다.
④ 플랫 잭 1축시험	σ_c, E $\sigma-\varepsilon$ 곡선		$\sigma-\varepsilon$선도를 구할 때에 σ_c를 구한다. ν도 구한다.	드릴과 드릴가이드를 사용. 플랫잭에 가압.
⑤ RQD법 혹은 Borehole Integral Sampling법	균열, 돌결의 多少와 분포, 방향	오버코어링 코어회수	오버코어링에서 코어를 회수, 회수코어를 검시하고, 조사한다.	

표 1.3 암반시험 필요경비의 비교

시험의 종류	1시험당 필요경비·인원·일수		
	필요경비비율	필요인원	필요일수
대형압축시험	2,000	2	10
전단시험	2,000	2	5
재하시험	2,000	2	5—10
플래트잭테스트	2,000	2	5—10
압력터널시험	>100,000	>4	15—45
래디얼잭시험	10,000	4	10
탄성파시험	100	1	1

1.3 平板載荷試驗(Plate bearing test)

평판재하시험 장치에 관해서는 이미 여러가지로 발표되었으며, 또 사용되고 있다. 여기에 소개하는 그림 1.1[1]은 비교적 새로운 한 예이며, 이 장치에 의해 암반표면에 응력이 가해진다. 그 결과 생긴 변위를 암반내나 암반표면의 여러곳에서 측정한다. 응력은 하이드로릭잭(Hydraulic jacks), 혹은 원형재하판을 사용해서 플래트 잭(Flat jaks)에 의해 암반에 가해진다. 同圖(a)의 하중은 하이드로릭잭에 가해지고 플래트잭은 하중전달판으로서의 역할을 한다. 이 경우는 재하면상에 균일한 응력이 가해진다. 同圖(b)의 경우는 하중은 얇은 콘크리트패드상에서 플래트잭에 의해 직접 가해진다. 이 경우도 재하면상에는 균일응력이 분포한다고 생각해도 된다. 만약 (a)를 플래트잭 대신에 강판을 두고 윗쪽에서 하이드로릭잭에 하중을 가한다고 하면 下盤의 응력분포는 재하면상에서는 균일해지지 않고 등변위재하조건이 된다.

원형평판재하시험에 적용되는 관계식을 표 1.4에 표시한다[1]. 그림 1.2[1] 및 그림 1.3[1]은 각각 등분포 재하를 받는 경우 암반표면 이론수직변위 및 중심선상 암반내의 이론수직변위를 구하는 그림이다.

암괴의 변형계수는 통상 일정하지 않고 응력레벨의 대소에 의해 달라지므로 다른응력레벨을 더해서 실험하며, 실제의 구조물에 기대되는 응력범위를 커버하도록 해야 한다. 그림 1.2에서 밝혀진 바와 같이 변위를 측정해야할 다이얼게이지의 고정점은 재하면 중심에서 재하면 반경의 16배 이상의 거리점에 두어야 한다. 즉 재하면이 직경 1m이면 재하중심에서 8m이상 떨어진 점에 부동점을 둔다.

1.3 평판재하시험

표 1.4 원형 평판재하시험에 적용되는 관계식

응력분포	수 직 변 위 W 의 관 계 식
等分布 (2,3,7) (軟載荷 裝置)	$W(\rho=0,\ 0\leq Z\leq\infty)=\dfrac{2L(1-\nu^2)}{\pi E r^2}[(r^2+Z^2)^{1/2}-Z]-\dfrac{LZ(1+\nu)}{\pi E r^2}[Z(r^2+Z^2)^{-1/2}-1]$
	$W(0\leq\rho\leq r,\ Z=0)=\dfrac{4L(1-\nu^2)}{\pi^2 E r}[F_1(\rho,r,\theta)]$
	$W(r\leq\rho\leq\infty,\ Z=0)=\dfrac{4L(1-\nu^2)\rho}{\pi^2 E r^2}[F_2(r,\rho,\phi)-(1-r^2/\rho^2)K(r,\rho,\phi)]$
等変位 (4) (剛載荷 裝置)	$W(\rho=0,\ 0\leq Z\leq\infty)=G(\rho,r,Z)$
	$W(0\leq\rho\leq r,Z=0)=L(1-\nu^2)/2rE$
	$W(r\leq\rho\leq\infty,Z=0)=L(1-\nu^2)\sin^{-1}(r/\rho)/\pi rE$

여기에, W: Z방향변위, L: 가해지는 하중, E: 탄성률, ν: 포아송비

$$F_1(\rho,r,\theta)^{5)}=\int_0^{\pi/2}\sqrt{1-(\rho^2/r^2)\sin^2\theta}\cdot d\theta$$

$$F_2(r,\rho,\phi)^{5)}=\int_0^{\pi/2}\sqrt{1-(r^2/\rho^2)\sin^2\phi}\cdot d\theta$$

$$K(r,\rho,\phi)^{5)}=\int_0^{\pi/2}\dfrac{d\theta}{\sqrt{1-(r^2/\rho^2)\sin^2\phi}}$$

$G(\rho,r,Z)^{4)}$ 은 벳셀함수를 포함한 무한급수

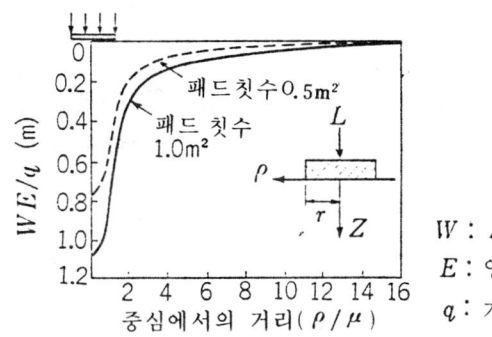

그림 1.2 평판재하시험에 있어서 암반표면의 이론수직변위

암괴내의 변위는 그림 1.1에 표시한 것처럼 재하원형면에 대하여 수직으로 중심선상에 천공된 시추공 내에 설치된 borehole Extenso meter로 측정한다. 그림 1.3은 이러한 시

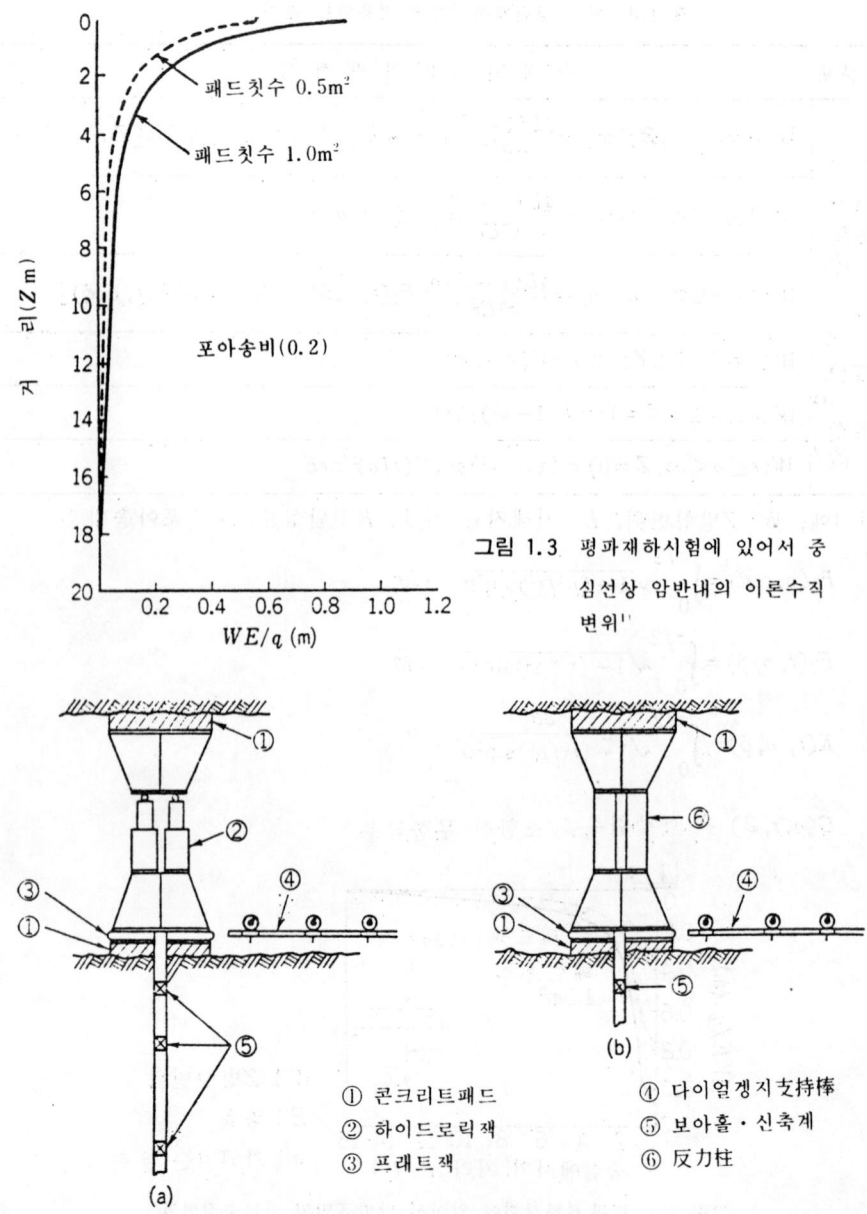

그림 1.3 평판재하시험에 있어서 중심선상 암반내의 이론수직변위[1]

그림 1.1 평판재하시험장치

① 콘크리트패드 ④ 다이얼게지支持棒
② 하이드로릭잭 ⑤ 보아홀·신축계
③ 프래트잭   ⑥ 反力柱

추공 내의 점이론 변위량 분포를 표시하고 있다. 이 부동점은 너무나 깊고 실용적이 못되므로 하나의 Extenso meter가 시추공의 컬러로부터 Z_1m에 앵커되어 있으며, 관련앵

1.3 평판재하시험

커가 Z_2m에 앵커되어 있다면 2개의 앵커점 사이의 상대변위량($W_{z1}-W_{z2}$)을 구하고 표 1.4의 $W(\rho=0, 0\leq Z\leq\infty)$의 식에서 변형계수를 계산할 수 있다.

토목학회 암반역학위원회는 「평판재하에 의한 원위치암반의 변형시험법」[6]을 정했다.
시험법은 등변위법과 등분포하중법으로 나눠지나 변형계수(D), 혹은 탄성계수(E)는 다음식에 의해 구해진다. 등변위재하(剛板)의 경우는,

$$D \text{ or } E = \frac{(1-\nu^2)}{2a} \cdot \frac{\Delta F}{\Delta \delta} \tag{1·1}$$

등분포재하(다이어프램)의 경우는,

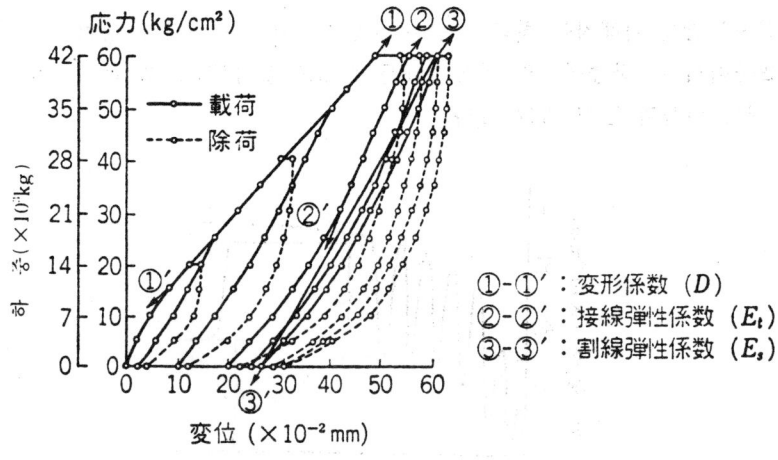

그림 1.4 하중·변위곡선[6]

$$D \text{ or } E = 2(r_1-r_2) \cdot (1-\nu^2) \cdot \frac{\Delta P}{\Delta \delta} \tag{1·2}$$

여기에 ν : 암반의 포아슨비(경암의 경우는 일반적으로 $\nu=0.2$를 사용할 때가 많다), a : 剛板半徑(cm), r_1, r_2 : 각각 다이어프램의 외반경, 내반경(cm), ΔF : 계수를 구하는 구간의 하중증분(kg), ΔP : 계수를 구하는 구간의 응력증분(kg/cm²), $\Delta \delta$: 계수를 구하는 구간의 변위증분(cm)이다.

그림 1.4를 재하시험에 의해 구해지는 하중(응력)·변위곡선으로하면, 변형계수(D)는 ①-①′에서 다음식에 의해 구해진다.

$$D = \frac{(1-\nu^2)}{2a} \cdot \frac{F① - F①'}{\delta① - \delta①'} = \frac{(1-0.2^2)}{2 \times 15} \cdot \frac{(42-14) \times 10^3}{(49.0-12.8) \times 10^{-3}}$$

$$\fallingdotseq 24,800 (\text{kg/cm}^2)$$

또 접선 탄성계수(E_t)는 ②-②′에서 구해진다.

$$E_t = \frac{(1-\nu^2)}{2a} \cdot \frac{F②-F②'}{\delta②-\delta②'} = \frac{(1-0.2^2)}{2\times 15} \cdot \frac{(42-21)\times 10^3}{(55.5-41.9)\times 10^{-3}}$$

$$\fallingdotseq 49,400 \text{ (kg/cm}^2)$$

또 할선탄성계수(E_s)는 ③-③'에서 구해진다.

$$E_s = \frac{(1-\nu^2)}{2a} \cdot \frac{F③-F③'}{\delta③-\delta③'} = \frac{(1-0.2^2)}{2\times 15} \cdot \frac{(42-0)\times 10^3}{(61.4-27.0)\times 10^{-3}}$$

$$\fallingdotseq 39,100 \text{(kg/cm}^2)$$

원위치암반에 가해지는 최대 하중은 일반적으로는 암반중에 생기는 설계응력의 1~2배를 표준해서 이 하중에서의 반복재하를 3~5회 실시한다. 댐이나 지하발전소의 예에 의하면 대략 다음과 같이 하고 있다.

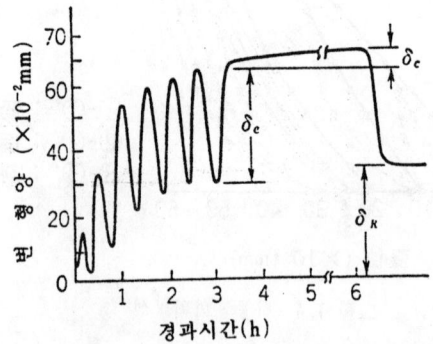

δ_R : 잔류변위
δ_c : 크리프에 의한 변위
δ_e : 탄성에 의한 변위
C_f : 크리프율
$C_f = \delta_c / \delta_e$

그림 1.5 시간·변위곡선의 예[6]

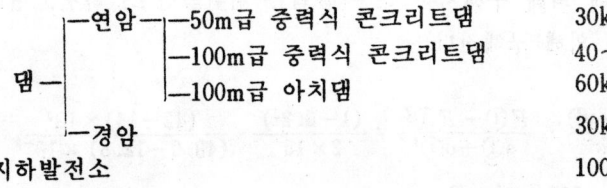

암반의 크리프율(C_f)을 구할 때는 그림 1.5와 같이 하중이 반복해서 점차로 증가해나가며 최대하중으로 수시간 경과시켜 $C_f = \delta_c / \delta_e$로 구한다.

여기서, δ_c : 크리프에 의한 변위, δ_e : 탄성에 의한 변위에서 그림으로 나타낸양이다.

1.4 하이드로릭잭法(Hydraulic jack method)[7,8]

이것은 평판재하시험의 변형이라고도 할 수 있는 시험법이며 그림 1.6에 그 계측장치를 표시한다. 암반에 크고 좁은 폭으로 되는 스릿트를 만들고 직경 및 2m의 원판상 하이드로릭잭(Freyssinet type jack)을 두고 공극부는 콘크리트로 채우고 잭에 펌프로 유압을 가한다. 펌프에 의해 잭으로 유입한 유량을 측정하므로써 암반의 잭압에 의해 가압되어 생기는 평균변위를 구할 수 있지만, 다른 쪽에 설치되어 있는 변위측정게이지에 의해서도 계측된다. 구하는 암반의 탄성률(E)은 Boussinesq의 식에서 구해지며, 다음 식으로 주어진다.

$$E = 0.54 P \cdot \frac{(1-\nu^2)}{u_m a} \qquad (1\cdot 3)$$

여기에 P : 가해진 전하중(kg), u_m : 평균변위량(cm), a : 負荷面의 直徑(cm), ν : 포아송비이다.

이 계측법은 슬릿트를 발파하지 않고 만든다면 발파의 영향을 받지 않는 신선한 암반의 탄성률 혹은 변형계수를 구할 수 있다는 점과 장치전체가 종래의 장치법에 비해서 전체가 경량이라는 점 다시 Boussinesq식을 적용하는데 적합한 조건에 있는 점으로 우수하다고 할 수 있다. 결점으로서는 이와 같은 하이드로릭잭은 종종 高壓에 대해서 기름이 새는 일이 있다는 것이다.

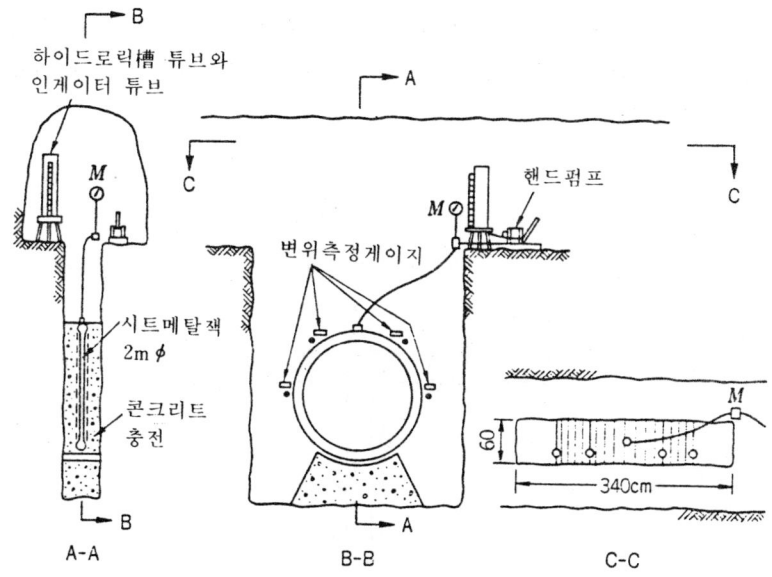

그림 1.6 하이드로릭잭법에 의한 계측

1.5 케이블잭法(cable jack test)[7]혹은 鋼管引張載荷法[9]

이 방법도 평판재하법의 변형이다. 그림 1.7이 그 원리를 표시하는 그림이며 하중은 소구경(~80mm ϕ 정도)의 시추공내의 어떤 깊이(예를 들면 20m정도)에 앵커되고 있는 스틸케이블 혹은(예를 들면 외경 42mm, 살두께 5mm)을 통해서 가해진다. 따라서 同圖

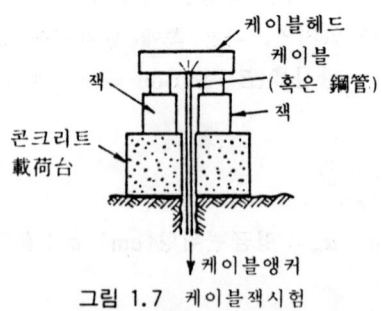

그림 1.7 케이블잭시험

의 콘크리트 載荷台 혹은 두꺼운 강판이 암반표면에 대해 하중을 가하는 것이 된다. 앵커점의 반력이 암반표면의 변형에 대하여 영향을 주지 않으므로 재하판 직경이 적어도 8~10배의 오더 앵커깊이를 필요로 한다. 시추공의 구경은 재하면적에 비해서 작기 때문에 이론해석에서는 이것을 무시해도 무방하다. 1,000t까지의 하중이 단일케이블 방법으로 가능해지며, 다시 재하를 크게 하려면 여러개의 케이블을 사용하면 된다. 이 장치도 종래의 잭을 사용한 재하시험장치에 비해, 대단한 경량이고, 운반, 취급에 경제적이다. 또 건설에 있어서 실제로 부하를 받는 암반 자체의 부하를 받는 방향에 대하여 시험할 수 있는 점이 우수하다.

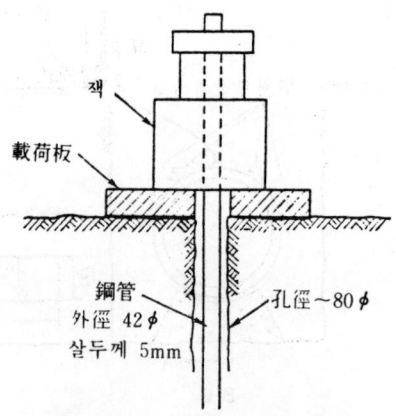

그림 1.8 鋼管引張載荷法

1.6 압력 터널시험과 래디얼잭법

그림 1.8은 강관을 사용한 인장재하법으로 케이블을 사용하는 대신에 강관을 사용했지만, 同圖에 표시한 첫수의 경우에는 12t까지의 범위로 당기고 있다.

이 케이블잭법으로 측정된 z방향(앵커방향)의 지표변위(u_0)와 재하중(P)과의 관계는 다음식으로 주어진다.

$$P = \frac{4G}{1-\nu} \cdot a \cdot u_0 \qquad (1 \cdot 4)$$

여기서 G : 암반의 전단탄성계수, ν : 포아슨비이다.

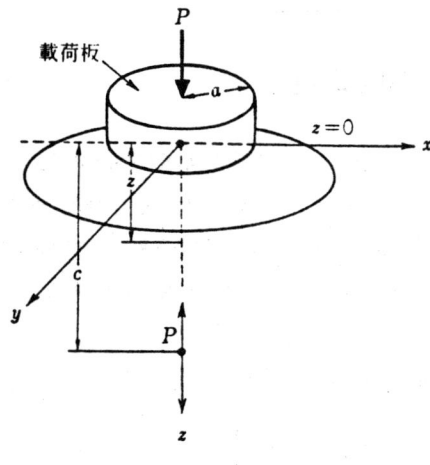

그림 1.9

앵커부 부근의 z축상 변위(u_z)는 Mindlin에 의해 다음식으로 주어진다.

$$u_z = \frac{-P}{4\pi G(1-\nu)}\left[\frac{1-\nu}{c-z} + \frac{2(1-\nu)^2}{c+z} + \frac{cz}{(c+z)^3}\right] = \frac{-P}{4\pi G(1-\nu)\cdot c} \cdot$$

$$\left[\frac{1-\nu}{1-\frac{z}{c}} + \frac{2(1-\nu)^2}{1+\frac{z}{c}} + \frac{z}{c(1+\frac{z}{c})^2}\right] \qquad (1 \cdot 5)$$

$z/c \approx 1$일때는 제 1항만 문제가 되며,

$$u_z = \frac{-P}{4\pi G \cdot c} \cdot \frac{1}{1-\frac{z}{c}} \qquad (1 \cdot 6)$$

여기에 c, z등의 기호는 그림 1.9에 표시한 바와 같다. 따라서 포아송비가 알려졌으면, 식(1·4)과 (1·5)에서 G가 구해진다. 또 앵커부는 $z=c$ 주변에서 일체로 되어 있다고 생각 d를 앵커점으로 간주해서 계산하므로 파라미터로 하면 이것은 실험적으로 구해진다. 여기서 앵커부의 평균적인 변위(u)와 하중 P와의 사이에는 다음의 관계가 성립된다.

$$u \approx \frac{-P}{4\pi dG} \qquad (1.7)$$

식(1·4)~(1·7)에서 밝혀진 바와 같이 P 와 u_0, 혹은 u_z, u 를 측정하면 G 가 구해진다. 단, $P = P_0$(일정)로 해두면, u_0 혹은 u_z, u 의 시간적 변화에서 G 의 시간적 변화(크리프 상수)가 구해진다.

케이블 잭법에 유사한 것으로 더블케이블 테스트라 부르는 방법이 있다. 이것은 암반표면에 대해서 접선방향으로 하중이 가해지므로, 그 방향의 변형계수(D)의 변화정보가 얻어진다.

1.6 壓力터널 試驗[7]과 래디얼잭법[8]

압력터널시험(Pressure tunnel test)와 래디얼잭법(Radial jack method)[8]은 모두 암반의 변형계수를 구하기 위해 실시되는 시험법이며, 균등하게 분포한 래디얼하중을 받는 원형터널의 직경변위를 계측하는 일이며, 그 터널주위의 암반변형계수가 구해진다.

두꺼운 살의 원통이론식으로 외경을 무한히 크게 하면 터널 주위의 응력분포가 구해진다.

즉 반경 r 에 대한 응력성분은 周知한 바와 같이 다음 식으로 표시된다.

$$\sigma_r = p\frac{a^2}{r^2}, \qquad \sigma_\theta = -p\frac{a^2}{r^2}$$

여기에, a : 터널반경, p : 균등하게 분포된 원통내벽에 작용하는 래디얼하중에 의한 응력이다. 따라서 지금 ΔD : 내압증분, Δp 에 대응하는 터널주변의 직경방향변위, D : 터널직경, 즉 탄성계수(E)는 다음 식으로 표시된다.

$$E = \frac{1+\nu}{\Delta D} D \cdot \Delta p \qquad (1\cdot 8)$$

만약 부하되는 터널길이가 터널직경의 2배 이하일 때면 윗식의 우변에 계수 ψ 를 곱한다. ψ 는 1보다 작고 부하길이가 $2D$ 에 근접함에 따라 1에 근접된다.

압력터널 시험설비의 상세에 관해서는 각종 문헌에 기술되어 있으므로 여기서는 생략한다. 이 시험법은 원형터널을 대략 직경의 2배 구간을 칸막이해서 水室로 하고 가압하면 대형시험이 되므로, 여기에 요하는 비용도 많이 든다. 따라서, 일본에서는 그다지 실시되지 않는다.

압력터널시험은 수력발전소 건설 등의 압력수 터널굴착 등에 관련해서 암반의 변형계수를 구하기 위해 실시되지만, 이와같은 목적으로 보다 경제적인 측정을 할 수 있는 장치로서 Radial jack법[8]이 있다.

이것은 원형터널에 얇은 콘크리트라이닝을 해서 깨끗한 원형으로 마무리하고 이 라이닝과 원형강틀을 인접시켜 터널축방향으로 터널직경 정도의 길이로서 원통상으로 조립한 거푸집위에 배치한 목제 깔판과의 사이에 플래트잭(예를 들면 16개)를 설치한다. 잭내의 유압을 높이므로 터널내벽에는 균등한 래디얼응력이 가해지고, 그것으로 해서 생긴 변형을 직경방향변위계측용의 다이얼게이지로 측정하는 방법이며, 터널 축방향의 3개소(중앙과 양측근처의) 단면에서 계측이 된다.

이 방법을 포함해서 압력터널의 특징의 하나는 암반에 생기는 인장력을 포함, 또 인장력에 의해 생기는 균열을 포함한 변형계수를 구한다는 의미에서 평판재하시험에 의해 구해지는 변형계수와 그 내용이 다른 것이다. 위에서도 말한 바와같이 이 시험법은 압력터널굴착 위치에서 실시되는데 대하여 평판재하시험은 댐기초 암반의 조사에 적합한 방법이라 할 수 있을 것이다.

래디얼잭법에 의하면 다음식으로 변형계수(E)가 구해진다.

$$E = \psi \frac{p \cdot R}{u} \cdot \frac{m+1}{m} \tag{1·9}$$

여기에, p : 암반면에 가해지는 압력(kg/cm^2), u : 반경의 변화량(cm), Q : 원형터널 반경(cm), m : 포아송비, ψ : 터널칫수와 부하단면 형상에 의한 계수이다.

1.7 直接剪斷試驗法

현장에 대한 암반의 직접전단강도(Direct shear strength)의 측정법에 관해서는 이미 많이 실시되고 있으며 많은 문헌에 시험법이나 결과가 발표되고 있다. 시험법의 원리는 모두가 같으므로 여기서는 ISRM의 야외시험위원회에서 제시하고 있는 시험법을 소개해 둔다.

그림 1.10은 그 암반전단시험장치이다. 同圖(a)에서 시험암괴와 밑의 그리레이지 사이에 삽입되고 있는 2매의 플래트잭이 가압되면, 반력기둥의 반력에 의해 시험암괴에서는 수직하중(P_{na})이 작용한다. 또 측방에서 유압잭에 의해 측압을 작용시키면 측하중(P_{sa})이 작용한다. 따라서 암괴의 전단면에 작용하는 수직력(P_n) 및 전단력(P_s)은 같은 그림에 의해 다음 식으로 표시되며, 전단면에 작용하는 수직응력(σ_n) 및 전단력(τ)은 A를 전단이 생긴 접촉면적(m^2)으로 하면 다음의 식이 된다.

$$\begin{aligned} P_n &= P_{na} + P_{sa} \cdot \sin\alpha & P_s &= P_{sa} \cdot \cos\alpha \\ \sigma_n &= P_n/A & \tau &= P_s/A \end{aligned} \tag{1·10}$$

여기에 α는 15°정도 잡는다. 전단에 있어서 생기는 변위는 同圖(c)와 같이 다이얼 게이지를 배치해서 계측한다.

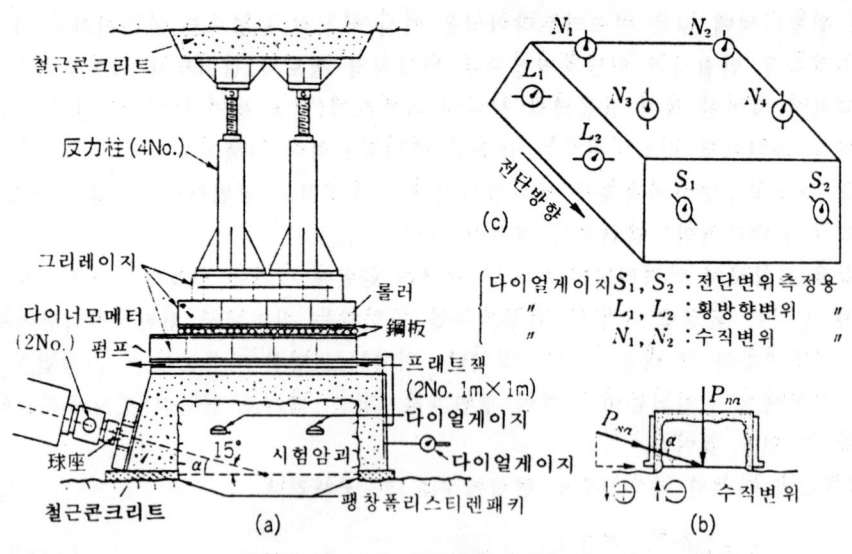

그림 1.10 암반 직접전단 시험장치[11]

그림 1.11[10]은 이와같은 실험에 의해 얻어진 전단응력(τ)·전단변위(ΔS)의 관계선 그림(A, B)과 전단변위(ΔS)·수직변위(Δn)의 관계도를 표시하고 있다. 同圖에서 곡선 A는 수직응력(σ_n)을 0.8MPa로 한 경우의 $\tau \cdot \Delta S$의 관계를 표시하고 있으며 ΔS ≒5mm전후로 τ가 올라가고 피크강도를 표시하며, 그 다음은 점차로 값이 떨어져 일정값의 잔류강도로 낙착되어 있다. σ_n의 값을 높여 2.5Mpa로 하면 $\tau \cdot \Delta S$관계는 A곡선에서 나타난 것처럼 피크는 나타나지 않고 B곡선과 같이 τ값은 점차 상승되며, 결국 일정값으로 낙착되어진다.

피크전단강도에 주목해서 그 강도와 수직응력과의 관계를 그리면 그림1.12[10]의 P곡선에서 표시한 것과 같은 관계를 얻으며, 잔류전단강도에 주목하여, 그 강도와 수직응력과의 관계를 그리면 同圖의 R선으로 표시되는 관계가 얻어진다.

그림 1.11의 A곡선에서는 피크강도가 나타나는데 대하여 B곡선에서는 그것이 나타나지 않는다는 것은 전단면이 사전에 아무 변위도 받지 않고 새로운 변위를 받아 더욱 전단면이 粗面(그림 1.12의 (b)와 같은)인 경우에 A곡선의 피크가 나타나고 사전에 큰 변위를 받고 있던 전단면, 혹은 사전에 미끄러운 전단면의 경우에는 B곡선과 같은 곡선을 그리는 것으로 생각된다. 즉 전단응력(τ), 전단변위(δ)의 관계에서는 그림 1.13[11]에 표시한 바와 같이 A, B와 같은 두개의 곡선이 나타난다. 그리고 곡선A는 사전에 변위를 받지않는 粗面인 전단면의 경우 커브인데 대해 곡선B는 사전에 큰 변위를 받은 미끄러운 전단면의 경우 커브일 것으로 생각된다.

여기서 그림 1.12의 잔류전단강도의 구배 ϕ_b는 잔류마찰각(Residual friction angle)로 부르며, 피크 전단강도의 구배는 수직응력 σ_a 이상의 응력을 받는 경우의 예상마찰각

1.7 직접 전단시험법

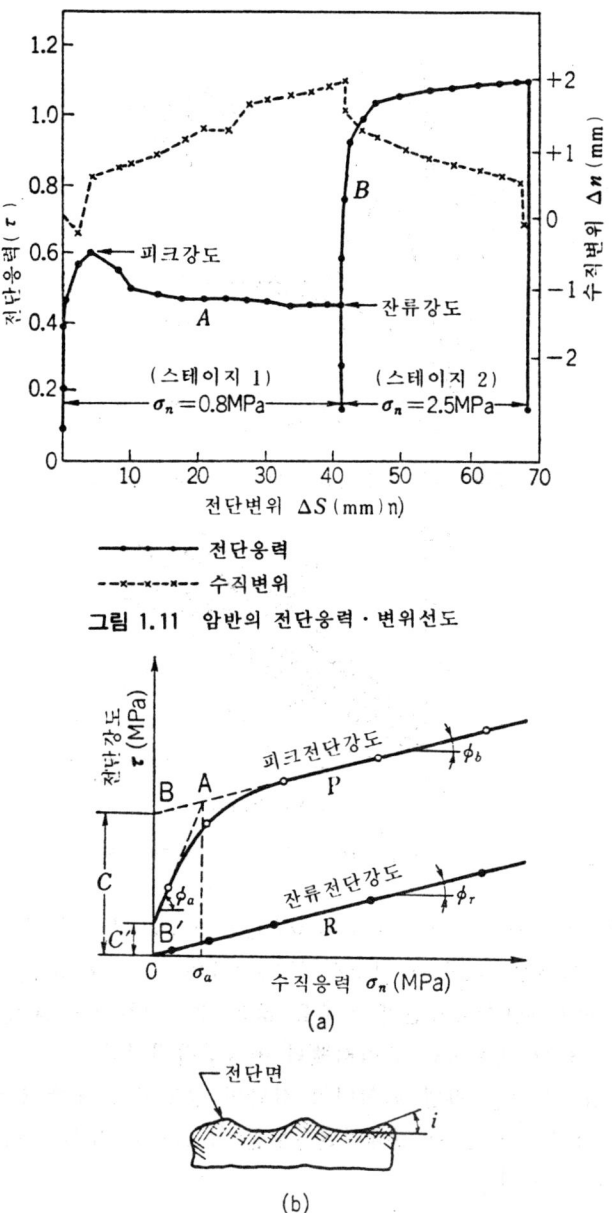

그림 1.11 암반의 전단응력·변위선도

그림 1.12 전단강도 τ·수직응력(σ_n)선도

(Apparent friction angle) 혹은 피크마찰각(Peak friction angle)으로 일컬어지며 A점은 전단면상의 粗面이 전단파괴되었을 때의 전단강도에 해당한다. 또 ϕ_a는 응력 σ_a 이하의 경우에 대한 예상마찰각이며 $\phi_a = \phi_u + i$로 하면 ϕ_u는 암반상호의 활동면끼리의 마찰각, i는 粗面의 평면구배(그림 1.12(b)로 생각할 수 있다. 그러면 σ_a 이하의 수직응

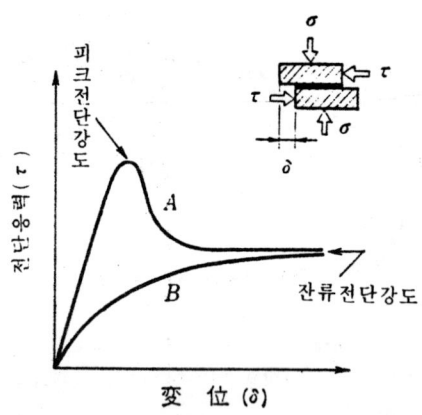

그림 1.13 전단변위에 따른 전단저항의 변화

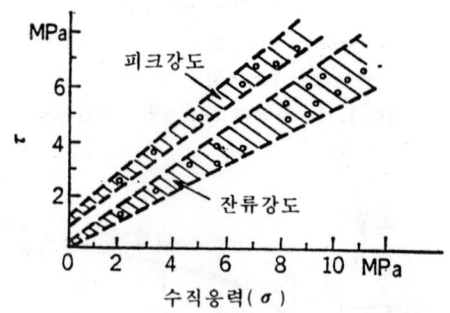

그림 1.14 수직응력·전단강도 관계

력(σ)에 대해서는 AB'곡선은 $\tau = \sigma \cdot \tan(\phi_u + i)$으로 표시할 수 있으며, σ_a 이상의 수직응력(σ)에 대해서는 AB곡선(피크전단강도선)은 $\tau = c + \tan \phi_b$로 표시할 수 있다[12]. 그리고 C'는 피크전단강도곡선이 τ 축을 끊은 값 : 점착력을 표시하지만 이것은 0일 것이다. 또, C는 ϕ_b에 대응하는 응력레벨의 예상점착력이다.

암반의 직접전단시험을 하면 데이터는 상단이 살포되어 예를 들면 그림 1.14와 같이 된다. 이 경우 피크전단강도와 잔류전단강도를 이 그림에 표시한 바와 같이 정리해서 생각할 때가 있을 것 같다.

1.8 비틀림剪斷試驗法[13),14)]

암반의 직접전단시험장치는 크고 또 무겁다. 이 난점을 해결하는데 쓸모가 있을 것 같은 것이 ISRM의 장치이다.

그림 1.15는 ISRM제시의 비틀림전단시험장치의 설명도이다.

1.8 비틀림 전단시험법

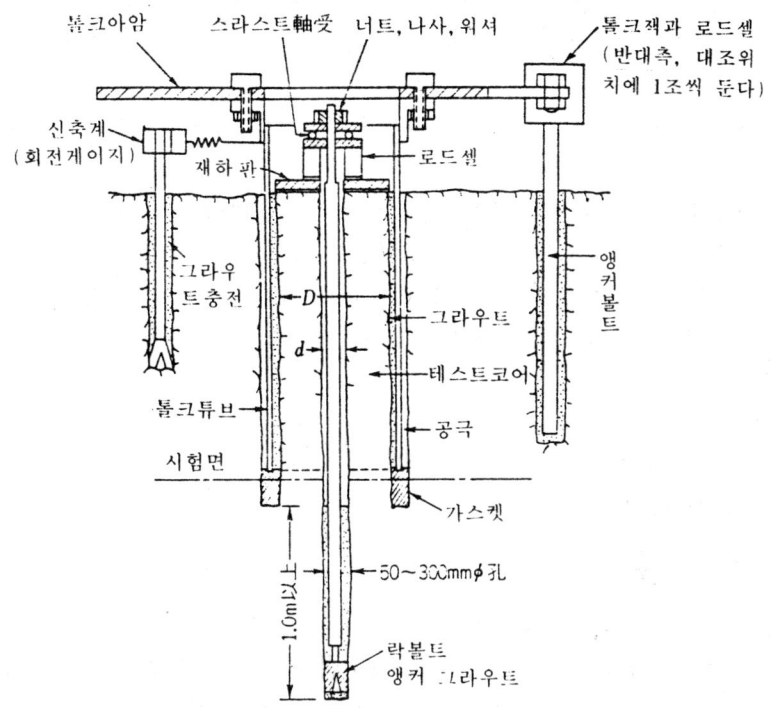

그림 1.15 ISRM의 비틀림전단시험장치[1]

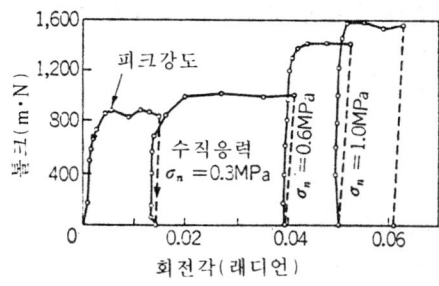

그림 1.16 비틀림전단시험의 톨크·회전각선도

비틀림시험을 받는 암괴는 외경이 D의 원주상을 이룩하고 이 코어의 저면은 모암과 일체로 되어 있다. 그리고 이 면이 비틀림회전을 받는 시험면이 된다. 톨크튜브와 테스트코어와의 사이는 그라우트되어 튜브와 테스트코어는 일체가 된다. 테스트코어는 나사와 너트로 조여져서, 스러스트 베어링, 로드셀을 사이에 재하판에서의 하중을 받는다. 그 하중은 로드셀로 알 수 있다.

톨크튜브는 톨크아암과 톨크잭에의해 비틀리고 비틀림력은 로드셀과 톨크아암길이로 알 수 있다. 톨크잭은 同圖로 테스트 코어축에 대하여 반사측에도 있으며 제2조의 잭으로 비틀어진다. 앵커볼트는 비틀림력의 반력을 받아드리기 위한 것이며, 회전식 신장계는 톨크의 회전각도를 재기 위한 게이지이다.

테스트코어의 코어보링은 50~300mmϕ, 길이 1.5~3.0m의 코어보링이다. 그 보아홀에 락볼트를 박아서 앵커한다.

회전식 신장계는 와이어와 프리게이머틀크튜브의 주변에 이어진 회전게이지이며 ±0.001래디어이내의 회전을 측정하고 0.1rad이상의 트러벨이어야 한다.

이 장치의 시험에 의한 예로서는 **그림 1.16**과 같은 톨크회전각 선도가 구해진다. 또 이 비틀림시험에 의해 암반의 전단강도(τ)는 다음과 같이 구해진다.

톨크(N·m)=
하중(KN)×톨크반경(mm)
전톨크(T)는 상기톨크의 두가지, 톨크의 합이다.
또, 수직응력(σ_n)은

$$\sigma_n = \frac{4P_n}{\pi(D^2-d^2)}$$

여기에 P_n : 가해진 수직하중이다.

암반의 전단강도(τ)는 경암과 연암의 경우로 계수를 바꾸고 있으며 경암(彈性岩)일 때는 테스트코어의 외주에 최대응력이 작용한다고 생각하며

$$\tau = \frac{0.5TD}{J}$$

로 하고 연암의 경우는 접선 응력은 파피면에 작용해서 일정하다고 가정하고, (1·11)

$$\tau = \frac{0.365TD}{J}$$

로 하고 있다.

여기에서,

$$J = \frac{\pi(D^4-d^4)}{32}$$

이다.

각각의 σ_n에 대한 전단강도(τ)가 구해지므로 $\tau-\sigma_n$ 선도에서 그 암반의 점착력(c)와 내부마찰각(ϕ)가 구해진다.

1.9 孔內周壓載荷試驗[15),16),17)] (Borehole dilatometer의 사용)

압력터널이나 래디얼잭법으로 암반의 변형계수나 이방성을 조사하는 것은 경비가 많아지므로 시추공공내에서 같은 시험을 하면 경비절약이 된다. 시추공 공내의 주압을 높

1.9 孔內 周壓載下試驗

이고 동시에 그 내경의 변화를 계측하는 것이 공내주압재하 시험(그림 1.17(a))으로 보아홀 내압(P)에 대하여 공지름은 同圖(b)와 같이 변화하므로 식(1·8)에 의해 암반의 변형계수를 구할 수가 있다. 그러므로 예를 들면 Dilatometer 홀은 LLT로 일컬어지는 장치가 개발되고 있다. 그림 1.18은 Dilato meter의 구조설명도로 150kg/cm²까지 가압할 수 있다. 외경 66mm 두께 10mm, 길이 540mm의 스텐레스鋼의 원통으로 고무(네오플렌) 자키트 4mm 두께의 것으로 감겨있으므로 장치외경은 74mm로 76mm ϕ의 시추공에 삽입한다. 시추공의 옆벽에는 물 혹은 기름으로 가압하지만, 그 액체는 원통의 외표와 고무자키트 내면 사이의 공극에 펌프로 가압한다. 장치의 일단은 플러그로 닫혀 있다. 안으로 릴리프밸브장치가 있다. 他端은 파이프접속과 계측케이블 및 압기호스로 되어 릴리프 밸브는 압기에 의해 원격제어되어, 시험이 실시된 다음에 Dilato meter를 보아홀내의 다른 위치에 옮기기 위해 압력을 제거하는 역할을 한다.

다이라트미터의 가압에 의한 보아홀 내경의 변화계측은 Dilato meter 내에 4방향의 직경변화를 측정하도록 서로 32mm씩 사이를 두고 위치하는 단면상에 설치한 차동변압기(Differential transforamer)에 의해 실시한다. 이 선형변압기의 스트로크는 5mm이며 정밀도는 1μ, 감도는 0.1μ이다.

각 변압기는 금속제의 코어로 로드가 스프링에 의해 암벽면에 접촉하고 있다. 계기장치는 12kg의 중량으로 경량이다. 일본에서는 응용지질조사 사무소제의 LLT200이 종종

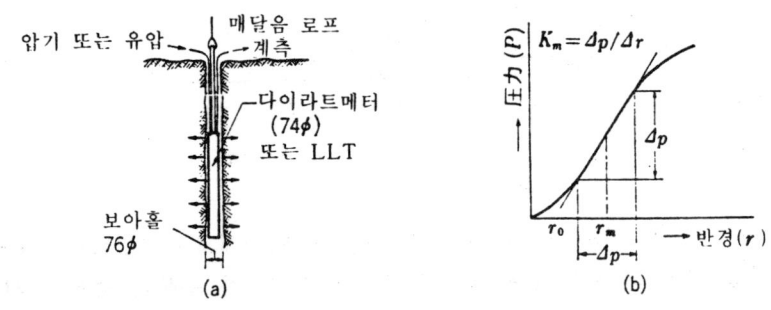

그림 1.17 孔內周壓載荷試驗

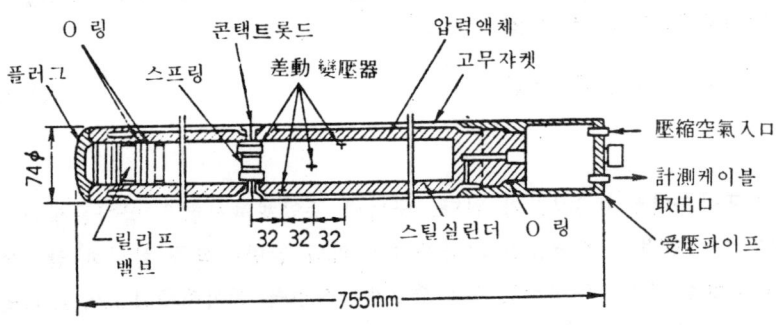

그림 1.18 다라이트메터

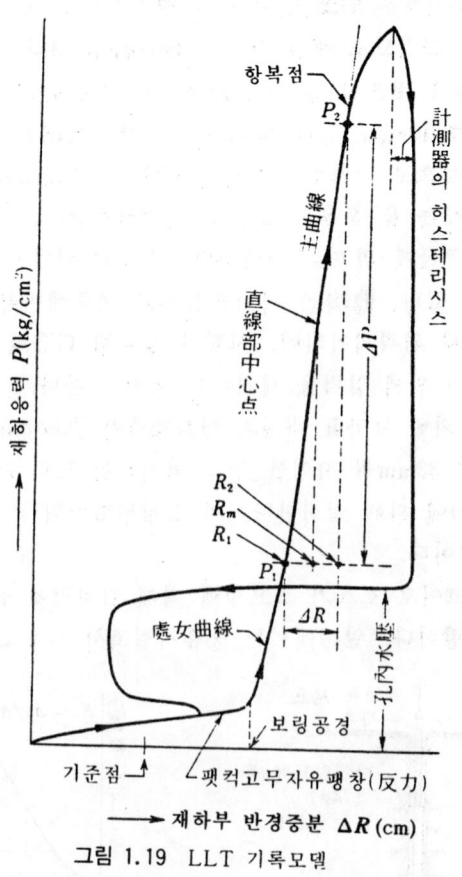

그림 1.19 LLT 기록모델

사용되고 있다. 그림 1.19[17]는 LLT에 의한 기록모델로 세로축에 LLT의 내압, 가로축에 공경변화를 갖고 그려져 있다. $P \cdot R$ 곡선의 직선변화 부분의 중점 표시의 반경을 R_m, 압력변화 ΔP에 대응하는 반경변화량을 ΔR로 하면 지반계수(K_m)는 $K_m = \Delta P / \Delta R$, 암반의 변형계수($E$)는 식(1·8)에 의해

$$E = (1+\nu) \cdot R_m \cdot K_m \tag{1·12}$$

이다.

여기에서 ν : 포아송비로 0.3정도가 된다. 구멍내 주압재하시험은 암반물성의 이방성 판단에도 쓰인다. 이 시험법을 예를들면 그라우팅에 의해 암반강화를 실시한 암반에 대하여 다시 수개의 천공을 해서 그 구멍안에서 주압재하시험을 실시해주므로써 E 값을 구분하는 것으로 암반이 어느정도 강화되는가, 그 판단하는데 자료로 할 수 있다.

1.10 플래트잭 1軸壓縮 試驗[18]

암석의 1축압축시험과 같은 시험을 암반에 대해서 실시하므로, Pratt등은 암반면을 락드릴로 웨지상으로 천공해서 프리즘柱狀의 암괴로 하여 일단에 플래트잭을 삽입해서 1축압축하는 것을 생각했다. 표 1.2의 付圖에 표시한 바와같이 시험암괴는 프리즘 주상을 이루고 일단은 모암과 일체를 이루고 있다. 타단의 슬롯트에 플래트잭을 삽입해서 암괴를 1축압축한다.

암반표면을 마무리해서 변형계를 설치해두면 응력, 변형곡선을 구할 수 있다.

1.11 인터그랄 샘프링에 의한 岩心回收[19]와 岩石龜裂係數 (Fissuration factor)[20]

암반조사에 있어서 시추에 의한 코어(암심)의 채취는 항상 실시되는 조사수단이나 회수암심강도, 그밖의 물성은 조사로서는 암반고유의 균열, 돌결, 절리 등에 관한 조사에서는 효과가 없다. 이러한 균열의 다소(多少) 그 방향성 등의 암반으로서의 강도, 거동에 관해서 중요한 정보를 제공해 주기 때문에 이 조사는 대단히 중요하다. 이 조사법을 RQD법이라 하며, 종종 실시되고 있다. 그러나 이 방법에서는 균열의 다소를 알 수 있다해도 그 방향성의 판단에는 효과가 없다.

Integral sampling이라는 것은 암반내에 존재하는 불연속선, 방향성을 눈으로 봐서 판단, 측정할 수 있다는 점에서 우수한 암심회수법이다.

그림 1.20[19]은 그 설명도로 25~30mm ϕ 의 보아홀을 천공해서, 그 속에 몰탈 그밖의 바인더를 유입시킨 다음에 강봉 혹은 플라스틱봉을 밀어넣는다. 암반에 균열등의 불연속면이 있으면 그 압입력에 의해 그 틈에 바인더로 밀어넣어, 간극을 채워서 굳인다.

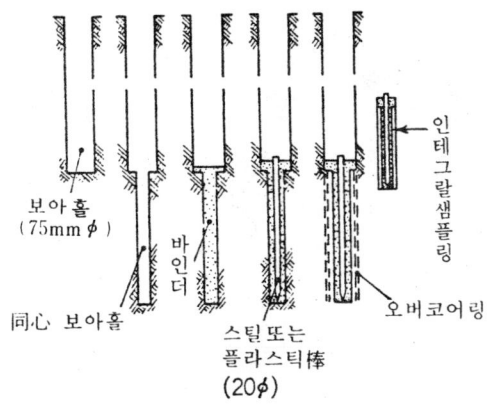

그림 1.20 인터그랄샘플링에 의한 岩心回收

이어서 약 75mm ϕ 의 빗트로 同心의 보아홀을 천공해서 오버코어링을 해서 코어를 회수한다. 회수된 코어는 불연속면이 다수코어를 횡단해도 그 간극은 밀착고결되고 있으므로 흩어지는 일은 없고 1체로서 회수된다. 그리고 회수에 앞서 사진에 코어두부에 방위를 표시하는 표를 해두면 불연속면의 상태나 방향을 눈으로 봐서 조사할 수 있다. 바인더에서는 유색의 것이 사용된다. 암반의 균열 다소를 판단하는 값으로서 RQD값이라는 것이 자주 사용되고 있지만, 암석균열계수로 일컫는 개념에 대해서도 지적해 둔다.

1.12 異方性岩石의 物性[21]

이방성 암석이나 이방성 암반은 물성이 이방성이므로 가압방향과 이방성과의 상관관계에 의해 특이한 변형, 강도 이방성등을 표시한다. 다음에 그들에 관한 자료를 표시해서 참고로 제공한다.

그림 1.21[21]은 점판암의 1축가압방향과 성층면과의 각도 차이에 의해 1축압축강도가 어떻게 변화하는가를 표시한 실험데이터이다. 가압방향과 성층방향이 이룩하는 각은 (β)가 0°와 90°부근에서 극대값을 표시하고 30°부근에서 최저값을 표시하고 있다. 최저값과 최고값과의 비율은 대략 4~5배에 달하고 있다.

그림 1.22[21]는 암석모델에 의해 암괴강도와 변형에 미치는 죠인트방위의 영향을 조사한 것으로 同圖(a)는 단일방향의 죠인트를 갖는 암석모델을 1축 혹은 3축 가압을 실시한 경우의 강도감소(f)를 가압(σ_1)방향과 죠인트방위와의 각도(α)에 관해서 플로트한 관계도로서, 응력비($n = \sigma_1/\sigma_3$)에 의한 차이도 표시하고 있으며, 그림 1.21과 대비해서 $n = \infty$의 경우는 그 경향과 유사한 것을 볼 수 있다.

同圖(b)는 축변형 죠인트방위에 의한 변화 同圖(c)는 같이 가로변형의 변화를 표시하고 있다.

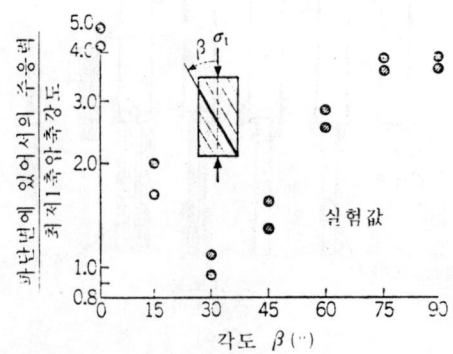

그림 1.21 粘板岩의 성층면 방위와 강도관계[21]

1.12 이방성 암석의 물성

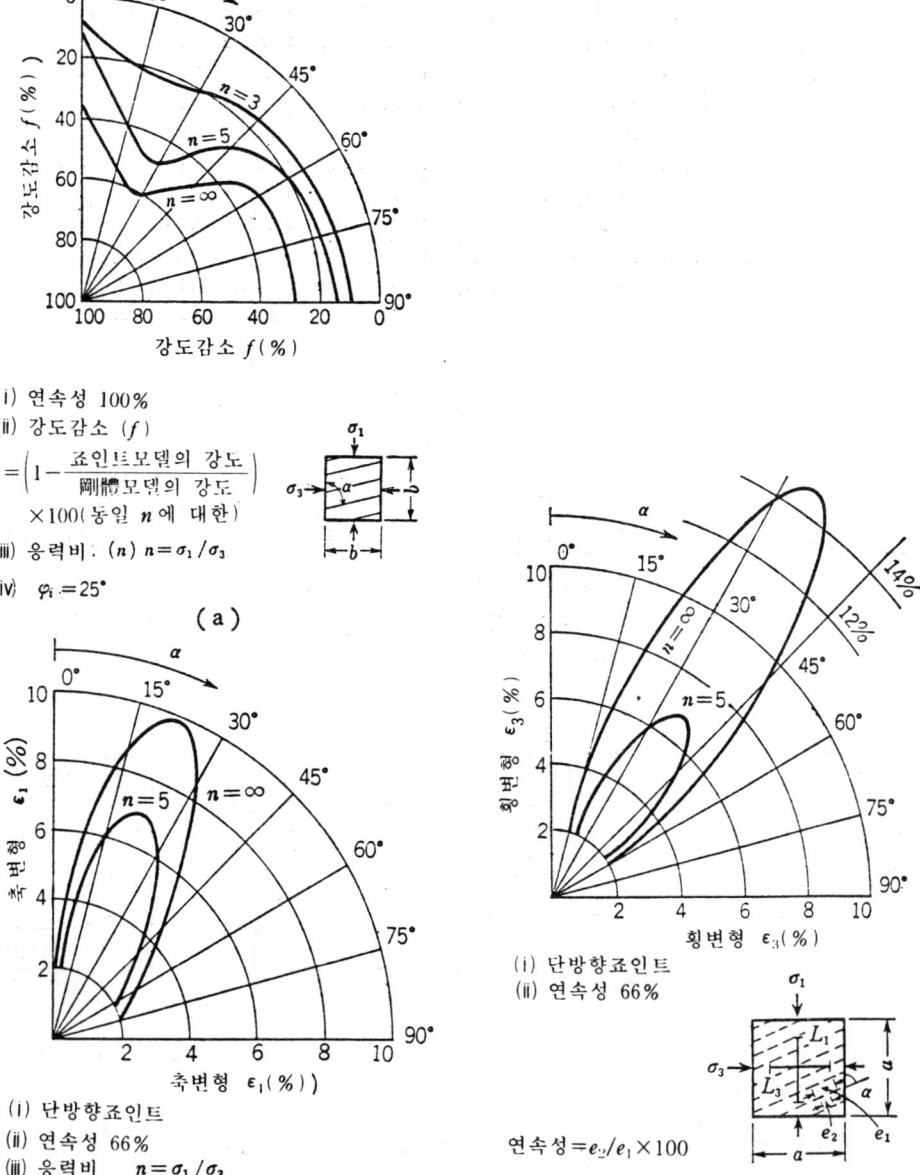

(a)
(i) 연속성 100%
(ii) 강도감소 (f)
$$f = \left(1 - \frac{\text{죠인트모델의 강도}}{\text{剛體모델의 강도}}\right) \times 100 \text{(동일 } n \text{ 에 대한)}$$
(iii) 응력비: $(n)\ n = \sigma_1/\sigma_3$
(iv) $\varphi_i = 25°$

(b)
(i) 단방향죠인트
(ii) 연속성 66%
(iii) 응력비 $n = \sigma_1/\sigma_3$

(c)
(i) 단방향죠인트
(ii) 연속성 66%

연속성 $= e_2/e_1 \times 100$

그림 1.22 암괴의 강도와 변형에 미치는 죠인트방위의 영향에 관한 모델연구[21]

재료의 물성과 죠인트는 구조컴퓨터프로그램으로 작성할 수 있다. Zienkiewicz[22]나 Cundall[23]은 이것을 시도하고 있다. Chappell[24]은 죠인트계 모델에 대하여 시뮬레이션을 해서 모델죠인트의 차이에 의해 하중분포도 차이나는 것을 표시했다. 그림 1.23[25]은 그

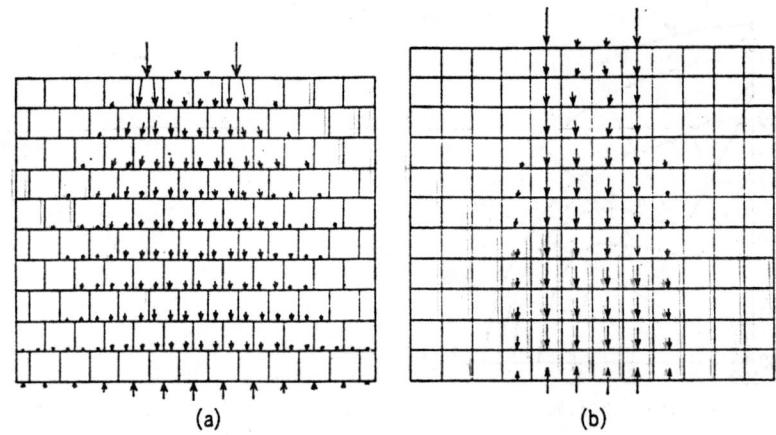

그림 1.23 (a) 交互配列죠인트계와 (b) 연속죠인트계의 블록체의 하중분포의 시뮬레이션(Chappell에 의한)[25]

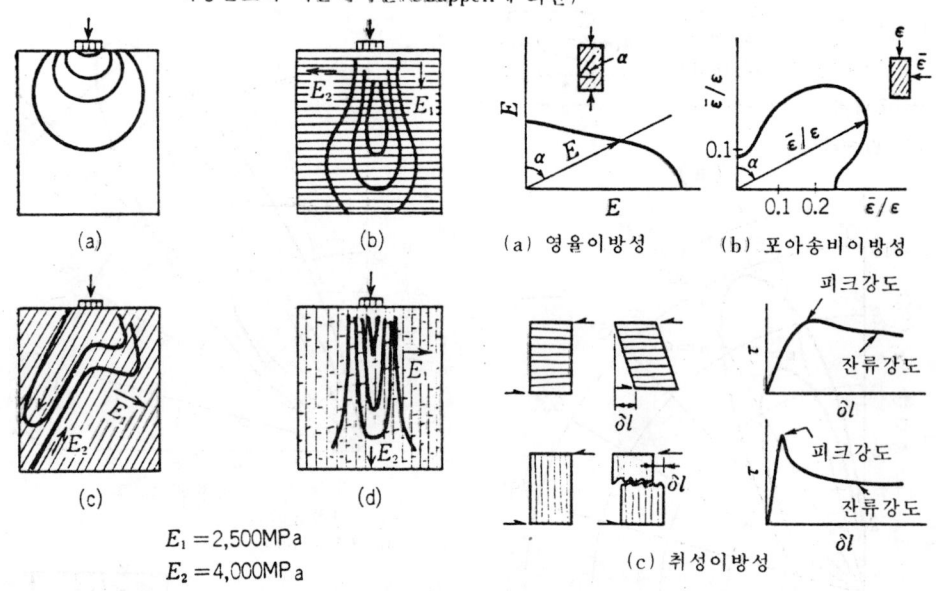

$E_1 = 2,500 MPa$
$E_2 = 4,000 MPa$

그림1.24 재하를 받는 죠인트 암반 모델내의 응력분포

그림 1.25 죠인트 빔의 변형이방성

결과의 한예로 재하를 받는 블록체내의 하중분포는 죠인트의 전단강성과 죠인트의 기하학 무늬에 의존한다는 것을 표시하고 있다. 죠인트무늬는 방위와 재하에 대한 배치로 결정한다. 同圖는 같은 죠인트강성을 갖고 있지만 죠인트 배치가 달라지는 예이다.

같은 죠인트배열을 갖고 있지만, 죠인트 강성이 다른 경우에 대해서도 연구되고 있다. 이러한 점에서 죠인트내의 전단력은 죠인트강성에 의해서도 또 죠인트의 기하학적 배열무늬에 의해서도 영향을 받는다는 것을 알 수 있다.

1.13 異方性岩石의 物理常數表現法과 異方性의 判斷[27]

그림 1.24[26]는 재하를 받는 죠인트암반 모델내의 응력분포를 표시하고 있고 죠인트에 의한 영향으로서는 영률(E_1, E_2)로 방향성을 주어서 해석하고 있다. 同圖(a)는 균질 등방성암반의 경우이다.

그림 1.25[26]는 죠인트암의 변형이방성을 나타내고 있다. 同圖(a)는 재하방향과 죠인트 방향의 차이에 의한 영률의 이방성, 同圖(b)는 같은 포아송비의 이방성을 표시하고 同圖(c)는 전단력을 가할 수 있는 죠인트방향과 전단작용방향과의 관계에 의해 $\tau - \delta l$ 곡선이 어떻게 변화하는가를 표시하고 있다.

1.13 異方性岩石의 物理常數表現法과 異方性의 判斷[27]

일반적으로 이방성 재료의 구성거동(Constitutive behavior)을 표현하기 위해서는 콤플라이언스(Compliance)[28]를 고르는 것이 좋다. 재료콤플라이언스(C_{ij})는 가해진 응력증분($\Delta \sigma_j$)에 준하는 변형증분($\Delta \varepsilon_i$)의 비로서 정의된다. 수직응력과 변형은 첨자 4, 5 및 6으로 표시되며, 이들 6개의 재료 콤플라이언스는 다음 식에서 표시한 바와같이 콤플라이언스 매트릭스[C]로 요약된다.

$$\begin{Bmatrix} \Delta\varepsilon_1 \\ \Delta\varepsilon_2 \\ \Delta\varepsilon_3 \\ \Delta\varepsilon_4 \\ \Delta\varepsilon_5 \\ \Delta\varepsilon_6 \end{Bmatrix} = \begin{pmatrix} C_{11} & C_{12} & C_{13} & 0 & 0 & 0 \\ C_{21} & C_{22} & C_{23} & 0 & 0 & 0 \\ C_{31} & C_{32} & C_{33} & 0 & 0 & 0 \\ 0 & 0 & 0 & C_{44} & 0 & 0 \\ 0 & 0 & 0 & 0 & C_{55} & 0 \\ 0 & 0 & 0 & 0 & 0 & C_{66} \end{pmatrix} \begin{Bmatrix} \Delta\sigma_1 \\ \Delta\sigma_2 \\ \Delta\sigma_3 \\ \Delta\sigma_4 \\ \Delta\sigma_5 \\ \Delta\sigma_6 \end{Bmatrix} \qquad (1\cdot13)$$

혹은 $\{\Delta\varepsilon\} = [C]\{\Delta\sigma\}$

여기에 $C_{12}=C_{21}$, $C_{13}=C_{31}$ 및 $C_{23}=C_{32}$ 이다.

여기서, 재료의 이방성판단은 재료상수(Material compliance)[C]의 이방성을 조사하는 일로 판단할 수 있다. 따라서 보링에 의해 암심을 채취하고 조사할 경우, 지층의 성층방위에 관해서 그림 1.28와 같이 좌표를 설정하고 어떤 방향의 암심재료를 채취하였는지 명확히 해둘 필요가 있으며, 가암시험을 할 경우도, 지층별, 주압, 재료암심채취방위(α, β, γ)등의 관련을 시험에 의해 분명히 할 필요가 있다.

따라서 시험데이터의 정리로서는 ① 각 지층별의 주압을 생각한 경우의 콤플라이언스 값(그림 1.27) ② 각 지층에 대한 일정주압에 있어서의 콤플라이언스비교, ③ $\alpha=0$, $\beta=0$, $\gamma=0$에 대한 시료의 콤플라이언스 비교, 특히 주요 콤플라이언스(C_{11}, C_{22}, C_{33})

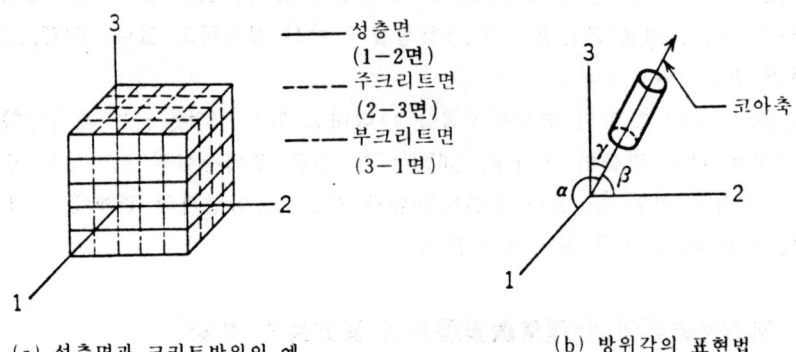

그림 1.26 재료방위

(a) 성층면과 크리트방위의 예 (b) 방위각의 표현법

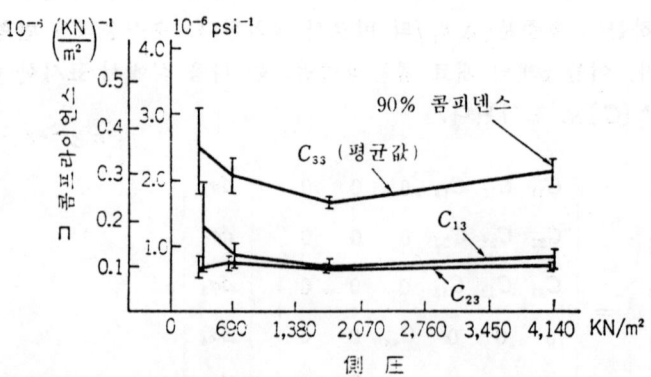

그림 1.27 특정지층의 콤프라이언스(C_{33}, C_{23}, C_{13} etc)의 값

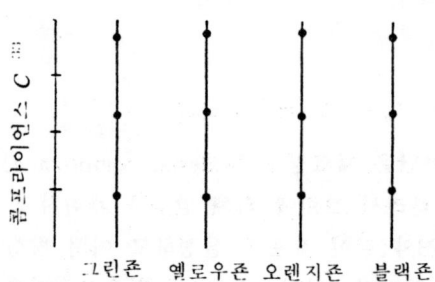

그림 1.28 콤프라이언스(C_{13}, C_{23}, C_{33} etc)와 지층별관계

의 값비교 및 ④ 강도의 비교 등에 의해 지층이나 암괴를 등방등질로 간주할 수 있는지 아니면 이방성으로 보아야 하는 지를 판단해야 한다.

1.14 直交異方性厚被圓筒岩心의 內徑變化測定에 의한 彈性係數를 求하는 法

그림 1.29(a)에 표시한 바와같이 직교의 이방성지층의 예를 들면 성층면으로 평행하며, x축 혹은 y축에 대하여 직교해서 z축 방향으로 보링을 하여 이 그림에 표시한 것처럼 두꺼운 원통시료를 회수했다고 하면 이 암심의 외주에 정수압을 더해 그 주압에 의한 원경변화량을, 3방향에 대해 측정하면 다음 식을 이용해서 탄성계수 E_1, E_2를 구할 수 있다.

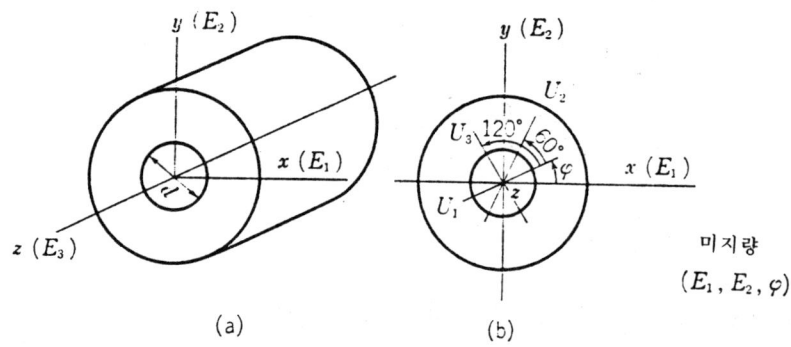

그림 1.29 직교이방성살두께 원통암심

식(1·12)에 평면변형의 관계를 넣어 응력함수를 도입해서 경계조건을 만족시킬 수 있도록 풀이하면 두꺼운 원통시료의 내경(d)의 변화량(U)은 다음 식에 표시된다.

$$U = \frac{2pd}{E_1}(\cos^2\theta + e \cdot \sin^2\theta) \qquad (1\cdot14)$$

여기에 $e = E_1/E_2$, p : 외압, d : 내경으로 θ는 x축에서 y축방향으로 反時計 회전방향으로 잰 각도이다. [주 : 식(1·14)은 탄성상수 사이에,

$$\frac{1}{G_{12}} = \frac{2\nu_{12}}{E_1} + \frac{1}{E_1} + \frac{1}{E_2}$$

의 관계가 있는 것으로 가정해서 구한것이다. 상기의 관계가 존재하면 θ방향의 탄성계수의 역수 aii'의 함수 $r = k/\sqrt{aii'}$는 타원이 된다.]

그래서 주축 $E_1(x)$와 φ, $\varphi + 60°$, $\varphi + 120°$만 기우는 방향의 傾變化量 U_1, U_2, U_3(그림 1.29(b))는 다음식으로 표시된다.

$$U_1 = \frac{2pd}{E_1}(\cos^2\varphi + e \cdot \sin^2\varphi) = \frac{pd}{E_1}[(1+e) + (1-e) \cdot \cos2\varphi]$$

$$U_2 = \frac{pd}{E_1}[(1+e) - (1-e)\{\sin2\varphi \cdot \sin120° - \cos2\varphi \cdot \cos120°\}]$$

$$U_3 = \frac{pd}{E_1}[(1+e) - (1-e)\{\sin2\varphi \cdot \sin240° - \cos2\varphi \cdot \cos240°\}]$$

여기에서,

$$E_1 = \frac{4Cpd}{2 \cdot C \cdot U_1 - U_2 + U_3} \qquad C = 0.866$$

$$e = \frac{E_1}{3pd}(U_1 + U_2 + U_3) - 1 \tag{1.15}$$

$$\varphi = \frac{1}{2}\cos^{-1}\left[\frac{\frac{U_1 E_1}{pd} - (1+e)}{(1-e)}\right]$$

단, $e = \frac{E_1}{E_2} < 1$ 로 가정

이 구해진다.

上記의 시험에서는 암심외주 가압장치[29]가 사용된다.

1.15 岩石의 破壞擧動[30]과 破壞基準式[32]

3축가압을 받는 암심의 응력과 변형관계에 관해서는 이내 많은 강성가압실험 데이터가 표시되고 있다. 그 한예로서 여기에 측압($\sigma_2 = \sigma_3$)을 받는 砂岩의 3축압축 거동을 [30]에 표시한다. 측압을 높이면 여기에 대해 파괴강도도 높아지고 파괴최고강도후의 파괴곡선도 유연한 곡선을 그리면서 일정값으로 낙착되어간다. 측압의 여부에도 불구하고

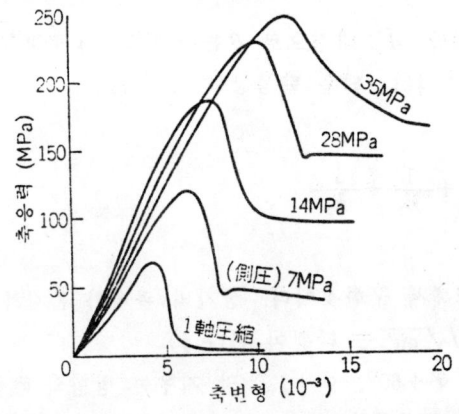

그림 1.30 3축압축을 받는 砂岩의 거동(Bieniawski에 의한)

가압직후는 응력·변형곡선은 다소 凹형으로 灣曲되어 곡선을 그리면 상승하지만, 꼭 직선상으로 경과하고, 최고강도에 달하기 전에 경사는 완만해지며, 灣曲되어 최고강도에 달하고 있다. 이 파괴거동곡선을 측압이 작용하지 않는 1축압축을 받는 砂岩에 대하여 표시한 것이 그림 1.31[30]이다. 同圖는 종축에 축응력을 횡축에 변형량을 나타내며 축방향 변형 체적변화, 횡방향 변형 및 발생간극수압의 곡선이 표시되고 있다. 그리고 이들의 거동곡선에 대하여 암석시료내에 생기는 크래크 폐쇄, 탄성변형, 균열발생, 불안정 균열의 전파, 강도파손, 파단 등의 위치를 대비해서 표시하고 있다. 이러한 대비에 약간의 설명을 해둔다.[30]

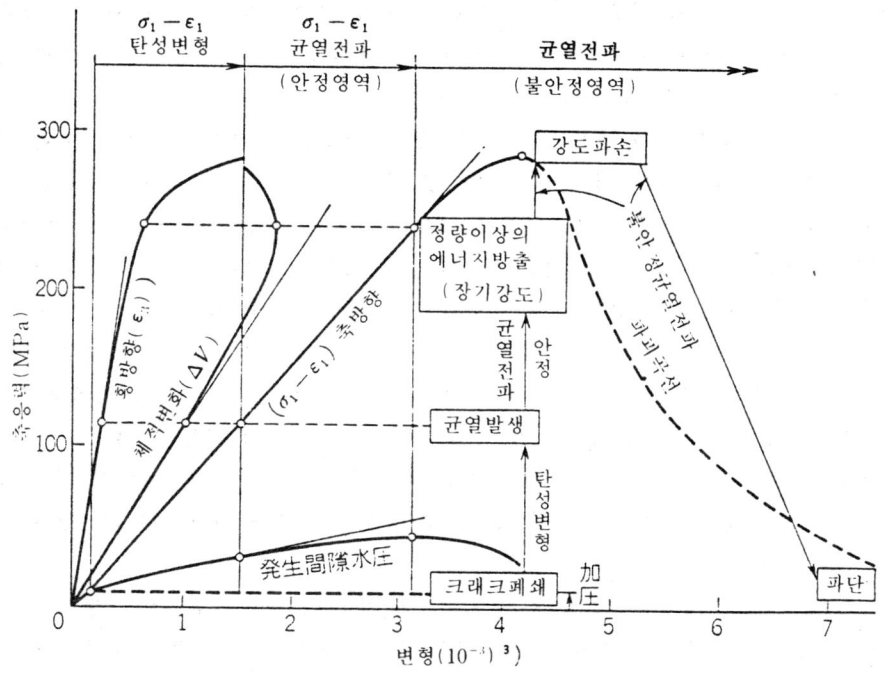

그림 1.31 1축압축을 받는 砂岩의 취성 균열발생기구(Bieniawski에 의함)

암석시료가 가압이 되면 암석내에 기존으로 있는 마이크로 크래크가 우선 폐쇄된다. 마이크로크래크가 폐쇄될 때까지의 과정은 보통 $\sigma \cdot \varepsilon$ 곡선으로 凹형 곡선을 그리고 커브는 상승해간다. 경암으로써 이 과정은 짧지만 연암으로는 상당히 길고, 凹형도 비교적 명료하게 나타난다. 크래크 폐쇄가 된 다음의 $\sigma \cdot \varepsilon$ 변화는 탄성변형의 거동을 취해, 축응력·축변형관계, 축응력·체적변화관계, 축응력·가로변형관계, 및 발생간극수압·변형관계는 모두 직접적으로 변화한다. 다음에 탄성변형이 진행되면 암석내에 잠재하는 마이크로 크래크의 단부부근에서 새롭게 균열이 발생한다. 축응력이 증가됨에 따라서, 발생균열수도 점차로 증가하지만, 축응력의 강도와 발생균열수, 균열길이 등의 사이에는 밸런스가 유지되고 있으며, 균열 전파는 안정상태를 유지하는 추이로 나간다. 이 과정에서는 축응력·축변형만의 관계는 직선적으로 큰 변화는 볼 수 없지만 가로 방향 변형의 변화가 다소 증대하고 특히 체적변화의 변화율이 감소하고, 직선적 변화에서 밀려나가는 현상은 주목해야 한다. 더욱 축응력이 늘면 축응력·축변형곡선은 변형변화가 커지고 직선적 변화에서 밀려 최고강도에 달한다.

이 과정에서는 많은 마이크로 크래크에서 발생한 균열은 상호 연결이 되고 불안정한 균열전파상태가 된다. 시료는 최고강도에 달해서 강도파손을 일으키고 점차 파단까지의 경과를 거친다. 간극수압도 탄성변형중에는 직선적으로 상승하지만, 균열이 시료내에 새롭게 발생하면 간극수압의 상승률도 둔해지나 안정한 균열전파 범위내에서는 간극수압도 상승하고, 최고간극수압에 달한다. 불안정 균열전파에서는 균열은 시료밖으로 달하는 것이 나타나므로 간극수압은 저하되어 나아간다.

이 시료의 균열발생에서 파괴에 이르는 경과는 간극수압의 변화·축변형 변화 체적변화, 횡변형의 변화와 대비해서 중요한 현상을 우리들에게 암시하고 있다. 예를 들면 시료의 최고강도(강도파손)가 어느 시점에 나타내는가는 이들의 관계곡선을 주의깊이 관찰함으로써 豫知할 수 있는 가능성을 우리들에게 표시하는 일이다. 우리들이 대상으로 하는 물질로 간극수압을 측정하는 것이 편리한지, 체적변화를 측정해 나가는 편이 편리하며, 어떤 계측을 해나가는지, 가능하면 양쪽을 계측하게 되고 그들의 변화량이 직선적 변화에서 밀려 완만한 변화로 이행한 시점에서는 균열이 발생하고 안정균열전파 과정을 지나고 있다는 것을 표시하고 있으며, 다시 간극수압이나 체적변화가 최고점에 달해서 변화곡선이 하강하게 되면 그 시점은 그 대상물의 장기 강도를 지나서 이내 불안정균열 전파의 범위에 들어가 있고, 강도 파손을 일으키는 때가 가까워진다는 것을 미리 알 수 있다.

그림 1.32는 주응력($\sigma_1 > \sigma_3$)을 받는 재료파손에 관한 응력의 Mohr식 표현을 표시하고 있으며, σ_{xx}는 파손면에 작용하는 수직응력 τ_{xz}는 그 면에 작용하는 전단응력이다.

Murrell은 다수의 암석에 대하여 3축압축시험을 해서 파괴시에 대한 주응력($\sigma_1 > \sigma_3$)과 1축압축강도(σ_c)와의 사이에는 다음 식이 성립이 된다고 제시했다[32](1965년).

$$\sigma_1 = F \cdot \sigma_3^A + \sigma_c \qquad (1 \cdot 16)$$

여기에 F, A는 암석에 의해 정해지는 상수이다. 그러나 위식은 다음과 같이 곱해준다.

$$\frac{\sigma_1}{\sigma_c} = k \left[\frac{\sigma_3}{\sigma_c}\right]^A + 1 \qquad (1 \cdot 17)$$

여기에 k, A는 암종에 의한 상수이다. 암석의 파괴기준으로서 위식(1·17)이 성립된다고 하면, k, A는 암종에 의해 알고 있다면 σ_c와 σ_1 혹은 σ_3의 한쪽을 결정하면, 다른 한편(σ_3 혹은 σ_1)이 구해지게 된다. Bieniawski는 실험결과,

1.15 암석의 파괴거동과 파괴기준식

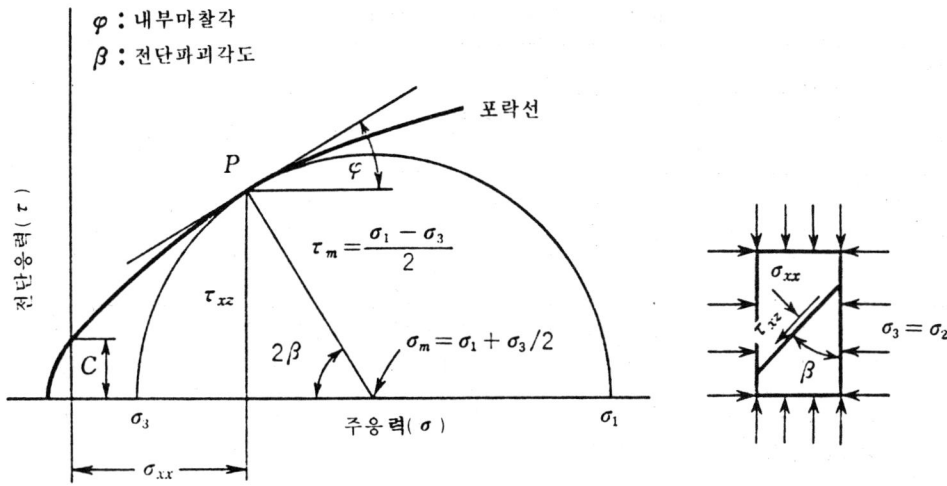

그림 1.32 응력의 Mohr식 표현

硅岩에 대해서는, $\dfrac{\sigma_1}{\sigma_c} = 4.5 \cdot \left(\dfrac{\sigma_3}{\sigma_c}\right)^{0.75} + 1$

砂岩에 대해서는, $\dfrac{\sigma_1}{\sigma_c} = 4.0 \cdot \left(\dfrac{\sigma_3}{\sigma_c}\right)^{0.75} + 1$

가 성립된다고 한다. 또 실트암 및 泥岩에 관해서도 상수값은 다르나 같은 관계식이 성립된다고 한다.

한편, Hoek는 암석의 실용경험파괴 기준식으로서 다음식을 제시했다.

$$\frac{\tau_m - \tau_0}{\sigma_c} = B\left[\frac{\sigma_m}{\sigma_c}\right]^c \tag{1·18}$$

여기에서 τ_m : 최대전단응력 σ_m : 평균수직응력, $\tau_m = (\sigma_1 - \sigma_3)/2$, $\sigma_m = (\sigma_1 + \sigma_3)/2$ 이고, B, C, τ_0은 암석에 의해 정해지는 상수이다. 그리고 실용상은 $\tau_0 = \sigma_t$(1축 인장 강도)로서 지장이 없다고 한다. 종축으로 $(\tau_m - \tau_0)/\sigma_c$를 횡축으로 σ_m/σ_c를 모두 log 스케일에 있어서 노라이트, 규암 및 사암에 대하여 실험하고 플로트해서 이 3종의 암석은 완전히 동일한 직선범위로 들어가고 위식(1·18)으로 표현 할 수 있다는 것을 나타내고 있다[32].

윗식에서 B는 $\sigma_m/\sigma_c = 1$일 때 $(\tau_m - \tau_0)/\sigma_c$의 값으로 주어지고 C는 실험점을 지나는 직선의 경사로 주어진다. 또 $\tau_0 = \sigma_t$이므로 σ_t/σ_c의 값을 위식(1·18)으로 결정해야 한다. 그러나 σ_t는 통상 $\sigma_t = \sigma_c/10$이므로 위식은 다음과 같이 곱한다.

$$\frac{\tau_m}{\sigma_c} = B\left[\frac{\sigma_m}{\sigma_c}\right]^c + 0.1 \tag{1·19}$$

표 1.5 암석의 3축강도 경험식[22]

파괴기준식 암종	(I) $\dfrac{\sigma_1}{\sigma_c} = A\left[\dfrac{\sigma_3}{\sigma_c}\right]^{0.75} + 1$		(II) $\dfrac{\tau_m}{\sigma_c} = B\left[\dfrac{\sigma_m}{\sigma_c}\right]^{0.9} + 0.1$	
노 라 이 트	$A=5.0$	오차 : 3.6%	$B=0.8$	오차 : 1.8%
규 석	$A=4.5$	: 9.2%	$B=0.78$	: 3.2%
사 암	$A=4.0$	: 5.8%	$B=0.75$	: 2.3%
실 트 암	$A=3.0$	: 5.6%	$B=0.7$	: 4.2%
니 암	$A=3.0$	: 6.1%	$B=0.7$	: 6.6%
전 암 석	$A=3.5$	: 10.4%	$B=0.75$	: 8.3%

註 : 상기의 오차는 평균예상오차이므로 그것의 관측값 σ_1과 예상값 σ_1 사이의 차이를 예상값의 %로서 표현하였다.

따라서 종축에 τ_m/σ_c를 잡아서 플로트하면 암종에 의한 상수 B, C로 구할 수 있다.

암석의 시험파괴기준식(1·17)과 (1·19)의 파라미터는 5종류의 규암(91시료), 5종의 사암(109시료), 1종의 노라이트(35시료), 4종의 니암(86시료) 및 4종의 실트암(91시료)의 계 412의 시료에 대하여 실시된 것으로 그 결과로서 표 1.5[32]에 표시하는 수치를 주고 있다. 동표에 의하면 기준식 (I)과 (II)는 모두 실용공학목적상, 사용해도 지장이 없는 식이라 한다.

기준식(Criterion) (I)은 σ_3가 알려진 부분에서 σ_1(파괴에 이를 때의 값)를 구할 때 사용할 수 있다. 즉, 예를 들면 암괴내의 1차 지압이 알려진 부분이며 3축 조건하에 대한 암석강도를 사전에 알아두고 싶은 경우에 사용할 수 있다. 이 목적을 위해서는 기준식(II)은 적당하지 않다.

기준식(II)은 완전한 Mohr 포락선을 요구할 때 또 암석재료의 점착력과 내부마찰각 (ϕ)값이 필요할 때 사용가능하다. 이 목적을 위해서는 기준식(I)은 단순히 압축선에 대해서만 유효하다.

다음 기준식(I)과 (II)의 사용법 예를 기술한다.

問題 : NX코어(45mm ϕ) 규암의 1축압축강도(σ_e)는 190MPa였다. 그래서 이 암석의 3축선 강도를 추정하는 문제를 생각한다.

지하 3,000m 깊이에서 수직방향으로 70MPa를 또 수평방향으로 50MPa의 1차지압을 받고 있는 이 암석재료를 포함한 갱내굴착의 설계에서 (a) $\sigma_3=50$MPa현장의 주압에 대한 3축강도, 및 (b) Mohr 포락선을 구하라.

(풀이) : (a)규암에 관한 파괴기준식(I)은 다음과 같이 된다.

$$\frac{\sigma_1}{\sigma_c} = 4.5\left[\frac{\sigma_3}{\sigma_c}\right]^{0.75} + 1 = 4.5\left[\frac{50}{190}\right]^{0.75} + 1 = 2.65$$

$$\therefore \sigma_1 = 2.65 \quad \sigma_c = 2.65 \times 190 = 503.5 \text{MPa}$$

즉, 이 규암의 3축강도는 현장의 작용응력(70MPa)보다 훨씬 높다.
(b) : 규암에 관한 파괴기준식(Ⅱ)은 아래의 식이다.

$$\frac{\tau_m}{\sigma_c} = 0.78\left[\frac{\sigma_m}{\sigma_c}\right]^{0.9} + 0.1$$

위식은 **그림 1.33**[32]과 같이 플로트된다. 기준식(Ⅱ)은 Mohr의 파괴원 두상의 점 흔적을 정하고 있으므로 이들의 원이 그려진다. 그 결과 Mohr포락선을 구할 수 있다. Mohr 포락선이 구해진다. 硅岩의 점착력(c_0)은 同圖에서 $c_0 = 0.2\sigma_c = 0.2 \times 190 = 38$MPa로 구한다. 또한 규암의 내부마찰각($\phi_0$)은 1차지압의 작용상태에 있어서는 $\phi_0 = 45$($\sigma_m/\sigma_c = (70+50)/(2\times190) = 0.32$에 있어서)로 하여 구해진다.

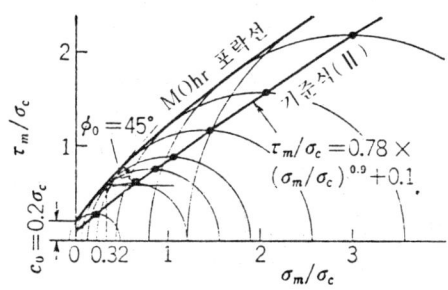

그림 1.33 규암의 Mohr 응력원과 포락선

상기에 의해 암석재료의 강도거동의 예측문제를 제시했다. 즉 실용목적에 대하여 2개의 경험적 강도 기준식에 의해 암석재료의 3축강도를 추정할 수 있다는 것을 나타냈다. 이들 2개의 기준식에 있어서 필요한 입력 데이터는 단순히 1축 압축강도(σ_c)만으로 충분하다는 것은 흥미깊다. 그리고 이 데이터는 후기하는 비정형의 암심에서 구할 수 있는 포인트로드 강도지수(Point-load strength index)(I_s)를 알면 되는 것으로 이것은 현장의 간단한 장치에 의한 시험이며 가능하다.

1.16 포인트로드 强度指數와 1軸壓縮强度의 關係[32],[33]

그림 1.34[32]에 나타낸 바와 같이 원주상 암석시료를 직경 방향으로 60°의 협상각과 $\gamma = 5$mm 곡률을 갖는 加壓載荷球形頭로 가압하면 시료의 $P-P$ 단면에서는 인장응력이 작용하고, 시료는 비교적 낮은 하중 P 에 의해 판단된다. 이 파단시의 최대하중을 P 로 하여, 시료의 직경을 D 로 하면, $I_s = P/D^2$로 표시된다. I_s를 포인트로드 강도지수라

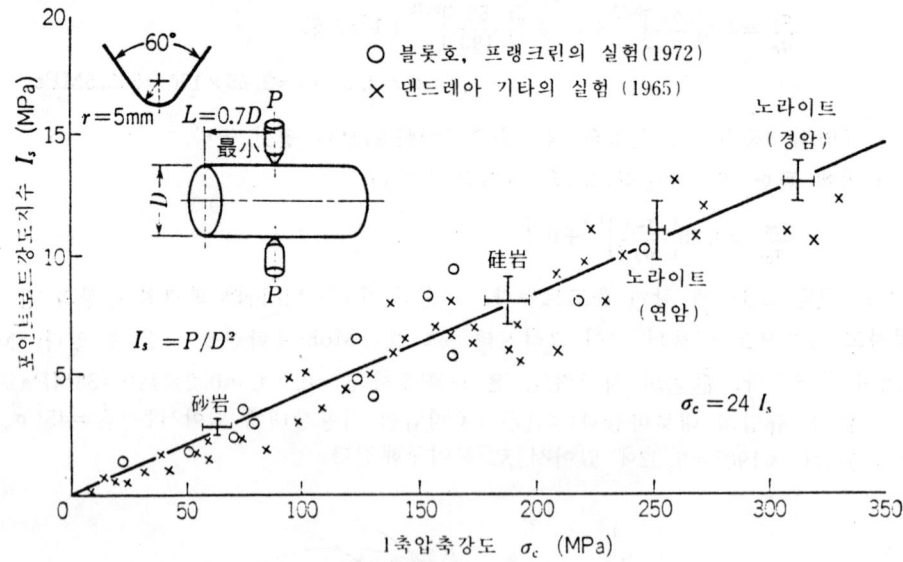

그림 1.34 암석의 포인트로드지수(I_s)와 1축압축강도(σ_c)의 관계[32]

일컫는다. 많은 암석에 대하여 이 강도지수(I_s)와 1축압축강도(σ_c)와의 관계가 조사되고 그림1.34에 표시한 관계도가 발표되고 있다. 그 결과 1축압축강도(σ_c)와 강도지수(I_s)와의 사이에는 $\sigma_c = 24I_s$의 관계가 성립된다고 한다.

즉 이들의 관계를 정리해서 아래에 기술한다.

$$I_s = \frac{P}{D^2} \qquad \sigma_c = 24I_s \qquad (1\cdot20)$$

이다. 이 포인트로드테스트는 원주상시료를 직경방향으로 가압할 뿐 아니라 그림 1.35[33]에서와 같이 축방향으로 가압하고 다시 비정형시료를 가압하더라도 같은 관계식이 성립된다고 한다. 단, 그 경우의 칫수비 D/L에 관해서는 도시범위로 제한되어 있으며, 또

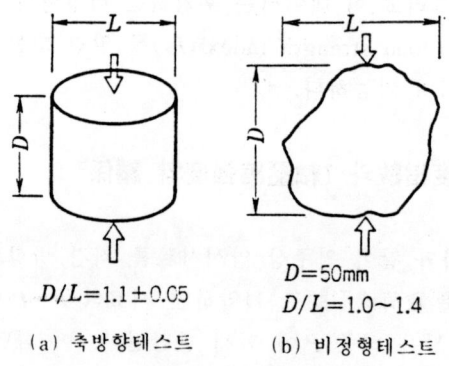

(a) 축방향테스트   (b) 비정형테스트

그림 1.35 포인트로드 테스트의 종류

시료의 칫수에 관해서는 시료칫수가 직경 20~50mm범위에서 제한된다고 볼 수 있다. 또 시료칫수에 관해서는 시료칫수가 직경 20~50mm 범위에서는 영향을 받지 않는 것으로 알고 있지만, 정확하게는 강도지수(I_s) 칫수법 칫수법 보정선형이 표시되어 있다.[33]

이 강도 시험법의 특징은 식(1·20)을 체크해보면 쉽게 할 수 있지만, σ_c -2,000kg/cm²의 경암을 포인트 로드테스트로 시험하면, 최고가압력은 암석시료의 직경을 50mm로 해도 P =2,000kg/cm²로 좋다는 것을 알 수 있다. 즉 최고가압력 5t정도의 오일잭(브르돈관 게이지붙임) 1대 일 때면 가장 단단한 암석코어에서도 시험이 가능하며 이와 같이 경량인 시험장치는 소형이므로 쉽게 현장으로 이동시킬 수 있고 여기서 시험할 수 있는 점에 있다.

1.17 岩石의 强度에 미치는 水分과 變形速度의 影響

암석의 함수율이 늘면 압축강도가 저하하는 일은 일반적으로 주지하고 있지만[34] 저하 경향은 산출암석에 의해 또 암종에 의해 각각 다른 것으로 생각된다. 여기에서 한 예를 그림 1.36[30]으로 나타내고 설계에 있어서 암석강도설정에 착오없도록 주의를 환기시켜둔다. 이 예에서는 포화암석의 강도는 건조시료가 대략 50%로 감소되어 있다.

암석을 가압하는 경우, 대단히 천천히 가압력을 늘려간다면, 비교적 빨리 가압력을 증가시킨 경우보다도 암석강도가 낮게 나타난다는 것이 알려진 현상이다[35]. 이러한 것은 지반중의 암석은 무한하게 오랜 기간에 걸쳐서 지압응력을 받는 재료라는 것을 생각하면 대단히 빠른 변형 속도로 가압되는 것은 통상, 암석시험으로 얻어진 암석강도를 설계

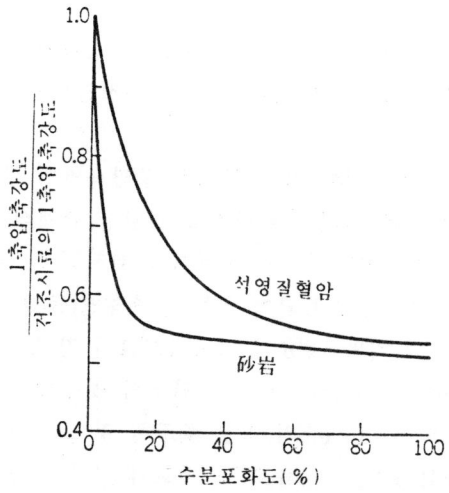

그림 1.36 암석의 강도에 미치는 수분의 영향[30]

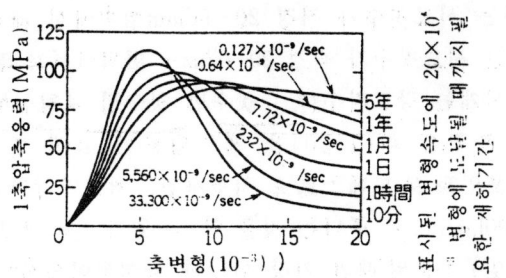

그림 1.37 정변형속도가 다른 경우의 사암의 응력·변형선도[30]

자료로서 채택하는 일은 대단히 위험하므로 설계자는 염두해 두어야 한다. 그림 1.37[30]은 이 경우의 한 예로서 표시한 것으로 변형속도를 3.33×10^{-5}/sec라는 속도에서 1.27×10^{-10}/dec라는 낮은 속도까지 떨어뜨려서 실시되었다. 1축압축시험의 응력·축변형 관계를 표시하고 있으며, 3.33×10^{-5}/sec의 변형속도로 실시된 경우에는 암석의 압축강도는 대략 113MPa를 표시한 데 대하여 1.27×10^{-10}/sec의 변형속도로 실시한 경우는 대략 88MPsa의 강도이고, 강도가 대략 77%로 저하되고 있으며 더욱 변형속도가 빠를 경우에는 탄성변형후 곧바로 유동(소성)으로 이행하는 경향을 나타내는 것을 알 수 있다. 이와 같이 암석의 변형거동이 암석에 가해지는 변형속도의 조건여하에 따라 크게 달라지므로 암반굴착에 의해 생긴 갱내공동주위에서는 급격한 응력재배분이 실시되며, 따라서 이 경우는 빠른 변형속도를 받는 암석거동을 표시한데 대해 1차지압의 응력을 받는 암반에서는 대단히 완만한 속도를 받는 거동을 표시한 것이라는 것을 염두에 둘 필요가 있다.

1.18 岩石岩塊의 强度와 칫수, 形狀의 關係

암석시료의 칫수를 같은 형상 그대로 점차적으로 증대해나가면 그 압축강도는 점점 낮아지고 칫수가 어느정도 이상으로 커지면 거의 일정강도로 낙착되는 일은 실험으로 표시한 대로이다[36].

그 주요 이유는 암괴에 함유되어 있는 구조적 불연속면이 존재하기 때문이며, 이것은 암종에 따라서 또 산출상태에 의해서 달라지고 단일한 관계식으로 표현될 것 같은 간단한 것이 아니다. 그러나 이미 몇 가지의 관계식이 제시되고 있다는 것은 문헌에서와 같다[36]. 그림 1.38[30]은 암괴내에 함유되어 있는 불연속면(돌결, 균열, 절리 등) 상호관계 (b)와 시료1변길이 (d)와의 비와 1변d의 입방체시료의 강도와 대단히 큰 암괴의 강도비 (σ_d / σ_M)를 각각 가로축 및 세로축으로 하여 암석의 칫수대소에 따라 강도의 변화를 나타낸다. Protodyakonov와 Koifmann의 식을 圖示한 것으로 비교적 단단한 암석에서는 1변에 5개 이상의 불연속선이 있는 시료로 또 비교적 연약한 암석의 경우는 1변에 10개이상의 불연속선이 존재하면 암석의 강도는 대략 그 일정값을 표시하게 되나, 시료칫수가

1.19 암석 영율(Er)과 암반의 변형계수(Em)의 비율

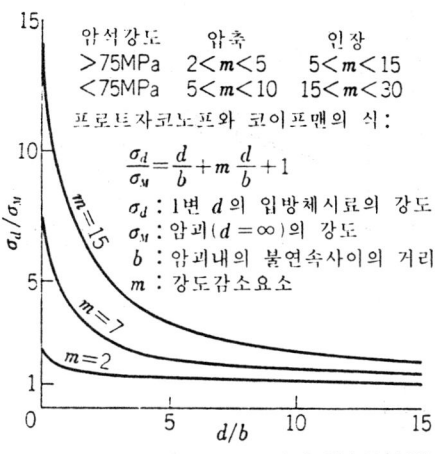

그림 1.38 프로토쟈코노프식의 強度比線圖[37]

그 이하로 작으면 작을수록 강도는 강해진다는 것을 나타내고 있다. 즉 불연속선의 多少가 암석강도에 크게 영향을 준다는 것을 나타내고 있다.

그림 1.39[37]는 시료1변의 길이를 늘려 나가는 경우 정4각형시료의 1축압축 강도의 변화를 나타낸 것으로 해서 시료가 대형이 된다면 어떤 시료로도 강도는 저하하고, 1변이 50~100cm 이상이 되면 거의 일정값으로 낙착되어있다는 것을 알 수 있다.

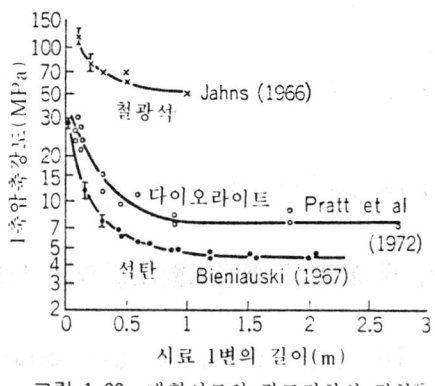

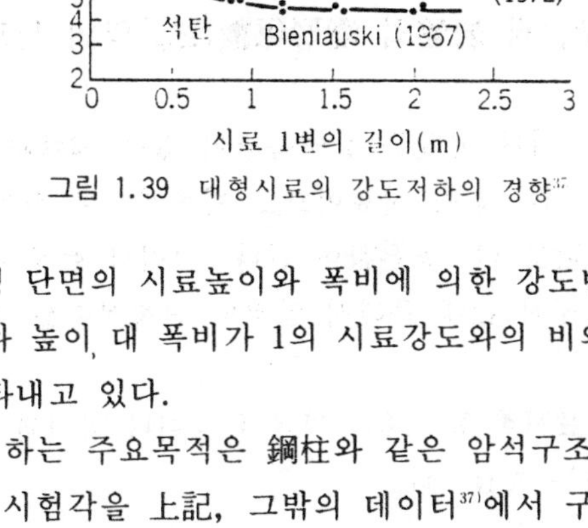

그림 1.39 대형시료의 강도저하의 경향[37]

그림 1.40[37]은 정4각형 단면의 시료높이와 폭비에 의한 강도변화의 경향을 표시한 데이터이며, 시료의 강도와 높이 대 폭비가 1의 시료강도와의 비와 높이 대 폭비(w/h)와의 관계는 직선으로 나타내고 있다.

대형압축현장 시험을 하는 주요목적은 鋼柱와 같은 암석구조물의 강도거동을 추정하는데 있다. 대형시험의 시험각을 上記, 그밖의 데이터[37]에서 구하면 아래의 2식으로 표

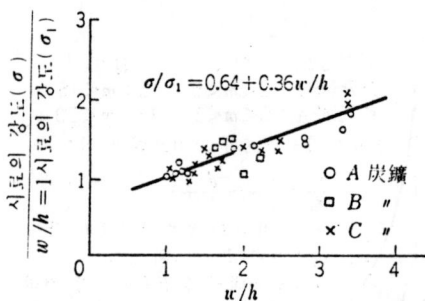

圖 그림 1.40 석탄강도와 w/h 의 관계

현 할 수 있다. 하나는,

$$S = A + B\left(\frac{w}{h}\right) \tag{1·21}$$

여기에 S : 시료의 압축강도, A, B : S 와 같은 단위에서 측정되는 상수(통상, MPa), $(A+B)$ 는 시험된 재료의 입방체 강도를 나타낸다.

또 한 식은

$$S = K\left(\frac{w^a}{h^b}\right) \tag{1·22}$$

〔특별한 경우는 $S = K\sqrt{w/h}$, 즉, $a = b = 0.5$ 일 때〕

여기에 a, b : 디멘션이 없는 상수, K : 디멘션 $[S] \times [길이]^{(a-b)}$ 를 갖는 상수, 즉 $MPa \cdot m^{(a-b)}$ 로 측정되는 상수이다.

$$S = K\left[\left(\frac{w}{d}\right)^a\right] / \left[\left(\frac{h}{d}\right)^b\right]$$

와도 곱한다.

여기에 d : 입방체 $(w=h)$ 의 1변길이이다.

1.19 岩石의 영률(E_r)과 岩盤의 變形係數(E_m)와의 比率[38]

암괴는 일반적으로 암목이나 균열등 불연속면이 있는 塊狀物인데 대하여 암석시료는 일반적으로 그와 같은 弱面이 없는 시료이므로 변형계수도 실험실에서 구한 것은 현장의 암반시험으로 구해진 값보다는 높은값이 된다. 그러나 현장 시험은 일수와 많은 경비를 요하므로 실내시료로 구한 값에 준해서 암괴의 변형계수를 추정할 수 있다면 편리하다.

그러한 의미로 여기에 표시한 표 1.6은 외국의 예이나 암석과 암괴의 변형계수의 비율을 예상하는데 참고가 되는 자료이다.

표 1.6 암석의 영률(E_r)과 암괴의 변형계수(E_m)의 비율

岩 種	産 地	変形係数 (10^3 kg/cm²) 実験室 E_r	現 場 E_m	$\dfrac{E_m}{E_r}$
화 강 암	포르투갈	520	490	1/1.1
〃	〃	26	9	1/2.9
〃	〃	320	60	1/5.3
〃	〃	430	15	1/29
편 마 암	〃	800	650	1/1.2
편 암	스 페 인	900	400	1/2.2
〃	〃	650	120	1/5.4
〃	〃	1400	50	1/28
礫 岩	그 리 스	600	60	1/10
砂 岩	포르투갈	650	86	1/7.6
실트스톤	그 리 스	150	15	1/10
泥 岩	이 란	115	70	1/1.6
Marl	〃	470	430	1/1.1
Coal	〃	700	600	1/1.2
〃	〃	500	75	1/67
규 암	포르투갈	430	4	1/108
〃	〃	330	70	1/4.7

1.20 岩石·岩盤物性相互의 關係

여기서는 암석이나 암반의 물성상호의 관련을 데이터에 준한 線圖로 표시해서 참고로 제공한다. 단, 대상암반은 미국의 것과 국내의 것으로 분류되어 있으므로 상호의 線圖는 다른 암종에 준하는 것이라는 점에 유의해야 한다.

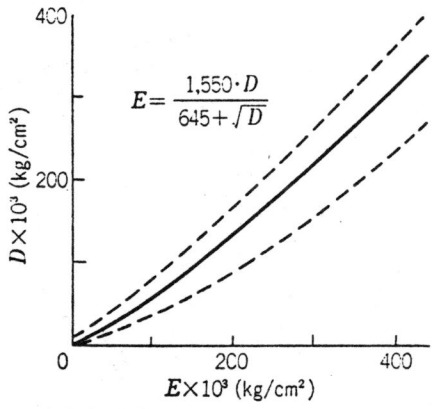

그림 1.41 암반의 탄성계수(E)와 변형계수(D)의 관계

$$E = \frac{1{,}550 \cdot D}{645 + \sqrt{D}}$$

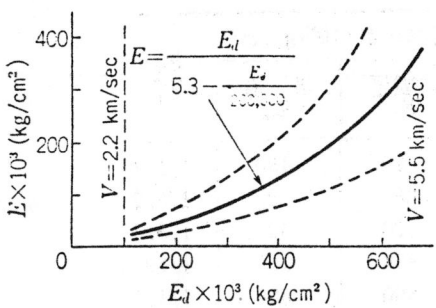

그림 1.42 암반의 靜彈性係數(E)와 動彈성계수(E_d)의 관계

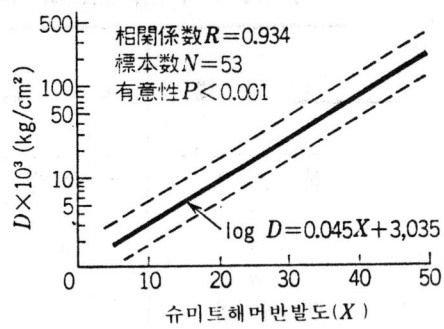

그림 1.44 슈미트해머 반발도와 변형계수(D)의 相關

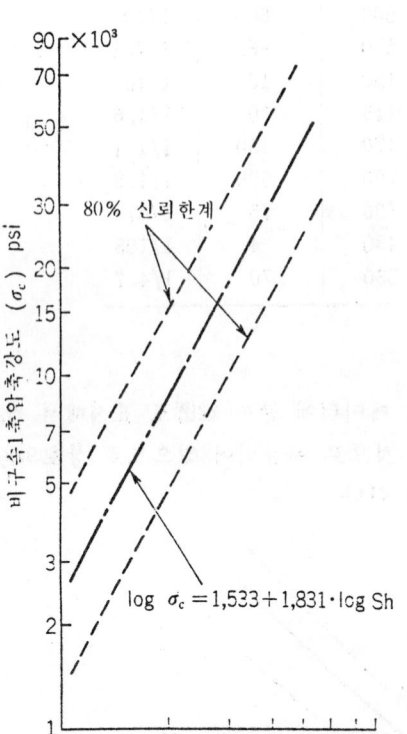

그림 1.43 슈미트해머번호와 압축강도의 상호관련

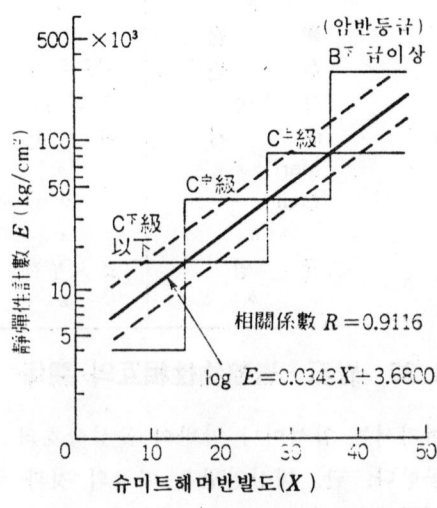

그림 1.45 슈미트해머반발도와 정탄성계수 및 암반등급과의 관계[1]

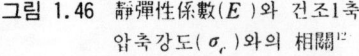

그림 1.46 靜彈性係數(E)와 건조1축 압축강도(σ_c)와의 相關[2]

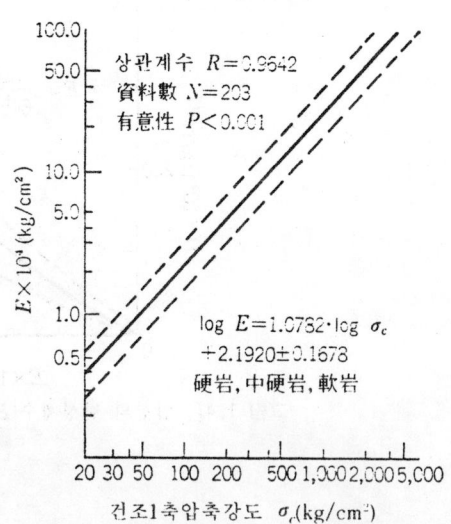

그림 1.41[39] 및 그림 1.42[39]는 현장암반의 탄성계수(E)와 변형계수(D)의 관계 및 靜彈性係數(E)와 動彈性係數(E_d)와의 관계를 표시한 한 예이다.

그림 1.43[40] 슈미트 번호와 1축압축강도의 관계를 또 그림1.44[41]는 가로축에 슈미트해머반발도를 종축에서 변형계수(D)를 잡고 있다.

또 그림 1.45[41] 및 그림 1.46[42]은 모두 세로축에 탄성계수를 갖고 가로축에서는 前者는 슈미트해머반발도를 後者는 건조 1축압축강도를 잠아 상호관련을 구한 것으로 전자에서는 다시 암반 등급도 동시에 표시하고 있다.

1.21 岩石의 1軸壓縮强度 粘着力 및 內部摩擦角[30]

표 1.7에 암석의 1축압축강도(σ_c), 점착력(c)및 내부마찰각(ϕ)의 암종별 한 예를 나타내 둔다. 이들의 값은 물론 동일종류의 암석에서도 생성된 시대나 産地가 다르면 산출의 환경조건이 차이가 나므로 틀린 값을 표시한다는 것이 오히려 보통이고, 특히 외국산의 암석과 국산 암석은 대단히 크게 다를 때가 많으므로 일단 한 예로서 나타낸 것이다.

표 1.7 암석의 압축강도, 점착력 및 내부마찰각[30]

암 종	1축압축강도 (σ_c) MPa	점 착 력 (c) MPa	내부마찰각(°)(ϕ) 최대강도시	잔류강도시
안 산 암	130	28	45	28—30
현 무 암	170	31	48—50	
섬 록 암	84	14	53—55	
화 강 암	160	25	55	31—35
석 회 암	110	18	37—58	33—37
규 암	252	40	64	26—34
사 암	96	17	45—50	25—32
편 암	70	9	26—70	
혈 암	95	8	45—64	27—32
실 트 스 톤	28	5	50	
점 판 암	3	0.7	45—60	24—34

(Bieniawski에 의함)

第2章 支保覆工에 걸리는 盤壓의 計測

2.1 支保로 웨브에 생기는 變形과 軸力, 모멘트 및 剪斷力의 關係[1]

지보공의 임의점 i, 예를 들면 그림 2.5의 4위치를 그림 2.1에 표시했다고 한다. 同圖 웨브에 변형계 ε_u, ε_l 및 γ를 그림처럼 접착했다고 하면 ε_u, ε_l은 각각 중립축에서 y_i 인 거리에 있으며, 축방향의 변형측정용의 변형계이고 γ는 중립축에 접착되어 있다면 i 점의 전단변형측정용의 변형계로 한다. 변형계는 웨브의 양측에 同圖(b)와 같이 접착되어 있으므로 그들의 평균값이 $\varepsilon_u{}^i$, $\varepsilon_l{}^i$ 및 γi라고 한다.

스트레인 게이지가 그림 2.1의 배치라고 하면 다음의 관계식이 성립된다.

$$E\varepsilon_u{}^i = \frac{N_i}{A} + M_i \frac{y_i}{I}$$
$$E\varepsilon_l{}^i = \frac{N_i}{A} - M_i \frac{y_i}{I} \tag{2·1}$$

여기에, E : 지보공의 영률, A : 지보공 단면적, I : 단면2차모멘트, N_i : 지보공 i 점의 축력, M_i : 같은 모우먼트이다.

위식에서, N_i, M_i를 구하면

$$N_i = \frac{E(\varepsilon_u{}^i + \varepsilon_l{}^i)}{2} \cdot A \qquad M_i = \frac{E(\varepsilon_u{}^i - \varepsilon_l{}^i)}{2} \cdot \frac{I}{y_i} \tag{2·2}$$

또,

$$Q_i = G \cdot \gamma_i \cdot A_w$$

이다.

여기에, Q_i : i점의 전단력, G : 지보공 강성률($G = E/2(1+\nu)$, ν : 포아슨비) γ_i : i점에 대한 크로스 게이지의 변형값이며 $\gamma_i = (\varepsilon + 45° - \varepsilon - 45°)$이고, γ_i는 N 방향에 대하여 $+45°$의 게이지와 $-45°$의 게이지 변형차로서 주어진다. A_w : 지보공웨브의 면적

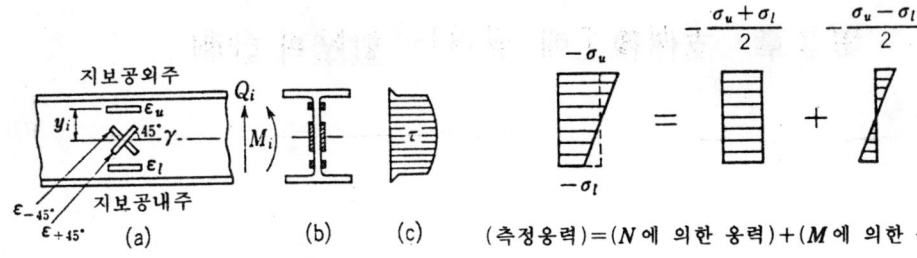

그림 2.1 지보공의 변형측정   그림 2.2 지보공의 축방향측정 응력과 M, N에 의한 축방향응력관계

이다.

이 경우, 계산에 있어서 주의해야할 일은 지보공의 영률은 **그림 2.3**에 나타낸 바와 같이 $\varepsilon = 1,400 \times 10^{-6}$을 넘는 부분은 $E = 1.9 \times 10^4 \text{kg/cm}^2$, 그 이하에 대해서는 $E = 2.1 \times 10^6 \text{kg/cm}^2$를 채택한다.

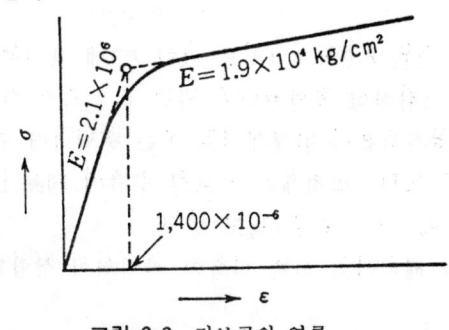

그림 2.3 지보공의 영률

2.2 圓形支保工에 加해지는 軸力, 휨모멘트 및 地壓의 簡易計測法

그림 2.4의 원형 지보공 위치 1, 3, 5 및 7에서는 하중계 사이에 위치 1, 2~8에서는 그림에 표시한 위치에 예를들면 칼슨의 변형계와 같은 축방향 변형계를 설치한다. 이 경우, 현장계측에서는 비용경감상, 웨브의 한쪽에만 계기를 설치, 그 값에서 그 위치의 변형평균값으로 간주할 때가 많다.

이 원형지보공의 축력 N(t) 및 휨모우먼트 M(t-m)은 다음 식에 의해 산출된다.

$$N = \frac{u+l}{2} \cdot E \cdot A \cdot \frac{1}{1,000} \qquad M = \frac{u-l}{2} \cdot E \cdot Z \cdot \frac{1}{100,000} \qquad (2 \cdot 3)$$

여기에 u, l은 각각 변형값 E : 지보공영률, A : 지보공단면적(cm^2), Z : 단면계수(cm^3)이다.

또, 평균연직지압, 및 측압은 각각 측정점 3, 7 및 1, 5의 축력에서 다음식에 의해 추정할 수 있다.

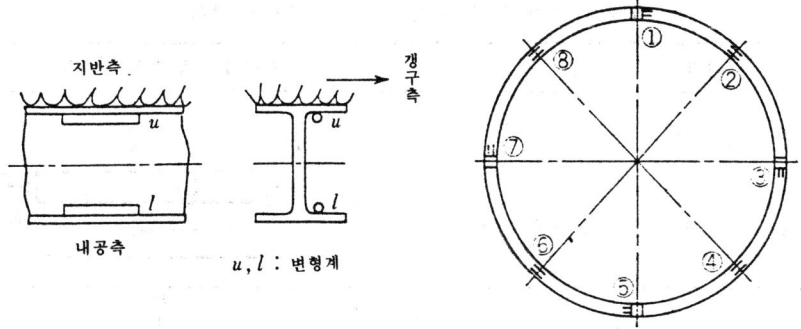

그림 2.4 원형지보공에 가해지는 축력, 휨모우먼트 및 지압의 간이계측법

$$p = \frac{N_3 + N_7}{2} \cdot \frac{1}{R} \cdot \frac{1}{t} \ (t/m^2)$$
$$q = \frac{N_1 + N_5}{2} \cdot \frac{1}{R} \cdot \frac{1}{t} \ (t/m^2)$$

(2·4)

여기에 p : 연직지압, q : 측압, N_i : i점의 축력(t), t : 지보핏치(m), R : 지보공반경 (m)이다.

2.3 支保工에 생기는 變形과 外力과의 關係(鋼틀 變形의 測定에서 鋼틀에 加해지는 外力을 구하는 方法)[1]

(2·2)식에서 지보공임의점(i)의 축력(N_i), 휨모우먼트(M_i) 및 전단력(Q_i)이 구해지면 재료역학에 의해 부재의 단면력과 그 부재에 작용하는 외력과의 관계식을 구할 수 있으므로 지보공에 생기는 각 점의 변형을 계속하므로써 그 계측점 사이에 작용하는 외력,

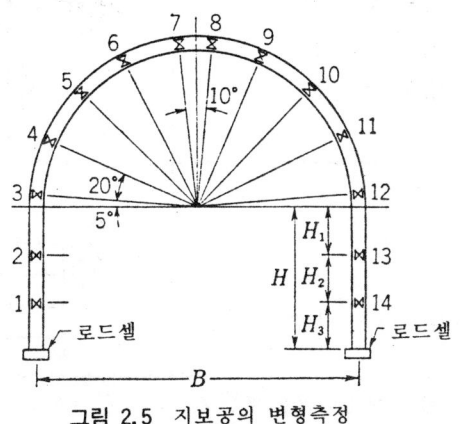

그림 2.5 지보공의 변형측정

표 2.1 부재에 작용하는 외력과 단면력의 관계

위치	외력의 크기, 작용위치	외력과 단면력의 관계도
①～② 사이	$S_1 = N_1 - N_2$ $P_1 = Q_2 - Q_1$ $x = (M_2 - M_1 + Q_2 l + S_1 \cdot H/2)/P_1$	
②～③ 사이	$S_2 = N_2 + N_3 \cos\theta - Q_3 \sin\theta$ $P_2 = Q_3 \cos\theta + N_3 \sin\theta - Q_2$ $x = \{M_2 - M_3 - S_2(R+H/2)$ $\quad - Q_2 l + (N_2 - N_3)R - P_2 l\}/P_2$	
아치부	$S_i = \dfrac{(N_i - N_{i+1}) \cdot R}{R + H/2} + \dfrac{M_i - M_{i+1}}{R + H/2}$ $P_i = \sqrt{A_i^2 + B_i^2 - S_i^2}$ $\varphi_i = \tan^{-1} \dfrac{B_i P_i - A_i S_i}{A_i P_i + B_i S_i}$ $A_i = Q_i - Q_{i+1} \cdot \cos\theta_i - N_{i+1} \cdot \sin\theta_i$ $B_i = -N_i - Q_{i+1} \cdot \sin\theta_i + N_{i+1} \cdot \cos\theta_i$	
⑫～⑬ 사이	$S_{12} = N_{12} \cos\theta - N_{13} + Q_{12} \cdot \sin\theta$ $P_{12} = Q_{13} - Q_{12} \cdot \cos\theta + N_{12} \cdot \sin\theta$ $x = \{M_{13} - M_{12} + (N_{13} - N_{12})R$ $\quad + Q_{13} l + S_{12}(R+H/2)\}/P_{12}$	
⑬～⑭ 사이	$S_{13} = N_{13} - N_{14}$ $P_{13} = Q_{14} - Q_{13}$ $x = (M_{14} - M_{13} + Q_{14} \cdot l + S_{13} \cdot H/2)/P_{13}$	

주 : 아치부에서의 전단력이 구해지지 않을 때는 P_i, S_i 가 $\varphi_i = \theta_i/2$ 로 가정한다.

즉 반압을 구할 수 있다. 표 2.1은 부재에 작용하는 외력과 단면력의 관계식을 표시하고 있으며 위치 1~14는 그림 2.5에 대응하는 것이다.

그림 2.6은 (2·2)식에 의해 구해진 3단면력 N_i, M_i 및 Q_i에서 지보공의 2측점사이 (측점 i와 측점 $(i+1)$)을 연속보의 일부로 생각해서, i와 $(i+1)$ 사이에 단 하나의 집중하중이 작용하고 있다고 가정해서 외력의 크기와 그 작용방향을 i와 $(i+1)$ 사이의 불균형에서 구한 해석예이다.[2] 이 해석법을 무라야마식 해석법이라 일컬어질 때도 있다.

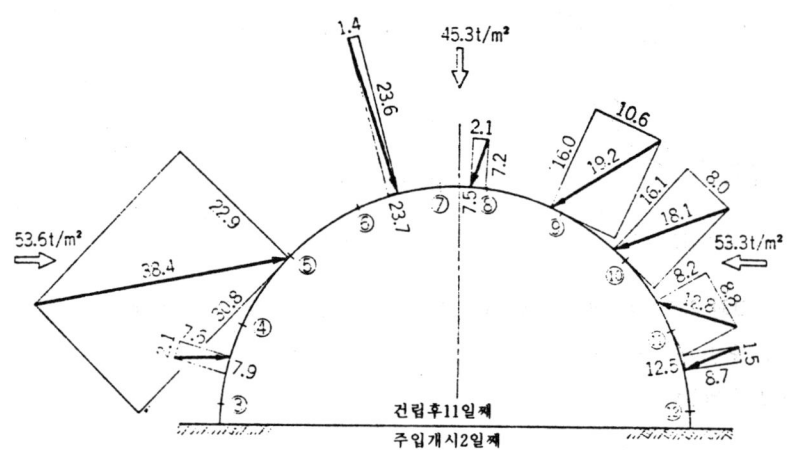

그림 2.6 지보공변형의 계측에 의하여 구할 때 작용외력의 해석예

2.4 支保工과 숏크리트 反力과 軸力의 分擔率

그림 2.7은 H형 원형지보공과 숏크리트가 주위암반의 반압을 어떤 비율로 분담지지하고 있는지 밝히기 위해 실시된 계측법의 설명도이다.

同圖(a)의 측점 1, 2, …12에서는 각 측점의 축력, 모우먼트 및 전단력을 계속 할 수 있도록 스트레인게이지가 접착되어 있으며 측점 A, B, C 및 D에서는 로드셀이 삽입되어 스트레인게이지계측으로 구해진 축력과 로드셀이 표시하는 축력을 비교할 수 있도록 되어 있다. 또 숏크리트에서는 同圖(b)에 나타낸 바와 같이 연직토압(혹은 연직축력)을 측정할 수 있도록 100H형강을 개입시켜 토압측정용 잭(J)이 좌우에 설치되어 있으며, 또 同圖(c)에 나타낸 바와 같이 축력측정용의 콘택트 유압셀(T)과 래디얼방향 반력을 계측하기 위해 콘택트유압셀(R)이 숏크리트내의 여러곳에 매설되어 있다.

지보공웨브에 점착된 스트레인게이지가 표기하는 변형 ε_u 및 ε_l, 그밖의 기호를 식

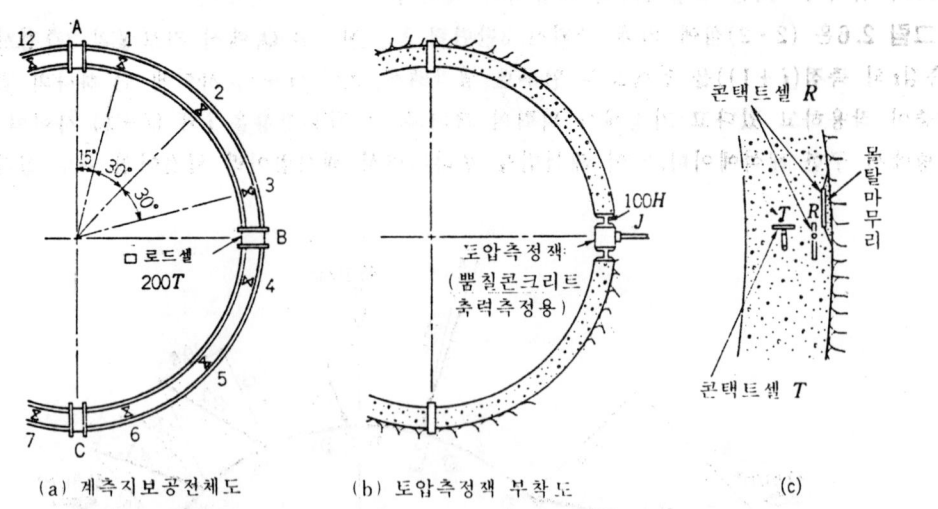

그림 2.7 지보공과 흄숏크리트의 지보반력(R)과 축력(N)의 계측

(2·2)과 동일하다고 하면,

지보공축력(N)은

$$N = \frac{\varepsilon_u + \varepsilon_l}{2} \cdot E \cdot A$$

로 표시된다.

또, σ : 뿜칠층의 축방향압력(kg/cm²), p : 뿜칠층의 축력측정값(kg), e : 뿜칠층의 1 스팬(cm), t : 뿜칠층의 두께(cm)로 하면

$$\sigma = \frac{P}{e \cdot t}$$

로 표시된다.

세이칸터널 요시오까 측에서는 시험갱도에 있어서 이 계측법을 실시하여 H형 지보공과 숏크리트의 지보반력과 지보축력의 분담률을 실측에 의해 구하고, 다음의 결론을 얻었다.

① 굴착면에 대한 반경 방향의 지보반력 분담은 지보반력을 정수압분포로 가정하여 계측지보공의 외력분포와 숏크리트의 콘택트셀(R)의 평균값을 계산하여 분담률을 구하면, H형 지보공의 반력은 35% 정도이며 숏크리트의 반력은 65%정도였다.

② 축력의 분담에 대해서는 H형지보공의 축력은 75% 정도인데 대해서 숏크리트의 축력은 25%정도라는 것을 나타낸다.

第3章 락볼트, 어스앵커와 NATM施工管理計測

3.1 락볼트와 效果

락볼트는 갱도나 막장천반이나 측벽의 암벽암괴 붕락을 방지하기 위해서 사용되는 지보공의 일종이다. 또 하반의 반부풀음을 방지하기 위해서도 유효하다는 것이 실증되어 있다. 붕락의 염려가 있는 암벽을 향해서 통상 2~3m의 천공을 하여여기에 볼트를 박으며 그림 3.1의 ①부분의 고정장치(웨지형, 엑스팬션형, 그밖의 구조가 고찰되고 있다)로 공벽에 볼트를 고정하고 천공부에 몰탈로서 접착고정한다. 이어서 공구에 강판을 대서, 너트로 조임하고 볼트에 장력을 주어 암벽을 조임한다. 이와 같은 락볼트를 통상 1.5m 정도의 지그재그핏치로 배치하는 것이 볼트지보공이다. 다시 상호의 볼트 사이의 틈에서 소붕락을 방지하기 위해 철망 사이에 강판을 대서 너트로 조임하는 경우도 많다.

그림 3.2(a)는 갱도측벽의 붕락방지 목적으로 타설된 락볼트의 예이며 BC선에 따라서 붕락도 생기기 쉬운 것이 보통이다. 여기서 同圖(b)와 같은 모형에 대하여 실험되고 있다. 同圖로 상재하중 p를 바꾸고, 전단력 S를 증가해서 상·하 암괴가 전단파괴할 때까지 실험한다. 그경우 각도 a와 하중 p를 바꾸는 일로 σ_n, τ 등의 응력이 구해지고 볼트에 스트레인게이지를 접착시켜 주므로서 볼트에 가해지는 장력도 판명된다.

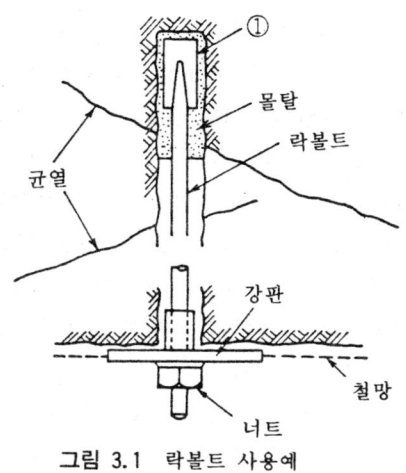

그림 3.1 락볼트 사용예

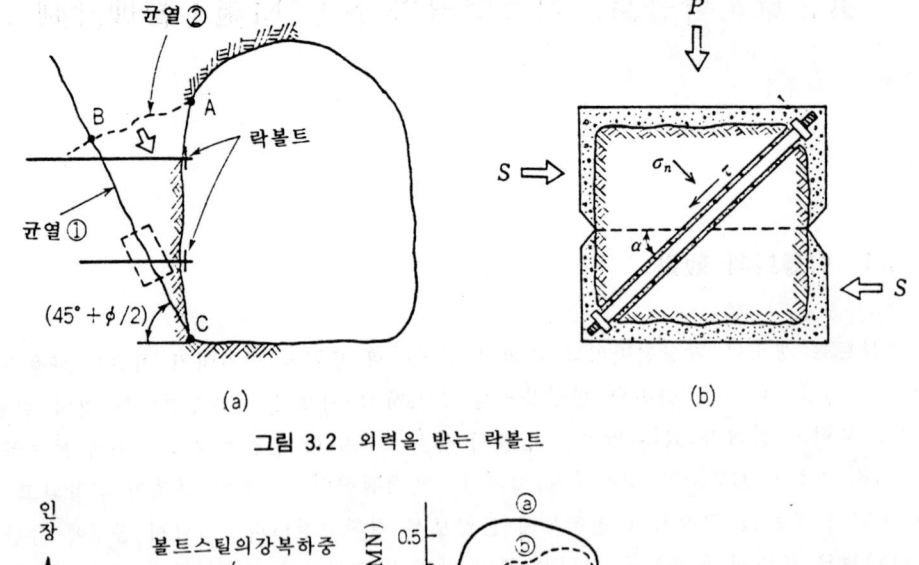

그림 3.2 외력을 받는 락볼트

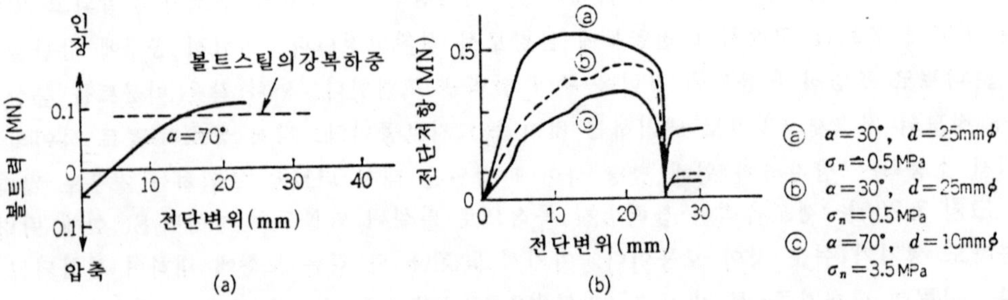

그림 3.3 볼트조임이 된 죠인트의 전단저항변위 곡선

그림 3.3은 그림 3.2의 방법으로 실험된 결과를 표시하고 있다. 45cm각의 화강암괴에 대하여 시험하고, 볼트에서는 장력을 주어 조임하고 있다. 同圖(a)는 $\alpha = 70°$의 경우이며, 볼트에 가해지는 인장력과 암괴의 전단변위관계를 나타내고 있으며, 동시에 (b)는 각도 α를 바꾼 경우이며, 볼트의 암괴에 대한 최대전단저항력은 $\alpha = 35° \sim 65°$ 사이에서 생기는 것을 알 수 있다. 또, 전단변위는 15~30mm로 전단파괴를 일으키고 있다.

그림 3.4(a)는 락볼트의 현장시험법을 표시한다. 볼트에 작용하는 장력이나 전단력은 암석죠인트 사이에 죠인트의 상하가 떨어진 부분의 볼트상에접착된 스트레인게이지에 의해 측정된다. 同圖(b), (c)가 결과로 볼트스틸의 항복장력을 받는 부분에서 볼트는 파단되어 있으며 전단저항은, 전단변위가 적으며 처음에는 강한 저항을 표시하지만, 15mm의 변위 이상이 되면 전단저항은 감소하며 볼트와 접착제 사이에서 활동이 생긴다는 것을 알 수 있다.

이러한 시험결과에서 락볼트의 전단저항은 다음 3가지의 다른 효과에 의해 되는 것으로 판단이 된다. ① 암석의 죠인트면과 수직으로 작용하는 수직응력 및 죠인트부의 전단

3.1 락볼트의 효과

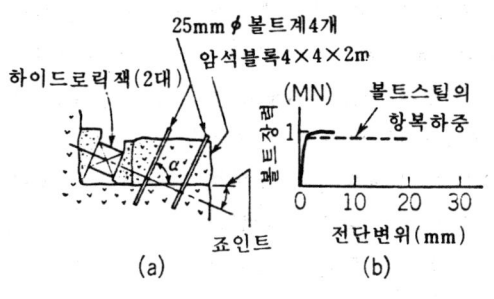
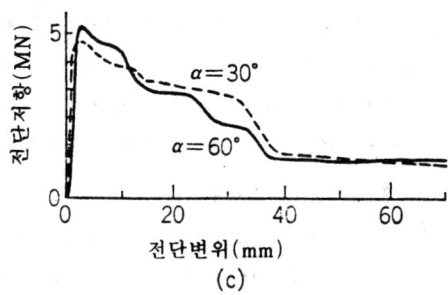

그림 3.4 락볼트의 현장시험법(a)과 결과(b), (c)

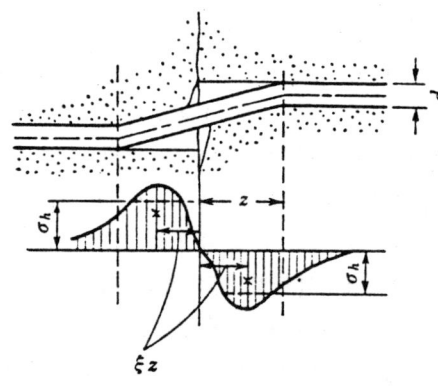

그림 3.5 파단에 가까운 볼트드엘효과에 의한 응력분포

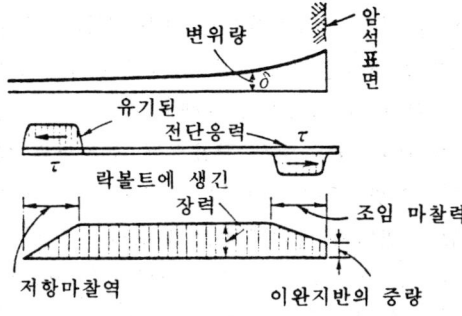

그림 3.7 그라우트된 락볼트에 작용하는 힘의 배분

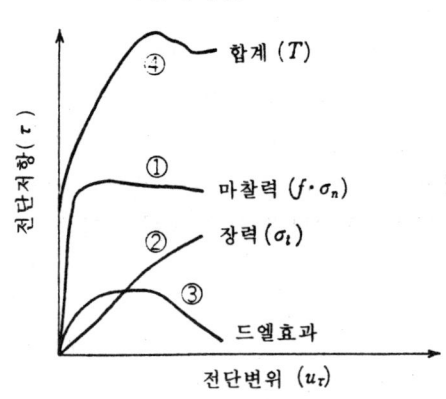

그림 3.6 락볼트의 마찰력, 인장력및 드엘 효과와 죠인트 변위의 관계

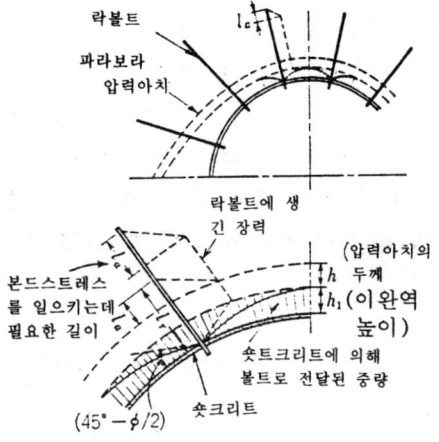

그림 3.8 락볼트와 암반의 하중배 분의 상호 작용개념도

변위에 의해 볼트내에 새롭게 생긴 수직응력의 증가분에 의한 죠인트에 작용하는 마찰력, 죠인트부에 전단변위를 일으킨 결과 볼트내에 새롭게 생긴 볼트의 인장력에 준하는

힘, ②죠인트부에 전단변위를 일으킨결과 볼트내에 새롭게 생긴 볼트의 인장력에 준하는 힘, ③ 볼트의 드웰효과(Dowel effect)로 일컫는 것이다. 이 가운데 ③의 드웰효과라는 것은 암괴가 전단변위를 받기 때문에 볼트가 변형해서 **그림 3.5**에서와 같이 되었다고 하면 볼트의 변형을 위해 죠인트부암석은 同圖에 나타난 바와같이 국부적으로 강한 압축을 받게되고, 이 응력은 다시 죠인트면에 대해서도 수직응력의 증대로 나타나므로 죠인트의 마찰력을 늘이는 효과가 된다. 이와같은 효과를 드웰효과라 한다.

드웰효과는 죠인트의 전단변위가 15~30mm에 달하면 좋은 영향을 미치지만 여기까지는 그다지 중요한 작용을 하지 않는다. 결국, 락볼트의 전단저항은 ① 그라우트된 無張力 락볼트의 마찰력, ② 볼트의 장력, ③ 드웰효과에 준하는 힘이며, 죠인트부의 전단변위와 이들 저항력과의 관계는 **그림 3.6**에 표시한 것으로 생각된다.

그림 3.7은 락볼트의 정착부와 긴장부를 그라우트한 볼트에 작용하고 있는 힘의 배분을 락볼트에 접착한 스트레인게이지로 계측한 결과에 준해서 그린 개념도이다. 또 **그림 3.8**은 NATM에 대한 락볼트에 작용하는 힘과 암반의 하중배분의 관계를 나타낸 개념도이다. 암반공동주위에서는 일반적으로 압력아치가 작용한다고 생각하고 있지만, 압력아치 밑 이완역의 암석중량은 숏크리트에 의해 받쳐지고 락볼트에 그 하중을 전달하게 된다. 그리고 앵커볼트 사이의 이완역은 파라보라상의 형상을 이룬다고 생각하는 것이 타당할 것이다. 즉, 이완역의 포락선은 압력을 지지하는 면($45°-\phi/2$)의 각도를 이루는 활동면을 갖는 포락선일 것이다. 그리고 압력아치는 이 이완역에 대하여 접해있다고 일단 생각한다. 그리고 터널의 중심선에 세운 垂線이 이완역을 자르는 길이, 즉 h_1(이완역의 높이)와 압력아치두께(h)와 같다고 가정하면 일시적인 지보설계는 가능해진다.

숏크리트층의 두께 10cm, 직경 41.3mm(1-5/8″ϕ), 길이 3m의 보아홀에 19mm지름의 락볼트를 삽입해서 그라우트하고 다시 양생 7일로 100kg/cm²이상의 강도를 얻는 시멘트그라우트를 주입한다. 볼트배치는 굴착주변에 2.1m간격, 터널축에 따라서는 2.5m 간격이라는 정4각형상 패턴으로 한다. 앵커사이의 이완역에서 형성되는 패라보라상의 높이 h_1를 평균 44cm로 하면 숏크리트층을 포함한 압력아치하의 이완 체의 중량은

$$W = A_t(\gamma_n h_1 + \gamma_c \cdot d) \tag{3·1}$$

여기에 A_t : 각 앵커에 종속하는 면적, γ_c : 숏크리트의 체적중량=2,300 kg²/m³, d : 숏크리트층의 두께, γ_3 : 현장암반의 체적중량

예를 들면, 안산암질응회암의 점착력(=11.0~11.7kg/cm², 내부마찰각 ϕ=32.6°, 1축압축강도 σ_c=39.3~44.1kg/cm², 인장강도 σ_t=6.6~6.8kg/cm², 현장암반의 체적중

3.1 락볼트의 효과

량 $\gamma_n = 1.920 \sim 1.940 \text{kg/cm}^3$

이렇게 해서 $W = 2.0 \times 2.5(1.940 + 0.44 + 2,300 \times 0.1) ≒ 5,400(\text{kg})$, 앵커쪽으로 전달되는 중량분은 4,700kg이다.

압력아치의 두께(h)에 대해서는 계산된 수직압에 대해서 암석의 1축압축강도(σ_c)에 안전률을 2로 하여 아치의 크라운단면 저항과 작용력이 같아지게 됨으로써 구해진다. 이러한 경우는 $h = 37\text{cm}$가 된다.

앵커에 대하여 이완역의 중량을 전하는 작용을 하므로써 숏크리트내에 발생한 응력, 볼트와 숏크리트사이에 생긴 본드응력, 조임마찰력에 야기된 인장력, 저항마찰력역에 야기된 장력 등에 의해 그라우트내에 생긴 응력 등은 모두 검토할 필요가 있다.

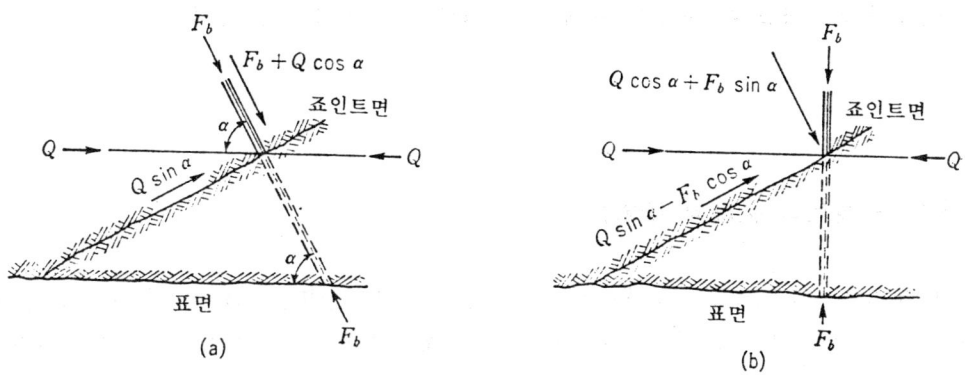

그림 3.9 죠인트면에 직교하는 볼트(a)와 암벽면에 직교하는 볼트(b)

그림 3.9도 F_b를 암반균열면에 직교하는 볼트의 조임힘, Q는 암벽면과 평행하는 방향으로 작용하고 있는 단위면적당의 힘(지압) $\tan\phi$를 균열면의 마찰계수 α를 균열면으로 직교하는 직선이 암벽면과 이루는 각도로 하면 균열면에 대해 평행하는 방향으로 작용하는 힘과 수직으로 작용하는 힘은 각각 $Q\sin\alpha$와 $F_b + Q\cos\alpha$이므로 죠인트의 안정조건은 다음 식이 된다.[10]

$$\frac{Q\sin\alpha}{F_b + Q\cos\alpha} < \tan\phi \qquad (3\cdot 2)$$

위식은 다음과 같이 곱한다.

$$\frac{F_b}{Q} > \sin\alpha(\cot\phi - \cot\alpha) \qquad (3\cdot 3)$$

그것으로 식(3·2)으로 $F_b = 0$로 해주므로써 알 수 있듯이 만약 $\alpha < \phi$라면, 볼트는 필요하지 않다. 그것에 반해서, 볼트가 죠인트의 안정에 유효하기 위해서는 Q는 대단히 작아져야 한다. 예를 들면 마찰계수를 0.7로 하면 $\tan^{-1}\phi \, 35°$이고, 만약 $\alpha \geq 40°$에서 $F_b/Q \leq 0.15$이다. 볼트가 4ft 간격으로 설치되어 있고, 14,000lb의 장력으로 조여진다고 하

면 죠인트면의 단위면적당의 힘 F_b는 약간 대략 6psi이며, 그러므로 $Q \leq 40$psi가 된다.

볼트가 암벽면에 대해 수직으로 설치되어 있으면 죠인트의 안정을 위해 필요한 조건은 다음 식이 된다.

$$\frac{Q\sin\alpha - F_b\cos\alpha}{Q\cos\alpha + F_b\sin\alpha} < \tan\phi \qquad (3\cdot 4)$$

그러나 前例에서와 같이 Q가 작은 것이 아니면 볼트는 유효하지 않다.

균열이 많고 죠인트가 많은 암반내의 마찰효과는 극히 적은 강화효과 밖에 없으므로 단단한 암반의 안정에 대해서는 현수(suspension)가 대단히 효과적이라 할 수 있다. 29/32in 직경의 軟鋼볼트(항복하중-20,000lb)로 4ft 간격으로 설치되어 있다고 하면, 두께 8.5ft의 완전히 분리한 암괴를 지지해서 얻는다.

안전률은 2로 해도 4ft 이상의 두께의 분리암괴를 지지할 수 있다.

3.2 락볼트의 强度와 接着力

락 볼트의 강도로서는 지반내에서의 인발강도가 볼트항복점 이내에서 견뎌지는 소재를 필요로 한다. 즉 설계상 10t의 인발내력이 필요해진 경우, 현장인발시험의 결과는 10t 이상이 보증되고, 또 사용하는 락볼트의 소재항복점은 10t 이상 필요하다고 한다. 통상, 지질이나 암석상황에 의하나 몰탈이나 시멘트페이스트정착제에서는 對地盤定着强度는 $1\sim15$kg/cm^{2}이고 對鋼棒의 부착강도는 $10\sim30$kg/cm^{2}라고 생각되고있다. 또 레진 사용의 경우 對地盤定着强度는 $10\sim100$kg/cm^{2}이고, 對鋼棒의 부착강도는 100kg/cm^{2}로 되어 있다. 이와 같은 單位地盤에 대한 定着强度와 총지반 부착면적(결정된 볼트 길이와 지반내의 공경에 의해 결정된다)을 곱한 수치에 설계강도로 선정된 볼트항복점이 맞치되면 그 볼트는 사용가능하고 최적조건을 얻는 것이된다.

표 3.1, 3.2는 일반적으로 사용되고 있는 락볼트의 강도이다[11].

그라우트된 락앵커의 응력과 접착력에 대하여 조금 이론적으로 고찰해 본다.[12] 그림 3.10에서 롯드에 인장력이 가해지고 있으면 그 힘은 롯드/그라우트 경계면의 본드, 다시말해서 전단응력을 개입시켜 그라우트를 전해진다. 그리고 롯드에서는 신장을 일으키고 있으며, 그라우트는 앵커에 따라서 전단력을 받는다. 同圖에서 x와 $x+\delta_x$ 사이의 微小區間에 대하여 생각하면 응력의 관계는 다음 식으로 주어진다.

$$\pi a^2 \delta\sigma_x = -2\pi a \tau_x \cdot \delta_x$$

3.2 락볼트의 강도와 접착력

표 3.1 조임식 락볼트의 강도[11]

볼트호칭지름 (mm)	사용소재지름 (mm)	내력(연마봉강)			단위중량 (kg/m)
		항복점(t)	극한(t)	신장(%)	
20	18.14~18.31	8.2	11.9	9	2.01
22	20.13~20.31	10.2	14.9	〃	2.48
24	21.81~21.98	11.8	17.2	〃	2.91
27	24.89~24.98	15.4	22.5	〃	3.79

주 : 웨지, 엑스팬션, 선단접착각 형과 공통
　　연마봉강의 항복점 $\sigma_y = 35\text{kg/mm}^2$ 이상, 인장강도 $\sigma_t = 52\text{kg/mm}^2$ 이상

표 3.2 전면접착식 락볼트의 강도[11]

볼트호칭지름 (mm)	단면적 (mm²)	재 질	내 력			단위중량 (kg/m)
			항복점(t)	극한(t)	신장(%)	
D 19	286.5	$\sigma_y = 35\text{kg/mm}^2$	10.0	14.3	18	2.25
〃 22	387.1		13.5	19.3	〃	3.04
〃 25	506.7	$\sigma_t = 50\text{kg/mm}^2$	17.7	25.3	〃	3.98
〃 29	642.4		22.4	32.1	〃	5.04
TD 24	467.5	$\sigma_y = 40\text{kg/mm}^2$	18.7	28.0	18	3.6
〃 30	660.0	$\sigma_t = 60\text{kg/mm}^2$	26.4	39.6	〃	5.14

주 : 볼트호칭지름의 D 는 이형봉강을 의미하고 이형봉강의 단면적은 공칭단면적이다.

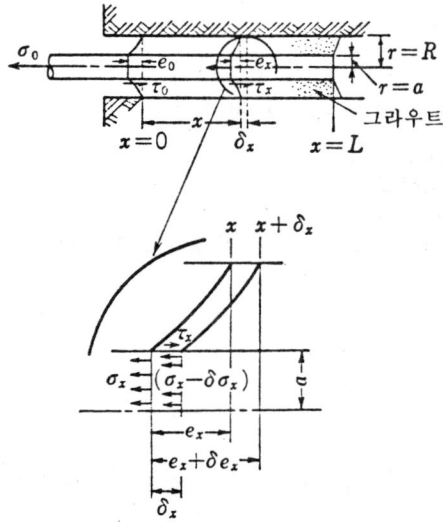

그림 3.10 그라우트된 앵커의 응력분포

즉

$$\frac{d\sigma_x}{dx} = \frac{-2}{a}\tau_x \tag{3·6}$$

e 를 棒의 신장으로 하여 E_a 를 棒영률로 하고, 변형은 탄성적이라고 한다면 $\sigma_x = -E_a \cdot \delta e_x/dx$ 이므로 위식은

$$\frac{d^2 e_x}{dx^2} = \frac{2}{a} \cdot \frac{\tau_x}{E_a} \tag{3·7}$$

가 된다. 그라우트되는 공극이 엷은($[R-a]<a$)경우는 봉강/레진경계면의 전단 응력은 그라우트내에서의 전단응력을 나타내고 있으며

$$\tau_x = \frac{e_x}{(R-a)} \cdot G_g \tag{3·8}$$

여기서, G_g 은 그라우트의 강성률이다. 만약 이 圓環이 두꺼우면($[R-a]>a$)는 전단응력의 放射方向 변화에 의해 영향되므로 그 때는

$$\tau_x = \frac{e_x}{a \cdot \ln R/a} \cdot G_g \tag{3·9}$$

가 된다. 어떤 경우에도 식(3·7)은 아래의 식이 되며,

$$\frac{d^2 e_x}{dx^2} - \alpha^2 \cdot e_x = 0 \tag{3·10}$$

이 표준풀이는

$$e_x = A \exp \alpha x + B \exp \alpha x \tag{3·11}$$

가 된다. 여기에 α 는 원환의 두께에 의해

$$\alpha^2 = \frac{2G_g}{E_a \cdot a(R-a)} \quad \text{혹은,} \quad \frac{2G_g}{E_a \cdot a^2} \ln R/a \tag{3·12}$$

이다. 식(3·11)의 상수 A, B 는 $x=0$에 있어서 $\sigma_x = \sigma_0$, $x=L$에 있어서 $\sigma_x = 0$로 하면 쉽게 구해지고 결국 식(3·11)은 아래의 식이 된다.

$$e_x = \frac{\sigma_0}{E_a \cdot \alpha} \cdot \frac{\cosh \alpha(L-x)}{\sinh \alpha L} \tag{3·13}$$

앵커는 대략 $L \gg 1/\alpha$ 이므로 식(3·12)은 아래의 식과 같이 그려도 무방하다.

$$e_x = \frac{\sigma_0}{E_a \cdot \alpha} \exp -\alpha x \tag{3·13}'$$

또,

$$\tau_x = \frac{1}{2} a \alpha \sigma_0 \exp -\alpha x \tag{3·14}$$

만약, 그라우트재료의 E_g 가 $E_g = 2G_g$ 으로 가정할 수 있다고 하면,

$$k = \frac{2G_g}{E_a} = \frac{E_g}{E_a}$$

3.2 락볼트의 강도와 접착력

로 하므로 k는 전단 그라우트의 E_g와 봉강의 E_a 비를 표시하고, 식(3·12)은

$$\alpha^2 = \frac{k}{a(R-a)} \quad \text{혹은,} \quad \frac{k}{a^2(\ln R/a)} \tag{3·15}$$

로 쓰인다.

다시 식(3·13)'나 (3·14)로 αx가 4.6과 같은 때는 $\exp -\alpha x = 0.01$로 e_x, τ_x는 앵커의 두부로 그 크기의 1%로 감소한다. 다시 말해서 앵커에 들어가는 하중은 효과적으로 분산되어 앵커길이의 전단길이(LT)는 다음 식으로 지지된다.

$$LT = \frac{4.6}{\alpha}$$

대표적인 레진앵커로 했을 때의 앵커에 따르는 전단응력분포는 **그림 3.11**로 표시된다. 표준적인 레진/봉강앵커에서는 $k \fallingdotseq 0.01$로 $(R-a) = 0.25a$에 대해서는 식(3·15)에서 α는 $0.2/a$가 되고 식(3·14)은

$$\frac{\tau_x}{\sigma_0} = 0.1 \exp(-0.2x/a) \tag{3·17}$$

가 된다.

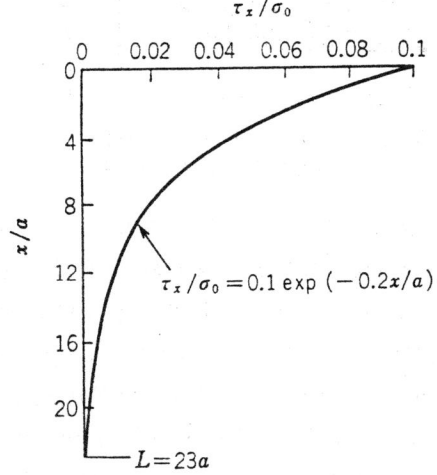

그림 3.11 엷은 원환상레진의 앵커에 수반하는 이론응력분포

상기 이론결과와 실험결과를 대비하기 위해 볼트표면과 등간격으로 스트레인게이지를 접착하고 콘크리트 그밖의 암석의 보어홀에 락볼트를 삽입해서 레진으로 고화한 앵커에 장력을 주어서 앵커표면의 변형을 측정하고 전단응력을 다음 식으로 구했다. $\tau_{1,2} = E_a/a(\varepsilon_1 - \varepsilon_2) 2l$, 여기에 l은 게이지 간격, ε는 측점의 변형이다. 그림 3.12 및 그림 3.13은 이렇게 계산된 앵커표면의 전단응력측정값(圖中의 實線)을 上記 이론값(圖中의 點線)과 대비해서 나타내고 있다. 콘크리트에 대한 앵커에서는 인장력 40KN까지는

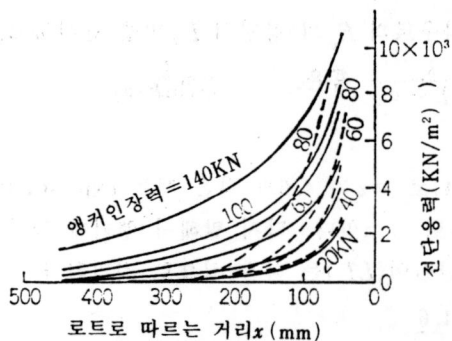

그림 3.12 콘크리트내의 500mm 길이의
레진앵커의 전단응력분포

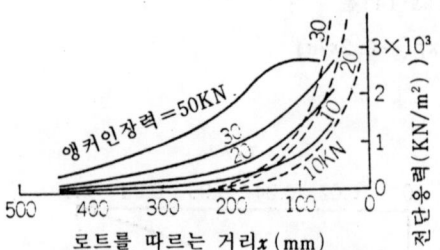

그림 3.13 석회암내의 500mm 길이의
레진앵커의 전단응력분포

이론값과 실측값이 비교적 잘 일치되어 있지만 석회암에 대한 경우는 앵커장력 10KN에 대해서도 그다지 일치되지 않는다. 그라우트 環狀의 경우 엷다는 것을 생각하면 앵커/그라우트경계의 전단응력은 그라우트 전단면에 거쳐서 같다고 생각하고 있으므로, 따라서 그라우트/암석 경계에서의전단응력으로 생각해도 되므로, 앵커장력이 높아지면 이 전단응력이 높아지므로 약한 암석에서는 그라우트/암석경계로 전단응력을 위해 전단파괴를 일으킬 것으로 생각된다. 따라서 암종에 의해, 즉 암석의 경도에 의해 또 앵커의 길이에 의해 이 파괴상태는 달라질 것이다. 콘크리트의 경우는 同圖에서 앵커장력이 40KN이상이 되면 고결앵커의 일부가 비결합이 되기 시작해서 인장저항은 표피마찰에 크게 영향을 줄 것으로 생각된다. 쵸크에 대하여 앵커한 경우는 **그림 3.14**에 표시한 것처럼 대단히 낮은 응력레벨로 비결합이 되고, 잔여표피마찰 즉 전단저항도 낮은 인장력으로 움직이고 있다는 것을 알 수 있다.

표 3.3은 실험에 사용한 앵커재료의 물성이다. 이들의 자료에 준해서 실험결과를 총괄하면 앵커의 설계기준으로서는 다음 식을 채택하는 것이 타당하다고 한다.

$$P = 0.1 \sigma_c \cdot \pi R L$$

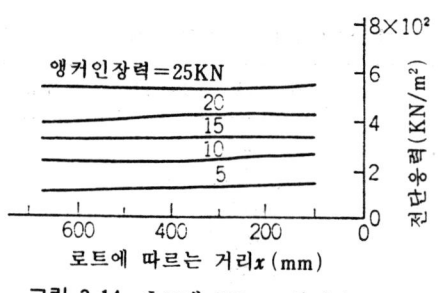

그림 3.14 쵸크내 700mm 길이의
레진앵커의 전단응력분포

표 3.3 앵커재료의 물성

재료 \ 물성	E (KN/m²)	강도 (KN/m²)
강 봉	1.80×10^8	5×10^5 (인장)
충전된 에폭시레진(24h)	2.25×10^6	6,000 (〃)
		85,000 (전단)
		160,000 (압축)
콘 크 리 트	20×10^6	33,000 (〃)
석 회 암	3.6×10^6	13,000 (〃)
쵸 크	3×10^5	3,500 (〃)

여기에 p : 앵커의 인장력 σ_c : 암석의 압축강도 L : 레진앵커되는 길이, R : 보어홀 반경이다.

3.3 接着劑와 接着力[6],[11]

락볼트용의 접착제로서 사용되고 있는 합성수지는 에폭시 수지와 폴리에스텔 수지의 2종류로 에폭시수지계접착제는 主劑로서 에폭시수지, 硬化劑로서 아민 또는 폴리아미드를 사용한 2액혼합타입이 있으며, 폴리에스텔계 접착제는 主劑로서 폴리에스텔 수지, 경화제로서 과산화 벤졸을 사용한 2액혼합타입이 있으며, 모두 필요에 따라서 촉진제 또는 억제제를 첨가할 수 있다.

에폭시계 접착제의 주제와 경화제의 배합비가 겨우 9 : 1정도인데 대하여, 폴리에스텔계 접착제의 것은 100 : 1～1.5이므로 폴리에스텔계 접착제의 경우는 대단히 곤란하다. 에폭시계 접착제의 물성을 표 3.4에 표시하나 可使時間(Pot life)이나 경화시간 (cure time)에 수시간 이상을 요하는 것이 결점이다.

최근 폴리에스텔계 접착제는 촉진제를 적절히 사용함으로써 포트라이프나 큐어타임을 상당히 단축시킬 수 있다는 것을 알 수 있으며, "Roc-Loc"(American Cyanamid co. 제) "Celfix"(프랑스제), 그밖에 개발되어 널리 사용하게 되었다.

표 3.4 에폭시계 접착제의 물성[6]

	에피코트 (#815)	에피코트 (#828)
가사시간 (h)	3.7	3.5
경화시간 (〃)	16.0	10.0
압축강도 (kg/cm^2)	610	550
인장강도 (〃)	360	330
전단강도 (〃)	152	137
탄성계수 (〃)	11.0×10^4	9.8×10^4
밀도(18℃) (g/cm^3)	1.33	1.18

표 3.5 암석과 에폭시제 접착제와의 사이의 접합력[6]

암석별	단위면적당의 접합력(kg/cm^2)
화강암	47.1~78.6
연질사암	33.5~160
안산암	31.1~209

표 3.6 Celfix의 물성[13]

포트라이프(상온)	3~5分
큐어 타임(상온)	15~20分
경화후의 압축강도(kg/cm^2)	300~500
인장강도 (〃)	60~90
전단강도 (〃)	70~150
탄성계수 (〃)	$(2~4) \times 10^4$
안산암과의 접합력 (〃)	155
화강암과의 접합력 (〃)	140
사암과의 접합력 (〃)	167

표 3.7 폴리에스테르 접착제의 물성

수지 재질	혼합후의 레진물성				
	비중	압축강도 (kg/cm^2)	인장강도 (kg/cm^2)	전단강도 (kg/cm^2)	영률 (kg/cm^2)
주제(경화제) 폴리에스텔 (과산화벤조올)	1.77	552	88.7	154	38,600

자료출소 : 국철철도기술연구소

표 3.8 폴리에스테르레진의 대상물변 접착력

대상물	전단강도 및 접착강도	비 고	대상물	전단강도 및 접착강도	비 고
화강암	140 kg/cm^2	다이어몬드비트로 천공	응회암	49 kg/cm^2	一文字비트로 천공
안산암	155 〃	〃	팽창성사문암	5 〃	〃
사암	165 〃	〃	콘크리트	120 〃	〃
대리석	86 〃	일문자비트로천공	철봉	114 〃	〃

자료출소 : 터널과 지하, vol. 2, No.5;공자원연구소보고(1970. 9. 21);
일본철도건설공단자료(1971. 9)

Celfix에 대하여 설명하면 주제의 심부에 강화제를 삽입한 것으로 양자의 경계면에서는 양자의 종합반응이 접촉면에서만 진행하는 것을 이용해서 양자를 분리한 1개의 유니트로 되어있다. 취급이나 장전이 용이하며 포트라이프나 큐어타임도 짧고 경화후의 강도도 강하다.

더욱 당연한 일로 볼트표면의 거칠음 상태는 볼트의 인발저항에 크게 영향을 미친다. 이형철근이 락볼트에 자주 사용되는 것은 이러한 이유 때문이다.

3.4 뿜칠, 支保틀, 락볼트의 組合施工

약한 암반에 굴착되는 터널의 지보법으로서 종종 우선 바로 뿜칠을 한다음에 가축지보틀을 짜서, 여기서 락볼트를 천공고정하고 끝으로 2차뿜칠을 실시한다는 순서의 시공법이 실시된다. 이것은 NATM(New Austrian Tunnelling Method)로 일컬어지는 공법이다.

이 경우 락볼트는 통상의 암반에 대해서는 1.5m의 핏치로 지그재그배치되고 볼트길이는 터널의 단면적 넓이에 좌우되지만, 2~3m정도의 것이 사용되는 일이 많으며, 사용볼트의 선정에 있어서 다음 식을 참고로 할 때도 있다.

지금 R : 암반의 이완두께(m), D : 터널폭(m), h : 터널높이(m), v : 암반종파속도(km/sec), V : 암석시료의 종파속도(km/sec)로 하면 아래의 식이 성립된다고 한다.[14]

$$R = 0.015 \times (D+h) \cdot \left(6.0 - v\frac{v}{V}\right)^2 \tag{3·19}$$

지금 $D=10.6$m, $h=8.6$m, v : 4km/sec, $V=4.4$km/sec로 하면 위식에서 $R<2$m가 된다. 그것으로 2m 길이의 볼트를 사용한다.

또 L : 浮石 혹은 들떠있는 층의 길이, B : 동 너비, t : 동 두께, γ : 암석의 단위체적 중량으로 하고, n_1 : 볼트의 열수, n_2 : 각 열당의 볼트수로 하면 볼트의 간격은 $L/(n_1+1)$과 $B/(n_2+1)$가 된다. 이상에서 부석 혹은 들떠있는 암층이 완전히 볼트로 현수되어 있다고 생각하면, 1개의 볼트마다 負荷(W_b)는 다음 식으로 주어진다.[10]

$$W_b = \frac{\gamma \cdot t \cdot B \cdot L}{(n_1+1)(n_2+1)} \tag{3·20}$$

그래서 볼트강도의 예로서는 "락볼트공 설계지침"(고속도로 조사회, 1973년)에 의하면, 볼트 1개가 담당하는 암석 중량은 $1.18 \times 1.5 \times 2.0 \times 2.7$(단위체적 중량)=9.558t가 되고 이 내력을 항복점 이내로 만족하는 볼트를 사용한다. 그래서 직경 22mm, 단면적 387.1mm²의 SD30일 때면, 이 항복하중은 11.6t이다.

락볼트의 종류로서는 이미 기술한 바와 같이 조임식과 전면 접착식(접착체는 몰탈이나 셀픽스레진 등을 사용)으로 나눠진다. 또 락볼트 사이의 바위 표면붕락대책으로서는 철망을 사용하며, 예로서는, 마름모철망 #10(3.2mm 지름)으로 50mm각이다. 워서로

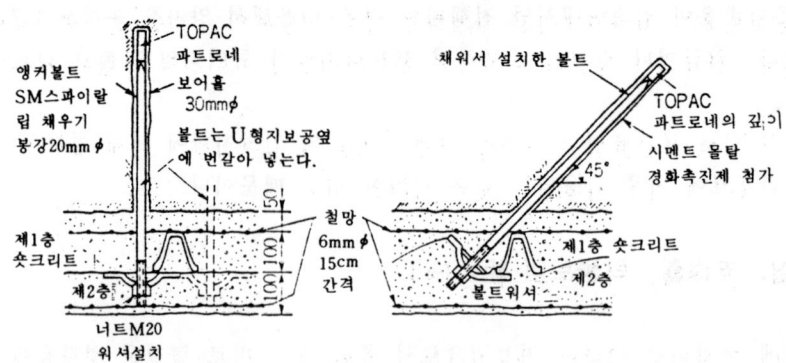

그림 3.15 SN앵커에 의한 지보공

서는 150mm×150mm×4.5mm의 각 워셔를 사용한다고 하면 이 철망은 최대 1.3t의 암괴를 지지한다 할 수 있다.

그림 3.15는 전면접착식의 SN앵커를 시멘트몰탈로 접착시키고 있는 예[14]이며 NATM에 사용되는 대표적 시공법이다. 우선 암석표면의 박리방지에 50mm 정도의 숏크리트하고 철망을 대고나서 가축지보틀강(U형강)으로 지보틀한다. 다음에 100mm 정도의 뿜칠을 하고나서 천공을 하고 몰탈경화촉진제를 삽입해서 시멘트몰탈을 주입하여 SN앵커를 박는다. 이것을 볼트워셔와 워셔가 있는 너트로 고정시켜 100mm정도의 제2층의 뿜칠을 하고 다시 철망을 쳐서 약간의 뿜칠을 늘여(3차 뿜칠)서 작업을 끝낸다.

3.5 NATM의 設計[3.15]

NATM공법에 있어서는 터널 주변암반의 파괴진행상황을 그림 3.16과 같이 생각한다. 즉, 터널 연직방향으로 큰 지압(主動土壓)이 작용한다고 하면 양측의 벽측부는 同圖에서 나타낸 바와 같이 쐐기형의 암괴가 전단파괴에 의해 분리되고 터널중심을 향해서 이동할 것이다. 여기서 락볼트를 타설해서 이 전단파괴를 방지하려고 생각한다.

암석파괴조건이 Mohr의 학설에 의하면 파괴조건은 그림 3.17에 圖示한 관계가 된다. σ_1, σ_3은 지금의 경우 터널주위에 작용하는 주응력($\sigma_1 > \sigma_3$)이다.

그림 3.18에서 σ_1이 원형터널의 연직방향으로 작용하고 있다고 하면, 연직중심선에서 α 만 기운 직선을 긋고, 이것과 터널벽면과의 교점 A 에 있어서 원주에 항상 α 만 기울어 있는 곡선을 그리면, 이 곡선이 터널벽에 생기는 쐐기형의 활동파괴면이 된다. 단 α 는 그림 3.17에 표시되는 각도이다.

지금 그림 3.17 Mohr의 포락선, 즉 파괴한계선이 τ 축을 자르는 부근에서 직선을 이

3.5 NATM의 설계

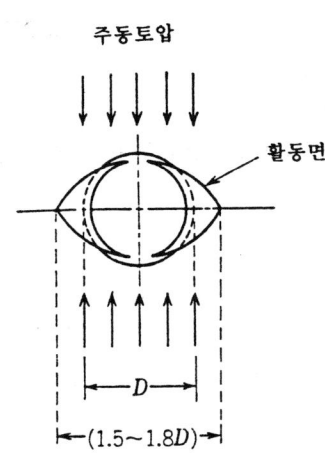

그림 3.16 터널의 주변활동파괴면

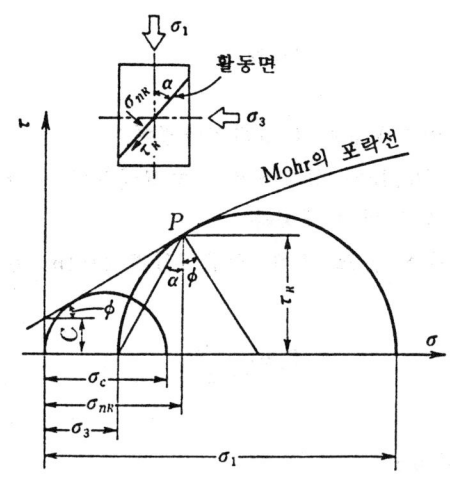

그림 3.17 암반의 활동파괴 조건

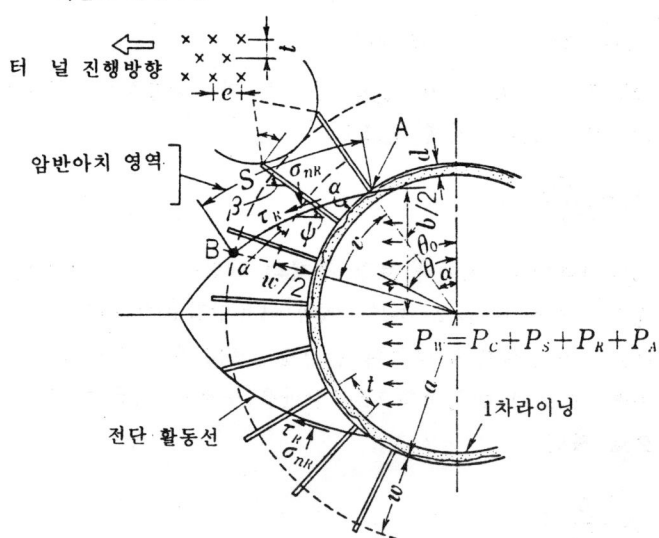

그림 3.18 NATM에 대한 설계의 고려

룬다고 가정하고 암석의 내부마찰각을 ϕ로 하면 α는 다음의 관계에 있다.

$$\alpha = \frac{\pi}{4} - \frac{\phi}{2} \tag{3·21}$$

또 그림 3.18로 전단활동선 길이(r)와 전단영역의 폭(b)은 다음 식으로 표시된다.

$$r = a \cdot \exp\{(\theta - \alpha) \cdot \tan\alpha\} \tag{3·22}$$

$$b = 2a \cdot \cos\alpha \qquad (3\cdot23)$$

여기에 a 는 터널단면반경이다.

NATM의 설계에서는 숏크리트(1차 라이닝), 부가적 보강강재및 락볼트의 허용토압지지력을 먼저 구하라.

우선 숏크리트의 허용토압지지력(p_e)은,

$$P_c = \frac{2d\tau_c}{b \cdot \sin\alpha_c} \qquad (3\cdot24)*$$

가 된다.

여기에 α_c, τ_c 및 d는 각각 콘크리트의 전단각도, 허용전단응력 및 바름 두께이다. 그러나 숏크리트의 허용압축응력을 S_c로 하면, 대략 그 값으로 하여,

$$\tau_c = 0.43 S_c \qquad \alpha_c = 30°$$

로 해도 된다. 또 부가적 보강강재(철망 및 U형 가축강틀강)의 허용토압지지력(p_s)은 식 (3·24)과 같은 모양으로 곱하게 되므로

$$P_s = \frac{2F_s \tau_s}{b \cdot \sin\alpha_s} \qquad (3\cdot25)$$

여기에 F_s : 터널진행방향 1m마다 보강 강재의 단면적, α_s : 강재의 전단각도(≒45°) τ_s : 동시에 허용전단응력(= $\sigma_{st}/2$, σ_{st} : 鋼의 허용인장응력)이다.

다음으로 락볼트는 암반벽면에 대하여 반경방향으로 압축력을 주므로, 볼트타설 핏치를 e 및 t로 하면, 볼트가 반경방향으로 암반을 누르는 평균압력(q_b)은 σ_{st}를 볼트가 작용하는 장력으로 하면

$$q_b = \frac{f_b \cdot \sigma_{st}}{e \cdot t} \qquad (3\cdot26)$$

이다. 여기에 f_b : 1개의 볼트단면적이다. 윗식으로 σ_{st}를 볼트의 허용인장응력으로 하면 윗식은 볼트 1개로 암반을 누르고 지지하는 평균압력을 표시하게 된다. 그러나 락볼트

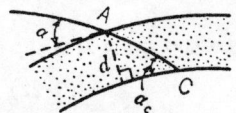

※주 : 좌도에 의해 $\overline{AC} = d/\sin\alpha_c$, $\tau_c \cdot \overline{AC} = d\tau_c/\sin\alpha_c$, 이 전단 저항력을 $(b/2)$로 나눈값이 P_c와 같다고 하면 되므로
$$P_c = \tau_c \cdot \overline{AC}/b/2 = 2d\tau_c/b \cdot \sin\alpha_c$$

는 공내에서 공벽과 충전재와 볼트 사이에서 전단파괴를 일으켜 빠져나오는 것으로 윗식 대신에 다음식을 이용하는 것이 실제적일 것이다.

$$q_b = \frac{A}{et} \tag{3·27}$$

여기에 A : 볼트의 허용인발력이다.

다시 NATM공법에 있어서는 주응력σ_3이 숏크리트, 부가적 보강강재 및 락볼트 등의 허용토압 지지력과 같아질 때까지는 암반은 활동면에 따르는 파괴를 발생하지 않는다고 생각하므로 다음 식이 성립된다.

$$\sigma_3 = P_c + P_s + q_b \tag{3·28}$$

그러므로 Mohr의 파괴포락선도 관계(그림 3.17)에서 다음 식이 성립된다는 것을 주지시키는 바이다.

$$\tau_R = \frac{\sigma_1 - \sigma_3}{2} \cos\phi$$
$$\sigma_{nR} = \frac{\sigma_1 + \sigma_3}{2} - \frac{\sigma_1 - \sigma_3}{2} \cdot \sin\phi \tag{3·29}$$

여기에 τ_R : 암반활동면에 작용하는 전단응력 σ_{nR} : 활동면에 수직으로 작용하는 직응력이다.

또, 위식이 σ_1는 다음 식으로 주어진다.

$$\sigma_1 = \sigma_3 + 2(c + \sigma_{nR} \cdot \tan\phi)/\cos\phi$$

혹은
$$\sigma_1 = \sigma_3 \left(\frac{1+\sin\phi}{\cos\phi}\right)^2 + 2c\left(\frac{1+\sin\phi}{\cos\phi}\right) \tag{3·30}$$

또 혹은,
$$\sigma_1 = \sigma_3 + 2(c + \sigma_3 \cdot \tan\phi)\frac{1+\sin\phi}{\cos\phi}$$

점착력(c)대신에 암반의 1축압축강도(σ_c)가 주어질 때는 다음 식을 이용한다. 즉 $c = [\sigma_1(1-\sin\phi) - \sigma_3(1+\sin\phi)]/2 \cdot \cos\phi$ 인 관계식이 Mohr 포락선도에서 구해지므로 이 식으로 $\sigma_3 = 0$, $\sigma_1 = \sigma_c$로 바꿔 쓰므로

$$c = \frac{\sigma_c}{2} \cdot \frac{1-\sin\phi}{\cos\phi} \tag{3·31}$$

다시 암반아치허용토압지지력(P_R)은 전단활동면상에 작용하는 τ_R과 σ_{nR}의 수평분력의 대수합으로 균형을 이루는 것으로 생각하면 다음 식이 성립된다.

$$P_R = [S \cdot \tau_R \cdot \cos\phi/(b/2)] - [S \cdot \sigma_{nR} \cdot \sin\phi/(b/2)] \tag{3·32}$$

여기에 S는 암반아치영역내 전단활동면의 길이 $\overline{AB}$로 락볼트의 길이와 타설 패턴 e, t에 관계하고 있다. S가 전단활동선 전장을 차지하지 않고 그리며 표시되는 암반아치영

역내로 한정되어 있다. 또 w가 락볼트의 길이보다 볼트간격을 고려해서 약간 짧게하도록 하는 점을 주의바란다.

지금 길이 l'의 볼트가 터널 단면에 경사각 δ로 타설되었다고 하면, 그 터널단면에의 투영길이를 $l(=l'\cos\delta)$로 하면 w는

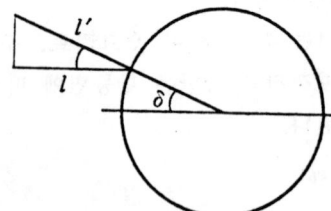

$$w = (a+l)\left\{\cos\left(\frac{t}{2a}\right) + \sin\left(\frac{t}{2a}\right)\cdot\tan\left(\frac{t}{2a}+\frac{\pi}{4}\right) - \frac{\sin\left(\frac{t}{2a}\right)}{\cos\left(\frac{t}{2a}+\frac{\pi}{2}\right)}\right\} - a \quad (3\cdot33)$$

가 된다.

또 점B의 좌표각 θ를 θ_0로 하면

$$\theta_0 = \alpha + \frac{1}{\alpha}\cdot\tan^{-1}\left(\ln\frac{a+w}{a}\right) \quad (3\cdot34)$$

가 되고, S는 다음 식으로 표시된다.

$$S = \frac{a}{\sin\alpha}[\exp\{(\theta_0-\alpha)\cdot\tan\alpha\}-1] \quad (3\cdot35)$$

또, S의 터널벽면에의 투영길이를 v로 하면

$$v = (\theta_0-\alpha)\cdot a \quad (3\cdot36)$$

가 된다.

다시 ψ는 그림에서와 같이 암반아치영역의 전단활동면 경사각으로 S상의 위치에서 변화한다. 그러므로 식(3·32)의 ψ는 $(a+\frac{w}{2})$점 경사각, 즉 평균경사를 잡아야 한다. 그러나 $\psi = \theta - \alpha$가 되고, S상의 위치에 관계없이 표현되므로 이 관계와 식(3·33)~(3·35)를 고려해서 식(3·32)을 다시 정밀하게 數式化한 암반의 허용토압지지력(P_R)은 다음식과 같이 된다.

$$\begin{aligned}P_R = &[\tau_R\{\tan\alpha\cdot\cos(\theta_0-\alpha)+\sin(\theta_0-\alpha)\} \\ &+\sigma_{nR}\{\tan\alpha\cdot\sin(\theta_0-\alpha)-\cos(\theta_0-\alpha)\}]\cdot\exp\{(\theta_0-\alpha)\cdot\tan\alpha\} \\ &-\tau_R\cdot\tan\alpha-\sigma_{nR}\end{aligned} \quad (3\cdot37)$$

그러나 P_R의 유도로 알 수 있다싶이 암반의 허용토압지지력은 락볼트시공에 의해 처음으로 발생하는 것이라는데 주의할 필요가 있다.

3.5 NATM의 설계

다시 다음 락볼트자체의 수평방향허용 토압지지력(P_A)를 구한다. 암반의 활동면을 락볼트가 관통하는 부분에 있으므로 락볼트는 암반의 공동으로 향하는 이동에 저항한다고 생각하면 P_A와 q_b는 다음 식의 관계가 된다.

$$\frac{b}{2} \cdot P_A = v \cdot q_b \cdot \cos\beta \tag{3·38}$$

여기에, β는 볼트의 수평에 대한 각도이다. 위식으로 q_b의 식을 대입하면 P_A는

$$P_A = \frac{2vf_b \cdot \sigma_{st}}{etb} \cdot \cos\beta \tag{3·39}$$

또는,

$$P_A = \frac{2vA}{etb} \cdot \cos\beta \tag{3·40}$$

가 된다. 또 $\beta = \frac{\pi}{2} - \theta$이므로 이 관계와 식(3·36)에서 P_A는 다음 식이 된다.

$$P_A = \frac{f_b \cdot \sigma_{st}}{et} \cdot \frac{1}{\cos\alpha}(\cos\alpha - \cos\theta_0) \tag{3·41}$$

또는

$$P_A = \frac{A}{et} \cdot \frac{1}{\cos\alpha}(\cos\alpha - \cos\theta_0) \tag{3·42}$$

따라서 1차 라이닝(숏크리트)을 실시한 계단에서의 총 허용토압지지력(총허용측면토압지지력(P_W)은 다음 식으로 주어진다.

$$P_W = P_c + P_s + P_R + P_A \tag{3·43}$$

위식의 우변은 식(3·24), (3·25), (3·37), 및 (3·41) 혹은 (3·42)의 제식을 대입하면 된다. 그리고 P_W는 다시 다음식을 만족할 수 있도록 설계하여야 한다. 로 하고 있다.

$$P_W = \sigma_{ramin} \tag{3·44}$$

여기에 σ_{ra}는 터널벽면에서 암벽면에 작용하는 반경방향의 응력이다.

락볼트의 대부분효과는 ($P_R + P_A$)에 의한다는 말을 할 수 있을 것이다.

다음으로 上記 NATM의 설계계산예를 기록해 둔다.

計算例[15] : 암반조건 : 내부마찰각 $\phi = 30°$, 1축압축강도 $\sigma_c = 100 t/m^2$, 즉 점착력 $c = 28.9 t/m^2$, 터널반경 $a = 2.9 m$의 터널을 굴착하는 경우의 1차 라이닝계단에서의 총허용토압지지력(P_W)을 구하라.

풀이 : 암반의 전단각도(α)는 식(3·21)에서 구해지고 $\alpha = 30°$가 된다. 전단활동선의 길이(r)는 식(3·22)에서 구해지고 또, 圖式으로 쉽게 그려지고 따라서 또 그림에서 혹

은 식(3·23)보다도 $b=5.02m$가 된다.

① P_c 의 계산에서는 숏크리트의 두께 $d=20cm$, 콘크리트의 1축압축강도, $S_c=100kg/cm^2$로 하면 $\tau_c=430t/m^2$, $\alpha_c=30°$가 되고 식(3·24)에서 $P_c=68.5t/m^2$가 된다.

② P_s 의 계산에서는 강틀의 허용응력으로서 사용되고 있는 σ_{st}를 $1,300kg/cm^2 \times 1.4=1.820kg/cm^2$, 또, $\alpha_s=45°$, $\tau_s=1,820/2=910kg/cm^2$, $F_s=40,14cm^2$로한다. 이 단면적은 H150×150형강의 단면적과 같은 것으로 식(3·25)에서 $P_s=20.6t/m^2$를 얻는다.

③ w, θ_0, S, v 및 q_b의 결정 : 락볼트의 길이(l')=3m로 하고, 1단면 16개, 간격(e)=1m로 시공하여 더욱 경사각(δ)=45°로 타설되는 것이다. 그렇다면 $l=l'/\tan\delta=3/\tan 45°=2,36m$, 또는 t는 $t=\pi a/8=2.9\pi/8=1.139m$가 됐다. 다시, $t/2a=1.139/2\times 2.9=0.196$, 이들의 값을 w의 식(3·33)에 대입하면 $w=1.955m$를 얻는다. 또 θ_0의 식(3·34)에서 $\theta_0=82°44'$를 얻는다. 결국 w, θ_0를 圖示하면 S 및 v를 구한다. 락볼트의 인발력(A)=15t, $t=1,138m$, $e=1m$로 하면, 식(3·27)에서 $q_b=13,2t/m^2$를 얻는다.

④ P_R에 계산 : 식(3·28)에서 $\sigma_3=P_c+P_s+q_b=68.5+20.6+13.2=102,2t/m^2$, 식(3·30)에서 $c=28.9t/m^2$, $\phi=30°$로서 $\sigma_1=406,7t/m^2$를 얻는다. 이들의 값을 식(3·29)에 대입하면 $\tau_R=131,8t/m^2$, $\sigma_{nR}=178,3t/m^2$가 구해지고, 식(3·37)에서 $P_R=46,7t/m^2$가 된다.

⑤ P_A 의 계산 : 식(3·42)에서 $P_A=11.1t/m^2$이 구해진다.

따라서, $P_W=P_c+P_s+P_R+P_A=68.5+20.6+46.7+11.1=146.9t/m^2$ 이 된다.

3.6 터널周圍의 弛緩[19,20,21]

지반에 원형터널을 굴착한 경우 암반을 탄성지반으로 생각하면 그 경우의 지압분포는 그림 3.19에 표시한 것처럼 생각된다. 즉 연직지압 및 수평지압이 일단 같고 그 값이 σ_0라고 한다면 터널을 굴착하고 굴착하는데 따라서도 터널 중심으로 향하는 변위가 관계없는 것으로 가정($\Delta r=0$)으로 한다. 이 경우의 지압은 터널측벽 접선방향응력은 σ_t0 또는 반경방향력을 $\sigma_r 0$로 표시되는 것처럼 분포하도록 되어 있다. 그러나 실제로는 변위 Δr은 점차 증가해나가고 여기에 따라서 σ_t0의 값은 상승하며, 또 $\sigma_r 0$의 값은 0에 근접하고 만약 암반강도가 충분하다면 $\sigma_r 0=0$, $\sigma_t 0$에 이르러도 암반은 파괴되지 않는다. 그러나 암반이 약하면 $(\sigma_t 0 - \sigma_r 0)/2 = \tau_0$의 관계에서 암반고유의 τ_0값을 넘는 $(\sigma_t 0 - \sigma$

3.6 터널주위의 이완

$_r{}^0)/2$의 값이라면, 암반은 파단한다. 암반에 균열이 생기면 암반은 내력이 저하되므로 $\sigma_t{}^0$는 터널주변에서 안쪽으로 이동하고 $\sigma_t{}^0$와 같이 분포되며 σ_r곡선은 $\sigma_r{}'$ 곡선이 되므로 터널주변에서는 뿜칠 등에 의해 $\sigma_r{}'$인 반경방향응력으로 지지하여야 한다.

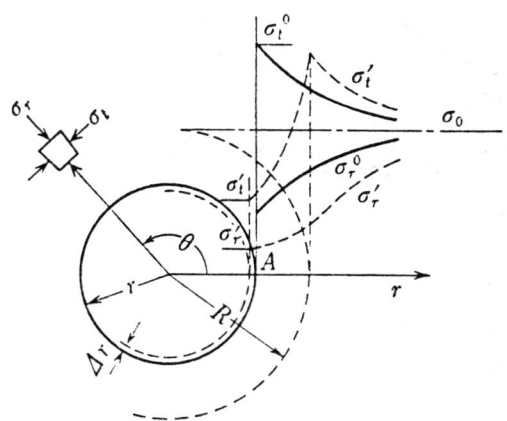

r : 굴착직후 변형이 없을 때의 터널반경
Δr : 반경방향 이완변위
R : 이완역의 반경
σ_0 : 터널굴착영향외의 1차 지압
$\sigma_r{}^0, \sigma_t{}^0$: $\Delta r = 0$일때의 응력
$\sigma_r{}', \sigma_t{}'$: Δr를 만들때의 응력

그림 3.19 원형터널 주위의 지압변화

그림 3.19의 $\sigma_r{}^0$의 값 즉 반경방향의 변위 Δr를 전혀 허용하지 않을 때의 σ_r의 값을 100%로 잡고 벽면변위 Δr를 점차 증가해나가는 경우의 σ_r의 저하를 얻기 어려우므로 그림 3.20은 σ_r저감의 개념도이다. Δr를 평가해 나가면 σ_r는 저감하고, 받침이 없다면 $\sigma_r = 0$이 되므로 $(\sigma_t - \sigma_r)/2$의 값은 최대값이 되며, 암반의 파괴는 진행된다. 그것이 그림 3.20이며, 이완파괴역으로 나타나 있다. 이완파괴를 일으키기 이전에 적정한 부분에서 지압과 지보의 균형을 유지시킬 필요가 있다. 시공은 그로 인해 실시되어야 할 Δ_r가 B점에 도달했을 때, 지보세워서 건립이 완료한 시점에서 지보내력과 지압 σ_r가 균형을 유지한 점이 A라고 한다. 건립을 서둘고 또 전자보다 강성이 높은 지보재를 사용했다고 하면 D점에서 균형이 유지되게 된다. 이완파괴를 일으켜 내력 $P\min$에 대하여 AC는 안전해지고 D점은 더욱 안전도는 높지만 지보에 요하는 경비는 중복된다. 지보틀 개시기기가 B점때보다, 지연되어 Δ_r가 E점일 때 지보틀작업이 시작되었다고 하면 지보내력과 지압 σ_r과의 균형은 F점에서 달성되고 그 시점에서는 이미 암반은 파괴되어 이완파괴의 상태가 되고 만다.

同圖의 σ_r곡선은 그와 같은 의미에서 지반반력곡선(Ground reaction curve)으로 일컬어진다. 이 곡선은 연합죠인트암(조인트를 포함한 암반)의 경우에는 완만한 우측하행곡선이지만, 단단한 건암의 경우는 급경사로 우측으로 내려간다.

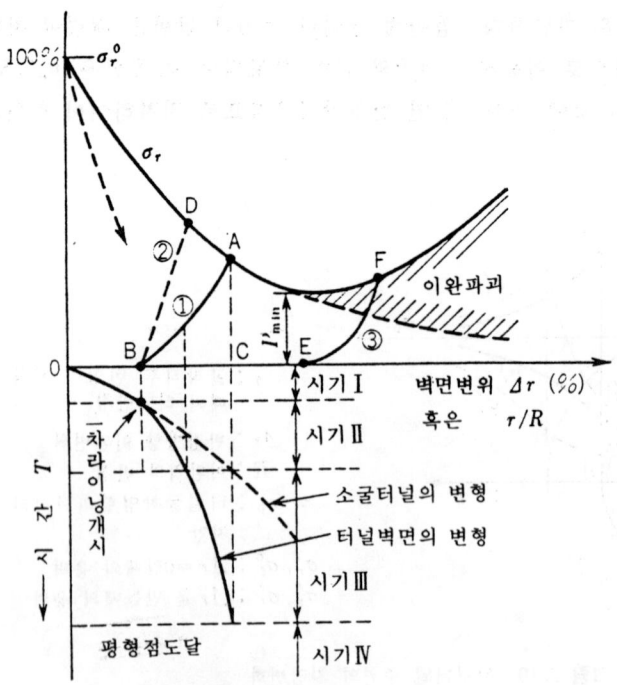

그림 3.20 NATM의 시공시기와 지압, 벽면변위의 관계

3.7 NATM의 施工管理計測과 計測器

NATM은 콘크리트뿜칠과 락볼트에 의해 터널주위 암반을 받들고 지지하려는 시공법이며 종래 보통사용되고 있는 강성강틀은 사용하지 않고 가축강틀을 사용한다는 것이 특징으로 되어 있다.

그러므로 주위 암반의 압출력과 지보반력이 어떤 경과를 거쳐서 균형을 유지하게 되는지 그 과정을 감시하고 시공관리해 나가는 일이 중요하며, 그러한 시공관리계측이 실시된다.

NATM에 있어서의 계측관리는 기본적으로는 그림 3.21[22]에 표시한 3가지의 방법으로 실시된다. ①은 락볼트의 헤드에 설치한 디스크로드셀(Disc load cell)로 셀에 가해지는 하중, 즉 σ_r를 계측하려는 것이며 ②는 다점식 Extenso meter로 암반내의 이완역과 그 확대상태를 계측하려고 한 것이며 ③은 컨버젠스 장치에 의해 내벽의 압출(Δr)은 모두 시공경과시간에 관련해서 감시하려는 것이다.

터널주위암반의 변위과정과 응력분포는 대략 그림 3.22에 표시한 것처럼 될 것이다. 경과일수와 ΔR의 눈금은 편의상 표시했지만 그것은 시공방법, 암질의 상태에 의존한

3.7 NATM의 시공관리계측과 계측기

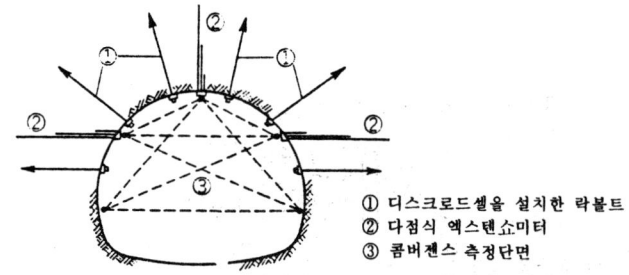

① 디스크로드셀을 설치한 락볼트
② 다점식 엑스텐쇼미터
③ 콤버젠스 측정단면

그림 3.21 터널내벽의 계측

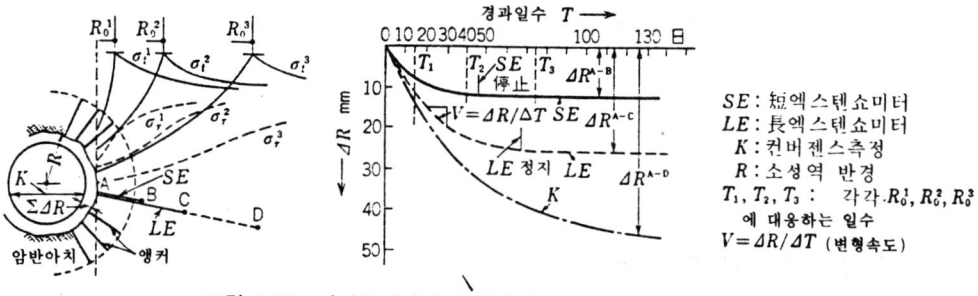

SE : 短엑스텐쇼미터
LE : 長엑스텐쇼미터
K : 컨버젠스측정
R : 소성역 반경
T_1, T_2, T_3 : 각각 R_0^1, R_0^2, R_0^3
  에 대응하는 일수
$V = \Delta R / \Delta T$ (변형속도)

그림 3.22 터널주위암반의 변위과정과 응력분포
(Z. T. Bieniauski and R. K. Maschek 에 의한다)

다. 이 방법으로 주의를 요하는 것은 엑스텐쇼미터의 길이를 바꿔서여러점으로 해둘 필요가 있으며 길이가 짧다면 정확한 이완역의 넓이를 파악할 수가 없다. 즉, 同圖로 만약 Extenso meter의 길이가 AD 역까지밖에 없다고 한다면이완역의 퍼짐이 AD역까지 도달한 경우에는 그것을 평가하지 못할 것이다. 따라서 충분히 긴 Extenso meter를 가지고 있는 다점식의 것으로 계측하는 것이 중요하다. 그러나 이 계측을 실시해도 암반내의 응력변동 예를 들면 σ_t나 σ_r의 변동이나 그 이동의 경향, 또 최대 σ_t의 위치 등은 판단하지 않는다. 이들 응력변동을 계측하기 위해서는 보어홀을 천공하여 그 가운데 응력변화를 계측할 수 있는 계기를 매설해 둘 필요가 있다.

3.7.1 Disc load cell[22]

지보반력측정용의 로드셀로서는 평판의 受壓面을 갖는 디스크형 로드셀을 사용하는 것이좋으며,락볼트와 병용해서 사용될 수 있는 것이 좋다. 락볼트와 병용해서 사용될 수 있는 것이 개발되고 있고 Interfels사의 것도 있다.(후기) 여기에서는 숏크리트와 암반과의 사이에 매설을 하는데 편리하도록 설계된 그레이첼식 로드셀을 표시해 둔다. 그림 3.23에서 受壓패드에서는 기름 혹은 수은이 충전되고 있고 압력평형밸브 사이에 외부의 유체와 접해있다. 프렛셔라인을 통해서 보내지는 유체의 압력을 계측할 수 있다.

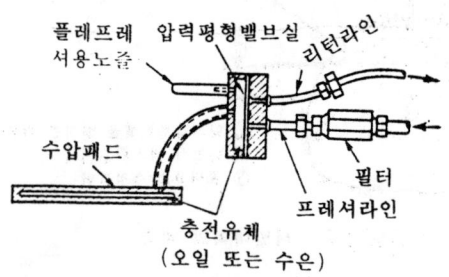

그림 3.23 로드셀(그레츠엘식) 구조도

3.7.2 多点式 Extenso meter

그림 3.24[24]는 다점식 메커니컬엑스텐셔미터의 원리도이며, 장단 여러개의 엑스텐션롯드가 중공파이프 속으로 들어가 있으며 측정두부에 그 머리를 내밀고 있다. 롯드의 고정점과 암반표면과의 상대변위를 측정두부에 다이얼게이지를 세트하는 것으로 계측할 수 있다.

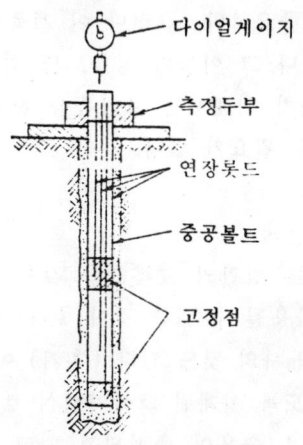

그림 3.24 다점식 메커니컬 엑스텐쇼미터

3.8 락앵커시공계획   73

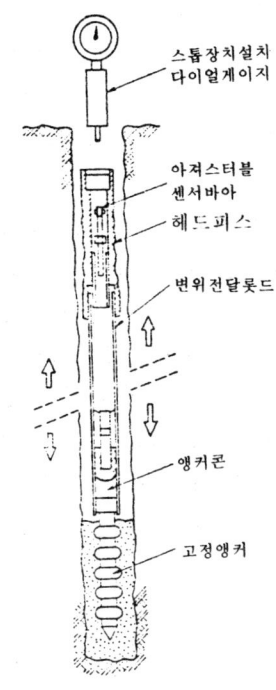

그림 3.25 단점롯드식 보어홀
         엑스텐소미터

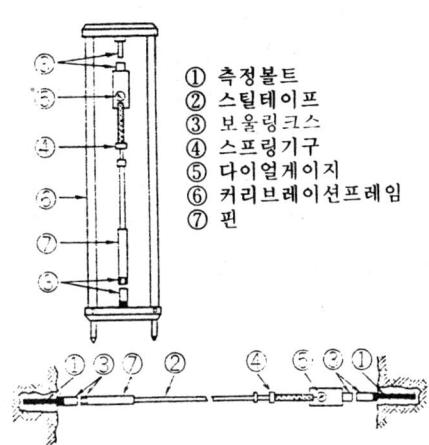

그림 3.26 콘버젠스계측장치의 원리

그림 3.25[9]는 단점롯드식의 시추공 엑스텐쇼미터(Borehole extensometer)의 구조를 나타내고 있으며, 다이얼게이지를 헤드피이스에 세트함으로써 고정 앵커점과 암반표면과의 상대변위를 계측할 수 있다. 다이얼게이지를 전기식 변위계로 바꾸면 물론, 원격 감시(모니터링)도 가능해진다.

3.7.3 Convergence meter[9]

그림 3.26에 나타낸 바와 같이 이러한 터널이 상대하는 벽면에 천공된 보어홀내에 그라우트된 볼트사이의 거리변화를 정확히 측정하는데 사용된다. 최대측정거리는 보통 25m 정도이며 구멍이 뚫린 스틸테이프를 일정장력으로 하기 위한 스프링기구를 갖고 있다. 테이프를 볼트로 접속하고, 테이프에 일정장력을 주변서 판독한다. 이 미터를 주기적으로 체크하기 위한 표준캐리브레이션 장치가 있다.

3.8 락앵커의 施工計劃

락볼트에 의해 암괴의 박리나 붕괴를 방지하는 방법은 큰 암벽면이나 토층 붕락 등의 방지에 응용한 것이 락앵커 혹은 어스앵커이다. 고강도의 강재나 PC강선의 스트랜드를 보링공내에 삽입하여 시멘트밀크로 정착부를 고정한 다음, 롯드로 인장력을 가해서 암반이나 토질에 압축력을 주어서 조임하고 벽면의 붕락을 방지하며 지반의 안전확보를 얻고자 하는 것이다. 강선스트랜드를 사용하면 현장에서의 절단이 용이하므로 앵커의 길이를 현장조건에 맞춰서 결정을 해야 한다.

그림 3.27은 앵커의 조임이 얼마나 효과적인지를 설명한 그림이며 NATM효과의 설명과 같이 세로축에 반경방향의 지보내력(σ_r)을 가로축으로 변위와 경과시간을 두고 있다. 암벽이 굴착되면 암벽면에 대해 직교하는 방향의 응력 σ_r는 감소되어가며 지반에 이완이 생기기 쉽지만 U_1인 변위(시간)을 만든 시점에서 A_0인 σ_r력으로 앵커조임을 하면 $U_1 U_1' A_1$인 경로를 지나서 A_1점으로 σ_r의 값에 도달하지만, 앵커 조임을 하지 않고 앵커로 멈추게 한 것만으로는 $U_1 A_1'$의 경로를 지나서 σ_r의 값에 도달하므로 암반에는 이완파괴를 일으킬 염려가 있다. 또 만약 U_2시점에서 조임을 하지 않는 경우는 $U_2 A_2'$의 경로를 지나서 A_2'에 도달하여, 지보내력을 발휘하므로 큰 이완하중을 받혀주어야

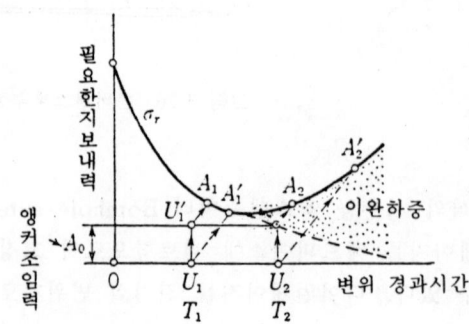

그림 3.27 앵커조임의 효과설명도

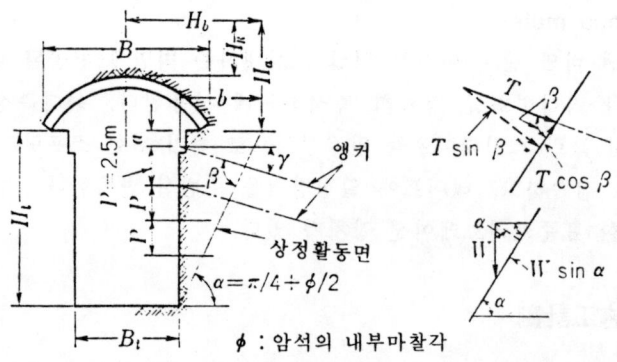

그림 3.28 지하발전소측벽의 앵커시공계획

3.8 락앵커의 시공계획

하지만 앵커 조임을 하면 U_2A_2의 경로를 지나서 A_2점에서 σ_r와 균형을 유지하므로 약간의 이완하중을 받혀주면 되고 지보의 안전성은 높다.

그림 3.28에 표시하는 지하발전소의 측벽앵커고정에 의한 시공계획을 생각해본다[20].

우선, 이 空洞에 작용하는 토하중을 생각한다. 空洞이 지표와 대단히 가까운 경우는 지표까지의 깊이를 토하중과 상정하지만 공동폭에 대하여 2~3배 이상이 되는 테르쟈키 방법으로 산정해도 무방하다. 암반상태를 4(보통 정도로 괴상으로 균열이 있는 것)로 가정하며, 토하중의 높이(H_R)는

$$H_R = 0.25 \sim 0.35(B + H_t)$$

로 표시되므로 $B=10$m, $H_t=12$m로 하면 $H_R=2.5\sim6.2$m가 된다. 측압에 관해서는 측벽암반에 대해서 同圖에 나타낸 滑動面을 상정한다. 이때 滑動面上의 암괴는 위쪽에서 높이 H_a, 폭 H_b에 해당하는 하중을 받고 있다고 생각되며 이들 하중에 의해 활동면에서 활동이 생기지 않도록, 그림에 표시한 앵커를 사용해서 시공하는 것으로 생각한다. 그러면 활동면상의 암괴체적중량(W_1)은

$$W_1 = H_t \cdot b \cdot \frac{1}{2}\rho g$$

$H_t=12$m, $b=5.6$m, $\rho g=2.7$t/m³로 하면 W_1-91t/m(m은 내공축방향 m당의 의미), W_1에 가해지는 위쪽하중(W_2)은 대략

$$W_2 = H_b \cdot H_a \cdot \frac{1}{2}\rho g$$

$H_b=9.3$m, $H_a=7.5$m로 하면 $W_2=94$t/m, 그러므로,

$$W = W_1 + W_2 = 185 \text{t/m}$$

가 된다. 활동에 대한 앵커의 안전률을 F_s로 하면 앵커의 소요인장력(T)은 $\mu=\tan\phi$, c : 암석의 점착력, l : 활동면의 길이로 하면

$$T = \frac{\Sigma W \cdot \sin\alpha \cdot F_s - \Sigma W \cdot \cos\alpha \cdot \mu - \Sigma c \cdot l}{\cos\beta + \sin\beta \cdot \mu} \tag{3·45}$$

이다. 지금 $\phi=40°$, $c=5$t/m², $\gamma=15°$, 활동면과 앵커가 이루는 각도(β)=80°도 하면, $\alpha=65°$, $\sin\alpha=0.906$, $\sin\beta=0.985$, $\cos\alpha=0.423$, $\cos\beta=0.174$, $\mu=\tan\phi=0.840$, 앵커를 가설적으로 사용하는 것으로 하여 $F_S=1.1$로 하면 소요인장력(T)은 $l=13.5$m로 하여, $T=(185\times0.901\times1.1-185\times0.423\times0.840-5\times13.5)/(0.174+0.985\times0.840)=51$t/m가 된다. 앵커의 선정을 고려해서 지금 VSLE5-7 타입의 케이블을 사용한다고 하면 허용인장력은 $p_a=78.5$t/개이다. 同圖와 같이 연직방향으로 2단, 수평방향으로 2.5m의 핏치에 배치하면 1m당의 인장력(T_e)은, $T_e=78.5$t/개 $\times2$개/2.5m=63t/m>$T=51$t/m가 되고 이러한 타입의 케이블을 상기와 같이 배치하면 안전한 것으로 된다.

다음으로 앵커정착부의 내력(T_{ca}')과 케이블의 부착내력(T_{ca}'')에 대해서 검토해둘 필요가 있다.

그림 3.29로 천공지름(D)=75mm, 정착길이(l)=4m로 하면 앵커정착부의 정착내력(T_{ca}')은 앵커의 허용부착응력도(τ_{ca}')=10kg/cm²로 하면 다음 식으로 나타낸다.

$$T_{ca}'=\pi Dl \cdot \tau_{ca}'=3.14 \times 7.5 \times 400 \times 10 ≒ 94t/개 > P_a(=78.5t/개) \quad (3 \cdot 46)$$

그러므로 VSLE5-7타입의 케이블 인장력보다 크기 때문에 앵커의 정착에 문제는 없다.

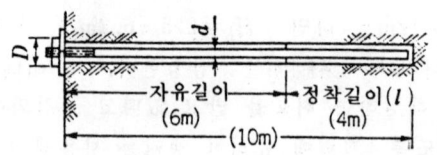

그림 3.29 락앵커의 자유길이와 정착길이

케이블의 부착내력(T_{ca}'')은 케이블과 접착제와 사이의 부착력이다. 지금, 케이블과 접착제와 사이의 허용부착응력도(케이블 허용부착응력도)(τ_{ca}'')=14kg/cm², 케이블지름(d)=5cm로 하면

$$T_{ca}''=\pi dl \cdot \tau_{ca}''=3.14 \times 5.0 \times 400 \times 14 = 88t/개 > P_a(=78.5t/개) \quad (3 \cdot 47)$$

이 되고 케이블의 부착내력도 안전하다.

3.9 락앵커의 有限要素法에 의한 應力解析의 考慮事項[24]

다시 上記 3.8의 계획에서는 활동면을 상정하고 그 면에 대하여 활동하지 않는 시공계획을 세울 것을 생각한다. 유한요소법에 의한 해석에서는 주어진 공동에 대하여 어떤 부분이 위험한 상태에 있는지 또 위험한 활동면은 어디에 생길 것인지를 정할 수 있다.

그리고 그 활동면에 대하여 앵커에 의한 시공계획을 입안할 수 있다. 또, 앵커의 인장력이 지반에 대해서 어느정도 유효한가. 라는 분포상태로 작업하는지 등 검토할 수 있다.

3.9.1 岩盤安全率(F_S)의 計算法

그림 3.30의 Mohr원에서 암반내의 임의면 AB에 작용하는 수직응력(σ_n)과 전단응력(τ)은 다음 식으로 나타낸다.

3.9 락앵커의 유한요소법에 의한 응력해석의 고려사항

$$\sigma_n = \frac{\sigma_1+\sigma_3}{2} + \frac{\sigma_1-\sigma_3}{2}\cos2\theta$$

$$\tau = \frac{\sigma_1-\sigma_3}{2}\sin2\theta \tag{3·48}$$

위식에서 $\theta=45°$일 때, 전단응력은 최대가되고 그 때의 수직응력은

$$\sigma_n = \frac{\sigma_1+\sigma_3}{2}$$

최대전단응력은 (3·49)

$$\tau_{\max} = \frac{\sigma_1-\sigma_3}{2}$$

이다.

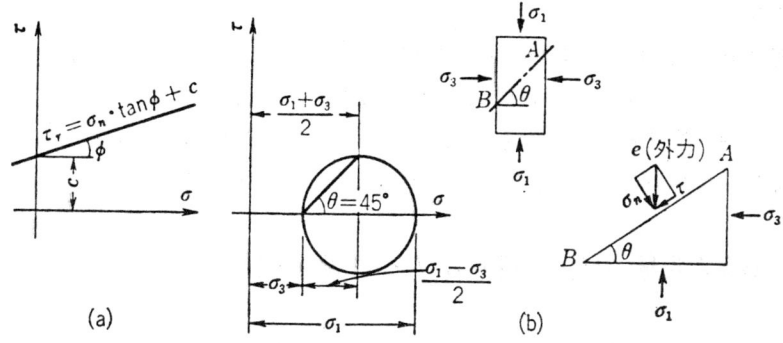

그림 3.30 토질, 암반의 파괴한계선(a)와 Mohr원과 활동면의 관계(b)

또 암반 혹은 지반의 저항전단응력(τ_r)은

$$\tau_r = \sigma_n\cdot\tan\phi + c = \frac{\sigma_1+\sigma_3}{2}\cdot\tan\phi + \frac{\sigma_1-\sigma_3}{2}\tan\phi\cdot\cos2\theta + c$$

$\theta=45°$에 대하여는

$$\tau_r = \frac{\sigma_1+\sigma_3}{2}\tan\phi + c \tag{3·50}$$

따라서, 암반의 전단에 대한 안전율(F_s)은

$$F_s = \tau_r/\tau_{\max}$$

$\theta=45°$ 에 대해서는 $F_s = [(\sigma_1+\sigma_3)\tan\phi + 2c]/(\sigma_1-\sigma_3)$ (3·51)

압축을 (+), 인장을 (−)로 하면, ① $\sigma_3, \sigma_1>0$의 경우 또는 ② $\sigma_3<0, \sigma_1>0$ 의경우 에있어서도 $\sigma_n>0$ 에, F_S 는 위식 그대로 ③ $\sigma_3<0, \sigma_1>0$의경우는 $\sigma_n<0$로, $(\sigma_1+\sigma_3)\tan\phi$

$=0$, $F_s=2c/(\sigma_1-\sigma_3)$, ④ $\sigma_3<0, \sigma_1>0$의 경우는 $\sigma_n<0$이며 $(\sigma_1+\sigma_3)\tan\phi=0$, $F_S=2c/(\sigma_1-\sigma_3)$가 된다.

3.9.2 計算過程

① 암반조건 : 단위체적중량(γ), 탄성계수(E), 포아송비(ν)를 주어진 갱내공동형상〔1차 굴착의 상태〕에 주어지고 현장의 1차굴착 상태로 안정이 되어 있다면, 이 상태에 대한 안전률을 $F_S=1$에 가까운 값이 되는 지반의 c, ϕ를 구한다.

② 굴착후의 안정계산 : 상기에 결정한 c, ϕ를 사용해서 다시 굴착한 경우의 안전률을 유한요소 개개의 엘리멘트에 대하여 구한다. 그 결과 $F_S<1.0$부분이 밀려나오면 붕락의 위험이 있게 된다.

③ 조임후의 안전계산 : 락앵커를 사용해서 암반을 조임하고 안전률을 높이게 되면 앵커정착부심도는 $F_S<1.0$의 엘리멘트보다 안쪽으로 앵커정착부를 설치하도록 한다.

앵커긴장하중(암반에 대한 압축력)은 FEM의 요소결합점에 앵커의 방향으로 압축력(긴장하중)이 작용한다고 생각해서 압축력을 가해주고 해석을 한다.

3.10 斜面安定을 위한 락앵커와 프레임의 施工計劃[25,26]

지반의 사면파괴검토는 전단에 대하여 실시된다. 즉 암반내의 어떤 점의 응력은 그 점을 포함한 임의면에 작용하는 전단응력(τ)이 그 면의 파괴에 저항하는 전단강도(S)를 넘을 때 그 면에서 파괴가 생기는 것으로 생각한다. 따라서 기본적으로는 3.8이나 3.9의 방법과 같아진다.

즉, S : 암반의 전단강도, c : 암반의 점착력, σ_n : 임의면과 수직으로 작용하는 응력, ϕ : 암반의 내부마찰각, F : 그 암반의 전단파괴에 대한 안전률로 하면, 먼저 기술한

$$S=\sigma_n\cdot\tan\phi+c$$
$$F=S/\tau \tag{3·52}$$

이다. 암반의 c와 ϕ, 및 변형계수는 현위치시험에 의해 구할 수 있다.

활동면에 관해서는 상술한 바와 같이, ① 활동면을 상정하여 그 활동면에 관해서 상기의 계산에 의해 안전률을 구하고 안전률이 1이하가 되는데 대해서는 혹은 토질공학에서는 안전률 1.2이하의 것에 관해서는 예를 들면 앵커 공법에 의한 보강공을 실시하는 방법과 ② 유한요소법에 의해 각 엘리멘트마다에 안전률을 구하고 안전률이 1 혹은 1.2이하가 되는 부분에 대하여 대책을 세운다는 방법이다. 락앵커시공을 실시한할 때의 예

로서는 측벽부에 10t/m²의 힘을 가하는 조건을 주어 안전률을 체크하게 된다.

예를 들면 **그림 3.31**의 굴착사면의 안정을 위해 락앵커를 실시할 경우를 고려한다.

락앵커의 시공에 있어서는 앵커는 균등하게 암반을 가압하도록 격자상으로 프레임을 설치, 그 교점에 앵커를 배치한다.

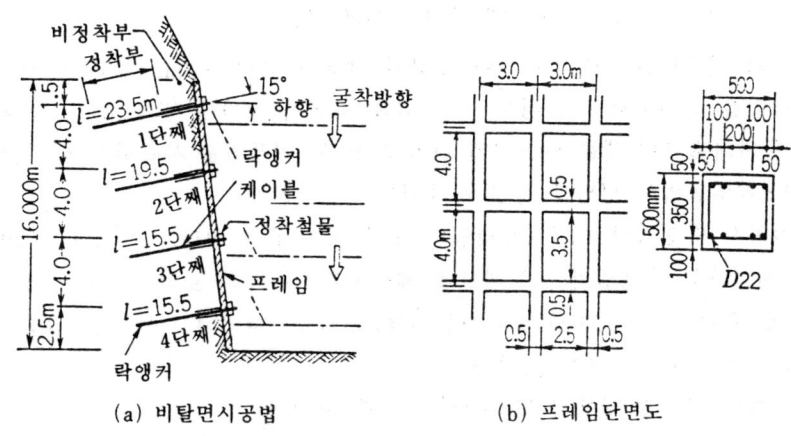

(a) 비탈면시공법   (b) 프레임단면도

그림 3.31 굴착사면의 락앵커시공

3.10.1 앵커의 設計

앵커 1개당의 설계하중은 프레임에 주는 모우먼트 시공성 그밖의 실적을 참고로 하며 예를 들면 120t로 한다. 그리고 간격은 4m×3m로 하고, 정착길이는 안전률을 1.5로 하고 몰탈과 암석의 부착력 5kg/cm², 몰탈과 앵커의 부착력 7kg/cm²에서 10m로 잡는다. 앵커의 길이에 대해서는 유한요소법으로 안정해석을 해서 안전률이 1이상의 엘리멘트 부분에 정착 길이를 확보하도록 하며 또 앵커의 구조상 5m 이상의 자유길이를 필요로한다는 것을 고려해서 결정한다.

3.10.2 프레임의 設計

암반상에 격자상으로 설치되는 프레임의 응력해석은 프레임에 가해지는 암반의 반력, 격자상 프레임의 교점에 가해지는 락볼트의 하중전달법 등을 생각하면 간단하게는 구할 수 없다. 그래서 일단 탄성받침상의 보로서 계산하도록 한다.

$$M_{max} = \frac{P}{4\beta} \qquad \beta = \sqrt[4]{\frac{k}{4EI}} \qquad (3\cdot 53)$$

여기에 M_{max} : 보에 생기는 최대모우먼트, P : 보에 가해지는 집중하중, k : 지반계수 (예를 들면 $3.2 \times 10^4 kg/cm^2$), E : 보의 탄성계수, I : 보의 단면2차 모우먼트이다.

보의 단면을 50cm×50cm로 하여 계산하면 $M_{max}=7.8t-m$이 된다.

프레임이 필요로하는 강성은 일반적으로 변형도 1/4이하가 요구되지만, 계산결과는 아래와 같이 1/150,000이 되고 충분히 채워져 있다.

변형의 최대 $\delta_{max} = \dfrac{P\beta}{2k} = 0.00002(m)$

변 형 도 $=0.00002/3=1/150,000$

프레임은 예를들면 굴착된 암반면에 대하여 付圖와 같이 종4m, 횡3m로 격자상의 철근배근 프레임을 설치한다. 그 경우, 프레임을 확실히 암반에 밀착시키는 일이 중요하며 프레임은 차례로 이음새를 연장시켜 나가게 된다. 거푸집을 사용해서 시공할 때도 있지만, 프리프레임공법의 방법도 종종 사용된다.

프레임 설치후 락앵커설치부분(프레임의 교점)에 천공을 한다. 그 경우, 프레임 부분은 코어를 채취하고 프레임의 강도체크에 제공된다. 천공은 로터리식으로 실시하여 앵커삽입공으로 한다. 천공지름의 예로서는 116mm이다. 여기에 락앵커를 삽입하고 시멘트페스트를 주입해서 정착부를 고정한다.

작업은 위에서 밑으로 향해서 반복해서 실시해 나간다.

3.11 락앵커의 種類와 工法

VSL(Vorspan System Losinger)공법이라 부르는 공법이다. 이것은 스위스의 로진거사가 개발한 VSL앵커케이블을 사용하여 암반을 조임하여 안정시키려는 것으로 **그림 3.32**가 그 앵커케이블이다. 그 시공법은 우선 ① 시추에 의해 암반에 천공을 해서 ② 그 보어홀을 이용해서 투수테스트를 실시한 다음 ③ VSL락앵커용 케이블을 폴리에틸렌 파이프를 통해서 시추공 내에 삽입한다. ④ 이어서 1차주입파이프에 의해 몰탈 또는 시멘트 밀크를 정착부에 주입하여 밀크고결후, ⑤ 앵커헤드 그리퍼를 설치, 잭을 사용해서 케이블을 긴장하고 작용하는 하중에 대한 체크를 해서 다시 필요하다면 2차주입파이프에서 시멘트밀크를 주입한다. ⑥ 긴장완료후 스트랜드를 절단하여 그라우트한 다음 앵커헤드부를 콘크리트로 피복하는 것이다. 락볼트는 보통강봉, PC강봉, 중공이형강봉 등 많이 사용되어 왔지만, 앵커의 정착성, 볼트길이의 현장에서의 변경곤란도 천공지름 등 여러가지 문제가 있으므로 스트랜드볼트가 개발되어왔다.

PC스트랜드 락볼트로부른다. 이것은 시추공의 선단에 수지레진의 정착제를 삽입하고 이어 아지테트캡이 있는 PC스트랜드를 삽입해서 아지테트그립에 추력과 회전을 더한다. 수지레진에서는 2액 혼합캅셀형이 사용되므로 이 추력과 회전에 의해 정착제를 교반하면 단기에 정착효과가 나타나고 PC스트랜드는 시추공 바닥에서 아지테트캡과 같이 고정된다. 이어서 스트랜드를 조여서 定着具를 사용하여 스트랜드를 암반표면에 정

3.12 락앵커 긴장력의 계측과 앵커인장시험

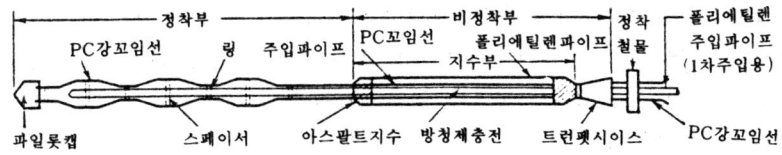

그림 3.32 VSL 앵커케이블

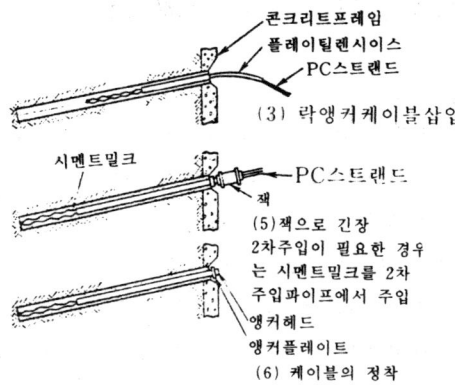

그림 3.33 VSL 시공순서

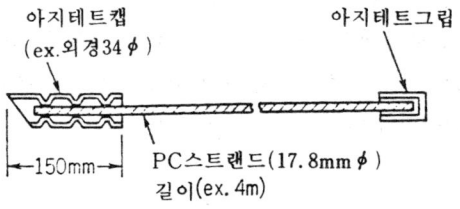

그림 3.34 PC스트랜드 록볼트

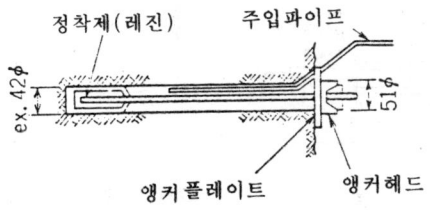

그림 3.35 케이블의 긴장과 정착

착시킨다. PC강 꼬임선의 예로서는 직경 17.8mm의 것으로 핏치는 3~9m²로 1개를 타설하고 갯수는 대략 75개로 설계내력은 23t, 파단내력은 39.5t이다.

이밖에 앵커는 타입식 앵커, 확공식 앵커, 가압주입앵커, 또 가압주입타입식 앵커로 일컫는 앵커공법이 있다.

3.12 락앵커 緊張力의 計測과 앵커의 引張試驗

3.12.1 앵커緊張力의 計測

락앵커에 가해지는 긴장력의 측정은 앵커플레이트와 앵커헤드와의 사이에 락앵커에 가해지는 긴장력의 측정은, 앵커플레이트와 앵커헤드와의 사이에 로드셀을 설치함으로써 계측이 된다. 계측의 목적은 긴장시킨 락앵커의 긴장력계측과 시간경과에 수반하는 긴장력저감의 감시에 있다. 계측법으로서는 여러가지가 생각되지만, 여기서는 Interfels사의 방법을 소개한다. 그림 3.36[28]은 Interfels사의 디스크로 드셀의 설치법을 나타내고 그림 3.37[22]은 그 구조를 나타낸다. 동그림에서 락볼트의 볼트헤드를 조여주면 캡스프링은 변형된다. 그 변형량은 로드셀에 설치되어 있는 다이얼게이지로 판독한다. 다이얼게이지의 변화량과 로드셀에 가해지는 하중은 사전에 실내시험으로 그 특성을 조사해둠으로써 다이얼게이지의 판독에서 로드셀에 가해지는 하중, 즉 락볼트의 긴장력을 알 수 있다.

락볼트나 락앵커는 긴장정착후 시간경과에 따라서 정착부의 전단응력에 의한 전단변형이나 볼트 및 스트랜드와이어의 연장 등에 의해 긴장력은 다소 감소하는 경향을 나타내는 것이다. 그림 3.38은 그 감소경향을 나타내고 있으며 볼트나 앵커의 종류 및 그라우트자료, 시공법에 의해 감소비율은 각각 달라진다.

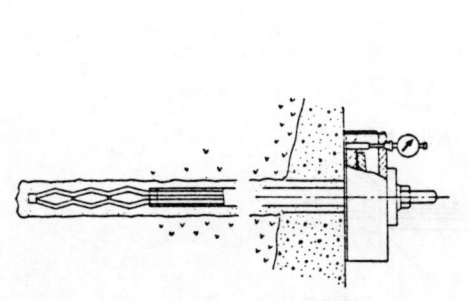

그림 3.36 디스크로드셀의 설치

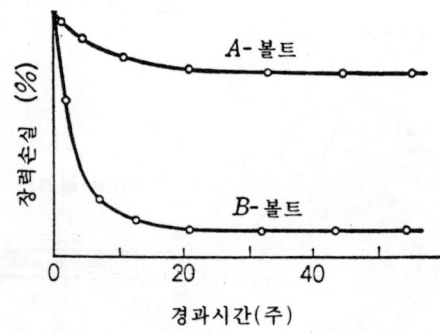

그림 3.38 락볼트장력의 시간경과에 따르는 장력손실

3.12 락앵커 긴장력의 계측과 앵커인장 시험

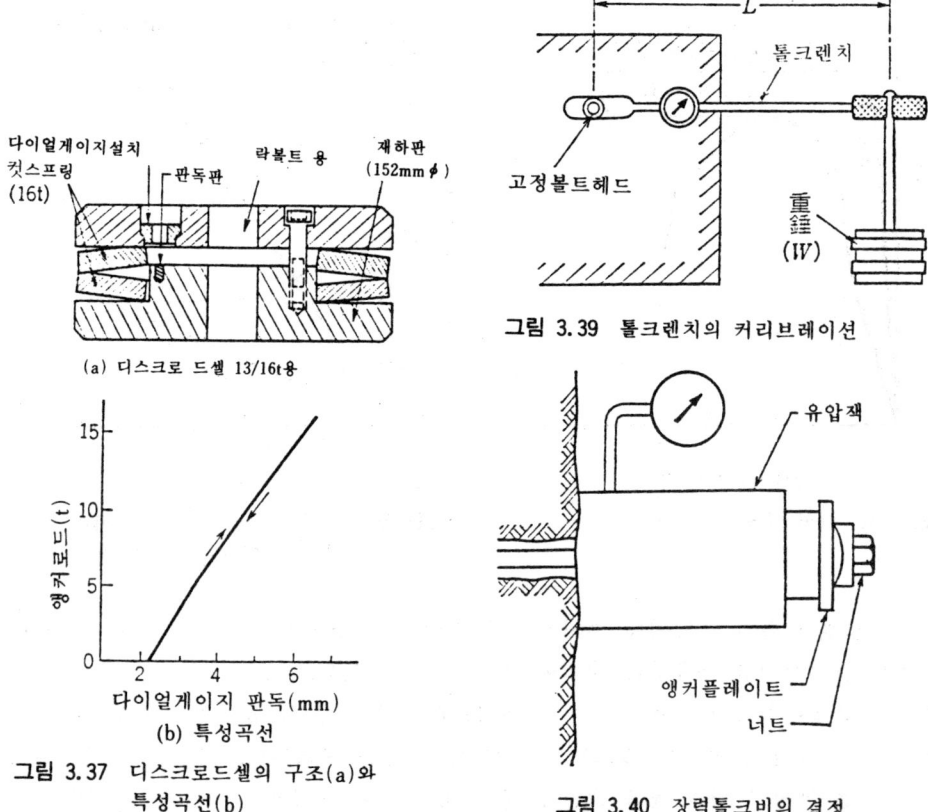

그림 3.37 디스크로드셀의 구조(a)와 특성곡선(b)

그림 3.39 톨크렌치의 커리브레이션

그림 3.40 장력톨크비의 결정

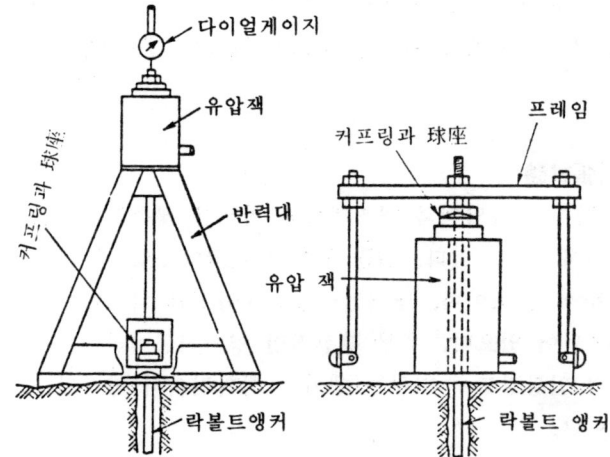

그림 3.41 락볼트인장시험장치

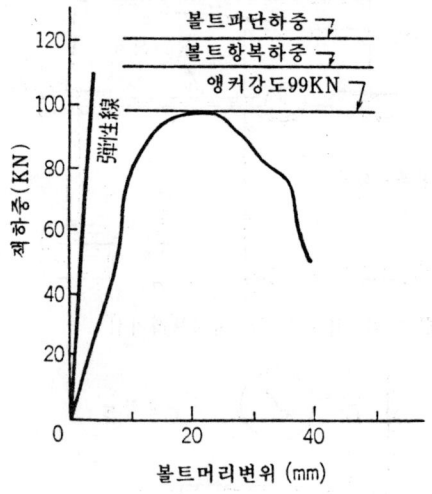
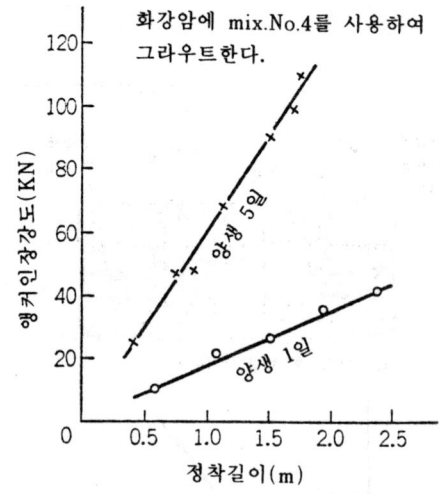

그림 3.42 앵커 락볼트의 인장시험   그림 3.43 앵커의 인장강도에 미치는 정착길이와 양생일수의 영향

디스크로드셀을 각각 락앵커에 설치하는 것은 비용이 높아지므로 보다 간단한 장력시험법으로서 톨크렌치를 사용하는 방법이 ISRM에서 제시되고 있다.

사용하는 톨크렌치는 사전에 실내에서 커리브레이션을 해서, 톨크미터의 판독과 정확한 톨크와의 관계를 표시하는 톨크커리브레이션 곡선을 구해둔다. 다음으로 장력과 톨크와의 관계를 구하기 위해 예를 들면 **그림 3.40**과 같이 유압잭을 락볼트와 앵커플레이트의 사이에 물리게 해서 너트를 톨크렌치로 조여나간다. 이 방법에 의해 락볼트에 가해지는 장력과 톨크렌치가 나타내는 톨크의 관계가 구해진다. 그러한 일로해서 나머지는 현장의 락볼트, 락앵커의 너트를 조여주는 것으로 톨크를 알고 따라서 그 장력을 감시할 수 있다.

3.12.2 앵커의 引張試驗

락볼트앵커의 인장시험은 유압잭과 앵커헤드의 변위를 계측하기 위한 다이얼게이지를 사용하는 일로 용이하게 할 수 있다. **그림 3.41**은 ISRM으로 제시하고 있는 방법이고, **그림 3.42**는 인장시험의 한 예이며, 앵커인장강도 99KN을 나타내고 앵커의 항복하중보다 다소 작은 값으로 되어 있으며, 우선 정상적인 앵커시공이라 할 수 있다.

그림 3.43은 앵커의 인장강도에 미치는 앵커의 정착길이와 양생일수의 영향을 경험적으로 그려진 설명도이다.

第4章 彈性波에 의한 地盤調査와 振動測定

4.1 彈性波에 관한 基礎式

물체내를 전달하는 탄성파속도를 V로 하면 다음의 기본적인 관계가 있다.

$$V = \lambda \cdot f \qquad f = 1/T \tag{4·1}$$

여기에 λ : 탄성파의 파장, f : 진동수(주파수), (sec^{-1}), T : 진동주기(sec)이다. 또, V_m : 기록된 진동속도폭(cm/sec), A_m : 같이 변위진폭(cm), a_m : 동시에 가속도진폭(cm/sec^2)로 하면

$$V_m = 2\pi f \cdot A_m \qquad a_m = 2\pi f \cdot V_m = 4\pi^2 \cdot f^2 \cdot A_m \tag{4·2}$$

이다. 따라서, 이러한예는 속도계를 사용하여 진동을 기록하면 그 진동기록으로 진폭을 알 수 있으므로 그 진동의 변위량, 및 가속도를 구분할 수 있다.

또 물체내로 전달되는 탄성파속도는 세로파의 전파속도(V_p)와 가로파의 속도(V_s)는 1축의 경우(예를 들면 봉을 전달하는 세로파의 속도)는 각각

$$V_p = \sqrt{\frac{E}{\rho}} \qquad V_s = \sqrt{\frac{G}{\rho}} = \sqrt{\frac{E}{\rho} \cdot \frac{1}{2(1+\nu)}} \tag{4·3)[1]}$$

로 나타난다. 여기에 ρ : 물체의 밀도, E : 물체의 영률, G : 동시에 강성률이다.

또, 포아송비(ν)는 V_p/V_s에 관해서 다음의 관계에 있다.

$$\nu = \frac{(V_p/V_s)^2 - 2}{2[(V_p/V_s)^2 - 1]} \tag{4·4)[1]}$$

3차원내를 전파하는 경우는

$$V_p = \sqrt{\frac{E}{\rho} \cdot \frac{(1-\nu)}{(1+\nu)(1-2\nu)}} \qquad E = \rho V^2 \cdot \frac{(1+\nu)(1-2\nu)}{(1-\nu)} = \rho V_p^2 \cdot f(\nu) \tag{4·5}$$

여기에, ρV_p^2 : Stiffness constant 로 일컬어진다.

탄성파속도 (V_p, V_s)를 측정함으로써 측정된지반의 영률을구하는 일이 종종 행해지고

있고, 그 가운데 동적방법으로 구한 영률은 E_d 라고 하는 기호로 표시되고, 정적방법으로 실시된 영률(E_s)라 구분하는 것이 보통이다.

탄성파에서는 세로파(疎密波, P파), 가로파(비틀림파, S파) 및 지표면을 전파하는 표면파 등이 있으며 표면파에서는 레이레이파로 일컫는 파도 존재한다.

4.2 彈性波의 反射, 屈折과 走時曲線

지질구조를 조사하는 유력한 수단으로서 탄성파 탐사법이라 부르는 방법이 있다.

지표에 비교적 가까운 지층이나 암반구조, 강약, 물성 및 암반에 존재하는 균열의 비율판정 등에, 이 조사법이 이용되고 있다.

탄성파 탐사에 관해서는 이미 많은 전문서적이나 참고서가 발간되어 있으므로 상세히는 여기서 말하지 않고 기본적인 관계제식을 기술하고 간단한 설명을 해 둔다.

폭약을 지중에 매설하여 이것을 폭발시키면 탄성파(지진파)도 발생한다.

이 탄성파는 지중을 전파해나가지만 탄성이나 밀도가 다른 지층의 경계면에 입사하면, 그림 4.1에 나타난 바와 같이 일부는 반사하지만 일부는 굴절해서 하층으로 진입한다. 입사탄성파가 P파의 경우, 반사파의 방법은 반사 P파(pp_1)와 반사 S파(ps_1)를 만들고 굴절파 방법은 굴절 P파(pp_2)와 굴절 S파(ps_2)를 만든다. 또 입사탄성파가 S파인 경우는 반사 S파(ss_1)와 반사 P파(sp_1), 굴절 P파(sp_2)와 굴절 S파(ss_2)를 일으킨다는 것이 알려져 있으며[2], 반사에 관해서는 다음 함수가 성립된다고한다.

$$K = \frac{Z_2 - Z_1}{Z_2 + Z_1} = \frac{\rho_2 V_2 - \rho_1 V_1}{\rho_2 V_2 + \rho_1 V_1}$$

여기에, K : 음압반사율(반사계수), ρ : 지층의 밀도, V : 지층에 전해지는 탄성파속도 이며, Z : "음향임피던스"로 일컬어 진다.

즉, 반사파의 진폭은 상층, 하층의 밀도와 탄성파의 속도를 각각 ρ, V로 하면, 위식에서 표시되는 반사율(반사계수)에 거의 비례된다고 되어 있다. 그리고 실측데이터에

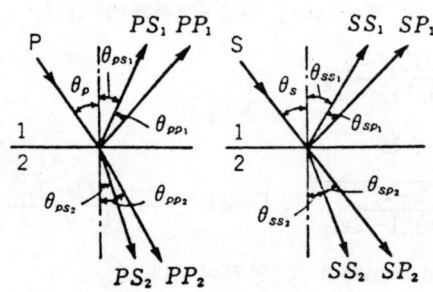

그림 4.1 탄성파의 굴절과 반사

의하면 반사면의 출현표준은, 심도100m정도이하에서는 지층두께 2~3m 이상이 필요하며 $K \geq 0.05$정도에 두어진다[4], 더욱 지표의 반사계수는 ≒1이다.

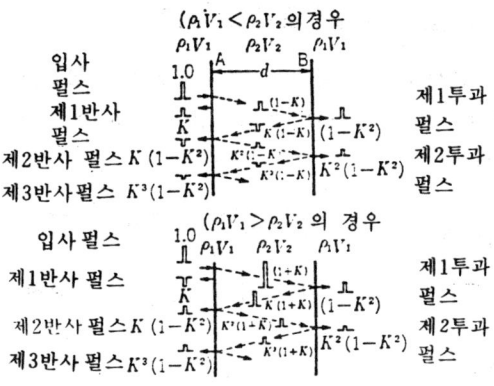

그림 4.2[5] 입사펄스의 반사, 투과 및 내부반사의 모식표시

그림4.2는 ρ, V_1의 지층이 d인 두께의 $\rho_2 V_2$ 지층을 A,B선을 경계로써 사이에 두고 있는 조건에 있는 경우, $\rho_1 V_1$ 지층에서 진폭1.0의 유닛펄스를 발진한 경우 지층의 음향 임피던스(Z) 차이에 의해 반사파 투과파가 어떻게 변화하는지, 또 위상의 변화를 모식적으로 나타내고 있다.[5] 즉 불량지반(ρV가 작다)후에 양호한 지반이 존재하고 있는 경우는 그 경계면에서 반사파는 위상이 변하지 않고 양질의 지반뒤에 불량 지반이 존재해 있는 경우는 반사파의 위상이 역전한다는 것을 나타내고 있다. 이와 같은 것을 이용해서 반사파의 위상에서 반사면의 전후 지반상황을 추정할 수 있는 이유이다.

또 일반적으로 어떤 반사면이 존재하는 경우 이론적으로는 P파의 반사파, S파의 반사파의 쌍방이 관측되어야 겠지만, 지반지질상황이 나쁜 경우에는 S파의 감쇄가 심하고, P파의 반사파밖에 관측되지 않는 경우가 많다.

다시 그림4.1로 매질1의 P파 및 S파의 전파속도를 각각 V_{p1}, V_{s1}로 하여, 매질2의 것을 V_{p2}, V_{s2}로 하고, 입사파 반사파 및 굴절파의 진행방향이 각각 경계면에 경사면을 이루는 각을 **그림4.3**과 같이 기술하면 다음의 관계가 성립한다[6].

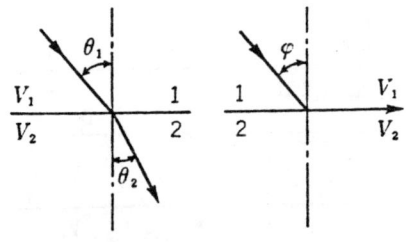

그림 4.3 굴절파와 임계각

$$\frac{V_{p_1}}{\sin\theta_p}=\frac{V_{p_1}}{\sin\theta_{pp_1}}=\frac{V_{s_1}}{\sin\theta_{ps_1}}=\frac{V_{p_2}}{\sin\theta_{pp_2}}=\frac{V_{s_2}}{\sin\theta_{ps_2}}$$

$$\frac{V_{s_1}}{\sin\theta_s}=\frac{V_{s_1}}{\sin\theta_{ss_1}}=\frac{V_{p_1}}{\sin\theta_{sp_1}}=\frac{V_{s_2}}{\sin\theta_{ss_2}}=\frac{V_{p_2}}{\sin\theta_{sp_2}}$$

(4·7)

지금 P파에 주목해서 입사파와 굴절파를 생각해보면 **그림4.3**에 있어서 지층1과 지층2의 속도를 각각 V_1, V_2로 하면 굴절각 θ_2와 입사각 θ_1과의 사이에서는 다음의 관계 (Snell의 법칙)가 성립된다.

$$\frac{\sin\theta_1}{\sin\theta_2}=\frac{V_1}{V_2} \quad 혹은 \quad \frac{\sin\theta_1}{V_1}=\frac{\sin\theta_2}{V_2}=一定$$

(4·8)

또 굴절각 θ_2가 90°의 경우에 있어서의 입사각 θ_1를 φ로 하면

$$\sin\varphi=\frac{V_1}{V_2}$$

(4·9)

가 되고 φ를 임계각이라 한다.

그림 4.4는 종축에 시간(T)를 가로축에 폭발점(A)에서 수진점까지의 거리(x)를 잡아 종파의 도달시간을 플로트한 주시 곡선을 나타낸다. T_1곡선을 직접파의 도달시간을 표시하고 T_2곡선은 하층(속도V_2)에 전달되어 다시 지표에 나타나든지 반사파의 수진점에 도달할 때까지의 도달시간을 표시한 굴절파 도달시간을 표시하는 곡선이며 P점은 이 양 곡선의 교점이며, 원점까지의 거리x_0는 임계거리라 일컬어진다.

직접파의 주시(T_1)는

$$T_1=\frac{x}{V_1}$$

(4·10)

이다. 표층을 전달하는 탄성파속도(V_1)는 주시T_1곡선을 구할때는 위식에서 구해진다.

또 표층의 두께(Z)가 일정할 때는

$$Z=\frac{t}{2}\cdot\frac{V_1V_2}{\sqrt{V_2^2-V_1^2}}$$

(4·11)

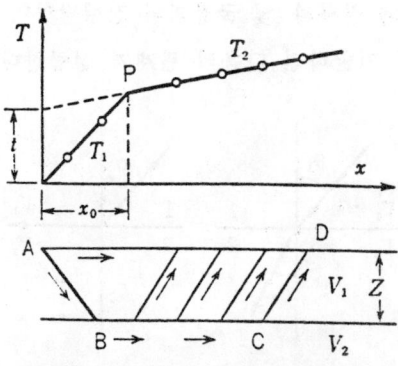

그림 4.4 주시곡선($V_2>V_1$로 한다)

로 Z가 구해진다. 여기에 t는 굴절파 주시의 연장이 종축과 교차하는 점의 주시(이것을 원점주시 또는 교차시라 한다)이다.

더욱 식(4·10)에서 $dT_1/dx = 1/V_1$이 얻어지고, $dT_2/dx = 1/V_2$인 관계도 T_2곡선의 주시관계에서 구해지므로 각각의 속도역수가 T_1곡선, T_2곡선의 경사를 나타내고 있으므로 주시곡선의 경사에서 속도를 구할 수 있다. 따라서 위식의 표층두께(Z)를 구할 수 있다.

그림 4.5[2]는 A, B의 2점을 진원으로 하여 왕복측정을 해서 구해진 주시곡선 T_{AR} 및 T_{BR}을 나타낸다. 상층과 하층의 속도를 각각 V_1, V_2로 하고, A, B간의 임의 수진점을 R, 굴절의 임계각을 θ로 하면 주시 T_{AR}, T_{BR}은 상하양층의 경계선이 거의 수평에 가까울 때는[2]

$$T_{AR} = \frac{Z_A \cos\theta}{V_1} + \frac{Z_R \cos\theta}{V_1} + \frac{x}{V_2}$$
$$T_{BR} = \frac{Z_B \cos\theta}{V_1} + \frac{Z_R \cos\theta}{V_1} + \frac{X-x}{V_2} \tag{4·12}$$

이다. 여기에 Z_A, Z_B 및 Z_R은 각각 A점, B점 및 R점에서 하층으로 내려진 垂線길이 x는 AR간의 거리, X는 AB간의 거리로 한다. A에서 B까지의 주시 T_{AB}는

$$T_{AB} = \frac{Z_A \cos\theta}{V_1} + \frac{Z_B \cos\theta}{V_1} + \frac{X}{V_2} \tag{4·13}$$

이므로 $T_{AR} + T_{BR} - T_{AB}$를 Y로 할 때, $Y = 2Z_R \cos\theta / V_1$과 같고

$$T_{AR}' = T_{AR} - \frac{Y}{2} \qquad T_{BR}' = T_{BR} - \frac{Y}{2}$$

라는 양을 생각한다.

$$T_{AR}' = \frac{Z_A \cos\theta}{V_1} + \frac{x}{V_2} \qquad T_{BR}' = \frac{Z_B \cos\theta}{V_1} + \frac{X-x}{V_2} \tag{4·14}$$

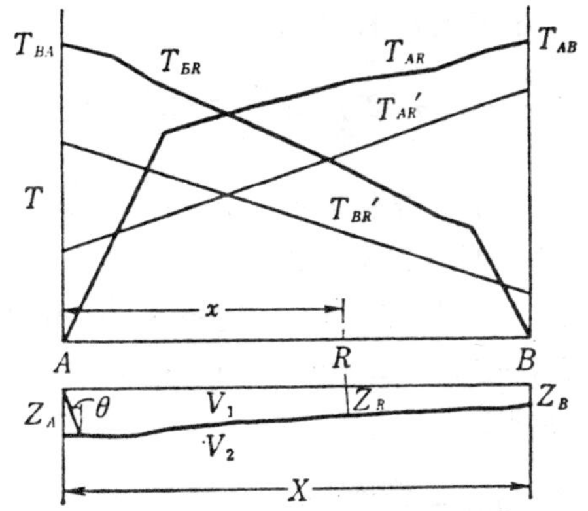

그림 4.5 A, B를 진원으로한 주시곡선

가 된다. 이들은 직선을 이루고 동시에 $1/V_2$라는 경사를 갖는 일종의 주시곡선이다. 이 경사에서 하층의 속도가 알려지고, $T_{AR}-T_{AR}'$ 또는 $T_{BR}-T_{BR}'$를 만든다면

$$Z_R = \frac{V_1(T_{AR}-T_{AR}')}{\cos\theta} = \frac{V_1(T_{BR}-T_{BR}')}{\cos\theta} \tag{4·15}$$

에서 하층까지의 깊이를 알 수 있다. 이 해법은 하기하라의 방법이라 부르며 이른바 "하기잡기법"으로 일컬어진다. 이 계산된 주시 곡선은 "속도주시곡선"이라든지 "T' 곡선", 혹은 "하기잡기선"으로 일컬어진다. 또 $T_{AR}-T_{AR}'=T_{BR}-T_{BR}'$ 은 깊이를 나타내는 양이므로 심도주시로 이름이 붙혀졌다. 이것은 영어로 Delaytime로 일컫고 양에 해당한다.

T_{AR}'이나 T_{BR}'를 구하는데는 $T_{AB}/2$의 점으로 x축과 평행선을 긋고 임의의 점 R 로 $T_{AR}-T_{BR}/2$를 디바이더로 만들고 평행선상에 플로트한다(그림4.6)

하기하라법을 확장하면 다수 수평층의 각층두께 Z_{RK}를 상층에서 차례로 구할 수 있다. 즉, 최하층의 속도를 V_n으로하고, 상층의 속도를 $V_1 \cdots$, $V_K \cdots$, V_{n-1}로 하면

$$T_{AR} = \sum_{K=1}^{n-1}\frac{Z_{AK}\cos\theta_{Kn}}{V_K} + \sum_{K=1}^{n-1}\frac{Z_{RK}\cos\theta_{Kn}}{V_K} + \frac{x}{V_n} \tag{4·16}$$

$$T_{BR} = \sum_{K=1}^{n-1}\frac{Z_{BK}\cos\theta_{Kn}}{V_K} + \sum_{K=1}^{n-1}\frac{Z_{RK}\cos\theta_{Kn}}{V_K} + \frac{X-x}{V_n} \tag{4·17}$$

$$T_{AB} = \sum_{K=1}^{n-1}\frac{Z_{AK}\cos\theta_{Kn}}{V_K} + \sum_{K=1}^{n-1}\frac{Z_{BK}\cos\theta_{Kn}}{V_K} + \frac{x}{V_n}$$

가 되므로 여기서 T_{AR}', T_{BR}'를 만들면

$$T_{AR}' = \sum_{K=1}^{n-1}\frac{Z_{AK}\cos\theta_{Kn}}{V_K} + \frac{x}{V_n}$$

$$T_{BR}' = \sum_{K=1}^{n-1}\frac{Z_{BK}\cos\theta_{Kn}}{V_K} + \frac{X-x}{V_n} \tag{4·18}$$

가 되어, 최하층의 속도가 판면된다. 또,

$$T_{AR}-T_{AR}'=T_{BR}-T_{BR}'=\sum_{K=1}^{n-1}\frac{Z_{RK}\cos\theta_{Kn}}{V_K} \tag{4·19}$$

이므로 각 층마다 표층제거법이 가능해지고 관측이 실시되면 각 층두께 Z_{RK}를 상층에서 차례로 구할 수 있다. 실제로는 그림 4.6에 나타낸 바와같이 $T_{AR}-T_{AR}'$를 분할한다. 이 때 제2층의 T'곡선으로 얻어진 심도주시 D_{12}에서 $\cos\theta_{12}$를 사용해서 Z_1를 구하지만, 제 3층의 심도주시는 $D_{13}+D_{23}$이고, 이 D_{13}과 D_{12}는 조금 다르다. 즉 $D_{13}=D_{12}\cdot\cos\theta_{13}/\cos\theta_{12}$가 된다. 일반식으로서는

$$D_{Kn}=D_{K,\,K+1}\cdot\frac{\cos\theta_{Kn}}{\cos\theta_{K,\,K+1}} \tag{4·20}$$

4.2 탄성파의 반사, 굴절과 주시 곡선

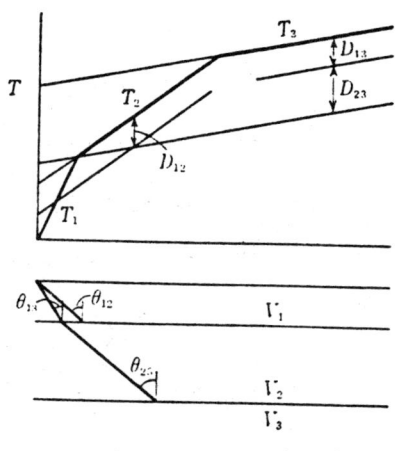

그림 4.6 Z_{RK}를 구하는 법

이 얻어지고, 이들의 조작에서 다수층의 경우에도 각 층의 경사가 현저하지않는 한 하기 하라법은 간단히 된다.

그림 4.7[6]은 시추공내에 3성분수진기를 설치하여 배판이 없는 고무튜브를 삽입한 그림으로 이고무튜브를 보어홀내의 임의위치에 고정시키는데는 송수펌프로 고무튜브내를 송수가 압해서 팽창시킨다. 지표에 圖示한 바와같이 두꺼운판을 두고 추를 달든지 사람이 여러명 올라타고 두꺼운판 옆에서 나무망치로 강타하면 지면과 두꺼운판 사이에는 주로 가로파(S파)가 발생하여 지중에 전파하고, 수진기에 도달하며 발지점과 수진점사이의 지층탄성파 속도를 구할 수 있다. 이 경우 약간의 P파(세로파)도 발생되나 S파가 강조된다. 두꺼운판 밑에는 쇼트마크용의 수진기를 설치해 둔다. 3성분수진기의 고무튜브를 공중에서 이동하고, 측정을 반복함으로써 각 심도까지탄성속도를 측정할 수 있다.

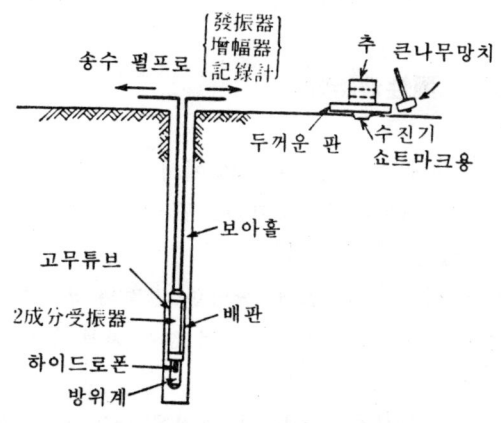

그림 4.7[6] 검층측정설명도

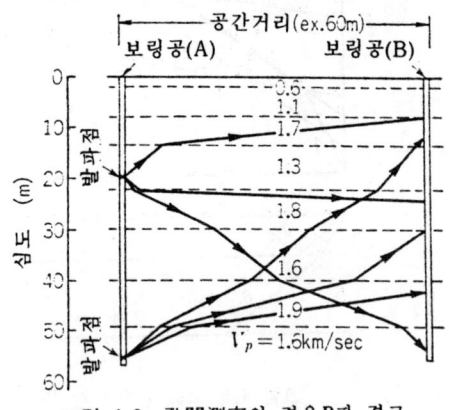

그림 4.8 孔間測定의 경우 P파 경로

그림 4.8[7]과 같이 전기한 수진기를 삽입해 두고, 진동측정을 하면 발진점과 수진점사이의 관계위치, 시추공사이의 지층구조와 각 층의 탄성파속도 대소에 의해 付圖에 나타난 바와같이 경로를 거쳐 탄성파가 전파하고, 수진점에 도달한다.

더욱 지표가 경사로 이룬 경우의 주시곡선은 다음과 같이 구하면 해석이 용이하다. 지표가 수평에 대하여 θ, 하층이 ω 만 경사를 이루는 경우는 T' 곡선의 경사에서 얻어지는 하층의 예상속도 V'는

$$V' = \frac{\cos\theta}{\cos(\omega \sim \theta)} V_2 \qquad (4\cdot21)[2]$$

이라는 것이 확인되고 있다. 여기에 V_2 : 하층의 진짜 속도이다. ω와 θ의 관계 여하에 따라 V_1과 V_2의 대소관계는 변화한다.

4.3 岩盤·土質의 彈性波特性

표 4.1[7]은 현장갱도내에서 측정된 V_p, V_S 에서 식(4·3~4·5)을 이용해서 구해진 E_d 및 포아송비(ν)를 잭 테스트(평판재하시험)로 구해진 E_j(영율)를 나타내고, 다시 E_d와 E_j의 비율이 나타나고 있다.

이와 같이 E_d와 E_j에서는 그 값에 상당한 간격이 있으므로, 암반의 영율(변형계수)을 전산처리나 계산에 이용되는 경우는 어떤 값을 채택하는 값이 타당한지, 문제에 대해 신중하게 검토할 필요가 있다.

표 4.2, 표 4.3[8]은 암석분류(A~F)와 여기에 해당하는 1축압축강도(σ_c)와 탄성파속도(V_p)의 대 범위를 표시하고 있으며, 표 4.2에는 동시에 특정의 신커로 공기압(5~

4.3 암반·토질의 탄성파 특성

표 4.1 현장측정의 動영률(E_d)와 靜영율(E_j)의 對比

측정위치	V_p (km/sec)	V_s (km/sec)	E_d (kg/cm²)	포아송비 (ν)	잭 테스트 E_j 수평	E_j 수직	$E_d : E_j$
A 갱 좌측벽	3.4 5.0 4.3	1.5 2.0 1.5	163,000 295,000 169,000	0.38 0.40 0.43	20,300	35,900	15:1～8:1
B 갱 좌측벽	4.2	1.7	213,000	0.40	60,000	22,900	4:1～9:1
B 坑 右側壁	4.2 3.7 3.4	1.7 1.7 1.5	213,000 208,000 163,000	0.40 0.37 0.38	21,800 26,400	25,300 33,500	10:1～8:1 8:1～6:1
D 갱 좌측벽	3.6	1.5	165,000	0.39			

주 : 측정거리는 15～50m를 잡고있다. 잭 테스트로 구한 E_j는 靜영률을 의미한다.

표 4.2 암석분류와 암축강도, 탄성파속도 및 천공속도의 관계

암석분류	천공속도 $D_s$mm/sec	압축강도 $\sigma_c$kg/cm²	탄성파속도 $V_p$km/sec	암반 상태
A	～4	1,600 以上	5.4 以上	대단히 강경하며 균직인 암반
B	4～8	1,600～540	5.4～3.8	강경하며 균열이 적은 양질암반
C	8～16	540～180	3.8～2.6	균열질경암, 중경으로 균질암반
D	16～32	180～60	2.6～1.8	경암으로 균열이 많고 연암균질
E	32～64	60～20	1.8～1.3	풍화진행, 균열이 많은 경암, 연약한 암반
F	64～	20 以下	1.3 以下	풍화가 심한 암반 응결상사

주 : 천공에서는 싱커 TY24, 빗트사이즈 32mm, 추력 50kg, 공기압 6kg/cm²로 실시되는 것

A : 고생층, 중생층, 심성암, 반심성암, 화산암의 일종, 變成岩

B : 박리가 심한 변성암, 細層理의 발달한 고생층

C : 중생층의 일부, 古제3기층의 일부, 화산암

D : 古제3기층～신제3기층

E : 신3기층～홍적층

F : 홍적층～충적층

6kg/cm²)에서 천공되는 천공속도로 표시되어있다. 암석의 종류별 탄성파속도(V_p)에 관해서는 복부보정이 상세한 통계가 발표되고 있다.[9]

그림 9.9 및 그림 9.10은 화강암에 대하여 각각 V_p와 정영률(E_s) 및 V_p와 1축압축강도(σ_c)의 관계를 표시하고 있고, 상당한 폭은 있지만 대략의 관계로서 이해하는데 참고가 될 것이다. 그림 4.11[8]은 각종 암석에 대한 V_p와 1축압축강도(σ_c)와의 관계를 나타내고 있다.

표 4.3 암석분류와 탄성파속도

암석분류	V_p (km/sec) 1.0 2.0 3.0 4.0 5.0 6.0
A	
B	
C	
D	
E	
F	

▨ 암목이 적다, 풍화변질이 안되는 암반

▨ 암목이 많다. 풍화가 파쇄질 약간 연질, 고결도가 바쁘다

▨ 암목이 대단히 많다, 풍화가 심하고 파쇄대, 연질, 고결도 대단히 바쁘다.

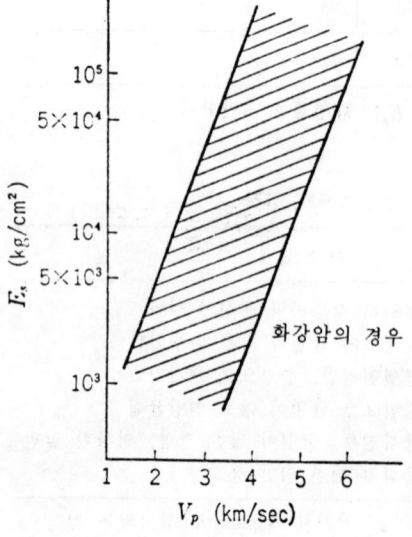

그림 4.9 파강암의 $E_s - V_p$ 의 관계

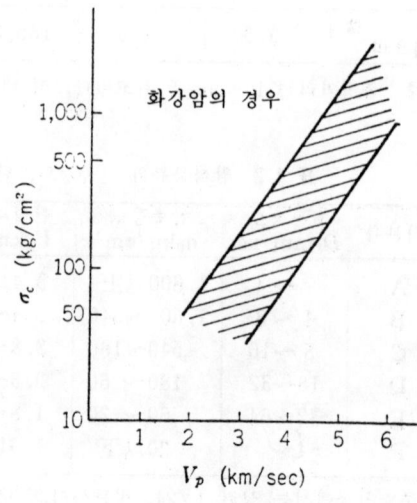

그림 4.10 화강암의 $\sigma_c - V_p$ 의 관계

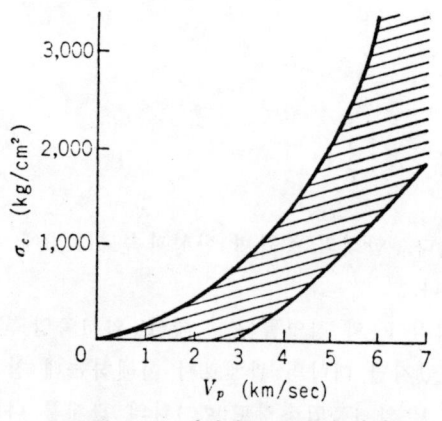

그림 4.11 암석의 $\sigma_c - V_p$ 의 관계

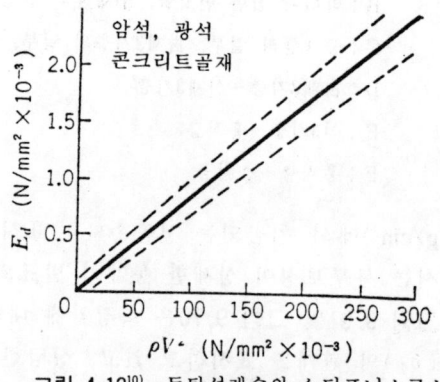

그림 4.12[10] 동탄성계수와 스티프너스콘스탄트(ρV^2)와의 관계

그림 4.12[10]는 암석, 광석 및 콘크리트골재에 대하여 조사했다. 동영률(E_d)과 Stiffness constant(ρV^2)와의 관계를 나타내고 식(4·5)에서 이해되는 것처럼 E_d 와 $\rho V^2 d$ 와의 관계는 상당히 좋은 상호관계에 있다.

내기시, 호시노[11]에 의하면 일반적으로 岩種에 대하여 다음 식이 성립된다고 한다.

$$q_u = a \cdot V_p^b \tag{4·22}$$

여기에 q_u : 강제습윤상태의 1축압축강도, V_p : 강제습윤상태의 초음파전파속도이다. 여기에 강제습윤과는 시료를 수중에서 24~96시간 흡수시킨 상태를 말한다. 따라서 위 식은 다음과 같이 곱한다.

$$\log q_u = b \cdot \log V_p + \log a$$

이 관계를 圖示한 것이 그림 4.13[11]상의 직선 KL이고, 도상의 A, B, C 및 D 존에 관해서는 A : 규화·경질암, 균열이 없는 것. C : 신선하며 균열·풍화가 없는 것. D : 풍화를 받고있는 것, 균열이 많은 것. B : 약풍화, 균열이 적은 것으로 하고있다.

그림 4.14[11]가 전암종에 대한 q_u 와 V_p 와의 관계를 표시한 그림이며 암종별의 상수를 기술하면 다음과 같다고 한다.

全岩種에 대해서는 $\log q_u = 2.67 \cdot \log V_p + 1.09$

安山岩에 대해서는 $\log q_u = 3.33 \cdot \log V_p + 0.70$

玄武岩에 대해서는 $\log q_u = 4.34 \cdot \log V_p$

泥岩에 대해서는 $\log q_u = 2.31 \cdot \log V_p + 1.13$

砂岩에 대해서는 $\log q_u = 2.26 \cdot \log V_p + 1.12$ (4·24)

혈암에 대해서는 $\log q_u = 3.70 \cdot \log V_p + 0.56$

粘板岩에 대해서는 $\log q_u = 4.55 \cdot \log V_p + 0.33$

熔結凝灰岩에 대해서는 $\log q_u = 2.81 \cdot \log V_p + 1.39$

火山碎屑岩에 대해서는 $\log q_u = 1.62 \cdot \log V_p + 1.36$

암석의 탄성파속도(V_p), 1축압축강도(σ_c) 및 특정의 조건에 의한 천공속도(D_s)사이의 관계도 발표되고 있다.[12] 또 그림 4.15[10]는 시멘트페이스트와 콘크리트의 음속(V_p)와 각주시료의 1축압축 강도와의 관계도이다.

함수량이 변화하면 암석의 전파속도는 그 영향을 받아서 변화한다.

그림 4.16은 제3기 三浦層의 실트암(土丹)의 경우이다. 그림 4.17[14]은 대곡석(응회암)의 경우를 표시한다. 표 4.4[15]는 니암의 경우를 표시하고 있다. 어떤 세로파속도는 함수포화도(S_r)에 크게 영향을 미치고, 특히 포화도가 높아지면(75%이상), 세로파속도 (V_p)는 급격하게 높아지고 있다. 여기에 대하여 가로파(V_s)는 암석이 건조상태일 때는 약간 높은 속도이나 포화도가 30% 이상에서는 거의 변화하지않고 거의 일정감을 나타

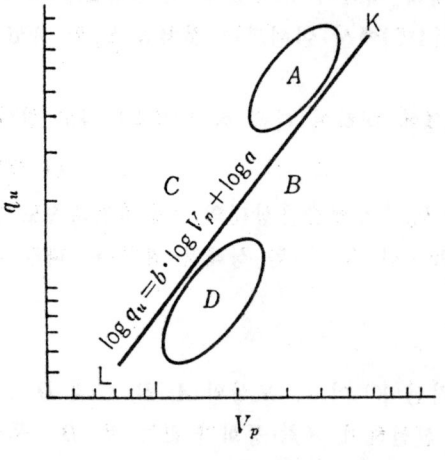

그림 4.13[11] 암석의 $q_u - V_p$ 의 관계

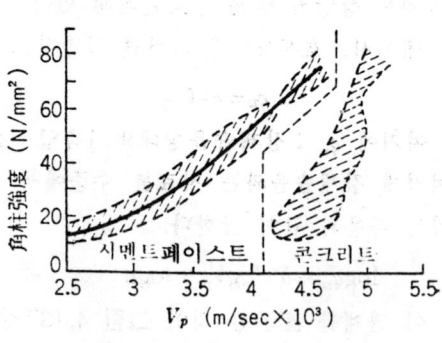

그림 4.15[10] 시멘트페이스트, 콘크리트의 음속과 압축강도와의 관계

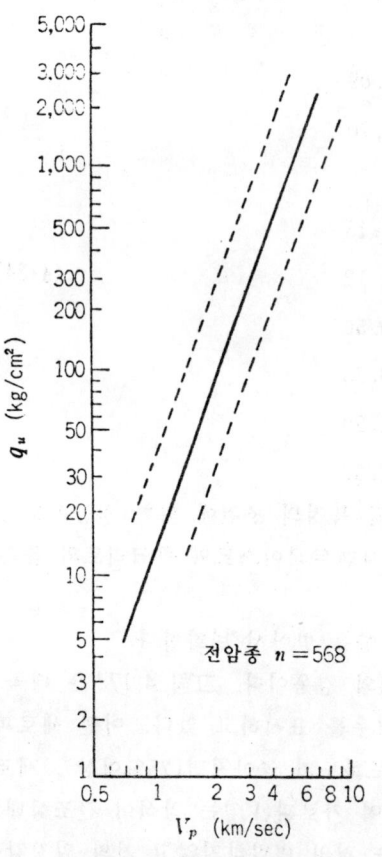

그림 4.14[11] 암석의 $q_u - V_p$ 의 관계

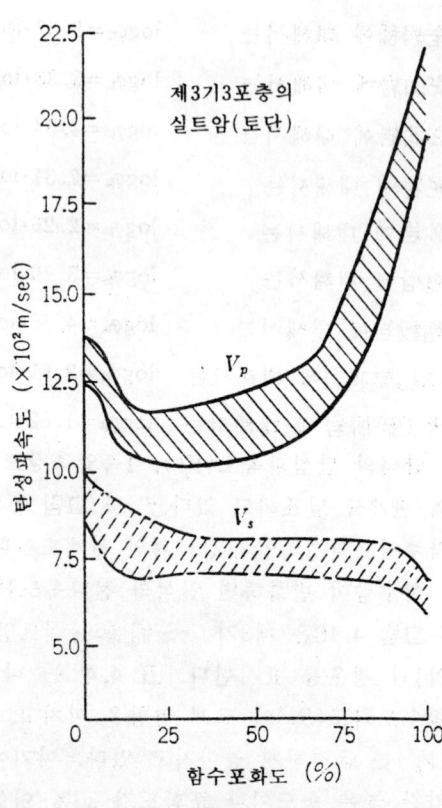

그림 4.16[13] 함수의 탄성파속도에 미치는 영향

4.3 암반·토질의 탄성파 특성

표 4.4 니암의 탄성파속도(간극률 40%의 연질니암)

岩　種	泥　岩	泥　岩
건 습 상 태	자연건조상태	습윤상태
V_p (km/sec)	1.4	1.8～1.9
V_s (km/sec)	0.6～0.7	0.56～0.6
포아송비(ν)	0.33～0.39	0.44～0.45

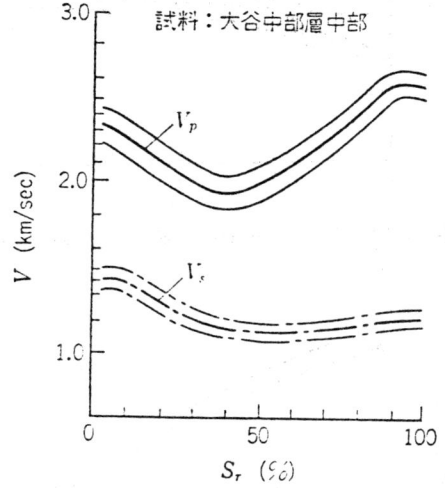

그림 4.17[14]　대곡응회암의 함수포화도에 의한 음속의 변화

내고 있다.

　이 현상은 특히 연암에 대해서 말할 수 있지만, 이 현상의 설명에서는 미나미구모의 고찰(관계식)이 있다.[15]

　일반적으로 연질인 암석에서는 흡습상태에 의해 세로파속도(V_p)는 크게 변화하는데 대하여 가로파속도(V_s)는 거의 변화하지 않는다.

　암석은 응력을 받으면 일반적으로 음속은 빨라진다. 이것은 응력을 받으면 암석의 간극률이 감소되기 때문이다. 여기에 수반해서 탄성파속도도 조금 커질것이라는 것은 쉽게 이해할 수 있다. 그림 9.18[16]은 그 경향을 나타낸 한예이고, 암석에 포함되는 죠인트 수에 의한 차이도 나타내고 있다. 주압 0의 경우에서 주압을 가하기 시작한 경우에 음속의 상승이 높은 경우는 죠인트가 폐합되므로 그 영향이 크게 나타나기 때문일 것이다. 주압이 2MPa 이상이 되면 음속의 상승경향은 적어진다. 죠인트폐합에 의한 음속의 상승경향은 가로파(V_s)에서는 거의 볼 수 없지만 세로파(V_p)에서는 상당히 잘 나타난다는 것도 주목해야할 것이다.

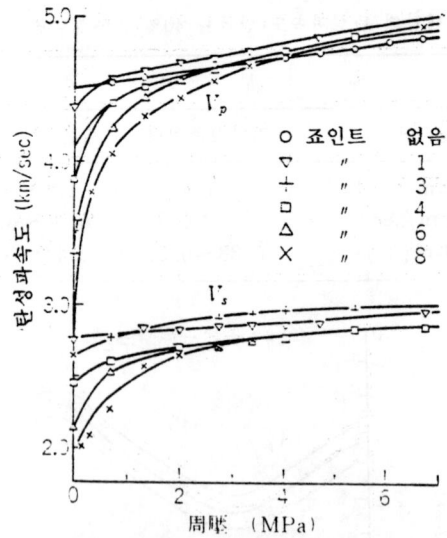

그림 4.18[16] 암석의 응력에 의한 탄성파속도의 변화

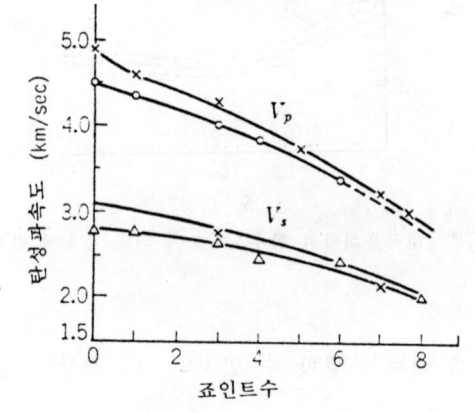

그림 4.19[16] 탄성파속도에 미치는 죠인트수의 영향(주압이 없는 경우)

그림 9.19[16]는 암석의 죠인트수가 많으면 그 암석에 전파하는 속도는 저감한다는 것을 나타내고 있다. 그리고 그 죠인트수에 의한 영향의 정도는 세로파(V_p)쪽이 가로파(V_s)의 경우보다 크게 영향을 미친다는 것을 나타내고 있다. 이러한 쪽은 세로파는 소밀파이고, 가로파는 전단파라는 것을 고려한다면 납득할 수 있는 현상이다.

그림 4.20[17]은 각종 암석이 강성 1축압축을 받아 파괴할 때까지의 과정에 대한 종파속도(V_p)의 변화와 체적변형($\Delta V/V$)의 관계를 나타내고 있다. 경암(대리석)에서는 암석내의 각극률은 적기때문에 체적변형의 변화는 적지만 이밖의 암석에서는 이것이 비교적 크다. 그러나 어떤 경우에도 압축과정에 대한 체적변형의 증가에 수반해서 세로파속도

4.3 암반·토질의 탄성파 특성

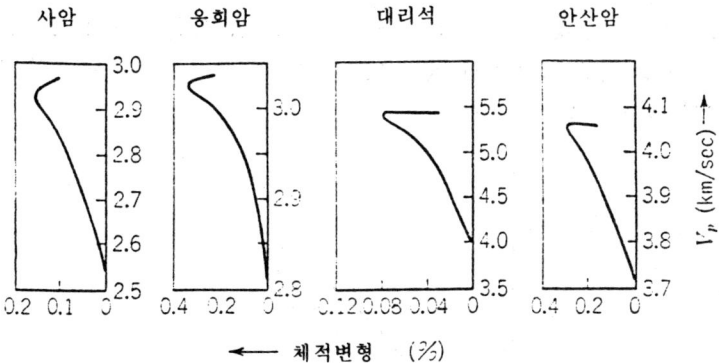

그림 4.20[17] 1축압축을 받는 암석의 세로파속도와 체적변화의 관계

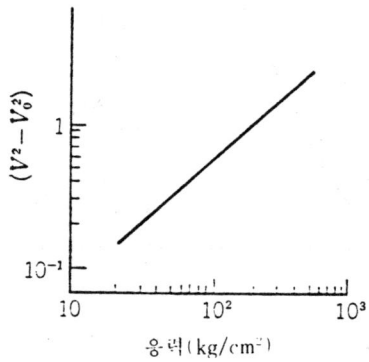

그림 4.21 Kimachi사암의 음속과 응력관계

(V_p)는 비례적으로 상승되어가고, 암석의 최대강도에 대해서 최고속도에 도달되어, 암석파괴와 동시에 음속은 급속히 저감되고 있다. 즉 많은 수의 크랙발생과 동시에 급속히 음속은 저감하고 있다.

그림 4.21[17]은 상기 4종의 암석에 대하여 강성 1축압축을 받는 암석의 최고응력값에 도달할 때까지의 응력과 음속의 관계도로 V : 압축응력 P 의 상태에대한 음속. V_0 : 무하중상태에 대한 음속이다. 南雲에 의하면[18], 일반적으로 물질의 집합체내를 전파하는 음속과 압력의 사이에는 다음 식으로 표시되는 관계가 존재한다.

$$V = \sqrt{V_0^2 + A(P)\mu} \qquad (4\cdot25)$$

여기에 A : 상수, μ : 압력의존 지수이고, 입상물질의 접촉상태에 의해 정해지는 상수이다. 그림 4.21의 관계는 μ 을 일정하게하면 위식이 성립된다는 것을 표시하고 있다. 즉 암석의 파괴까지의 영역에서는 μ 을 일정하게 생각해도 된다. 파괴후의 영역에서는 또다른 μ 의 값을 취한다.

세로파속도(V_p)가 약 2.0km/sec이하가 되면 지질은 **표 4.2, 4.3** 및 **표 4.4**가 나타낸 바와같이 암석은 연암 혹은 토질이라 생각해도 된다. 따라서 세로파속도의 측정에 의해 그 토질의 경연의 대충을 알 수 있다.

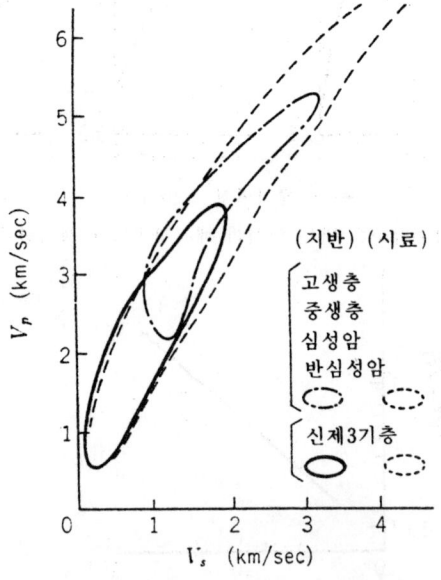

그림 4.22 각종 암반의 V_p와 V_s의 관계

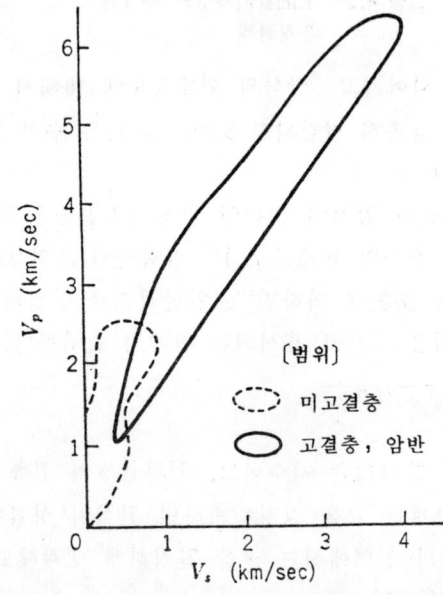

그림 4.23[13] 미고결층과 암반의 V_p와 V_s의 관계

4.3 암반·토질의 탄성파 특성

지반이 연암이라든지 토질의 경우에는 특히 함수율의 여하에 따라 세로파속도의 변화가 현저하다. 여기에 대하여 가로파속도(V_s)는 함수율의 여하에 의해 변동은 거의 없고 일정값을 나타내며 토질의 경·연에 대하여 양호한 관계를 나타내고, 감쇠도 세로파의 경우처럼 심하지않다. 그래서 지반이 비교적 부드러운 암반이나 토질인 경우에는 가로파속도를 측정함으로써 지반의 다짐정도, 경연정도를 판단 할 수 있다.

그림 4.22[13]는 각종 암반의 세로파속도(V_p)와 가로파속도(V_s)와의 관계. 그림 4.23[13]은 미고결지층과 암반의 $V_p \cdot V_s$ 좌표에 대한 관계범위를 표시하고 있다. 또 그림 4.24[13]는 표토, 성토나 점토, 실트 및 모래, 부석, 자갈 등의 $V_p \cdot V_s$ 좌표에 관한 관계범위를 표시하고 있다. 이들의 자료는 지반의 탄성파속도(V_p 및 V_s)를 측정함으로써 그 지반의 대략 그 물성을 추정하는데 쓰이게 할 수 있다.

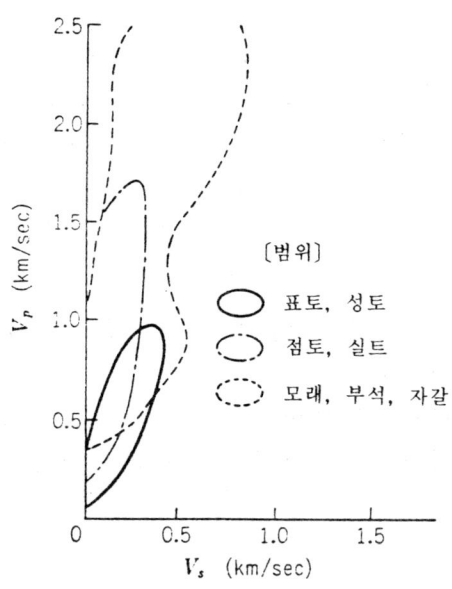

그림 4.24[13] 미고결지층의 V_p 와 V_s 의 관계

起震法으로서는 다이나마이트를 지중에 매설하고 道通해서 발파시키는 다이나마이트 기진법이 가장 일반적으로 실시되고 있으며 이것으로 인해서 세로파와 동시에 가로파도 발생한다.

예를 들면 그림 4.25[7](a)의 진동파형에 그것을 볼 수 있다. 同圖로 P점이 종파의 도달시각, S점은 가로파의 도달시각이고, D.P는 기진점에서 측점까지의 거리이다. 同圖에 나타난 바와같이 속도계감진기에 기록되는 진폭을 세로파는 작게 나타나는데 대하여 가로파는 큰 진폭이 되지만, 세로파의 진동영향에 의해 가로파수진시각의 판정이 복잡해지는 경우가 많다. 여기서 가로파가 현저하게 나타나는 기진법, 즉「큰 나무망치치기」혹은「판치기」법으로 일컬어지는 기진법이 가로파발생법으로 채택되고 있다. 이 방법에는 그림 4.7에 표시한 것처럼 길이 약 3m, 폭 30cm, 두께 5cm정도의 판위에 50kg정도의 중량물을 두거나 사람이 올라타서 판측면을 쳐두는 방법이다. 이러한 방법으로 해서 판과 지반사이에는 전단력이 작용하고 따라서 전단파가 현저하게 전파하는 것이다.

  나무망치법이나 인력에 의해 판을 때릴때 발생에너지로서는 그다지 크지않기 때문에

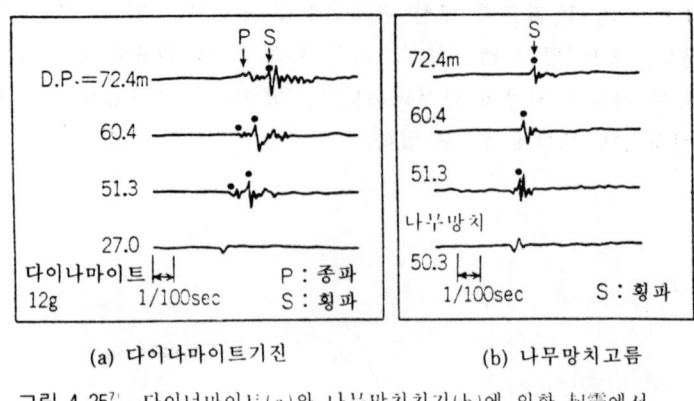

(a) 다이나마이트기진   (b) 나무망치고름

그림 4.25[7] 다이너마이트(a)와 나무망치치기(b)에 의한 起震에서 발생된 지반의 진동기록(감진기 20~30hz 속도계 사용)

진동의 전달거리에는 자연스럽게 제한이 있다. 미풍화지반에 대해서 약 50~80m까지로 토질에 대해서는 15~50m의 범위로 멈춘다.

  그림 4.25(b)는 이 나무망치치기에 의한 진동기록으로 세로파는 나타나지않고 가로파의 도달시각을 명료하게 독해 할 수 있으며 가로파속도(V_s)의 계측을 정확히 실시할 수 있다.

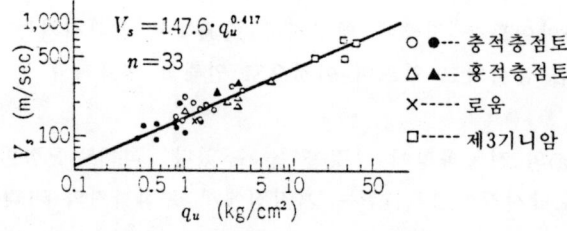

그림 4.26[20] 토질의 가로파속도(V_s)와 1축압축강도(q_u)의 관계

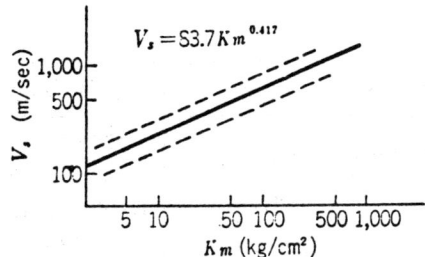

그림 4.27[20]   S파속도와 LLT에 의한 K값과의 관계

토질의 역학적 특성과 S파속도와의 관계에서는 상당히 좋은 상관성을 나타내는 것이 여러개 있다. 그림 9.26[20]은 토질의 S파속도(V_s)와 1축압축강도(q_u)와의 관계를 나타내며 대단히 좋은 상호관계를 나타내고 다음의 관계식이 정립된다.

$$V_s = 147.6 \cdot q_u^{0.417} \tag{4·26}$$

이와같이 양호한 관계가 그림 4.27[20]에 나타난 바와같이 S파속도 V_s(m/sec)와 지반반력계수 Km(kg/cm²)과의 사이에도 성립되며, 다음 관계식이 성립이 된다.

여기에 Km은 LLT 측정으로 하중~변위곡선의 구배에서 구해지는 값이다.

LLT측정에서 구해지는 지반의 항복강도 P_y(kg/cm²)와 V_s(m/sec)와의 사이에도 양호한 상호관계가 성립되며, 다음 식이 성립된다.

$$V_s = 144.5 P_y^{0.377} \tag{4·28}$$

토질의 세로파속도(V_p)와 N값과의 사이에는 양호한 상관성을 볼 수 없지만 S파속도와 N값과의 사이에는 비교적 좋은 상관성이 그림 4.28[20]에 나타난 바와같이 얻어진다. 이 관계에서 실험식을 구하면 다음식으로 나타낼 수 있다.

$$V_s = 92.1 \cdot N^{0.329} \tag{4·29}$$

상기한 바와같이 토질의 물성을 평가하는 경우, S파속도를 측정하는데에 대한 중요성을 이해할 수 있을 것이다.

표 4.5는 토질의 상태와 가로파속도(V_p)와의 관계자료이다.

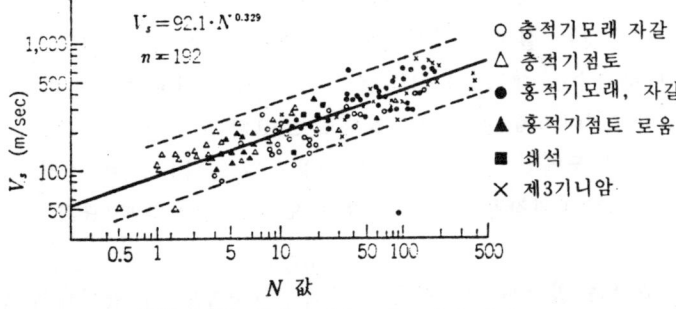

그림 4.28 토질 S파속도와 N값의 관계

표 4.5 토질과 종파속도

토 질	관 찰	V_p (m/sec)
中粒砂		400~800
자갈이 섞인 中粒砂	자갈 지름 20~30mm 조임	1,050~1,300
실트질세사, 로움질	지름 10~50max80mm	1,600~1,640
로움질, 모래자갈	지름 10~50max80mm	1,820
사질 혈암	조개껍질함유, 고결점토유	2,200
해중		1,500

4.4 發破와 振動

4.4.1 지진과 발파진동

지진에 의한 진동은 진동의 계속시간이 수분간에 걸쳐서 긴것이 있고, 또 진동수는 구조물의 고유진동수와 가깝고 따라서 構造物의 共振에 의한 손상도 있을 수 있다. 여기에 대하여 발파에 의해 생기는 진동은 충격적인 것이어서 媒質이 암반인 경우는 진동계속시간은 대략 수100ms(밀리세컨드)이내이다.

또 발파진동은 단발적으로 진동수도 지진의 경우에 비해 많으므로 구조물에 대한 피해손상의 비율은 암반진동의 최대값을 기초로하여 생각하면 된다고 생각된다.

또 진동의 최대값으로서 변위 속도 및 가속도의 어떤 것을 기준하는 것이 적절한지에 관해서는 진동현상에 의해 달라지므로 한마디로 단정하기 어렵지만, 지진의 경우는 통상 가속도가 사용되는 예가 있으며 주거, 지반에 피해가 생기기 시작하는 진도5의 강진에 대하여 기상청진도계에 의하면 그것에 해당하는 진동의 최대가속은 80~250gal로 되어있다.

그러나 발파진동에서는 이 정도의 가속도는 그렇게 큰 발파가 아니더라도 검출되고, 더욱 이것으로해서 진도5와 같은 피해를 입는 일은 없다.

이것은 진동수가 다르기 때문이라고 한다. 따라서 발파진동을 가속도로 단순히 지진5의 경우와 비교하는 것은 실정에 맞지않는다. 발파진동과 같이 진동수가 수10~수100Hz정도로 탁월한 주파수는 대략 20~35Hz의 진동에서는 피해손상의 비율은 일반적으로 "속도"로부터 구하며, 여기에 관한 실험결과도 보고되고 있다. 또 최근은 지진에 대해서도 그 진도계를 가속도에만 규정한다는 것은 문제가 있다는 것이 지적되고 있으며, 地震動의 구조물에 대한 파괴작용은 지진동의 속도에도 밀접하게 관계가 있다는 보고도 있다.

발진진동에 관해서는 앞에서도 말한바와 같이 "진동속도"에 관련해서 실험되고 있는 보고가 많으므로 이하 주로 진동속도에 주목해서 말한다. 지금 I_{JMA} : 기상청진도계, V

$_{max}$: 기록된 진동의 최대속도(cm/sec)로 하면, 다음의 실험식이 나탄난다.[21]

$$V_{max} = 0.012 \times 10^{0.5 \cdot I_{JMA}}$$ (4·30)

표 4.6은 진동층과 최대속도를 다시 진도층의 구체적 객관적 설명이다.

또 기반에 대한 지진동의 속도진폭 S_v (cm/sec=kine), 진원거리 x(km) 및 진원의 매그니튜드(M)와의 사이에는 다음의 관계가 성립된다고 한다.

즉 진원거리 x km의 지점에서 매그니튜드 M의 지진이 일어난 경우의 기반에 대한 지진의 속도 진폭은,[21]

$$\log_{10} S_v = 0.61M - \left(1.66 + \frac{3.60}{x}\right)\log x - \left(0.631 + \frac{1.83}{x}\right)$$ (4·31)

이다.

4.4.2 發破振動에 관한 關係式과 진동데이타, 振動計의 設置

건설공사와 관련해서 화약에 의한 암반의 발파작업이 종종 실시된다. 이 발파에 의한 진동부근의 구축물에 손상을 주는 경우도 있을 수 있고, 발파에 의한 소음으로 주민을 괴롭히는 일도 적지않고 발파작업이 기설터널에 접근해서 실시되는 경우는 터널을 손상시키는 일도 고려된다. 이와같이 트러블을 일으키는 가능성이 예견될 경우는 발파진동의 크기를 예측해서 환경에 미치는 진동의 사전평가를 할 필요가 있으며 경우에 따라서는 발파진동의 규제를 생각해야한다.

화약의 폭발에 의한 진동은 화약의 종류, 발파의 방법 및 구멍채우기방법 등에 의해

표 4.6 진도층과 최대속도

진 도 층	0	I	II	III	IV	V	VI	VII
	無 感	微震	輕震	弱震	中震	强震	烈震	激 震
最大速度(cm/sec)	0.012以下	0.038	0.12	0.38	1.2	'3.8	12	38以上

O (무감) : 인체에 느끼지 못하지만 통지진계에 기록되는 정도
I (미진) : 정지하고 있는 사람, 지진에 특히 민감한 사람이 느끼는 정도
II (경진) : 일반인이 느끼고 문이나 미닫이가 움직이는 정도
III (약진) : 집이 흔들리고 문이나 미닫이가 울리고, 전자시계가 멈추고 전등과 같은 매달린 물건이 흔들리고, 용기속의 수면이 움직이는 것이 보인다.
IV (중진) : 집이 심하게 움직이고, 받침이 안좋은 것이 넘어지며 8분정도의 그릇속의 물이 넘치는 정도
V (강진) : 벽에 균열이 생겨 묘석, 석등묘등이 넘어지고, 굴뚝이 나 토담등에 파손이 생기는 정도
VI (열진) : 가옥이 넘어지고 산사태등이 일어나고, 평지에 균열이 생기는 정도
VII (격진) : 건물은 거의 파괴되고, 물체가 팽개쳐지고, 지평선에 파생의 변화가 보일 정도

다르며 물론 진동매체가 되는 암반의 물성에도 크게 영향을 준다.

발파방법에서는 제발비를 일정하게 한 경우 모래채우기, 물채우기의 차에 의한 구멍채우기효과는 채움재료, 채움물의 함수율에 의해 달라지고, 모래채우기 한 경우는 형상, 경도 등에 의해서도 달라진다고 한다. 그러나 그와같은 상세한 논의는 물론 화약의 폭발에 의한 진동에 관해서 진폭·약량 및 진원거리사이에는 다음에 기술하는 관계식이 성립된다고 한다.

폭파에 의해 생기는 진동은 진원에서 떨어지면 작아진다. 이 상태에 관해서 하타나카[22]는 외국 및 국내의 많은 실측에 준해서 다음 식을 제시하고 있다.

$$y = k \cdot 400 \cdot W^{2/3} \cdot x^{-2} \quad (15\text{m} < x < 250\text{m})$$
$$y = k \cdot 5.2 \cdot W^{2/3} \cdot x^{-2} \quad (250\text{m} < x < 1,500\text{m}) \tag{4.32}$$

여기에 y : 진원에서 x m 지점의 상하진폭(μ), x : 진원거리(m), W : 약량(g)이고 k 값은 진폭을 정하는 점의 지반에 의한 계수이며, 표층이 없는 경우 1.0, 표층이 얇은 경우 2.5, 표층이 두꺼운 경우 7.5, 연약한 충적층의 경우는 10.0이상이 된다고 한다.

또 진동속도진폭에 관해서는 요시가와는 다음식을 제시하고 있다.[23]

$$v = c \cdot W^{3/4} \cdot d^{-2} \tag{4.33}$$

여기에 v : 속도진폭 c(m/sec), W : 약량(kg), d : 진원까지의 거리(m), c : 폭파법, 장약밀도, 지질에 의해 정해지는 정수로 터널에서는 100~1,000의 값을 주고, 간혹 1,500 정도가 된다고 말한다.

진동속도진폭 v (cm/sec)는 다음 식으로 구해진다.

$$v = \sqrt{V^2 + V_{h1}^2 + V_{h2}^2} \tag{4.34}$$

여기에 V : 상, 하방향속도진폭, V_{h1}, V_{h2} : 서로 직교하는 수평방향의 속도진폭이다.

그림 4.29[24]는 진동속도진폭, 약량 및 진원거리의 관계를 나타내는 데이터로 식(4·33)이 체크된다.

그림 4.30[25](a)는 터널막장에 대한 발파진동을 같은 터널의 후방에 측점을 두고 측정한 상하동의 진동속도진폭 v(kine)와 진원거리 d(m)와 사이의 관계를 나타내고 있으며, 양자사이에는 $v = A \cdot d^{-1.3}$으로 실시되는 관계가 성립되었다고 한다. 또 同圖(b)는 기설터널내의 측점으로 밑의 신설굴진터널막장의 발파진동을 계측한 진동속도진폭 v(kine)와 진원거리 d(m)와의 사이의 관계를 표시하고 있으며, 이 경우는 $v = B \cdot d^{-2.7}$의 관계가 성립된다고 한다. 또 그림 4.31[25]는 기설터널내의 측점에서 그것과 직교하는 신설굴진터널의 막장에 대한 발파진동을 계측하고,

$$v = c \cdot W^{2/3} \cdot d^{-2.7} \tag{4.35}$$

4.4 발파와 진동

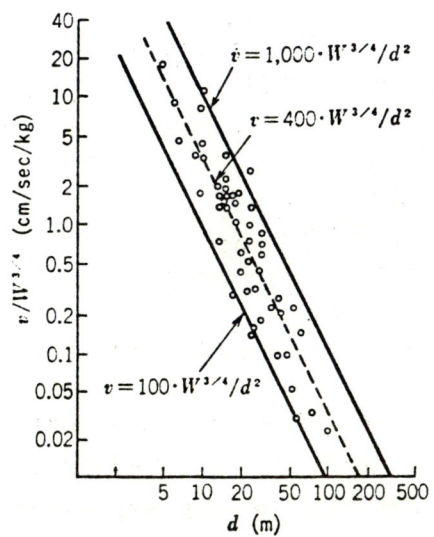

그림 4.29 진동속도진, 폭약량 및 진원거리의 관계

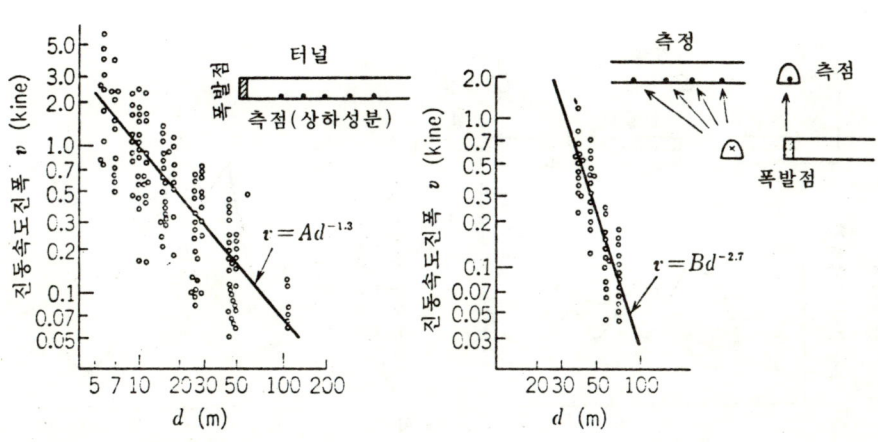

그림 4.30[25] 진동속도진폭(v)의 진원거리(d)에 의한 감쇠

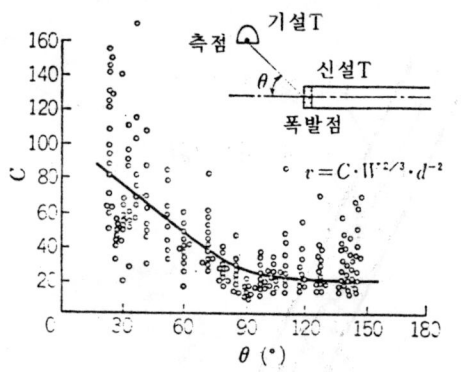

그림 4.31[25] 터널굴착폭발에 의한 파동전파의 저항성

이 관계식이 성립된다고 하며 위식의 계수 c 와 θ 와 의 사이의 관계를 플로트한 파동전파의 지향성을 나타내는 관계도이다. 위식에 있어서 v : 진동속도진폭(kine), W : 장약량(g), d : 진원거리(m)이고, c : 파쇄효과, 암질, 화약종별 등에 영향이있는 전파속도진폭의 크기를 나타내는 계수이다.

이상의 계측데이터나 관계식에서 일반적인 발파진동식, 즉 진동속도진폭(v), 약량(W) 및 진원거리(d) 의 관계식으로서 다음식이 성립된다.

$$v = k \cdot W^n \cdot d^{-m} \tag{4·36}$$

여기에 v : 변위속도(cm/sec=kine), W : 약량(kg), d : 진원거리(m), n, m : 감쇄지수로(n 은 0.5~1.0정도, m 은 2.0정도가 많을 것 같다). k : 파쇄효과, 암질, 화약종별 등에 영향을 주는 상수이다.

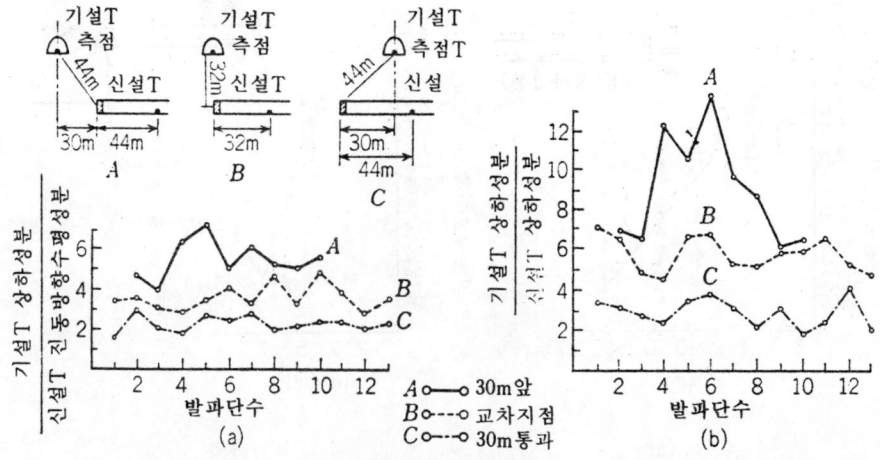

그림 4.32 기설터널과 신설터널의 측점상호의 관련에 대한 진동속도의 차이

4.4 발파와 진동

　기설터널근처에 새롭게 터널을 굴진하는 경우라든지, 주택 그밖의 구축물 밑에 터널을 굴진하는 경우에는 굴진막장의 발파진동이 그들 기설구축물에 손상을 주지 않도록 진동을 제어할 필요가 있다. 이와같은 경우에는 기설구축물부분의 여러곳에서 진동계측을 실시함으로서 어떤 진동속도이상의 값이 계측된 경우에는 막장의 발파작업에한번 정도 발파되는 폭약량을 줄인다거나 단발의 간격, 즉 단발의 밀리세컨드의 간격을 길게 잡는 등으로 폭발진동을 제어한다. 그러나 기설구축물부분에서 그와같은 진동계측을 하지 않고, 굴진터널내의 진동계측을 실시하여 구한 그 계측값에서 기설구축물의 진동을 추정할 수 있다면 더 이상 말할 나위도 없다. 그림4.32[25](a)(b)에 표시하는 진동데이터는 그와같은 목적으로 실시되는 것으로 라이닝이 실시되지 않은 기설터널의 밑 32m의 거리에 신설터널이 교차하며 굴진되는 경우에 실시된 계측데이터이다.

　계측은 기설터널의 하반에 상하성분측정용의 진동속도계를 설치하고 신설터널이 기설터널과 교차하는 30m앞의 막장발파의 진동계측(A), 기설터널직하로 나가는 막장발파의 진동계측(B) 및 기설터널직하에서 30m 통과한 막장발파의 진동속도계측(C)을 해서 그와 동시에 신설터널의 막장후방, 제각각 40m(A), 32m(B) 및 44m(C)로 계측된 속도계의 계측값과의 비율로하여 나타내고 있다. 同圖(a)에서는 기설터널속도계의 상하성분과 신설터널의 속도계, 진동방향수평성분과의 비율은 세로축에, 또 同圖(b)에서는 기설터널속도계의 상하성분과 신설터널의 속도계, 상하성분의 비율을 세로축에 나타내고 있다. 어떤 그림에서도 신설터널막장이 기설터널에 대하여 바로앞에 있는 경우가 교차점이나 통과후의 막장발파진동보다도 기설터널에 대하여 큰 진동을 준다는 것이 확인되었다. 그리고 크기는 신설터널의 측점진동속도의 수평성분의 크기에 대하여 기설터널의 상하동속도는 최대 약 7배 크기의 진동을 하고 있다는 것, 또 신설터널측점의 진동속도 상하성분크기에 대하여 기설터널의 상하동속도는 최대 13배의 크기의 진동을 하고 있다는 것을 나타내고 있다.

　이와같이 기설터널에 대한 신설터널굴진시에 대한 발파의 영향은 신설터널내의 진동에 비교해서 조금 큰 진동을 주는 것이 실측에 의해 밝혀 지고 있다. 신설터널에서 진동을 감시하고 규제할 때는 이런 점을 충분히 배려해야한다. 특히 신설터널내의 상하성분은 적게 측정되는 경우가 있으므로 주의해야한다. 더욱 기설터널에서는 라이닝은 실시되지 않았으므로 복공되어있다면 진동은 그것보다 작아진다는 것도 생각된다. 또 신설터널굴착을 위한 발파의 장약량, 패턴등의 규제는 기설터널과의 교차점에 도달할 때까지가 가장 중요하고, 통과후는 규제를 완화할 수 있다.

　발파진동에 의해 지반이나 벽면에 발생하는 응력에 관해서는 다음의 제식이 제시되고 있다. 입사하는 진동파에 의한 입자의 변위속도를 v(kine=cm/sec), 매체의 세로파전파속도를 V_p(cm/sec), 가로파전파속도를 V_s(cm/sec), 밀도를 ρ(g/cm^3÷980cm/sec^2)로 하면 파동의 파면에 대하여 직각방향으로 생기는 응력(수직응력) σ 및 전단응력 τ는 근

$$\sigma = \rho \cdot V_p \cdot v$$
$$\tau = \rho \cdot V_s \cdot v \tag{4·37}$$

또 파동의 입사방향과 터널벽면과의 교점에 발생하는 진동의 진폭은 이토오[28] 등에 의하면 그 점에 입사하는 파동의 파내입자속도의 거의 2배로 되어있다.

지금 터널라이닝콘크리트의 압축강도(σc)를 250kg/cm², 인장강도(σt)를 25kg/cm², 밀도(ρ)를 2.5g/cm³÷980cm/sec², 콘크리트내의 세로파전파속도(V_p)를 2,500m/sec로 하고, 파괴는 인장응력이 인장강도에 달했을 때 생긴다고 한다면 식(4·37)에서

$$v = \frac{25 \times 10^3 \times 980}{2.5 \times 2,500 \times 10^2} = 39.2 \text{ (kine)}$$

이며, 이 변위속도가 관측된 시험에서 콘크리트라이닝에서는 파괴를 발생하게 된다. 즉 콘크리트구조물의 발파허용값, 혹은 기설터널의 파괴한도진동속도는 $v = 39.2$(kine)이라는 것이 된다.

파괴가 전단응력으로 생긴다고 생각할 경우는 식(4.37)이며, τ를 전단강도에 잡으면 전단파괴한도진동속도 v를 同式에서 구해진다.

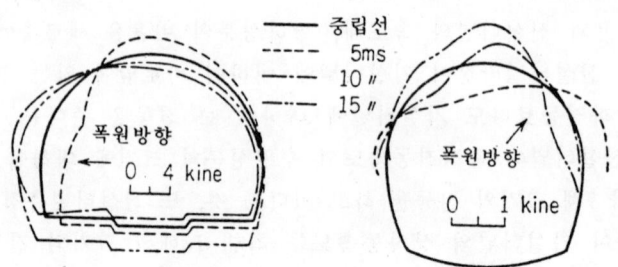

그림 4.33 터널벽면의 진동속도분포예

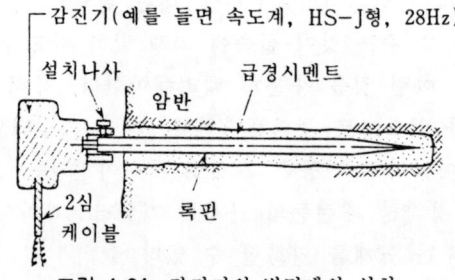

그림 4.34 감진기의 벽면에의 설치

그림 4.33[29]은 터널벽면에 대한 진동속도의 분포를 5ms, 10ms 및 15ms의 단발로 발파시킨 경우에 대하여 나타내고 있다.

4.4 발파와 진동

암반의 진동측정에 있어서 감진기를 암반에 설치하는데는 전기드릴 혹은 에어드릴로 10~20mm지름, 깊이 10cm정도의 구멍을 뚫고 감진기설치용 락핀을 그 구멍에 끼워넣어 급경제를 넣은 시멘트밀크로 고착해서 이 핀에 감진기를 **그림 4.34**에서와 같이 설치한다.

기진점에서는 측선상 으로 20~25간격으로 깊이 40cm의 천공을 하고, 6~12g의 다이나마이트를 장전해서 발파기진시킨다. 이 진동의 예로서는 감진기는 고유주파수가 4.5~30Hz의 것이 사용된다. 브로마이드의 이송은 보통 탄성파탐사에서는 매초 30cm이나 터널갱내측정의 경우는 매초 60~100cm의 이송으로 한다.

측정은 적어도 1왕복의 측정을 한다. 터널내에서는 측정위치는 통상 양측벽에서 측정하지만 측벽하단에서만 실시할 때가 있다.

변위속도를 계측하는데는 가속도계를 사용해서 계측하고, 그 값을 속도로 환산하든지 속도계를 사용해서 계측하는 것이 일반적이다. 가속도계에서는 변형게이지타입의 것이 많지만 이것은 연장코드에 의한 오차가 크고, 또 계기이득도 나빠질 경향이 있으므로 연장코드는 100m이내로 제한할 필요가 있다. 속도계를 사용할 경우는 대개의 경우 전자형이고, 연장코드에 의한 영향도 없다. 그래서 유도전류를 받지않도록 노이즈방지용의 마

표 4.7 발파진동계측에 사용되는 계측기의 예

	型　　式	製造会社	備　　考
振動計	速度計　HS－J型	Geo Space社	3성분 (V, H_1, H_2) 共振周波数 14Hz
増幅器	PC－6L5	三栄測器	감도일정한 범위 0~20kHz
記録計	FR－301	同　　上	감도일정한 범위 0~700Hz의 갤버
振動計	圧電型　PV－09	리온(株)	3成分 (V, H_1, H_2)
増幅器	VM－02型	同　　上	
記録計	BG 그래프　PPR101型	三栄測器	500Hz의 갤버사용용

이크로폰코드를 사용하면 상당히 긴 코드의 사용도 가능하며, 수진계설치위치에서 기록위치까지의 거리를 500m로 잡을 수도 있다.

표 4.7[24]은 발파진동계측에 사용되는 진동속도계와 가속도계 및 기록계의 예를 나타낸다.

다음 장약량과 발생음압과의 관계에 관해서는 다음 식으로 나타내고 있다.

$$P = J \cdot W^{0.5} \tag{4·38)[30]}$$

여기에 P:음압(μbar), W:약량(kg), J:계수이다. 일예로서는 거리 100m지점에 대한 음압으로 환산해서 약종, 발파조건에 의한 폭발음을 비교하면 **표4.8**[29]의 예이다.

표 4.8 藥種, 發破조건에 의한 소음비교

番号	藥 種	発破条件	音圧比	소음레벨차
1	3号桐	1自由面	1.00	0 dB
2	ANFO	同 上	0.65	−3.7 〃
3	3号桐	제 거	2.38	+7.5 〃
4	CCR	1自由面	0.52	−5.7 〃
5	CCR	小 割	3.40	+10.6 〃

사적으로 다음식으로 제시되고 있다.[27]

폭발음의 탈월주파수는 대략 20~35Hz이다. 더욱 종별에 의한 약량과 100m거리에 대한 소음레벨과의 관계는 **그림4.35**[29]의 것과 같다고한다.

4.4.3 發破振動의 規制(限界振動値, 許容振動値 및 許容發破패턴)
(1) 한계진동값

발파에 의해 전파하는 탄성파의 진동에 의한 암벽이라든지 구축물의 손상을 방지할 것을 주안으로 한 한계진동값에 대해서 생각해 본다.[31]

지금 간단한 경우로서 평면파의 전파를 생각한다. 폭원에서 속도 V로 전파하는 파에 의한 폭원에서 x의 거리에서는 시간 t에 대한 변위 y는 $y = f(x - V \cdot t)$로 나타낸다. 이때 변형 ϵ는 $\epsilon = \partial y / \partial x$이므로 $\epsilon = \partial y / \partial x = f'(x - V \cdot t)$, 또 그점에 대한 진동속도 v는 $v = \partial y / \partial t$이므로 $v = \partial y / \partial t = -V \cdot f'(x - V \cdot t) = -V \cdot \epsilon$, 따라서

$$\epsilon = \frac{v}{V} \tag{4·39}$$

이다. 여기에 ϵ : 진동에 의해 생기는 변형량, v : 그 점의 진동속도, V : 매체를 전파하는 탄성파속도이다.

지금 측정부분매체(콘크리트)의 인장강도를 $\sigma t = 15 \sim 20 (kg/cm^2)$, 탄성계수를 $E = (15 \sim 20) \times 10^4 (kg/cm^2)$로 하면 인장파괴에 대한 한계변형($\epsilon m$)은 $\epsilon m = \sigma t / E \fallingdotseq 10^{-4}$가 된다. 따라서 식(4·39)에서 $v/V \leq 10^{-4}$, v를 cm/sec(=kine), V를 km/sec로 표시하면

$$\frac{v}{V} \leq 10^{-4} \times 10^5 = 10 \tag{4·40}$$

로 곱한다. 그것으로 Langefors는 v/V와 피해손상과의 관계를 **표 4.9**[32]와 같이 준다. 암반이나 콘크리트의 V를 3km/sec로 하면 $v \leq 10 \times 3 = 30$, 즉 30kine이 진동속도의 한계값이 된다.

4.4 발파와 진동

표 4.9 속도비와 피해손상의 관계

속도비 v/V	피 해 손 상 의 상 황
1.0	회반죽이 떨어질 때도 있지만 크래크는 들어가지 않는다.
1.7	크래크의 형태는 없다.
2.5	크래크가 눈보이지 않는다.
3.3	세세한 크래크가 발생해서 벽토의 붕락이 일어난다.
— 한계값 —	
5.0	크래크가 발생한다.
7.5	커다란 크래크가 발생한다.
10.0	갱도나 터널에서 낙석
10以上	암반에 크래크가 발생

単位 v : kine, V : km/sec

(2) 허용진동값

파동의 전파에 의한 媒質內의 응력은 반경방향(전파방향)의 응력 σr 뿐 아니고, 접선 방향의 응력 σ_θ, σ_φ 도 생각해야한다. 媒質의 포아송비를 0.25로 하면 σr 에 기준한 σ_θ, σ_φ 의 변화분은 대략 $\sigma\theta = \sigma\varphi ≒ \frac{1}{3} \cdot \sigma r$ 이다. 따라서 파송의 전파에 의한 매질내의 1점 응력변화의 합계는 반경방향응력변화분의 2배 정도로 생각하면 된다.

탄성파가 지하의 공동에 도달한 경우, 파장과 공동직경과의 비율에 관련해서 응력집

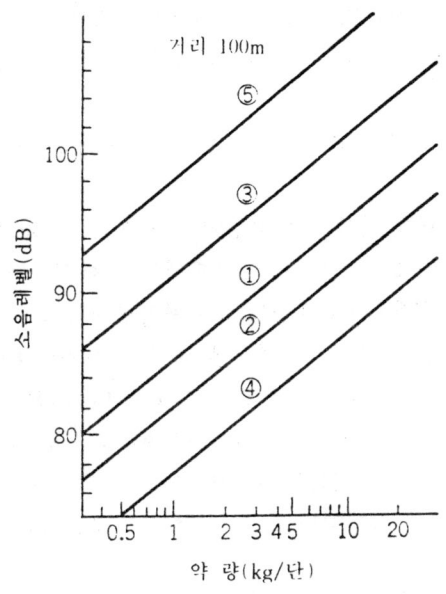

그림 4.35 100m 거리에 있어서 발파소음레벨과 약량과의 관계

중이 생길 때가 있다. 그리고 그 집중의 정도는 최고 3배 정도로 되어있다. 그것으로 다시 안전도를 생각해서 "허용진동속도값"으로 하여

$$30\,(\text{kine}) \times \frac{1}{3} \times \frac{1}{2} = 5\,(\text{kine}) \tag{4·41}$$

가 될 경우가 있다. 그러나 지하공동의 형상에 의해서는 국부적으로 다시 응력집중을 일으킬 때도 있을 수 있을 것이며, 또 구조상 연약부의 존재도 고려되고 벽면에 있어서의 3방향합성진동값으로서 $30 \div (6 \times 2) = 2.5(\text{kine})$로 할 때가 많다.[31] 그리고 이러한 예로서 도갱굴착에서는 2.5kine, 상반굴착에서는 2.0kine으로 규제하는 예도 있다.[31]

(3) 허용발파패턴

다시 발파진동의 진동속도는 다음식으로 나타나는 식을 앞서 말했다.

$$v = c \cdot W^{3/4} \cdot d^{-2} \tag{4·42}$$

여기서 v : 진동속도(kine), W : 폭약량(kg), d : 진원에서의 거리(m)이고 c는 발파법, 장약밀도, 지질에 의해 정해지는 상수이다. c의 값은 지표발파에서는 $c=100$정도로 생각되지만 터널내에서의 심빼기발파에서는 저항이 크기 때문에 $c=500$정도로 잡는다. 심빼기 이후의 단발에서는 자유면이 많아지고, DS뇌관의 단차발파가 되므로 $c=300$정도가 될 것 같다.

진동의 계속시간은 50ms정도이므로 DS뇌관의 단차를 250ms로 생각하면 각단의 진동은 충분히 분리되고, 후속 단의 진동이 중첩(重疊)될 염려가 없다.

따라서 각 단마다의 W를 생각하면된다. 결국, 발파계획으로서는 다음과같이 입안된다.

제1단(심빼기)발파에서는 : $v = 500 \cdot W^{3/4} \cdot d^{-2}$에 있어서 $v \leq 2.5(\text{kine})$가 되도록 각 d에 대하여 W를 정한다.

DS 2단이하의 발파에서는 : $v = 300 \cdot W^{3/4} \cdot d^{-2}$에 있어서 $v \leq 2.5(\text{kine})$로 되도록 각 d에 대하여 W를 정한다.

즉 예를 들면 터널막장의 심빼기 발파로 발파점에서 거리 $d=17\text{m}$ 부분에 다른 터널이 있다고 한다면 그 터널벽면을 손상시키지 않기 위해서는 심빼기폭약량을 $v=500 \cdot W^{3/4} d^{-2}$에서 $2.5 \geq 500 \cdot W^{3/4} 17^{-2}$, 즉 $W \leq 1.6\text{kg}$이 되고, 심빼기를 4개공의 패턴으로하면, 1공당 400g이하가 된다. 이와같은 생각으로 각 거리에 대하여 허용약량을 산출, 다시 진동 경감을 위해서는 심빼기에 MS(밀리세컨드)뇌관을 사용할 때도 생각되고, 폭약을 일반다이나마이트로부터 저폭속다이나마이트, 아버나이트(TM)를 사용할 때도 생각된다.

더욱 천공길이가 길게되는 경우는 자유면까지의 거리도 멀어지므로, 그만큼 폭발에 대한 저항력도 높아지므로 진동은 심해진다는 것을 알고 있다. 그래서 천공길이의 차이에 의한 c의 값을 예시하면

천공길이가 1.2m의 경우 : $c = 189$

〃   1.0m   〃   ： $c=128$

가 된다. 약량감과 같이 천공길이가 짧아지므로 진동경감상 효과가 있다.

천공길이 1.2m의 것에 대해서는 약량의 차에 의한 c의 값을 예를 들면

　　약량평균 1.6kg의 경우 ： $c=170$
　　　　〃   1.0kg 〃 ： $c=214$

가 된다. 여기에서 천공길이 1.2m의 경우는 $W=1.0$kg에서 1.6kg의 쪽이 적절하다고 할 수 있다.

26m의 진원거리로 계측하여 진동속도 규제값을 1.0kine으로하여 약량 및 발파패턴을 결정하는 예이다.

4.5 震源位置를 求하는 法

광산·탄갱의 갱내굴착에서 혹은 다시 터널굴착으로 지표에서 깊은 부분을 굴착하는 경우에 "산울림"에 의한 진동을 체험할 때가 있다.

또 종종 미지의 부분에서 발진되는 진동을 느낄때도 있고, 진원위치를 구하는 경우가 있다. 그와같은 경우의 해석법을 참고로서 여기서 진원위치를 구하는 법을 기록해 둔다.

지진파의 경로를 거의 직선으로 생각할 수 있는 경우이며, 진원에서 관측점까지의 거리 l이 대단히 짧은 경우에 대해 생각된다.

지금 t_s, t_p를 어떤 관측점에서 계측된 S파 및 P파의 도달시각, V_s, V_p를 각각 지반전파평균속도로 하면 다음 식이 성립된다.

$$t_s - t_p = l\left(\frac{1}{V_s} - \frac{1}{V_p}\right) = \tau \tag{4·43}$$

여기서 τ는 "p~s 시간" 또는 "p~s"로 일컫는 위식에서

$$l = k \cdot \tau \qquad k = \frac{1}{\left(\dfrac{1}{V_s} - \dfrac{1}{V_p}\right)} \tag{4·44}$$

따라서 만약 k가 알 수 있다면 3가지의 관측점에서 τ를 측정하면 각각의 관측점을 중심으로 하여 $(k \cdot \tau)$이라는 반경으로 그린 3개의 원이 교차되어 생기는 공통현의 교점으로서 진앙 e가 구해진다. 진원은 이 e의 바로 밑에 있지만 이 깊이는 **그림 4.36**[33]이며, 예를 들면 하나의 공통현 PQ를 직경으로하는 원을 그려 e에서 이 직경으로 세운 垂線이 이 원과 교차되는 점 e′를 구하면 $\overline{ee'}$의 길이가 그것을 주고있다.

그러나 일반적으로 k는 표면층의 상태나 진원깊이 등에 의해서도 달라지므로 합계4개의 관측점에서 판독한 P~s시간(τ)을 사용하는 방법에 의한다.

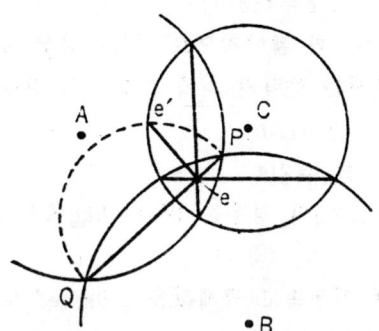

그림 4.36 3점관측에 의한 기하학적
진원결정법(k가 알려진 경우)[33]

그림 3.37[33]의 3점 A, B 및 C로 각각의 τ로 측정하고 임의로 k의 값을 골라서(예를 들면 10정도) $k\cdot\tau$의 반경으로 3개의 원을 그려 同圖와 같이 해서 假震央 e'를 먼저 결정한다. 그러나 이 그림에서 $AE^2 - BE^2 = k^2(\tau^2_A - \tau^2_B)$, $AE + BE = AB = a$ 이므로

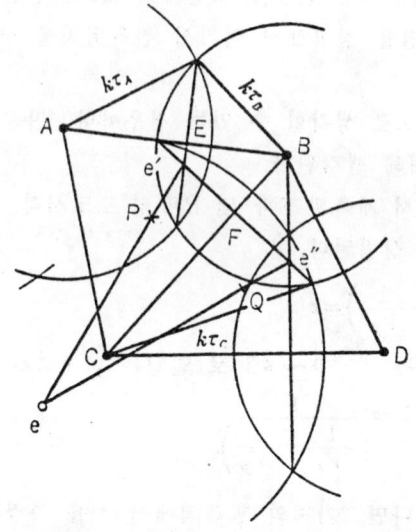

그림 4.37 4점관측에 의한 P~S 시간에서 진원을 구하는
방법(k가 미지의 경우)

$AE - EB = k^2(\tau^2_A - \tau^2_B)/a$ 따라서

$$AE = k^2 \left(\frac{\tau^2_A - \tau^2_B}{2a}\right) + \frac{a}{2}$$

이와 같이해서,

(4·45)

4.5 진원위치(震源位置) 구하는 법

$$BF = k^2 \left(\frac{\tau^2_B - \tau^2_C}{2b} \right) + \frac{b}{2}$$

단, $b \equiv BC$

여기서 시도해서 $k=0$으로 본다면 $AE = \frac{a}{2}$, $BF = \frac{b}{2}$가 되므로 e'는 이 경우에는 △ABC의 외심에 의하여 즉 k가 변화하면 假震央 e'은 △ABC의 외심 P를 지나는 직선상을 이동하게 된다. 그래서 이 3점 외에도 다시 하나 D라는 관측점에서의 $\tau(\tau D)$가 측정되면 예를 들어 ABCD에서도 위와 같은 것이 정해지므로 앞과 같이 이 3점에서 假震央 e''를 구하고, 그것과 △BCD의 외심 Q와를 잇는 직선을 만들면 진짜 진앙 e는 이 직선과 앞의 △ABC로 만든 직선 e'P와의 교점으로서 결정된다. 진앙이 결정되면 지진원의 깊이도 결정된다.

이상은 기하학적인 진원을 구하는 법이었지만 역시 같은 조건(파동선을 직선으로 볼 수 있는 정도로 진원거리가 가까운 경우)하에서 다수의 관측점에서 측정한 발진시 t_i만을 사용하고 다음과 같이해서 진원(x, y, z)을 구하는 것도 된다. 더욱 이 방법에 의하면 진원에 대한 발진시도 동시에 구해진다. 관측점의 좌표를 x_i, y_i, z_i로 하면

$$(x-x_i)^2 + (y-y_i)^2 + (z-z_i)^2 = v^2 \cdot (t_i - t)^2 \tag{4.46}$$

여기서 v : 진원에서 각 관측점까지 파의 평균속도이다. 이 식에서는 미지수는 x, y, z, v 및 t의 계 5개이므로 원리적이고, 5점에서의 관측자료가 얻어지면 이들의 미지수는 구해지나 되도록 많은 관측점에서의 판독값을 사용해서 최소 2승법으로 미지수를 결정한다. 그렇게하기 위해서 위식과 같은 2차식으로는 귀찮기 때문에 다음과 같은 1차식으로 고친다. 즉 우선 임의의 5점으로 판독값에서 제1근사값으로하여 x_0, y_0, z_0, v_0, t_0를 내고 그들을 식(4·46)에 대입하여 t_i를 계산하면 실측값 t_i와의 사이에 δt_i만의 편차가 나온다. 여기서 제2근사값을 $x_0 + \delta x, y_0 + \delta y, z_0 + \delta z, v_0 + \delta v, t_0 + \delta t$로 하면 이들의 $\delta x \cdots$ 등이 새로운 미지수가 된다. 다시 식(4·46)의 δt_i에 관한 전미분은

$$(x_0 - x_i)\delta x + (y_0 - y_i)\delta y + (z_0 - z_i)\delta z + v_0^2(t_i - t_0)\delta t - v_0(t_i - t_0)^2 \delta v = v_0^2(t_i - t_0)\delta t_i$$

가 되므로 이들의 식에서 최소 2승법으로 보정값 $\delta x, \cdots, \delta v, \delta t$가 결정된다.

이소베는 이 방법으로 탄갱의 암석파열의 진원위치를 계측했다.[34]

또 走時差法(Traveltime difference method)이라는 측정법으로 진원위치를 구할 수 있다는 것을 Obert와 Duvall은 저서에서 소개하고 있다.[31] 암반내의 탄성파전파가 전방향에 거쳐서 같은 속도로 전파된다고 가정하면, 진원에 가장 가까운 위치에 설치된 수진기에 최초로 세로파가 도달하고, 다음으로 가까운 위치에 설치되어있는 수진기에서는 그 다음으로 세로파가 도달하며, 다음 다음으로 그와 같이 수진되어간다. 그것으로 최초로 파가 도달한 수진기와 다음으로 파가 도달한 수진기와의 사이의 주시차가 다시 최초로 파가 도달한 수진기와 3번째로 파가 도달한 수진기와의 사이의 주시차가 이하와 같이 그

들의 주시차가 계측된다고 하면 이들의 주시차에서 진원위치를 결정할 수 있다. 그러나 이 방법으로 3차원적인 일반풀이를 구하는 것은 조금 복잡하므로 특별한 경우의 해법을 다음에 말한다.

그림 4.38[35]로 $P(x, y, z)$를 진원, G_0 및 G_1를 수진기로 하여 G_0와 G_1와의 거리를 d_1로 한다. 또한 p_0는 진원 P에서 G_0까지의 직선거리로 하고, t_0를 P에서 G_0까지의 탄성파세로파의 주시(도달시간)이라 한다. c를 媒體中에 전파하는 탄성파속도로서는 진원 P에서 G_0까지의 거리 p_0는 다음 식으로 주어진다.

$$p_0 = ct_0 = [x^2 + y^2 + z^2]^{1/2} \tag{4·47}$$

P에서 G_1까지 진동이 전해지는 시간을 t_1로 하면

$$p_1 + p_0 = ct_1 = [(x-d_1)^2 + y^2 + z^2]^{1/2} \tag{4·48}$$

여기에 $(p_1 + p_0)$는 P에서 G_1까지의 거리이다. 식(4.47)과 (4.48)에서 거리 p_1는

$$p_1 = c \cdot \Delta t \tag{4·49}$$

여기에 $\Delta t = t_1 - t_0$는 주시차이다. 식(4·47), (4·48) 및 (4·49)에서 p_0와 p_1를 소거하면 결국 다음식을 얻는다.

$$\frac{(2x - d_1)^2}{c\Delta t^2} - \frac{4y^2}{d_1^2 - \Delta t^2} - \frac{4z^2}{d_1^2 + c\Delta t^2} = 1 \tag{4·50}$$

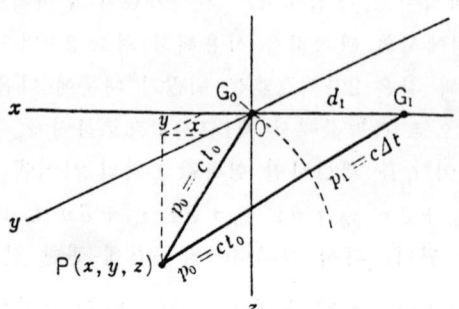

그림 4.38[35] 2대의 수진기와 진원의 관계

위식은 회전쌍곡체를 나타내고 $P(x, y, z)$점과 그 표면에 있어야 한다는 것을 나타내고 있다.

만약 3대의 수진기가 설치되어있다면 2개의 주시차를 측정할 수 있으므로, 2개의 회전쌍곡체가 구해지므로 그 공통의 교점은 공간에 1개의 곡선을 주어지게된다. 그리고 진원은 이 곡선상으로 존재할 것이다. 그것으로 4대의 수진기를 사용하면 3개의 주시차를 측정할 수 있고, 3개의 회전쌍곡체가 유도되므로 이들 표면의 공통교점은 공간내에 1점을 주고, 이것이 진원이라는 것을 나타내고 있다. 실제로는 3개의 회전쌍곡체는 4개

4.5 진원위치(震源位置) 구하는 법

의 공통교점을 갖고 있지만, 수진기의 진원에 대한 배치에서는 단지 1점의 진원을 구할 수 있다.

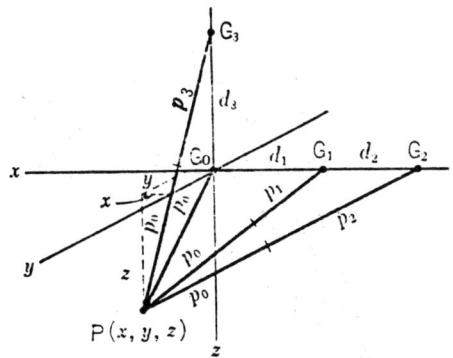

그림 4.39[35] 1평면내에 설치된 4대의 수자기와 진원의 관계

그림 4.39[35]에 나타낸 바와같이 4대의 수진기가 1평면내에 설치되는 경우에는 3개의 주시차가 구해진다. 2대의 수진기 풀이로 사용되는 같은 수학적 기법을 사용하면 3개의 2차방정식이 구해진다. 이 동시풀이에 의해 진원 $P(x, y, z)$의 위치가 결정되지만 3개의 주시측정에서 좌표 $P(x, y, z)$를 계산하기 위해서는 시간이 소요되고 복잡하다. 그래서 그림 4.40[35]에 표시하는 스트링 모델(String model)을 사용하면 간단하게 진원이 구해진다.

그림 4.40에서 G_0로부터 $P(x, y, z)$까지의 스트링 길이를 p_0로 하면, G_1에서 P까지의 길이는 $p_0 + c \cdot \Delta t_{01}$, G_2에서 P까지는 $p_0 + c \cdot \Delta t_{02}$, G_3에서 P까지는 $p_0 + c \cdot \Delta t_{03}$이다. 여기서 c는 매체의 전파속도이고, Δt_{01}는 P에서 G_0까지의 주시와 P에서 G_1까지의 주시와 走時差, 이하 같다. 만약 p_0가 결정된다고 하면 각 스트링끝은 스트링이 평평하게 쳐졌을 때는 공통점으로 합치할 뿐이고 이 점이 $P(x, y, z)$점 즉, 진원이다. 따라서 p_0의 길이를 바꿔보아도 $p_0 + p_1$, $p_0 + p_2$, $p_0 + p_3$ 길이의 스트링이 1점에서 합치할 것 같은 길이 p_0를 찾아내면 그 때의 공통합치점 P가 진원의 위치가 된다.

그림 4.41[35]로 수진기 G_0, G_1 및 G_2를 일직상으로 배치했을 때, 진원 P로부터의 진동을 수진하고 각각 同圖의 $c \Delta t_{01}$ 및 Δt_{02}가 구해지게 되면 G_0, G_1, G_2 및 P는 1평면내에 있어야 한다. 또 P점에서 직선 G_0, G_1, G_2에 垂線을 세워 그 직선에 대한 P점의 대칭점을 A로 하면, 진원 P는 AP를 직경으로 하는 하나의 원주상에 있어야 한다. 스트링모델을 이 데이터의 해석으로 이용할 수 있을 것이다.

암반을 전파하는 탄성파속도 c는 거리등 이미 알려진 數点에서 발파탄성파속도의 측정을 하면 계측이 된다. 주시차를 정확히 계측하는 예로서는 G_0수진기에 최초의 파가 도달하는 것을 알고있다면 그림 4.42에 나타난 바와 같이 回路에서 전자인터벌타이머를 사용하면 Δt_{01}, Δt_{02}, …의 주시차가 계측된다. 즉 그림 4.41에서 G_0로 최초의 탄성파

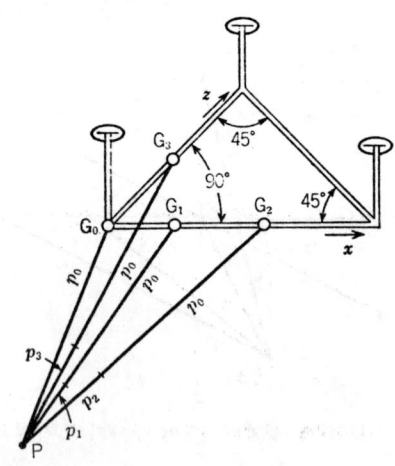

그림 4.40[35] 스트링모델

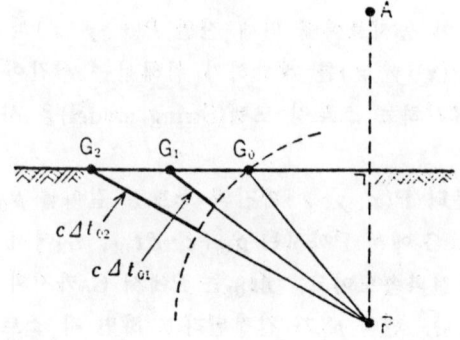

그림 4.41[35] 주시차이용에 의한 진원의 결정법

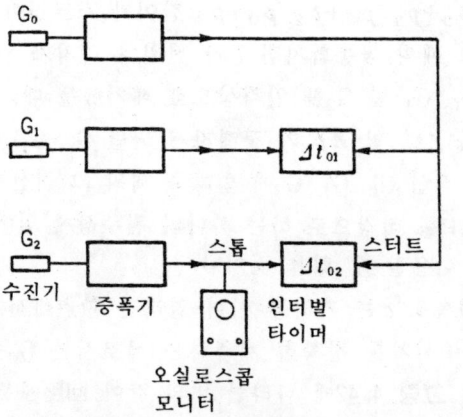

그림 4.42[35] 주시차측정기

가 도달했다고 하면 인터벌타이머는 작동하기 시작해서 각 타이머는 각각의 타이머가 접속되고 있다. 수진기에서 탄성파도달신호를 받으면 그 작동을 정지하며. 타이머의 작동시간이 Δt_{01}, Δt_{02}, …이다.

4.6 震動에너지(암석파열에너지)의 計算

지진은 지하깊은곳의 암반이 파괴되고, 그 때 발생한 탄성파에너지라고 하고 있다. 광산이나 탄광의 갱내에서 발생하는 암석파열현상에 의해서도 강한 진동을 발생한다. 암석파열은 지하공동주위의암반이 응력증대에비해 급격히 파괴한 경우의 현상이며, 그 현상을 설명하면 다음과 같이 설명할 수 있다.

그림 4.43의 갱내막장 주변암반은 막장공간의 존재에 의해 지압(응력집중) σ_r, $\sigma_{\theta 0}$ 를 받고 있다. 이것이 어떤 원인에 의해(예를 들면 채굴에 의한 공동현상이 변화, 근처에 다른 막장이 접근해 올 경우 등) 더욱 강한 응력을 받아 암반고유의 파괴강도를 상회하는 값이 되면 공동주변암반은 파괴하고, 지금까지의 응력분포는 同圖에 나타난 분포(σ_r, σ_θ)와 같이 변화해서 안정한다. 이것이암석파열현상의 한 형태이다. 그리고 이 파괴에 있어서 탄성에너지가 발생해서 주위에 탄성진동이 전파되어간다.이것이 암석파열에 의해 생기는 진동이다. 따라서 암석파열 에 의해생기는 진동현상은 지진시에 생기는 진동현상과 본질적으로 동일현상이라고 생각할 수 있다.

이것으로 이 암반의 파괴에 의해 개방된 탄성에너지에 대해서 생각해 본다. Duvall과 Stephenson은 원통형 혹은 球形空洞이 돌연히 확대되었을 때 공동주위의 응력에 의해 이룩된 작업량을 계산하고 있다.[36] 이 고찰에 준해서 球形空洞의 주위응력에 대해서 생각해 본다.

반경방향으로 $-S$ 의 균일응력을 받는 무한탄성암괴내의 반경 a 球形周圍應力은 다음식으로 주어진다.

$$\sigma_r = -S\left(1-\frac{a^3}{r^3}\right), \quad \sigma_\theta = \sigma_\phi = -S\left(1+\frac{a^3}{2r^3}\right), \quad \tau_{r\theta} = \tau_{\theta\phi} = \tau_{\phi r} = 0 \quad (4\cdot 51)$$

여기에 r, θ, ϕ 는 球座標이다. 대칭은 球狀이므로 모든 변위는 반경방향 뿐이다. 훅의 법칙에서 구좌표의 변형과 변위관계는 다음 식으로 주어진다.

$$\frac{\partial u}{\partial r} = \frac{1}{E}[\sigma_r - \nu(\sigma_\theta + \sigma_\phi)] \quad (4\cdot 52)$$

여기에 u 는 반경방향변위이다. 식(4·51)을 (4·52)에 대입하여 적분하면

$$u = -\frac{S}{E}\left[(1-2\nu)r + (1+\nu)\frac{a^3}{2r^2}\right] \quad (4\cdot 53)$$

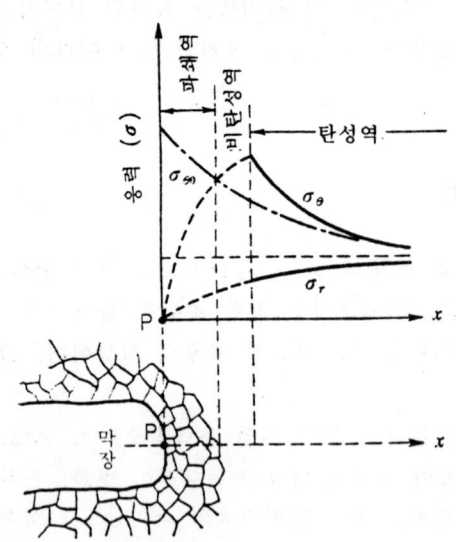

그림 4.43 갱내 끝부분의 응력집중에 의한 암반의 파괴

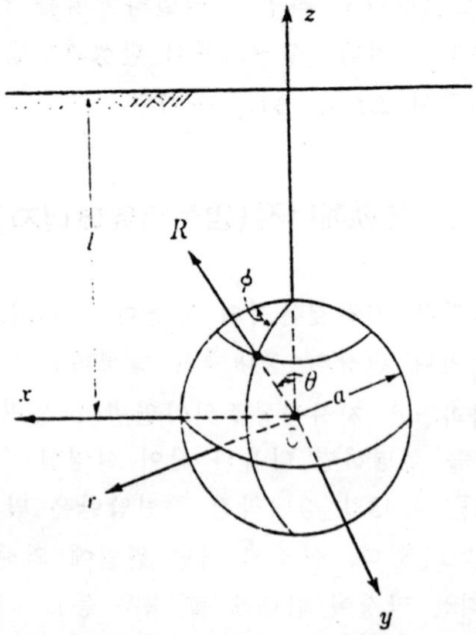

그림 4.44 地下球形空洞

그러나 단위체적당의 탄성변형에너지(W_0)의 일반식은

$$W_0 = \frac{1}{2}(\sigma_x \varepsilon_x + \sigma_y \varepsilon_y + \sigma_z \varepsilon_z + \tau_{xy} \gamma_{xy} + \tau_{yz} \gamma_{yz} + \tau_{zx} \gamma_{zx})$$

$$= \frac{1}{2E}(\sigma_x^2 + \sigma_y^2 + \sigma_z^2) - \frac{\nu}{E}(\sigma_x \sigma_y + \sigma_y \sigma_z + \sigma_z \sigma_x) + \frac{1}{2G}(\tau_{xy}^2 + \tau_{yz}^2 + \tau_{zx}^2) \tag{4·54}$$

이므로 위식과 식(4·51)에서 반경 a 의 球形空洞周圍岩盤內의 단위체적마다의 변형에너지(W_a)는 다음 식으로 표시된다.

$$W_a = \frac{3S^2}{2E}\left[(1-2\nu) + (1+\nu)\frac{a^6}{2r^6}\right] \tag{4·55}$$

만약, 공동반경이 a 에서 c 로 ($c>a$)변하면 임의거리 r 에 대한 단위체적마다의 변형에너지도 또 변하고 그 값은 다음식으로 표시된다.

$$W_c = \frac{3S^2}{2E}\left[(1-2\nu) + (1+\nu)\frac{c^6}{2r^6}\right] \tag{4·56}$$

그래서 공동반경이 a 에서 c 로 증가한 것에 의한다. 임의 거리 $r \geq c$ 에 대한 단위체적당의 변형에너지의 增加分은

$$W_c - W_a = \frac{3}{4} \cdot \frac{S^2}{E}(1-\nu)\left(\frac{c^6 - a^6}{r^6}\right) \tag{4·57}$$

4.6 진동에너지(암석파열에너지)의 계산

두께 dr 의 球形셀內의 변형에너지의 증가분은 $4\pi r^2(W_c-W_a)dr$ 이다. 그것으로 반경 c 에서 대반경 R 까지의 매체내의 변형에너지의 전증분 ΔW_{cR} 은

$$\Delta W_{cR} = \int_c^R 4\pi r^2(W_c-W_a)dr \tag{4·58}$$

이다. 그것으로 위식에 식(4·57)을 대입해서 적분하면

$$\Delta W_{cR} = \frac{\pi S^2(1+\nu)}{E}(c^6-a^6)\left(\frac{1}{c^3}-\frac{1}{R^3}\right) \tag{4·59}$$

만약, $R \gg c > a$ 라면, 위식은 아래의 식이 된다.

$$\Delta W_{cR} = \frac{3}{4} \cdot \frac{S^2(1+\nu)}{E}\left(1+\frac{a^3}{c^3}\right)V_{ac} \tag{4·60}$$

여기에, V_{ac} 는 공동반경이 a 에서 c 로 변했을 때 제거된 재료의 용적이다.

재료의 용적 V_{ac} 를 제거한 결과로서 공동을 둘러싸고있는 매체내의 변형에너지는 ΔW_{cR}량만 증가했다. 그러므로 공동을 둘러싸 있는 매체는 응력장에 있어서 다시 실시되는 작업도 있다. 이 작업량은 반경 R 의 구형표면에 관해서 계산할 수 있다. 구형표면의 면적은 $4\pi R^2$ 이다. 이 표면과 작용하는 전반경방향력은 $4\pi R^2 \sigma_r$ 이다. 여기에 σ_r 는 $r=R$ 로 하며 식(4·51)으로 주어진다.

그러므로 이 힘으로 이룩되는 작업은 다음 식이 주어진다.

$$\Delta W_{ac} = \int 4\pi R^2 \sigma_r du \tag{4·61}$$

여기에 du 는 공동의 반경이 a 에서 c 로 변할 때 생기는 변위이다. du 의 양은 식 (4·53)을 a 에 관해서 미분할 것이 요구된다.

$$du = \frac{-3S(1+\nu)a^2}{2ER^2} \cdot da \tag{4·62}$$

식(4·51)과 (4·62)를 식(4·61)에 대입하면

$$\Delta W_{ac} = \frac{6\pi S^2(1+\nu)}{E}\int_a^c \left(a^2 - \frac{a^3}{R^3}\right)da \tag{4·63}$$

위식을 적분하면

$$\Delta W_{ac} = \frac{6\pi S^2(1+\nu)}{E}\left(\frac{c^3-a^3}{3} - \frac{c^6-a^6}{6R^3}\right) \tag{4·64}$$

$R \gg c$ 이면, 상식은 아래식으로 한다.

$$\Delta W_{ac} = \frac{3}{2} \cdot \frac{S^2(1+\nu)}{E} \cdot V_{ac} \tag{4·65}$$

여기서, V_{ac} 은 空洞의 반경이 a 에서 c 로 변할 때 제거되는 재료의 용적이다.

위식은 空洞칫수가 $r=a$ 에서 $r=c$ 로 변할 때 반경 R 에 있어서 가해지는 응력에 의해 이룩된 작업을 주고 있다. 그리고 식(4·60)은 $r=c$ 에서 $r=R$ 에 이르는 암반내의 전변형에너지의 증가분을 주고 있다. 여기서 이 2개의 값차이가 개방된 탄성에너지(W_s)의 량이다. 즉,

$$W_s = \Delta W_{ac} - \Delta W_{cR} = \frac{3}{4} \cdot \frac{S^2(1+\nu)}{E} \cdot V_{ac}\left(1 - \frac{a^3}{c^3}\right) \tag{4·66}$$

만약 $c \rangle a$, 혹은 $a=0$ 이면 위식은 아래의 식이 된다.

$$W_s = \frac{3}{4} \cdot \frac{S^2(1+\nu)}{E} \cdot V_{ac} = \frac{3}{8} \cdot \frac{S^2 \cdot V_{ac}}{G} \tag{4·67}$$

여기에 G : 매체의 강성률이다.

식(4·66)의 $1-a^3/c^3$ 는 작은 수정항에서 無限小의 球形空洞을 출발점으로 가정하고 있다. 이 수정항은 c 가 a 보다 커짐에 따라 급속히 1에 근접한다.

Duvall과 Stephenson은 靜水壓應力下의 圓形터널이 갑자기 직경이 확대되었을 때 개방된 탄성에너지를 계산하고 위식에 나타난 W_s 는 그 경우 아래식이 된다는 것을 나타냈다.

$$W_s = \frac{1}{2} \cdot \frac{S^2}{G} \cdot V_{ac} \tag{4·68}$$

식(4·68)과 (4·67)는 계수가 각각 1/2과 3/8이라는 차가 있는 셈이다. 그래서 單一空洞에서는 파쇄암의 외측경계의 형상이 산울림사이에 개방되는 탄성에너지량에는 약간의 영향을 미치는데 불과하다 하겠다.

식(4·67)을 그림 4.45[35]의 log-log 좌표상에 나타내고 있다. 同圖의 밑에서 6개의 실선으로 표시하는 직선은 깊이에 관련해서 파쇄암의 용적 V_{ac}(ft³)와 개방되는 탄성에너지 W_s(ft-1b)와의 사이의 관계를 부여하고 있다. G 의 값은 4×10^6psi로 가정해서 정수압 $-S$ 는 깊이(ft)와 같이 가정하고 있다. 파선의 3개는 얕은곳, 중간정도 및 깊은곳에서 생긴 지진의 탄성에너지범위를 표시하고 있다. 이들의 선을 만드는데는 G 의 값을 10^7psi로 가정하고 있다.

그림 4.45에 표시하는 수평의 사선은 여러가지 마그니튜드(M)의 지진으로 개방되는 추정에너지를 표시한다. 이들의 에너지는 다음 Gutenberq-Richter의 식에 따라 계산하고 있다.

$$\log W_s = 9.4 + 2.14M \tag{4·69}$$

4.6 진동에너지(암석파열에너지)의 계산

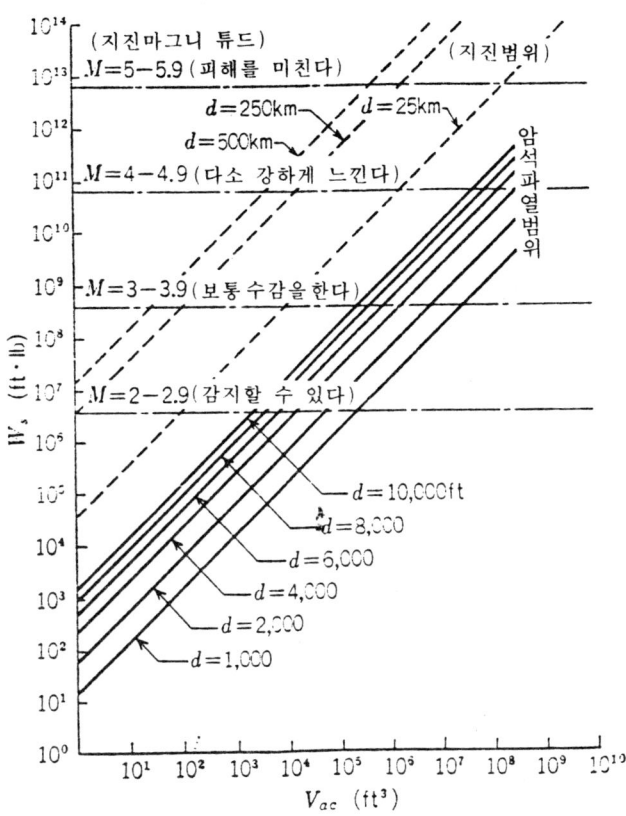

그림 4.45[35] 파쇄암용적(V_{ac})과 깊이(d)의 함수로서의 탄성에너지(W_s)

여기에 M은 지진의 마그니튜드이고, W_s는 개방된 탄성에너지(erg단위)이다. 동도에서 $10^5 \sim 10^6 (ft^3)$의 암석용적으로 개방된 응력은 "감지할 수 있는 정도"의 지진에 대응해서 $10^7 \sim 10^8 (ft^3)$의 암석을 포함한 암석파열은 "일반적으로 受感할 수 있는" 지진에 대응하게 된다.

第5章 淺層探査와 超音波探査

5.1 淺層探査의 問題點과 解決策

 탄성파를 이용해서 얕은층의 지질조사, 얕은층에 존재하는 불연속선, 단층 등을 탐사하려고하면 반사파를 이용하는 일을 생각할 수 있다. 얕은층 반사법을 생각하면 탐사심도를 100m이내로 하면 사용되는 파장은 10m이하일 필요가 있으며, 따라서 주파수로서는 10^2Hz 이상($V_p \leq 1,000$m/sec로 하여)으로 해야 한다. 탄성파이용의 약점은 지향성이 나쁘다는 점, 또 표면파가 수신신호를 불명료한 것으로 하는 것이 열거된다.

 지향성을 향상시키기 위해서는 발진, 수진면의 크기(직경을 D로 한다)와 사용하는 파의 파장(λ)과의 비 D/λ를 크게할 필요가 있다.[1] 지중의 반사에서는 D를 크게하는 수단으로서 패턴슈팅(多孔爆破), 그룹수진(群設置)이 실시된다. 통상의 반사법에서는 파장(λ)은 약 100m이므로 D를 수 100~수 1,000m로 하면된다. 또 D를 크게하기 위해서 CDP중합(Common depth point stacking)을 하도록 되어있다. 이것은 동일반사점을 다르게하는 진앙거리에서 반복관측하고, 각종 보정을 해서 중합하는 방법이다. 지금 여기서 생각하고 있는 얕은층반사법에서는 이와같은 기술은 응용할 수 없다.

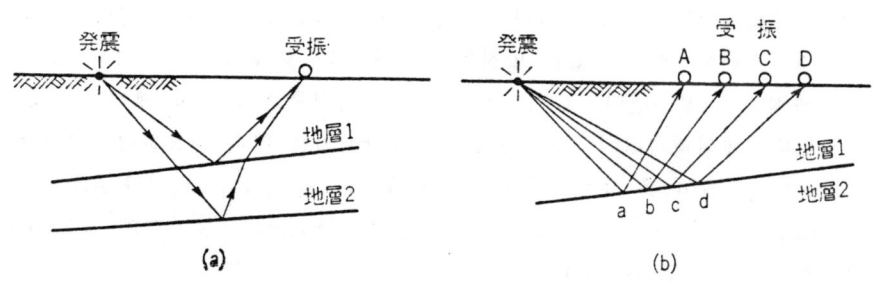

그림 5.1 반사법의 원리(a)와 다수의 수진계를 배치한 수진법(b)

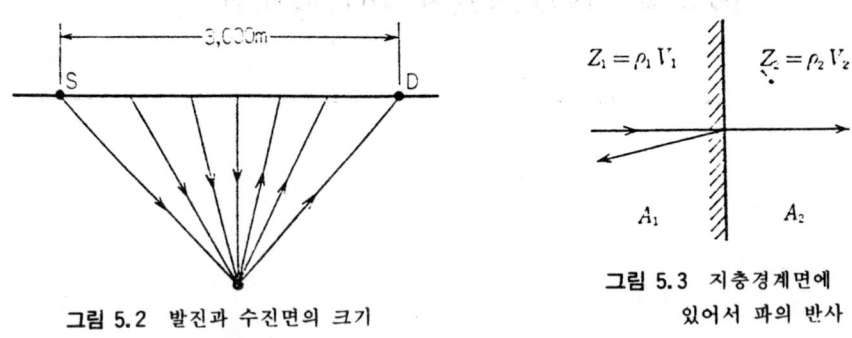

그림 5.2 발진과 수진면의 크기

그림 5.3 지층경계면에 있어서 파의 반사

반사파는 또 지중의 음향임피던스에 영향을 준다. 그림 5.3에 표시하는 지층의 경계면이 있으면, 탄성파는 그 경계면에서 일부반사시켜 반사계수(r)는 다음식으로 나타난다.

$$r = \frac{\rho_1 V_1 - \rho_2 V_2}{\rho_1 V_1 + \rho_2 V_2} = \frac{Z_1 - Z_2}{Z_1 + Z_2} \sim \frac{\Delta Z(d)}{2Z(d)} \tag{5·1}$$

또 투과계수(t)는 $t = 1 + r$
이다. 여기에 ρ : 지층의 밀도, V : 탄성파전파속도이며 $Z = \rho V$로 표시되는 Z는 음향임피던스로 일컬어진다. 또 d는 지표에서의 심도로 Z는 d의 함수이다. 위식에서 반사파의 크기는 음향임피던스의 변화율을 나타내는 것으로 이해한다.

종래에도 얕은층반사파의 측정보고는 몇가지 있지만[2,3,4], 그러나 설득력이 있는 반사파형을 포착하기 위해서는 수진기의 ① S/N비의 향상 ② 잡음제거가 필요하다. S/N비 향상을 위해서 포착하고있는 기술은 ① 多孔, 群設置(Multiplicity), ② 옵세트(Off-set, 측정거리를 넓게 잡을것) ③ 심소설치(Deep Planting) ④ 필터의 사용이다. 필터사용은 신호와 노이즈주파수분포가 다소 엇갈려 있는 경우, 노이즈 부분의 주파수를 필터로 제거하려는 것이다.

지향성과 분해를 원활히 하기 위해서는 고주파를 발진시키는 편이 좋다. 그렇게 하는 데는 고주파스펙터에 피크가 있는 발진원을 사용하는 것이 좋다. 또 Low cut filter에 의해 고주파성분을 찾아낸다. 다이나마이트는 스펙터폭은 넓지만 에어건은 보통 낮은 주파수에 있다. 데이터처리에 의해 분해능을 향상시키는 일도 중요하며, 그렇게 하는데는 Deconvolution filter를 사용한다거나 TVG(Time variable gain)이나 AGC(Automatic gain control), 또 BGC(Binary gain control) 등의 신호처리, 증폭기의 진폭 제어 등을 한다. 또 컴퓨터 처리도 실시된다.

지상에 설치되어있는 수신기의 수신신호에는 세로파, 가로파 및 레이레이(Reyleigh)파

5.1 잔층탐사의 문제점과 해결책

가 포함된다. 이 무늬는 **그림 5.4**에서와 같다고 한다. 발진과 수진과의 거리가 가까운 경우는 세로파와 가로파의 구별은 어렵고, 가로파와 레이레이파와의 구별도 일반적으로 어렵다. 그러나 레이레이파는 지표에서의 깊이에 따라서 **그림 5.5**[5]에 나타낸 바와같이 그 진폭은 감소된다고 한다. 따라서 지표밑 수m에 수신기를 설치하면 그 진폭을 현저하

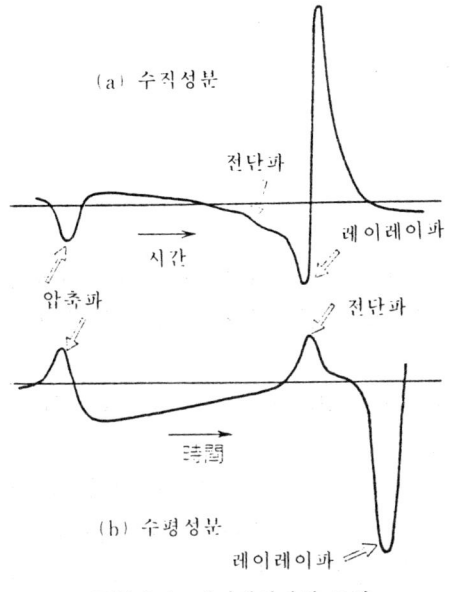

그림 5.4 레이레이파의 도답

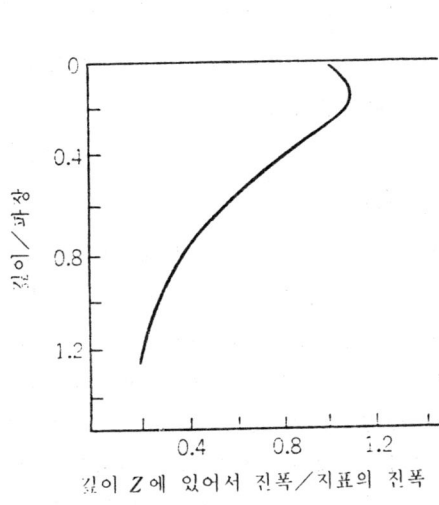

그림 5.5 레이레이파의 깊이에 의한 감쇠

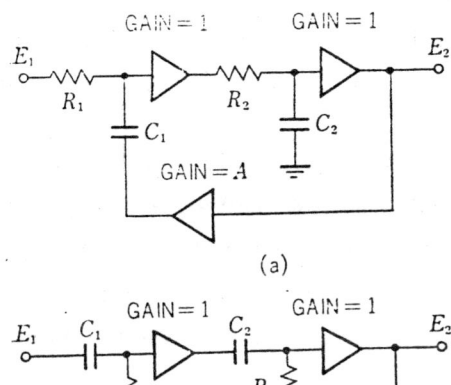

(a)

(b)

그림 5.6[2] 低域濾波回路(a)와 高域濾波回路 (b)의 動作原理

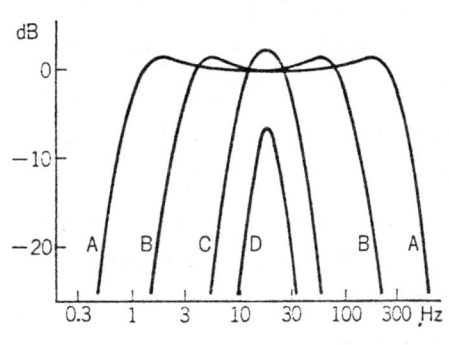

그림 5.7 濾波器의 주파수특성의 한 예

게 감소시킬 수 있다.

여과기(Filter)에는 低域濾波回路와 高域濾波回路가 있으며, 각각 독립해서 사용할 수도 있고, 또 양자를 직열로 접속해서 帶域濾波器로서 사용할 수도 있다. 濾波回路의 動的原理를 그림5.6에 표시한다. (a), (b) 모두 RC2단의 여파회로의 일부에 귀환을 하고 코너피킹을 실시하고 있다. 이 차단 주파수는 양자 모두 다음 식으로 표시된다.

$$f_{c0} = 1/2\pi\sqrt{\tau_1\tau_2} \quad 단, \qquad \tau_1 = R_1C_1 \qquad \tau_2 = R_2C_2 \qquad (5\cdot2)$$

또 차단주파수에 대한 이득은 저역여파회로에서는,

$$G_{c0} = 1/\{\sqrt{\tau_2/\tau_1} + (1-A)\sqrt{\tau_1/\tau_2}\} \qquad (5\cdot3)$$

고역여파회로에서는

$$G_{c0} = 1/\{\sqrt{\tau_1/\tau_2} + (1-A)\sqrt{\tau_2/\tau_1}\} \qquad (5\cdot4)$$

로 주어진다.[2] 상기회로를 2단직열로 접속시켜 사용한다. 또 실효대역폭이 감소하면 출력레벨이 저하하므로 그 저하를 보상하기위해 증폭회로를 설치한다. 그림 5.7[2]은 이와 같은 여파기의 주파수특성의 한예를 나타내고 있다.

A는 통과대역을 1~300Hz, B는 3~100Hz, C는 10~30Hz로한 경우, 또 D는 20Hz로 피크를 갖도록한 경우의 대역여파기로서의 특성이다.

일반적으로 얕은 경계면에서 반사파의 진폭은 크지만, 깊은 경계면에서 반사파의 진폭은 작다. 그래서 동일감도로 양자를 기록하면 심도가 깊은 반사파는 찾기 어렵다. 양자를 같은 진폭으로 기록해서 극히 얕은 구조에서 깊은 구조까지를 하나의 화면으로 나타내기 위한 예로서는 발진시부터의 시간에 따라서 증폭기의 이득을 점차 크게하는 방법 Time variable gain(TVG)이라든지, 입력전압레벨이 작을 때에는 증폭이득을 크게, 또 그 레벨이 클 때는 증폭이득을 줄인다. Automatic gain control(AGC)이 실시되고 있다.

예로서는 경계면의 심도가 50m정도까지이며, 각 층의 전파속도에서 생각하여 반사주시가 100~200ms까지라고 하면 TVG로서는 100~200ms사이에 30dB정도의 이득을 증대시키도록 한다. 야외에서 수진된 파형을 테이프레코더에 기록해서 재생시에 여파기를 활용해서 통과대역을 여러가지로 바꿔 반복재생처리하는 일이 자주 실시된다. 그러나 TVG를 거는 경우는 녹음시에 TVG를 걸어주는 것이 테이프에 잡음이 들어가기 어렵고 바람직한 것으로 생각된다.

또 AGC에 관해서는 선행하는 파형에 의해 이득제어가 되므로 한마디로 성능을 나타낼 수는 없지만 최대 30dB정도의 이득차를 낼 수 있는 회로로 할것 같다. 그림 5.8[4]이 다이오드션트방식을 채택한 TVG 및 AGC의 회로모식도이며 A_2에 가해지는 전압은 A_1의 출력전압의 $R_2/(R_1+R_2)$이므로 R_2의 값을 바꾸면 종합이득이 여기에 따라 변화한다. 발진시로부터 시간에 따라서 R_2의 값을 크게하면 이 회로는 TVG로서 동작하고,

또 신호전압레벨에 따라 R_2의 값을 변화시키면 AGC로서 동작한다. 저항 R_2로의 예로서는 겔마늄다이오드의 내부저항을 이용하면 이 내부저항은 다이오드에 가해지는 바이아스전압에 의존한다. 따라서 바이아스전압을 시간적으로 혹은 신호전압레벨에 따라서 변화시키면 된다. 녹음시에 TVG를 걸어줄 때는 입력단자에 픽업에서의 신호파를 넣는다. 그리고 그 초동을 트리거로서 이용해서 단형파를 만들고 변조하여 정류해서 다이오드의 바이아스전압을 시간적으로 제어한다.

또 재생시에 TVG를 걸어두는 경우는 기록용의 신크로스콥에 掃引電壓端子의 출력파형을 이용할 수 있다.

TVG의 경우 이득시간적변화 혹은 AGC의 경우 이득변화의 응답속도는 다이오드에 접속되어있다. RC회로의 時定數에 의해 결정된다.

이 時定數의 선택은 콘덴서를 변환시키므로써 할 수 있다. 그림 5.9[4]는 일정진폭의 정현파를 이와같은 장치의 입력회로에 가하면서 TVG를 작동시켜 각 순간에 있어서의 입출력의 진폭비를 구하고 종합이득의 시간적 변화를 圖示한 한예이며, 100~200ms의 사

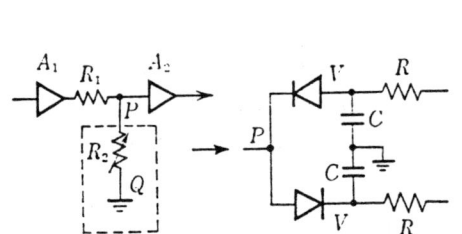

그림 5.8[4] TVG 및 AGC의 기본원리도

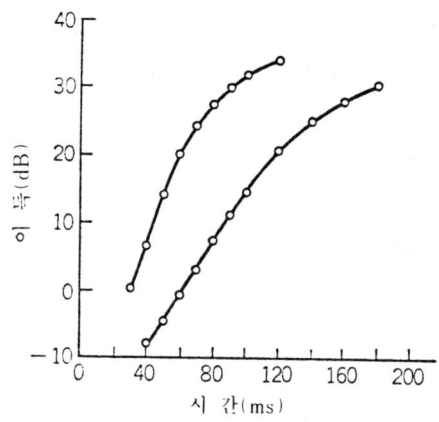

그림 5.9[4] TVG의 증폭도의 시간적 변화

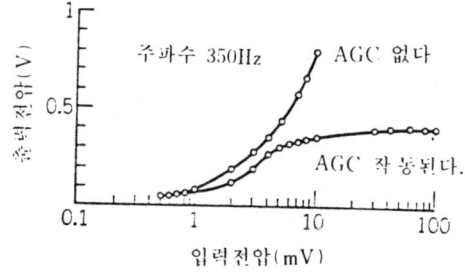

그림 5.10[4] 정상정현파에 대한 AGC의 입출력 특성

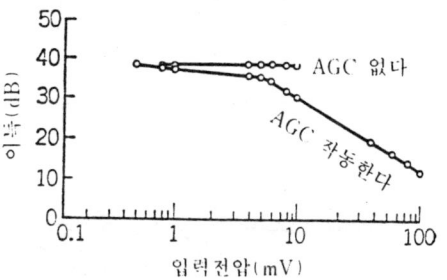

그림 5.11[4] 입력전압의 증가에 따른 AGC의 증폭도 변화

이에 30dB정도의 이득변화가 얻어진다는 것을 나타내고 있다. 또 **그림 5.10**[4]은 AGC동작의 정상적특성을 조사한 한예이며, 정상적 정현파는 입력에 더할 때의 출력전압관계를 표시하고 있으며, 입력전압이 0.6~0.8mV 부근에서 AGC가 작동하기 시작(AGC 동작개시전압) 그 이상으로 입력이 증가해도 출력전압은 그다지 변화하지 않는다. 이 관계를 입력전압과 이들의 관계로 다시 정리하면 **그림 5.11**[4]이 얻어진다. AGC를 곱하지 않는 경우는 입력이 10mV까지 이들이 일정한데 대하여, AGC를 곱한 경우는 입력레벨이 6mV이상이 되면 이득이 직선적으로 저하하고 있다.

야외측정에서는 얕은층 반사법에 있어서는 일반적으로 TVG를 사용해서 녹음하고 재생시에 다시 AGC를 곱하는 것이 적당할 것 같다고 일컫는다.

진원에 기인하는 잡음, 수진기, 증폭기, 기록장치에서 발생하는 잡음, 그밖에 발생하는 잡음도 모두 확실한 반사파의 검출을 방해하는 것으로 이들 노이즈의 제거가 중요하며, 그래서 다중화기술(Multiplicity)이 있다.[6] 군설치, 다공폭발 CDP중합법(Common depth point stacking) 혹은 또 단순한 중합(Vertical stacking) 등은 모두 원리적으로 이 범위로 들어가는 것이며, 석유탐사를 위한 반사법에 채택되어 위력을 발휘하고 있는 기술이며, 파의 예상 파장차에 주목하고 반사파의 검출에 위력을 발휘하고 있다고 한다.

그러나 잡음제거 S/N 비 향상을 위해서는 가산, 중합이 가장 중요한 기본이라 일컫는다.

그림 5.12[7]는 진원에서 22m위치에서의 굴절파수진기록의 한예이며, 同圖 (a)는 상당히 증폭도를 높인 기록이다. 이경우 노이즈는 0.024V에 도달하고 있다. 同圖 (b)는 39회 동일진원에서 파형을 수진한 자기테이프를 스타킹한 기록으로 노이즈가 0.004V와전자에 비해 약 1/6로 저하되고 있으며, 이것은 $\sqrt{39}=6.2$가 되고, $\sqrt{n}$ 과거의 같은값을 나타내고

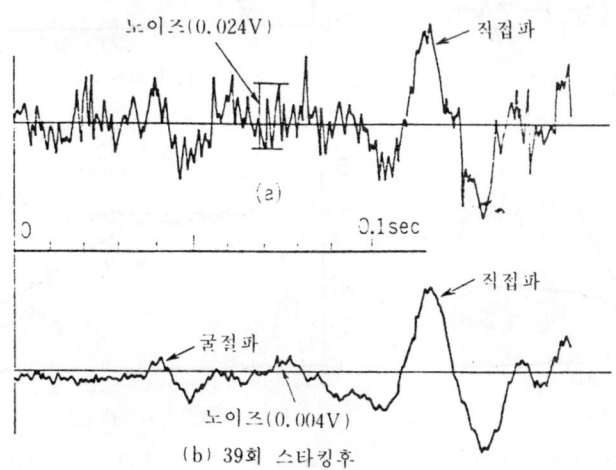

그림 5.12[7] 스타킹효과 설명도

있다. 이와같이 노이즈가 저하하면 굴절파의 도달시각도 잡기수월해 진다.

스타킹을 실제로 실행하는 데는 자기테이프에 기록된 아날로그파를 예로서 $\Delta T = 1/1,600\text{sec}$의 간격으로 디지털로 변환하고, 디지털에 변환된 숫치를 가산중합하여, 그 것을 다시 아날로그로 변환해서 파행을 그리게 되는 것이다.

5.2 淺層探査의 實技

반사법에 대해서 생각하면 **그림 5.13**에 있어서 A를 진원에서 X 거리에 설치한 수진기. 탄성파가 상층을 통과해서 하층에 도달하고, 여기서 반사되어 다시 상층으로 나가서 수진기 A에 도달할 때까지의 시간을 T_X^2로 하면 T_X^2와 X와의 사이에는 다음의 관계가 성립된다.

$$T_X^2 = T_1^2 + \frac{X^2}{V_1^2} \tag{5·5}$$

여기에 $T_1 : X=0$일 때의 반사파의 도달시간. V_1 : 상층으로 전달되는 탄성전파속도이다. 위식은 X와 T에 관해서 쌍곡선을 나타내는 식이므로 X^2와 X^2의 점은 직선이 될 것이며 그 경사는 $dT/dX=1/V_1^2$이다. 그래서 직교좌표에 각각 2승으로 한 그래프에 X에 관한 T_X의 데이터를 플로트하면 해석에 편리하다(**그림 5.14**참조). X를 0에서 바꾸면서 이동해 나가고, 그 각점에 있어서의 T_X를 진동기록에서 구할 수 있다면 2승-2승 눈금의 직교좌표상에 플로트에 의해 용이하게 V_1(상층의 전파속도)를 구할 수 있으며, 또 V_1이 알려졌을 때는 T_1을 측정하므로써 상층의 두께 (d_1)는

$$d_1 = T_1 V_1 / 2 \tag{5·6}$$

에서 구할 수 있다.

또 상층의 평균속도 (V_{av})는

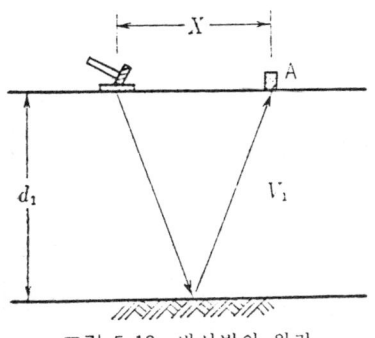

그림 5.13 반사법의 원리   그림 5.14 반사파 플롯트용량 2승-2승좌표

$$V_{av}^2 = \frac{X_B^2 - X_A^2}{T_B^2 - T_A^2} \tag{5·7}$$

이다. 여기에 X_A, X_B 는 진원에서의 2개의 수진기(Geophone)까지의 거리로, T_A, T_B 는

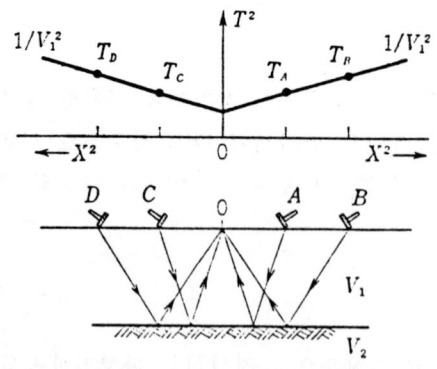
그림 5.15 수평층에서의 반사파

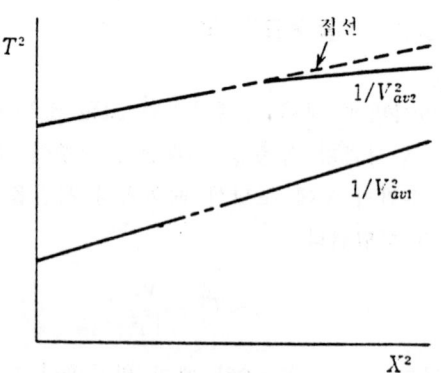
그림 5.16 2층 및 3층에서의 반사파

각각 X_A, X_B 에 대한 반사파 도달시간이다.

하층이 지표면과 평행한 경우는 수진기를 그림 5.15에 나타낸 바와같이 중심으로하고, 발진원을 이동시켜 수진기의 반사파수진시간 T 를 각각 구해서 T_A, T_B, T_C, T_D 를 구하고 $T^2 \cdot X^2$ 좌표상으로 플로트해도 되며, 오히려 그것이 측정하기 쉬운 경우가 많다. 그 경우, 하층이 지표면과 평행한 경우는 同圖에 나타낸 바와같이 $0T^2$축에 대하여 대칭적인 직선, $1/V_1^2$이 구해져야 할 것이다.

지층이 3층이상으로 구성되어있는 경우는 제2층 및 제3층에서의 반사파는 그림 5.16에 표시한 것처럼 제2층면에서의 반사파는 $T^2 \cdot X^2$ 좌표상에서 직선을 이루고 있겠지만, 제3층에서의 반사파의 도착시간으로 구해진다. $1/V_{av2}^2$의 플로트는 同圖에 표시한 것처럼 직선에서 벗어나 약간의 커브를 그리게 된다.

또 제2층의 두께 (d_2)는

$$d_2 = (T_2 - T_1) V_2 / 2 \tag{5·8}$$

이다. 여기에 V_2는 제2층의 전파속도(Interval velocity)이다. 또 제2층까지의 깊이(Z_2)는

$$Z_2 = T_2 \cdot V_{av2} / 2 \tag{5·9}$$

로 구해진다. 여기에 T_2는 제2반사파의 도달시간이고, V_{av2}는 지표에서 제2반사면까지의 평균속도이다. 그리고 일반적으로

$$d_n = (T_n - T_{n-1}) \cdot V_n/2 \qquad (5\cdot10)$$

혹은

$$Z_n = T_n \cdot V_n/2 \qquad (5\cdot11)$$

이다. 또, 제2층의 전파속도는

$$V_2 = 2(d_2 - d_1)/(T_2 - T_1) \qquad (5\cdot12)$$

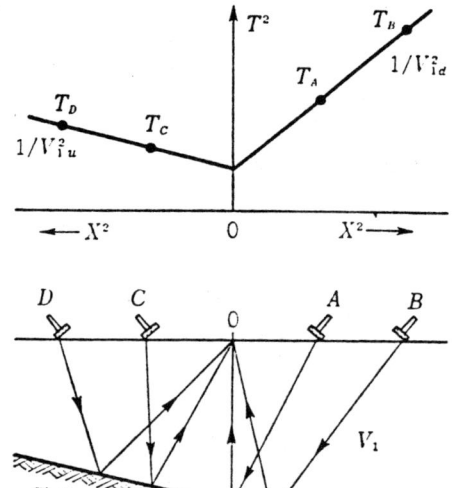

그림 5.17 경사층에서의 반사

그리고 일반적으로는

$$V_n = 2(d_n - d_{n-1})/(T_n - T_{n-1}) \qquad (5\cdot13)$$

로 주어진다.

그림 5.17에 나타낸 바와같이 하층이 경사로 되어있는 경우는 $X^2 \cdot T^2$도에서 그려진 직선에서 구해지는 속도는 업딥(up dip), 다운딥(down dip)의 예상속도를 주고 있다. 동 그림에서

$$\sin \theta = \frac{V_1^2 \cdot \Delta T^2_{down}}{4d \cdot \Delta X} - \frac{\Delta T}{4d} \qquad (5\cdot14)$$

여기에, $\Delta T_{down} = T_B{}^2 - T_A{}^2 =$ 다운딥방향에서의 $T_{X=B}$ 와 $T_{X=A}$ 와의 사이의 시간차, d : 반사면까지의 깊이, $\Delta X : B - A$ (2개의 반사점사이의 거리)이다.

업딥방향에서는 경사면은 다음 식으로 나타낸다.

$$\sin \theta = \frac{\Delta X}{4d} - \frac{V_1^2 \cdot \Delta T_{up}}{4d \cdot \Delta X} \tag{5·15}$$

진짜전파속도(Interval velocity)는

$$V_1 = \frac{\Delta X \cdot \sqrt{2}}{\sqrt{\Delta T^2_{up} + \Delta T^2_{down}}} \tag{5·16}$$

$\Delta T_{down} \longrightarrow \Delta T_{up}$ 의 극한에서는 다음의 간단한 관계가 된다.

$$\Delta T_{down} \xrightarrow{Lim} \Delta T_{up} : V_1 = \frac{\Delta X}{\Delta T}$$

이상이 반사파이용의 지층탐사이론이다.

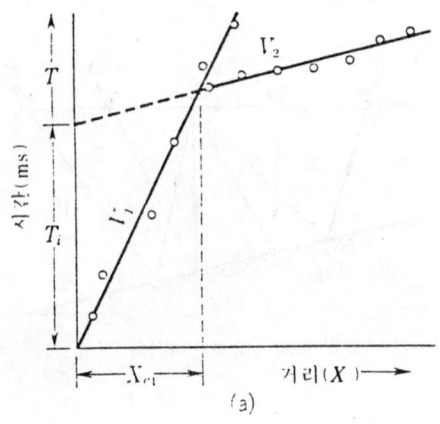

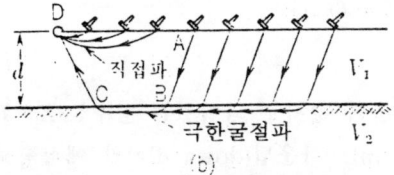

그림 5.18 주시곡선(a)과 굴절법(b)

얕은층 탐사에서는 물론 굴절법의 기술도 응용되고 있다. 굴절법에 관해서는 이미 기술한 바와같이 진원과 수진기와의 사이의 수평거리 (X)와 진원에서 수진기까지의 파도 달시간을 T로 표시하고, 상층의 전파속도를 V_1, 하층의 그것을 V_2로 나타내면 그림 5.

5.2 잔층탐사의 실기

18(a)에 나타낸 바와같은 주시곡선이 얻어지고, X에 대한 T가 구해지므로 지층이 평행층인 경우에는 $V_1 = X/T$에서 V_1를 구할 수 있다. 이것이 가장 간단하게해서 측정이 용이한 V_1 및 V_2를 구하는 방법이다.

그러나 보통의 오시로그래프 진동기록에서는 그림 5.19(a)에 나타낸 바와 같이 진동 진폭에 노이즈가 포함되어 있다. 이러한 측정현장지형, 하층표면의 불규칙성, 기타 여러 가지 이물이 들어가므로 노이즈에 기인하는 흩어짐이고, 이 불규칙진동이 신호판독의 방해를 한다. 그러한 예로써 Facsimile seismograph(FS-3)에서는 신호의 프린트

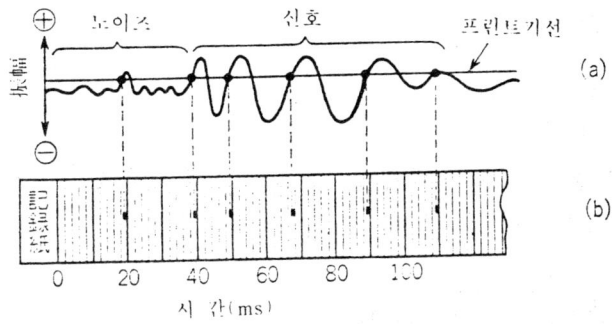

그림 5.19 진동파의 오시로그래프기록(a)와 팩시밀리기록(b)의 비교

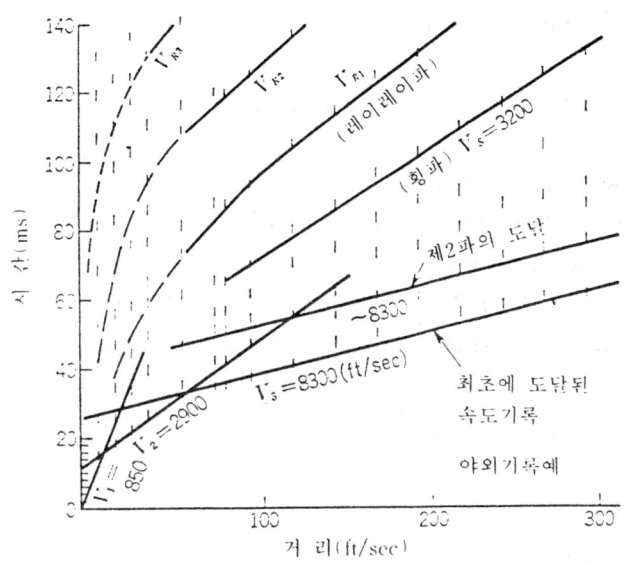

그림 5.20 팩시밀리기록예와 전파속도 구하는 법

기선을 노이즈레벨에서 위쪽에 정하고, 그 기선을 진동파형이 절상하는 점에서 기록신호를 내도록 하고 있다.

그림 5.20[8]은 이와같은 기능을 갖는 팩시밀리진동계의 기록예이며, 記錄紙上에는 일정한 수진거리(X)에 대하여 점예로서 기록된다. 따라서 각 수진거리의 기록점예를 보면서 同圖와 같이 직선을 그어줌으로서 상층에서 하층으로 향해서 각층의 전파속도 V_1, V_2, $V_3 \cdots$ 이 구해진다.

진동기록에서 명료하게 제1층과 제2층의 전파속도 V_1 및 V_2가 구해지면 V_1선과 V_2선의 교점진원에서의 거리 즉 그림 5.18(a)의 X_{c1}이 구해지므로 제1층(최상층)의 두께(d_1)는 다음식에 의해 구해진다.

$$d_1 = \frac{X_{c1}}{2}\sqrt{\frac{V_2-V_1}{V_2+V_1}} \tag{5·17}$$

또, 다시 제3층의 전파속도도 구해지고, 또 제2의 극한거리 X_{c2}도 구해질 때는 제2층의 두께(d_2)는 다음식에 의해 구해진다.

$$d_2 = \frac{X_{c2}}{2}\sqrt{\frac{V_3-V_2}{V_3+V_2}} - d_1 \cdot Y_{21} \tag{5·18}$$

여기에
$$Y_{21} = \frac{\sqrt{1-\left(\frac{V_1}{V_3}\right)^2}-\sqrt{1-\left(\frac{V_1}{V_2}\right)^2}}{\sqrt{\left(\frac{V_1}{V_2}\right)^2-\left(\frac{V_1}{V_3}\right)^2}}$$

이다. 이와같이 다음 식도 성립된다.

$$d_3 = \frac{X_{34}}{2}\sqrt{\frac{V_4-V_3}{V_4+V_3}} - Y_{32} \cdot d_2 - Y_{31} \cdot d_1 \tag{5·19}$$

여기에 X_{c3}를 X_{34}로 다시 쓴다.

이와 같이 이와 같은 극한거리(X_c)를 사용해서 상층두께(d)를 구하는 방법은 Critical distance method로 일컬어진다.

그림 5.18(a)의 주시곡선으로 주시곡선의 경사선(속도구배)이 시간축을 자르는 점시간, 즉 동그림의 T_i를 사용해도 최상층의 두께 d_1를 구할 수 있다.

$$d_1 = \frac{T_{i1}}{2} \cdot \frac{V_1 \cdot V_2}{\sqrt{V_2^2-V_1^2}} = \frac{T_{i1}}{2} \cdot \frac{V_1}{\cos i_{12}} \tag{5·20}$$

여기에
$$\cos i_{12} = \frac{\sqrt{V_2^2-V_1^2}}{V_2}$$

여기에 i_{12}는 제1층에서 제2층으로 파가 입사한 경우, 굴절파가 양층의 경계에 따라서 진행할 경우의 입사각(입사파와 경계선에 세운 수직선과의 각도)이다. 이 방법으로 두께 d_1를 구하는 방법은 Intercept-time method라로 불리워진다.

만약 주시곡선에서 V_1, V_2 및 T_{i2}도 구해진다면 제2층의 두께(d_2)를 구할 수 있다.

$$d_2 = \left[\frac{T_{i2}}{2} - d_1 \frac{\cos i_{12}}{V_1}\right] \frac{V_2}{\cos i_{23}} \tag{5·21}$$

하층이 경사진 경우(오히려 이 경우 일 때가 일반적이지만)는 진원이 업딥으로 이동할 때는 제2층의 예상속도는 높게 나타나고, 진원이 down dip으로 이동할 때는 그림은 낮게 나타난다. 제2층의 진짜 전파속도(V_2)는 다음 식으로 주어진다(**그림 5.21** 참조).

$$V_2 = \frac{2 \cdot \cos\theta}{\frac{1}{V_u} + \frac{1}{V_d}} \simeq \frac{2}{\frac{1}{V_u} + \frac{1}{V_d}} \tag{5·22}$$

여기에 θ : 하층의 경사각도, V_u : 예상의 up dip속도, V_d : 예상의 다운딥속도이다.

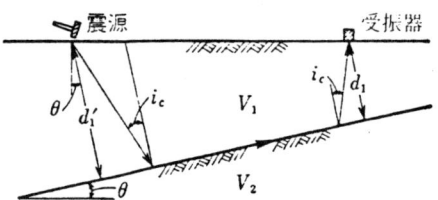

그림 5.21 하층이 θ로 경사되는 경우

$\theta \leq 15°$일 때는 위식의 근사식은 4%이내의 오차를 주는데 불과하다. 또 경사각도 θ는 다음 식으로 주어진다.

$$\theta = 1/2\left[\sin^{-1}\left(\frac{V_1}{V_{2d}}\right) - \sin^{-1}\left(\frac{V_1}{V_{2u}}\right)\right] \tag{5·23}$$

반사법측정을 할 경우, 반사파이외의 파를 여파하는 방법으로서 속도여파, 波長濾波, 波番濾波 혹은 方向制御受波로 일컬어지는 기술이 석유탐사기술에 의해 개발되고있다고 한다.

여기에서는 2대의 수진기를 사용해서 양자간격을 짧고 일정하게 유지하고 있으며, 이 일대의 수진기를 진원에서 거리를 이동하면서 진원진동을 관측한다고 하는 FS

-3(Facsimile seismograph)의 방법을 소개한다. 이것으로는 가변게이트 相關器가 있으며 게이트를 0.5~5ms범위로 바꿔 2대의 수신기의 입사신호에 多少의 위상차가 있어도 다음 방법으로 반사파를 수신하고, 직접파나 굴절파, 또 레이레이파 등은 제거할 수 있다고 한다.

그림 5.22[8]도 예를 들면 25~150m의 깊이를 탐사하려고 한다면 발진하는 2대의 수진기의 선상중심에서 6~10m씩, 떨어져서 2~3회발진을 하면서 100~150m거리까지 이동한다. 만약 수진기의 간격과 相關器게이트의 간격이 적당하다면 同圖에 나타나는 이유로 반사파이외의 파는 기록되지 않는다.

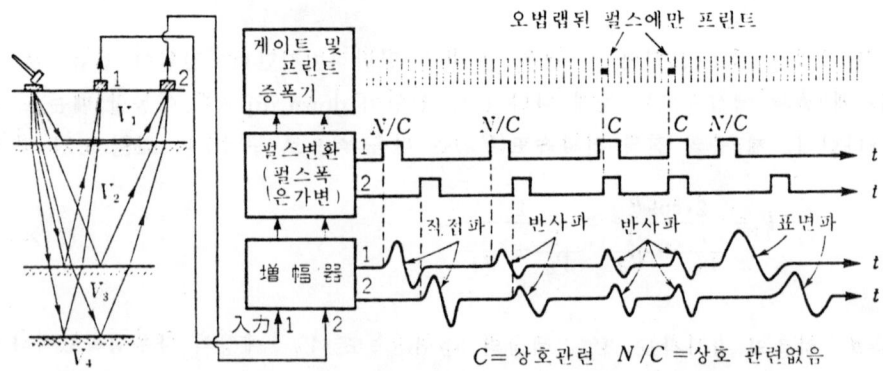

그림 5.22 FS-3(팩시밀리사이스모그래프)의 전파속도 여파법 설명도

5.3 超音波探査法

5.3.1 探査에 관한 關係式

초음파는 재료의 비파괴검사, 수심측정, 어군탐지, 헤드로층의 두께측정, 다시 최근에는 종래의 X선 투시영상에 대신해서 초음파홀로그래피장치에 의한 영상 등이 응용되고 있지만, 암벽내의 크래크, 그밖의 불연속면의 탐지, 泥水가 채워져있는 시추공 내벽면의 영상, 그밖의 근거리지질구조해석에 이용되고 있다. 그러므로 여기서는 암반에 관련되는 이들의 지식과 기술을 소개한다.

지금, ρ: 재료의 밀도(g/cm³), V: 재료내를 전달되는 음파속도(km/sec)로 하면 매질 A_1서 매질 A_2로 음파가 수직으로 입사한 경우, 그 경계면에 대한 음파의 반사율(r)은 다음 식으로 주어진다.

$$r = \frac{Z_1 - Z_2}{Z_1 + Z_2} \tag{5·24}$$

여기에 $Z = \rho V$로 Z는 음향임피던스로 일컬어진다. 표 5.1은 물질의 밀도, 음속 및

5.3 초음파 탐사법

음향임피던스를 다시 표 5.2는 물질의 경계면에 대한 음파의 세력반사율을 표시하고 있다. 더욱 제2매질이 얇은막인 경우에는 반사율은 그림 5.23에 나타낸 바와같이 알려져

표 5.1 물질의 밀도, 음속 및 음향임피던스

물 질 명	밀도 ρ(g/cm³)	음속 V(km/sec)	음향임피던스 Z (g/cm²/sec)
공 기	0.0012	9.34	0.00043×10^6
기 름	0.92	1.36	0.128×10^6
물	1.0	1.44	0.143×10^6
수 은	13.6	1.4	1.93×10^6
동	8.93	4.6	4.11×10^6
니 켈	8.9	5.5	4.98×10^6
강 철	7.8	5.8	4.76×10^6
알 미 늄	2.65	6.2	1.70×10^6

註: $V = \sqrt{\dfrac{E}{\rho} \cdot \dfrac{1-\nu}{(1+\nu)(1-2\nu)}}$ V: 세로파음속 E: 영률
ρ: 밀도, ν: 포아송비

표 5.2 물질의 경계면에서 음파의 반사율

매 질	세력 반사율(%)										
	공기	기름	물	베크크라이트	포리스티렌	유리	수은	동	니켈	鋼鐵	알미늄
기 름	100	0									
물	100	0	0								
베이크라이트	100	23	18	0							
포리스티렌	100	17	12	1	0						
유 리	100	67	65	32	40	0					
수 은	100	76	75	6	8	4	0				
동	100	88	87	71	75	19	13	0			
니 켈	100	90	89	75	79	34	19	0.8	0		
강 철	100	89	88	76	77	31	16	0.3	0.2	0	
알미늄	100	74	72	42	50	2	1	18	21	21	0

있으므로 막이 음파장에 대하여 충분히 얇어지면 상당한 음파가 투과되게된다. 예를 들면 기름을 사이에 넣어 水晶과 鋼사이의 음파전달은 油膜이 $1/1,000 \cdot \lambda$의 두께일 때면 87%가 투과하는데 대해 이 막이 공기인 경우는 공기와 수정의 음향임피던스비, 혹은 공기와 鋼의 음향임피던스비는 $10^5 \sim 10^6$이므로 가령 그 막의 두께가 $1/10^6$mm에서도 1MHz의 음파를 거의 완전하게 반사한다. 이러한 것은 鋼內의 공극은 그 두께가 대단히 얇어도 음파를 잘 반사한다는 것을 나타내고 있으며, 수정과 공시체와의 사이에 多少의 공극이 있다면 음파는 거의 공시체 속에는 입사하지 못한다는 것을 의미한다.

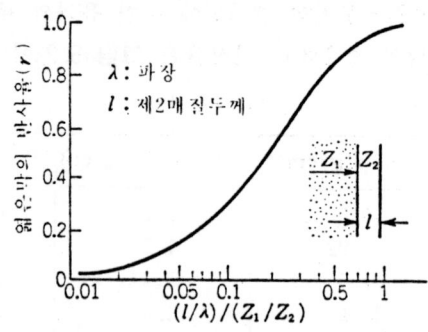

그림 5.23[9] 얇은 막과 음파길이에 관한 반사율

음파는 전파하는데 따라 점차로 감쇠되어간다. 감쇠를 위해 음압은 점차 줄어가고 x 거리에 대한 음압(P_x)은 다음 식으로 나타내는 값이 된다.

$$P_x = P_0 \cdot e^{-\alpha_0 x} \tag{5·25}$$

여기에서 α_0 : 감쇠정수, P_0 : 최초의 음압, x : 음파의 전파거리이다. 여기에서 α_0를 규정하는 요소는 음파의 사용주파수와 음파를 전파하는 재료의 물리적 성질이다.

음파의 분해가능은 파장의 1/2, 음파탐사에서는 1/4이 될 때도 있지만 일반적으로는 파장이하는 분해불가능으로 생각된다. 파장은 길어지면 분해가능은 나쁘지만 파의 도달심도는 깊고, 파장이 짧으면 분해가능은 좋지만, 도달거리는 얕다.

재료의 探傷에 이용되고 있는 초음파의 주파수는 500kHz에서 10MHz정도의 것이 있지만 지질의 음파탐사에 이용되는 음원과 그 음원이 말하는 진동수의 개략은 아래와 같다.

이상의 가운데 ⑤가 가장 분해가능이 좋다. 이용되고 있는 주파수는 4kHz가 주이며 토질의 가탐심도는 해저하 50m 전후이지만, 음압이 낮은 것이 결점이다.

해저하에 축적된 헤드로층의 탐사에서는 200~400kHz를 사용하면 헤드로층의 상층에서의 반사파가 포착되고 15~30kHz를 사용하면 헤드로층과 암반층과의 경계에서 반사파가 포착된다고 한다. 사용주파수를 적정하게 선정함으로써 헤드로층의 두께 계측도 가

표 5.3 유원과 진동수

음 원	진 동 수
① 기계적 진동	≤500Hz (例) Vibroseis
② 고전압에 의한 방전	100~400Hz (例) Sparker
③ 혼합가스폭발	50~150Hz
④ 압기방출	数100~数1,000Hz (例) Air Gun
⑤ 電歪, 磁歪素子	≥2 kHz (例) Sonoprobe

능할 것이다.

음파속도(V), 진동수(f) 및 파장(λ)사이에는 주지한 바와 같이

$$\lambda = \frac{V}{f} \tag{5·26}$$

의 한계가 있고, 진동자의 직경(D)과 파장(λ) 및 지향성을 나타내는 주 beam이 0이 되는 각도 즉 **그림 5.24**의 각도 θ 와의 사이에는

$$\sin\theta = 1.2 \times \frac{\lambda}{D} \tag{5·27}$$

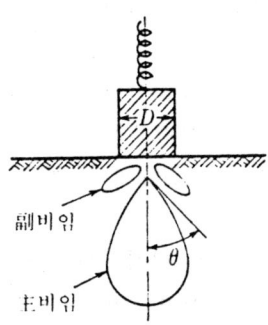

그림 5.24 초음파의 지향성

의 관계가 성립되므로 지금 $V = 3.750$ cm/sec, $f = 1 \times 10^5$ Hz로 하면, $\lambda = 3.75$ cm가 되고, $D = 5$ cm로 하면 $\theta = 64°$라는 지향성이 얻어지게 된다.

송신전력에 대하여 반사된 음향에너지의 수신전력비율의 예로서는

$$\text{수신전력/송신전력} \simeq 10^{-12} \tag{5·28}$$

정도라고 한다.

지금 방출에너지를 εP_0로 한다. 여기에 ε : 에너지변환률이다.

그렇게 되면 음원에서 반경 r의 거리에 있어서의 에너지 강도는 $\varepsilon P_0 [\exp(-\alpha_v \cdot 2r)]$이다. 여기에서 α_v : 주파수 V에 의존하는 단위길이마다의 감쇠율이다.

그러나

음원에서 r의 거리에 있어서의 반사체의 총반사에너지

= (반사체의 반사율 R) × (반경 r의 球표면적에 대한 반사체의 면적 A_N의 비율) × (음파에서 반경 r의 거리에 대한 에너지의 강도)

$$= R \times (A_N/4\pi r^2) \times \varepsilon P_0 \cdot \exp(-2\alpha_v \cdot r) \tag{5·29}$$

또 수신면적 A_R을 갖는 수신변환기가 받는 에너지 P_R은

P_R = (반사체에서 반사시킨 총반사에너지) × (반경 r의 半球面에 대한 수신면적의 비율) × (변환률)

$$= R \cdot \varepsilon^2 \cdot A_R \cdot A_N \cdot P_0 (1/2\pi r^2)(1/4\pi r^2) \cdot [\exp(-2\alpha_v \cdot r)]^2 \qquad (5 \cdot 30)$$

그러므로 송신에너지에 대한 수신에너지의 비는

$$P_R/P_0 = R \cdot \varepsilon^2 \cdot A_R \cdot A_N (1/8\pi^2 r^4) \cdot \exp(-4\alpha_v \cdot r) \qquad (5 \cdot 31)$$

가 된다.

다음으로 $P_R/P_0 \simeq 10^{-2}$ 로서 화강암을 예로서 유효측정범위를 구해본다. $V = f\lambda$, $n\lambda = r$, (λ : 입파길이), 음향의 수신면적 A_N 및 반사물체면적 A_R 가 모두 λ^2에 같다고 가정한다. 또 $\alpha_v \simeq f \times 10^{-7} (f$: 진동수), $\varepsilon \simeq 0.33$, $R \simeq 0.11$로 하면

$$P_R/P_0 = (0.11)(0.33)^2 (\lambda^2)(\lambda^2)(1/8\pi^2 n^4 \lambda^4) \cdot \exp(4Vn \times 10^{-7})$$

$V = 5.5 \times 10^4$ cm/sec 의 경우 $n \simeq 26$

그러므로 파장의 26배까지의 범위가 측정가능 하다. 여기에서 1파장≒0.3m이다.

MAP시스템이라는 계측시스템이다. 여기서는 20kc의 음파를 사용할 때 7.8m의 범위까지 측정가능해 진다. 2kc를 사용할 때에는 78m의 범위까지 측정이 가능해진다. 단, 화강암의 $V_p = 5.5$km/sec로 했다.

상기에서는 반사체는 반구면상에 에너지를 반사분산한다고 가정했다. 鏡面反射의 경우 유효측정범위는 상기의 2배가 된다. 경험에서는 $n = 40, 40\lambda$ 까지측정가능하다고 한다.

5.3.2 硬岩內 不連續面의 音波에 의한 探査

Gupta 등[1]은 그림 5.25에 나타내는 펄스송·수신시스템에 의해 암석표면에 트랜듀서를 밀어붙이는 것으로 암석내불연속면의 탐지나 두께의 검지가능한 것을 실증했다. 진동자에서 발신되는 진동에너지는 그림 5.26에 나타낸 바와같이 글리세린이나 실리콘유와 같은 액체를 사용해서 플렉시블박막을 투과하여 암석에 전달된다. 진동자에서는 피에조전기 세라믹스가 사용되었다.

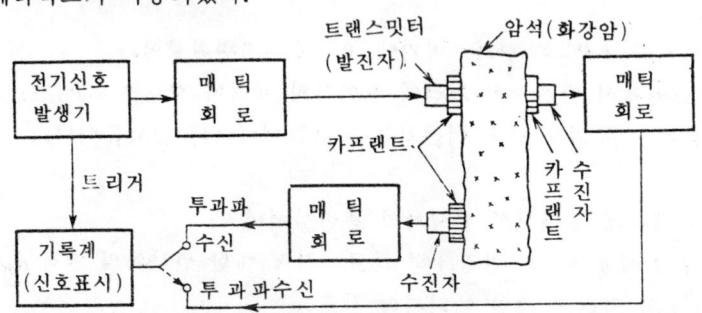

그림 5.25 펄스 발·수신 시스팀 설명도

펄스 變調連續波信號에 의한 이론계측가능범위와 사용주파수의 관계를 Q(Quality factor)=20과 125에 대해 나타낸 것이 그림 5.27이다. 同圖에서는 30kHz사용시는 高損失花崗岩에서는 암석-공기불연속면의 탐지는 6m의 거리까지 가능하고 低損失花崗岩의 경우는 35m거리까지 탐지할 수 있다는 것을 표시하고 있다. 수신은 저노이즈증폭기로 증폭

5.3 초음파 탐사법

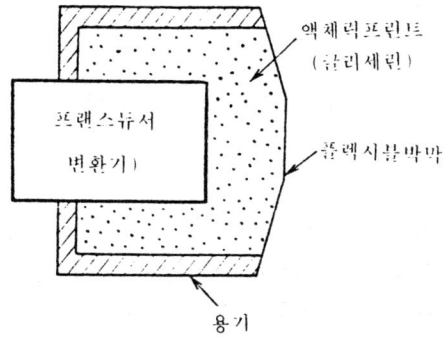

그림 5.26 트랜스듀서커프링설명도

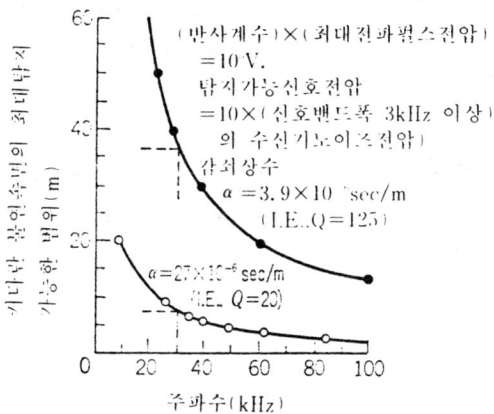

가정:
펄스폭 : 300 μsec.
반복된 주파수 : 20Hz
발신자/수신자
단계분원동상
샌드위치식 트랜스듀서

2″직경 $\lambda/2$: 두께
변환효율 : 2.5%
피크자극전압 : 1000V
불연속면 : 화강암-공기

그림 5.27 펄스변조 CW 시스템에 대한 이론
계측가능범위와 사용주파수의 관계

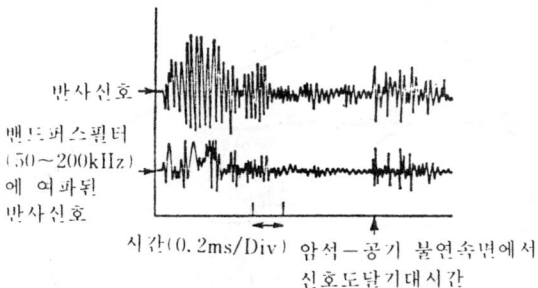

그림 5.28 12ft 두께의 화강암괴에서 반사신호

하여 밴드파스필터(예를들면 50~200kHz)로 여파하여 증폭출력을 오시로스콥에넣는다. 그림 5.28은 상기시스템에 의한 두께 12ft의 화강암괴(1′×4′×12′)에서의 반사파의 수신기록이다.

야외시험에서는 2~10kHz의 저주파신호를 사용 6~30kHz의 밴드파스필터로 여파된 신호 펄스폭 0.4ms의 것이 사용되었다.

5.3.3 超音波探査에 의한 地質探査法[12]

미국의 홀로소닉사의 기술에 준해서 Canon Holosonic사의 초음파이용에 의한 지질조사는 다음의 3가지 시스템에 의해 실시된다. 그것은 MAP, EXTRA 및 GEO-DIP로 일컫는 시스템에서 MAP시스템이라는 것은 시추공을 이용한 지질구조해석, EXTRA시스템이라는 것은 갱도, 터널벽 등 노출암반을 이용한 지질구조해석이며, GEO-DIP시스템이다는 것은 시추공벽의 지층 및 단층등의 주향, 경사를 측정하고 컴퓨터처리에 의해 지질구조해석을 하는 것으로, 초음파홀로그래피의 원리를 이용한 지질의 3차원해석이라고 한다.

발진주파수는 MAP시스템에서는 3kHz에서 50kHz까지를 사용하고 있으며 통상사용되는 발진주파수는 22kHz로 시추공에서 반경 5~15m까지 측정가능하며 8kHz사용의 경우는 최대 50m의 범위까지 가능하다고 한다. EXTRA시스템에서는 발진기에 압전자기를

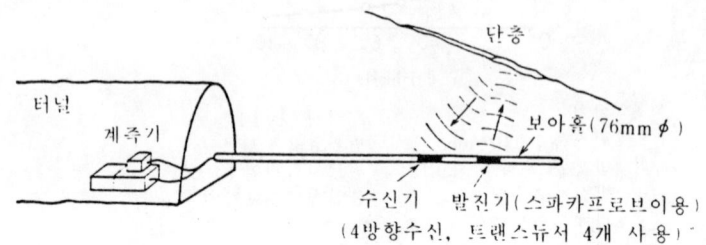

그림 5.29 MAP 시스템 측정법

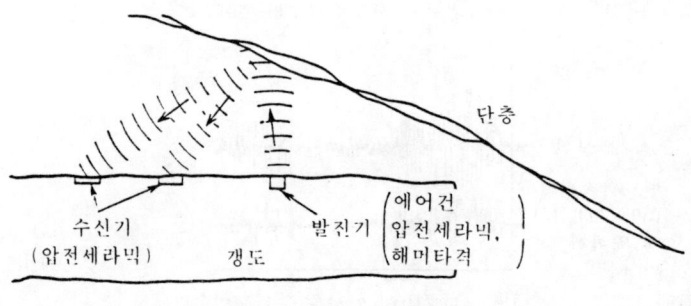

그림 5.30 EXTRA 시스템 측정법

5.3 초음파 탐사법

사용한 것으로 수신기의 역할도 갖는다.

발진주파수는 3kHz와 8kHz를 사용하고 있다. 발진원에서는 해머의 타격이나 에어건 등의 진동도 이용한다. 이러한 진동은 여러가지의 파장을 가지고 있으므로 수신기에서는 3kHz나 8kHz의 특정주파수만을 수신할 수 있도록 설계되어 있다. 측정범위는 암반의 물성에 의해 달라지나 대략 100m의 범위가 가능하다고 한다.

MAP탐사에서는 프로브중심에 위치하는 스파커전극에 1,500V까지 승압된 전압을 가해서 주위 4개의 아스전극사이의 鹽水 또는 전해질용액을 개입하여 방전하고 있다. 이때 8,000A의 전류가 순간적으로 흐르므로 국부적으로 고열이 발생하고, 염수는 순간적으로 기화팽창하므로 강력한 음파가 방출된다. 반사파의 검출에서는 압전셀라믹이 사용되고 있으며 원통상의 프로브의 측면에 그것이 90°씩 회전한 4방향으로 배치되고 있다. 그리고 다시 트랜스듀서 변환스위치에 의해 4방향가운데 탐사한 임의의 방향에서 수신 신호로 수신할 수 있게 되어있다.

시추공의 임의의 1점으로 각각 방향마다 음파의 발사와 수신을 반복해서 계 4방향측정함으로써 보링공의 주위에 정보가 얻어지고 있다.

시추공내에서 60cm마다 프로브를 이동하면서 계측을 한다. 필터회로에서 지질상태에 맞는 적절한 주파수대역만을 찾아내고 데이터레코더로 보낸다. 한편 스피커에 전류가 흐를때 릴레이회로의 작용으로 스파크한 순간을 표시한다. 트리거신호가 얻어지고 직접 데이터레코더에 보내진다. 이들 2개의 신호 즉 수신신호와 트리거신호가 싱클로스콥에 입력되고 트리거가 작용한 시점에서의 수신신호가 나타나므로 정확한 수신신호가 얻어지는가 그리고 그 신호가 확실히 데이터레코더에 기록되어있는지를 기록하는 동시에 싱클로스콥을 관찰함으로써 확인할 수 있다. 또 측정점의 위치, 트랜스듀서의 방향 등의 정보도 음성형으로 데이터레코더에 기록해서 후의 해석에 사용한다.

이상과 같이 기록된 데이터는 컴퓨터해석에 의해 동일방향의 수신신호 기록만을 내서 보링공의 축에 대하여 종단면의 0°, 180° 및 여기에 대하여 수직 90°, 270°의 각각 4평면이 기록하게 된다.

MAP에서는 방향검지소자에서의 전압신호에 의해 메터가 흔들리고 트랜스듀서의 각도를 리모트위치에서 판독된다. 전압공급회로에서 승압(400V)된 전압은 프로브의 승압회로로 보내지고 여기서 다시 승압된 전압이 전압계에 나타나고 있다. 스피커 발화스위치를 누르면 릴레이회로가 작용하여 스파커가 발화하고 그 전류에 의해 트리거가 작용 증폭회로가 작동상태에 들어간다.

트랜스듀서의 증폭에 특징이 있다. 암석내에서 음파의 감쇠는 거리를 x로 하면 e^{-x}의 함수에 수반한다. 여기서 e^x형으로 증폭을 하면 $e^{-x} \times e^x = 1$이 되고, 감쇠를 보강할 수 있다. 그러나 x가 큰부분에서는 증폭은 일정하게 밀린다.

EXTRA탐사에서는 터널벽면에서 에어건, 압전세라믹 혹은 해머타격에 의해 발신되는 음파 반사파의 초음파성분을 압전세라믹에서 수신한다. 트랜스듀서의 주파수대역은 3kHz전후이므로 그 범위의 주파수만 데이터레코더에 기록한다. 타격해머에서는 타격쇼크를 찾아내는 환진소자가 따르고 있다.

측정에서는 필터를 사용하여 다음과 같은 저주파(630~2,000Hz)와 고주파(3,150~8,000Hz)로 측정한다. 수신신호는 FM기록된다. 테이프속도 7.5in/sec, 1in폭테이프에 14트랙과 음성트랙을 기록한다. 이 아나로그데이터는 A/D콘버터에 의해 디지탈화 된다. 그리고 컴퓨터해석이 된다. 이 디지탈화에서는 저주파시는 트리거펄스보다 40ms(1/25sec)를 100분할(10,000Hz)고주파일 때는 트리거펄스에서 20ms(1/50sec)를 400분할(20,000Hz)하고 있다. 이 디지탈화된 반사신호는 페이퍼테이프레코더상으로 기록된다. 더욱 데이터레코더의 음성트랙에 기록된 거리 등의 정보는 이 페이퍼테이프레코드에 접속시킨 키 보드로 처리된다.

데이터의 해석은 4단계로 하고 있다. ① 생데이터의 플로터에서 쳐내고 ② 반사신호의 위치 및 강도의 결정 ③ 유효반사파군의 상관 ④ 데이터의 쳐내기이다.

해석조작은 제어카아드 혹은 직접컴퓨터의 키보드를 이용해서 프로그램의 패러미터를 바꾸는 것으로 실시한다. 패러미터는 암반의 음속이나 시간축의 설정 등 물리조건을 바꾸든지, 또 유효반사신호군의 정정, 직반사파층을 표시하는 반사파의 연속성을 제어하는 상관계수를 수정하든지 한다.

5.3.4 보어홀 텔레비젼(孔內壁觀測超音波映像裝置)[13,14]

근간 미국에서 Borehole televiewer(BHTV)로 칭하는 시굴공 검사장치의연구가 성과를 얻고 실용화 되어왔다. 광원을 사용한 종래의 보어홀 텔레비젼[15,16,17]은 보어홀이 니수로 차있는 경우에는 빛이 니수에 방해되고 내벽의 영상은 거의 비치지 않으므로 실용화가 되지않았지만 이 장치는 초음파를 내벽에 방사하여 그 반사파의 도달시간 차이나 반사파의 강약의 판정에서 방사된 암벽의 상태나 물성을 판단하려고 하므로, 泥水 중에서는 초음파는 그것을 투과해서 통과하므로 泥水중에서의 사용이 가능한 점과 실용성이 높아서 사용되고있는 것이다.

초음파의 주파수를 1~10MHz로 하면 초음파의 속도는 淸水중에서 1.5km/sec, 니수중에서 1.2km/sec정도, 밀도는 청수로 $1.0g/cm^3$, 泥水로 $1.2g/cm^3$정도이므로 초음파(1MHz)의 파장은 泥水中에서 1.2mm정도이다. 따라서 泥水中의 泥粒經보다 충분히 파장의 길이때문에 초음파는 누수를 투과함에 따라서 점차 감쇠되어가지만 泥水의 혼탁 정도에 의하면서 상당한 거리투과한다.

암석을 통과하는 음파속도를 1.5~7.0km/sec, 밀도를 $2.0~3.0g/cm^3$정도로 하면 청수중에서 방사된 음파의 반사계수(K)는 그림 5.31에 나타낸 바와같이 0.35~0.87의 범위

5.3 초음파 탐사법

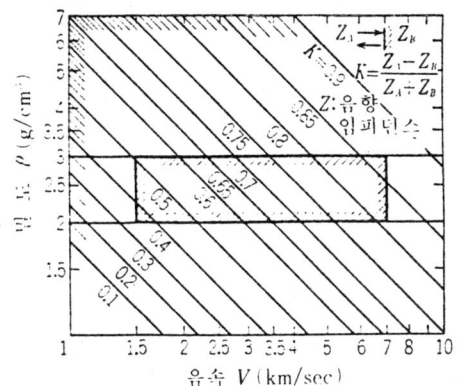

그림 5.31 $V=1.5\text{km/sec}$, $\rho=1.0\text{g/cm}^3$의 물을 Z_A로 될 때 암석의 Z_B의 변화에 대한 평면음파의 음압반사계수(K)의 변화

에 있다는 것을 알고 동그림으로 둘러싸인 부분이 암석으로 기대되는 반사계수의 값이다.

그림 5.32에 나타난 바와같이 보어홀 내에 발수진자를 내려서 니수중에서 초음파를 발사했다고하면 그 파동은 암벽에 닿아 반사하여 수진자에 도달한다. 이 파동은 다시 여기서 반사되고 암벽에 도달해서 재반사되어 다중반사되면서 점점 음압진폭을 줄여나간다.

반사면에 균열이 존재하는 경우나 암석강도가 약해져있는 경우에는 방사된 초음파는 산란하고 흡수되어 반사강도는 극도로 약해지는 것이 용이하게 想像된다. 또 반사면이 움푹해 있거나, 경사진 경우는 제1반사파의 도달시간간격은 길어지고 이밖의 부분과 구

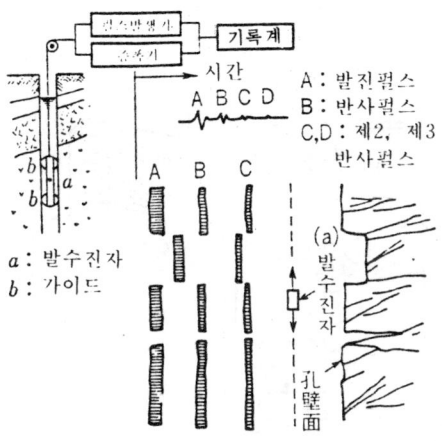

그림 5.32 반사검층의 측정법과 반사면의 균열, 凹한 반사휘도 변조기록의 모식도

별할 수 있다. 따라서 그림 5.32의 A, B, C로 나타낸 바와같이 기록상에서 균열, 함몰, 공벽의 경사에 대해서 이것을 인식할 수 없을 것이다.

그림 5.33[13]은 미국의 Mobil Research and Development Corporation이 시작한 장치 구성이다. 공내에서 상하하는 헤드부(a)와 지표에 설치되는 표시부(b)에서 되는 압전식 트랜스듀서로부터 공내벽으로 향해서 초음파펄스를 방사한다. 내벽에서 반사파는 동일 트랜스듀서로 전기신호로 변환된다. 트랜스듀서는 모터에 의해 회전하므로 초음파 beam 공벽 원주상의 점을 차례로 走査하게되고 각 점에서의 반사파가 얻어진다. 또 이 헤드부는 상하방향으로 이동하는 동시에 트랜스듀서가 회전하므로 초음파beam은 공내벽에서 旋上으로 走査하게 된다. 반사파의 전기신호는 신호처리되어 지표로 보내지고, 신호진폭은 신크로스콥에 명도로서 변환표시되고, 공내벽을 원주방향으로 전개한 상으로서 재생된다. 그 결과 신크로스콥上의 像은 가로축이 북동남서북의 순으로 방위를, 세로축의 구멍깊이를 표시하는 상이 된다. 헤드부의 마그네트미터는 地磁氣의 북의방위검출기이다.

모터는 트랜스듀서와 마그네트미터를 그 축 주변에 약 3rps로 회전시킨다. 헤드의 상하속도는 약 7.5cm/sec이므로 트랜스듀서의 상하방향이송피치는 약 2mm/360°이다.

트랜스듀서는 1/2in 직경이 디스크상의 압전식으로 송파와 수파의 역할을 하고, 대략 2MHz의 탁월주파수를 갖는다. 음파에너지의 펄스는 좁은 비임폭에서 2,000펄스/sec의 비율로 보어홀 공벽에 방사시킨다.

이 장치의 헤드부는 직경 87.4mm, 길이 3.3m의 크기로 150℃의 온도에 견딜수 있도록 설계되어왔다. 따라서 공경 100mm이상의 보어홀에 사용할 수 있다.

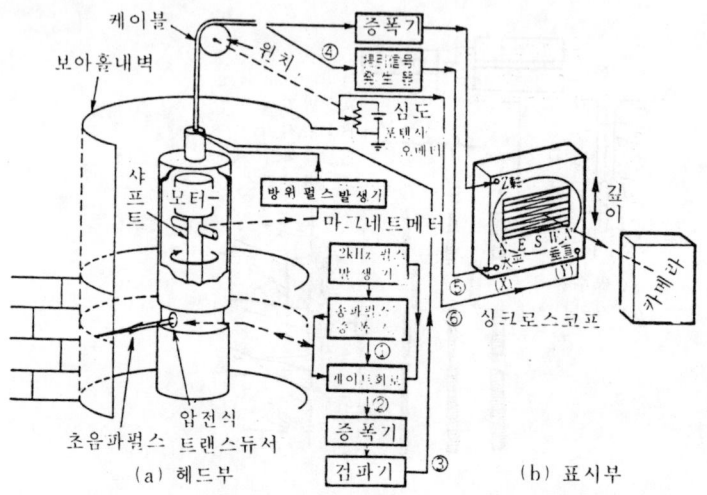

그림 5.33[13] 초음파보아홀 테레비존장치의 기본구성 (a),(b)

5.3 초음파 탐사법

반사음파는 송수파기로 전기신호로 변환시켜 그 신호는 케이블을 통해서 지상의 표시회로로 보내지게 되므로 이 양자사이에서는 슬릿프링이 필요하다.

다시 이렇게 해서 얻어진 반사파의 강도는 앞서도 말한 바와같이 공내벽의 粗度, 경도 균열, 요철상태 등에 의해 변화한다. 표면이 미끄럽고 단단한 암질일 때는 강한 반사파가 얻어지고, 거친 표면이나 부드러운 암질의 경우에는 반사파는 약하다. 또 균열 등이 있으면 회절되어 약한 반사파가 되고, 움푹한데가 있으면 반사파의 도달시간이 늦어진다. 이와 같이 내벽의 암질이나 표면상태의 정보는 반사의 강약, 도달시간의 차이에서 얻어진다. 이들의 정보는 C 스콥방식과 PPI 스콥방식의 표시회로에 의해 2개의 상으로서 나타날 수 있다.

C스콥은 그림 5.34에 나타난 바와같이 공내벽원통면을 $X-Y$ 평면상에 원주방향으로 전개한 상이며, X축은 원주를, Y축은 공깊이를 나타낸다. 이것은 주로 균열이나 단층 그밖의 불연속선의 크기, 위치, 방향, 방위, 지층의 변화 등 공내벽전체를 직시적으로 관찰하는데 편리하다.

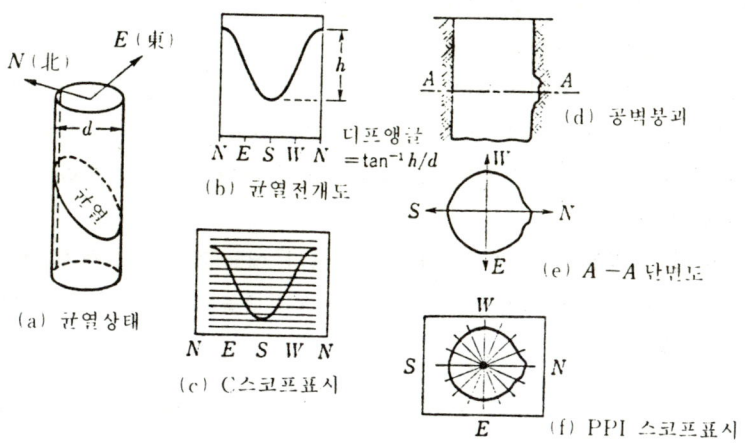

그림 5.34[18] 스코프표시법과 PPI 스코프표시법

PPI(Plan position indication)스콥[18]은 구멍의 중심을 중심으로해서 어떤 깊이의 단면을 레이더와 같이 나타나는 것으로 반경방향은 중심에서의 거리를, 회전각도는 방향을 나타내는 상이다. 이것은 주로 C스콥에서는 얻을 수 없는 정보의 예로서 함몰과 관통공의 구별각 심도에 대한 구멍의 직경, 암상 등의 정보를 얻으려고하는 것이다.

C스콥방식은 트랜스듀서의 회전과 헤드의 상하운동에 동기해서 싱크로스콥상의 beam을 주사하고, 반사파의 강약변화를 휘도변조에 의해 명암변화로 바꿔서 상을 재생하는 방식이다. 이것으로 인해 내벽의 표면상태나 암질의 경도차 분포가 명암의 2차원상으로서 나타나고 있다.

그림 5.35[18]는 C스콥표시회로각부의 신호파형을 나타내고 있다. 게이트회로 ②에서는 내벽에서의 1차반사파만을 선택해서 송파펄스나 고차의 반사파를 제거한다. 이 1차반사파를 검파 ③, 증폭해서 신크로스콥의 Z축에 더해 신호진폭이 클 때는 밝게, 작을 때는 어두어지도록 표시한다. 이때 송수파기의 운동과 신크로스콥의 beam을 同期하여 주사하지않으면 상은 정확히 재생이 안된다.

송수파기의 회전과 신크로스콥의 beam의 수평방향(X축) 주사파의 동기는 헤드내의 방위검출기에서의 트리거펄스 ④에 의해 실시되고, 예를 들면 지자기의 북(N) 측방향을 송수파기가 향했을 때, 트리거펄스가 발생하도록하면 그 트리거펄스에 의해 X축 走查回路는 ⑤와 같은 톱니상파형을 만든다. 이것을 신크로스콥의 X축에 더하면 신크로스콥의 beam은 지자기의 북방향을 X축의 주사개시점으로하여 주사한다.

한편 헤드의 상하운동은 원치에 연결되는 예로서 포텐시오미터에 의해 전압 ⑥에 변환되고, 신크로스콥의 Y축에 가해진다. 그 결과 이 신호에 의해 비임은 상하로 주사된다. 헤드의 승강속도를 회전속도보다 10분 늦추면 신크로스콥의 비임은 $X-Y$로 주사되고, 공내벽의원통을 원주방향으로 전개된 상이 얻어진다.

PPI스콥표시[18]는 4주의 지형이나 물체를 전부동시에 평면도로 해서 브라운관 면에 표시하는 기술이며, 레이더표시방식에 널리 사용되고 있다. 이것은 헤드내의 송수파기의 위치를 중심으로하여 그 주위의 반사체를 평면도로서 그릴 수 있는 것이며, 송파펄스의 예리한 지향성 비임을 어떤 반복주기로 발사하면서 비임을 회전시킨다. 이 회전은 헤드내의 모우터에 의한다.

매회의 발사마다 내벽표면 또는 그 내부로부터의 에코오를 수신해서 신크로스콥의 beam 대응위치에 光点으로서 표시한다. beam이 1회전했을 때 송수파기의 주위반사체가 明暗像으로서 표시된다.

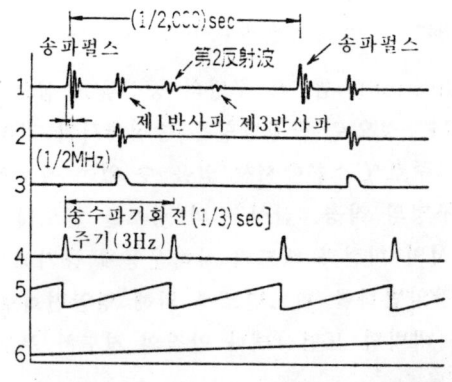

그림 5.35 C스코프표시회로 각부의 신호파형

그림 5.34의 (f)은 공내벽의 일부가 무너져있는 층을 PPI표시했을 때의 상이며, 그 깊이로 단면상이 얻어진다. 헤드를 상하방향으로 이동하면 각 깊이에 있어서의 단면도가 차례로 얻어진다. 또 반사가 강한 공벽에서는 다중반사파가 수신되고 약한 공벽에서는 다중반사파는 잡히지 않으므로 강한 부분에서는 등간격의 밝은 상이 몇가지 나타나고, 약한 부분에서는 하나밖에 표시안된다.

이 像의 數 또는 像의 幅에서 암질의 차를 판정할 수 있다.

또 석유정의 경우에는 케이싱의 검사로 케이싱관통공의 검사, 시멘팅의 층두께의 검사 등에도 사용될 수 있다.

이 초음파보어홀 텔레비전장치는 현재 Hydraulic Fracturing방식에 의한 지각응력측정시 시추공 내의 계측심도위치의 선정에 있어서 균질한 암질의 위치를 알기위해 사용되고 있다.

第6章 地盤의 振動解析

6.1 地震計에 의한 振動觀測과 地盤의 卓越周期

6.1.1 地震計의 原理와 振動의 記錄

지금 그림 6.1에 있어서 m : 지진계 진자의 질량, x : 지면에 대한 진자의 상대변위(기록된 변위), y : 지면의 변위, X : 진자의 지면에 대한 절대변위로 하면 지면에 설치된 지진계의 진자에 작용하는 관성력(I)은

$$I = -m\ddot{X} = -m(\ddot{x}+\ddot{y})$$

이다. 그리고 진자가 받는 힘의 균형은 그림6.1에 나타낸 바와 같이 되므로 진자의 힘의 균형식은 다음과 같이 된다.

$$-m(\ddot{x}+\ddot{y}) = c\dot{x} + kx$$

여기에서 c : 지진계의 감쇠에 대한 계수, k : 지진계의 스프링상수이다.

위식은

$$m\frac{d^2x}{dt^2} + c\frac{dx}{dt} + kx = -m\frac{d^2y}{dt^2} \qquad (6\cdot1)$$

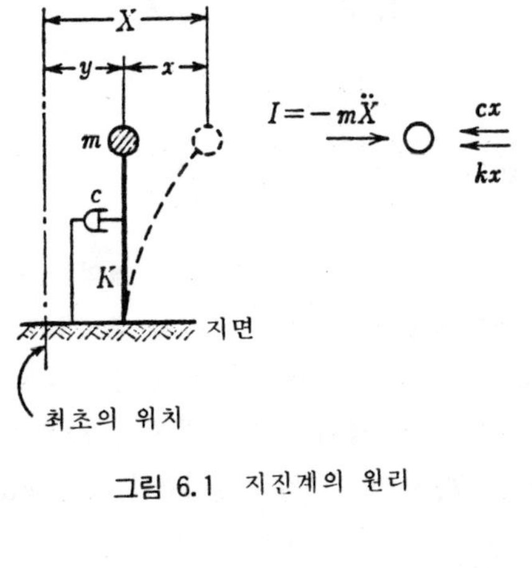

그림 6.1 지진계의 원리

로 할 수 있다.

그리고 또, 이 식은

$$\ddot{x}+\frac{c}{m}\dot{x}+\frac{k}{m}x=-\ddot{y}$$

가 된다. 우변을 0으로 하고 자유진동의 경우를 생각 위식을 다음과 같이 다시 쓴다.

$$\ddot{x}+2h\omega\dot{x}+\omega^2 x=0$$

단, $2h\omega=c/m$, $\omega^2=k/m$ 로 여기에 h 는 감쇠상수로 일컬어진다. 또 ω 는 고유원진동수(rad/sec)로 고유주기(T)와는 $T=2\pi/\omega$ 의 관계에 있다.

따라서 지진계의 비감쇠고유진동주기(T_s)와 감쇠상수(h)는 다음 식으로 주어진다.

$$T_s=2\pi\sqrt{\frac{m}{k}} \qquad h=\frac{c}{2\sqrt{mk}} \tag{6·2}$$

지금 지진동을 진폭 y_0, 주기 T_g 인 정현파

$$y=y_0\sin\frac{2\pi}{T_g}t \tag{6·3}$$

로 가정하여 이것을 식(6·1)에 대입해서 풀면,

$$\frac{|x|}{y_0}=\frac{1}{\sqrt{\left\{1-\left(\frac{T_g}{T_s}\right)^2\right\}^2+\left(2h\frac{T_g}{T_s}\right)^2}} \tag{6·4}$$

를 얻는다. 이 식은 지진계의 기록(x)과 진동의 변위진폭(y_0)과의 비를 나타내는 식이다. 같은 방법으로 지진동의 기록(x)과 地動의 속도진폭(v_0) 또는 가속도진폭(a_0)과의 비를 계산하면 다음의 식을 얻는다.

$$\frac{|x|}{v_0}=\frac{\frac{T_g}{2\pi T_s}\cdot T_s}{\sqrt{\left\{1-\left(\frac{T_g}{T_s}\right)^2\right\}^2+\left(2h\frac{T_g}{T_s}\right)^2}} \tag{6·5}$$

$$\frac{|x|}{a_0}=\frac{\left(\frac{T_g}{2\pi T_s}\right)^2 T_s^2}{\sqrt{\left\{1-\left(\frac{T_g}{T_s}\right)^2\right\}^2+\left(2h\frac{T_g}{T_s}\right)^2}} \tag{6·6}$$

그림 6.2(a)는 $T_s=1.0$sec, $h=0.5$ 정도로 했을 때의 $|x|/y_0$ 를 표시하고 同圖(b)는 $T_s=0.5$sec, $h=1.0$ 정도로 했을 때의 $|x|/v_0$ 를 표시하고 동 그림(c)는 $T_s=0.1$sec, $h=0.5$ 정도로 했을 때의 $|x|/a_0$ 를 나타내고 있다. (a)에서는 T_g 의 작은 부분에서는 $|x|/y_0$ 값은 대략 일정하고 이 영역에서의 기록은 지동변위에 비례한다는 것을 알 수 있다. (b)에서는 T_g 가 약 T_s 와 같은 영역에서는 $|x|/v_0$ 의 값은 대략 일정하고 그러

므로 이 영역에서의 기록은 지동속도에 비례하게 된다.

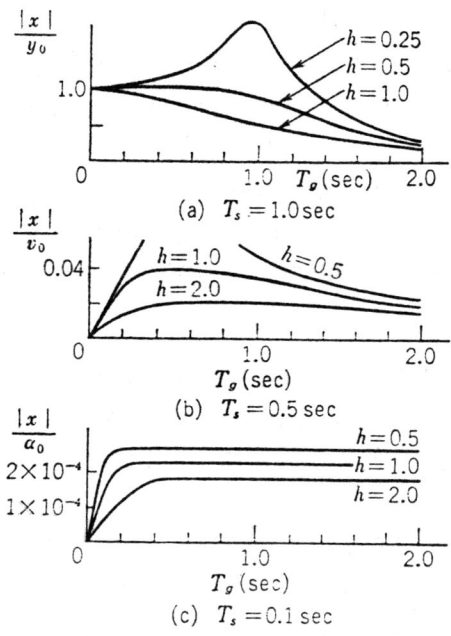

(a) $T_s = 1.0$ sec

(b) $T_s = 0.5$ sec

(c) $T_s = 0.1$ sec

図 **6.2** 그림 6.2 지진동기록(x)과 지진동변위(y_0, 속도(v_0), 가속도(a_0)와의 관계

또 (c)에 있어서는 T_g는 T_s보다 긴 영역에서는 $|x|/a_0$의 값은 대략 일정 하므로 이 영역에서의 기록은 지동가속도에 비례하게 된다.

여기에 표시한 비례계수는 감도계수로 호칭되고 계기마다 정밀한 振動台에 의해 검정해서 결정되고 있다.

이상의 계산예와 부도에서 알 수 있듯이 측정하려고 하는 지진동의 주기가 대략 예상된다는 것은 지진동 주기보다 긴 고유진동주기를 가지고 감쇠정수가 0.7정도의 진동계를 사용하면 지진동의 변위를 측정할 수 있으며 지진동주기와 같은 정도의 주기를 갖고 감쇠정수가 한계감쇠보다 큰 진동계를 사용하면 지진동의 속도를 측정할 수 있으며,

표 6.1 진동계와 기록계의 조합

오실로그래프 \ 지진계	$T_g \ll T_s$	$T_g = T_s$ $h > 1$	$T_g \gg T_s$
$T_g \ll T_0$ $h' \gg 1$ $T_g \gg T_0$	$\int y dt$ y dy/dt	y dy/dt d^2y/dt^2	dy/dt d^2y/dt^2 d^3y/dt^3

지진동주기보다 짧은 주기를 가지고 감쇠상수가 0.5정도의 지동계를 사용한다면 지진동의 가속도를 측정할수 있게 된다.

그러나 지진계의 기록은 기록장치와 진동계를 조합하여 계측을 할 때가 많다. 이 경우는 양쪽계기의 특성 조합에 의해 얻어지는 기록이 나타내는 물리량이 달라진다. 그래서 상기의 검정을 할 경우는 진동계와 기록장치를 조합시킨 상태로 검정을 해서 감도를 조사해둘 필요가 있다. 하기하라 박사에 의하면 지금 T_0 : 오실로그래프 진동자의 자기 진동주기 T_s : 電磁 地震計의 振子自己 振動周期, T_0 : 지진동의 진동주기로 하면 오실로 그래프의 기록이 지진동변위(y)의 어떤 양을 표시하는지는 대략 표 6.1에 의해 나타낸다.

6.1.2 地盤의 卓越周期

일반적으로 지반은 비교적 강고한 암반(기반)위에 몇개의 물성(밀도, 함수량, 점착력 등)이 다른 또 두께가 다른 지층의 겹침에 의해 구성되어 있다. 이와같은 지반이 지진을 받으면 그 지반특유의 진동레스폰스(지반의 증폭도 특성)에 의해 특정의 진동주기에 대해서 진폭이 증폭된다.

이와같은 진동주기는 탁월주기로 일컬어진다. 따라서 이러한 예는 지진에 의한 지반의 損害破壞程度를 추정하는데 있어서 혹은 또 지반상에 세워져 있는 구축물의 내진성을 검토하는 경우, 그 지반의 지동에 대한 레스폰스 혹은 탁월주기를 사전에 추정하는 일이 중요해 진다.

지반의 탁월주기를 구하는 방법으로서는 ① 지반의 상시미동을 측정하는 방법, ② 지층의 두께와 탄성파전파속도에서 이론적으로 산출하는 방법 및 ③사전에 지진동의 관측 데이터를 잡아 두는 방법등이 있다.

지반의 상시미동을 측정하는 방법에서는 고감도의 속도계를 지반상에 두고 수분간 관측을 계속해서 얻어진 기록에서 그 미동의 Fourier Spectrum(주기별 빈도곡선)을 구하는 일로해서 지반의 증폭도특성(진동레스폰스)를 추정할 수 있다.

가나이박사에 의하면 마그니튜드가 6정도 보다 큰 지진에 대해서는 지진동의 탁월주기는 각 토지에서의 고유의 값이 되고, 그 값은 상시미동의 탁월주기와 일치하는 것, 또 탁월주기가 2개 이상 나타나 있는 토지에서는 그들의 주기는 지진마다 달라질 경우가 많지만 상시미동의 빈도곡선에 나타나는 피크 주기의 어느것인가에 일치된다고 말한다.

다중반사의 이론을 사용하면, 탁월주기는 계산으로 구해질 수 있지만, 기반위에 표면층이 단지 1층으로 되어 있는 경우는 대단히 간단하며, H : 층두께, V : 탄성파의 전파속도,로 하면 지반의 탁월주기(T)는

$$T = \frac{4H}{V} \tag{6·7}$$

이다. 또 다층으로 되는 지반의 경우는 각 층의 성질에 지나치게 현저한 차가 없을 때는 가장 긴 탁월주기는 환산속도(V)를 사용해서 식(6·7)에서 구할 수 있다. 여기에서 V는

6.2 지반의 상시미동측정과 해석

$$V = \frac{H}{\Sigma \frac{H_i}{V_i}} \quad (6 \cdot 8)$$

로 H_i : 각층두께 V_i : 각 층내의 탄성파 전파속도이다.

지진동을 관측하는 방법의 생각은 상시 미동을 측정하는 경우와 동일하다.

일본에서는 비교적 지진이 많으므로 지진계를 설치해서 당분간 관측을 계속해서 기록을 하면, 그것을 해석해서 지반의 특성에 대한 자료가 얻어진다. 단지 중소지진기록 속에서는 대지진일때 나타나는 특성이 현저하게 나타나지 않는 것이다.

이것은 지반의 진동이 지진의 대소에 의해 성상이 달라지므로 대지진에 대한 탁월주기를 사전에 안다는 것이 중요하므로 그 점에 관해서 특히 주의를 요한다.

6.2 地盤의 常時微動의 測定과 解析

지반의 상시미동측정은 지반의 증폭도 특성(진동 레스폰스)을 구하기 위해 실시된다. 그리고 얻어진 결과에 준해서 지하, 지상구조물의 내진설계를 위해 계산이 된다. 그 경우는 다시 지반 각층의 두께, 밀도 및 탄성파속도(V_p, V_s)의 데이터를 필요로 한다.

그림6.3은 탄성파속도 측정의 설명도로 지층지질주상도 N 값의 자료를 얻기 위해 만들어졌다. 시추공을 이용해서 각층의 탄성파속도를 측정한다. 이 경우, P파는 지중에 세워진 말뚝을 위에서 쳐서 발생시켜 다시 S파는 동그림처럼 800kg정도의 중량을 올려 놓은 두꺼운 판을 측면에서 친다. "설다듬법"으로 발생시킨다.

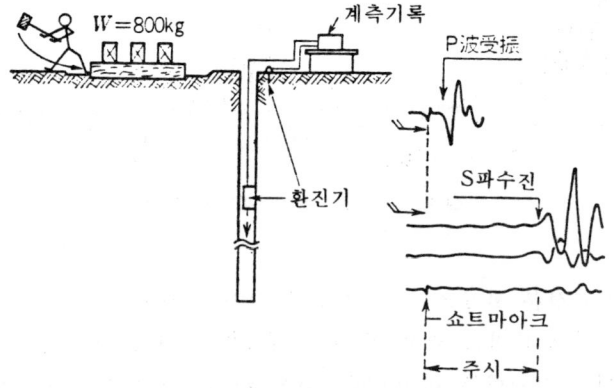

그림 6.3 P파, S파의 측정

그림 6.4는 상시미동의 설명도로서, 同圖에서는 地表, $-10m$, $-20m$, $-35m$의 4개소에서 동시에 측정하고 있는 이들의 진동은 데이터 레코더에 기록해서 Fourier 해석을 하기 위해 보존한다.

그림 6.5는 지반의 상시미동기록에서 구한 미동스펙트럼의 여러예이다.

160   제 6 장 지반의 진동해석

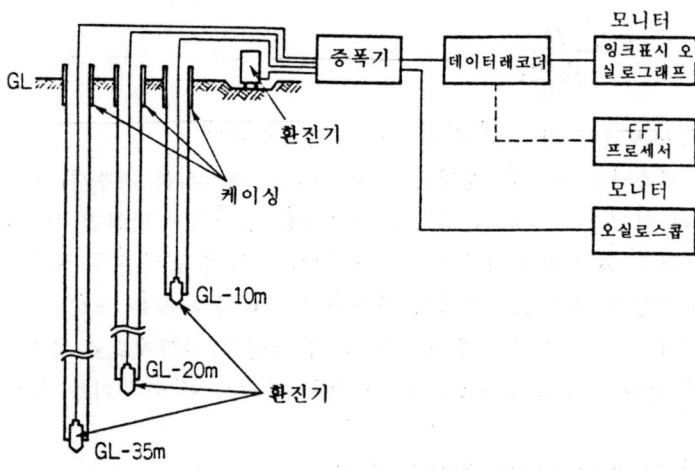

그림 6.4 상시미동의 측정

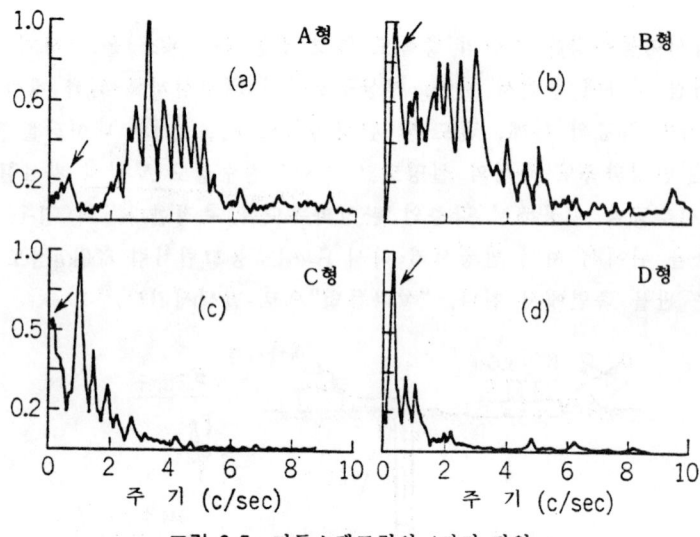

그림 6.5 미동스펙트럼의 4가지 타입

　이것을 보면 저주파성분(화살표)과 그것보다 약간 높은 주파수성분의 두가지가 나타 나있으며 이 양성분의 강도비는 측정지점에 의해 달라진다는 것을 알 수 있다.
　이 강도비에 의해 나카지마는 미동스펙트럼을 4개의 타입(A~D)으로 분류하는 것을 시도했다. A타입은 높은 주파수성분이 상당히 우세하지만, B에서 D타입으로 되어감에 따라서 높은 주파수성분은 거의 없어지고 저주파성분이 우세한 것으로 되어 있다.
　이와 같은 미동스펙트럼을 유기하는 기반입력으로서는 저주파성분에 대한 것과 높은 주파수성분에 대한 것을 가정하는 것이 좋을 것 같다고 생각된다.

6.2 지반의 상시미동측정과 해석

상기의 미동스펙트럼의 저주파성분에 대한 입력스펙트럼(Y_0)으로서는 나카지마는 경험적으로 다음의 로오레츠형의 스펙트럼을 생각했다.

$$Y_0 = \frac{a^2}{(f-f_0)+a^2} \tag{6·9}$$

그리고 여기서는 $f_0=0.25$, $a=0.05$로 하고있다.

또 고주파성분에 대한 것으로서는 다음의 함수형을 채택했다.

$$F(f) = \frac{2\pi \rho r_1}{kr_0} \left(\frac{e^{-kr_0 f}}{f} \right) \tag{6·10}$$

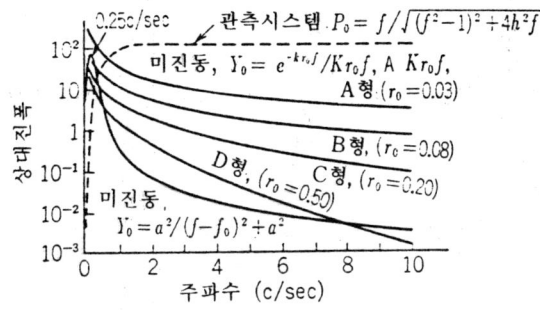

그림 6.6 기반에의 미동입력 스펙트럼

그리고 4가지의 타입은 γ_0의 값만을 바꾸는 일로 구분했다. γ_0는 측정점에서 가장 가까운 이동발생원까지의 거리라고 생각되는 상수이다. 더욱 위식 $F(f)$에 관해서는 문헌을 참조바란다.

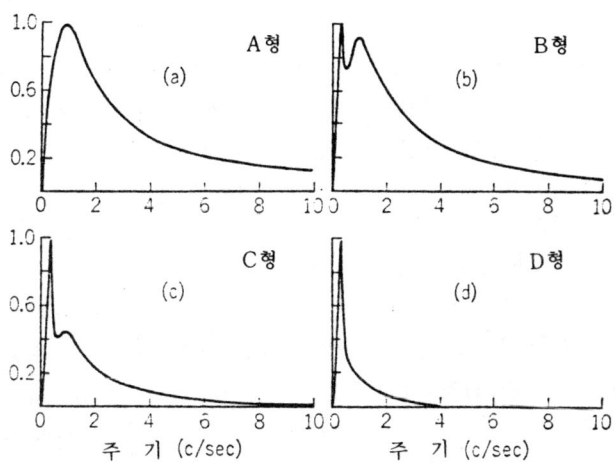

그림 6.7 기반으로 측정되어야 할 미동스펙트럼(A~D형)

그림 6.6은 저·고주파성분에 대한 각 기반입력 스펙트럼이다. 점선은 사용한 지진계의 주파수 특성이다.

그림 6.7은 저·고주파성분의 각 입력스펙트럼의 합에 지진계의 특성을 곱한 스펙트럼이며, 기반으로 측정되어야 할 미동스펙트럼을 타입별로 나타내고 있다.

그림 8.8은 실측과 이론스펙트럼 대비의 예이다. 同圖(a)는 실측스펙트럼, 同圖(b)는 이론스펙트럼이며 각각의 기반입력의 타입이 기술되어 있다. 同圖(c)는 상기에 의해 구해진 증폭도 특성이며, 숫자는 기반으로한 지층까지의 심도이다.

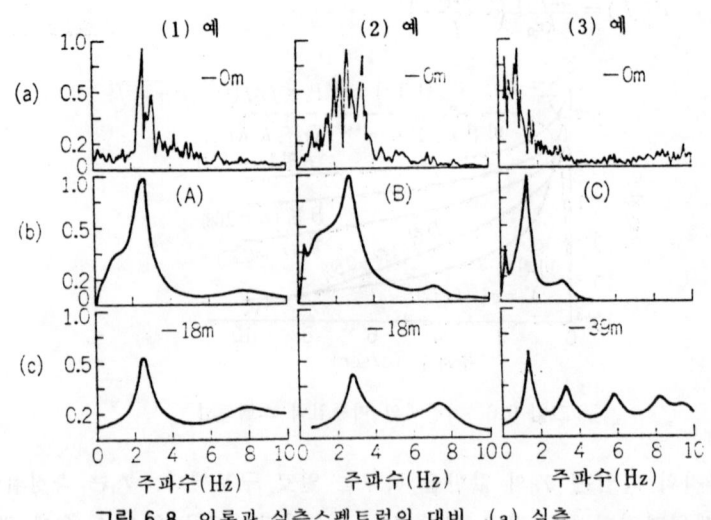

그림 6.8 이론과 실측스펙트럼의 대비, (a) 실측, (b) 이론, (c) 증폭도특성

더욱 증폭도 특성의 계산에 필요한 S파 속도를 나카지마는 고토오, 오오타의 실험식에 의하고 있다. 또, 이경우 시추 주상도에서 볼 수 있는 지층의 어디까지를 대상으로하여, 즉 어떤 지층을 기반으로 생각해서 증폭도 특성을 구할 것인지가 문제가 된다.

이 의문에 대해서는 지반의 미동스펙트럼을 구하고 타지방 지반의 깊이마다에 탄성파속도(V_s)를 구하고 또 N 값을 구한 보링 주상도를 그림으로써 V_s와 N 값의 대비에서 기반의 위치를 추정할 수 있다. 이 추정으로서 기반의 깊이를 심도로서 기반의이론스펙트럼을 구하고 그 실측된 스펙트럼과의 대비를 나타내는 경우는 그 추정기반을 실제의 미동기반으로서 지장이 없다는 것을 확인할 수 있는 것이다.

그림 6.9(e)는 어떤 지반의 깊이에 대한 가로파속도(V_s)와 N 값을 표시하는 주상도이며, 이 그림에서 기반은 34.5m와 52.5m 정도에 존재할 것이라는 것이 추정된다. 이 지반의 미동을 측정한 무렵, 同圖(a)에 나타내는 실측스펙트럼이 얻어진다. 여기서 12.5m, 34.5m 및 52.5m의 깊이를 각각 기반으로한 경우의 이론 스펙트럼을 구한바, 각각 동그림(b),(c),(d)를 얻고 있고, (c) 및 (d)가 실측스펙트럼 (a)과 잘 대응하고 있다는 것을 알 수 있다. 따라서 이 미동에 대해서는 깊이 34.5m 혹은 52.5m를 기반으로생각할 수 있으며, 이러한 것은 지반의 깊이에 대한 V_s 및 N 값을 구하는데도 일단 진동기반의

6.2 지반의 상시미동측정과 해석

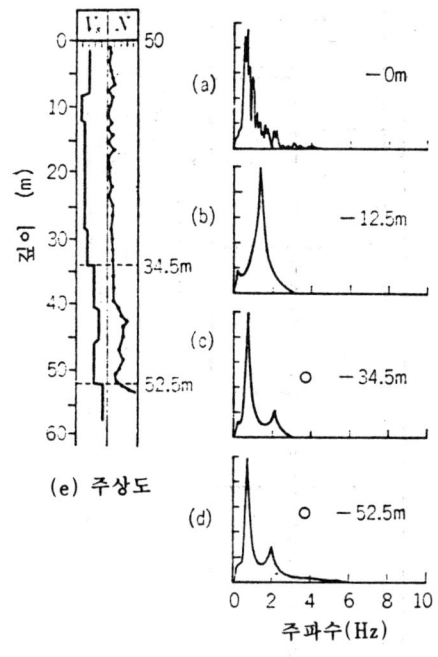

그림 6.9 V_s, N값 주상도와 실측 (a) 이론 스펙트럼(b,c,d)의 대비예

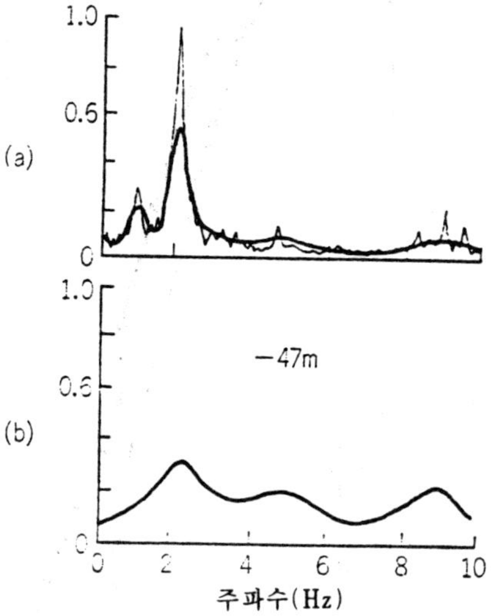

그림 6.10 증폭도 특성의 추정

깊이를 추정할 수 있다는 것을 나타내고 있다.

그림 6.10(a)는 실측스펙트럼과 여기에 준해서 추정할 수 있다는 증폭도 특성이며, 보기쉽게 하기 위해 평활화하고 있다. 동그림(b)은 기재되어 있는 심도를 기반으로 하여 계산에 의해 구한 증폭도 특성이다. 이 양자를 대비해 보면 양자의 槪形은 상당히 잘 대응해 있다는 것을 볼 수 있고, 양자의 최대증폭도를 주는 주파수는 잘 일치되었다.

그림 6.11은 다마지구에서 실시된 탄성파속도 측정 데이터의 한 예로 얻어진 주시곡선에서 각 지층의 탄성파속도가 구해지고 있다. 그림6.12는 각각 -5.6m, -13m, -28m, -42m 및 -45m 이하를 기반으로 간주해서 계산에서 구해진 지반의 진동특성이며, 5.4Hz와 9.5Hz에 탁월주기가 있다. 그림6.13은 상시 미동측정데이터로부터 각 측점의 Fourier Spectrum을 구한 것이다. 同圖에 의하면 지표의 스펙터(a)는 5.4Hz와 9.5Hz에 피크가 나타나 있으며 탄성파속도에 의한 계산결과의 주파수와 일치해 있다. 더욱 그림 6.13에서는 1Hz 이하에서도 큰 피크를 볼 수 있지만 GL-10m(동그림b)나(c), (d)에서는 그것이 현저하다. 그래서 5.4Hz나 9.5Hz의 비교적 단주기 일수록 지표에서 10m 정도의 깊이까지 지반의 진동에 의한 고유주기라는 것을 알 수 있다.

주* 일반적으로 진동파형은 여러가지 진동수의 파형을 포함하고 있다. 그래서 주어지는 진동파형으로 어떤 진동수의 것이 어느 정도의 진폭을 가지고 있는지 즉 응답이 큰가라는 것을 알기 위해 파형을 전산처리해서 해석하고 가로축에 진동수를 세로축에 가속도 파형이라든지 속도파형의 진폭을 잡아 그려진 그래프를 프리에스텍트럼이라 칭한다.

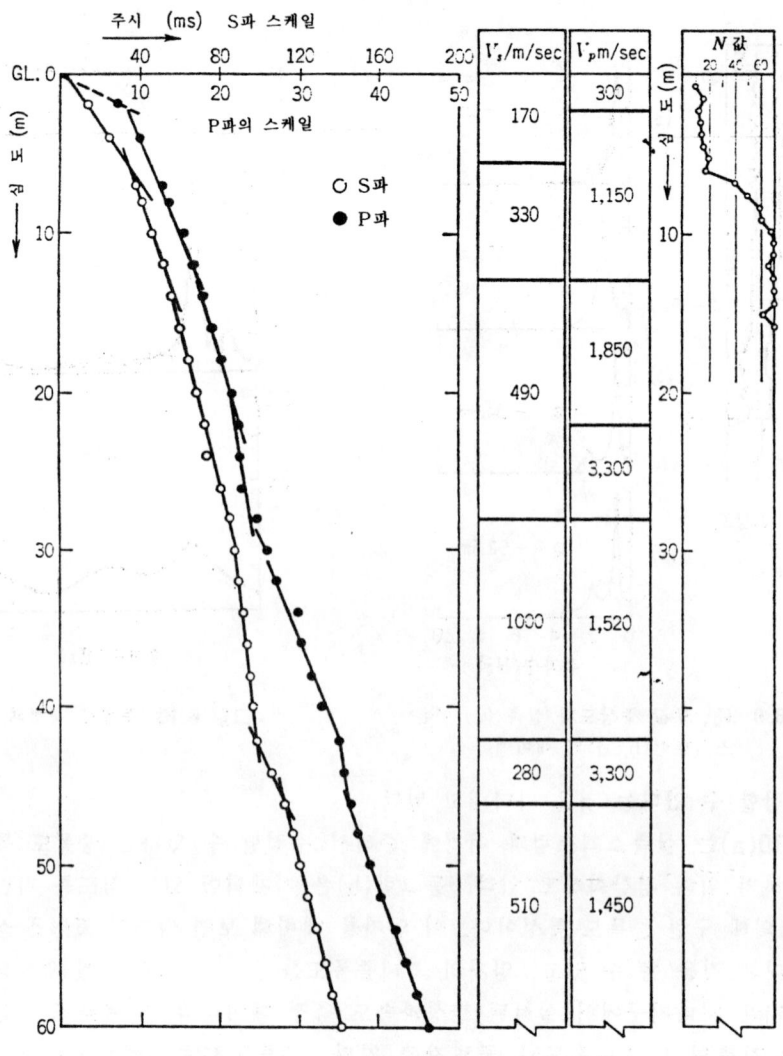

그림 6.11 P파, S파의 주시곡선과 속도, N값 주상도

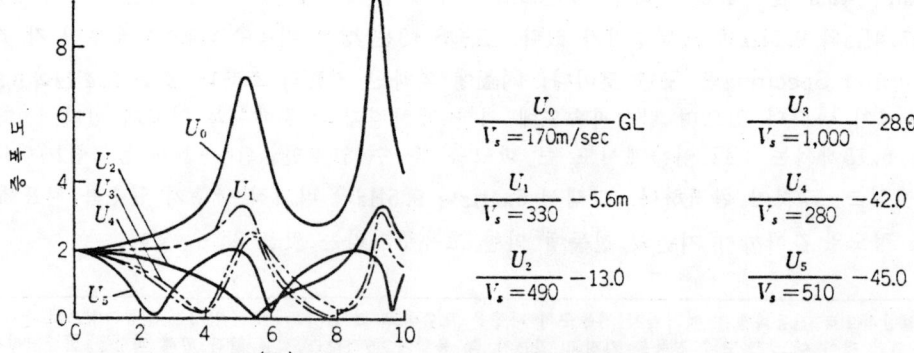

그림 6.12 지반의 진동주파수 특성계산 결과

6.2 지반의 상시미동측정과 해석

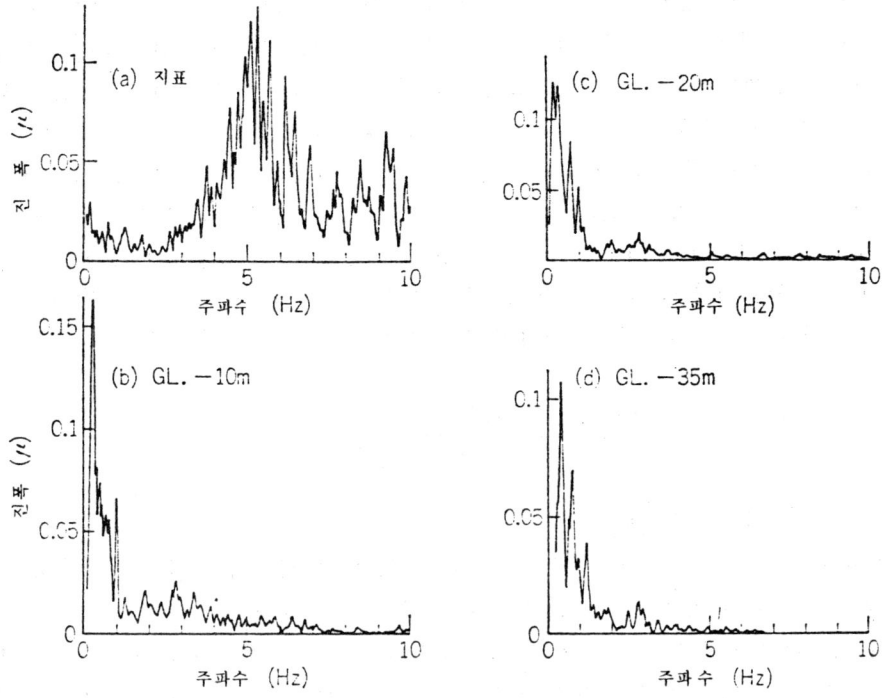

그림 6.13 지반의 Fourier Spectrum 스펙트럼

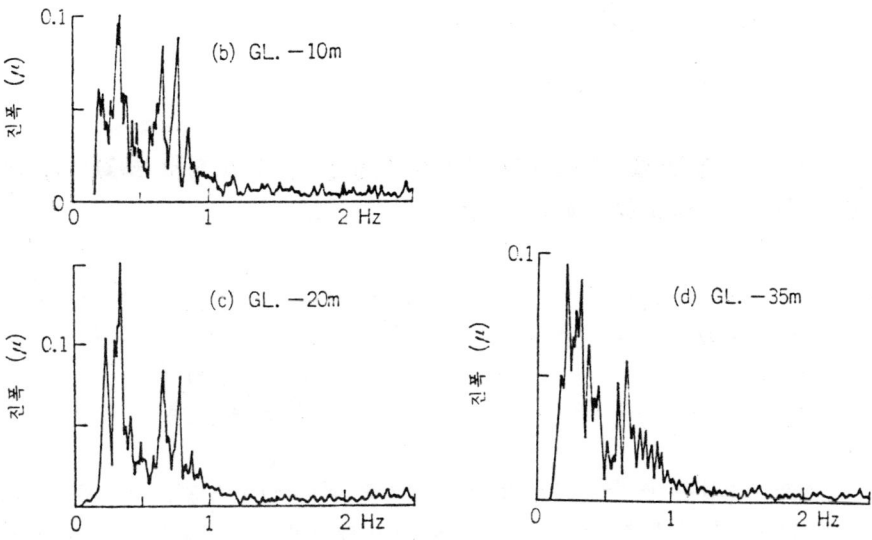

그림 6.14 낮은 주파수영역의 Fourier 스펙트럼

이와 같은 단주기의 진동은 높은 구조물에 대해서는 큰 응답을 일으키지 않는다.

높은 구조물에 대해서는 장주기의 진동이 문제가 되므로 DC~2.5Hz 사이의 주파수 진동에 대하여 상세하게 조사한 것이 그림 6.14의 Fourier Spectrum이다. 동그림에 의하면 (b), (c), (d) 어느것에도 주기 1.0~1.5sec, 3.5sec 및 4.3sec에 피크가 나타나고 있다. 이것을 東京에서 관측된 대지진진동에서 꼭 나타나는 주기를 나타내었다. 표층이 충적층(ρ_1, V_1)으로 그 밑이 기반(ρ_2, V_2)인 경우는 일반적으로 다중반사에 준하는 진동의 증폭작용이 있다고 하며, 기반의 진동성분 주기를 T, 지표면의 지진파형 성분의 주기를 T_G로 하면 지반의 진동증폭비 $G(T)$ [표층표면의 지진동 스펙터성분/기반에 대한 지진동스펙트럼 성분]은 가나이박사에 의하면 다음과 같이 나타난다.

$$G(T) = 1 + \cfrac{1}{\sqrt{\left[\frac{1+k}{1-k}\left\{1-\left(\frac{T}{T_G}\right)^2\right\}\right]^2 + \left(\frac{0.3}{\sqrt{T_G}} \cdot \frac{T_G}{T}\right)^2}}$$

$$\text{단, } k = \frac{\rho_1 V_1}{\rho_2 V_2} \tag{6·11}$$

경지반에 대한 지진파의 크기를 연지반과 비교해보면 변위에서는 전자는 후자보다 작지만 가속도는 단주기 영역에서는 전자의 것이 클 경우가 있다고 한다.

지진의 최대변위 진폭 (Acm)과 지진 마그니튜드(M) 및 진앙거리(Lkm)의 사이에서는 진원의 깊이 60km 이내의 지진에 대해서 坪井 박사에 의하면 다음의 관계가 성립된다.

$$\log_{10} A = M - 1.73 \log_{10} L - 3.17 \quad (L < 500 \text{km}) \tag{6·12}$$

또 최대변위 진폭을 주는 파동주기(T_m sec)는 지진의 마그니튜드(M)와 관계가 있으며 대략 다음의 관계식이 성립되었다고 한다.

$$\log_{10} T_m = -2.59 + 0.51 M$$

6.3 地盤의 物性값(層두께, 密度 및 橫波速度)에서 地盤의 振動特性(固在振動數)을 구하는 方法(多質点系의 振動)

그림 6.15는 어떤 지반의 물성값을 나타내고 있으며 S파 속도(V_s)는 속도검층에 의해, 또 각 층 두께(H) 및 밀도(단위체적중량 γ)는 보링에 의해 구해진다.

중력의 가속도를 $g = 980$cm/sec²로 하면, 각 층의 밀도(ρ)는 각각

$$\rho_1 = \gamma_1/g \fallingdotseq 0.001735 (\text{g·sec}^2/\text{cm}^4), \quad \rho_2 = \gamma_2/g \fallingdotseq 0.001633, \quad \rho_3 = \gamma_3/g \fallingdotseq 0.001582$$

를 얻는다.

지상 및 지하구조물의 파괴에 크게 영향을 미치는 파는 일반적으로 가로파(전단파, S파)로 되어 있다. 이것은 강진지동에 있어서 水平成分이 上下動成分의 진폭에 비해서 일반적으로 2~3m배는 크기 때문이다. 구조물의 지진에 의한 파괴도 전단파괴된 것과 관

6.3 지반물성값에서 지반의 진동특성을 구하는 방법

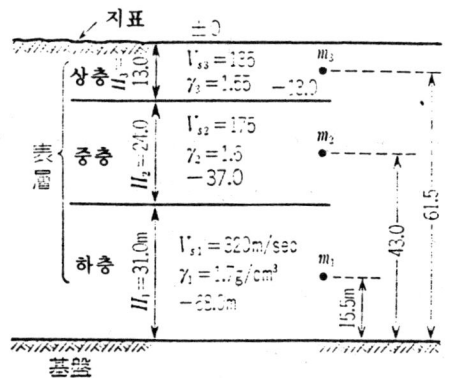

그림 6.15 지반구조와 그 질점계에의 모델화

찰되는 사례가 많기 때문이다.

각 지층의 전단탄성률, 즉 강성률(G)을 구하는데는 각 지층의 전단파속도(V_s)를 측정할 필요가 있다. 왜냐하면 주지한 바와 같이

$$V_s = \sqrt{G/\rho} \tag{6·14}$$

의 관계에 있기 때문이다.

여기에 ρ : 지층의 밀도(g·sec^2/cm^4)이다. 또 각 지층의 스프링상수(k)는 강성률(G)과 다음의 관계로 나타낼 수 있다고 한다.

$$k_i = G_i \times \frac{L_i}{H_i} \tag{6·15}$$

, 여기에 k_i : 제i층의 전단스프링상수, G_i : 제i층의 강성률, L_i : 제i층의 단면폭, H_i : 제i층의 두께이다.

그림 6.15로 m_i를 제i층의 질량으로 하고, m의 위치를 각 층의 중심에 두어 여기에 질량이 있는 것으로 가정하면, 기반에서 각 질점 m까지의 높이로 정해지고 질점계 모델이 만들어진다.

다시 그림 6.15와 같은 질점계를 생각하면 이 운동방정식은 식(6·1)의 표현에 있어서 일반적으로 다음 식으로 표시할 수 있다.

$$m_i(\ddot{x}_G + \ddot{x}_i) + c_i(\dot{x}_i - \dot{x}_{i-1}) - c_{i+1}(\dot{x}_{i+1} - \dot{x}_i) + k_i(x_i - x_{i-1}) - k_{i+1}(x_{i+1} - x_i) = 0 \tag{6·16}$$

여기에 c_i : 제i층의 점성계수, k_i : 제i층의 스프링상수, x_i : i층의 수평변위 x_G : 지진동에 의한 기반의 수평변위이다.

위식을 그림의 3질점계에 적응시켜 그림과 같이 밑에서 m_1, m_2, m_3라는 질점을 생각하면 위식은 다음과 같이 곱한다.

$$\begin{aligned} m_1\ddot{x}_1 + c_1\dot{x}_1 \quad -c_2(\dot{x}_2-\dot{x}_1) + k_1 x_1 \quad -k_2(x_2-x_1) &= -m_1\ddot{x}_G \\ m_2\ddot{x}_2 + c_2(\dot{x}_2-\dot{x}_1) - c_1(\dot{x}_3-\dot{x}_2) + k_2(x_2-x_1) - k_3(x_3-x_2) &= -m_2\ddot{x}_G \end{aligned} \tag{6·17}$$

$$m_3\ddot{x}_3+c_3(\dot{x}_3-\dot{x}_2) \qquad +k_3(x_3-x_2) \qquad =-m_3\ddot{x}_G$$

위식을 변형해서

$$m_1\ddot{x}_1 \quad +(c_1+c_2)\dot{x}_1-c_2\dot{x}_2 \quad +(k_1+k_2)x_1-k_2x_2=-m_1\ddot{x}_G$$
$$m_2\ddot{x}_2-c_2\dot{x}_1+(c_2+c_3)\dot{x}_2-c_3\dot{x}_3-k_2x_1+(k_2+k_3)x_2-k_3x_3=-m_2\ddot{x}_G \qquad (6 \cdot 18)$$
$$m_3\ddot{x}_3-c_3\dot{x}_2+c_3\dot{x}_3 \qquad -k_3x_2+k_3x_3 \qquad =-m_3\ddot{x}_G$$

식(6·18)의 각 식을 각각 m_1, m_2, m_3로 나눈다.

$$\ddot{x}_1 \quad +\frac{c_1+c_2}{m_1}\dot{x}_1-\frac{c_2}{m_1}\dot{x}_2 \quad +\frac{k_1+k_2}{m_1}x_1-\frac{k_2}{m_1}x_2=-\ddot{x}_G$$
$$\ddot{x}_2-\frac{c_2}{m_2}\dot{x}_1+\frac{c_2+c_3}{m_2}\dot{x}_2-\frac{c_3}{m_2}\dot{x}_3-\frac{k_2}{m_2}x_1+\frac{k_2+k_3}{m_2}x_2-\frac{k_3}{m_2}x_3=-\ddot{x}_G \qquad (6 \cdot 19)$$
$$\ddot{x}_3=\frac{c_3}{m_3}\dot{x}_2+\frac{c_3}{m_3}\dot{x}_3 \qquad -\frac{k_3}{m_3}x_2+\frac{k_3}{m_3}x_3 \qquad =-\ddot{x}_G$$

위식을 매트릭스형식으로 나타내면

$$\begin{pmatrix}\ddot{x}_1\\\ddot{x}_2\\\ddot{x}_3\end{pmatrix}+\begin{pmatrix}\frac{c_1+c_2}{m_1}&-\frac{c_2}{m_1}&0\\-\frac{c_2}{m_2}&\frac{c_2+c_3}{m_2}&-\frac{c_3}{m_2}\\0&-\frac{c_3}{m_3}&\frac{c_3}{m_3}\end{pmatrix}\begin{pmatrix}\dot{x}_1\\\dot{x}_2\\\dot{x}_3\end{pmatrix}+\begin{pmatrix}\frac{k_1+k_2}{m_1}&-\frac{k_2}{m_1}&0\\-\frac{k_2}{m_2}&\frac{k_2+k_3}{m_2}&-\frac{k_3}{m_2}\\0&-\frac{k_3}{m_3}&\frac{k_3}{m_3}\end{pmatrix}\begin{pmatrix}x_1\\x_2\\x_3\end{pmatrix}=[-\ddot{x}_G] \qquad (6\cdot20)$$

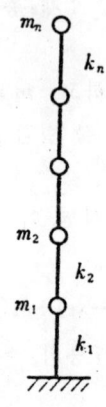

k : 층강성

그림 6.16 지층모델

감쇠항은 고유진동수에서는 크게 영향을 미치지않고 조금은 고유진동을 구하는 일이 목적이므로 계산을 간소화하기 위해 감쇠항을 제외 또한 지층을 **그림 6.16**과 같은 지층

6.3 지반물성값에서 지반의 진동특성을 구하는 방법

으로 되는 계와 일반화해서 생각하면, 식(6·20)에 대응하는 일반식은 다음과 같이곱한다.

$$
\begin{aligned}
&m_1\ddot{x}_1 + (k_1+k_2)x_1 - k_2 x_2 = -m_1 \ddot{x}_G \\
&m_2\ddot{x}_2 - k_2 x_1 + (k_2+k_3)x_2 - k_3 x_3 = -m_2 \ddot{x}_G \\
&m_3\ddot{x}_3 \quad\quad -k_3 x_2 + (k_3+k_4)x_3 - k_4 x_4 = -m_3 \ddot{x}_G \\
&\cdots\cdots \\
&\cdots\cdots \\
&m_n\ddot{x}_n \quad\quad\quad -k_n x_{n-1} + k_n x_n = -m_n \ddot{x}_G
\end{aligned}
\tag{6·21}
$$

즉

$$[m]\{\ddot{x}\} + [k]\{x\} = -[m]\{\ddot{x}_G\} \tag{6·22}$$

로 곱한다. 여기에 $[k]$는 강성 매트릭스로 일컫는다. 스프링상수(k)는 이 경우 층강성이라해도 무방할 것이다.

단,

$$
[k] = \begin{pmatrix}
k_1+k_2 & -k_2 & & & \\
-k_2 & k_2+k_3 & -k_3 & & \\
& -k_3 & k_3+k_4 & -k_4 & \\
& & \ddots & \ddots & \\
& & & -k_n & k_n
\end{pmatrix}
$$

그림 6.17(a)에 나타낸 바와 같이 각 층에 작용하는 전단력 Q_i는 각층(각질점)에 작용하는 관성력 $-m_i\ddot{x}_i$에서 다음과 같이 된다.

$$Q_i = -\sum_{i}^{n} m_i \ddot{X}_i \tag{6·23}$$

또 같은 그림(b)에 나타낸 바와같이 층전단력 Q_i는 층강성 k_i와 층간변위 $\delta_i = (x_i - x_{i-1})$로 다음과 같이 나타낸다.

$$k_i = \frac{Q_i}{\delta_i} \quad \text{혹은}, \quad Q_i = k_i(x_i - x_{i-1}) \tag{6·24}$$

따라서 다시 층전단력계수 c_i는

$$c_i = \frac{Q_i}{\sum_{i}^{n} W_i} = \frac{-\sum_{i}^{n} m_i \ddot{X}_i}{\sum_{i}^{n} W_i}$$

단, W_i : 각층(각 질점)의 중량

최하층에 있어서의 층전단계수, 즉 베이스셔 계수 c_B 는

$$c_B = \frac{Q_i}{\sum_{i=1}^{n} W_i} = \frac{-\sum_{i=1}^{n} m_i \ddot{X}'_i}{\sum_{i=1}^{n} W_i} \tag{6·25}$$

로 나타낸다.

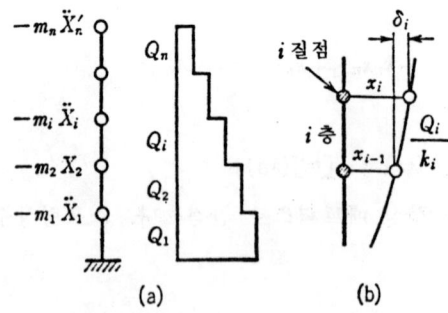

그림 6.17 층전단력

자유진동(비감쇠)의 경우는 식(6·21)(6·22)에 있어서 지동에 의한 관성력을 0으로 하면 구해진다.

$$[m]\{\ddot{x}\} + [k]\{x\} = \{0\} \tag{6·26}$$

식(6·26)의 풀이를

$$\left.\begin{array}{l} x_1 = u_1 e^{i\omega t} \\ x_2 = u_2 e^{i\omega t} \\ \cdots\cdots\cdots\cdots \\ x_n = u_n e^{i\omega t} \end{array}\right\} \quad 즉, \quad \{x\} = \{u\} e^{i\omega t} \tag{6·27}$$

로 한다. 이와 같은 것은 위식을

$$x_1 = A_1 (\cos\omega t + \phi)$$
$$x_2 = A_2 (\cos\omega t + \phi)$$
$$\cdots\cdots$$
$$x_n = A_n (\cos\omega t + \phi)$$

로 한것과 같다.

식(6·27)을 식(6·26)에 대입하면 다음과 같은 연립방정식이 된다.

$$\left(\frac{k_1 + k_2}{m_1} - \omega^2\right) u_1 + \left(\frac{-k_2}{m_1}\right) u_2 \qquad\qquad = 0$$

6.3 지반물성값에서 지반의 진동특성을 구하는 방법

$$\left(\frac{-k_2}{m_2}\right)u_1+\left(\frac{k_2+k_3}{m_2}-\omega^2\right)u_2+\left(\frac{-k_3}{m_2}\right)u_3 = 0$$

$$\left(\frac{-k_3}{m_3}\right)u_2+\left(\frac{k_3+k_4}{m_3}-\omega^2\right)u_3+\left(\frac{-k_4}{m_3}\right)u_4 = 0 \quad (6\cdot 28)$$

$$\cdots\cdots \qquad \cdots\cdots$$
$$\cdots\cdots \qquad \cdots\cdots$$

$$\left(\frac{-k_{n-1}}{m_{n-1}}\right)u_{n-2}+\left(\frac{k_{n-1}+k_n}{m_{n-1}}-\omega^2\right)u_{n-1}+\left(\frac{-k_n}{m_{n-1}}\right)u_n = 0$$

$$\left(\frac{-k_n}{m_n}\right)u_{n-1}+\left(\frac{k_n}{m_n}-\omega^2\right)u_n = 0$$

즉

$$\left[\frac{k}{m}\right]\{u\}-\omega^2\{u\}=\{0\} \quad (6\cdot 29)$$

일반적으로 매트릭스 $[A]$에 있어서

$$[A]\{x_s\}=\lambda_s\{x_s\}$$

를 만족하는 예 벡터 $|x_s|$가 존재할 때, λ_s를 $[A]$의 고유값 $|x_s|$는 고유값 λ_s에 적응하는 고유벡터 또는 모오드벡터로 일컬어진다.

식(6·28) 즉 (6·29)에서 ω^2와 여기에 적응하는 $|u|$를 구하는 일은 $[A]=[m]^{-1}[k]$의 고유값과 여기에 대한 고유벡터를 구하는데 불과하다.

식(6·28)으로 u가 0이 아닌 풀이를 하는데는 그 계수로 만들어지는 행렬식이 0이 되어야 한다. 따라서,

$$\begin{vmatrix} \frac{k_1+k_2}{m_1}-\omega^2 & \frac{-k}{m_1} & & & & \\ \frac{-k_2}{m_2} & \frac{k_2+k_3}{m_2}-\omega^2 & \frac{-k_3}{m_2} & & & \\ & \frac{-k_3}{m_3} & \frac{k_3+k_4}{m_3}-\omega^2 & \frac{-k_4}{m_3} & & \\ & & & \frac{-k_{n-1}}{m_{n-1}} & \frac{k_{n-1}+k_n}{m_{n-1}}-\omega^2 & \frac{-k_n}{m_{n-1}} \\ & & & & \frac{-k_n}{m_n} & \frac{k_n}{m_n}-\omega^2 \end{vmatrix} = 0 \quad (6\cdot 30)$$

여기에서 ω^2에 관한 대수방정식이 얻어진다 이 방정식은 고유방정식, 혹은 진동수방정식으로 불리워진다.

식(6·30)을 풀면 고유값 즉 w^2가 n개 구해진다. 여기에서 각각 n개의 $+w$와 $-w$가 구해지나 負根은 뜻이 없으므로 正根만을 채택한다. 이것을 고유원 진동수라 일컫는다.

고유원진동수는 진동계의 자유도, 즉 독립된 변위성분만 존재한다.

얻어진 n개의 고유원진동수 $w_1, w_2 \cdots\cdots, w_n$ 각각을 식(6·28)으로 대입한다거나 고유벡터(u)가 구해진다. u는 식(6·27)이 나타낸 바와 같이 각 질점의 변위(진폭)가 있다. $u_1, u_2 \cdots\cdots, u_n$의 절대값이 아니고, 비가 구해지는 것이다.

이것은 고유원진동수 $w_1, w_2 \cdots\cdots, w_n$ 각각으로 진동할 때의 각 층 진폭비가 항상 일정해진다는 것을 의미하고 있다.

각 층의 진폭비 대신에 어떤 층의 진폭에 정수를 주어 진폭분포로서 표시할 때, 이것을 고유진동형 혹은 기준진동형으로 일컫는다. 그리고 w_1에 대한 것은 1차진동의 진동형, w_2에 대한 것은 2차 진동의 진동형으로 일컬어진다.

진동형을 그릴 때는 최하층의 값을 1로 할 때가 많다. 또 $\sum_{i=1}^{n} m u_i^2 = 1 (i = 층\ 위치)$이 되도록 그릴 때도 있다. 이것을 고유벡터의 정규화라 한다.

1차 진동에서는 각 층이 같은 방향으로 진동하지만, 2차 이상에서는 역향으로 진동하는 층이 나타난다. 1차 진동에서는 부동점 즉 절이 없고 2차 진동이 되면 절이 하나 3차 진동이 되면 2개가 나타난다는 것을 예로서는 그림 6.25에 표시한 것과 같다.

수치계산예 :

이상의 과정을 예제에 의해 수치계산하면 다음과 같이 된다.

식(6·14)에서

$$G_1 = \rho_1 V^2{}_{s1} = 0.001735(g \cdot sec^2/cm^4) \times 3,200^2 (cm^2/sec)$$
$$= 1,776,640(g/cm^2) \doteq 1,780(kg/cm^2)$$
$$G_2 = \rho_2 V^2{}_{s2} = 0.001633 \times 17,500^2 \doteq 500,106 \doteq 500$$
$$G_3 = \rho_3 V^2{}_{s3} = 0.001582 \times 13,500^2 \doteq 288,320 \doteq 290$$

(a)

위식의 값을 식(6·15)에 대입하고, 단위 폭 1m의 주상체에 대한 스프링상수를 구하는일

$$k_1 = G_1 \times \frac{L_1}{H_1} = \frac{1.780 \times 1}{31.0} \doteq 57.42 (kg/cm^2)$$

$$k_2 = G_2 \times \frac{L_2}{H_2} = \frac{500 \times 1}{24.0} \doteq 20.83$$

$$k_3 = G_3 \times \frac{L_3}{H_3} = \frac{290 \times 1}{13.0} \doteq 22.31$$

또 각 질점의 질량은

$$m_1 = \frac{W_1}{g_1} = \frac{\gamma_1 \cdot V_1}{980} = \frac{1.7 \times 100 \times 3,100}{980} \doteq 537.76 \doteq 0.5378 (kg \cdot sec^2/cm)$$

6.3 지반물성값에서 지반의 진동특성을 구하는 방법

$$m_2 = \frac{W_2}{g} = \frac{\gamma_2 \cdot V_2}{980} = \frac{1.6 \times 100 \times 2,400}{980} \risingdotseq 391.84 \risingdotseq 0.3918$$

$$m_3 = \frac{W_3}{g} = \frac{\gamma_3 \cdot V_3}{980} = \frac{1.55 \times 100 \times 1,300}{980} \risingdotseq 205.61 \risingdotseq 0.2056$$

이들의 값에서 식(6·22)의 매트릭스내의 기초수치를 구하면, 다음의 자유 운동 방정식을 얻는다.

$$\begin{pmatrix} \ddot{x}_1 \\ \ddot{x}_2 \\ \ddot{x}_3 \end{pmatrix} + \begin{pmatrix} 145.5 & -38.7 & 0 \\ -53.2 & 110.1 & -56.9 \\ 0 & -108.5 & 108.5 \end{pmatrix} \begin{pmatrix} x_1 \\ x_2 \\ x_3 \end{pmatrix} = 0 \qquad (b)$$

위식은

$$[\ddot{x}] = -[A][x] \qquad (c)$$

로 표시된다.

여기에

$$[A] = \begin{pmatrix} 145.5 & -38.7 & 0 \\ -53.2 & 110.1 & -56.9 \\ 0 & -108.5 & 108.5 \end{pmatrix}$$

이다.

여기서 식(6·30)에 대응하는 정방행열 A의 고유방정식은 $w^2 = \lambda$로 하면 다음과 같이 된다.

$$D(\lambda) = \begin{vmatrix} 145.5-\lambda & -38.7 & 0 \\ -53.2 & 110.1-\lambda & -56.9 \\ 0 & -108.5 & 108.5-\lambda \end{vmatrix} = 0 \qquad (d)$$

위식을 전개하면

$$(144.5-\lambda)(110.1-\lambda)(108.5-\lambda) - (145.5-\lambda) \cdot 56.9 \times$$
$$108.5 - (108.5-\lambda) \cdot 38.7 \times 53.2 = 0$$

따라서 $\quad \lambda^3 - 364.1\lambda^2 + 35,519.66\lambda - 616,470.96 = 0$

계수를 조금 정리해서 $\qquad (e)$

$$\lambda^3 - 364\lambda^2 + 35,520\lambda - 616,470 = 0$$

위식은 λ에 관한 3차방정식이므로 3개의 근을 가지고 있다. 이 근을 구하기 위해 다음과 같은 기법을 택한다. 위식의 좌변을 $p(\lambda)$로 하고 λ에 적당한 수치를 대입해서 그 λ 값에대응하는 p 값을 구한다. λ는 예를 들면 0, 20, 25, 50, 100, ……등으로 한다. 그리고 p 값을 세로축에 λ를 가로축에 잡아 p와 λ의 관계 그래프를 그린다. 그렇게하면 식(e)를 만족할 수 있는 λ값은 p가 부호를 변화시키는 부분에 있기 때문에 λ값이 취하는 범위는 판명되고, 또 λ의 값을 다시 세밀하게 적응시킴으로써 λ의 근사치 정도를 높일 수가 있다.

λ의 3가지 근사치 λ_1, λ_2 및 λ_3이 구해지면 $\lambda=w^2$이므로 w_1, w_2 및 w_3의 근사치가 구해지고 또 $T=2\pi/w(\sec)$의 관계에서 T_1, T_2 및 T_3이 또 $f=1/T(\mathrm{Hz})$의 관계에서 진동수 f_1, f_2 및 f_3를 구할 수 있다.

이상으로 고유원진동수(w_1, w_2, w_3)가 구해졌기 때문에 다음 고유진동형(기준 진동형)을 그린다. 그러므로 上記의 원진동수(w_n, n : 진동차수)를 식(6·25)에 대입하여 각 진동차수에 대응하는 각 층의 변위(u_1, u_2, u_3)를 구한다. 즉 식(6·28)에 w_1을 대입하면 1차진동에 대응하는 각 층의 변위(u_{11}, u_{21}, u_{31})가 구해지고 동식에 w_2를 대입하면 2차진동에 대응하는 각 층의 변위(u_{12}, u_{22}, u_{32})가 구해지며 동시에 w_3의 대입에 의해 3차진동에 대응하는 각 층의 변위(u_{13}, u_{23}, u_{33})가 구해지도록 되어 있지만, 이들의 값 u_{in} (i : 층, n : 진동수)는 각 진동차수에 대한 진폭의 비율을 주고 있으므로 이러한 예를 최하층의 진동진폭을 $u_{11}=1, u_{12}=1, u_{13}=1$로 하여 $u_{21}, u_{31} : u_{22} u_{32} : u_{23} u_{33}$을 구한다. 그리고 이들의 값을 각 질점의 진폭으로서 진동형을 그리면 각 진동차수에 대응하는 고유진동형이 그려진다.

6.4 地震動에 對한 構造物의 應答

지반진동범위에서 약간 벗어나고 있지만 여기서 구조물의 지진동에 대한 응답의 지식

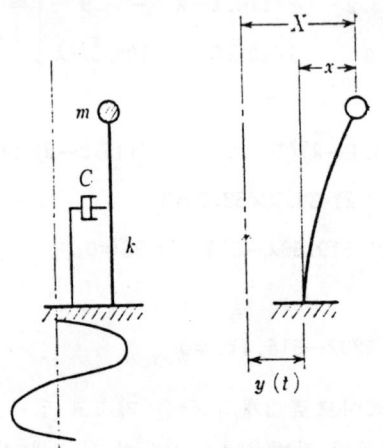

그림 6.18 1질점 점성계 물체의 지진동에 의한 강제진동

6.4 지진동에 대한 구조물의 응답

을 얻어준다.

발밑 지반이 가속도 $y(t)$를 가지고 움직이는 경우 그 지면상에 구축된 구조물을 1질점 점성계 물체로 간주할 수 있다고 하면 그 질점계의 운동방정식은 식(6·1)과 같으며

혹은
$$m(\ddot{x}+\ddot{y})+c\dot{x}+kx=0 \qquad (6\cdot31)$$
$$m\ddot{x}+c\dot{x}+kx=-m\ddot{y} \qquad (6\cdot32)$$

로 나타낼 수 있다. 여기에서 $\ddot{y}(t)$는 그림 6.18에서와 같이 지진동의 가속도로 위식은 지진동을 받을 때의 질점계의 운동방정식이며 식(6·32)의 우변 $-m\ddot{y}$가 지진동에 의한 관성력이다. 식(6·31)은

$$\ddot{x}+\ddot{y}=-2h\omega\dot{x}-\omega^2 x \qquad (6\cdot33)$$

로 곱한다. 단 $2h\omega=c/m$, $\omega^2=k/m$ 으로 h는 감쇠상수이다. 위식에서 일반적으로는 $h \ll 1$이라는 것을 고려해서 시각 $t=\tau$에 있어서의 각각의 응답값을 구하면 결국 아래식과 같이 된다. 즉 1질점 점성감쇠계의 지진동에 대한 변위응답은,

$$x(t)=-\frac{1}{\omega}\int_0^t \ddot{y}(\tau)e^{-h\omega(t-\tau)}\sin\omega(t-\tau)d\tau$$

상대속도응답은

$$\dot{x}(t)=-\int_0^t \ddot{y}(\tau)e^{-h\omega(t-\tau)}\left[\cos\omega(t-\tau)-\frac{h}{\sqrt{1-h^2}}\sin\omega(t-\tau)\right]d\tau$$

또 상대 가속도는 $x(t)$를 t로 2번 미분함으로써 구해지나 공학적 의미가 있는 것은 절대가속도이다. 절대가속도(α)는 $\alpha=\ddot{x}(t)+\ddot{y}(t)$이므로 (6·30) 절대 가속도응답은

$$\ddot{x}(t)+\ddot{y}(t)=\omega\int_0^t \ddot{y}(\tau)e^{-h\omega(t-\tau)}\left[\left(1-\frac{h^2}{1-h^2}\right)\sin\omega(t-\tau)+\frac{2h}{\sqrt{1-h^2}}\cos\omega(t-\tau)\right]d\tau$$

이다. 이들의 식에서는 $w, h, \ddot{x}, \ddot{y}, t, \tau$ 6가지의 변수 혹은 함수가 포함되어 있다. 이 가운데 τ는 매개변수이며, 적분하면 없어지므로 직접결과에서는 관계가 있다. 그래서 결국 1질점계의 응답은 $w, h, \ddot{y}, t$에 의해 지배된다. 1질점계가 구조물을 나타낸다고 하면, 그 응답은 구조물의 특성 즉 고유진동수 w(혹은 고유주기 T라고 해도 무방하다)와 감쇠상수 h, 및 입력지진동 즉 지동의 가속도 시각역 $\ddot{y}(t)$에 의해 결정되고 그것이 시간 t에 의해 시시각각 변화한다. 또 기반이 가속도 $\ddot{y}(t)$를 갖고 움직이는 경우 그 기반위에 성층된 지반(표토층)을 1질점계 점성물체로 볼 수 있는 경우에도 상기의 제식은 성립된다고 생각할 수 있다.

6.4.1 應答의 數値計算

지동가속도 $\ddot{y}(t)$의 시각역이 주어질때 1질점계의 시각역을 실제로 계산하는데는 합적

계산법, Fourier에 변환법 및 직접적분법이며 이들 3가지의 방법에 의한 전산처리시간을 비교하면 직접적분법(선형가속도법)이 가장 단시간이며, 다음에 Fourier 변환법이고, 합적계산법은 가장 긴 시간을 요한다고 한다. 그래서 이하에서는 직접 적분법에 대해서 기술해둔다.

1질점계의 운동을 지배하는 미분방정식은 식(6·32)에 기술한 바와 같이,

$$\ddot{x} + 2h\omega\dot{x} + \omega^2 x = -\ddot{y} \tag{6·35}$$

로 주어진다. 이것을 주어진 지동가속도 $\ddot{y}(t)$에 대하여 직접으로 수치적분법에 의해 풀고 응답의 수치풀이를 구하는 것이 직접 적분법이다. 직접적분법 가운데서도 가장 간단한 선형 가속도법에서는 다음과 같은 기법에 의한다.

시각 t에 있어서의 지동가속도를 $\ddot{y}_t$, 지동속도를 $\dot{y}_t$, 변위를 y_t로 한다.

또 시각 $t + \Delta t$에 있어서의 지동가속도를 $\ddot{y}_t + \Delta t$ 지동속도를 $\dot{y}_t + \Delta t$, 변위를 $y_t + \Delta t$로 한다. 그래서 테일러전개를 하면

$$\ddot{y}_{t+\Delta t} = \ddot{y}_t + \dddot{y}_t(\Delta t) + \frac{1}{2}\ddddot{y}_t(\Delta t)^2 + \cdots\cdots$$

$$y_{t+\Delta t} = y_t + \dot{y}_t(\Delta t) + \frac{1}{2}\ddot{y}_t(\Delta t)^2 + \frac{1}{6}\dddot{y}_t(\Delta t)^3 + \cdots\cdots \tag{6·36}$$

그러나 시간 Δt 사이에서 가속도가 직선적으로 변화한다고 하면

$$\dddot{y}_t = \frac{\ddot{y}_{t+\Delta t} - \ddot{y}_t}{\Delta t}$$

4차 이상의 미계수는 전부 0이 된다. 그러므로 식(6·36)은

$$\dot{y}_{t+\Delta t} = \dot{y}_t + \frac{(\Delta t)}{2}\ddot{y}_t + \frac{(\Delta t)}{2}\ddot{y}_{t+\Delta t}$$

$$y_{t+\Delta t} = y_t + (\Delta t)\dot{y}_t + \frac{(\Delta t)^2}{3}\cdot\ddot{y}_t + \frac{(\Delta t)^2}{6}\cdot\ddot{y}_{t+\Delta t} \tag{6·37}$$

가 된다. 즉, 시각 t에 있어서의 상태가 알려져 있다면, 시각 $t + \Delta t$에 있어서의 상태가 다음에 정해진다. 이들에 의해 지동의 가속도가 주어지면 지동의 속도 및 변위시각역이 구해진다는 것을 알 수 있다.

다음으로 $(t + \Delta t)$ 시각에 대한 절점계의 운동방정식(6·35) 즉

$$\ddot{x}_{t+\Delta t} + 2h\omega\dot{x}_{t+\Delta t} + \omega^2 x_{t+\Delta t} = -\ddot{y}_{t+\Delta t} \tag{6·38}$$

로 질점의 상대가속도 $\ddot{x}$에 대해서도 역시 식(6·37)과 같은 식이 얻어지므로 결국

$$\ddot{x}_{t+\Delta t} = -\frac{1}{R}(\ddot{y}_{t+\Delta t} + 2h\omega E_t + \omega^2 F_t)$$

$$\dot{x}_{t+\Delta t} = E_t + \frac{(\Delta t)}{2}\ddot{x}_{t+\Delta t}, \quad E_t = \dot{x}_t + \frac{(\Delta t)}{2}\ddot{x}_t$$

$$\tag{3·39}$$

$$x_{t+\Delta t} = F_t + \frac{(\Delta t)^2}{6}\ddot{x}_{t+\Delta t}, \qquad F_t = x_t + (\Delta t)\dot{x}_t + \frac{(\Delta t)^2}{3}\ddot{x}_t$$

$$R = 1 + 2h\omega\frac{(\Delta t)}{2} + \omega^2\frac{(\Delta t)^2}{6}$$

가 되고, 주어진 지동가속도에 대한 질점의 가속도응답, 속도응답, 변위응답이 즉시 수치적으로 구해진다.

더욱 식(6·37)의 즉시해법을 할 경우의 초기값은

$$\dot{y}_{t=0} = \ddot{y}_{t=0}\cdot\Delta t, \quad y_{t=0} = \frac{1}{2}\ddot{y}_{t=0}(\Delta t)^2 \doteqdot 0 \tag{6·40}$$

이다. 또 식(6·39)의 경우는

$$x_{t=0} = 0, \quad \dot{x}_{t=0} = -\ddot{y}_{t=0}\cdot\Delta t, \quad (\ddot{x}+\ddot{y})_{t=0} = 2h\omega\ddot{y}_{t=0}\cdot\Delta t \tag{6·41}$$

이다.

6.4.2 地震應答 스펙터

지금 지진중에 1질점계가 받는 최대상대속도, 최대절대속도를 각각 S_d, S_v 및 S_a로 하면 식(6·34)에서

$$\begin{aligned}
S_d &= \frac{1}{\omega}\left|\int_0^t \ddot{y}(\tau)e^{-h\omega(t-\tau)}\cdot\sin\omega(t-\tau)d\tau\right|_{max} \\
S_v &= \left|\int_0^t \ddot{y}(\tau)e^{-h\omega(t-\tau)}\left[\cos\omega(t-\tau) - \frac{h}{\sqrt{1-h^2}}\sin\omega(t-\tau)\right]d\tau\right|_{max} \\
S_a &= \omega\left|\int_0^t \ddot{y}(\tau)e^{-h\omega(t-\tau)}\left[1 - \frac{h^2}{1-h^2}\sin\omega(t-\tau)\right.\right. \\
&\qquad\left.\left. + \frac{2h}{\sqrt{1-h^2}}\cos\omega(t-\tau)\right]d\tau\right|_{max}
\end{aligned} \tag{6·42}$$

이다. 입력으로서의 지동가속도 시각역 $\ddot{y}(t)$가 주어지면 이들의 제량은 h와 w의 함수, 혹은 감쇠상수 h와 비감쇠 고유주기 T와의 함수, 즉 $S_d(h, T)$, $S_v(h, T)$ 및 $S_a(h, T)$가 된다.

이들의 함수 $S_d(h, T)$, $S_v(h, T)$ $S_a(h, T)$를 감쇠상수 h를 패러미터로 하고 비감쇠 고유주기에 대하여 그려진 그림을 각각 상대변위응답 스펙터, 상대속도 응답 스펙터 및 절대가속도 응답 스펙터라 하며, 총칭해서 지진응답 스펙터(Earthquake response spectrum)라 한다.

그림 6.19(a)는 감쇠상수(h) 일정, 고유주기가 다른 1질점계군을 표시하고 이 계에 가속도 $\ddot{y}(t)$의 지진입력을 더한 경우를 표시하고 있다. 동그림 (b)는 그때, 얻어질 것이라는 각 계의 응답파형을 모식적으로 나타내고 있다. 이 응답파형을 가로축으로 주기(T)를 잡아 주기별로 응답스펙터를 구한 것이 동그림 (c)의 응답스펙터이고 감쇠상수가

다르면 응답스펙터도 다른 것이 된다.

통상 구조물에서는 감쇠상수 h는 1에 비해 작은 값이고, 근사적으로 $\sqrt{1-h^2} \fallingdotseq 1$이므로 1에 비해 h 오더의 것을 무시하고 다시 식의 sine과 cosine을 동일시하면 근사적으로 다음의 간단한 관계가 성립된다.

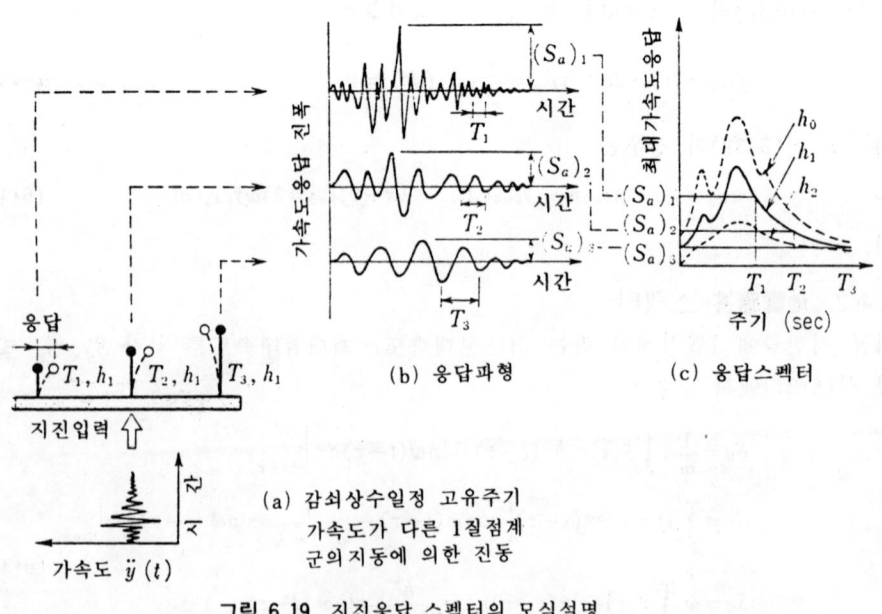

(b) 응답파형

(c) 응답스펙터

(a) 감쇠상수일정 고유주기 가속도가 다른 1질점계 군의 지동에 의한 진동

그림 6.19 지진응답 스펙터의 모식설명

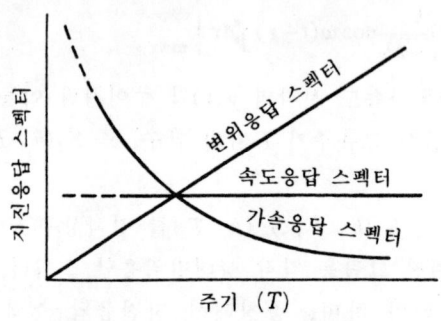

그림 6.20 지진응답 스펙터의 개략경향

$$S_d \fallingdotseq \frac{1}{\omega}S_v = \frac{T}{2\pi}S_v, \quad S_a \fallingdotseq \omega, \quad S_v = \frac{2\pi}{T}S_v \tag{6·43}$$

많은 지진파의 응답스펙터형을 보면 대략 그림 6.20과 같은 경향을 볼 수 있다고 한다.

6.4.3 應答스펙터의 意義

(1) Fourier 스펙터의 진동, 예를 들면 지진파 자체의 것이 주파수 특성을 나타내는 것이다.

여기에 대하여 응답 스펙터는 지진파로 1질점계에 의해 대표되는 구조물에 주는 최대영향을 나타낸 것이다.

(2) 가속도 응답스펙터는 구조물에 작용하는 힘 즉 지반에서 구조물에의 지진입력을 준다. 구조물의 고유주기와 감쇠상수에 따라 가속응답 스펙터로부터 판독한 응답값 $(\ddot{x}+\ddot{y})_{max}$ 가 구조물에 작용하는 최대절대가속도이고, 여기에 구조물의 질량 m을 곱한 것이 지진중에 구조물에 생기는 최대전단력 Q_{max}, 즉,

$$Q_{max}=m(\ddot{x}+\ddot{y})_{max} \tag{6·44}$$

이다. 이 최대전단과 구조물의 중량 $W=mg$와의 비

$$C=\frac{Q_{max}}{W}=\frac{(\ddot{x}+\ddot{y})_{max}}{g}=\frac{S_a(h,T)}{g} \tag{6·45}$$

는 베이스 쉬어계수(Base shear coefficient)로 일컬어진다. 이것은 구조물에 작용하는 지진력과 중량의 비 즉 통상의 정적내진설계로 $k≒0.2$로 하고 있는 정적진도 k에 대응하는 것이므로 동적진도로 일컬어지는 것이다. 구조물의 고유주기와 감쇠상수를 주면 베이스 쉬어 계수를 구할 수 있고, 고층건물에서도 이 C의 값이 작으면 고층건물도 지진에 대하여 안전하다할 수 있다.

(3) 속도응답 스펙터는 지진동이 구조물에 주는 최대에너지를 나타낸다. 즉 구조물의 스프링상수를 k, 최대변위를 x_{max}로 하면

최대변형에너지는 $\frac{1}{2}kx^2_{max}$

단위질량당의 최대에너지는 $\frac{1}{2} \cdot \frac{k}{m} x^2_{max} = \frac{1}{2}(\omega x_{max})^2 = \frac{1}{2} \cdot S_v^2$

이다. 따라서 속도응답 스펙터는 "일종의 파워 스펙터이다"고 해석할 수 있다. 단 본래의 파워스펙터의 가로축은 진동의 각 성분파의 진동수 혹은 주기이다. 여기에 대하여 속도응답 스펙터의 가로축은 진동을 받는 것의 주기이며, 의미가 상이할 때가 있으므로 주의한다.

구조물이나 그 부재의 주기에서는 여러가지의 것이 있지만, 어느정도 강성이 높은 구조물에서는 주요한 주기는 대체로 0.1sec에서 2.5sec 사이에 있다고 생각해서 이 사이의 에너지 총합을 표시한 적분값.

$$I_h=\int_{0.1}^{2.5} S_v(h,T) \cdot dT \tag{6·46}$$

를 가지고 지진의 파괴력을 나타내는 하나의 지표로하는 제안(G.W.Housner의 제시)이 있으며, 이 I_h는 스펙터강도(spectral intensity)로 일컬어지고 있다.

(3) 변위응답 스펙터는 변위 즉 변형크기를 나타내며 따라서 구조물중에 일어나는 응력에 관련한다. 고유주기와 감쇠상수에 따라서 변위응답 스펙터에서 판독되는 값은 최대변위 x_{max}이고, 여기에 스프링 상수를 곱하면 최대전단력

$$Q_{max} = k \cdot x_{max} \qquad (6 \cdot 47)$$

이 얻어지는 것은 앞에서도 기술했다.

(5) 응답 스펙터는 본래, 간단한 1질점계에 관한 개념이다. 그러나 복잡한 다질점계구조물의 진동은 이것을 단순한 1질점계의 진동성분 즉 각 모드로 분해해서 응답 스펙터에 의해 각각의 성분 응답을 구한 다음 이들을 다시 합성하면 복잡한 모델의 응답을 정할 수 있다.

이와 같은 해석법을 모드 해석(Mode analysis)이라 하며, 구조물의 동적설계에 종종 이용되는 방법이다.

6.5 多質点系振動에 대한 基準座標와 刺激係數

지금 3질점계로 되는 구조물에 진동형 진폭(x)이 그림 6.21의 좌도에 나타낸 바와 같이 한다. 이 질점계의 진동방정식은 식(6·18)으로 표시되므로 여기에서 진동수 방정식을 구하

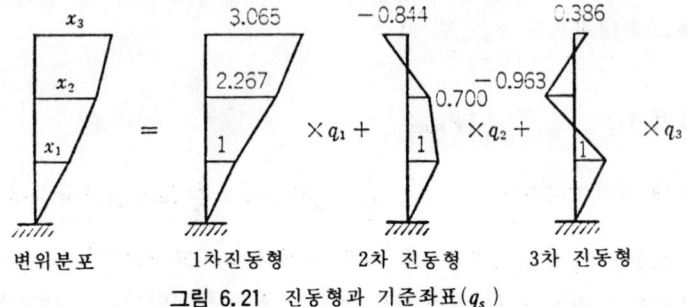

그림 6.21 진동형과 기준좌표(q_s)

고 원진동수, 고유주기를 구하고, 질점계 각 층의 1차, 2차 및 3차의 진동수를 구할 수 있다. 이와 같이해서 구한 진동형에서 제1층의 진폭 x_1을 어떤 진동차수에 대해서도 1로 해서 구한 진동형이 동그림의 우측에 그려져 있다. 이 우측에 그려져 있는 진동형을 좌측의 변위분포와 같이하기 위해서는 각 차진동형에 대하여 각각 q_1, q_2 및 q_3 배하면 구해지는 것이다.

上記의 사항에서 일반적으로 나타내면 다음과 같이 된다.

변위 분포를 x_i 진폭을 u_{is}로 한다(i : 층 번호, s : 진동차수) 변위분포가 각 차진동형의

합성으로 나타내고 있다면 다음과 같이 된다.

$$x_1 = u_{11}q_1 + u_{12}q_2 + \cdots\cdots + u_{1s}q_s + \cdots\cdots + u_{1n}q_n$$
$$x_2 = u_{21}q_1 + u_{22}q_2 + \cdots\cdots + u_{2s}q_s + \cdots\cdots + u_{2n}q_n$$
$$x_3 = u_{31}q_1 + u_{32}q_2 + \cdots\cdots + u_{3s}q_s + \cdots\cdots + u_{3n}q_n \quad (6\cdot48)$$
$$\cdots\cdots$$
$$\cdots\cdots$$
$$x_n = u_{n1}q_1 + u_{n2}q_2 + \cdots\cdots + u_{ns}q_s + \cdots\cdots + u_{nn}q_n$$

즉

$$\{x\} = \{u_1\}q_1 + \{u_2\}q_2 + \cdots\cdots + \{u_s\}q_s + \cdots\cdots + \{u_n\}q_n \quad (6\cdot49)$$

그리고 (6·48), (6·49)의 q_s 는

$$q_s = \frac{\sum_{i=1}^{n} m_i u_{is} x_i}{\sum_{i=1}^{n} m_i u^2_{is}} \quad (6\cdot50)$$

로 하여 구해진다. q_s 의 값은 소정의 변위분포 속에서 각 차진동형이 차지하는 비율이다. 이 q_s 는 기준좌표로 일컬어진다. 그것은 이 기준좌표를 사용하면 다음에 나타낸 바와 같이 다질점계의 자유진동방정식은 서로 독립적인 기준좌표에 관한 방정식에 환원되기 때문이다.

자유진동의 방정식은 식(6·26)에 표시한 것처럼,

$$[m]\{\ddot{x}\} + [k]\{x\} = \{0\} \quad (6\cdot51)$$

이지만, 기준좌표를 사용하면 다음 식과 같이 된다.

$$\{x\} = [u]\{q\} \quad (6\cdot52)$$

단,

$$\{x\} = \begin{Bmatrix} x_1 \\ x_2 \\ x_3 \\ \vdots \\ x_n \end{Bmatrix} \quad [u] = \begin{pmatrix} u_{11} & u_{12}\cdots\cdots u_{1n} \\ u_{21} & u_{22}\cdots\cdots u_{2n} \\ u_{31} & u_{32}\cdots\cdots u_{3n} \\ \cdots\cdots\cdots \\ \cdots\cdots\cdots \\ u_{n1} & u_{n2}\cdots\cdots u_{nn} \end{pmatrix} \quad \{q\} = \begin{Bmatrix} q_1 \\ q_2 \\ q_3 \\ \vdots \\ q_n \end{Bmatrix}$$

$[u]$는 고유벡터를 병열한 것을 모드매트릭스로 일컫는다.
식(6·52)을 식(6·51)에 대입하면 결국 다음식이 구해진다.

$$\ddot{q}_s + \omega_s^2 q_s = 0$$

단,
$$\omega_s^2 = \frac{k_s}{M_s} = \frac{\omega_0^2 \sum_{i=1}^{n} m_i u_{is}^2}{\sum_{i=1}^{n} m_i u_{is}^2} \tag{6·53}$$

여기서 M_s 는 환산질량, k_s 는 환산스프링상수로 일컫는다.

상기와 같이 다질점계의 자유진동방정식은 서로 독립된 기준좌표에 관한 방정식으로 환원된다.

식(6·53)은 이미 표시한 1질점계의 자유진동방정식에 불과하다. 따라서 다질점계의 자유진동풀이를 구하는 일은 n개의 1질점계의 자유진동 풀이를 구하고, 이들을 합성하는 일로 귀착한다.

다시 식(6·49)에서 전변위 $\{x\}$ 가 1에 대응한다. $q_1, q_2 \cdots$의 값을 $\beta_1, \beta_2 \cdots$로 표시하면 이 $\beta_1, \beta_2, \cdots$는 각각의 차수 진동성분을 어느정도의 비율로 포함하는 지를 나타내고 있으며, 이것을 자극계수라 일컫는다. 이것을 식(6·49)에 대응해서 표시하면 다음과 같이 된다.

$$\{1\} = \{u_1\}\beta_1 + \{u_2\}\beta_2 + \{u_3\}\beta_3 + \cdots\cdots$$

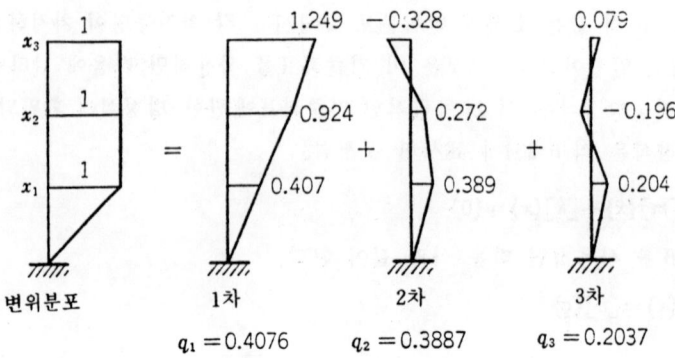

그림 6.22 진동형과 자극계수(βs)

그리고 β_s 의 값은

$$\beta_s = \frac{\sum_{i=1}^{n} m_i u_{is}}{\sum_{i=1}^{n} m_i u^2_{is}} \tag{6·54}$$

가 된다. 여기에 s : 진동차수이다.

그림 6.22는 각 층의 변위 $\{x\}$를 $\{1\}$로 한 경우의 q 값, 즉 자극계수(β_s)와 진동형(변위분포)의 관계를 나타내고 있다.

6.6 加速度應答스펙터를 利用한 應力計算

다질점계의 진동과 1질점계의 진동을 비교해보면, 다질점계에서는 자유도가 많고, 여러가지의 진동성분을 포함하고 있지만, 그밖은 1질점계의 경우와 완전히 같고, 고차의 진동응답은 그 고유진동수와 같은 고유진동수를 가지고 있는 1질점계의 응답값에 자극함수를 곱한 것의 합이 된다. 여기서 어떤 지진의 기록에서 그 지진에 대한 가속도응답 스펙터가 구해지고 있다고 하면 이것을 이용해서 다질점계의 이 지진에 대한 가속도 응답 또는 변위응답을 용이하게 구할 수 있다.

앞에서도 기술한 바와 같이 변위, 속도 및 가속도는 독립한 것이 아니고, 변위를 시간으로 미분한 것이 속도, 그것을 다시 시간으로 미분한 것이 가속도의 관계이며, 진동이 단진동의 모임이 있다면,

$$_s\ddot{u} = \omega_s^2 \cdot {_su}$$

이므로 가속도응답 스펙터를 이용하면 변위응답은

$$_s\tilde{o}_{max} = _sq_{max}/\omega_s^2$$

로 구해진다. 여기서 $_s o_{max}$ 는 s 차 진동의 **최대변위** 응답값, $_sq_{max}$ 는 s 차 진동의 최대가속도 응답값, ω_s 는 s 차의 고유진동수이다.

그러므로 처음 구한 각 다음 진동형 및 고유주기와 자극함수, 여기에 가속도응답 스펙터를 사용하면 지금 생각하고 있는 지진에 대한 다질점계의 변위응답이 구해진다.

각 다음 진동에 의한 응답의 최대값이 일어날 시각은 일반적으로는 벗어나서 각 다음 진동에 의한 응답의 최대값을 가한 것은 진짜 응답값보다 커진다. 그러므로 진짜 응답값의 추정값으로서는 다음의 값이 제시되고 있다.

$$\sqrt{\sum_s (\beta_s \cdot {_su_t} \cdot _s s)^2}$$

여기서 $_s s$ 는 s 차 진동에 대한 응답값이다.

이와같이 해서 지진시의 변위가 구해지면 처음 구해둔 구조물의 강성에서 응력을 계산할 수 있다.

그러나 지진응답 스펙타라는 것은 하나의 지진에 대해서 얻어지는 것으로 다른 지진에 대해서는 당연하게도 다른 응답 스펙터가 된다.

설계를 위해서는 여러가지의 지진에 대한 응답을 구하고 가장 불리한 조건으로 설계해두어야 할 것이다. 그러나 지진은 지반특성 그밖의 그 지점에 특유의 성질을 위해 지역적인 특이성을 위해 다시 지진진원위치의 관계에서도 그 파형은 여러가지로 달라진다. 따라서 다른 곳에서 발생한 지진기록을 그대로 다른 지역의 지진파형으로 사용한다는 것은 어려운 점이다.

6.7 모달어나리시스 (Modal Analysis)

그림 6.23에 나타난 바와 같이 다질점계의 강제진동을 생각해 보면 이 계에 강제진동 예를들면 지동이 작용하는 경우의 진동방정식은 계를 비감쇠로하면 앞서 표시한 식 (6·32)으로 감쇠항을 제거하면 되므로 관성력의 항으로 분포 {1}를 넣은 형으로 나타내면 다음과 같이 곱한다.

$$[m]\{\ddot{x}\}+[k]\{x\}=-[m]\{1\}\ddot{y} \tag{6·55}$$

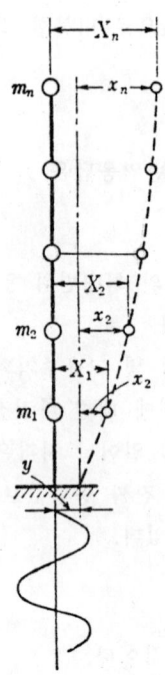

그림 6.23 다질점계의 강제진동

식(6·55)의 풀이는 이 식을 직접 적분해도 구해진다. 지진동을 생각할 경우는 하나의 과거 지진지동가속도(예를 들면 미국의 ELCENTRO지진등)을 사용해서 어떤 시간폭, 예를 들면 1/100 초마다에 진동의 미분방정식을 푸는 방법이다. 이 방법은 컴퓨터 계산에 시간을 요하고 출비도 누적되지만 정공법이며, 복잡한 계나 탄성범위를 넘어 재료가 소성역에 들어가는데는 이 계산에 의하지 않을 수 없다.

여기에 대하여 모달어나리시스라 일컫는 간편법이 있으며 이것은 수동계산으로도 상당한 것이 계산되고 계획단계에서 대략적인 예상을 세우는데 적합하다.

단, 탄성범위로 한정된다.

6.7.1 모달어나리시스의 原理와 順序

구조물의 계가 외력에 의해 강제진동을 하고 있는 경우, 일반적으로 그 계는 1차로부터 고차에 이르는 여러가지의 모드진동을 포함하고 있다. 만약 이 계가 탄성범위내에 있다면 겹침이 되므로 각 다음 진동에 의한 변위를 구하고 그 합으로서 구조물의 변형이 구해진다면 사전에 계산해둔 구조물의 강성과 지금 구한 변위에서 각 부의 응력이 구해질 것이다. 이것이 모달어나리시스(Modal analysis)의 기본적인 생각이다.

모달아날리시스에 의한 계산 순서는 다음과 같다.

(1) 다음 진동형(모오드) 및 고유주기를 구한다. 실제의 구조물에서는 진동형은 다음수의 낮은 것이 많고, 따라서 보통, 1차에서 3차 겨우 수차정도까지의 진동형을 구하면 공학적 문제에 대하여는 충분하다.

(2) 다음 진동형의 성분비율(β_s)을 구한다. 이것은 "자극함수"로 일컬어진다.

이상은 구조물의 성질에 의해 결정되는 것이다.

(3) 사전에 계산된 地振地動에 대한 가속도 응답스펙터로부터 변위 응답값을 구한다. 다질점계의 진동방정식은 1질점계의 경우와 완전히 같이 취급할 수 있다는 것을 이용한다.

(4) 이상에서 다음 진동에 의한 변위의 최대값(u_i max)을 구해서 자승합의 평방근을 잡고 구하는 변위로 한다(각 고유진동변위의 최대값(u_i max) 합계를 감고 최대변위로 하면 실제변위보다 크게 견적한다. 그것은 각 고유진동 요동에는 위상차가 있으므로 그 최대값이 동시각에 일어나는 확률은 대단히 적다. 여기서 2승합의 평방근, 즉 "Root mean square value"를 잡는 방법이 제안되고 있다.

(5) 지금 구해진 변위와 강성에서 각부에 작용하는 전단력이 구해지고 그것에 의해 휨모우먼트가 계산된다.

6.7.2 모달어나리시스에 의한 計算方法

(1) 다음의 진동형 및 고유주기

다질점계의 강제진동은 각 고유진동의 합으로서 표시된다. 그러나 1질점계의 자유진동방정식은

$$m\ddot{x} + kx = 0 \tag{6·56}$$

여기에 m : 질점질량, k : 스프링상수이다. 여기서 $\sqrt{k/m} = \omega$ 로 하면

$$\ddot{x} + \omega^2 x = 0 \tag{6·57}$$

A, B를 적분 상수로 하면

$$x = A\cos\omega t + B\sin\omega t \tag{6·58}$$

또, a, ϕ를 적분상수로 하면

$$x = a\cos(\omega t - \phi) \tag{6·59}$$

그 속도는
$$\dot{x} = -a\omega\sin(\omega t - \phi) \quad (6\cdot60)$$

가속도는
$$\ddot{x} = -a\omega^2\cos(\omega t - \phi) \quad (6\cdot61)$$

적분 상수 a, ϕ는 초기조건에 의해 결정된다. $t=0$일 때, $x=x_0$, $\dot{x}=\dot{x}_0$로 하면 식(6·59)에서 $x_0=a\cos\phi$, $\dot{x}_0=a\omega\sin\phi$, 여기서,

$$a = \left\{x_0^2 + \left(\frac{\dot{x}_0}{\omega}\right)^2\right\}^{1/2}, \quad \phi = \tan^{-1}\left(\frac{\dot{x}_0}{\omega x_0}\right) \quad (6\cdot62)$$

가 된다. 식(6·59)에서 a(cm)는 진폭 w(rad/sec)는 원진동수, $(\omega t-\phi)$은 위상각, $-\phi$는 처음위상각이다. 진동주기(T는 $T=2\pi/\omega$(sec), 진동수(f)는 $f=w/2\pi$ (cycle/sec)가 된다.

따라서
$$T = 2\pi\sqrt{\frac{m}{k}} = 2\pi\sqrt{\frac{mg}{kg}} = \frac{2\pi}{\sqrt{g}}\sqrt{\frac{W}{k}} \doteqdot \frac{1}{5}\sqrt{\eta} \quad (6\cdot63)$$

로 곱하면

여기에 g : 중력가속도(980cm/sec^2), W : 질점의 중량(kg), η(cm)는 "질량에 수평중력(W)을 가했을 때의 변형"이라 할 수 있다.

식(6·56), (6·59) 및 (6·61)을 대비하므로써, m : 질점질량, u : 질점변위, k : 계의 스프링 상수로 하면 그림 6.16 혹은 6.17과 같은 다질점계 경우의 식은 각 질점에 대한 관성력 (mw^2u)과 복원력(k_u)은 같다고 한 연립방정식이 성립된다. 즉, 이것을 매트릭스로 나타내면

$$-\omega^2[m]\{u\} + [k]\{u\} = 0 \quad (6\cdot64)$$

로 곱한다. 고유값을 구하는데는 위식을 변형한 다음 직접적으로 식(6·21)이하에 기술하도록 하여 고유값을 구하는 방법도 있지만, 수동계산에서는 1차진동에 대하여는 Stodola법, 2차 이상의 진동에 대해서는 Holzer법을 사용하는 것이 편리하다.

(2) 고유값의 실용해법

그림 6.24와 같은 다질점계의 진동에서는 각 질점에 가해지는 관성력은 i층의 s차 진동에 대하여는

관성력 $F_{is} = m_{is}\ddot{u}_i = m_{is}u_i\omega_s^2$

각층에 작용하는 전단력은

층전단력 $Q_{is} = \sum_i^n F_{is} = \sum_i^n m_{is}u_i\omega_s^2$

스프링상수(k_i)와 층간변위($u_{is}-u_{i-1s}=\tilde{o}_{is}$)로 표시하면

6.7 모달어나리시스

$$Q_{is} = k_i(u_{is} - u_{i-1s})$$

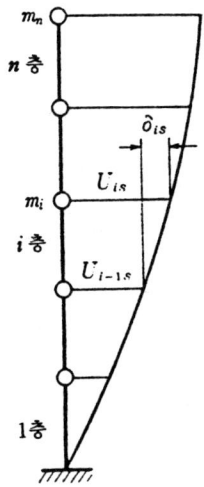

$\delta_{is} = U_{is} - U_{i-1s}$
k_i : i 층의 강성
s : 진동차수

그림 6.24 다질점계진동

각 층의 전단력에 의한 상대변형 (층간변위)는 i 층에서는

$$\delta_{is} = \frac{Q_{is}}{k_i}$$

변형량(층변위)은 i 층의 s 차 진동에 대해서는 では, (6·65)

$$u_{is} = \sum_{i=1}^{i} \delta_{is}$$

로 계산된다. 그리고 이 관계는 임의시간에 대하여 항상 성립될 것이다.

① Stodola법

上記의 생각을 그대로 적용한 것이 Stodola법이며 1차진동을 문제로할 경우에 사용된다. 단, 식(6·65)을 그대로 사용하면 미지수 w_s^2가 들어간 그대로이므로 다음과 같이 변형해서 계산을 해나간다.

$$\begin{aligned} F_i' &= F_i/\omega^2 = m_i u_i \\ Q_i' &= Q_i/\omega^2 = \sum m_i u_i \\ \delta_i' &= \delta_i/\omega^2 = Q_i'/k_i \\ u_i' &= \sum \delta_i' = \sum \delta_i/\omega^2 \end{aligned} \qquad (6·66)$$

식(6·66)의 형으로 계산을 진행시킨다고 가정한 u_i가 참값과 일치하는 경우에는 $u_i/u_i'=w^2$(일정)가 될 것이다. 여기서 가정한 u_i와 여기서 계산되는 u_i와의 비가 전질점에 대하여 일정값에 수렴할 때까지 계산을 반복하는 것이다.

계산의 진행법을 **표 6.2**에 표시한다.

표 6.2 1차진동의 계산(stodola 법)

(층) i	(변위) $_1u_i$	(질량) m_i	$F_i'=m_{i\,1}u_i$	$Q_i'=\sum_{i=1}^{n}m_{i\,1}u_i$	층강성 K_i	δ_i'	$_1u_i'$	ω^2	진동형 $_1u_i'/_1u_1$
n	$_1u_n$	m_n	$A_n=m_{n\,1}u_n$	$B_n=A_n$	K_n	$C_n=$ B_n/K_n	$D_n=$ C_n+D_{n-1}	$_1u_n/D_n$	D_n/D_1
$n-1$	$_1u_{n-1}$	m_{n-1}	$A_{n-1}=$ $m_{n-1\,1}u_{n-1}$	$B_{n-1}=$ $A_{n-1}+A_n$	K_{n-1}	$C_{n-1}=$ B_{n-1}/K_{n-1}	$D_{n-1}=$ $C_{n-1}+D_{n-2}$	$_1u_{n-1}/D_{n-1}$	D_{n-1}/D_1
i	$_1u_i$	m_i	$A_i=m_{i\,1}u_i$	$B_i=A_i+_1B_{i+1}$	K_i	$C_i=$ B_i/K_i	$D_i=$ C_i+D_{i-1}	$_1u_i/D_i$	D_i/D_1
1	$_1u_1$	m_1	$A_1=m_{1\,1}u_1$	$B_1=A_1+B_2$	K_1	$C_1=$ B_1/K_1	$D_1=C_1$	$_1u_1/D_1$	$D_1/D_1=1$

처음에는 적당히 가정한다. 2번째부터는 새로 계산한 값을 사용 / 층에 작용 관성력/w^2 / 층전단력/w^2 / 그층의 상대변위/w^2 / 그층 절대변위/w^2 / 새롭게 구한 변위로 다음 계산을 한다

최초로 가정하는 진동형 $_1u_i$는 어떤 값으로도 좋지만, 참값에 가까울 수록 수렴성이 좋다. 보통건축물에서는 그 분포를 3각형분포로 가정한다.

② Holzer 법

Stodola법은 최초로 어떤 진동형을 가정하더라도 1차 진동에 수렴하는 성질을 갖기 때문이다. Holzer법도 stodola법과 같은 관성력에 의하여 정적, 변형이 진동형과 일치되어야 한다는 조건을 사용해야 하며, stodola법에서는 고유진동형을 미지수로 하는데 대하여 Holzer법에서는 고유원 진동수를 미지수로 하고 있다. 즉 Holzer법에서는 우선 진동수를 가정하여 이 진동수에 대응하는 변형분포, 즉 진동형을 구하고 기초부에 대한 경계조건을 만족할 것인지도 수렴을 판단한다.

즉 일반적으로 γ차 진동에 대해서는 처음 w_γ의 값을 가정하고 $_ru=1$로 하여 같은 계산을 해서 w_γ의 값을 차례로 수정해서 반복계산을 하고, 어떤 일정값으로 수렴할 때까지 계속한다. 만약, 가정한 w_i가 정확하다면,

$$_ru_1-\delta_1=0$$

가 되나 일반적으로는 가정값은 정확하지 못하므로 0은 안된다. 그래서 다음 w_γ의 가정을 다시해서 $_{ru_1}\cdot\delta_1$의 값, 이 충분히 작아질 때까지 계산을 반복한다. 그 가정의방법의목표로

서는 다음과 같이 말한다.

2차 및 3차의 진동으로서

$$\omega_2^2 = 6\omega_1^2$$
$$\omega_3^2 = 15\omega_1^2$$

로 가정하면 된다.

w_r의 가정을 다시해서 수렴시켜나가는 표준으로서 일반적으로

	짝수차진동	홀수차진동
$\omega_s' > \omega_s$	$_r u_1 - \delta_1 > 0$	$_r u_1 - \delta_1 < 0$
$\omega_s' < \omega_s$	$_r u_1 - \delta_1 < 0$	$_r u_1 - \delta_1 > 0$

여기에 w_s'는 가정값, w_s는 정답값이다.

고차진동의 계산은 표 6.3에 표시하는 방법으로 실시한다.

표 6.3에 대해서 조금더 설명을 하면 Holzer법 에서는 stodola법과 달리 계산은 최상층의 행에서 시작, 하층으로 향해서 진행한다. 최상층의 진폭 u_n을 우선 1에 잡는다. 그리고 관성력 F_n, 층전단력 Q_n, 층간변위 δ_n을 구하고, 이어서 그 밑층의 진폭(진동형)을 $1-\delta_n$으로 하여, 이하와 같이 계산을 진행시켜간다.

따라서 다음의 진동형은 그림 6.25와 같이되고, 최하층의 변위는 홀수차진동에서는 정(正)의 값을, 짝수차진동에서는 부(負)의 값을 취하게 된다. 이 성질을 이용하면, 가정한 진

표 6.3 고차진동의 계산(Holzer 법)

(층) i	質量 m_i	진동형 $_r u_i$	(층작용 관성력) $F_i = {}_r u_i\, m_i\, \omega_r^2$	층전단력 $Q_i = \sum_{i=1}^{} {}_r u_i\, m_i\, \omega_r^2$	층강성 K_i	층간변위 $\delta_i = \sum {}_r u_i\, m_i\, \omega_r^2 / K_i$
n	m_n	$_r u_n = 1$	$A_n = {}_r u_n m_n \omega_r^2$	$B_n = A_n$	K_n	$C_n = B_n / K_n$
$n-1$	m_{n-1}	$_r u_{n-1} = 1 - C_n$	$A_{n-1} = {}_r u_{n-1} m_{n-1} \omega_r^2$	$B_{n-1} = A_{n-1} + B_n$	K_{n-1}	$C_{n-1} = B_{n-1} / K_{n-1}$
i	m_i	$_r u_i =$ $_r u_{i+1} - C_{i+1}$	$A_i = {}_r u_i m_i \omega_r^2$	$B_i = A_i + B_{i+1}$	K_i	$C_i = B_i / K_i$
1	m_1	$_r u_1 =$ $_r u_2 - C_2$	$A_1 = {}_r u_1 m_1 \omega_r^2$	$B_1 = A_1 + B_2$	K_1	$C_1 = B_1 / K_1$
		$_r u_0 =$ $_r u_1 - C_1$	----- w_r의 값이 정확하면 0, 그렇지 못하면 w_r의 가정을 다시한다.			

동수를 수정할 때 원래의 값을 크게하면 되는지 작게할 것인지를 판단할 수 있다.

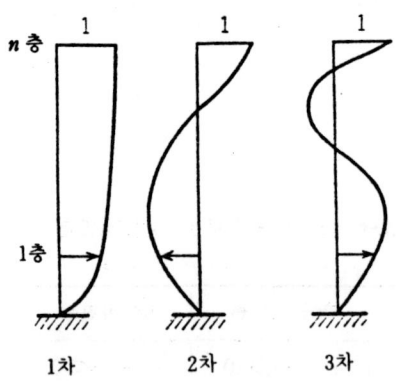

그림 6.25 진동형

최종적으로는 여러번 계산한 후 제1층의 진동형 ru_1와 제1층의 층간 변위 δ_1가 같아진다. 즉 ($ru_1=\delta_1$)이 될 때까지 계산을 반복한다.

더욱 Holzer법에서는 상기와 같이 원진동수를 가정하는 것이나 여기서는 앞서 표시한 고유주기의 약산법을 이용할 수도 있다.

1차 진동에 대한 예로서는

$$重力式 \quad T=\frac{\sqrt{\eta}}{5.5}(\sec), \quad \eta : 수평중력에\ 頂部의\ 변형(cm)$$

2차 진동에 대해서는 개략값으로 하여

$$T_2=0.35T$$

로 생각된다.

6.8 地上構造物의 地震時應力의 計算例

그림 6.26에 표시하는 구조물의 지진시응력을 2질점계에 치환하여 모달어나리시스에 의해 계산을 한다고 하면 다음과 같은 순서가 된다. 기초는 고정되어 있는 것으로 간주한다.

(1) 질량의 계산

$$W_2=4,270\ (도움)\ +2,925(원통부)=7,195(t)$$
$$m_2=7,195/980=7.35(t)$$
$$W_1=5,850(t)$$
$$m_1=5,850/980=5.97(t)$$

6.8 지상구조물의 지진시응력계산예

(2) 강성의 계산

$$P = 1.00(t) \qquad J = 28.5 \times 10^{11} (cm^4)$$

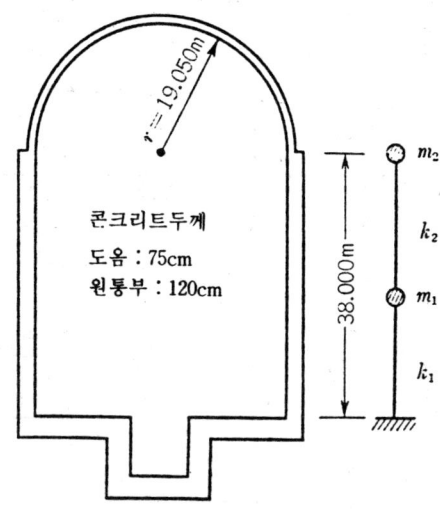

그림 6.26 콘크리트 용기의 개형   그림 6.27 강성의 계산

$$l = 20.0(m) \qquad A = 12.85 \times 10^5 (cm^2)$$
$$_cE = 2.95 \times 10^2 (t/cm^2) \qquad G = 1.26 \times 10^2 (t/cm^2)$$

휨변형에 대하여

$$\delta_M = \frac{Pl^3}{3 \cdot _cE \cdot J} = \frac{2,000^3}{3 \times 2.95 \times 10^2 \times 28.5 \times 10^{11}} = 3.17 \times 10^{-6} (cm)$$

전단변형에 대하여

$$\delta_Q = \frac{R \cdot 2l}{A \cdot G} = \frac{2 \times 2,000}{12.85 \times 10^5 \times 1.26 \times 10^2} = 24.70 \times 10^{-6} (cm)$$

전변형에 대하여

$$\delta = \delta_M + \delta_Q = (3.17 + 24.70) \times 10^{-6} = 27.87 \times 10^{-6}$$

따라서 구하는 강성은

$$k_1 = k_2 = \frac{1}{\delta} = \frac{1}{27.87 \times 10^{-6}} = 3.59 \times 10^{-4} (t/cm)$$

(3) 고유주기 및 고유진동형

1차 자유진동은 표 6.4에 나타낸 바와 같이 계산한다.

표 6.4 1차 자유진동

제1차 근사 :
(층)

i	$_1u_i$	m_i	$m_i\,_1u_i$	$\sum m_i\,u_i$	K_i $\times 10^4$	δ_i $\times 10^{-4}$	$_1\bar{u}_i$	ω_1^2 $\times 10^3$	$_1\bar{u}_i/_1\bar{u}_1$
2	2	7.35	14.70	14.70	3.59	4.10	9.85	2.03	1.71
1	1	5.97	5.97	20.67	3.59	5.75	5.75	1.74	1.00

↑ 가정

제2차 근사 :

i	$_1u_i$	m_i	$m_i\,_1u_i$	$\sum m_i\,u_i$	K_i $\times 10^4$	δ_i $\times 10^{-4}$	$_1\bar{u}_i$ $\times 10^{-4}$	ω_1^2 $\times 10^3$	$_1\bar{u}_i/_1\bar{u}_1$
2	1.71	7.35	12.60	12.60	3.59	3.51	8.70	1.97	1.68
1	1.00	5.97	5.97	18.57	3.59	5.19	5.19	1.93	1.00

제3차 근사 :

i	$_1u_i$	m_i	$m_i\,_1u_i$	$\sum m_i\,u_i$	K_i $\times 10^4$	δ_i $\times 10^{-4}$	$_1\bar{u}_i$ $\times 10^{-4}$	ω_1^2 $\times 10^3$	$_1\bar{u}_i/_1\bar{u}_1$
2	1.68	7.35	12.35	12.35	3.59	3.44	8.54	1.97	1.67
1	1.00	5.97	5.97	18.57	3.59	5.10	5.10	1.97	1.00

→ 수렴

따라서, $\omega_1^2 = 1{,}970$, $\omega_1 = 44.4$ $T_1 = 2\pi/44.4 = 0.142$ (sec)

2차 자유진동은 표 6.5에 나타난 바와 같이 계산한다.
따라서 고유진동형은 그림 6.28과 같이 된다.

(4) 자극함수

표 6.5 2차 자유진동

제1차 근사치 : $w_2^2 = 10{,}000$으로 가정

i	$_2U_i$	m_i	$_2U_im_i\omega_2^2$ $\times 10^5$	$\Sigma_2U_im_i\omega_2^2$ $\times 10^5$	K_i $\times 10^4$	$\Sigma_2U_im_i\omega_2^2/K_i$
2	+1.00	7.35	0.735	0.735	3.59	2.05
1	−1.05	5.97	−0.627	0.108	3.59	−0.301

$-1.05 + 0.301 = -0.749$

제2차 근사치 : $w_2^2 = 8{,}000$으로 가정

i	$_2U_i$	m_i	$_2U_im_i\omega_2^2$ $\times 10^5$	$\Sigma_2U_im_i\omega_2^2$ $\times 10^5$	K_i $\times 10^4$	$\Sigma_2U_im_i\omega_2^2/K_i$
2	1.00	7.35	0.589	0.589	3.59	1.64
1	−0.64	5.97	−0.306	0.283	3.59	−0.79

$-0.64 + 0.79 = 0.15$

6.8 지상구조물의 지진시응력계산예

제3차 근사치 : 위의 2개의 중간이므로 비례배분하여

$$\omega_2^2 = 8,000 + \frac{10,000 - 8,000}{0.749 + 0.15} \times 0.15 = 8,335 \text{ 로 가정}$$

i	$_2U_i$	m_i	$\times 10^5$ $_2U_im_i\omega_2^2$	$\times 10^5$ $\Sigma_2U_im_i\omega_2^2$	$\times 10^4$ K_i	$\Sigma_2U_im_i\omega_2^2/K_i$
2	1.00	7.35	0.612	0.612	3.59	1.01
1	−0.71	5.97	−0.353	0.259	3.59	−0.72

$-0.71 + 0.72 = 0.01 \cdots\cdots$ 수렴

따라서, $\omega_2^2 = 8,335$ $\omega_2 = 91.2$ $T_2 = 2\pi/91.2 = 0.069$ (sec)

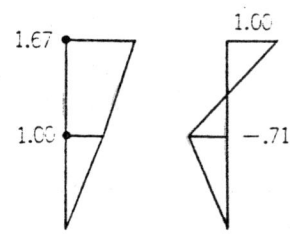

(a) 1차 진동형　(b) 2차 진동형

그림 6.28 고유진동형

$$\beta_s = \frac{\sum_{i=1}^{n} m_{is}U_i}{\sum_{i=1}^{n} m_{is}U_i^2}$$

여기에 숫치를 대입해서 계산하면,

$$\beta_1 = \frac{7.35 \times 1.67 + 5.97 \times 1.00}{7.35 \times 1.67^2 + 5.97 \times 1.00^2} = 0.700 \quad \beta_2 = \frac{7.35 \times 1.00 - 5.97 \times 0.71}{7.35 \times 1.00^2 + 5.97 \times 0.71^2} = 0.300$$

(5) 변위의 계산

변위계산은 가속도응답 스펙터를 써서 계산한다. 고유주기와 감쇠상수를 주어 응답가속도를 주게되면 응답변위는 $s\delta_{max}/sq_{max}/ws^2$에서 w_1^2가 주어지고 있으므로 1δ가 구해진다.

여기에 1차자극함수 β_1를 곱해 $\beta_1 \cdot \bar{\delta}$가 구해진다. 이것이 1차진동에 의한 제1질점계의 변위가 있다.

제2질점 m_2가 상대변위는 여기에 m_1, m_2의 고유함수차를 곱해서,

$$_1\bar{o}_2 = \beta_1 (_1U_2 - {_1U_1})_1\bar{o}$$

로 하여 구해나갈 수 있다. 이하 2차진동에 대해서도 감쇠상수는 동값으로 하여 고유주기를 주므로 상기와 같은 생각에서 구할 수 있다. 그래서 지진에 의한 각 층의 상대변위는 「자승합의 평방근」으로서 구해진다. 전단력은 각 층의 상대변위와 강성에서 구해진다.

6.9 地下構造物의 耐震性 FEM에 의한 檢討

地下空洞周圍의 암반지진시에 대한 변위나 응력을 계산하는 경우의 생각과 계산의 진행 방법을 플로우차트로서 나타내면 **표 6.6**와 같이 된다.

그림 6.29는 지반의 지질조사 결과에서 각 층별칫수와 재료정수(E, γ, ν)를 설정해서, 해석모델을 만들어낸 한예이고, **그림 6.30**은 이 空洞地盤을 FEM 해석하는데 편리한 것처럼 요소분할, 요소의 번호결정, 절점의 번호결정을 한 상반 일부만을 표시하고 있다. 공동 주변은 비교적 세밀하고 요소를 분할하여 최외측은 반무한 요소로서 주어진다. 또 이 경우, 주어져있는 예에서는 축대칭 문제로서 취급되므로 중심축에서 우측반분에 대해서 계산하면 된다. 각 요소는 ○표의 번호를 붙이고, 3각형 6절점 요소와 3절점 반무한요소로 하고 있다.

고유값의 해석에 있어서는 모달어나리시스법에 의해 15차 정도까지의 각 모드차수에 대한 고유진동수(고유주기) 및 자극계수(particular factor)를 구한다. **표 6.7**은 그 결과의 한 예를 나타내고 있다. 그결과에 의하면 1차, 9차 및 11차의 모드가 자극을 강하게 받는다는 것을 알 수 있다. 그래서 이들의 차수에 대한 지층의 고유모드를 圖示한다. 모달어나리시스에 의해 구해진 결과는 겹침에 의해 진짜 진동진폭, 진동상태가 판명된다. 더욱 감쇠에 관해서는 모든 고유모드에 대하여 예를 들면 일정하게 $h = 0.05$로 한다.

다음 중심축에 따라 절점 번호에 대한 시각층가속도파형, 시각층변파형을 구해 圖示한다. 다시 요소번호에 대한 최대전단응력의 시각층 파형도 구해서 그림으로 나타낸다.

또 깊이방향에 따라 최대가속도 분포도 도시한다. 이것은 각 절점에 생기는 가속도의 최대값을 플로트한 것으로 반드시 동시각에 대한 진동모드를 의미하지 않는다. 이와 같이 최대변위 분포도 그림으로 나타낸다.

다시 전절점의 시각층응답 변위속에서의 최대값에 주목하고, 그 시각에 대한 전절점의 변위분포도 나타낸다.

또 최대전단응력을 나타내는 시각과 요소번호에 주목해서 그 시각에 대한 전요소의 주변형 분포를 구해 圖示한다.

다시 또, 상기의 시각에 대한 전요소의 주응력 분포를 표시하고 단 동시각에 대한 각 요소의 최대전단응력에서 4점 보간법에 의해 콘터도 그려둔다.

6.9 지하구조물 내진성의 FEM에 의한 검토

표 6.6 지중공동구조물의 내진성 FEM에 의한 계산법

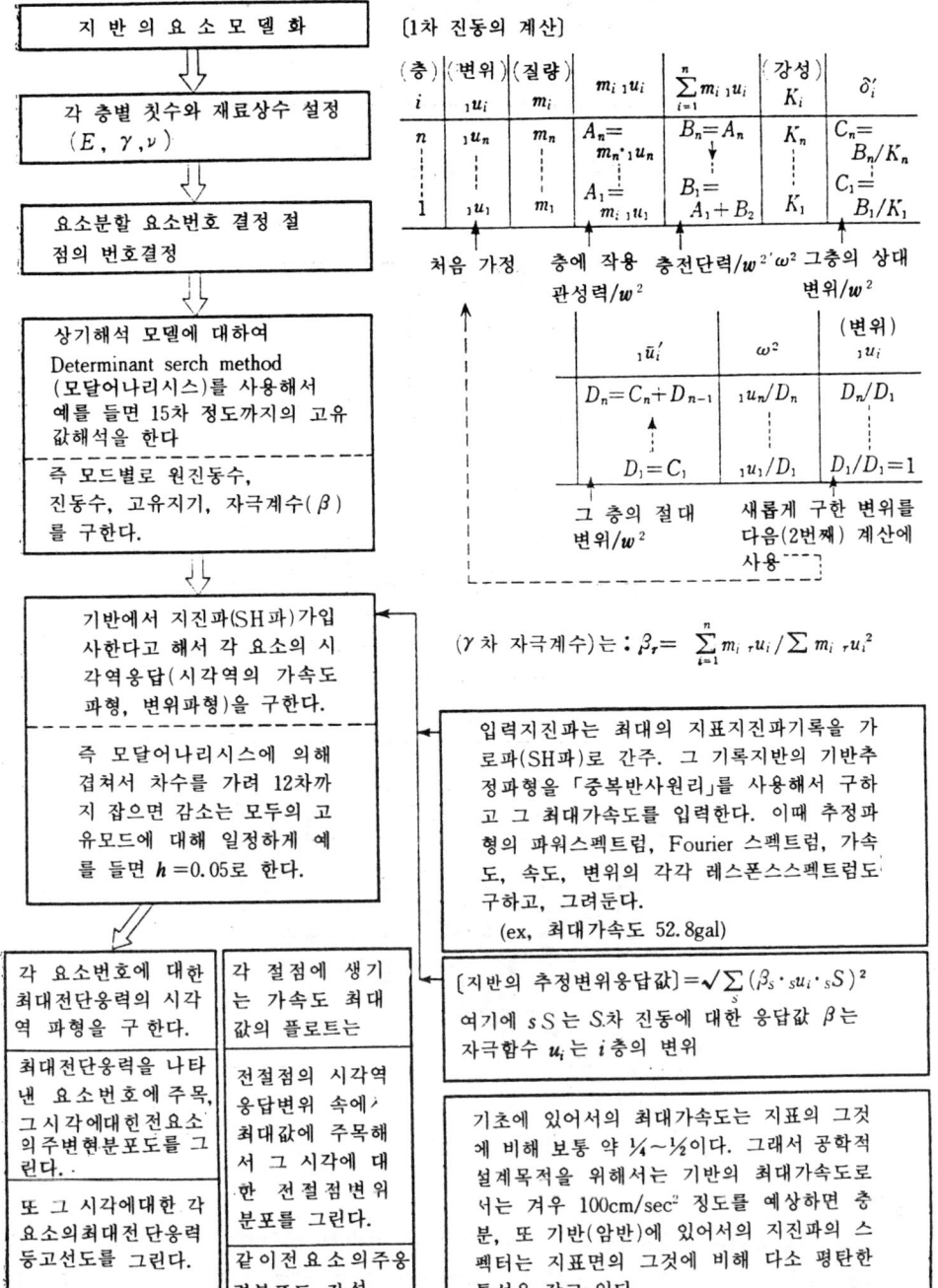

제 6 장 지반의 진동해석

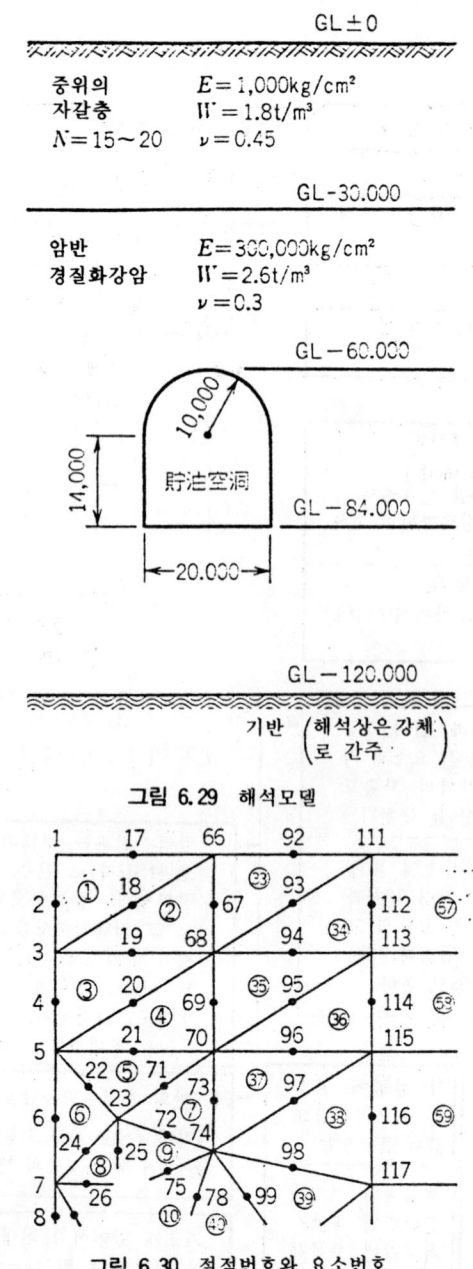

그림 6.29 해석모델

그림 6.30 절점번호와 요소번호

이상은 지진응답의 FEM(유한요소법)에 의한 지반의 응답해석 설명개요이며, 기반에서 그 위로 가로지르는 지층으로 입사되는 지진파(S파)를 어떤 골형성상의 것으로 가정하면

6.9 지하구조물 내진성의 FEM에 의한 검토

표 6.7 고유값 및 자극계수의 예

모드	원진동수 (rad/sec)	진동수 (c/sec)	고유주기 (sec)	자극계수
1	7.11	1.13	0.885	1.337
2	11.40	1.81	0.551	−0.003
⋮	⋮	⋮	⋮	⋮
9	35.61	5.67	0.175	1.613
⋮	⋮	⋮	⋮	⋮
11	41.09	6.54	0.153	−1.353
⋮	⋮	⋮	⋮	⋮
15	58.47	9.31	0.107	−0.087

되는지가 문제가 된다. 이 문제에 관해서는 검토되는 지반에 비교적 가까운 곳에서 관측된 최대의 지표지진파 기록을 가로파(S파)로 보고 그 기록에서 지반의 기반추정 파형을 FEM 해석에 의해 구하고, 그 최대가속도를 입력한다. 그리고 이제 추정파형의 파워스펙트럼, Fourier 스펙트럼, 가속도, 속도, 변위의 각각 레스폰스펙트럼도 찾아서 그리고 있다.

지층구성이 판명되어 있는 지표에서 관측된 강진 기록에서 기반의 진동파형을 추정하는 것은 「중복반사의 원리」를 사용한다.

EL-CNTRO로 1940년에 관측된 최대가속도는 N-S방향으로 319(cm/sec²) EW방향으로

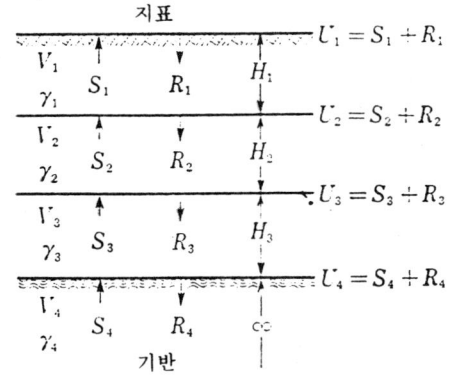

S_4 : 입사파
S_n : 진행파
R_n : 역행파
V_n : 가로파(갱단파)속도
γ_n : 밀도
H_n : 두께
진폭비(基盤과 地表와의 振幅比)
$= U_1/(2 \cdot S_4)$
단,
U_1 : 지표에 대한 지진파형 진폭
$2S_1$: 기반이 노두한 경우(자유지표)의 지진파진폭

그림 6.31 실체파의 중복반사모델

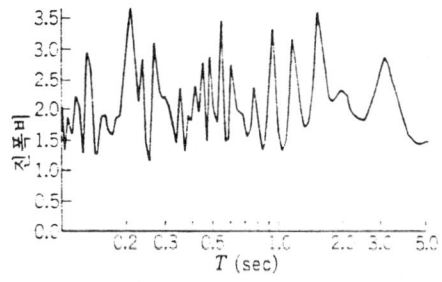

그림 6.32 EL-CENTRO 지층구성의 스펙터
진폭비(MODEL-1)

222(cm/sec²)였다. 또 일본, 주쇼오키지진(1968년)의 최대가속도는 NS 방향이며 224 (cm/sec²) EW 방향에서 184(cm/sec²)였다.

그림 6.31은 지층에 기반으로부터 입사되는 가로파(S)와 반사파(R)에 의한 지층의지진파형 진폭(U)의 관계를 나타내고 있으며 기반진폭과 지표진폭(U_1)과의 비, 진폭비 (Amplituderatio)로서는 다음 식이 사용된다.

振幅比 $= U_1/(2 \cdot S_4)$

여기에 U_1는 지표에 대한 지진파형의 진폭이고 $2S_4$는 기반이 노두한 경우(자유지표)의 지진파형의 진폭에 해당한다.

그림 6.32에 표시하는 스펙터진폭비는 미국의 EL-CENTRO 지층구성을 모델로 했을 때 의 것으로 이것을 표층지반의 증폭특성으로 볼 수 있다.

결국 지표의 관측골형이 구해져 있고, 지반구성이 판명되어 있다면 「중폭반사의 원리」를 사용해서 그 지진관측파에 대응하는 기반의 파형을 추정하는 일이 가능하다.

또 이 파형이 구해지면, 관측파형과 기반의 측정파형 Fourier 스펙터도 구해진다.

이와 같이해서 추정된 기반의 지진파형 가운데 표층지반의 증폭효과가 가장 현저하게 나 타나 있는 것을 찾아내어 이것을 유한요소법에 의한 해석의 지진입력으로서 사용한다.

第 7 章   岩盤應力測定法

7.1 岩盤應力의 發生

지반내에서는 일반적으로 응력이 존재하고 있다. 즉 지압이 존재하는 것이다. 이러한 것은 응력문제에 관심이 있는 연구자에게는 용이하게 이해할 수 있는 개념이지만 일반인에게는 다소 이해하기 어려운 개념일 것 같다.

그러나 수중에서는 수압이 존재하는 일은 일반 사람도 쉽게 이해할 수 있는 개념이다. 그래서 지압이나 수압도 같은 생각에서 그 존재를 쉽게 이해할 수 있을 것으로 생각한다.

지반은 지구중심으로 향해서 引力에 의해 끌리고 있고 그것으로 중력을 일어나게 되지만, 이 중력을 위해 지반내에서는 응력이 발생하게 된다.

암반응력은 이와 같은 이유에서 중력에 의해 다시 말해서 자중에 의해 발생한다. 따라서 다시 지형의 고저차에 의해서도 발생하고 다시 지반내의 지층구조-공동, 단층, 불연속선의 존재 등에 의해서도 크게 영향을 받는다. 그래서 그들의 발생원인에 대하여 약간 세밀하게 설명을 해준다.

7.1.1 自重에 의한 地盤應力의 發生

그림 7.1로 0을 지표하 l의 깊이에 있어서의 1점으로 하고, 0을 원점으로 좌표를 그림과 같이 잡는다. 지하암반을 일단 탄성체로 가정하면 탄성체내의 응력과 변형에 관해서는 Hooke의 법칙이 성립될 것이므로 다음식이 성립된다.

$$\varepsilon_x = \frac{1}{E}\{\sigma_x - \nu(\sigma_y + \sigma_z)\}$$

$$\varepsilon_y = \frac{1}{E}\{\sigma_y - \nu(\sigma_x + \sigma_z)\} \qquad (7\cdot 1)$$

$$\varepsilon_z = \frac{1}{E}\{\sigma_z - \nu(\sigma_x + \sigma_y)\}$$

여기에 ε : 변형, σ : 응력, E : 암반의 영률, ν : 동시에 포아송비이다.

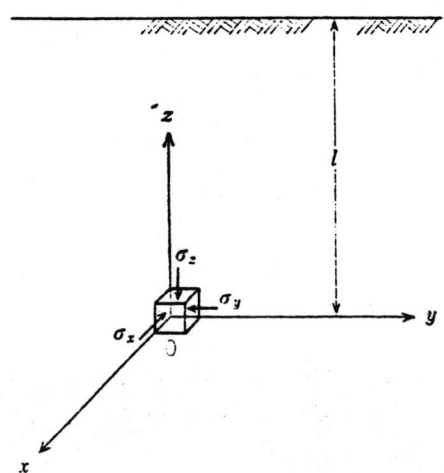

그림 7.1 미채굴지중의 지압

지중암석의 밀도를 ρ, 중력계수를 g 로 나타내면 연직방향의 응력(지압)은

$$\sigma_z = \rho g l \tag{7·2}$$

로 나타낸다. 또, 圖示한 미소입방체는 x 및 y 방향에 대해서는 변형은 방해되어 있다고 가정하면 $\partial u / \partial x = \partial v / \partial y = 0$ (u 는 x 방향의 변위, v 는 y 방향의 변위로 한다) 따라서 $\epsilon x = \epsilon y = 0$ 이 된다. 또 $\sigma x = \sigma y$ 로 생각하면 식(7·1)에 의해 미소입방체에 작용하는 측압은

$$\sigma_x = \sigma_y = \frac{\nu}{1-\nu} \rho g l = \frac{1}{m-1} \rho g l \tag{7·3}$$

이 된다. 여기에 m 은 $m = 1/\nu$ 로 포아송상수이다. 암석의 포아송비는 0.2~0.3정도의 것이므로 상기의 가정이 성립된다고 하면 수평방향의 측압은 수직지압의 0.25~0.43배 정도의 것이 된다.

例題

암석의 무게를 $\sigma_g = 2.5 \text{t/m}^3$ 로 하면 지표에서 200m의 깊이에서는 수직지압은 $\sigma_z = \rho g l = 2.5 \times 200 \times 100 / 1,000 = 50 (\text{kg/cm}^2)$ 또 $\nu = 0.25$ 로 하면 측압은 $\sigma x = \sigma y = \nu [\rho g l / (1 - \nu)] = 0.333 \rho g l = 16.7 (\text{kg/cm}^2)$ 이 된다.

7.1.2 地形의 影響

그림 7.1은 지표면이 수평으로 평행해지는 경우에 따라 탄성론적인 지압의 크기를 추정해야 한다. 따라서 지표면은 평행하지않고 예를들면 **그림 7.2**에 나타난 바와 같이 산이 있고 강이 있어서 기복이 크다. 이 지형의 변화는 당연 그 지하지압의 크기나 그 주응력의 방향에도 영향을 미칠 것으로 생각된다. 그림 7.2는 지하발전소 계획지점 A 부근의 지형을 일단 2차원적으로 가정하고 모형화하여 유한요소해석(FEM)에 의해 지하의

7.1 암반응력의 발생

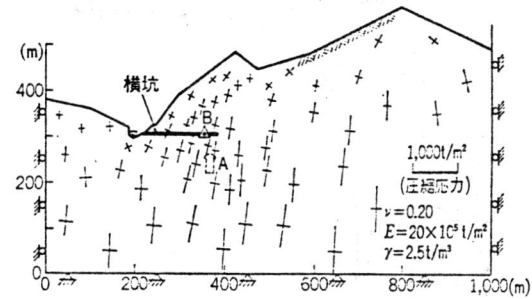

그림 7.2[1] FEM에 의한 지압추정($\nu=0.2$의 경우)

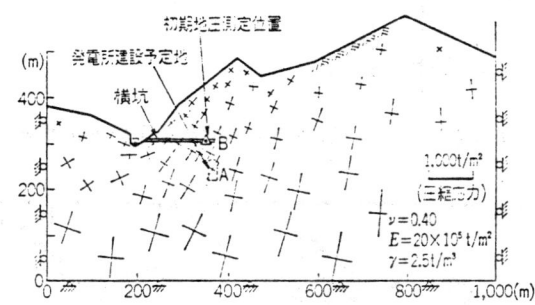

그림 7.3[1] FEM에 의한 지압추정($\nu=0.4$의 경우)

주응력 크기와 그 방향을 구한 것으로 포아송비 ν를 0.2로 가정한 경우이고 **그림 7.3**은 $\nu=0.4$로 가정한 경우를 나타내고 있다. 이 두 그림에서 지형의 변화에 의해 지하응력의 크기와 그 방향은 크게 영향을 준다는 것. 또 포아송비를 0.2로 잡는지, 0.4에 잡는지에 따라서도 측압은 상당히 크게 영향을 받는다는 것이 이해된다.

7.1.3 地殼 應力(플레이트 텍트닉스)의 影響

최근 암반응력을 측정하는 기술이 개발되고 있고, 여러 가지 방법으로 지중응력(지압)의 측정이 실시되고 있다. 그들의 결과를 총괄해 보면 일반적으로 연직방향 지압은 일응식 (7·2)에 표시되는 이론지압에 가까운 값을 나타내나 측압은 식(7·2)에서 나타내는 것보다 다소 큰값을 나타내는 일이 많다고 한다.

예를 들면 Van Heerden은 남아프리카에서 측정된 연직응력에 대한 평균수평응력비의 깊이에 대한 값의 변화를 조사하여 **그림 7.4**에 나타내는 다음식이 성립된다고 한다.

$$\sigma_H/\sigma_V = (248/H) + 0.448 \tag{7·4}$$

그러나 최근, 해저하지각의 이동에 관해서 플레이트 텍트닉스라는 학설이 성행되고 있

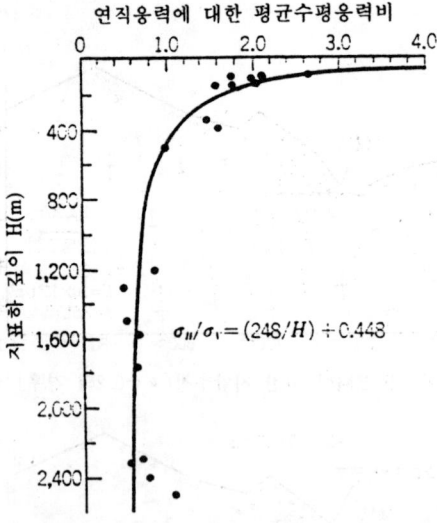

그림 7.4[3] 연직응력에 대한 평균수평응력비의 깊이에 의한 변화

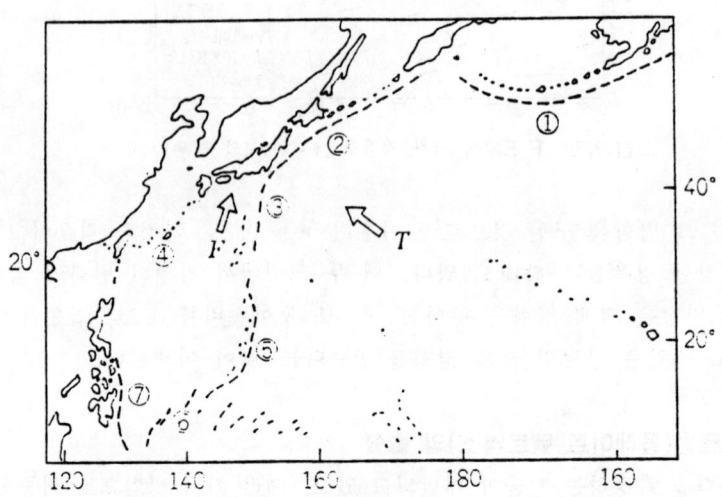

① 알류산해구 ② 치시마해구 ③ 일본해구 ④ 남서제도해구
⑤ 마리아나해구 ⑥ 파라우해구 ⑦ 필리핀해구
⑧ T : 태평양플레이트의 흐름방향
   F : 필리핀플레이트의 흐름방향

그림 7.5[6] 태평양중앙해분주변의 해구(사이엔스에서)

다. 이것은 미국 스크리포스 해양 연구소의 조사선 포라이존호의 조사에서 해양해저의 지형이 점점 판명되고 있다는 것과 해저암석 채취의 예로서 북태평양 서방해역에 대해 말하

면 수cm의 비율로 일본해구에 향해서 이동해간다고 말하고 있다. 이와같은 현상은 일본근해의 지형이나 지진발생원인 등도 모순없이 설명해주는 부분에서 대단히 설득력이 있다.

그림 7.5는 그 관련도이며, 태평양 중앙해분 주변의 해구를 표시하고 있지만, 이들의 해구발생원인도 Plate tectonics(板 構造論)는 설명해 준다. 즉 同圖에서 T 화살표는 해저하의 지각 맨틀의 흐름방향을 표시하고 있으며, 이 맨틀의 흐름에 의해 그림 7.6에 나타낸 바와 같이 해구를 발생하는 것이다.

그리고 이와 같은 맨틀의 흐름이 있다고 하면, 당연히 지각측압은 멀어져 있을 것이며, 지압측정결과, 측압이 강하다는 데이터도 같은 경향을 나타내는 현상이라 할 수 있을 것이다.

7.1.4 地盤內의 地層構造(空洞, 斷層, 不連續線 등)의 影響

탄성론에 의한 예로서는 (圓形孔이 있는) 탄성평판을 1축방향으로 일정하게 끌어주면 원형공의 주변에 응력 집중이 생긴다.

이와 같은 현상은 물론 3차원 물체내에서도 생기는 현상이다. 그림 7.7은 수평원형 갱도를 탄성암반내에 굴착시키고 있으며, 상하방향으로 P, 좌우방향으로 Q인 1차응력을 받을

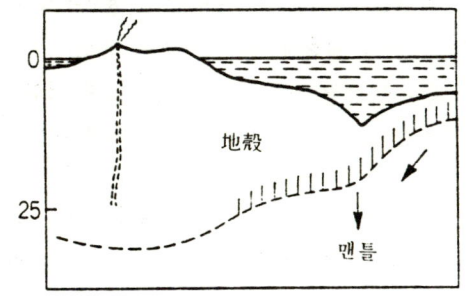

그림 7.6) 해구발생의 상상도(사이엔스에서)

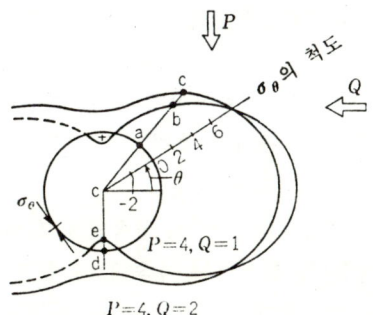

그림 7.7 원형갱도주변의 접선응력

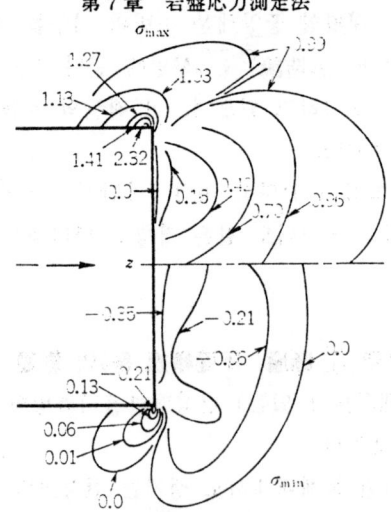

그림 7.8 보어홀 공바닥의 3차원응력분포
(σ_z만을 외력으로해서 작용시키는 경우의 응력집중)

경우 $P/Q=4/1$과 $P/Q=4/2$의 비율에 있는 경우에 대한, 원형공주변에 생기는 접선응력 (σ_θ)의 변화를 표시한 것으로 예를 들면 원공주변 a절에 대한 σ_θ는 $P/Q=4/1$의 경우는 $\overline{ab}$로 또 $P/Q=4/2$의 경우는 $\overline{ac}$ 길이로 표시되는 크기에 해당한다는 것을 나타내고 있다. 이것은 문제를 2차원평면변형의 문제로서 구한 풀이이나 일반적으로 어떤 형상의 공동일지라도, 공동이 존재하면 그 공동의 주위에서는 이른바 응력집중현상이 나타나고, 응력(지압)의 소란을 일으킨다는 것은 알려진 현상이며, 수개의 공동이 서로 접근해서 존재할 경우는 상호의 응력집중이 겹쳐지게 된다.

그림 7.8은 탄성체에 천공된 시추공 바닥부근의 응력집중을 나타내고 있으며 외부응력으로서는 z 방향으로 가압되는 경우이며 FEM에 의한 3차원 풀이이다. 상반은 최대응력의 또 하반에서는 최소응력의 응력집중계수를 나타내고 있다. 이 한예에 의해서도 孔바닥부의 응력교란형태의 개요는 그 개념이 얻어진다. 그 개념은 원형공에 한정되지 않고 어떤 형상의 터널 굴진막장에서도 생기는 현상이며 실제로는 연직 방향 및 측벽방향에서 지압을 받고 있기 때문이다. 同圖에서 공저의 응력집중 경향은 대략 공직경의 범위정도까지에서는 영향이 미치지 않는 것으로 생각된다.

그림 7.9는 물성($E\cdot\nu$)을 달리하는 2개의 암반 접촉면을 향해서 원형갱도가 경암측에서 접근해가는 경우에 대한 孔底(막장)와 접촉면(불연속면, 단층면)부근의 응력집중변화를 나타내고 있다. 1차 지압(σ_0)을 외주에 원형공 축에 대하여 직교방향에서 가해지는 경우이며 3차원 FEM에 의한 풀이이다. 同圖(a),(b)를 비교해봄으로써 다음과 같은 현상을 이해할

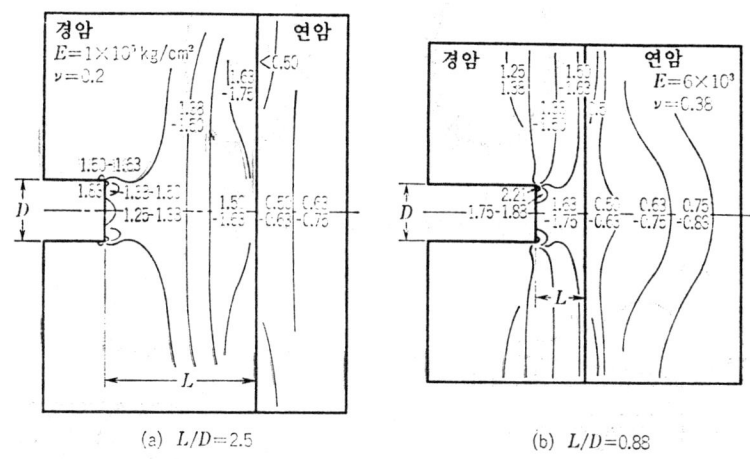

그림 7.9[9]) 경·연암 접촉면에 접근하는 원형갱도의 전방암반내의 응력집중

수 있다. ① 경암과 연암이 상접(相接)하는 경우에는 외압조건에 의해 즉시에 결론은 나오지 않지만, 일반적으로는 경암 쪽이 많은 응력을 받고 연암의 응력은 비교적 적다. ②막장과 암반불연속면과의 거리(L)와 공경(D)의 비가 L/D=2.5정도에서 막장접근의 영향(응력의 집중)이 나타나기 시작, L/D가 1보다 작아지면 응력집중은 급증하고 응력(지압) 교란이 심해지며 암붕락 흙붕락 등이 생기는 위험이 증대한다.

암반내의 응력은 상기와 같이 지형의 영향을 포함한 자중(중력)에 의한 응력, 지각응력 및 지반내 지질지층구조의 영향에 의한 응력교란 등이 겹쳐져 응력상태(지압분포)를 나타내고 있다고 생각된다.

7.2 岩盤應力의 增加, 變動에 수반하는 諸現象

암반응력이 어떤 원인으로 증대하고 그 값이 암반내의 임의점에서 그 암석 고유의 파괴강도를 상회하게 되면 그 점에서 인장, 전단 등의 균열파괴를 일으켜, 그것이 어떤 범위 이상으로 확대해나가면 큰 파괴현상으로 이어진다. 그리고 그와같은 파괴는 암반, 암석내의 공극이라든지 공동주변에서 발생할 때가 많다.

암반응력의 증가에 수반해서 발생하는 제현상으로서는 예를 들면 ① 갱도에서 굴진된 보어홀 내벽에 발생하는 균열, ② 지압측정을 위해 실시되는 오버코어링(over-coring)시에 발생하는 디스킹현상(Disking), ③ 터널내의 암석 표면박락, ④아시오동산이나 미우따 탄갱 그밖의 갱내에서 발생한 흙의 붕락과 여기에 수반되는 대재해 등을 들 수 있다.

①은 지압측정시에 실시되는 시추작업중에 종종 관측되는 현상이지만, 시추공 천공 직후

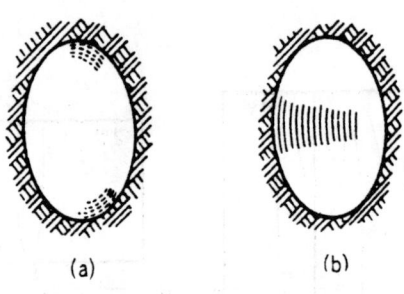

(a)   (b)

그림 7.10 보어홀 내벽에 발생하는 균열

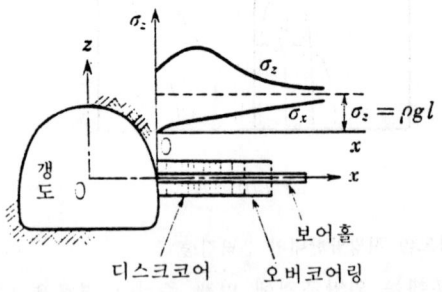

그림 7.11[10] 갱도측벽의 지압(σ_z, σ_x)
과 디스킹현상

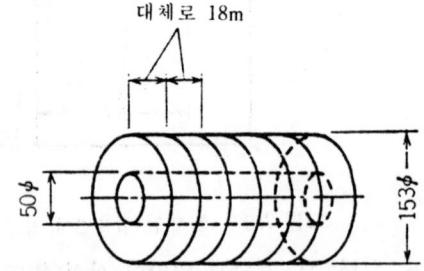

그림 7.12[10] Disking을 일으키는 암심

에 갱도측벽면에 비교적 가까운 곳의 시추공 내벽에의 예로 **그림 7.10(a)**과 같이 내벽 상하위치에 인장파괴를 일으킨 것처럼 관찰되는 균열이 수 10cm, 갱도 측벽면측에서 안쪽으로 향해서 급속히 발생되어가는 것을 목격할 때가 있다. 또 同圖 (b)와 같은 전단 파괴로 생각되는 파괴를 보어홀내 측벽에서 관찰할 때도 있다. 이와 같은 균열파괴선이 보어홀 중심에 대하여 대칭위치에 발생하고, 그 위치는 지압측정 결과에서 판명하는 주응력의 크기와 방향에서 이론계산에 의해 추정할 수 있는 균열파괴발생위치와 거의 일치하는 것이다. 그래서 암석의 강도를 다른 쪽에서 조사해두면 반대로 주응력의 작용방향과 그 크기를 추정할 수 있다.

②는 지압측정을 위해 실시되는 오버코어링시에 암심에 종종 발생하는 현상이며, **그림 7.11**로 천공된 시추공의 주위암석에 작용하는 지압응력을 개방하기 위해 실시되는 오버코어링의 시추에 의해 생기는 암심이 갱도측벽과 가까운 위치에서 수 10cm 안쪽으로 향해서 10수 mm의 두께 원판상으로 예를 들면 **그림 7.12**에 나타난 바와 같이 두께의 원판에 디스킹(Disking)을 만드는 현상이고, 그 발생범위는 갱도측벽에서 예상되는 지압분포에서 추측되는 주응력(σ_z) 극대범위와 잘 일치되어 있다. 이 디스킹에 관해서는 실내실험이나 FEM 이론 풀이에 의한 연구도 실시되고 있으며, 디스킹을 일으키는 조건으로서 Obert는 다음의 시험식을 제시하고 있다. 내공이 있는 원통상암석시료에 대하여 軸壓 및 周壓을 가하는 시

험을 한 결과,

$$p_r = k_1 + k_2 p_z \tag{7·5}$$

여기에 p_r : 시료에 가해지는 주압, p_z : 시료의 축방향 가압력으로 k_1는 다음관계에 있으며 또 k_2의 값은 0.6~0.9로 되어있다.

$$k_1 = -240 - 2S_0 \tag{7·6}$$

여기에 S_0 : 시료의 전단강도(kg/cm^2)이다.

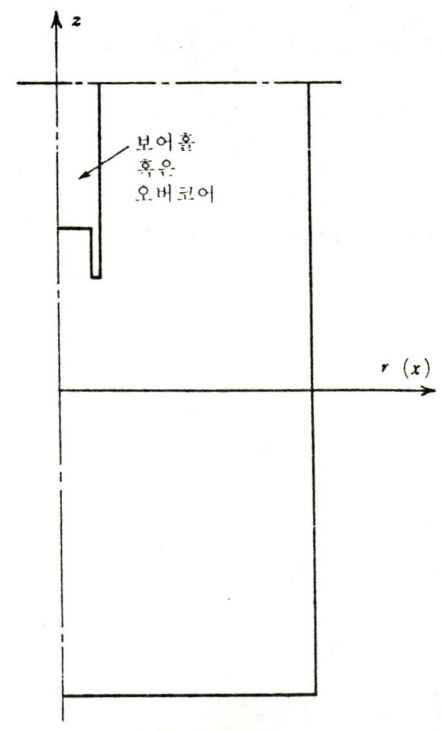

그림 7.13 응력해석모델

오까 등은 이 디스킹의 현상을 그림 7.13에 나타낸 바와 같이 해석모델에 대해 FEM 해석을 해서 그림 7.14에 표시하는 응력성분 분포를 구한다. 동그림 (a)는 주압 p_r를 작용시킨 경우에는 대한 응력 성분 σ_r와 p_r과의 비를 나타내고 부(負)는 가압응력이다.

또 동그림 (b)는 축방향응력 σ_z와 p_r와의 비를 나타내고 보링비트에 의해 깍아지는 슬릿 밑면에 가까운 암심중심부와 슬릿측면에 $\sigma_z/p_r=0.25$ 및 0.2를 표시하는 응력값의 범위존재를 표시하고 있다. 이 σ_z의 값은 인장응력을 표시하는 것으로 $\sigma_z = \sigma_t$ (σ_t : 암석시료의 인장강도)이면 인장파괴를 일으키는 일을 나타내고 있으며 이 응력이 디스킹을 발생하는 주요 원인은 p_r 값이 증대하고, $\sigma_z = (0.2 \sim 0.25)p_r$, →$= \sigma_t$ 가 없다면 디스킹을 일으킨다. 이 p_r 의 응력은 그림 7.11에서는 σ_z 에 대응한다.

이러한 점에서 디스킹 현상을 관찰하는 일로 해서 우리들은 갱도측벽의 그 국소에 작용하는 응력(σ_z)의 크기를 추진할 수 있다.

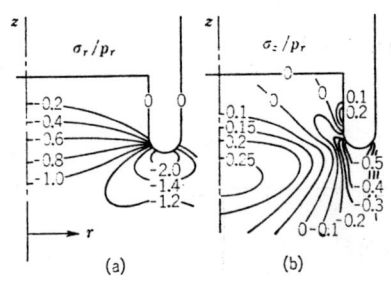

그림 7.14 외주압 P_r 에 의해 생긴 응력성분 σ_r 와 σ_z 의 분포(오카등에 의한다)

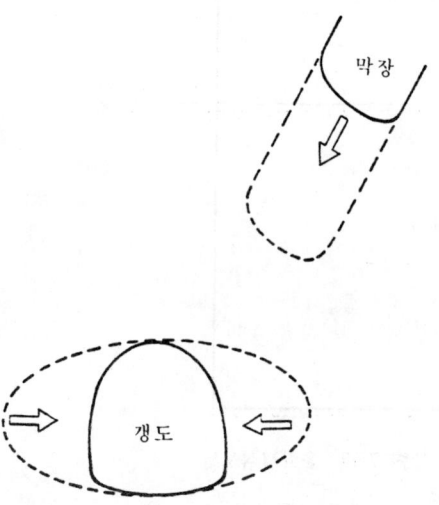

그림 7.15 채굴종점의 갱도에의 접근에 의한 응력의 증대에 의한 암석파열

③예를 들면 화강암내의 터널굴진에서 볼 수 있는 현상이며, 발파굴진되어 있는 터널내 측벽부에 있어서 혹은 주위에 작용하는 지압의 상황에 따라서는 天盤面에 있어서 암석을 얇은 조개껍질모양의 균열이 확대되서 박리하는 현상이다. 이와 같은 경우에도 그것이 터널 주위에 작용하는 지압에 영향을 주는 것으로 상상되는 경우가 있다.

④의 예는 강한 지압이 작용하는 경우이며, 여기에 2예를 열거해둔다. 하나는 아시오동

7.2 암반응력의 증가, 변동에 따른 제현상

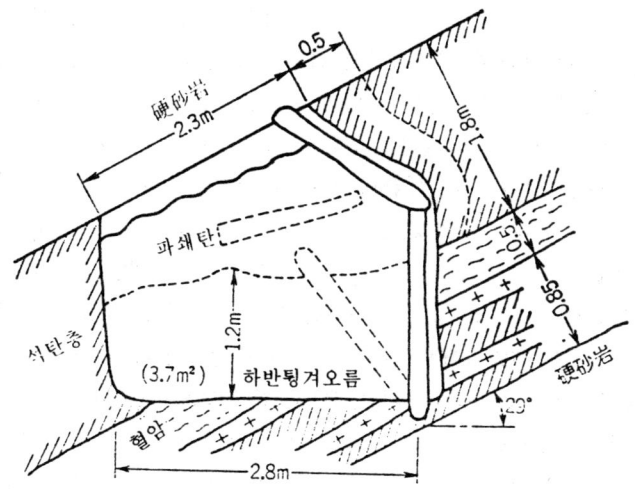

그림 7.16[16] 미우따 채탄갱도에 대한 흙붕락

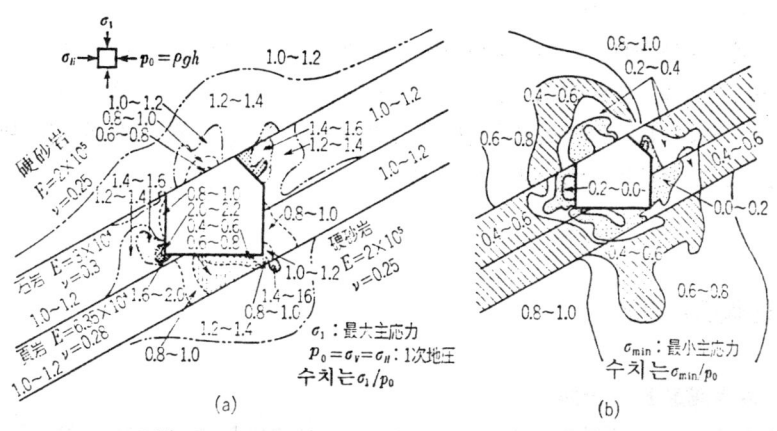

그림 7.17 미우따 채탄갱도주위응력의 FEM 해석

산의 깊은 갱에서 발생됐다. 단단한 石英粗面岩으로 굴진되어가던 갱도가 돌연, 양측벽이 수m 깊이에서 돌출해서 갱진을 축방향 수m에 거쳐서 파괴, 밀봉되고 말았다.

당연히 흙붕락에 수반해서 심한 진동과 파괴음을 발생했지만, 통행인이 없었기 때문에 인명재해는 없었다. 변재사고 조사에 의해 그 갱도에 대한 위쪽에서 밑방향으로 수개의 막장이 접근해 있다는 것이 판명되고 있다. 이것은 變災部分이 상당히 깊은 곳이었다는 것, 막장 접근에 의해 응력 집중이 있다는 점에서 파괴응력의 존재에 의한 재해가 판단되었다.

그림 7.16은 홋카이도 미우따탄광의 채탄갱도에 발생한 암석파열에 의한 갱도의 붕괴에

이다. 이 흙붕락은 長壁막장, 채탄갱도 모두 광범위하게 돌연 발생한 대재해를 주고 있으며 이 조사도에서 이해되는 것은 파괴는 우선 갱도의 깊은 측밑 모서리의 탄층이 돌출된 것, 또 구석부의 탄층이 붕락한 것, 이어서 하반의 혈암층이 튕겨오른 것을 말해주고 있다.

그림 7.17(a) 및 (b)는 이 채광갱도 주위의 응력분포를 가정하기 위해 FEM에 의한 응력해석을 실시한 결과를 나타내고 있다. 同圖에 나타내고 있는 물성치는 시료를 채취할 수 있는 데이터에 준하고 있다. 이 석탄의 1축압축강도는 $c\,\sigma_c=220\sim280(kg/cm^2)$, 최고 $350kg/cm^2$, 혈암은 $s\,\sigma_c=600\sim800(kg/cm^2)$, 인장강도는 $s\,\sigma_t=0\sim80(kg/cm^2)$, 硬砂岩의 강도는 $ss\,\sigma_c=1,050kg/cm^2$, $ss\,\sigma_t=160kg/cm^2$ 정도이므로 同圖(a), (b)를 참조해서 암석의 파괴이론으로 생각하면 1차지압 (p_0)이 증가하면 파괴는 우선 갱도의 탄층 깊은 측 구석부와 그 주위와 안쪽에 생기고 이어서 탄층구석부분이 붕락된다는 것을 나타내고 있다. 그리고 갱도의 탄층깊은 측 구석부의 파괴는 軟弱直接下盤을 이룬 혈암층과 탄층의 호층은 인장응력을 받지만 그 응력을 능가할 수 없으므로 인장파괴가 생기고 기반부풀음이 순간적으로 일으켜 갱도내로 돌출해 갈 것을 想像시킨다. 또 직접 상반의 사암과 혈암층하의 사암은 $\sigma_1=(1.2\sim1.4)\,p_0$와 응력을 받는 범위가 있으며, 이 범위는 받는 응력의 크기에 따라서는 파괴가 생긴다는 것도 생각된다. 이러한 想定은 그림 7.16 조사도에서 추정되는 파괴현상과 잘 부합되어 있다.

이상의 여러예는 암반응력의 증대결과로서 발생할 수 있는 현상의 여러 예를 나타내고 있으며, 암반응력의 분포개념, 분포값을 구분한다는 일은 암반공학상 또는 암반공사시공상 중요하다는 것을 나타내고 있지만, 다시 암반응력의 측정은 지진의 豫知에 대해서도 중요한 의미를 갖고 있다는 것을 지적해 둔다.

7.3 岩盤應力測定法

7.3.1 實用測定法의 分類

암반내의 응력을 측정하려고 하는 시도는 근간 10수년래 여러나라의 학자들에 의해 연구가 되고 있으며, 실측예도 상당량에 달해왔다. 특히 응력해방법에 의한 것이 주류를 이루어왔지만 최근에는 수압파쇄법으로 일컫는 방법에 의해 지하 깊은 곳의 지압을 계측할 수 있도록 되어 있다. 지압측정법으로서 실용적인 것은 현재, 표 7.1과 같이 분류할 수 있다. (A)는 모두 암반내에 시추공을 천공하여 그 보어홀 속에 계측기를 접착 혹은 설치한다. 이어서 그 계측시추공의 외주에 계측시추공 지름의 5배 정도의 직경으로 오버코어링을 해서 이 오버코어링에 의해 응력을 해방시킨 계측 시추공을 포함한 암심의 시추공 내에서 생긴 변형 또는 변위를 계측하고 계산에 의한 응력을 구하는 방법이다. 여기에 대해 (B)는 주로 지표하 깊은 부분의 지압측정에 채택되는 방법이며, 통상 지표밑 연직하로 천공된 시추공

7.3 암반응력측정법

표 7.1 암반응력측정법과 사용계측기

(A) 응력해방법		(B) 수력파쇄법	
측 정 법	사용계측기	측 정 법	사용계측기
(1) 공저변형법	스트레인게이지와 스트레인미터	(1) 보어홀 내의 계측 범위를 수력으로 가압해서 내벽을 파괴, 이때 생긴 수압변동 기록과 균열파괴 상태에서의 지압크기와 주응력방향을 구한다.	압력프로브 기록계 보어홀 텔레비전 파괴균열무늬가업 복인정치
(2) 공내벽변형법	상 동		
(3) 공경변하법	스트레인게이지 또는 差動變壓器型伸計와 판독기		

속에 압력 프로브를 수직하해서 지표에서 수압으로 가압한다. 프로브는 시추공 내벽에 밀착하고 내벽은 수압에 의해 가압이 된다. 압력상승에 따라 결국 공내벽에 균열을 만들고, 그러므로 수압은 저하변동한다. 이 암반균열은 암반에 작용하는 지압과 부가수압의 평형이 파괴되므로써 생기는 것으로 수압의 시간에 수반하는 변동을 기록하는 것과 균열상태를 관측해주므로써 이론적으로 작용지압을 구할 수 있는 것이다.

표 7.1 가운데 응력 해방법의 (1) 孔底變形法에 관해서는 문헌에 기록되어 있으므로 여기서는 언급하지 않는다. 이하에서는 공내벽 변형법과 공경변화법 및 수압파쇄법에 대해서 상술한다.

7.3.2 孔內壁變形法

공내벽 변형법에 관해서도 문헌으로 상당히 상세하게 소개되어 있지만, 여기서 다시 그 이론에 대하여 기술하도록 했다. 그것은 이 방법에 의하면 계측보어홀 1개로 3차원응력을 결정할 수 있다고 하는 편리성이 있기 때문이다.

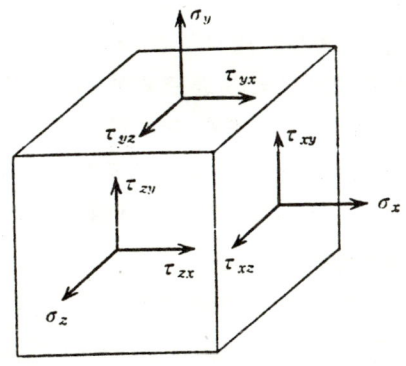

그림 7.18 고체내의 1점에서의 응력

고체내의 임의1점 응력은 다음 6가지의 응력성분에 의해 표시할 수 있다. 즉 그들은 **그림 7.18**로 σ_x, σ_y, σ_z, τ_{xy}, τ_{yz} 및 τ_{zx} 이다. 일정한 고체내에 원공을 천공을 한 경우를 고려하여 그림 7.19에 나타낸 바와 같이 $r\,\theta\,z$ 의 원수좌표를 생각하면 원공 부근의 1점 응력성분은 p_r, p_θ, p_z, $\tau_{r\theta}$, $\tau_{\theta z}$ 및 τ_{zr} 로 나타낼 수 있다. 그리고 원공을 천공시키기 이전의 응력성분 σ_x, σ_y ···, τ_{yz} 와 원공을 천공시킨 다음의 응력성분 p_r, p_θ,···, τ_{zr} 과 사이의 관계는 다음 식으로 나타낸다.

$$p_r = \frac{\sigma_x+\sigma_y}{2}\left(1-\frac{a^2}{r^2}\right) + \frac{\sigma_x-\sigma_y}{2}\left(1+3\frac{a^4}{r^4}-4\frac{a^2}{r^2}\right)\cos 2\theta + \tau_{xy}\left(1+3\frac{a^4}{r^4}-4\frac{a^2}{r^2}\right)\sin 2\theta$$

$$p_\theta = \frac{\sigma_x+\sigma_y}{2}\left(1+\frac{a^2}{r^2}\right) - \frac{\sigma_x-\sigma_y}{2}\left(1+3\frac{a^4}{r^4}\right)\cos 2\theta - \tau_{xy}\left(1+3\frac{a^4}{r^4}\right)\sin 2\theta \qquad (7\cdot 7)$$

$$p_z = -\nu\left\{2(\sigma_x-\sigma_y)\frac{a^2}{r^2}\cos 2\theta + 4\tau_{xy}\frac{a^2}{r^2}\sin 2\theta\right\} + \sigma_z$$

$$\tau_{r\theta} = -\frac{\sigma_x-\sigma_y}{2}\left(1-3\frac{a^4}{r^4}+2\frac{a^2}{r^2}\right)\sin 2\theta + \tau_{xy}\left(1-3\frac{a^4}{r^4}+2\frac{a^2}{r^2}\right)\cos 2\theta$$

$$\tau_{\theta z} = (-\tau_{zx}\cdot\sin\theta + \tau_{yz}\cdot\cos\theta)\left(1+\frac{a^2}{r^2}\right) \qquad (7\cdot 8)$$

$$\tau_{rz} = (\tau_{zx}\cdot\cos\theta + \tau_{yz}\cdot\sin\theta)\left(1-\frac{a^2}{r^2}\right)$$

상기의 식(7·7) 및 (7·8)은 $r=a$ 에 있어서는 $p_r=0$, $\tau_{r\theta}=0$ 및 $\tau_{rz}=0$ 이 되고 p_θ, p_z 및 $\tau_{\theta z}$ 는 다음 식으로 나타내고 있다.

$$p_\theta = (\sigma_x+\sigma_y) - 2(\sigma_x-\sigma_y)\cos 2\theta - 4\tau_{xy}\cdot\sin 2\theta$$

$$p_z = -2\nu[(\sigma_x-\sigma_y)\cos 2\theta + 2\tau_{xy}\cdot\sin 2\theta] + \sigma_z \qquad (7\cdot 9)$$

$$\tau_{\theta z} = 2(-\tau_{zx}\cdot\sin\theta + \tau_{yz}\cdot\cos\theta)$$

그러나 p_θ, p_z 및 $\tau_{\theta z}$ 는 그림 7.19를 참조함으로써 p_θ 는 공벽면상의 θ 방향의 응력성분이며 p_z 는 같은 이 공벽면상의 z방향의 응력성분이고 $\tau_{\theta z}$ 는 같은 공벽면상의 θz 면상의 전단응력 성분이라는 것을 알 수 있으므로 이들 응력성분은, 이들 성분의 변형성분을 계측하므로써 다음 관계식을 이용해서 이것을 구할 수 있다.

그림 7.20(a))으로 xy면상에 있어서 x축과 ϕ인 각도를 이루고 xy면에 접착시키고 있는 변형계에 의해 측정된 변형 ε_ϕ 는 x방향의 변형 ε_x, y방향의 변형 ε_y 및 전단변형 γ_{xy} 와 의 사이에서 다음 관계가 성립된다.

$$\varepsilon_\phi = \varepsilon_x\cos^2\phi + \varepsilon_y\cdot\sin^2\phi + \gamma_{xy}\cdot\sin\phi\cdot\cos\phi$$

혹은,
$$\varepsilon_\phi = \frac{\varepsilon_x+\varepsilon_y}{2} + \frac{\varepsilon_x-\varepsilon_y}{2}\cdot\cos 2\phi + \frac{\gamma_{xy}}{2}\cdot\sin 2\phi \qquad (7\cdot 10)$$

7.3 암반응력측정법

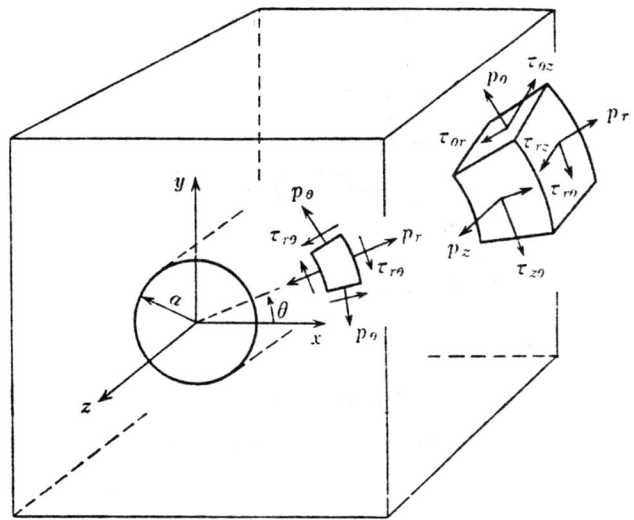

그림 7.19 고체내의 원공주변의 응력계

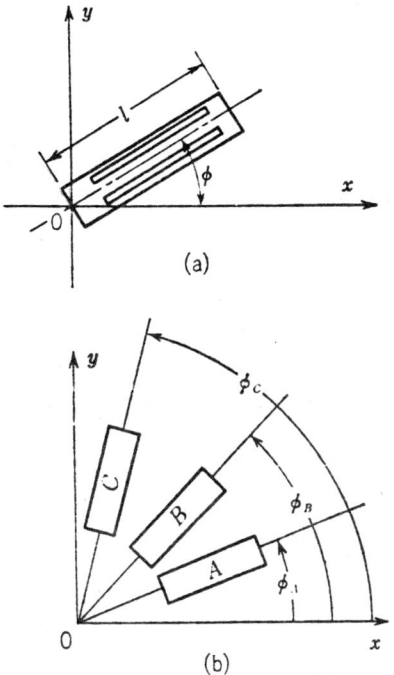

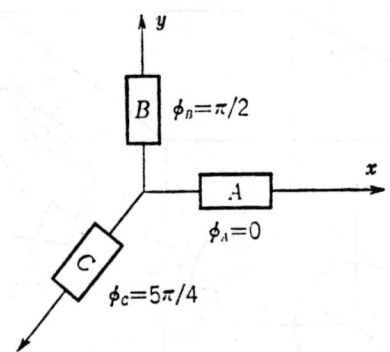

(C) 직각형로제트게이지

그림 7.20 평면상의 스트렌게이지의 배치

따라서 동그림 (b)의 배치일 때는 식(7·10)에 의해

$$\varepsilon_A = \varepsilon_x \cos^2\phi_A + \varepsilon_y \cdot \sin^2\phi_A + \gamma_{xy} \cdot \sin\phi_A \cdot \cos\phi_A \qquad (7\cdot11)$$

이며, ε_B, ε_C 에 대해서도 같은 관계식이 성립된다. 따라서 게이지와 직각형으로 제트게이지(同圖(c))를 사용한다고 할 때 그 경우는 다음 식의 관계가 얻어진다.

$$\varepsilon_A = \varepsilon_x, \quad \varepsilon_B = \varepsilon_y, \quad \varepsilon_C = \varepsilon_{45°} = \frac{1}{2}\{(\varepsilon_x + \varepsilon_y) + \gamma_{xy}\} = \frac{1}{2}\{(\varepsilon_A + \varepsilon_B) + \gamma_{AB}\} \qquad (7\cdot12)$$

따라서, $\gamma_{AB} = 2\varepsilon_C - (\varepsilon_A + \varepsilon_B)$

또 A, B 방향의 응력을 σ_A, σ_B, 다시 전단응력을 τ_{AB}로 하면 다음 관계가 성립된다.

$$\sigma_A = \frac{E}{2}\left[\frac{\varepsilon_A + \varepsilon_B}{1-\nu} + \frac{\varepsilon_A - \varepsilon_B}{1+\nu}\right]$$

$$\sigma_B = \frac{E}{2}\left[\frac{\varepsilon_A + \varepsilon_B}{1-\nu} - \frac{\varepsilon_A - \varepsilon_B}{1+\nu}\right] \qquad (7\cdot13)$$

$$\tau_{AB} = \frac{E}{2}\left[\frac{2\varepsilon_C - (\varepsilon_A + \varepsilon_B)}{1+\nu}\right]$$

지금 보어홀의 공내벽면에 접착되어 있는 스트레인 게이지(직각형)의 배치가 **그림 7.21**과 같다면 공내벽면변형(e_{Ai}, e_{Bi}, e_{Ci}, $i=1,2,3$)과 공내벽응력(σ_{Ai}, σ_{Bi}, τ_{ABi})과의 관계는 식(7·13)에 의해 다음 식으로 표시된다.

$$\sigma_{Ai} = \frac{E}{2}\left[\frac{e_{Ai} + e_{Bi}}{1-\nu} + \frac{e_{Ai} - e_{Bi}}{1+\nu}\right]$$

$$\sigma_{Bi} = \frac{E}{2}\left[\frac{e_{Ai} + e_{Bi}}{1-\nu} - \frac{e_{Ai} - e_{Bi}}{1+\nu}\right] \qquad (7\cdot14)$$

$$\tau_{ABi} = \frac{E}{2}\left[\frac{2e_{Ci} - (e_{Ai} + e_{Bi})}{1+\nu}\right]$$

7.3 암반응력측정법

그리고 측점 i가 그림 7·21과 같이 $i=1,2,3(\theta=\pi, \pi/2, 7\pi/4)$의 경우일 때는 응력성분은 $\sigma_{Ai}=\sigma_{\theta i}$, $\sigma_{Bi}=\sigma_{zi}$, $\tau_{ABi}=\tau_{\theta zi}$이고, 그림 7·19의 응력기호를 사용하면, $\sigma_{Ai}=\sigma_{\theta i}=p_{\theta i}$, $\sigma_{Bi}=\sigma_{zi}=p_{zi}=\tau ABi=\tau_{\theta zi}$이다. 따라서 공내벽에 그림 7·21에서와 같이 로제트

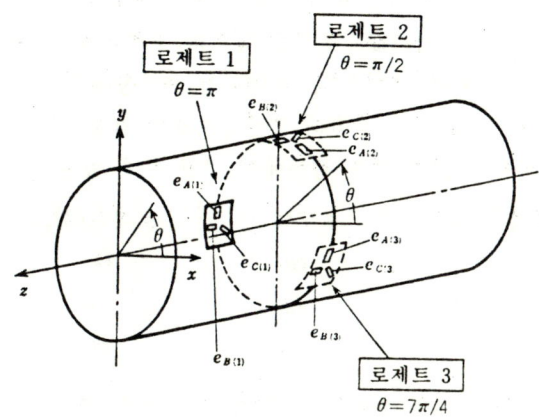

그림 7.21 공내벽면에 있어서 변형계 배치

게이지를 배치하고 그 위치의 변형변화를 측정하면, 식(7·14)에 의해 응력성분이 구해지므로 다음 식(7·9)의 관계식을 이용함으로써 직교좌표에 관한 시추공의 영향을 받지 않는 응력성분(1차지압) σ_x, σ_y, σ_z, τ_{xy}, τ_{yz}, τ_{zx}를 구할 수 있는 것이다.

즉 직각형 로제트게이지가 그림 7.21과 같이 배치되어 있다면 각 로제트게이지에 의해 구해지는 응력성분(σ_{Ai}, σ_{Bi}, τ_{ABi})과 직교좌표에 관한 1차 응력성분 σ_x, σ_y, ⋯ τ_{zx}와 사이의 관계는 다음 표에 나타난 바와 같다.

표 7.2

$r=a$ 에 따라서	로제트 1 $\theta=\pi$	로제트 2 $\theta=\pi/2$	로제트 3 $\theta=7\pi/4$
$p_\theta=(\sigma_x+\sigma_y)-2(\sigma_x-\sigma_y)\cos2\theta -4\tau_{xy}\cdot\sin2\theta=\sigma_{Ai}$	$\sigma_{A1}=-\sigma_x+3\sigma_y$	$\sigma_{A2}=3\sigma_x-\sigma_y$	$\sigma_{A3}= (\sigma_x+\sigma_y)+4\tau_{xy}$
$p_z=-\nu\{2(\sigma_x-\sigma_y)\cos2\theta+4\tau_{xy}\cdot\sin2\theta\}+\sigma_z=\sigma_{Bi}$	$\sigma_{B1}= -2\nu(\sigma_x-\sigma_y)+\sigma_z$	$\sigma_{B2}= 2\nu(\sigma_x-\sigma_y)+\sigma_z$	$\sigma_{B3}=-4\tau_{xy}+\sigma_z$
$\tau_{\theta z}=2\tau_{yz}\cdot\cos\theta-2\tau_{zx}\cdot\sin\theta=\tau_{ABi}$	$\tau_{AB1}=-2\tau_{yz}$	$\tau_{AB2}=-2\tau_{zx}$	$\tau_{AB3}= \sqrt{2}(\tau_{yz}+\tau_{zx})$

이와 같이 해서 결국 다음 식에 의해 6가지의 응력성분이 구해진다.

$$\sigma_x=\frac{1}{8}\{3\sigma_{A2}+\sigma_{A1}\} \qquad \tau_{xy}=-\frac{1}{8}\{\sigma_{A1}+\sigma_{A2}-4\sigma_{A3}\}$$

$$\sigma_y = \frac{1}{8}\{3\sigma_{A_1} + \sigma_{A_2}\} \qquad \tau_{yz} = -\frac{1}{2}\tau_{AB_1} \qquad (7 \cdot 15)$$

$$\sigma_z = \sigma_{B_1} + \frac{\nu}{2}\{\sigma_{A_2} - \sigma_{A_1}\} \qquad \tau_{zx} = -\frac{1}{2}\tau_{AB_2}$$

그러나 위식은 後記하는 이시지마 등이 유도한 "공벽변형법에 의한 응력측정의 일반식에서도 쉽게 구할 수 있다. 다시 계측값으로서는 앞서의 로제트게이지의 9성분을 모두 사용할 필요가 없고, 6성분으로 되는 것이지만, 보어홀의 축방향(z방향, 즉 B방향)의 변형을 측정하는 3개의 게이지($e_{Bi} = e_{zi}$)는 시추공의 원주상으로는 일정하므로 동일한 판독을 하게 할 것이다. 즉 모든 결과는 다음의 변형 판독에서 구할 수가 있다.

	로제트 (1)	로제트 (2)	로제트 (3)
z 방향	e_{B_1}	e_{B_2}	e_{B_3}
θ 방향	e_{A_1}	e_{A_2}	e_{A_3}
45°방향	e_{C_1}	e_{C_2}	e_{C_3}

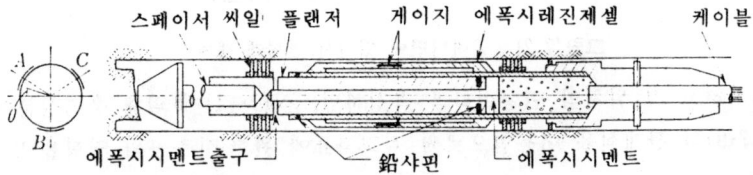

그림 7.22 Worotnicki·Walton의 3축변형계

또한 6가지의 응력성분 $\sigma_x, \sigma_y, \cdots \tau_{zx}$ 가 구해지면 암석내의 주응력 크기와 그 방향은 관계식을 사용해서 구할 수 있다.

공내벽 변형을 계측하는 계기로서는 Leeman이 개발한 "3축변형계"(Triaxial strain cell)로 일컬어지는 것이 있다. 필자도 비슷한 것을 제작하여 사용한 일이 있다. 여기서는 G.Worotnicki와 R.J,walton이 개발한 "Hollow Inclusion" Gauge로 일컬어지는 3축 변형계를 소개해둔다.

그림 7.22가 그 측정기로 Triaxal "Hollow Inclusion" Gauge로 일컫는다. 이 3축변형계를 시추공 내에 삽입해서 공내벽과 계기 사이의 공극을 계기내에서 밀어내는 에폭시수지로 충전고결시킨다. 다음으로 시추공을 중심으로한 암심을 오버코어링하면, 암심은 외부응력에서 해방되므로 계기의 스트레인 게이지에 변형변화를 만든다. 그래서 이 변형변화량에서 암심에 가해지는 응력 즉, 지압을 상기의 제식을 사용해서 계산에 의해 구할 수 있다.

7.3.3 孔壁變形의 理論式

암반응력의 측정법으로서는 오버코어링에 의한 응력해방법이 실시되지만, 응력해방시의 공벽 변형에 관하여 이시지마 등은 엄밀한 일반이론 풀이를 나타내고 있다. 이 일반식은

7.3 암반응력측정법

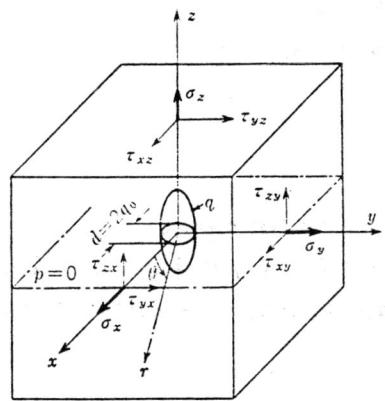

그림 7.23 외부응력을 받는 회전타원체 공동

공내벽 변형법으로 또 후에 설명하는 공경변화법에도 물론 적용할 수 있는 것으로 여기에 편의상 제식을 나타내 둔다.

이시지마 등은 Edwards 및 미야모토에 의해 풀이되고 있는 回轉楕圓體介在物에 관한 해석 풀이를 이용해서 응력해방법에 의한 암반응력 측정법에 관한 다음 제식을 구했다.

그림 7.23에 있어서 회전타원체(q)의 장축은 z축과 일치하는 것으로 하여, $p=0$을 赤道面으로 하면 $p=0$면에 의해 잘리는 회전타원체의 주형은 직경 d인 원형을 이룬다.

지금 u, v, w : 각각 시추공 벽면에 있어서 r, θ, z방향의 변위 성분 p_{ij}, e_{ij} : 원주좌표시에 의한 시추공벽면상의 응력 및 변형성분, E : 영률, G : 강성률로 하면 다음의 제식이 성립된다.

$$u = \frac{d}{2E}\{\sigma_x + \sigma_y - \nu\sigma_z + 2(1-\nu^2)(\sigma_x - \sigma_y)\cos 2\theta + 4(1-\nu^2)\cdot\tau_{xy}\cdot\sin 2\theta\}$$

$$v = \frac{d}{2E}\{-2(1-\nu^2)(\sigma_x - \sigma_y)\cdot\sin 2\theta + 4(1-\nu^2)\tau_{xy}\cdot\cos 2\theta\} \quad (7\cdot 16)$$

$$w = \frac{3d}{4G}(\tau_{yz}\cdot\sin\theta + \tau_{zx}\cdot\cos\theta)$$

$$e_{rr} = -\frac{\nu}{E}(\sigma_x + \sigma_y) + \frac{\nu}{G}(\sigma_x - \sigma_y)\cos 2\theta - \frac{\nu}{E}\sigma_z + \frac{2\nu}{G}\tau_{xy}\cdot\cos 2\theta$$

$$e_{\theta\theta} = \frac{1}{E}\{\sigma_x + \sigma_y - \nu\sigma_z - 2(1-\nu^2)(\sigma_x - \sigma_y)\cos 2\theta - 4(1-\nu^2)\tau_{xy}\cdot\sin 2\theta$$

$$e_{zz} = \frac{1}{E}\{\sigma_z - \nu(\sigma_x + \sigma_y)\} \quad (7\cdot 17)$$

$$e_{\theta z} = \frac{2}{G}(\tau_{yz}\cdot\cos\theta - \tau_{zx}\cdot\sin\cdot\theta)$$

$$e_{rz} = e_{r\theta} = 0$$

$$p_{zz} = \sigma_z - 2\nu(\sigma_x - \sigma_y)\cos 2\theta - 4\nu\tau_{xy}\sin 2\theta$$
$$p_{\theta\theta} = \sigma_x + \sigma_y - 2(\sigma_x - \sigma_y)\cos 2\theta - 4\tau_{xy}\cdot\sin 2\theta$$
$$p_{\theta z} = 2\tau_{yz}\cdot\cos\theta - 2\tau_{zx}\cdot\sin\theta \qquad (7\cdot 18)$$
$$p_{rr} = p_{r\theta} = p_{rz} = 0$$

7.3.4 孔徑變化法(Borehole deformation method)

응력을 받고 있는 암반내에 천공된 시추공의 공경은 그 시추공을 포함한 암괴가 오버코어링되면 변화한다. 공경변화법은 이 변화, 즉 오버코어링 됨으로써 생기는 공경변화를 측

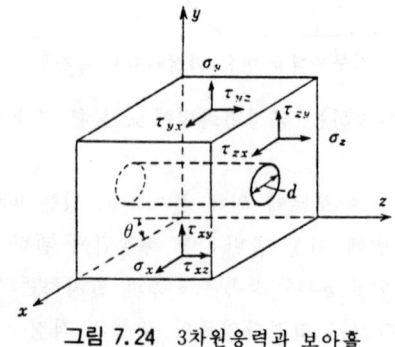

그림 7.24 3차원응력과 보아홀

정함으로써 그 암괴가 받고있던 응력을 구하려는 방법이며, 이 공경변화를 측정하는 계기로서 Borehole Gauge로 일컫는 것이 개발되고 있다.

지금 암반에 천공해서 시추공 축방향을 z 축에 잡으면 암반응력과 시추공의 관계를 그림 7.24로 표시할 수 있다. 여기서 시추공을 중심으로 두는 암심이 오버코어링되어 응력해방이 된다고 하면 시추공의 구경변화와 암반응력의 관계는 식(7·16)으로 나타낼수 있다. 응력해방에 의해 생긴 구경변화량을 U 로 표시하면 식(7·16)의 r 방향변화량 u 는 $U = 2u$ 의 관계에 있으므로 식(7·16)의 u 식은 다음 식으로 표시할수 있다.

$$U = \frac{d}{E}[(1-\nu^2)(1+2\cos 2\theta) + \nu^2]\sigma_x + \frac{d}{E}[(1-\nu^2)(1-2\cos 2\theta) + \nu^2]\sigma_y$$
$$+ \frac{4d}{E}(1-\nu^2)\sin 2\theta\cdot\tau_{xy} - \frac{d}{E}\nu\cdot\sigma_z \qquad (7\cdot 19)$$

위식에서 $\theta = \theta_1$, θ_2 및 θ_3의 방향에 있어서의 U 의 변화량, U_1, U_2 및 U_3를 측정하고, 다시 보어홀 축방향, 즉 z 방향의 변위 혹은 변형을 측정할 수 있다고 하면, 1개의 시추공으로 σ_x, σ_y, σ_z 및 τ_{xy}를 구할 수 있다.

또 다시 상기의 시추공으로 시추공 벽면의 θ_1에 대한 w_1 및 θ_2에 대한 w_2를 계측할 수 있다고 하면, θ_1 및 θ_2의 선정방식에 의해 τ_{yz} 및 τ_{zx}를 구할 수가 있다.

그림 7.25에 있어서 σ_1를 주응력의 방향으로하여, θ_1를 σ_1방향에서 반시계 방향으로 측정한 공경변화량 U_1의 계측방향으로 하면, 평면응력 문제로서 풀이함으로서 다음 식이 구해진다.

$$\sigma_1+\sigma_2=\frac{E}{3d}(U_1+U_2+U_3)$$

$$\sigma_1-\sigma_2=\frac{\sqrt{2}\cdot E}{6d}[(U_1-U_2)^2+(U_2-U_3)^2+(U_1-U_3)^2]^{1/2}$$

(7·20)

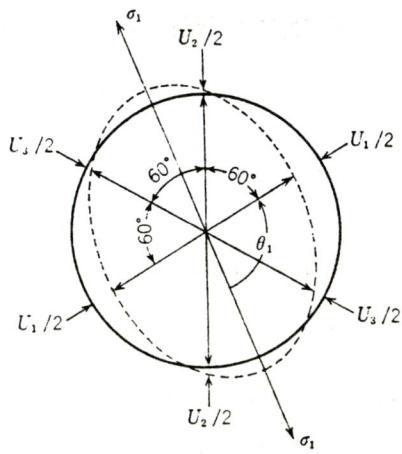

그림 7.25 응력변화에 의해 생기는 円孔의 변형

또 θ_1는

$$\tan 2\theta_1=-\frac{\sqrt{3}\cdot(U_2-U_3)}{2U_1-U_2-U_3}$$

(7·21)

평면변형문제로서 푸는 경우는 식(7·20)의 양식우변을 $(1-\nu^2)$로 나누면 된다. 이들의 제 식은 60°형 시추공 게이지를 사용해서 공경변화를 측정했을 때, 이용된다.

식(7·19)을 직접 이용하여 정규방정식의 형으로 다시 그려 직접적으로 응력을 구하는 산출법도 있다.

7.3.5 영률의 測定

공내벽 변형법이나 공경변화법으로 지압계측을 할때, 오버코어링에 의해 회수된 암심을 이용해서 그 암석의 영률을 측정한다. 이 경우, 회수암심을 외주로부터 가압해서 오버코어링이전의 상태와 가까운 상태로 복원하는 실험이 실시될 때가 많고 여기에 사용되는 장치를 외주 가압장치라 부른다.

다시 원통상의 회수암심을 외주가압장치에 삽입해서 외주로부터 유압을 작용시켜 압력 p

0에 대한 내경변형량 U를 측정하면, 살두께 원통의 이론식에 Hooke 법칙을 적용해서 평면변형을 가정하면 다음의 식에서 Young률을 구할 수가 있다.

$$E = (1-\nu^2) \frac{4a^2 b \cdot p_0}{(a^2 - b^2) \cdot U} \tag{7·22}$$

여기에 a : 암심의 반경, b : 시추공의 반경이다.

평면응력 상태에서는 위식의 $(1-\nu^2)$를 1로 대치한 식이 된다.

7.3.6 3개의 보어홀에 의한 3차원응력의 결정

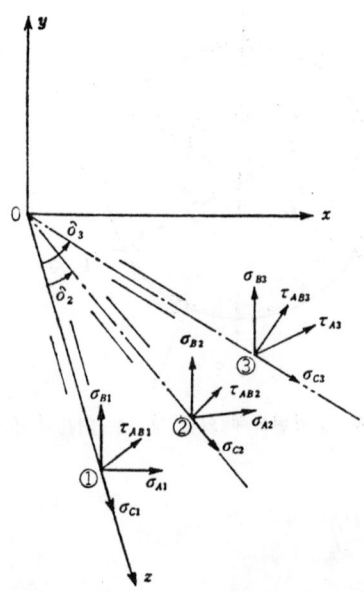

그림 7.26 공경변화법에 의한 계측된 응력성분($\sigma_{A1} \cdots \tau_{AB3}$)과 x, y, z 좌표계의 관계

지금 그림 7.26으로 0점 부근의 일정한 3차원응력을 해석하기 위해 xz 평면상에 있어서 0점으로 향하는 3개의 시추공 ①,②,③을 천공하여 그 시추공과 수직으로 교차하는 평면상의 2차원 응력(σ_{Ai}, σ_{Bi}, τ_{ABi}, $i=1,2,3$)과 시추공 축의 응력(σ_{Ci}, $i=1,2,3$)이 해석된 것으로 하면, σ_{Ai}, σ_{Bi}, τ_{ABi} 및 σ_{Ci}($i=1,2,3$)로 좌표계 xyz에 관한 응력성분 σ_x, σ_y, σ_z, τ_{xy}, τ_{yz} 및 τ_{zx}와의 관계를 구할 수 있다.

즉 일반적으로 x, y, z 좌표계의 응력성분(σ_x, σ_y, $\cdots$, τ_{zx})과 $x'y'z'$ 좌표계의 응력성분(σ_x', σ_y', $\cdots$, τ_{zx}')와의 사이에는 잘 알려져 있는 관계식이 성립되고, 그 경우의 좌표축 사이에 이루는 각의 방향여현(l_1, m_1, n_1, $\cdots$, n_3)은 표 7.3에 표시하는 관계에 있다. 그래서 $x'y'z'$ 좌표축을 그림 7.27에 표시한 것처럼 하면 방향여현의 값은 동표 하란에 표시하는 것처럼 된다.

7.3 암반응력측정법

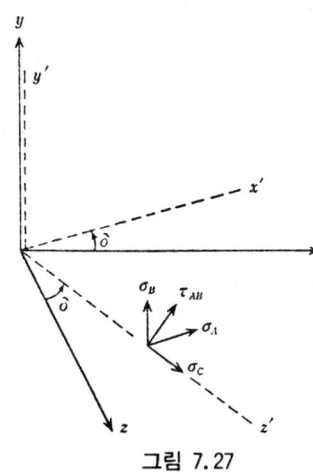

그림 7.27

표 7.3

좌표	x	y	z
x'	l_1	m_1	n_1
y'	l_2	m_2	n_2
z'	l_3	m_3	n_3
x'	$\cos \hat{o}$	0	$-\sin \hat{o}$
y'	0	1	0
z'	$\sin \hat{o}$	0	$\cos \hat{o}$

註 : $\cos(90°+\delta)=-\sin\hat{o}$,
$\cos(90°-\delta)=\sin\hat{o}$

따라서 그림 7.26에 표시한 것과 같은 3개의 시추공에 의해 측정된 응력성분, σ_{A1}, σ_{B1}, τ_{AB1}, σ_{C1}, $\sigma_{A2}\cdots\sigma_{C3}$와 $x\,y\,z$ 좌표계에 관한 응력성분 σ_x, σ_y, σ_z, $\cdots$, τ_{zx}와의 사이에는 **표 7.4**로 표시되는 관계식이 성립되는 것이 된다.

표 7.4 측정응력성분과 일반좌표계 응력성분의 관계식

보아홀 번호	측정된 응력성분	방향여현 l	m	n	x, y, z 좌표계응력성분과 x', y', z' 좌표계응력 성분의 관계식
①	σ_{A1}	1	0	0	$\sigma_{A1}=\sigma_{x1}$
	σ_{B1}	0	1	0	$\sigma_{B1}=\sigma_{y1}$
	τ_{AB1}	1,0	0,1	0,0	$\tau_{AB1}=\tau_{xy1}$
	σ_{C1}	0	0	1	$\sigma_{C1}=\sigma_{z1}$
②	σ_{A2}	$\cos\hat{o}_2$	0	$-\sin\hat{o}_2$	$\sigma_{A2}=\sigma_{x2}\cdot\cos^2\hat{o}_2+\sigma_{z2}\cdot\sin^2\hat{o}_2-2\tau_{zx2}\cdot\sin\hat{o}_2\cdot\cos\hat{o}_2$
	σ_{B2}	0	1	0	$\sigma_{B2}=\sigma_{y2}$
	τ_{AB2}	$\cos\hat{o}_2,0$	0,1	$\sin\hat{o}_2,0$	$\tau_{AB2}=-\tau_{yz2}\cdot\sin\hat{o}_2+\tau_{xy2}\cdot\cos\hat{o}_2$
	σ_{C2}	$\sin\hat{o}_2$	0	$\cos\hat{o}_2$	$\sigma_{C2}=\sigma_{x2}\cdot\sin^2\hat{o}_2+\sigma_{z2}\cdot\cos^2\hat{o}_2+2\tau_{zx}\cdot\cos\hat{o}_2\cdot\sin\hat{o}_2$
③	σ_{A3}	$\cos\hat{o}_3$	0	$-\sin\hat{o}_3$	$\sigma_{A3}=\sigma_{x3}\cdot\cos^2\hat{o}_3+\sigma_{z3}\cdot\sin^2\hat{o}_3-2\tau_{zx3}\cdot\sin\hat{o}_3\cdot\cos\hat{o}_3$
	σ_{B3}	0	1	0	$\sigma_{B3}=\sigma_{y3}$
	τ_{AB3}	$\cos\hat{o}_3,0$	0,1	$\sin_3,0$	$\tau_{AB3}=-\tau_{yz3}\cdot\sin\hat{o}_3+\tau_{xy3}\cdot\cos\hat{o}_3$
	σ_{C3}	$\sin\hat{o}_3$	0	$\cos\hat{o}_3$	$\sigma_{C3}=\sigma_{x3}\cdot\sin^2\hat{o}_3+\sigma_{z3}\cdot\cos^2\hat{o}_3+2\tau_{zx}\cdot\cos\hat{o}_3\cdot\sin\hat{o}_3$

註 : σ_{Ai}, σ_{Bi}, τ_{ABi}, $\sigma_{Ci}=\sigma'_{xi}$, σ'_{yi}, τ'_{xyi}, σ'_{zi} ($i=1, 2, 3$)
또한 $\sigma_{x1}=\sigma_{x2}=\sigma_{x3}$, $\sigma_{y1}=\sigma_{y2}=\sigma_{y3}$, $\sigma_{z1}=\sigma_{z2}=\sigma_{z3}$, $\tau_{xy1}=\tau_{xy2}=\tau_{xy3}$
$\tau_{yz1}=\tau_{yz2}=\tau_{yz3}$, $\tau_{zx1}=\tau_{zx2}=\tau_{zx3}$, 으로 한다.

7.3.7 主應力의 크기와 그 方向(方向余弦)의 決定

암반내(3차원)의 3가지 주응력($\sigma_i =$) σ_1, σ_2 및 σ_3은 다음 식의 3가지의 근으로서 구한다. 즉,

$$\sigma_i{}^3 - \sigma_i{}^2(\sigma_x+\sigma_y+\sigma_z)+\sigma_i(\sigma_x\sigma_y+\sigma_y\sigma_z+\sigma_z\sigma_x-\tau^2{}_{xy}-\tau^2{}_{yz}-\tau^2{}_{zx})$$
$$-(\sigma_x\sigma_y\sigma_z-\sigma_x\tau^2{}_{yz}-\sigma_y\tau^2{}_{zx}-\sigma_z\tau^2{}_{xy}+2\tau_{xy}\tau_{yz}\tau_{zx})=0 \tag{7·23}$$

식(7·23)은 아래식의 형에 곱한다.

$$\sigma_i{}^3+B\sigma_i{}^2+C\sigma_i+D=0 \tag{7·24}$$

혹은,
$$W_i{}^3+\alpha W_i+\beta=0 \tag{7·25}$$

여기에

$$\sigma_i=W_i-\frac{B}{3} \qquad \alpha=\frac{1}{3}(3C-B^2) \qquad \beta=\frac{1}{27}(2B^3-9BC-27D)$$

식(7·25)은 만약

$$\frac{\beta^2}{4}+\frac{\alpha^3}{27}<0$$

이면 실근 W_1, W_2 및 W_3을 갖는다. 그리고 그 값은

$$W_1=2\cdot\sqrt{-\frac{\alpha}{3}}\cdot\cos\frac{\phi}{3} \qquad W_2=2\cdot\sqrt{-\frac{\alpha}{3}}\cdot\cos\left(\frac{\phi}{3}+120°\right)$$

$$W_3=2\cdot\sqrt{-\frac{\alpha}{3}}\cdot\cos\left(\frac{\phi}{3}+240°\right) \quad \text{이다.}$$

여기에

$$\phi=\cos^{-1}\left[\frac{+\beta/2}{\sqrt{-\alpha^3/27}}\right] \quad \text{단} \quad 0<\phi<180°$$

이렇게 해서 W_1, W_2 및 W_3를 즉 σ_1, σ_2 및 σ_3을 구할 수 있다.

각 주응력($\sigma_i=$) σ_1, σ_2, σ_3의 방향여현 l_i, m_i, n_i은 다음 식(7·26)에 대입함으로써 구해진다.

$$\sigma_i=l_i{}^2\sigma_x+m_i{}^2\sigma_y+n_i{}^2\sigma_z+2l_im_i\tau_{xy}+2m_in_i\tau_{yz}+2n_il_i\tau_{zx} \tag{7·26}$$

그러나 위식은 미지량 l, m, n에 관하여 2차연립방정식이므로, 이 식을 사용해서 l, m, n

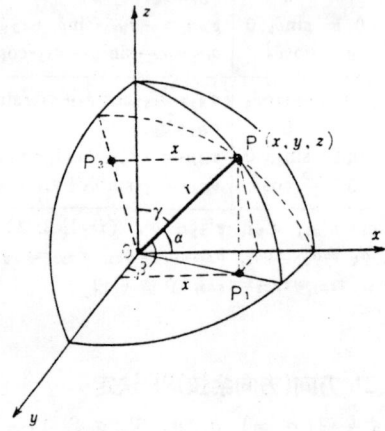

그림 7.28 $\overline{OP}$의 방향여현

을 구하는 일은 곤란하다. 그래서 오히려 식(7·23)의 윗식,

$$(\sigma_x - \sigma_i)l_i + \tau_{xy}m_i + \tau_{xz} \cdot n_i = 0$$
$$\tau_{xy} \cdot l_i + (\sigma_y - \sigma_i)m_i + \tau_{yz} \cdot n_i = 0$$
$$\tau_{zx} \cdot l_i + \tau_{yz} \cdot m_i + (\sigma_z - \sigma_i)n_i = 0 \quad (7 \cdot 27)$$
$$l_i^2 + m_i^2 + n_i^2 = 1$$

에 있어서 σ_x, $\cdots$, τ_{xz} 및 σ_1, σ_2, σ_3이 구해져 있는 경우에는 위식에 σ_1을 대입하면 위 식은 l_1, m_1, n_1에 관한 3원1차 연립방정식이 되고, σ_1의 방향여현 l_1, m_1, n_1이 용이하게 구해진다. σ_2, σ_3의 방향여현에 대해서도 같은 수단으로 구해진다.

식(7·27)에서 방향여현 l_i, m_i, n_i는

$$l_i = \cos(n_i, x) = \frac{A_i}{\sqrt{A_i^2 + B_i^2 + C_i^2}}$$
$$m_i = \cos(n_i, y) = \frac{B_i}{\sqrt{A_i^2 + B_i^2 + C_i^2}} \quad (7 \cdot 28)$$
$$n_i = \cos(n_i, z) = \frac{C_i}{\sqrt{A_i^2 + B_i^2 + C_i^2}}$$

여기에

$$A_i = (\sigma_y - \sigma_i)(\sigma_z - \sigma_i) - \tau_{zy} \cdot \tau_{yz}$$
$$B_i = \tau_{zy} \cdot \tau_{xz} - \tau_{xy}(\sigma_z - \sigma_i) \quad (7 \cdot 29)$$
$$C_i = \tau_{xy} \cdot \tau_{yz} - \tau_{xz}(\sigma_y - \sigma_i)$$

이다.

더욱 l, m, n은 그림 7.28에 있어서 P점의 좌표를 x, y, z로 하면 직선 $\overline{OP} = r$의 방향여 현(l, m, n)은, $x = r \cdot \cos \alpha$, $y = r \cdot \cos \beta$, $z = r \cdot \cos \gamma$이므로

$$\cos \alpha = \frac{x}{r} = \frac{x}{\sqrt{x^2 + y^2 + z^2}} = l$$
$$\cos \beta = \frac{y}{r} = \frac{y}{\sqrt{x^2 + y^2 + z^2}} = m \quad (7 \cdot 30)$$
$$\cos \gamma = \frac{z}{r} = \frac{z}{\sqrt{x^2 + y^2 + z^2}} = n$$

가 된다.

7.3.8 水壓 破碎法 (Hydro fracture method)의 理論

석유를 채유하는 우물, 즉 채유정(oil well)에서 채유능력을 높이기 위해 유정의 유층위 치에 수압가압해서 유정의 주위암벽을 파쇄하고 석유의 침출표면적을 확장해서 원유의 용 출을 증대하려는 기술이 있다. 이것을 "Hydraulic fracturing"(수압파쇄법)이라 일컬어지고,

채유기술의 하나로 되어 있다.

 그러나 이 채유자극법(stimulation process)은 반드시 성공해 있다고 할 수는 없고 따라서 수압파쇄의 실제기구를 해명하려고 하는 노력을 하고 있다. 그러나 이 문제에 관해서 다른 방면에서 지질학자나 광산기술자 등 지압에 관심을 갖는 연구자는 다른 관점에서 수압파쇄법에 관심을 모았다. 즉 이 방법은 지압의 크기와 그 작용방향의 檢知에 이용할 수 없다고 생각한 것이다. 그리고 이론해석이나 실내시험이 실시되어 오늘날의 깊은 곳에 대한 지압계측기술이 개발되어 왔다. 이 기술은 미국에서 개발되어 일본에서도 계측기계를 구입해서 현장계측이 실행되고 있다. 그래서 다음으로 이 기술의 이론과 계측법의 개요를 기술한다.

 무한판내의 원공이 내압을 받는경우 탄성론에서는 주지한 바와같이 다음식이 성립된다.

$$\sigma_r = -P_i \frac{a^2}{r^2} \qquad \sigma_\theta = P_i \frac{a^2}{r^2} \qquad (7\cdot 31)$$

여기에 a는 원공의 반지름이고, P_i는 원공에 작용하는 내압이다. σ_r는 반경방향으로 작용하는 압축응력이며, σ_θ는 접선응력이며 인장응력이 된다. 위식에서 이들의 주응력은 모두 공벽에서 벌어짐에 따라 급속히 감소되어 간다는 것을 알 수 있다. 따라서 위식이 만약 암석에 대해서 성립한다고 하면, 내압 P_i이 암석의 1축인장강도(σ_t)와 같아지면 공벽은 인장력에 의한 파괴를 일으키게 된다. 그러나 암석시료의 원공에 내압을 작용시켜도 일반적으로 파괴압은 암석의 1축인장강도보다 커지고, 그 차이는 암종에 따라 달라진다는 것을 알 수 있다.

 Lajitai는 이 현상을 암석내부의 결함(미소 크래크) 존재를 위해 응력완화효과가 생기기 때문이라고 하며, 그래서 공벽에서의 예로서 d인 거리에 있어서의 접속방향응력(σ_d)이 단축인장강도(T_0)와 같이되어 처음으로 파괴가 개시된다고 하며, 응력구배가 있는 취성체의 파괴조건은 다음 식으로 나타난다고 했다.

$$\sigma_d = \sigma_{\theta \max} + d\left(\frac{\partial \sigma_\theta}{\partial r}\right)_{r=a} = T_0 \qquad (7\cdot 32)$$

위식으로 우변의 제1항은 공주변의 접선응력, 제2항은 접선응력(σ_θ)을 원공중심에서의 거리로 미분하여 $r=a$로 한 것과 길이 d와의 적이다. 이것을 지금의 조건으로 응용하면 위식은 다음식이 된다.

$$\sigma_d = P_i + d\left(-\frac{2P_i}{a}\right) = T_0$$

따라서 이 경우의 파괴조건식은 다음 식이 된다.

$$P_i = \frac{T_0}{1 - \frac{2d}{a}} \qquad \left(d < \frac{a}{2}\right) \qquad (7\cdot 33)$$

7.3 암반응력측정법

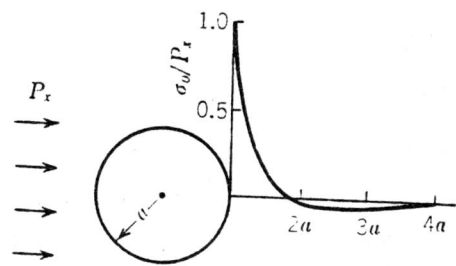

그림 7.29 응력 P_x를 받는 원공주변의 응력분포

한편, 먼곳에서 일정한 응력 P_x, P_y($|P_x| \geq |P_y|$)가 유공무한판에 작용하는 경우의 식도 유도되고 있으며, 그림 7.29와 같다. 따라서 일정한 응력상태에 있는 有孔板에 내압 P_i를 작용한 경우의 파괴조건식은 양식을 겹쳐줌으로써 다음식이 얻어진다.

$$\frac{P_i}{T_0} = \frac{1}{1-\frac{2d}{a}} + \frac{1-\frac{5d}{a}}{1-\frac{2d}{a}} \cdot \frac{P_x}{T_0} - \frac{3-\frac{7d}{a}}{1-\frac{2d}{a}} \cdot \frac{P_y}{T_0} \qquad (7 \cdot 34)$$

여기에 $d < a/5$로 d는 재료상수로 한다. d의 값은 가노시타, 이시지마, 사토 등의 실험에서는 몰탈로 $d=0.6$cm, 早强石膏(하이스톤)로 $d=0.05$cm였다고 하고 있다.

우물공(well bore)의 수압파쇄현상에 관해서 B.Haimson과 G.Fairhurst는 암석의 간극수압을 고려한 것보다 합리적인 이론을 발표하고 있다. 그들은 ① 우물공천공이전의 지압상태, ② 우물공천공후의 응력, ③ 우물공과 연직크래크를 발생하는 경우 및 ④ 연직 크래크이 확대되는 조건에 대하여 이론적으로 검토하여 우물공내압의 지역지압에 미치는영향을 검토했다.

다음, 그 개요를 기술한다.

(1) 油井孔(well bore) 천공이전의 응력(지압)의 상태

유층을 구성하는 암석은 탄성적이며, 다공질, 등방질이라 가정한다. 단 주응력의 하나는 유정공의 연직축과 평행하다고 한다. 이 가정은 지층이 급경사하지 않고, 지표가 평탄한 경우가 많은 경우, 실제와 잘 일치한다는 것이 인정되고 있다. 또 연직방향 주응력(σ_3)은 $\sigma_3 = -\rho D$ (여기에, ρ : 상층의 평균단위체적 중량, D : 깊이 이다) 또한, 다공탄성암을 통해서 흐르는 액체류는 Darcy의 법칙에 따르는 것으로 한다.

S_1 : 최소수평주응력(인장을 정(正)으로 한다)으로 하면,

$S_1 = \sigma_1 - P_0$, 여기에 P_0 : 지층간극수압(Formation pore fluid pressure), σ_1, 유효주응력 (Effective principal stress)이다.

S_2 : 최대수평주응력으로 S_1과 직교한다고 하면

$S_2 = \sigma_2 - P_0$, 이고

S_3 : 연직 주응력으로 하면

$S_3 = \sigma_3 - P_0 = -\rho D$, 이다.

(2) 우물공의 주변응력상태

연직방향으로 반경 a 인 우물공이 천공되면 우물축과 직교하는 수평방향 단면내에 있어서의 응력상태는 요란해지고, 아래와 같은 새로운 응력상태가 된다.

즉, 우선 제1로 2개의 수평주응력 S_1 와 S_2 에 준하는 응력분포이고, 이것은 반지름 a 의 원공을 갖는 큰직사각형판이 주변에서 응력 σ_1, σ_2 를 받는 문제(그림7.30)과 동일하며 원공주위에 생기는 응력분포는 유효응력(σ_1, σ_2) 지층간극수압(P_0) 및 극좌표응력(S_r, S_θ $S_{r\theta}$)에 의해 다음과 같이 기술된다.

$$S_r^{①} = \sigma_r - P_0 = \left\{ \frac{\sigma_1 + \sigma_2}{2}\left(1 - \frac{a^2}{r^2}\right) + \frac{\sigma_1 - \sigma_2}{2}\left(1 + \frac{3a^4}{r^4} - \frac{4a^2}{r^2}\right)\cos 2\theta \right\} - P_0$$

$$S_\theta^{①} = \sigma_\theta - P_0 = \left\{ \frac{\sigma_1 + \sigma_2}{2}\left(1 + \frac{a^2}{r^2}\right) - \frac{\sigma_1 - \sigma_2}{2}\left(1 + \frac{3a^4}{r^4}\right)\cos 2\theta \right\} - P_0 \qquad (7 \cdot 35)$$

$$S_{r\theta}^{①} = \frac{\sigma_2 - \sigma_1}{2}\left(1 - \frac{3a^4}{r^4} + \frac{2a^2}{r^2}\right)\sin 2\theta$$

여기에, r 는 孔中心에서 수평방향에의 반경거리에 있으며 θ 는 S_1 의 방향반경에서 반시계방향으로 잰 각도이다.

다음 우물공에 펌프로 수압이 가해지고 수압이 P_w 에 가압된 경우를 생각하면(그림 7. 31), 여기서는 2개의 응력장 $S②$ 와 $S③$ 이 발생한다.

$r = a$ 에 있어서는 압력이 P_0 에 P_w 로 상승하면, 내압을 받는 원공판의 이론식(7·31)에

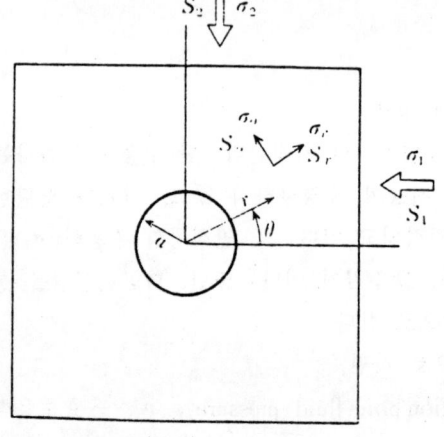

그림 7.30 외주로부토 주응력 σ_1, σ_2 를 받는 有孔板

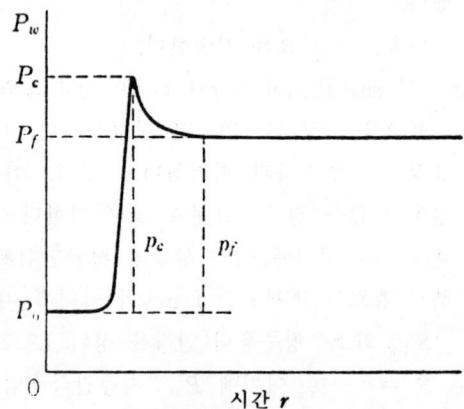

그림 3.31[31] 수압파쇄에 대한 공저수압의 시간변화

7.3 암반응력측정법

의해 다음식이 얻어진다.

$$S_r^{②}=-\frac{a^2}{r^2}p_w, \quad S_\theta^{②}=\frac{a^2}{r^2}p_w, \quad S_{r\theta}^{②}=0 \qquad (7\cdot36)$$

여기에, $p_w=P_w-P_0$ 이다.

우물수압 P_w 와 지층간극수압 P_0 사이에 압력차가 있으면 암석이 투수성이 되므로 이 경우 동시에 반경방향으로 외향의 흐름을 발생한다. 흐름의 문제를 단순화하기 위해서 이 유체는 지층간극 액체와 비슷한 성질을 갖고 있는 것으로 한다. 그리고 액체류는 축대칭적으로 일정하게 투수성으로 한다. 다공질 매체를 투시해서 흐르는 액체류는 고체를 투시해서 흐르는 열전도 문제와 비슷하고, 재료내의 응력과 변위 변화를 일으킨다. **열탄성(Thermoelasticity)** 이론에서 얻어지는 결과는 다공질 탄성재료의 문제를 푸는데 응용할 수 있다. 즉 두꺼운 원통내의 열응력풀이를 해서 쓰며, 이 경우 우리들은 제3의 응력장 S_{ij}를 다음과 같이 나타낼 수 있다.

$$S_r^{③}=\frac{\alpha(1-2\nu)}{r^2(1-\nu)}\left\{\frac{r^2-a^2}{b^2-a^2}\int_a^b p(r)rdr-\int_a^r p(r)rdr\right\}$$

$$S_\theta^{③}=\frac{\alpha(1-2\nu)}{r^2(1-\nu)}\left\{\frac{r^2+a^2}{b^2-a^2}\int_a^b p(r)rdr+\int_a^r p(r)rdr-p(r)r^2\right\} \qquad (7\cdot37)$$

$$S_{r\theta}^{③}=0$$

여기에 a : 두꺼운 원통의 내반경, b : 같은 외반경, ν : 지층의 포아송비, $\alpha=(1-c_r/c_b)$, c_r와 c_b는 각각 암석의 압축률(compressibility)과 체적압축율(Bulk compressibility)이고, α는 실험적으로 구할 수 있다. 또, $p(r)=P(r)-P_0$는 우물의 중심에서 r인 거리에 있어서의 P_0이상의 압력상승이다. 압력은 r의 증가에 수반해서 감소하므로 b를 대단히 크게 잡으면 Nowacki의 결과는 식(7·37)에 의해 다음과 같이 된다.

$$S_r^{③}=-\frac{\alpha(1-2\nu)}{r^2(1-\nu)}\int_a^r p(r)rdr$$

$$S_\theta^{③}=\frac{\alpha(1-2\nu)}{(1-\nu)}\left[\frac{1}{r^2}\int_a^r p(r)rdr-p(r)\right] \qquad (7\cdot38)$$

$$S_{r\theta}^{③}=0$$

그래서 우물공의 주변응력전분포는 이들 3가지의 다른 응력장을 겹침으로서 구해진다. 즉,

$$S_{ij}=S_{ij}^{①}+S_{ij}^{②}+S_{ij}^{③} \qquad (7\cdot39)$$

이다. 식(7·39)의 응력분포를 명료한 형으로 얻기 위해서는 액체류에 준하는 지층중의 $p(r$

)의 분포를 알아야 한다.

(3) 연직파쇄(vertical fracture)의 발생

여기서는 M.K.Hubbert에 의해 제안되고 있는 파괴발생기준을 사용한다[41](파괴는 우선 먼저 유효응력이 암석의 인장응력(σ_t)와 같은지, 보다 큰 부분의 우물벽면상의 1점에서 발생한다). 그리고 이 파괴는 최대주응력 S_2의 방향에 대하여 직교하는 평면에 연해서 확대한다(그림 7.34).

우물의 주변(a)에 대한 전응력은 식(7.35), (7.36) 및 $r=b$ 무한대의 경우 식(7.37)을 더하는 것으로 구해진다. 즉 식(7,35), (7.36) 및 식(7.38)으로 r를 b에 또 $p(r)$를 p_w에 대치하는 일로 구해지고 있다. 후자에서는 $p(r)$의 분포지식을 필요로 하지않으므로 특별히 취급은 간단하다.

그것으로 결국 다음식이 얻어진다.

$$S_r = -P_0 - p_w = -P_w$$

$$S_\theta = [\sigma_1 + \sigma_2 - 2(\sigma_1 - \sigma_2)\cos2\theta - P_0] + p_w - \alpha p_w \frac{1-2\nu}{1-\nu} \qquad (7\cdot40)$$

$$S_{r\theta} = 0$$

식(7.40)에서 $r=a$로 인장이 될 수 있는 접선응력뿐이라는 데서의 유효응력뿐이라는 것을 알 수 있다. 이 응력이 최초로 인장이 되는 점은 $\theta=0$와 π 이다(이들의 θ값으로 $\cos2\theta=1$이므로 인장응력 $[-(\sigma_1-\sigma_2)\cos2\theta]$가 최대이다. 그러므로 $\theta=0, \pi$에 대하여 식(7.40)에서 다음식이 구해진다.

$$S_\theta = \sigma_\theta - P_w = 3\sigma_2 - \sigma_1 - P_0 + p_w - \alpha p_w \frac{1-2\nu}{1-\nu} \qquad (7\cdot41)$$

또 $r=a$에 대한 접선유효응력(σ_θ)은

$$\sigma_\theta = p_w\left(2 - \alpha \frac{1-2\nu}{1-\nu}\right) + 3\sigma_2 - \sigma_1 \qquad (7\cdot42)$$

이 응력은 $r=a$, $\theta=0$ 및 π의 점에서 파쇄를 일으키게 된다. 만약 ($\sigma_\theta \geq \sigma_t$라면 즉, 파쇄를 만드는데 필요한 최소압력차는 다음 식으로 주어진다

$$p_c = \frac{\sigma_t - 3\sigma_2 + \sigma_1}{2 - \alpha \frac{1-2\nu}{1-\nu}} \qquad \text{(파괴발생기준)} \qquad (7\cdot43)$$

여기에 p_c는 파괴발생시에 대한(그림 7.31) p_w값이다. $\phi \leq \alpha \leq 1$[ϕ는 암석의 유공률(Porosity)]이고, 암석의 ν는 $0 \leq \nu \leq 0.5$이므로 $0 \leq \alpha(1-2\nu)/(1-\nu) \leq 1$이다.

식(7.43)은 다공질암석으로 파괴가 발생하기 위한 기준식이다.

암석의 패러미터(σ_t, ν, α) 및 유효응력(σ_1 및 σ_2)이 알고 있을 때로 가정하면 파쇄압력(Breakdown pressure) P_c는 豫知가 가능하다.

σ_1와 σ_2가 未知일 때는 액체주입 과정에서 그려지는 압력대 시간의 線圖(예를 들면 그림 7.31과 같은)가 우리들에게 $p_c = P_c - P_0$를 제공해 주므로 2개의 未知量 σ_1와 σ_2를 포함한 하나의 식이 얻어진다.

비침투성액체(Nonpenetrating fluid)의 경우에는 식(7.41)은 다음 식이된다.

$$S_\theta = \sigma_\theta - P_0 = 3\sigma_2 - \sigma_1 - P_0 + p_w \tag{7·44}$$

그리고 접선유효응력은 다음 식이 된다.

$$\sigma_\theta = 3\sigma_2 - \sigma_1 + p_w \tag{7·45}$$

이 두가지의 식이 차이나는 이유는 다음과 같이 설명이 된다. 주입액체가 투과해있는 경우에는 우물주변의 간극수압은 P_w(그림 7.33)이다. 비침투성의 경우에는 $S_{ij} \equiv 0$이며, 간극수압은 어디서나 P_0(그림 7.32)이다. 그러므로 비침투성주입액체의 경우에는 파괴발생기준은 다음 식으로 주어진다.

$$p_c = \sigma_t - 3\sigma_2 + \sigma_1 \tag{7·46}$$

이 식은 Hubbert에 의해 구해진 식과 동일하다.[41]

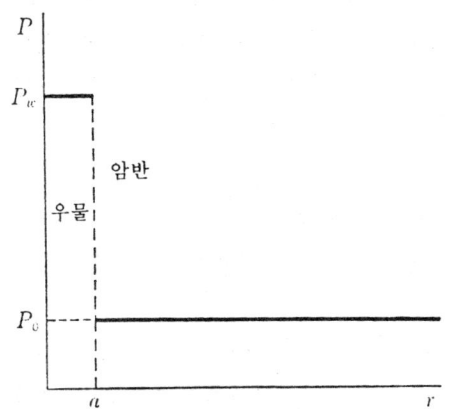

그림 3.32[32) 내침투성액체의 공벽($r=a$) 주위의 간극수압의 분포

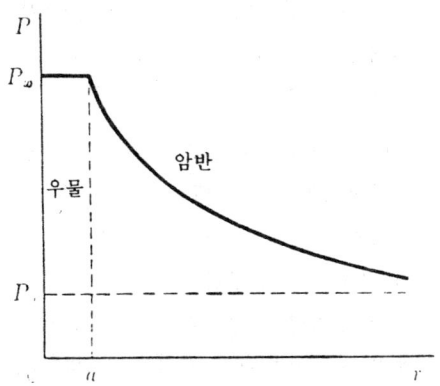

그림 7.33[31) 침투성액체의 공벽($r=a$) 주위의 간극수압분포

(4) 연직파쇄의 확대

연직파쇄(Vertical fractue)가 발생하면 먼저 말한 바와 같이 만약 충분한 액체가 우물속에 주입되어있다고 하면 최대주요유효응력 σ_2에 대하여 직교하는 방향으로 균열은 확대된다. 이 연직파쇄는 동시에 $\theta = 0$ 및 $\theta = \pi$로 발생한다고 가정하면 그림 7.34 와 같이 양방향으로 동시에 확대할 것이다. 우물공의 직경보다 파쇄길이가 길때는 원형공은 파쇄의 주변응

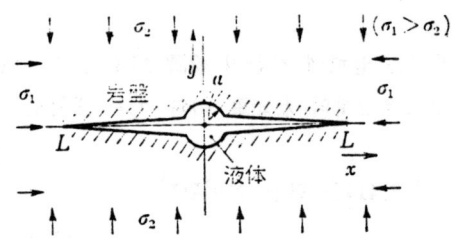
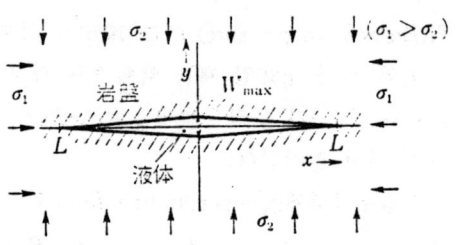

그림 7.34[31] 연직방향으로 파쇄된 공벽의 단면   그림 7.35[31] 연직파쇄($z = x + iy$ 평면)의 근사단면

력에 대해서는 거의 영향은 미치지 않는다는 것이 표시되어 있다.[42]

그러므로 그림 7.34는 대단히 얇은 크래크의 파쇄상태 수평단면 즉 **그림 7.35**의 파쇄상태에 있다고 보는것이 허용된다.

주입액체의 압력이 충분하게 높을때는 주입액체는 파쇄균열속에 침입해서 그폭을 확산시킨다. 액체가 침입함에 따라서 주입액체의 압력은 연속적으로 잃어지고 있다.

주입속도가 늘면 파쇄된 용적은 증대하고, 따라서 그 폭 W 와 길이 L은 확대된다. 주입속도가 어떤 일정값에 달하면 결국은 평형상태가 얻어지고, 지층에 침입속도(Penetration rate)는 주입속도(Injection rate)와 같으며 다공질암석에의 흐름은 정상상태가 된다($\nabla^2 p = 0$, 여기에 ∇^2는 Laplace operator). 그러므로 파쇄공간내의 액체용적도 또한 일정하여 그림7.35의 길이 X에 따라 압력분포는 안정하므로 파쇄치수는 일정 해진다.

(5) 일정주입속도에 대한 우물액압(P_f)에 미치는 지역응력 S_1 및 S_2의 영향

일정주입속도에 대한 우물액압 P_f(그림7.31)와 응력 S_1과 S_2(혹은 유효주응력 σ_1와 σ_2) 사이의 관계를 찾아내기 위해서는 우선 파쇄면 주변의 변위를 계산해야한다. 이것은 다음의 부분에서 구성된다.

즉 경계면에 작용하는 하중(외력)에 준하는 파쇄면의(y방향의)변위 v_1 및 지층속으로 액체가 흐르므로해서 파쇄면의(y방향의)변위 v_2이다. 그리고 파쇄경계면에 작용하는 하중에 준하는 크래크의 폭 W_1은 $W_1 = 2v_1$로서 구해지며 또 지층내에서 액체류에 준하는 파쇄경계면의 폭 W_2도 $W_2 = 2v_2$로서 구해지고 결국 파쇄면의 全幅 W는 $W = W_1 + W_2$로서 구해지며 우물공의 파쇄면 최대폭(W_{max})으로서 σ_2와 p_f를 포함하는 다음 식이 구해지고 있다.

$$W_{max} = \frac{4(1+\nu)}{3E} L(\sigma_2 + p_f)\{2(1-\nu) - \alpha(1-2\nu)\} \qquad (7 \cdot 47)$$

위식으로 ν : 지층의 포아송비, E : 동시에 영률, α는 실험적으로 구할 수 있으므로 3가지의 변수(W_{max}, σ_2, L) 가운데 적어도 그 2가지를 알고 있다면 위식은 많은 응용에 사용할

수 있다. 즉 만약 크랙의 길이(L)와 최소지역지압($-\sigma_2$)을 추정할 수 있다면 최대폭 (W_{max})이 구해진다. 한편 만약 어떤 우물공내계측기술(Logging method)에 의해 최대폭이 측정되고 σ_2도 알고있는 길이라면 파쇄길이(L)가 구해진다. 이와 같이 만약 비율 W_{max}/L이 가압력 p_f에 대하여 근사적으로 판명한다면 다음 식에 의해 σ_2를 계산할 수 있다.

$$\sigma_2 = \frac{3EW_{max}}{4(1+\nu)L}\{2(1-\nu)-\alpha(1-2\nu)\}^{-1} - p_f \tag{7.48}$$

또 식(7.43)에서 σ_1은 다음식으로 주어진다.

$$\sigma_1 = p_c\left\{2-\alpha\frac{1-2\nu}{1-\nu}\right\} - \sigma_t + 3\sigma_2 \tag{7.49}$$

따라서 2개의 유효응력을 구할 수 있게된다.

식(7.48)은 동일지역응력장(σ_1, σ_2일정)에 대해서는 많은 경우, 같은 유전의 동일지층에 대해서 W_{max}/L과 우물액압 p_f과 사이의 관계는 선형이다는 것을 나타내고 있다. 지하응력 (지압)의 결정에 흥미를 갖는 사람에게는 식(7.48)과 (7.49)가 지층암의 다공질탄성패러미터(E, ν, α)를 갖으며, 더욱 파쇄칫수를 알 수 있는 경우에는 다공질지층의 지역응력의 근사값을 주게된다.

7.3.9 水壓 破碎法의 實際

수압파쇄에 대한 이론과 실험결과에서 수압파쇄의 현상을 이론식과 관계해서 간단히 설명하면 다음과 같이 정리가 된다.

또 지반내의 주응력이 그림 7.36에 나타난 바와 같이 σ_1, σ_2 및 σ_3이라고 하고 σ_3은 연직아래쪽으로 향한다고 한다. 지표에서 같은 시추공을 연직아래쪽으로 천공하여(석유우물의 경우가 그 예), 그 심도의 적당한 위치에서 동그림에 표시한 것처럼 어떤 거리를 두고 상, 하로 시일하여 그 양 시일사이를 지표에서 송수된 수압으로 가압한다. 수압을 높이면 결국에는 시추의 공벽은 그 수압에 견디지 못해서 파괴되고, 균열을 발생한다. 균열의 발

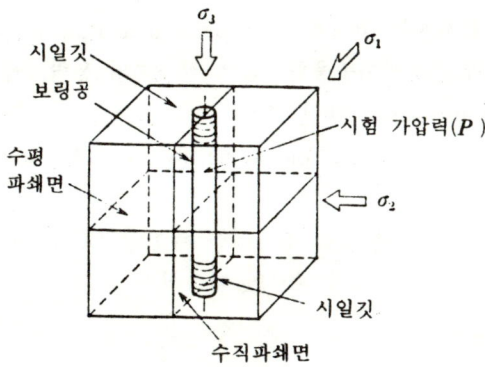

그림 7.36 경암의 수력파쇄

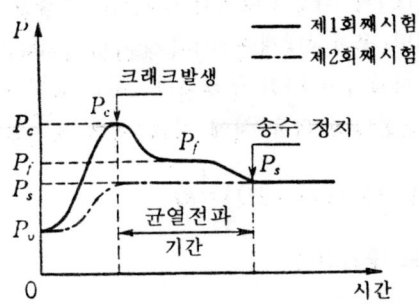

그림 7.37 수력파쇄에 대한 우물수압의 시간경과

생에 의해 공내벽공간은 확대하므로 당연 수압은 저하하지만 공간주변에는 외측에서 지압이 작용하고 있으므로 그것과 내압이 평형해서 어떤 내압에서 평형이 유지된다. 이와같은 내압의 변동을 시간에 따라 기록한다. 예로서는 **그림 7.37** 과 같은 기록이 얻어진다.

이와 같은 현상을 시추공 공벽의 암석에 대하여 역학적면에서 고찰해 보면 다음과 같은 것이 된다.

시일(Seal)단 사이의 공내압이 증가됨에 따라 공내벽의 점선방향 및 공축방향의 압축유효 압력은 점차 감소하고 그 가운데 한쪽 혹은 2개로 결국 인장력이 된다. 축방향의 이른바 수직방향의 균열은 공내벽에서 접속방향유효응력이 암석의 가로방향 즉 수평방향수압 파쇄강도, 즉 암석의 인장강도(σ_t)와 같지만 그보다 커질때에 발생한다. 그리고 수직파쇄(Vertical fracture)를 발생하는데 필요한 최소공내압력(Wellbore critical pressure, Wellbore breakdown pressure)(Pc^p)는 가압벽면에서의 유체유출도 있다는 것을 고려하면 다음 식으로 주어진다.

$$Pc^p - P_0 = \frac{\sigma_t + 3\sigma_2 - \sigma_1}{2 - \alpha \frac{1-2\nu}{1-\nu}} \quad [수직균열발생기준] \quad (7.50)$$

여기에서 P_0 : 암반내에 존재하는 최초간극 압(Initial pore fluid pressure, formation or reservoir pressure), σ_2 : 2개의 가로방향주응력가운데 작은쪽의 응력, 즉 $\sigma_2 < \sigma_1$, ν : 암석의 포아송비, α : 암석의 porous-elastic 패러미터로 $\alpha = 1 - (c_r/c_b)$로 주어지고, 실내실험으로 구해진다[c_r : 재질압축률(Material matrix compressibility), c_b : 재질체적압축률(Material bulk compressibility)].

만약 가압벽면에서 유체의 유출이 없는 경우에는 극한압력(Critical pressure) P_{ci}는 식(7.46)으로 주어지므로 **그림 7.37**의 기호에 따르면 다음식이 된다.

$$Pci - P_0 = \sigma_t + 3\sigma_2 - \sigma_1 \quad (7 \cdot 51)$$

그리고 수직균열은 저항이 가장 적은 쪽으로 따라서 즉 σ_2의 방향으로 수직인 평면으로

7.3 암반응력측정법

따라 번진다.

발생한 균열을 개방시킨 그대로 유지해 주는데 필요한 보어홀 내의 유체압은 **그림 7.37**의 P_s이며, 그 경우의 근사식은 다음 식으로 주어진다.

$$P_s - P_0 = \sigma_2 \tag{7·52}$$

$\sigma_1 = \sigma_2$인 경우에는 수직균열의 방향으로는 아무런 특별한 방향성은 없어지고, 암석의 연약도 위치로 그 방향이 결정된다.

그래서 식(7.50)과 (7.52) 혹은 식(7.51)과 (7.52)로 주응력 σ_1와 σ_2가 구해진다. 또 주응력 σ_3(연직응력)는 지표밑의 암반중량에서 추정할 수 있다.

이상의 제식이 수압파쇄법에 의한 지압측정의 근거로 되어있다.

가로방향(수평방향)의 균열은 침투성 암석내에서 이론적으로 발생시킬 수 있지만, 그와 같은 균열을 만드는데 필요한 극한압력은 통상 수직균열발생에 필요한 값보다 상당히 높은 압력이 된다. 또 고무패커부분에서는 응력집중은 현저하게 생기지 않으므로 고무패커로 밀봉되고 있다. 시추공 공내에서는 수평방향균열은 일반적으로 발생하지 않는다고 생각해도 된다. 그럼에도 불구하고, 시추공 공축으로 직교하는 성층면이나 기존불연속선이 존재하면 수평방향균열을 일으켜, 가압수압에 의해 균열을 생기게 한다. 이와 같은 경우의 관계식은 다음식으로 주어진다.

$$P_s - P_0 = \sigma_3 \tag{7·53}$$

즉, 그와 같은 경우에는 연직주응력(σ_3)은 시험에 의해 구할 수 있다.

시추공의 공저는 고무시일이 되지않았고 직접 암석이 노출되어 있으며 윗쪽으로 고무시일이 되어있는 시험법에서는 공저에 응력집중이 발생하므로 수평방향균열을 발생하기 쉽다. 그래서 σ_3가 최소주응력인 의심이 가는 지반에 대해서는 σ_1과 σ_2를 구하기 위해 이 시험법은 쓰지않는 것이 좋다.

수압파쇄법으로 지압측정이 성공하느냐 못하느냐는 발생확장한 균열의 방향과 밀접하게 관계된다. 다음 3가지의 경우는 성공할 것으로 생각된다.

① 균열이 공축방향으로 발생하는 경우 : 이 경우는 상기의 식(7.50)과 (7.52) 혹은 식(7.51)과 (7.52)이며 σ_1과 σ_2가 구해진다. σ_1와 σ_2의 방위는 Impressions packer를 사용해서 찾아볼 수 있다. 만약 시추공이 연직이라면 σ_3는 상층암반의 중량과 같다고한다(통상 1psi/ft로 한다). 시험이 지하에서 실시된다면 σ_1의 방향으로 천공된 수평공내의 시험에서는 σ_3의 크기를 결정, 또 σ_2의 크기를 확인할 수 있다. 이와 같이 σ_2의 방향으로 천공된 공내에서의 시험에서는 σ_1의 크기 체크가 가능하다.

② 균열이 가로방향(수평방향)인 경우 : 이 경우는 σ_3만을 구할 수 있다.

지하에서는 서로 45° 혹은 60°를 이룩하도록 천공된 3개의 가로방향공에서의 시험으로 σ_1

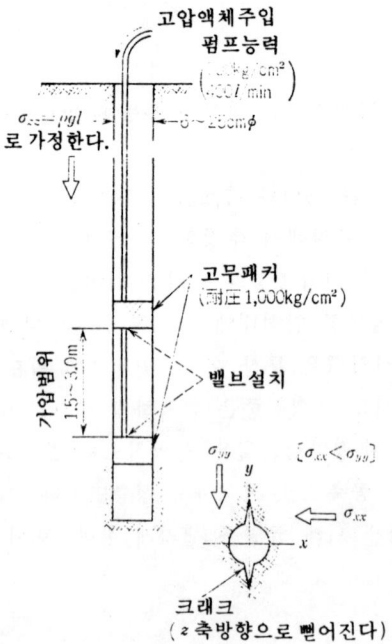

그림 7.38 수압파쇄에 의한 지압계측법

와 σ_2의 대략적인 크기와 방향을 구할 수 있다.

③ σ_3가 최소주응력일 때이며 균열은 축방향으로 발생하지만 가로방향으로 확대하는 경우 : 이 형의 균열은 공벽에 사전에 크래크가 없다고해서 식(7.50) 혹은 (7.51)이 가로방향 주응력($\sigma_2 > \sigma_3$을 가정해서)의 저항을 주고, 식(7.52)은 최소압축응력인 σ_3의 값을 결정한다.

현장계측에 있어서는 **그림 7.38**에 표시한 것처럼 통상 보어홀 직경은 6~25cm, 패커는 약 1,000kg/cm²까지의 압력에 견딜 수 있도록 제작되어 있으며 양패커 사이의 간격은 1.5~3.0m, 사용펌프는 7,000N/cm²까지의 압력이 가해진다. 400l/min의 유량용량이 있으면 충분하다고 하며, 기록에서는 배관내수압, 가압수압, 유량 등을 기록한다.

균열의 상태, 방위의 확인에서는 Impression packer를 사용한다. Borehole televiewer도 사용된다. 시험위치(깊이)의 결정에서는 회수코어에 의한 육안, 물성시험, 다시 초음파텔레비젼에 의한 관측을 시추공 내에서 실시하고, 시추공 내벽의 균질성의 위치조사에 쓰이고 있다.

7.3.10 오버코어링에 의한 地壓計測의 手順과 問題点의 檢討

지압계측을 할 경우, 보통은 보어홀을 거의 수평방향으로 천공하는 경우와 연직방향으로 천공하는 경우로 나눠진다. 지반에 작용하는 수평방향응력을 알고자하는 경우는 연직방향으로 천공하는 편이 좋다고 생각되지만 연직아래쪽으로 천공할 경우는 배수처리를 고려해 둘 필요가 있다. 터널굴진 작업과정에서 지압계측을 할 경우는 보통 거의 수평방향으로 천공해서 계측을 한다.

3축 변형계에 의해 공내벽으로 게이지를 접착시켜 변형변화를 계측하는 방식에서는 게이지가 공벽에 접착해서 접착제가 완전히 고결안정할 때까지의 시간은 계측이 않되므로 이 접착제고결시간이 수일간을 요하게 되고, 1개소의 계측에서도 수일을 요하게된다.

공경변화법에 의한 계측에서는 측점을 공내벽에 고정하기 위해 공벽과 계측기와 사이의 공극을 충전재로 충전고결하는 방식이 定置式 보어홀 게이지에서는 앞서의 축변형계의 경우와 같이 충전재가 고결안정할 때까지의 수일간은 계측을 할 수 없다. 여기에 대해 보어홀 게이지로 일컬어지는 것은 측점을 고결하지 않으므로 1개소의 계측은 한쪽(약 8시간)에서 종료하고 다음날 다시 다음 측점에서 계측을 할 수 있다. 즉 1측점, 1사이클에 1방향을 요하는데 불과하다. 또 多少孔內壁에 수분이 남아있다해도 계측에는 지장이 없다는 잇점이 있지만 측점의 계측작업중 충분히 안정을 유지해줄 것인지의 불안은 남는다.

다음으로 그림 7.39에 의해 처음으로 시추공 게이지를 사용하는 계측순서를 다음으로 定置式 시추공 게이지를 사용해서 계측하는 순서에 대하여 설명을 붙인다.

갱도굴진에서는 보통 폭약을 사용하는 발파공법이 취해지므로 갱벽에서 50~100cm까지는 다소 암반은 이완되어있다고 생각해야한다. 또 갱벽에서 근거리부분에서는 비교적 계측이 용이하다는 것도 고려해서 갱벽근처에서는 시추공 게이지를 사용하여 갱벽보다 원거리의 공내에서는 定置式 시추공 게이지를 사용하므로 설명을 더한다.

지압계측위치를 결정하면 보링기계를 설치하기 위해 갱도 폭을 넓혀서 기계설치를 위해 콘크리트기초를 타설한다. 이어서 시추기계를 설치하고 예를 들면 47mmϕ의 다이어몬드비트로 보링을 하고 이어서 시추공 마무리를 위해 Reaming bit를 사용해서 공경을 49.5mm ϕ로 마무리한다. 이 공경은 계측시추공 게이지의 계측가능범위에서 사전에 주의깊게 결정이 되어있다. 동시에 압기를 취입해서 繰分과 수분을 배제하고 계측시추공 게이지를 파이프에 접속시켜 시추공에 삽입시키고 시추공천공에 의해서 얻어진 암심을 점검하고, 균질등방으로 균열없이 계측가능한 위치에 시추공 게이지를 삽입해서 이것을 정착시키기 위한 팩을 확장해서 시추공 게이지를 安定定置시킨다. 이어서 시추공 게이지의 계측을 한 다음, 오버코어링 비트를 사용해서 오버코어링에서 암심의 응력해방을 한다. 오버코어링 과정에서 비트가 진행되는 과정에서 계측을 數回 실시하여 암심이 응력해방이 완전히 실시되었다는 것을 확인해 둔다.

제 7 장 암반응력측정방법

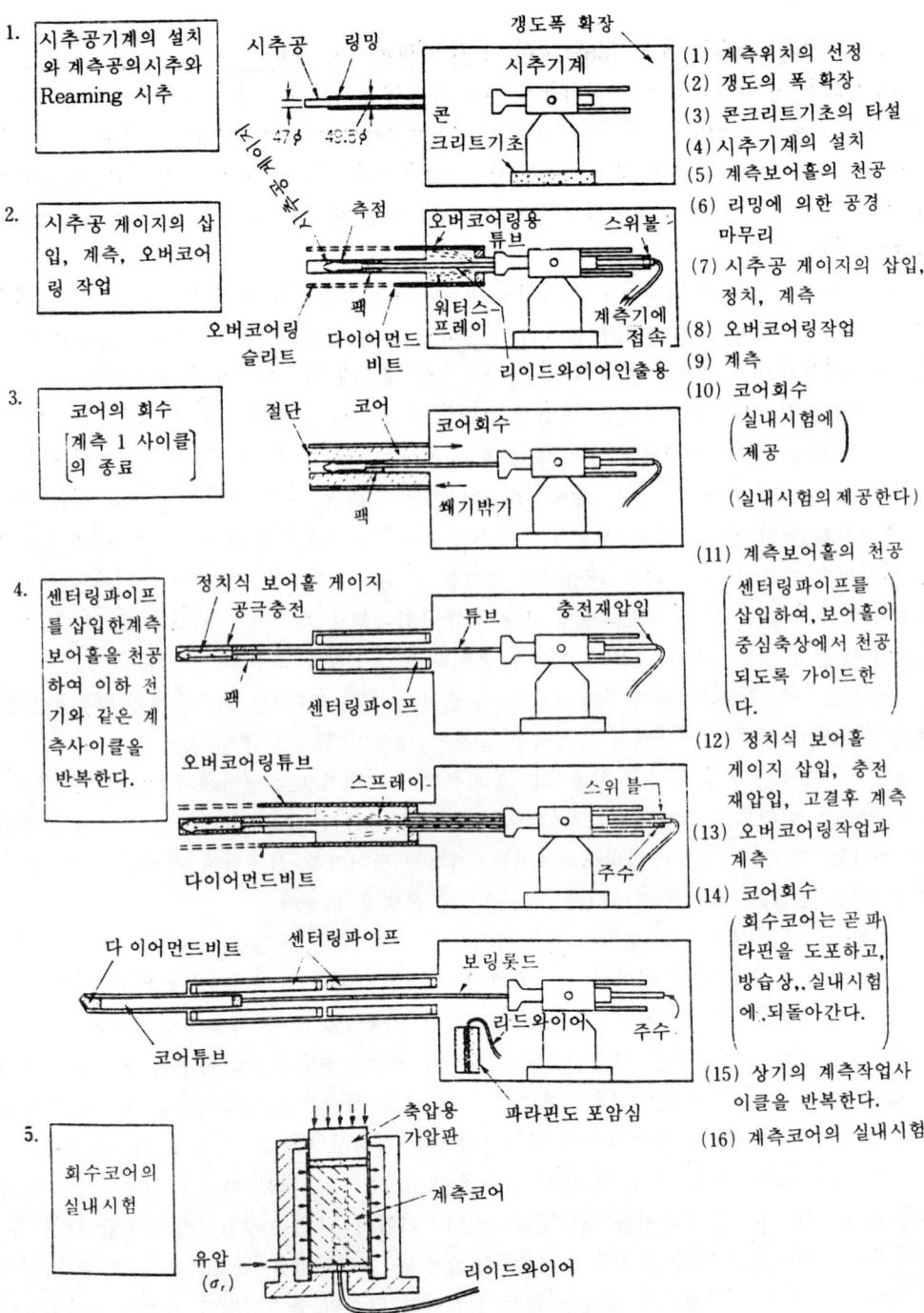

그림 7.39 오버코어링법에 의한 암반응력계측의 작업순서

오버코어링 완료후 암심의 슬릿트상부에 쐐기를 박으면 암심은 근원에서 절단이 되므로 이것을 회수시킬 수 있다. 회수코어는 곧 파라핀을 도포하고, 방습상 채취해서 실내시험에 제공한다.

다음 오버코어된 원통공간에 센터링파이프(길이 약 1.0m)를 삽입한 다음, 다시 시추공을 천공해서 계측작업순서를 반복해서 센터링파이프를 사용하는 것은 시추공이 암심중심축상에서 천공하도록 하기 위해서이다.

다음으로 定置式 시추공 게이지를 사용하여 계측하는 작업순서에 대해서 설명한다. 定置式 시추공 게이지에 튜브를 접속해서 튜브 속에 리드선을 통한다. 게이지를 균열이 없는 등방등질암괴위치에 설치하고, 팩에 압기를 넣어 부풀게해서 게이지를 정착시키고, 이어서 충전재료(에폭시수지 등)를 튜브내로 통하고 있는가는 파이프를 통해서 유입시켜 定置式 시추공 게이지와 공벽과의 사이에 충전시켜 고화를 시킨다. 충전재료의 고화에서는 수일을 요한다. 고화하면 게이지의 계측자는 고화충전내에서 고정하므로 계측자가 공벽과 가까울 수록 공경변화에 정확히 순응해 온다. 충전재가 고결안정했는지 않됐는지는 게이지를 계측하는 것으로 검토할 수 있다. 충전재가 고결한정한 것을 확인한 다음 계측 이어서 센터링 파이프를 뽑아서내고 대신 오버코어링 비트를 삽입시켜 오버코오링 작업을 한다. 이 때, 오버코어링 튜브에 접속하는 튜브를 통해서 송수되고, 비트에 주입되는 것은 물론이다. 오버코어링의 과정에 있어서 또 오버코어링 완료후 계측을 한다. 계측완료후는 岩心根原을 前記와 같은 방법으로 절단하고, 코어를 뽑아 회수한다. 회수후는 리드선을 도중에서 절단하고 코어에서는 파라핀을 도포해서 상자에 채워 실내시험으로 보낸다.

오버코어링할 때에 오버코어링의 중심이 계측보어홀의 중심에서 편심으로하면 어느 정도의 오차를 계측값에 생기게 되었는지.

이 점을 검토한 것이 **그림 7.40** 이다. 동그림은 水壓을 받는 円輪狀岩心의 편심률($e/2r_i$)과 내경변화율(U/U_0)의 관계를 $\nu = 0.2$로 하여, 평면응력조건하에서 $r_0/r_i = 3.30$의 조건으로 해석한 결과를 나타내고 있으며 U_0는 內孔이 同心円狀에 있는 경우의 內徑變化量이다.

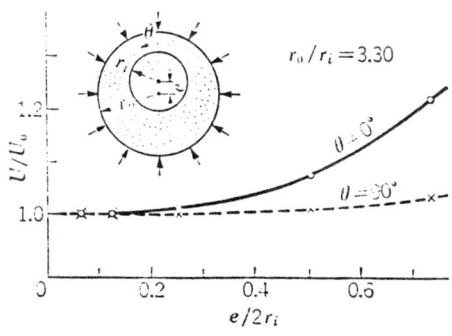

그림 7.40 圓輪狀 岩心의 편심률과 내경변화율의 관계

외주에 靜水壓을 받는 편심 두꺼운 원통의 내공지름 변화를 티모센코의 해석에서 공벽의 변위를 계산해서 구한 것이다. 同圖에 의하면 오버코어링의 편심량(e)은 계측공의 직경($2r_i$)에 대하여 20%정도의 편심률($e/2r_i$)일 때도 U_0에 대한 U의 변화율은 1%정도에 불과하고 편심에 의한 U의 오차는 미소하다는 것이 이해된다.

더욱 이밖의 지압계측에 수반하는 제문제에 관해서 검토되고 있다.

실 무 암 반 과 계 측 해 석

인쇄 : 2003년 1월 5일
발행 : 2003년 1월 15일

         저 자 : 편 집 부
         발행인 : 김 성 계
         발행처 : 도서출판 건설정보사
                서울시 용산구 갈월동 70-9
                TEL. (02)717-3396~7
                FAX. (02)717-3398
                등 록 1998. 12. 24 제3-1122호

ISBN 89-952616-7-6 93530   정가 33,000원
http://www.gunsulbook.co.kr

● 본서의 무단복제를 ·금합니다.

※ 파본 및 낙장은 교환하여 드립니다.